Konrad Lorenz
Über tierisches und menschliches Verhalten
Band I

Band 360

Zu diesem Buch

Konrad Lorenz hat eine Reihe von grundlegenden Aufsätzen verfaßt, die bereits in der zweibändigen Erstausgabe Berühmtheit erlangten. Er hat mit diesen unübertroffenen, stets an lebendiger eigener Beobachtung orientierten Studien maßgeblich dazu beigetragen, daß die vergleichende Verhaltensforschung in der Biologie eine hervorragende Stellung erringen konnte. Anhand von vielen, verblüffend anschaulichen Beispielen führt der Autor den Leser zu entscheidenden Ergebnissen der Tierpsychologie hin und zieht gleichzeitig Parallelen zum menschlichen Verhalten.

»Dieses Werk geht jeden an, der über das Wesen von Tier und Mensch, Körper und Seele nachdenken will. Empfohlen sei es all denen, die bereit sind, einige Arbeit zur tieferen Erkenntnis psychischer Zusammenhänge aufzuwenden.« Vitus Dröscher, »Die Zeit«

Konrad Lorenz, geboren am 7. November 1903 in Wien, Professor Dr. med. Dr. phil.; Studium der Medizin und Zoologie. 1940 o. Professor für vergleichende Psychologie in Königsberg. 1950 bis 1973 Direktor am Max-Planck-Institut für Verhaltensphysiologie in Buldern und später Seewiesen. Jetzt Leiter des »Konrad-Lorenz-Instituts« der Österreichischen Akademie der Wissenschaften. 1973 Nobelpreis für Medizin und Physiologie. Zahlreiche deutsche und ausländische Ehrungen und Auszeichnungen.

Veröffentlichungen im Piper Verlag u.a.: Die acht Todsünden der zivilisierten Menschheit, [18]1985 (SP 50); Die Rückseite des Spiegels. Versuch einer Naturgeschichte menschlichen Erkennens, [4]1983; Das Wirkungsgefüge der Natur und das Schicksal des Menschen. Gesammelte Arbeiten, hrsg. und eingel. von I. Eibl-Eibesfeldt, [1]983 (SP 309); Das Jahr der Graugans, 1979; (mit Franz Kreuzer) Leben ist Lernen. Von Immanuel Kant zu Konrad Lorenz, [3]1984 (SP 223); Der Abbau des Menschlichen, [4]1986 (SP 489); Das sogenannte Böse. Zur Naturgeschichte der Aggression, 1984; Er redete mit dem Vieh, den Vögeln und den Fischen, 1985; So kam der Mensch auf den Hund, 1986.

Konrad Lorenz

Über tierisches und menschliches Verhalten

Aus dem Werdegang der Verhaltenslehre
Gesammelte Abhandlungen Band I

Piper
München Zürich

Mit 5 Zeichnungen von Hermann Kacher

Von Konrad Lorenz liegen in der Serie Piper außerdem vor:

Die acht Todsünden der zivilisierten Menschheit (50)
Leben ist Lernen (mit Franz Kreuzer) (223)
Das Wirkungsgefüge der Natur und das Schicksal des Menschen (309)
Die Zukunft ist offen (mit Karl R. Popper) (340)
Über tierisches und menschliches Verhalten II (361)

ISBN 3-492-10360-x
Neuausgabe Oktober 1984
19. Auflage, 152.–156. Tausend Juni 1987
(2. Auflage, 9.–13. Tausend dieser Ausgabe)
© R. Piper & Co. Verlag, München 1965
Umschlag: Federico Luci,
unter Verwendung eines Fotos von Sybille Kalas
Gesamtherstellung: Clausen & Bosse, Leck
Printed in Germany

Inhalt

Vorwort

Ethologie ist eine verhältnismäßig junge Wissenschaft, die man kurz als Biologie des Verhaltens definieren kann. Daß die Erforschung des tierischen Verhaltens nicht seit jeher, wie eigentlich selbstverständlich, von Zoologen und mit biologischer Fragestellung und Methodik betrieben wurde, hat geistesgeschichtliche Gründe: Die ältere Verhaltensforschung war ein Abkömmling der Humanpsychologie, die ihrerseits aus der Philosophie und nicht aus den Naturwissenschaften entstanden war. Dazu kommt noch, daß sich schon zur Zeit der Jahrhundertwende zwei Schulen der Verhaltensforschung befehdeten, auf der einen Seite die vitalistisch denkende Schule der Zweckpsychologie, englisch *purposive psychology*, und die mechanistisch orientierte Schule des amerikanischen Behaviorismus auf der anderen. Für die erste waren die »Instinkte«, d. h. die angeborenen Verhaltensweisen der Tiere eine unmittelbare Auswirkung eines übernatürlichen Faktors und damit keiner Erklärung bedürftig, für die zweite existierten sie einfach nicht, da von dieser der Reflex und der bedingte Reflex für die einzigen wissenschaftlich legitimen Erklärungsprinzipien gehalten wurden. So blieben jene Verhaltensweisen, die sich im Laufe der Stammesgeschichte an eine bestimmte Funktion angepaßt haben und die, wie körperliche Strukturen, erbmäßig festgelegter Besitz jeder Tierart sind, lange Zeit völlig unerforscht als ein Niemandsland zwischen den Fronten gegensätzlicher Lehrmeinungen.

Es waren die Zoologen Charles Otis Whitman und Oskar Heinroth, die unabhängig voneinander entdeckten, daß bestimmte Verhaltensweisen ebenso konstante und kennzeichnende Merkmale von Arten, Gattungen und noch größeren Einheiten des zoologischen Systems sind, wie nur irgendwelche körperlichen Merkmale, etwa die Formen von Knochen, Zähnen usw. Diese Entdeckung zeigte ganz eindeutig, daß der Bauplan dieser Verhaltensweisen ganz wie der des Körperbaues der betreffenden Tierformen in ihrer Erbmasse verankert ist. Damit wird das Verhalten einer Tierart denselben Methoden und Fragestellungen zugänglich, mit denen die Biologie seit langer Zeit, nämlich seitdem sie sich die Erkenntnisse Charles Darwins zu eigen gemacht hat, an die Untersuchung des Baues und der Leistungen aller Lebewesen herantritt. Sie fragt nach der stammesgeschichtlichen Herkunft jeder Einzelheit und beantwortet diese Frage, indem sie aus Vergleich von Ähnlichkeiten und Unähnlichkeiten der heute lebenden Wesen deren Stammbaum rekonstruiert. Sie fragt nach den Vorteilen, die jeder Tierart für ihre Erhaltung und Verbreitung aus ihren Eigenschaften erwachsen, denn diese Vorteile sind es, die jene Eigenschaften herausgezüchtet haben. Wenn wir diese Frage mit dem Wort »wozu« ausdrükken, also etwa fragen, wozu die Katze spitze, krumme Krallen habe, und sie mit der schlichten Aussage »zum Mäusefangen« beantworten, so bekennen wir uns damit nicht zur Annahme einer außernatürlichen, apriorischen Zweck-Setzung, sondern wollen nur ausdrücken, daß das Mäusefangen diejenige arterhaltende Leistung sei, die der Katze eben jene Form von Krallen angezüchtet hat.

Die Ergründung des historischen Gewordenseins durch vergleichende Forschung und die Untersuchung der speziellen arterhaltenden Leistung sind völlig unentbehrliche und ständig angewandte Verfahren der Biologie. In die Verhaltensforschung wurden sie erst durch Whitman und Heinroth eingeführt, und ihre Fruchtbarkeit erwies sich auf diesem Gebiete als ebenso groß wie in allen anderen Zweigen biologischer Forschung. Die Ethologie hat in den letzten Jahrzehnten einen gewaltigen Schritt vorwärts getan.

Das besondere Glück in meinem eigenen Forscherleben war es, daß ich als junger Anatom, von meinem Lehrer Ferdinand Hochstetter gründlichst in Fragestellung und Methodik vergleichend-morphologischer Untersuchungsweisen geschult, in nahen persönlichen Kontakt mit Oskar Heinroth kam, der zu meinem zweiten großen Lehrer wurde. Seine klassische Schrift *Beiträge zu Biologie, insbesondere Psychologie und Ethologie der Anatiden* wurde bestimmend für meinen ferneren Lebensweg.

Meine ersten Veröffentlichungen auf diesem Gebiet zeigen den Einfluß Oskar Heinroths am deutlichsten, da darin seine Fragestellungen weiter verfolgt und auch seine Begriffsbildungen und Termini verwendet werden. Auch der Titel meiner ersten größeren Arbeit *Beiträge zur Ethologie sozialer Corviden* ist ihm nachempfunden. Seit jener Zeit hat die ethologische Forschung speziellere und zum Teil sehr viel schärfere Begriffsfassungen und besondere Fachausdrücke gebildet, wie das in der Entwicklung eines

Forschungszweiges nicht anders sein kann. Es gehört geradezu zur guten »Strategie«, beim Vortreiben einer Untersuchung in völlig unbekanntes Gebiet, sich nicht vorschnell auf enge Begriffsfassungen und scharfe Definitionen einzulassen, und was für die Forschung gilt, gilt mutatis mutandis auch für die Lehre.

Ich habe in meiner Vorlesung über Ethologie immer wieder die Erfahrung gemacht, daß es nicht nur erlaubt, sondern ratsam ist, den Schüler jenen Weg zu führen, den seinerzeit die Forschung gegangen ist, und zwar ganz besonders dann, wenn man die Aufgabe hat, dem Schüler die Funktion eines Systemganzen verständlich zu machen, in dem sehr viele verschiedene Teile in ursächlicher Wechselwirkung stehen. Der Weg der biologischen Forschung, die es immer mit komplexen, ganzheitlichen Systemen zu tun hat, geht notwendigerweise in der Richtung vom Ganzen zum Teil, von der Beobachtung und Beschreibung des ganzen Lebewesens zur Analyse seiner Teile und ihrer Leistung.

Diesen Überlegungen entspringt der Entschluß, eine Auswahl meiner gesammelten Abhandlungen herauszugeben. Der vorliegende erste Band enthält in einfacher, chronologischer Reihenfolge sechs meiner ältesten wissenschaftlichen Arbeiten. Sie stammen aus einer Zeit, in der die Ethologie weder eine anerkannte Wissenschaft war, noch auch ihre eigenen Fachausdrücke besaß, die einer besonderen Erklärung bedürften. Die Arbeiten sind daher wohl jedem gebildeten Laien ohne weiteres verständlich und mögen eine ganz brauchbare Einführung in unseren Forschungszweig sein. Für den Fachmann ist das Buch vielleicht deshalb von Interesse, weil es in verschiedenen Zeitschriften verstreute und schwer auffindbare Arbeiten in eine übersichtliche Reihe bringt, an der sich sehr hübsch die stufenweise Entstehung, Einengung und Präzisierung der Begriffe verfolgen läßt, die auch heute noch in der Ethologie Anwendung finden. Die letzte der hier abgedruckten Veröffentlichungen könnte, bzw. sollte vielleicht am Anfang der Reihe stehen, da sie die Auseinandersetzung mit der eingangs erwähnten vitalistischen Betrachtungsweise instinktiven Verhaltens enthält. Wenn ich sie dennoch an der Stelle lasse, wo sie chronologisch hingehört, tue ich das zum Teil aus dem Bedürfnis, ehrlich zu bekennen, wie spät mir die darin behandelten grundsätzlichen Fragen erst wirklich klar wurden.

Noch ein paar Worte über den Stil! Ich bin mir bewußt, daß, vor allem in den ersten der wiedergegebenen Abhandlungen, dem Leser an langen Sätzen und allzu akademischen Satzkonstruktionen allerhand zugemutet wird. Ich hoffe aber auf Zustimmung, wenn ich sage, daß dies mit der Zeit besser geworden ist.

Dem Piper-Verlag möchte ich an dieser Stelle herzlichst nicht nur für seine Bereitschaft danken, eine Auswahl meiner alten Arbeiten neu herauszugeben, sondern ganz besonders auch für seine Anregung hierzu. Vor allem danke ich dem Ko-Autor der fünften Abhandlung, meinem lieben Freund Professor D. N. Tinbergen, für die Erlaubnis zum Wiederabdruck unserer gemeinsamen Arbeit.

Seewiesen 1965 Konrad Lorenz

Beiträge zur Ethologie sozialer Corviden (1931)

Angeregt durch die Versuche, die ich 1926 mit einer freifliegenden zahmen Dohle (*Coloeus monedula spermologus*) angestellt habe – ich habe sie im Oktoberheft 1927 des Journals für Ornithologie veröffentlicht –, beschloß ich, im nächsten Jahre eine größere Anzahl dieser Vögel an den Freiflug zu gewöhnen. Verschiedene Triebhandlungen meiner ersten Dohle »Tschock«, die ich hier unter diesem Namen führen will, ließen auf eine recht komplizierte Soziologie und Ethologie der Art schließen. Denn wie so oft brachte auch hier der einzeln gehaltene Vogel einer gesellig lebenden Art ausgesprochen soziale Triebhandlungen, die so natürlich zwecklos erscheinen, ja oft durch das Reagieren der Artgenossen überhaupt erst verständlich werden.

Um Zeit zu sparen, wollte ich zuerst gekaufte erwachsene Dohlen verwenden, was aber nicht zum Ziele führte. Man bekommt im Handel immer nur einzeln jung aufgezogene Vögel oder scheue Wildfänge. Letztere sind für meine Zwecke selbstverständlich unverwendbar, erstere sind, abgesehen davon, daß es sich meist um körperlich minderwertige Individuen handelt, so gut wie immer in ihrem Triebleben auf den Menschen umgestellt und betrachten diesen, nicht aber ihre wirklichen Artgenossen, als ihresgleichen. In meinem früheren Aufsatz bin ich auf diese Dinge näher eingegangen. Es ist nun besonders merkwürdig, daß solche Vögel, die nicht die Spur von richtigem Artbewußtsein besitzen, doch in einer Situation einen starken Herdentrieb zu ihresgleichen entwickeln, nämlich im Fluge: sie fliegen mit wahrer Leidenschaft allerdings auch andersartigen Rabenvögeln nach, und zwar scheint auch hier ihre Einstellung sehr von erstmaligen Eindrücken abhängig zu sein. Tschock lernte als erste fliegende Rabenvögel Nebelkrähen kennen und flog auch dann noch immer mit den wilden Nebelkrähen, als er zu Hause reichlich Gesellschaft an Dohlen hatte. Dies änderte sich nur, als er eine junge Dohle adoptierte, führte und fütterte. Nach Erlöschen des Füttertriebes hielt er sich wieder an die Gesellschaft der Krähen. Vermenschlichend kann man also sagen: Er hielt sich während der Balzzeit für einen Menschen, zur Aufzuchtzeit für eine Dohle, den Rest des Jahres für eine Nebelkrähe.

Interessant erscheint es immerhin, daß Tschock eine Dohle und nicht eine gleichzeitig vorhandene junge Nebelkrähe adoptierte und fütterte. Es ist das aber sehr erklärlich. Es ist für das Bestehen der Art nicht unbedingt notwendig, daß das Artbewußtsein angeboren sei, da die Einstellung durch erste Eindrücke, die ja normalerweise von Eltern und Geschwistern herrühren, vollständig genügt. Wohl aber müssen dem Vogel die Reaktionen auf artgleiche Junge angeboren sein, da ja seine eigenen die ersten sind, die er zu sehen bekommt.

Es ist klar, daß man bei derart in ihrem Artbewußtsein gestörten Vögeln keinen guten Einblick in die Soziologie der Art bekommen kann.

Daher zog ich 1927 vierzehn Stück junge Dohlen auf. Ich glaubte, daß diese vierzehn in ihrer Vielheit ein ungestörtes Artbewußtsein behalten würden, was sich ja auch bewahrheitete. Aber auch eine mit den Dohlen zusammen aufgezogene junge Elster behielt zu meinem Erstaunen ein völlig ungestörtes Artbewußtsein, obwohl sie erst als ganz erwachsener Vogel zum ersten Male Artgenossen zu Gesichte bekam. Man sieht also, wie verschieden sich nahverwandte Gattungen in diesen Dingen verhalten.

Um den Dohlen eine ihnen zusagende Heimstätte zu bieten, richtete ich ihnen den Dachboden unseres Hauses als solche ein. Da ich weiß, daß Vögel meist nicht ohne weiteres durch ein Fenster zurückfinden, durch das sie hinausgeflogen sind, wohl weil es von außen ganz anders aussieht als von innen, einen Gitterkäfig aber auch von außen regelmäßig wiedererkennen, baute ich einen Flugraum aus Drahtgitter vor das Bodenfenster. Der Käfig hat eine breite gemauerte Dachrinne zur Unterlage und das geneigte Dach zur Rückwand. Er nimmt fast die ganze Schmalseite des Hauses ein, was einer Länge von über 10 m entspricht, er ist mehr als 2 m hoch, die Grundfläche ist 1 1/2 m breit. Die Dohlen gelangen vom Boden aus durch eine enge Dachluke in den Flugraum. Für mich ist der Käfig von außen über die Dachrinne durch eine gerade Türe zugänglich. Der Vorkäfig ist durch eine Gitterwand mit Türe in zwei ungleiche Räume geteilt. In die größere mündet die Bodenluke und die Türe, die in die Dachrinne geht. Ich habe so die Möglichkeit, immer einen Teil der Vögel als Lockmittel für die freifliegenden zurückbehalten zu können, indem ich vor dem Öffnen der großen Türe einige der Tiere in das kleinere Abteil locke und die Zwischentüre schließe. Die Maßregel hielt ich für notwendig, da ich nicht damit rechnen konnte, daß so viele zugleich aufgezogene Vögel mir genügend Anhänglichkeit beweisen würden, um es mir möglich zu machen, ihnen die führende Alte in der Weise zu ersetzen, wie ich es bei Tschock getan hatte. Ohne Führer sind junge Dohlen vollkommen hilflos. Indem in einer Schar derartiger Jungvögel jeder beim andern Führung sucht und keiner den Entschluß fassen kann, sich niederzulassen, und keiner zum Heim zurückfindet, irren sie in eng geschlossener Schar, verzweifelt rufend, so lange umher, bis sie sich schließlich verfliegen.

Zunächst wurde die beschriebene Anlage von Tschock allein bewohnt, der bereits vollkommen eingeflogen war, als ich nach dem Flüggewerden die jungen Dohlen und die Elster hinaufbrachte. Bei der Übersiedlung entflog mir eine der Dohlen. Als diese dann die andern im Flugraum rufen hörte, stellte sie sich von selbst dort ein und ließ sich ohne weiteres hineinlocken. Die Jungvögel waren in ihrer neuen Wohnung bald heimisch und gewöhnten sich rasch an die Art der Fütterung. Um sie zahm zu erhalten, fütterte ich sie nur aus der Hand. Da hierbei alle zugleich sich auf mich setzen wollten und aus Raummangel oft einer auf dem Rücken eines andern landete, gab es viel Geflatter und Abstürze. Ich hatte ständig Hände und Gesicht zerkratzt. Ich beobachtete übrigens auch an andern flüggen jungen Sperlingsvögeln, daß sie auch *ohne* räumliche Beengung sehr oft auf dem Rücken der Geschwister landen. Dabei wird regelmäßig der Sitzende abgeworfen, der Ankommende nimmt dann seinen Platz ein. Der Vorgang ist *viel* zu häufig, als daß er als Zufall gedeutet werden könnte. Vielleicht ist dieses Anfliegen eigentlich auf die Eltern gemünzt, die dann auf diese Weise, bewußt oder unbewußt, den Jungen passende Sitzplätze zeigen könnten. Sowie die Jungen auch nur etwas zielsicherer im Landen sind, verliert sich diese Handlung vollständig.

Als die jungen Dohlen richtig fliegen konnten, begann ich die Freifliegversuche. Ich machte zunächst die einzelnen Vögel durch verschiedene Kombinationen bunter Taubenringe aus Celluloid an beiden Füßen kenntlich. Im Gegensatz zu altberingten Vögeln beachteten sie diese Anhängsel in keiner Weise. Zu den ersten Versuchen wählte ich die beiden zahmsten Vögel Blaublau und Blaurot. Nachdem ich das Nachfliegen von Zimmer zu Zimmer im Innern des Hauses zur Genüge mit ihnen geprobt hatte, nahm ich sie zunächst einzeln, bald aber beide zugleich in den Garten. Dabei geriet einmal Blaurot im Aufwind über dem Haus hoch in die Luft, getraute sich nicht wieder herunter und verflog sich. Nach zwei Tagen kam er spontan zurück. Sicher ist er nur durch Zufall in Hörweite der eingesperrten Dohlen gekommen und hat so das Haus wieder gefunden. Als ich mich auf das Nachfliegen von Blaublau und Blaurot verlassen konnte, ließ ich sie und zwei andere Jungvögel zum erstenmal mit Tschock zusammen vom Dach aus fliegen. Ich trieb die andern Vögel in die absperrbare Käfighälfte und hielt sie dort zurück. Als ich dann die Haupttüre öffnete, war Tschock natürlich sofort draußen, die vier Jungen betrachteten ängstlich und aufgeregt die ungewohnte offene Türe. Als aber Tschock einmal außen vor der Türe vorbeikam, sausten sie alle vier in dicht gedrängtem Haufen hinaus. Sie flogen Tschock nach, da er aber keinerlei Rücksicht auf sie nahm, verloren sie ihn beim ersten Sturzflug, den er machte. Sie begannen sofort, verzweifelt zu rufen, aber keiner wagte, ihm den Sturzflug nachzutun, und sie gerieten in dem starken Aufwind, der bei dem meistens herrschenden Westwind über unserem Haus weht, immer höher und höher in die Luft. Diese Erscheinung habe ich sehr oft beim ersten Freiflug von Gefangenschaftsvögeln bemerkt. Solche im Besitze ihres vollen Gefieders befindlichen Vögel, die keine Übung darin haben, im Winde zu manövrieren, geraten leicht in Angst, wenn sie so unfreiwillig in die Höhe geblasen werden. Jeder Angstzustand hindert aber den Vogel, wenn er ihn nicht geradezu zum Höhersteigen bringt, daran, die nötige Entschlußkraft aufzubringen, die er zu jedem »Bergab« braucht. Die erreichte Höhe regt die Vögel dann dazu an, so weit weg zu fliegen, daß sie nicht mehr nach Hause zurückfinden. Fast alle Vögel, die ich gleich beim ersten Freilassen verlor, fielen diesem Vorgang zum Opfer; ich habe noch keinen gesehen, der nicht in den Käfig zurück gewollt hätte, hätte er die Fähigkeit besessen, ihn wiederzufinden.

Meine vier jungen Dohlen stiegen immer höher, wobei sie immer öfter zu rufen begannen. Wenn eine Dohlenschar im Fluge immer schneller hintereinander den Lockruf ausstößt, so bedeutet das nichts anderes, als daß sie beabsichtigt, eine größere Distanz zu fliegen; sie nimmt engere Stimmfühlung, um kein Individuum zu verlieren.

Darauf reagierten, wie zu erwarten war, meine eingesperrten Dohlen damit, daß sie auch zu rufen begannen und mitwollten. Schließlich kamen dann die vier freigelassenen Dohlen langsam und vorsichtig tiefer herab, und nach mehreren unentschlossenen Versuchen landeten sie wieder auf dem Käfig. Wenn ich eine auch nur etwas größere Zahl der Vögel freigelassen hätte, hätten sie sich sicher verflogen. Eine Schar von älteren Vögeln, die einander seit langem kennen, hält viel fester zusammen. Im Freileben kann man beobachten, daß eine größere Schar alter Vögel am Aufbruche gehindert wird, wenn eine Minorität ihrer Mitglieder noch sitzen bleiben will. Ich sah das oft an durchziehenden Dohlenscharen, die auf ihrem Zuge im Tullnerfelde rasteten und Futter suchten. Wenn ein Teil gesättigt auffliegt und mit den beschriebenen Sammelrufen beginnt, stimmen die auf dem Boden befindlichen Vögel ein, ohne aufzufliegen, und selbst wenn ihrer nur sehr wenige sind, kommt die Schar regelmäßig wieder auf den Boden herab. Den Gegensatz hierzu bildet das Auffliegen bei einem Alarm, bei dem ein Vogel, der eine Gefahr wahrgenommen hat, prompt alle andern mitreißt. So genau sieht ein Vogel dem andern an, *warum* er auffliegt. Die oben beschriebene Rücksichtnahme auf alle Mitglieder der Schar ist dadurch arterhaltend, daß sie verhindert, daß die Schar geteilt wird oder daß einzelne ihrer Mitglieder bei Fütterung und Rast zu kurz kommen. Nur ist, wie bei vielen sozialen Triebhandlungen, ihr phylogenetisches Entstehen schwer zu erklären, denn gerade der sie ausführende Vogel hat nur einen sehr indirekten Nutzen davon.

Die vier freigelassenen jungen Dohlen verbrachten dann den Rest des Tages teils auf dem Dache, teils auf dem Gitter des Flugraums. Sie zeigten jetzt, nachdem sie glücklich aus der Luft heruntergekommen waren, eine ausgesprochene Abneigung, sich von neuem in den freien Raum hinauszuwagen. Die Lust am Fliegen und an Flugspielen kam ihnen erst einige Wochen später. Dies stellt nicht das natürliche Verhalten dar, sondern war darin begründet, daß meine Jungdohlen von 1927 zur Zeit, als sie im Freien zu fliegen begonnen hätten, in einem recht kleinen Raum eingesperrt waren. Unter natürlichen Bedingungen sieht man nicht viel vom Fliegen-»Lernen«, weil es so Hand in Hand mit der Entwicklung der Flugwerkzeuge, mit der Verhornung der Kiele nämlich, einhergeht, daß der Beobachter geneigt ist, die Unvollkommenheiten im Fluge des Vogelkindes auf die Unfertigkeit des Großgefieders zu schieben. Außerdem lernt ein Vogel im physiologischen Alter blitzrasch fliegen, wenn er dasselbe aber ungenützt verstreichen lassen mußte, nur sehr langsam. Es ist, als ob dann die Koordination komplizierterer Flugbewegungen, die zweifellos im Zentralnervensystem des Jungvogels, vielleicht in Form einer Art vererbter kinästhetischer Erinnerungsbilder, sehr vollkommen vorgebildet ist, verlorengehen würde, als ob also ein Vogel, der nie geflogen ist, das Fliegen *ver*lernen würde. Als erstes ausgebildet und zuletzt verlernt wird die Koordination des In-die-Höhe- und Geradeaus-Fliegens, also des primitivsten und wahrscheinlich auch phylogenetisch ältesten Flatterfluges. Dieses ungeschickte Urvogelflattern bei einem Vogel mit hochspezialisierten Flugwerkzeugen ist dann mit einer der Faktoren, die zu dem oben beschriebenen, vom Vogel unbeabsichtigten In-die-Höhe-Graten führen.

In der Folgezeit ließ ich nun Blaublau und Blaurot, die beiden ans Nachfliegen gewöhnten Dohlen, mit je zwei der anderen jungen Dohlen fliegen, bis sie alle so ziemlich eingeflogen waren und ihren Dachboden als Aktionszentrum betrachteten. Erst dann versuchte ich sie in den Garten hinunter zu locken, was ich bis dahin absichtlich vermieden hatte.

Als ich nun die Dohlen vom Garten aus rief (sie reagierten von Anfang an ebenso wie Tschock gut auf meine Nachahmung des Dohlenlockrufes), zeigte es sich, daß sie bereits viel zu fest an ihrem Heim hingen, um sich so weit von ihm wegzuwagen. Sooft ich rief, flogen Blaublau und Blaurot nach mir hin, wurden aber immer auf halbem Wege unsicher, kreisten einige Male und kehrten auf ihr Dach zurück. Schließlich trug ich sie auf der Hand durch das Haus in den Garten hinunter. Da ihnen das Treppenhaus unbekannt war, wagten sie, solange wir uns darin befanden, nicht von dem einzigen ihnen vertrauten Gegenstand, d. h. meiner Person, abzufliegen. Wenn sie es doch einmal taten, kehrten sie sofort wieder auf meinen Arm zurück. Auch unten im Garten hingen sie sehr fest an mir, wohl weil sie sich auch dort nicht heimisch fühlten. Zurück zu ihrer Wohnstätte flogen sie schon nach diesem ersten Gartenausflug von selbst, als ich sie vom Dach aus rief, und nach einigen wenigen solchen Spaziergängen kamen sie auf meinen Ruf doch von selbst vom Dach zu mir in den Garten herunter, zumal wenn ich sie von den am höchsten gelegenen Teilen unseres steil ansteigenden Grundstückes rief, so daß sie nur wenig oder gar nicht bergab mußten, denn sie flogen noch lange Zeit lieber eine größere Strecke waagerecht als eine noch so geringe steil bergab. Bald gewöhnten sich auch die jeweils freien anderen jungen Dohlen, mit Blaublau und Blaurot mir in den Garten nachzukommen. Da ich es nun schon wagen konnte, eine größere Zahl zugleich fliegen zu lassen, hatte ich stets eine ganz stattliche Schar Dohlen um mich, sowie ich in den Garten ging. Jetzt hatte ich Gelegenheit, zu beobachten, daß Blaublau und Blaurot auch unter den übrigen 12 jungen Dohlen zusammenhielten, was ja sicher auch dem Verhalten von Nestgeschwistern zueinander entspricht.

In jener Zeit sah ich bei meinen jungen Dohlen zum ersten Male eine Triebhandlung, die ich von Tschock her kannte und schon in meiner ersten Arbeit, wenn auch vielleicht nicht ganz richtig, beschrieben habe. Als ich nämlich einen der Vögel, der sich nicht in den Käfig locken lassen wollte, kurzweg mit der Hand packte, wurden plötzlich die zunächst sitzenden Dohlen ganz aufgeregt, machten sich schlank und lang, und dann begann eine, im nächsten Augenblick aber alle, ein lautes, metallisch klingendes Schnarren auszustoßen, wobei sich alle vorbeugten und mit den Flügeln schlugen. Tschock war im Inneren des Bodenraumes, als das Schnarren begann, kam aber sofort ebenfalls schnarrend herausgestürzt, um sofort mit Krallen und Schnabel auf meine Hand loszugehen. Noch längere Zeit, nachdem ich den Jungvogel ausgelassen hatte, waren sämtliche Dohlen sehr erregt und gegen mich scheu. Auch die Elster kam unter Ausstoßen des Warnlautes ihrer Art herbei. Am nächsten Tage führte ich ein solches Schnarrkonzert absichtlich herbei, als ein Teil der Vögel im Freien war, um zu sehen, ob sie nun auf das Einfangen eines von ihnen fliehen oder herbeikommen würden. Im Augenblick, da ich nun eine Dohle in der Hand hatte, fing auch schon eine andere mit dem Schnarren an, und sogleich kamen sämtliche an diesem Tage in Freiheit befindlichen Vögel von allen Seiten herbeigeströmt. Auch die Elster reagierte genau wie am Tag zuvor. Wenn man bedenkt, daß die verschiedenartigsten Kleinvogelarten ihre sich zum Teil gar nicht gleichenden Warnlaute verstehen, das heißt, so auf sie reagieren, wie auf die der eigenen Art, so erscheint dieses Verhalten der Elster nicht so sehr merkwürdig. Ich konnte mich davon überzeugen, daß auf das Tacken einer Mönchsgrasmücke, die einen sitzenden Turmfalken entdeckt hatte, sofort ein in der Nähe brütendes Paar Grünlinge herbeikam und mit dem gezogenen, wie fragend klingenden Pfeifen, das den Warnlaut ihrer Art darstellt, in den Lärm der Grasmücke einstimmte. Durch dieses gegenseitige Verstehen bilden die Kleinvögel eben eine Art Organisation gegen die ihnen gefährlichsten Räuber, vor allem gegen Eulen. Den Dohlen eigentümlich ist also nur die Tatsache, daß die Reaktion nicht durch den Anblick eines Räubers, sondern durch den eines in Not befindlichen Mitraben ausgelöst wird, und ferner die Tätlichkeit des darauf folgenden Angriffes. Meine Dohlen kreisten in ganz eng geschlossener Schar unter ruckartigen Schwenkungen über mir und stießen von Zeit zu Zeit andeutungsweise nach meinem Kopf. Zu einem tätlichen Angriff steigerte sich aber damals nur Tschock, aber nicht gegen meinen Kopf, sondern wiederum gegen die die Dohle haltende Hand. Die Elster flog nicht auf, sondern versuchte immer nur zu Fuß, mir in den Rücken zu kommen. Der Angriff von hinten ist ungemein bezeichnend für die Elster, aber auch für den Kolkraben.

Da meine Dohlen noch lange, nachdem ich die Gefangene wieder freigegeben hatte, aufgeregt waren und sogar am Abend dieses Tages durch ihr Mißtrauen es wesentlich erschwerten, sie wieder in den Käfig zu locken, wagte ich nicht, sobald wieder den Schnarreflex absichtlich auszulösen, weil die Vögel sonst in kürzester Zeit scheu gemacht worden wären. Im Laufe der folgenden zwei Jahre habe ich dann sowieso oft genug Gelegenheit gehabt, über diese Reaktion Beobachtungen anzustellen. Daß es sich dabei um eine rein angeborene Triebhandlung handelt, erhellt vor allem die Art der sie auslösenden Umstände. Zum Zustandekommen der Reaktion scheint notwendig zu sein, daß ein Rabenvogel, sei er nun lebendig oder tot, von irgendeinem Lebewesen, dessen Art merkwürdigerweise ganz gleichgültig ist, *getragen* wird. Sie wird nämlich nicht hervorgerufen, wenn eine Dohle sonstwie in Not gerät, wurde es zum Beispiel nicht, als eine mit der Hinterzehe in einer Masche des Käfiggitters hängenblieb, sich den Nagel ausdrehte und vor Schmerz und Angst das Kreischen ausstieß, das den Ausdruck höchster Not darstellt. Sämtliche Dohlen kümmerten sich nicht im geringsten um die Not des Kameraden, begannen aber sofort mit dem Schnarrkonzert, als ich herbeieilte und den Vogel, um ihn zu befreien, in die Hand nahm. Schon durch diese eine Beobachtung erscheint es als erwiesen, daß die Verteidigung eines Genossen von den Dohlen nicht bewußt und einsichtig, sondern rein triebhaft ausgeführt wird. Aber noch sehr vieles andere spricht dafür. Im Winter 1929/30 wurde die Leiche eines frisch verstorbenen Koloniemitgliedes überhaupt nicht beachtet, als aber eine zugleich gehaltene Nebelkrähe, die den Dohlen vollkommen vertraut und von ihnen nicht gefürchtet war, den Kadaver mit dem Schnabel auch nur umwendete, hatte sie sofort eine Rotte schnarrender Dohlen auf dem Hals. Zur Auslösung des Schnarrens ist es aber gar nicht notwendig, daß gerade eine Dohle oder deren Leichnam herumgeschleppt wird. Eine tote Elster, die ich den Dohlen zeigte, brachte dieselbe Reaktion hervor, ja, es genügte, ihnen einzelne größere schwarze Federn vorzuhalten, um einen Schnarrangriff zu provozieren. Auf die schwarzen Federn scheint es überhaupt sehr anzukommen, denn auf das Vorzeigen einer vollständig gerupften toten Dohle reagierten meine Vögel nicht, ebensowenig verteidigte später ein Dohlenpaar seine nackten Jungen, die ich den Vögeln auf der flachen Hand hinhielt, während sie wenige Tage später, als die Federhülsen der Jungen geplatzt und ihre Federn sichtbar waren, mich bei dem gleichen Versuch prompt unter Schnarren wütend angriffen. Eine sonderbare Fehlleistung der in Rede stehenden Triebhandlung sah ich im Frühjahr 1929. Da wurde ein Schnarrkonzert, allerdings ohne tätlichen Angriff, dadurch veranlaßt, daß eine Dohle eine Krähenschwungfeder zu Neste trug! Daß aber der Anblick von dunklen Federn auch nicht unbedingt nötig ist, beweist ein Fall, wo ich, vollständig unabsichtlich, einen Schnarrangriff meiner Dohlen dadurch auf mich zog, daß ich mit einer nassen, schwarzen Schwimmhose in der Hand durch den Garten ging. Dieser Gegenstand scheint durch seine Farbe und durch sein schlappes Schlenkern genug Merkmale mit einem Corvidenkadaver gemeinsam zu haben, um bei den Vögeln die gleiche Reaktion hervorzurufen. Auffallend ist aber dann, daß die Dohlen auf eine ihnen vorgehaltene kohlschwarze Haustaube, von der man doch meinen sollte, daß sie mehr Merkmale mit einem Rabenvogel gemeinsam habe als eine schwarze Schwimmhose, nicht wie auf einen Rabenvogel reagierten, sondern vielmehr sinngemäß, ohne zu schnarren, herbeikamen und nach der Taube hackten. Alle mir bekannten Corviden wollen »umbringen helfen«, wenn man andere Vögel, oder überhaupt Tiere, jagt, fängt oder in der Hand hält. Es scheint also, daß die Schnarreaktion der Dohlen durch die vorhandenen, von den Rabenmerkmalen abweichenden Taubenmerkmale, trotz großer Zahl der gemeinsamen Merkmale, vollständig unterdrückt wurde, weil eben die Merkmale der Taube eine eigene artgemäße Reaktion auslösen, welche die Schnarreaktion ausschließt. Offensichtlich genügen die wenigen Merkmale, die der Schwimmhose und der Dohlenleiche gemeinsam sind, um die auf diese gemünzte Reaktion auszulösen.

Diese Schnarreaktion, die, um es nun ganz allgemein zu fassen, durch »Getragenwerden schwarzer Gegenstände, gleichgültig von wem«, ausgelöst wird, ist nun doch ziemlich sicher auf Raubtiere »gemünzt«, die eine Dohle oder einen sonstigen Rabenvogel gefaßt haben und wegtragen wollen.

Der Zweck der Triebhandlung ist offenbar weniger, dem Räuber sein Opfer zu entreißen, als ihn nicht zum Genusse seines Raubes kommen zu lassen und ihm so für die Zukunft das Rauben von Rabenvögeln zu verleiden. Es liegt nun die Frage nahe, warum die Dohle sich so ausschließlich auf den Anblick des Getöteten oder zumindest Fortgetragenen eingestellt hat, ohne die Person des Räubers zu berücksichtigen; man denke an den Angriff auf das eine schwarze Feder tragende Dohlenweibchen! Ein Raubtier ernstlich anzugreifen, welches *nicht* durch Mitschleppen eines Rabenvogels den Schnarreflex auslöst, fällt keiner Dohle ein, höchstens, daß sie einmal auf einen fliegenden Raubvogel mehr spielend als ernst stoßen. Nur die Eltern ganz kleiner Jungen scheinen hiervon eine Ausnahme zu machen.

Kolkraben, Elstern und wahrscheinlich auch Krähen greifen aber jedes behaarte oder gefiederte Raubtier an, dessen sie überhaupt ansichtig werden, um ihm womöglich die Gegend, in der sie selbst leben, zu verekeln. Die Dohle ist aber zu solchen Angriffen sicher weniger geeignet als die genannten Vögel, die ja sämtlich größer sind, mit Ausnahme der Elster, die ihrerseits mit ihrer unglaublichen Gewandtheit und vor allem Startfähigkeit selbst große Raubtiere sicher noch besser zu quälen vermag als sogar der große Kolkrabe. Da die Dohle nun weder die Kraft eines Raben oder einer Krähe noch die Schnelligkeit einer Elster besitzt, hat sie sich darauf beschränkt, den durch das Tragen der Beute wehrlosen Räuber mit geradezu beispielloser Wut und Unbedingtheit, anzugreifen.

Es ist mir nicht bekannt, ob Krähen eine dem Schnarreflex der Dohlen analoge Reaktion besitzen oder ob sie wenigstens, wie die Elster, auf diesen Ton der Dohlen ansprechen. Ich halte beides mindestens für sehr wahrscheinlich, da sie ja wohl verwandtschaftlich, ganz sicher aber biologisch der Dohle viel näher stehen als die Elster. Leider waren sämtliche von mir bisher gehaltenen Krähen so wenig vollwertige Vertreter ihrer Arten, daß ich mir aus ihrem Verhalten keine Schlüsse zu ziehen gestatte. Es scheint ganz unglaublich schwer zu sein, Krähen, vor allem Saatkrähen, zu wirklich gesunden Vögeln zu erziehen. Ich habe nie selber Krähen ausgenommen, und die Jungtiere, die ich erhielt, waren jedesmal schon auf Lebzeiten geschädigt. Wer daran zweifelt, daß Krähen schwerer aufzuziehen sind als Dohlen, Kolkraben oder Elstern, der vergleiche im ersten besten Zoo die dort gehaltenen Tiere dieser Arten: Er wird fast nie einen struppigen Raben und kaum überhaupt je eine wirklich glatte Krähe zu sehen bekommen. Zur Beurteilung einer so komplizierten Reaktion wären daher speziell bei Krähen Freiheitsbeobachtungen ungeheuer erwünscht, und ich wäre für diesbezügliche Angaben *sehr dankbar*.

Von Kolkraben aber weiß ich sicher, daß sie nicht auf das Fangen oder Tragen andersartiger Corviden mit einem Drang, sie zu verteidigen, reagieren, sondern, wenn ein befreundeter Mensch einen anderen Rabenvogel jagt oder fängt, sogar sofort an der Jagd teilnehmen und »umbringen helfen« wollen, was wohl ihrem Verhalten zu jagenden Artgenossen entspricht. Der Rabe steht also außerhalb des Schutz- und Trutzbündnisses der übrigen Corviden, an welchem aber auch die Häher sicher kein Teil haben, die ja überhaupt biologisch mehr von ihnen abweichen als morphologisch. Wenn man die verwandtschaftlichen Beziehungen der sozial zusammenarbeitenden Corviden untereinander und zum Raben erwägt, so kommt man zu der Vorstellung, daß die Asozialität dieses in den Familiencharakteren sicher am höchsten spezialisierten Vogels sekundärer Natur ist.

Kolkraben verteidigen Artgenossen sehr nachdrücklich, wenn man diese fängt. Der dabei ausgestoßene Wutton hat sogar eine gewisse Ähnlichkeit mit dem Schnarren der Dohlen. Aber beim Raben wirkt diese Handlung viel weniger triebhaft als bei jenen. Es scheint nämlich notwendig zu sein, daß der zu verteidigende Rabe dem Verteidiger bekannt sei, denn mit meinem heuer aufgezogenen jungen Raben konnte ich anfangen, was immer ich wollte, ohne die vorjährigen im geringsten aufzuregen, ja, sie zeigten dann oft nicht übel Lust, über die jüngeren Artgenossen herzufallen! Daß die persönliche Freundschaft bei den Raben eine größere Rolle spielt als die Artzugehörigkeit, geht auch daraus hervor, daß mein ältester Kolkrabe mich in derselben Weise gegen einen mich angreifenden Kakadu verteidigte, in der er gegen ein Stubenmädchen Stellung nahm, welches sich bemühte, seine Braut aus einem Gewirr von Wollfäden zu befreien, in das sich letzterer Vogel, mit dem Strickstrumpf meiner Mutter spielend, eingesponnen hatte. Der Angriffston der einen Freund verteidigenden Kolkraben ist derselbe, den sie beim Anblick eines Hundes oder einer Katze ausstoßen und regelmäßig auch beim Erblicken eines gewehrbewaffneten oder auch nur jägerähnlich gekleideten Mannes. Er unterscheidet sich durch seine Kürze und Härte sowie durch seinen nasalen Klang von dem gewöhnlichen Raufton des Kolkraben. Sehr ähnlich, aber noch nasaler und viel höher war der Ton nistender Nebelkrähen, wenn sie, in dem Bestreben, meine Raben aus der Umgebung ihres Nestes zu vertreiben, auf sie stießen. Der Schnarrton der Dohlen hatte mit den Angriffstönen von Rabe und Nebelkrähe die Härte und den nasalen Klang gemeinsam, unterschied sich aber vor allem dadurch, daß er fortlaufend und nicht in einzelnen Absätzen ausgestoßen wurde.

Ich habe in meiner ersten Arbeit der Ansicht Ausdruck gegeben, daß der Angriffston der Dohlen identisch sei mit dem Quarren, das man hört, wenn die Vögel auf einen Raubvogel oder nur spielend aufeinander stoßen, und ebenso identisch mit dem Angstlaut des in höchster Not befindlichen oder sich wähnenden Vogels. Bei näherer Bekanntschaft vermag man jedoch alle drei Lautäußerungen gut auseinanderzuhalten. Während der Angstlaut durch seinen mehr kreischenden Klang gekennzeichnet ist, sind das Schnarren beim Angriff und das Quarren beim spielerischen oder ernsten Stoßen vor allem darin verschieden, daß ersteres, wie gesagt, fortlaufend, letzteres nur in wenigen, rasch aufeinanderfolgenden, kurzen Tönen vorgebracht wird. Das Stoßquarren, das auch etwas tiefer, weicher und weniger nasal klingt als das Angriffsschnarren, ist in genau der gleichen Bedeutung der Dohle, den Krähenarten und dem Raben gemeinsam und, außer vielleicht an der Tonhöhe, bei den einzelnen Arten kaum zu unterscheiden.

Da, wie aus dem Gesagten hervorgehen dürfte, die Kameradenverteidigung der Raben nicht mit völliger Sicherheit als arteigene Triebhandlung anzusprechen ist, die Schnarreaktion der Dohlen aber ganz sicher eine solche darstellt, wäre es nun von großem Interesse, zu wissen, wie sich Krähen darin verhalten.

Ungemein bezeichnend für den fast reflektorischen Charakter der Schnarreaktion war damals, als ich diese Triebhandlung zum erstenmal genauer kennen und in ihrer Bedeutung verstehen lernte, auch das Verhalten Tschocks. Dieser Vogel war im allgemeinen doch gegen mich eitel Anhänglichkeit und Zärtlichkeit und haßte dabei die jungen Dohlen, die bei seiner Einstellung für ihn gar keine Artgenossen bedeuteten, aus Herzensgrund. Und trotzdem bekämpfte er mich sofort bis aufs Blut, wenn ich eine der jungen Dohlen in die Hand nahm! In allen anderen Lebenslagen benahm sich Tschock gegen die Jungen nur feindselig, jagte sie stets von meiner Schulter und verfolgte sie in jeder Weise. Die Kleinen jedoch wurden durch diese üblen Erfahrungen nicht gewitzigt, sondern liefen ihm sperrend entgegen, so oft sie ihn sahen, insbesondere wenn er auf größere Distanz angeflogen kam. Sie erkannten also triebmäßig die geringen Unterschiede zwischen Jugend- und Alterskleid ihrer Art, denn niemals bettelten sie einander an. Sie können übrigens auch eine gewisse Erinnerung an ihre Eltern gehabt haben, denn sie waren in recht vorgeschrittenem Alter in meinen Besitz gelangt.

Nach einiger Zeit änderte Tschock ziemlich plötzlich sein Verhalten gegen *eine* bestimmte junge Dohle, und zwar gegen Linksgelb. Diesen Vogel adoptierte, führte und fütterte er. Ich lernte jetzt den Futterlockton der Dohlen kennen, den auch der seine Gattin fütternde Dohlenehemann gebraucht. Dieser Ton ist einer der wenigen tierischen Verständigungsmittel, deren Genese ohne weiteres klar ist. Er ist eigentlich der gewöhnliche Dohlenlockton »kia«, der dadurch abgeändert ist, daß der Vogel den Kehlsack so stark gefüllt hat, daß er den Schnabel nicht öffnen kann, ohne etwas von seiner Beute zu verlieren. Beim Locken seiner Jungen stößt der Vogel auch dann denselben Ton aus, wenn er nur so wenig im Kehlsack hat, daß er sehr wohl das gewöhnliche »kia« mit offenem Schnabel ausstoßen könnte. Ja, er lockt sein Junges sogar bei nachweislicher Leere des Kehlsacks mit diesem Futterton, er benutzt also bei der Führung gewissermaßen Vorspiegelungen falscher Tatsachen, auf die ihm das Junge jedesmal hereinfällt. Hatte aber umgekehrt Tschock den Kehlsack wirklich stark gefüllt, so bemerkte Linksgelb dies sofort, auch ohne daß Tschock seinen Lockton von sich gab, und begann zu betteln. Linksgelb folgte Tschock wie sein Schatten. Weder zu Fuß noch in der Luft war er jemals weiter als zwei Meter von ihm entfernt. Wenn er ihn doch einmal verloren hatte, war er ganz verzweifelt und hilflos. Mit hoch erhobenem Kopf umherspähend, irrte er, ununterbrochen rufend, herum, genau wie ein verlorengegangenes Gänseküken. Diese Abhängigkeit von den führenden Eltern läßt sich überhaupt nur mit der mancher junger Nestflüchter vergleichen. Das Merkwürdige daran ist, daß sie erst entsteht, wenn die Jungen beginnen, mit den Eltern auf Futtersuche zu gehen. Denn bis dahin, also bis lange nach dem Flüggewerden, zeigen sie keinerlei Drang, den Eltern nachzufliegen, sondern sitzen in der nächsten Umgebung der Nester und erwarten die fütternden Alten, wie die meisten andern Sperlingsvögel es tun. Dieses nestflüchterartige Führen der Jungen setzt bei den Dohlen also erst zu einer Zeit ein, da andere Sperlingsvögel selbständig werden. Es erklärt die starken Unterschiede zwischen den Reaktionen der jungen und der alten Vögel, vor allem die Reaktionsarmut und geringe Intelligenz der Jungen. Unter allen andern einheimischen Rabenvögeln zeigen nur noch die erwachsenen Jungen der Saatkrähe eine ähnliche Unbeholfenheit. Ich möchte daher vermuten, daß dieser Vogel eine ähnliche Fortpflanzungsbiologie hat, was ja schon dadurch, daß er auch Koloniebrüter ist, wahrscheinlich gemacht wird. Alle anderen Rabenvögel erreichen schon, sowie sie wirklich fliegen können, ihre Eltern so ziemlich an Intelligenz. Daher fällt ein Vergleich zwischen einer zwei bis drei Monate alten Dohle und einer gleichaltrigen Elster sehr zugunsten der letzteren aus, während ein Jahr später die Dohle der Elster an Gedächtnis, bei Gitterversuchen, an Aktionsradius, kurz in fast jeder Hinsicht überlegen ist.

Die Unfähigkeit meiner jungen Dohlen, Probleme irgendwelcher Art selbständig zu lösen, wurde mir dadurch besonders auffällig, daß ich ständig Tschock und später auch die junge Elster als Vergleichsobjekte vor Augen hatte. Die jungen Dohlen begriffen z. B. das Wesen der Gittertüre, durch die sie doch jeden Morgen ins Freie flogen, absolut nicht. Wurden sie außerhalb des Flugraumes durstig oder schläfrig, so strebten sie, wenn sie sich auf dem Gitterdach niedergelassen hatten, geradewegs auf das Bodenfenster zu und kamen nie auf den Gedanken, den kleinen Umweg durch die Türe zu machen. Je heftiger es sie nach dem Bodeninneren verlangte, desto unmöglicher war es ihnen, sich so weit vom Fenster zu entfernen, daß sie die Türe im Gitter hätten finden können. Erst wenn sie ihre Absicht als undurchführbar aufgaben, kam es vor, daß sie zufällig in die Nähe der Türe kamen, das Bodenfenster durch sie ohne dazwischenliegendes Gitter erblickten und dann hineinfanden. Aber nicht einmal durch das häufige Vorkommen dieses zufälligen Gelingens lernten sie, den Weg zielbewußt zu finden. Wie zu erwarten, waren sie auch nicht imstande, das Beispiel Tschocks zu verwerten, der ja den ganzen Tag durch die Türe aus- und einflog. Es wäre mir nun ein kleines gewesen, eine Klapptüre über dem Bodenfenster so anzubringen, daß auch die jungen Dohlen sie hätten finden müssen. Ich tat dies jedoch absichtlich nicht, da ich beobachten wollte, in welchem Alter sie dieses spezielle Problem ebenso gut lösen würden wie alte Vögel. Als Tschock nämlich den frisch erbauten Flugkäfig bezogen hatte, hatte er die Türe von Anfang an begriffen, ohne daß ein Vorgang des Lernens zu beobachten gewesen wäre. Die Antwort auf dieses »Wann« wurde mir in sehr eindrucksvoller Weise. Als ich am 7. August die Dohlen einsperrte und eingesperrt ließ, weil ich auf mehrere Wochen verreiste, hatte sich ihr Verhalten der Türe gegenüber in keiner Weise geändert; ich mußte sie daher bis dahin jeden Abend einzeln in den Käfig locken. Als ich sie dann bei meiner Rückkunft am 2. September wieder freiließ, begriffen sie die Tür ebenso schnell und vollständig, wie Tschock es getan hatte. Daß dieser Umschwung gerade zu einer Zeit eintrat, als die Vögel keine Gelegenheit hatten, die Tür zu »lernen«, zeigt besonders klar, wie nicht äußere Umstände die Fähigkeiten des Vogels fortbilden, sondern daß die geistigen Fähigkeiten einer gesunden Dohle in jener Jahreszeit eine gewaltige Vermehrung erfahren, was sich außer bei Gitterversuchen auch noch in anderer Weise ausdrückt. Da zugleich der Nachfliegetrieb erlischt und sich eine Neigung bemerkbar macht, sich dem Pfleger persönlich zu entfremden (auch das innige Verhältnis zwischen Tschock und Linksgelb löste sich um diese Zeit), so kann man wohl annehmen, daß das der Moment ist, in dem sich die Familien auflösen. Selbst die Gatten alter Paare sind kühler zueinander.

Um aber bei der zeitlichen Reihenfolge zu bleiben: Noch im Frühsommer bekam ich zwei weitere junge Elstern, die offenbar von einer Spätbrut stammten, da sie noch sehr kurzschwänzig waren. Zunächst waren sie sehr zahm, verwilderten aber sofort vollständig, als ich sie zu den andern Vögeln setzte, wie es Elstern bei einem derartigen Umgebungswechsel sehr leicht tun, wenn man nicht strenge Gegenmaßregeln trifft. Ihre Scheuheit war mir sehr unangenehm, da ich ihnen, die mir ja nicht aus der Hand fraßen, dauernd Futter im Käfig stehenlassen mußte, was wieder auf meine Dohlen einen schlechten erzieherischen Einfluß haben mußte. Nach kurzer Zeit kam eine der beiden scheuen Elstern aus Versehen frei. Ich hätte nun von einem Baumvogel, der wie die Elster im Freileben nie in Höhlen geht, nicht erwartet, daß er überhaupt dazu zu bringen sein werde, unter ein Dach zurückzukehren, da ihm doch jeder Baum eine ebenso gute oder bessere Schlafgelegenheit bietet. Die freigekommene Elster kam nicht nur aufs Dach zurück, sondern fand auch, im Gegensatz zu den jungen Dohlen, von selbst prompt zur Tür hinein. Ich bemerkte erst abends, als ich wie gewöhnlich die Dohlen einzeln in den Käfig praktizierte, daß sie schon ruhig auf ihrem angestammten Schlafplatz saß. Diese Leistung der noch kurzschwänzigen, scheuen kleinen Elster erstaunte mich sehr und veranlaßte mich, jetzt auch meine zahme und vollständig ausgewachsene Elster freizulassen, was ich bis dahin nie gewagt hatte. Als ich ihr die Türe öffnete, war sie sofort im Freien. Zunächst lief und flog sie nur mit den Dohlen auf dem Dache umher, bald aber wurde sie aufgeregt, machte sich lang und dünn, genau wie alte Dohlen, wenn sie beabsichtigen, eine größere Distanz zu fliegen. Im nächsten Augenblick schoß sie schon davon und verschwand kerzengeraden Fluges in der Ferne. Die Dohlen flogen so weit mit, wie es ihr damals noch sehr kleiner Aktionsradius gestattete, und kamen dann zu mir zurück. Trotz meiner gestrigen Erfahrung mit der anderen jungen Elster konnte ich mich so wenig von dem Vorurteil freimachen, daß die Elster ähnlich reagieren müsse wie die Dohlen, daß ich ihr spontanes Zurückkommen für völlig unmöglich hielt. Ich steckte daher ein Säckchen mit Mehlwürmern in die Tasche, um den Vogel locken zu können, und wollte mich eben aufmachen, um ihm nachzugehen, als ich ihn durch das Fenster wieder erblickte. Die Elster kam hoch in der Luft, ebenso geradenwegs, wie sie weggeflogen war, zurück und ließ sich, über dem Hause angelangt, in elegantem Sturzflug herunterfallen, um nicht ganz einen Meter von mir entfernt zu landen. Ihr Verhalten erweckte den Eindruck, als ob sie das alles schon sehr oft getan hätte. Der Flug der schneller schlagenden und wendigeren Elster kann im Käfig viel vollkommener zur Ausbildung gelangen als der der Dohlen, so daß auch darin die erstmalig freigelassene Elster in keiner Weise dem schon seit einem Jahr freifliegenden Tschock unterlegen war, denn der Aktionsradius dieser ersten Exkursion blieb nicht viel hinter dem der weitesten Flüge Tschocks zurück. Wie wenig die Orientierungsfähigkeit einer jungen Dohle durch individuelles Lernen zunimmt, hatte ich schon im Vorjahre an Tschock erfahren, auch hatte ich beobachtet, daß zum erstenmal in ihrem Leben freigelassene Dohlen nach wenigen Tagen den seit langer Zeit freien Tschock an Aktionsradius und Orientierungsfähigkeit übertrafen; niemals aber hätte ich derartiges von einem acht Wochen alten Jungvogel erwartet.

Schon früher hatte ich vermutet, daß junge Elstern viel weniger und viel kürzere Zeit von ihren Eltern abhängig seien. Dies wurde durch das Verhalten dieser Elster bestätigt. Sie leistete mir innerhalb ihres Gebietes wohl oft Gesellschaft, verließ mich aber ebenso oft plötzlich und zeigte sich überhaupt in keiner Weise auf meine Person angewiesen, zumindest ließ sie keinerlei Ungemach vermuten, wenn sie mich aus den Augen verloren hatte. Sie wurde im Freien viel zahmer, als sie im Käfig gewesen war. Wir tauften sie Elsa, und sie lernte bald auf ihren Namen hören, d. h. mehr auf ihn achten als auf den Dohlenlockruf, mit dem ich die Dohlen rief. Als sie vollständig eingeflogen war, erschien »ihr Gebiet« viel kleiner, als ich nach den ersten Ausflügen vermutet hätte, und an die Grenzen dieses einmal gewählten Gebietes hielt sie sich dann sehr genau. Obwohl sie mich innerhalb dieser Grenzen gern begleitete, verließ sie mich sofort, sowie ich sie überschritt, und flog fast fluchtartig zu unserem Haus, dem Zentrum ihres Gebietes, zurück. Zu diesem Verhalten hatte sie guten Grund. Bei Grenzüberschreitungen wurde sie nämlich sofort wütend von einem alten Elsternpaar angegriffen, in deren Gebiet offenbar unser Garten lag. Elsa vermochte sich überhaupt nur dadurch zu halten, daß sich die eingesessenen Elstern nicht näher, als es diesen Grenzen entsprach, ans Haus heranwagten; sie, nicht Elsa, hatten also diese Grenzen gezogen. Gegen Herbst schwand diese Feindschaft, und Elsa pflegte sich dann viel in Gesellschaft ihrer früheren Verfolger und deren Kinder herumzutreiben. Im nächsten Frühjahr ging es Elsa noch schlechter. Jetzt lag unser Haus auf strittigem Gebiet zwischen den Reichen zweier Elsternpaare. Besonders das östliche Paar lauerte geradezu darauf, daß Elsa sich vom Hause entferne. Die beiden Vögel saßen oft stundenlang in den Wipfeln der benachbarten Bäume und ließen kein Auge von Elsa, die sich auf dem Dach des Hauses herumtrieb. Oft vergaßen die beiden Elsternpaare ihren Zwist miteinander und waren zu viert hinter Elsa her. Im Frühjahr 1929 hatte Elsa als zweijähriger, sicher männlicher Vogel ein eigenes Gebiet erobert, das sie mit einer 1928 aufgezogenen, offenbar weiblichen Elster teilte. Zur Brut sind die beiden 1929 wegen der Jugend des Weibchens nicht geschritten, wiewohl sie ein Nest bauten.

Bemerken möchte ich noch, daß die Balzbewegungen des Männchens in keiner Weise mit denen der männlichen Dohle übereinstimmen. Der Elsterhahn umhüpft sein Weibchen mit hochgehaltenem Kopf, stark gesträubtem Untergefieder und schief getragenem Schwanz und singt leise dazu. Darin erinnert er also viel mehr an manche Kleinvögel als an andere Raben. Ein äußerlicher Unterschied zwischen Elsa und dem Weibchen besteht darin, daß die Armschwingen bei letzterem in ihrer ganzen Länge grün schillern, während sie bei Elsa eine breite, rot violett-irisierende Querbinde tragen. Es ist mir unbekannt, ob das ein konstanter Geschlechtsunterschied ist; ich habe beide Varianten bei Jungvögeln im selben Nest gefunden.

Nach den Erfahrungen mit Elsa möchte ich annehmen, daß junge Elstern ihren Eltern nicht in der Weise nachfliegen, wie junge Dohlen es tun; der Trieb dazu fehlt ihnen fast vollständig. Dafür sind sie aber, sowie sie richtig fliegen können, ihren Eltern an selbständiger Orientierungsfähigkeit so gut wie ebenbürtig, zumindest innerhalb des recht engen Gebietes, auf welches sich ein altes Elsternpaar zur Brutzeit beschränkt. Daher ist so ein Jungvogel auch gar nicht unglücklich, wenn er den Pfleger aus den Augen verliert, im Gegensatz zu Dohlen oder anderen mit einem Nachfolgetrieb ausgestatteten jungen Tieren.

Da der Sperrtrieb bei Elstern regelmäßig früher erlischt als bei Dohlen, so scheinen sie kürzere Zeit von ihren Eltern geatzt zu werden als diese. Hierbei ist noch zu berücksichtigen, daß vom Menschen aufgezogene Jungvögel meist länger sperren, als sie es im Freileben tun.

Über sämtliche Dohlen, Tschock inbegriffen, hatte Elsa bald die Oberhand. Wenn sie mit einer Dohle raufte, konnte man aufs deutlichste sehen, um wieviel wendiger sie im engen Raum des Käfigs flog und um wieviel sie vor allem ihren Gegner an Steigfähigkeit übertraf: im Augenblick hatte sie ihn überstiegen und zu Boden gedrückt. Sie verfolgte insbesondere Tschock, der seinerseits die Oberherrschaft über die Dohlen hatte. Den jungen Dohlen gegenüber war sie ganz friedfertig, nachdem sie sie einmal von ihrer Überlegenheit überzeugt hatte. Sie verstanden nun die Fehde zwischen Elsa und Tschock in sehr interessanter Weise auszunützen: Tschock pflegte nämlich alle Dohlen mit alleiniger Ausnahme seines Adoptivsohnes vom Futternapf, den ich den Vögeln in der Hand vorhielt, wegzujagen. Wenn nun Elsa zum Napf kam und ihrerseits Tschock wegjagte, so benutzten die übrigen sofort zielbewußt die Gelegenheit, satt zu werden, wobei ihnen Elsa nie etwas tat.

Als im Herbst Gelbgrün, das stärkste Männchen unter den Jungen, die Herrschaft über die Dohlen an sich riß, übertrug Elsa in sehr beachtenswerter Weise ihre Feindschaft auf diesen Vogel. Auch der jeweilige Herrscher einer Dohlenschar ist nämlich nur gegen »Kronprätendenten« böse, gegen die in der Rangordnung tief unter ihm stehenden Vögel aber friedfertig. Bei nicht ausgesprochen sozialen Vögeln, die man zwingt, auf so kleinem Raum, wie ein Flugkäfig ihn darstellt, beisammenzuleben, pflegt sich ja auch eine genaue »Beißordnung« auszubilden, aber dort gehen dann die Stärksten eben gerade auf die Schwächsten los. Dieses Verhalten hätte ich auch von der Elster erwartet und nie bei diesem wenig und nur zu gewissen Zeiten geselligen Vogel diese Hemmung vermutet. Daß die Dohlen außer dieser Hemmung zum Schutze der Schwächeren noch eine Triebhandlung zur aktiven Unterdrückung von Tyrannen haben, sei hier erwähnt. Sie wird im Laufe der zeitlichen Reihenfolge beschrieben werden.

Diese relative Verträglichkeit der Elster den Dohlen gegenüber fand ihr Ende, als sie im Vorfrühling 1929 ernstlich in Fortpflanzungsstimmung kam: damals brachte sie einige schwache junge Dohlen glattweg um. Sie hatte eben den Trieb, ihr »Gebiet« von Mitbewohnern zu säubern.

Gegen alles, was nicht Rabenvogel war, war sie immer schon sehr angriffslustig gewesen. Sie zeigte schon früh eine deutliche Neigung, jedes Tier, dem sie begegnete, sei es groß oder klein, Vogel oder Säuger, probeweise einmal von hinten anzugreifen; diesen Trieb teilte sie mit meinen Kolkraben, nicht aber mit den Dohlen. Sie näherte sich ihrem Opfer stets von hinten, indem sie seitwärts, ständig in tief geduckter, abflugbereiter Stellung an es heranhüpfte. War sie ihm dann so in aller Stille genügend nahegekommen, so hackte sie mit aller Kraft zu, um fast gleichzeitig mit einem raschen Flügelschlag einen halben Meter zu retirieren. Floh nun der Angegriffene, so erneuerte sie sofort ihren Angriff mit erhöhter Kühnheit, das heißt, sie flog ihm meist von hinten auf den Rücken. Setzte er sich aber zur Wehr, so flog sie nicht weit fort, wie Raben es im gleichen Falle tun, sondern sprang nur unter lautem Schackern ein ganz kleines Stück zur Seite und trachtete sofort wieder, ihrem Gegner in den Rücken zu kommen. Meinen freifliegenden Gelbhaubenkakadu brachte sie dadurch geradezu zur Raserei. Nach einigen wütenden Vorstößen, die von fürchterlichem Geschrei begleitet wurden, gab der große Vogel den Kampf regelmäßig auf und flog so weit davon, daß sein Zorngekreisch in der Ferne verklang.

Unsere Hunde versuchten anfangs naturgemäß, die freche Elster zu fangen. Dann führte die Elster den Verfolger in ganz engen Kreisen so lange herum, bis er einfach nicht mehr weiter konnte. Sowie er dann stehenblieb, saß sie sofort wieder nicht ganz einen Meter entfernt vor seiner Nase und versuchte regelrecht, ihn zu weiterer Verfolgung zu veranlassen, indem sie immer wieder abflog und sich sofort wieder schackernd vor die

Nase des Hundes setzte. Die überraschend kurze Reaktionszeit erlaubt es der Elster, das Raubtier unglaublich nahe an sich herankommen zu lassen, ohne erwischt zu werden.

Ein Film, den ich von der beschriebenen Szene mit dem Hunde aufnahm, zeigt sehr schön, wie genau der Vogel immer dieselbe geringe Distanz zwischen seiner Schwanzspitze und der Nase des Hundes aufrechterhielt, was besonders auf solchen aufeinanderfolgenden Einzelbildern schön zum Ausdruck kommt, wo auf einem beide Tiere kaum 40 cm voneinander entfernt am Boden sitzen, auf dem nächsten aber immer noch in derselben Distanz voneinander sich in voller Fahrt befinden. Eine andere sehr zahme Elster hatte die unangenehme Eigenschaft, die beschriebene Reaktion auch dem Menschen gegenüber zu bringen. Sie pflegte eine Zeitlang täglich beim Morgengrauen zu meinem Schlafzimmerfenster hereinzukommen und mich dann ganz fürchterlich zu belästigen. Wenn ich sie dann hinausjagen wollte, nahm sie mir gegenüber die gleiche Haltung ein, wie Elsa gegen die Hunde, und war durch nichts zu verscheuchen. Weder durch Wurfgeschosse noch durch einen umgekehrten Stuhl, der für Tschock der Inbegriff alles Schrecklichen war, ließ dieser freche Vogel sich einschüchtern.

Noch im Sommer 1927 konnte ich durch eine glückliche Zufallsbeobachtung an Freiheitsvögeln meine Vermutung bestätigen, daß das beschriebene Herausfordern und Müdehetzen von Raubtieren bei der Elster eine arteigene Triebhandlung darstellt: Ich sah nämlich auf einer Wiese knapp am Rande eines hohen Kornfeldes eine Schar von aufgeregt schnatternden Elstern sitzen, die immer abwechselnd hochflatterten und sich wieder niederließen.

Da ein tiefer Graben mir gute Deckung bot, konnte ich mich nahe genug an die Vögel heranschleichen, um folgendes zu beobachten: Auf der Wiese saßen 14 Elstern mit den Köpfen gegen das Korn gewandt und rückten in der an Elsa beobachteten geduckten Stellung langsam vor. Plötzlich kam aus dem Felde hervor in herrlichem Sprunge ein Wiesel auf die nächste Elster zugeschossen.

Es erreichte aber sein Ziel genausowenig wie mein Hund und wurde genau ebenso genasführt. Im Augenblick nun, da der kleine Räuber seine Jagd aufgab und umkehrte, waren sämtliche Elstern blitzschnell hinter ihm her. Das Wiesel muß sehr hungrig gewesen sein, denn es kam wohl ein Dutzend Male aus dem Korn hervorgesprungen und schnellte fast meterhoch in die Luft, aber es gelang ihm ebensowenig wie dem Hund, den immer gleich großen Vorsprung des Vogels zu verringern. Neben den Elstern wirkte dieses Sinnbild aller Flinkheit geradezu plump.

Ich kann mir nun sehr gut vorstellen, daß die Elstern auf diese Weise jedem Raubtier den Aufenthalt in dem von ihnen bewohnten Gebiete so sauer machen, daß es vorzieht, anderswo zu jagen, womit dann wohl der Zweck der Triebhandlung für die Elstern erreicht sein dürfte.

Infolge ihrer kurzen Reaktionszeit sind Elstern im Gegensatze zu Dohlen sehr wohl imstande, Heuschrecken zu fangen. Zwar entdecken sie diese schutzfärbigen Insekten, solange sie stille sitzen, genausowenig wie die Dohlen, aber sie fahren jeder wegspringenden Heuschrecke mit einem Satze nach und erwischen sie im Augenblick, wo sie landet.

Überhaupt scheint die Elster viel mehr aufs Tierfressen eingestellt zu sein, wenigstens schienen die meinen tierische Nahrung viel mehr zu vermissen als die Dohlen.

Hier möchte ich erwähnen, daß meine Kolkraben auch stillsitzende Heuschrecken sofort sehen. Da kaum anzunehmen ist, daß sie ein feineres Farbenunterscheidungsvermögen oder eine bessere Optik des Auges besitzen als andere Corviden, so möchte ich vermuten, daß bei ihnen die zentrale Verwertung ihres Bildes eine viel bessere ist als bei anderen Rabenvögeln. Dies steht auch mit ihrer sonstigen geistigen Überlegenheit sehr gut im Einklange.

Aus allem Gesagten muß hervorgehen, daß die Dohlen bei jedem Vergleiche mit den gleichaltrigen Elstern geradezu kläglich abschnitten. Die Abhängigkeit von der elterlichen Führung drückte sich bei meinen eltern- und führerlosen Vögeln leider auch darin aus, daß ein ungeheuer hoher Prozentsatz verunglückte. Gleich im Juni verflogen sich drei Stück. Sie waren wohl durch irgendeinen Zufall etwas weiter als gewöhnlich vom Hause abgekommen. Ich sah noch zufällig, wie sie in beträchtlicher Entfernung in der ihnen charakteristischen Weise eng geschlossen und ständig lockend umherkreisten und schließlich donauabwärts verschwanden. Nach zwei Tagen war einer der drei wieder da, die anderen beiden blieben verschollen. Sicher ist der Wiedergekommene rein zufällig in Hörweite an unserem Haus vorübergekommen und durch das Rufen seiner eingesperrten Kameraden heimgelockt worden.

Der nächste Vogel, der zugrunde ging, war Blaurot. Ihn fanden wir im nächsten Jahre als Mumie in einem Schachte der Luftheizung. Kurz nach seinem Verschwinden fehlte leider Blaublau, als unglücklicherweise gerade der zweite der besonders gezähmten Vögel. Bis zu meiner Abreise am 7. VIII. 1927 verschwanden dann noch rasch hintereinander Linksgrün und Rechtsblau. Da die drei letztgenannten jeder einzeln verschwanden, bin ich der Ansicht, daß sie Unglücksfällen zum Opfer gefallen sind, denn es ist mir geradezu unvorstellbar, daß eine junge Dohlin allein davongeflogen sein soll. Wahrscheinlich wurden sie von unsern Katzen gefressen.

Dafür, daß der Mangel an Führung der Grund dieser hohen Mortalität war, spricht auch die Tatsache, daß nach dem im August vor sich gegangenen Umschwung in den Reaktionen der Dohlen keine einzige von ihnen mehr verunglückte, wenigstens nicht in der Zeit vom 2. IX., dem Datum meiner Rückkehr, bis zum 4. XI.; an diesem Tag sperrte ich nämlich die jungen Vögel für den ganzen Winter ein, da sie eine bedrohliche Tendenz zeigten, sich an durchreisende Dohlenwanderscharen anzuschließen.

Während dieser zweiten Freiflugperiode flog Tschock wieder dauernd mit einer in der Nähe hausenden kleinen Nebelkrähenschar. Jeden Morgen nach dem Freilassen schraubte er sich sofort hoch in die Luft hinauf und ruderte zielbewußt in der Richtung davon, in der er die Krähen wußte. Zur Mittagszeit kam er dann stets zurück, um seiner Gewohnheit gemäß mit uns Menschen an unserem Mittagstisch zu speisen. Nach einer kurzen Verdauungspause flog er dann wieder zu seinen Nebelkrähen. Um die jungen Dohlen, auch um Linksgelb, kümmerte er sich überhaupt nicht mehr, während diese ihrerseits insofern von ihm beeinflußt wurden, als sie ihren Ausflügen dieselbe Richtung gaben wie er den seinen.

Genauso wie Tschock zu mir hielt, hielten sie untereinander um so fester zusammen, je weiter sie von ihrem Aktionszentrum entfernt waren, besser gesagt, je unbekannter ihnen ihre Umgebung war. Immerhin zeigten sie nie jenes innige, unbedingte Zusammenhalten, das man an den herbstlichen Wanderscharen beobachten kann. Da solche Reisegesellschaften in einer ihnen unbekannten Gegend keine bestimmten Futter-, Trink- und Schlafplätze haben können, wie ansässige Vögel sie besitzen, sondern vielmehr ihre Mahlzeiten und ihre Ruhe aufs Geratewohl abhalten, wo Zeit und Ort just günstig scheinen, hat also eine von der Wanderschar abgekommene Dohle recht wenig Hoffnung, diese wiederzufinden. Daher erscheint das geradezu ängstliche Zusammenhalten der ziehenden Vögel verständlich.

Bei einiger Vertrautheit mit den Bewegungsweisen der Dohlen sieht man diesen Wanderern ihren Mangel an Lokalkenntnis sofort an. Abgesehen von ihrer Tendenz, eine bestimmte Richtung einzuhalten, solange sie hoch in der Luft dahinstreichen, verhalten sie sich fast genau wie führerlose Jungvögel ihrer Art: sowie sie zum Zwecke der Futtersuche oder der Nachtruhe niedergehen, macht sich dieselbe Unsicherheit und Unentschlossenheit bemerkbar. Man sieht dann dasselbe dichtgedrängte Umherkreisen und hört dasselbe ewige Hin- und Herrufen. Wenn sie dann glücklich alle gelandet sind, fliegen sie regelmäßig noch ein paarmal auf, ehe sie sich endgültig beruhigen. Haben sie das Glück, schon aus der Luft am Boden sitzende Rabenvögel zu erspähen, so sind sie des schweren Entschlusses enthoben und fallen geradezu blindlings bei diesen ein. Wenn ich mich jetzt im Oktober gegen Abend mit meinem zahmen Kolkraben auf irgendeine Sandbank der Donau begebe, kann ich mich davon überzeugen, wie unglaublich unvorsichtig die sonst so scheuen Krähen und Dohlen nahe bei mir einfallen, wenn sie den Strom entlang gezogen kommen. Es ist oft, als besäße ich in dem Raben eine Art Tarnkappe. Auf dieser Eigenschaft ziehender Rabenvögel beruht ja auch die Methode der Krähenfänger auf der Kurischen Nehrung. Warum gerade ziehende Dohlen und Krähen diese auffallende Unsicherheit bekunden, ist nicht ohne weiteres klar, denn manche andere in Scharen ziehende Vögel, zumal kleinere, bewegen sich voll Entschlossenheit, als ob sie von einem gemeinsamen Willen beseelt würden, man denke an das gemeinsame Schwenken von Staren oder Strandläufern. Für unser Auge erscheinen die Schwenkungen der einzelnen Individuen oft absolut gleichzeitig. Da ich nicht annehmen möchte, daß alle Mitglieder der Schar jedesmal auf die gleichen äußern Reize mit derartiger Sicherheit gleich und gleichzeitig reagieren, was die alternative Erklärung wäre, so glaube ich, daß ein Vogel mit der Schwenkung beginnt und die andern ihm in einem unserm Auge nicht wahrnehmbaren Zeitintervall folgen. Ich denke hierbei auch an den Kinofilm von der Elster und dem Hunde, wo man auch nicht erkennen kann, welches der beiden Tiere sich zuerst in Bewegung setzt.

Aber auch Großvögel mit relativ langer Reaktionszeit zeigen oft eine weit bessere »Organisation« ihrer Wanderscharen. Wildgansscharen z. B. bewegen sich wie in der Gegend ansässige Rabenvögel mit voller Zielsicherheit. Daß diese Orientiertheit nicht wie bei den Kleinvogelscharen nur eine scheinbare ist, scheint mir der Umstand zu beweisen, daß sie diese Orientierung *verlieren* können. Bei dem im Donautal im Herbste häufigen Nebelwetter sieht man Gänsescharen, und nachdem das Wetter wieder klar geworden ist, Einzeltiere oder kleine Gruppen, die sichtlich im Nebel von der Schar abgekommen sind, die sich in jeder Hinsicht ganz ähnlich verhalten wie desorientierte Rabenvögel.

Die Wildganswanderschar unterscheidet sich also in ihrem Benehmen von einer ansässigen Dohlenschar nur durch ihr unbedingtes Zusammenhalten, das dadurch notwendig gemacht wird, daß ein Großteil der Vögel unorientiert ist, wie die versprengten Gruppen von drei oder vier Gänsen nach dem Nebel.

Ich bin mir bewußt, daß die Annahme von ortskundigen Führern stark nach Anthropomorphismus schmeckt, aber seitdem ich erfahren habe, wie prompt und wie genau meine Kolkraben einen weiten, nur einmal unter meiner Führung gemachten Weg allein wiederfanden, traue ich einer alten Graugans die ungeheure Gedächtnisleistung durchaus zu, jeden Schlaf- und Weideplatz von Lappland bis zum Donaudelta wiederzuerkennen. Es ist ja genugsam bekannt, daß Tiere gerade im Zusammenhang mit dem Ortssinn ganz verblüffende Gedächtnisleistungen vollbringen.

Trotz der engen Beziehungen, welche die Mitglieder einer Dohlenkolonie verbinden, findet man bei ihnen, solange sie sich in ihrem Brutgebiet befinden, kein derartiges Zusammenhalten. Außerhalb der Zugzeit haben nämlich Rabenvögel so fixe Gewohnheiten und eine so genaue zeitliche Einteilung des Tages, daß ein Zusammenbleiben der Schar unnötig wird, weil jeder Vogel die wenigen Plätze, an deren einem er seine Genossen sicher findet, jederzeit absuchen kann. Natürlich wechseln die Dohlen ihre Lieblingsplätze je nach deren von der Jahreszeit abhängigen Ergiebigkeit an Beute, doch vollziehen sich solche Änderungen nie so schnell, daß nicht alle Vögel auf dem laufenden blieben.

Besonders deutlich war dieses Absuchen verschiedener Möglichkeiten, wenn Tschock des Morgens nach dem Freilassen seine Nebelkrähen suchen ging, wobei ich seine Wege gut mit dem Feldstecher verfolgen konnte, wenn ich mich auf das Dach unseres Hauses postierte. Es sah sehr gut aus, wie er eilig und schnurgerade auf eine bestimmte Stelle des Waldrandes losruderte und, wenn er diese leer fand, in fast rechtem Winkel abbog und mit vollkommen ungeminderter Erfolgssicherheit ebenso geraden Fluges einen gewissen Platz auf den Feldern aufsuchte, wo er dann die Krähen so gut wie immer fand. Genau ebenso verhält sich natürlich jede normale Dohle der Schar ihrer Siedlungsgenossen gegenüber.

Vom Schwarm der jungen Dohlen, die sich aber im Benehmen jetzt in nichts mehr von alten unterschieden, flog jeden Morgen nach dem Freilassen ein größeres Kontingent nach den früher beschriebenen Aufbruchsformalitäten auf die Felder hinaus. Niemals flog ein einzelner Vogel allein als erster aus. Wenn doch einmal einer sich dazu anschickte, so kehrte er unter rasch hintereinander ausgestoßenen Stimmfühlungsrufen gleich wieder zum Haus zurück. Und jetzt sah ich eine Handlung wieder, die ich im Vorjahre an Tschock gesehen und fälschlicherweise als weibliche Werbebewegung gedeutet hatte: Die abgeflogene Dohle kam nämlich ganz niedrig über dem auf dem Dache sitzenden Kameraden vorbeigeschwebt, entlastete durch Zurücknehmen der Flügel die Tragfläche des Schwanzes und bewegte das leicht angehobene Steuer rasch in der Horizontalen hin und her. Dies bedeutet eine Aufforderung zum Mitfliegen, der jede damit bedachte Dohle unfehlbar Folge leistet. Besonders häufig sah ich diese Ausdrucksbewegungen zwischen Ehegatten. Sie wird aber von beiden Geschlechtern ausgeführt und hat mit der weiblichen Paarungsaufforderung sicher nichts zu tun, obwohl die Bewegung an sich genau die gleiche ist.

Zu meinem geradezu grenzenlosen Erstaunen brachte später ein freifliegender, sehr zahmer Gelbhaubenkakadu mir gegenüber in ganz gleicher Weise dieselbe Handlung. Da es doch äußerst unwahrscheinlich scheint, daß zwei Gruppen voneinander unabhängig eine Triebhandlung in einer sicher nicht durch parallele Anpassung zu erklärenden, absoluten Gleichheit ausgebildet haben sollten, so bleibt als einzige mögliche Konsequenz die Annahme eines sehr großen erdgeschichtlichen Alters der Handlung. Außerdem scheint es mir wahrscheinlich, daß sie noch vielen anderen Vögeln eigen sein dürfte, wenn sie von zwei sich so fern stehenden Gruppen, wie Sperlingsvögel und Papageien es sind, ausgeführt wird. Es gelang mir, von Tschock einen Film aufzunehmen, auf dem man gut sieht, wie er mich anfliegt, über mir angekommen, tiefer geht, mich anwedelt und mit scharfer Wendung davonfliegt. Trotz meiner Bemühungen ist mir das beim Kakadu nicht gelungen, und jetzt ist mir dieser Vogel entfremdet und bringt die Reaktion nicht mehr.

Das bei Tschock auf dem Film sehr ausgesprochen betonte Abwenden knapp vor dem zum Mitfliegen aufgeforderten Freund wird von den Dohlen auch oft ohne Wedeln ausgeführt, vor allem dann, wenn dieser sich bereits in der Luft befindet.

Wenn eine Dohle nun, ohne einen Versuch zu machen, ihre Genossen in der beschriebenen Weise zum Mitkommen zu bewegen, einfach von der Kolonie wegfliegt, wie es Tschock jeden Morgen tat, so kann man ganz sicher sein, daß sie zu Freunden fliegt und genau weiß, wo sie diese zu suchen hat. Dieses Aufsuchen eines unsichtbaren und weit entfernten Zieles sieht stets sehr gut aus.

Den ganzen Tag über flogen dann einzelne Vögel oder kleine Gruppen zwischen der Kolonie und dem just zur Futtersuche bevorzugten Platze hin und her; es bildete sogar die Regel, daß Tiere mehr oder weniger vereinzelt heimkamen. Niemals aber flog je ein einzelner aus, wenn alle andern daheim waren. Da alle Dohlen zunächst ebenso wie Tschock die Mittagsstunden zu Hause verbrachten, erfolgte dann am frühen Nachmittag immer ein ebenso formeller Massenaufbruch wie morgens.

Aus alledem geht hervor, daß in der Kolonie immer gewußt wird, ob noch Vögel ausständig sind oder nicht. Da ein Zählen der jeweils zu Hause befindlichen Kameraden sicher auszuschließen ist, glaube ich, daß jede Dohle über jeden ausfliegenden Siedlungsgenossen im Kopfe gewissermaßen Buch führt, welche Aufgabe ihr durch eine sehr ausgesprochene Gruppenbildung erleichtert wird, die die Vielheit der Vögel in eine leicht zu übersehende geringe Zahl von in sich fest zusammenhaltenden Einheiten trennt. Menschlich gesprochen: der Vogel sagt nicht: »Es sind 12 Vögel zu Hause, folglich 3 auswärts«, sondern: »Es sind draußen Gruppe A, Gruppe B und von meiner Gruppe die Dohlen X, Y und Z.« Das Zusammenhalten der Gruppen in sich wird dann besonders deutlich, wenn diese, was manchmal vorkommt, verschiedene Ausflugsziele bevorzugen. Sehr merkwürdig wirkt es, daß so eine Dohle den wegfliegenden Vögeln ihrer Gruppe gar nicht nachsieht, sie also scheinbar gar nicht beachtet, sondern ruhig in ihrer jeweiligen Tätigkeit fortfährt. Mag nun ihre Aufmerksamkeit und damit ihre Blickrichtung noch so sehr anderweitig gefesselt sein, so notiert sie doch ganz genau, daß und in welcher Richtung Kameraden vorbeigekommen sind, denn plötzlich, oft erst nach vielen Minuten, fliegt sie dann auf und den längst am Horizonte Verschwundenen so genau nach, daß sie kaum einige Meter von der Bahn abweicht, die jene beschrieben haben. Bis heute konnte ich mir nicht darüber klar werden, ob der Vogel hierbei den Weg der andern so genau im indirekten Sehen zu verfolgen vermag oder ob deren Bahn in dem Maße durch feste Gewohnheiten vorausbestimmt ist, daß der Nachkommende sie so genau einhalten kann. Letztere Annahme ist nicht so unwahrscheinlich, wie es scheinen möchte; manche Tatsachen sprechen dafür, daß die Vögel die räumliche Struktur ihres Gebietes zunächst überhaupt nicht in dem Sinne einsichtig erfassen, wie wir es tun, sondern daß ihre Beherrschung desselben genaugenommen eine Summe von sich netzartig überschneidenden Wegdressuren ist. Meine Kolkraben zum Beispiel wiederholten einen nur einmal geflogenen Weg sklavisch genau auch dann, wenn sie beim erstenmal mir, der ich ihnen auf dem Fahrrad entlang einer mehrfach gewundenen Straße vorausfuhr, nachfolgten und sie beim zweiten Male dasselbe Ziel allein aufsuchten. Dieses Verhalten schien vor allem deswegen sinnwidrig, weil das Ziel von unserem Hause aus sichtbar ist und sie also ohne weiteres in Luftlinie hätten fliegen können. Wenn sie aber dasselbe Ziel erst auf mehreren verschiedenen Wegen besucht hatten, so wählten sie in Hinkunft ganz einsichtig den zweckmäßigsten, d. h. kürzesten.

Die Dohlen bleiben aber immer in hohem Maße an das einmal Gewohnte gebunden, auch wenn es einen beträchtlichen Umweg zum Ziele bedeutet und der gerade Weg scheinbar klar vor Augen liegt. Für Tschock zum Beispiel war anfangs der Weg um unser Haus herum unübersehbar: Wenn er vom Fenster des Zimmers, das er damals bewohnte, um das Haus flog, so kehrte er immer auf dem Wege zurück, den er gekommen war, und zwar auch dann, wenn er bereits drei Seiten des Hauses umflogen hatte, der Rückflug längs der vierten Seite also dreimal kürzer gewesen wäre. Charakteristisch war es, daß er dies in beiden Richtungen tat, also zwei Seiten von beiden Richtungen her bestrich. Die räumliche Struktur der kreisförmig geschlossenen Bahn um ein undurchsichtiges Hindernis war für ihn unerfaßbar. Als er aber im nächsten Jahre auf das Dach übersiedelte, von wo aus die räumliche Anordnung des Hauses natürlich viel übersichtlicher war, ging die Sache auf einmal doch.

Während also einfachen räumlichen Strukturen gegenüber die Wegdressur schließlich einem wirklich einsichtigen Verhalten Platz machte, war dies bei etwas komplizierteren durchaus nicht immer der Fall. Ein sehr gutes Beispiel hierfür bot das Verhalten eines alten Dohlenpaares Gelbgrün und Rotgelb, die im Frühjahr 1929 bei mir brüteten. Diese beiden Vögel hatten ihr Nest im hintersten Abteil des Flugraums erbaut und die dadurch gegebenen, oft sehr schwierigen Umwegprobleme ganz ausgezeichnet gemeistert. Mußten sie doch, wenn sie den Käfig von hinten angeflogen waren, 10 m weit geradlinig vom Nest weg, um zur Türe zu gelangen, eine Aufgabe, die den meisten Vögeln unüberwindliche Schwierigkeiten bereitet, von diesen beiden aber jedesmal sofort ohne das geringste Zögern gelöst wurde. Da sie, aus allen andern möglichen Raumrichtungen kommend, gleich zielbewußt zur Käfigtür hinein- und zum Nest hinfanden, machte es wirklich ganz den Eindruck, als ob bei ihnen Einsicht in die räumliche Struktur des Käfigs vorhanden wäre. Als jedoch die Jungen ausgeflogen waren und nur wenige Meter vom Neste entfernt herumsaßen, genügte diese geringe Änderung in der Problemstellung, um die Vögel zunächst vollständig versagen zu lassen, was bei wirklichem einsichtigen Erfassen der Situation nicht hätte geschehen können. Immerhin brauchten sie kürzere Zeit, sich in die Änderung zu finden, als es bei einem gänzlich neuen Problem gleicher Schwierigkeit der Fall gewesen wäre. Sie ersetzten eben die Einsicht durch eine Fähigkeit zur Selbstdressur, sie »lernen das Leben auswendig«, wie Pilcz treffend von schwachsinnigen Menschen sagt. Natürlich kommen so besonders komplizierte Aufgaben, wie sie der Käfig den Vögeln stellt, im Freien kaum je vor, und so sah das ständige zielsichere Ab- und Zufliegen meiner Vögel sehr »intelligent« aus. Besonders nett sah es aus, wenn die Schar hoch am Himmel von weither nach Hause kam und die Vögel dann im Sturzflug herabsausten, um dicht um mich, ja zum Teil auf mir zu landen.

Im Gegensatz zu Tschock wollten sie aber nichts von mir wissen, wenn ich sie auf den Feldern traf. Sie waren da zwar gegen mich nicht annähernd so scheu wie gegen Fremde, erkannten mich also sehr wohl, aber nur selten ließen sie mich nahe heran. Vor anderen Leuten flogen sie schon auf ungefähr dieselbe Distanz auf wie wilde Krähen. Gegen Mitte Oktober hin zeigten sie dann eine immer wachsende Neigung, sich sowohl mit durchziehenden Dohlen als mit andersartigen Rabenvögeln, insbesondere Saatkrähen, zu vergesellschaften, wozu sie früher, Tschock natürlich ausgenommen, keinerlei Tendenz zeigten. Mit der Zeit wuchs ihr Aktionsradius stark an und sie waren immer seltener, nicht einmal mehr regelmäßig zur Mittagsruhepause, zu Hause. Ich bekam Angst, sie würden eines schönen Tages ganz wegbleiben.

Daher schloß ich in der Nacht vom 3. auf den 4. November die Käfigtüre, die seit 2. September für alle Vögel offengestanden hatte.

Ich hatte die Vögel in der letzten Zeit so wenig vor Augen gehabt, daß ich erst jetzt bemerkte, daß unter ihnen bereits eine ausgesprochene Fortpflanzungsstimmung herrschte. Besonders zwei Vögel, Gelbgrün und Rotrot, benahmen sich wie ein richtiges Paar, sie hielten sich dauernd eng zusammen, fütterten einander aus dem Kehlsacke und kraulten einander den Hinterkopf. Meist fiel hierbei erstere Tätigkeit dem Männchen, letztere dem Weibchen zu, also genauso wie bei Tauben- und Papageienpaaren. Es konnte kaum ein Zweifel herrschen, daß Gelbgrün der Mann des Paares war. Er zeigte das so vielen Vogel- und überhaupt Tiermännchen eigene gespannte und prahlerische Gehaben, dessen Hauptcharakteristikum darin besteht, daß jede, auch die kleinste Bewegung mit überflüssigem Kraftaufwand ausgeführt wird. Er lief ständig mit gesträubtem Kopfgefieder um seine Braut herum und war gegen alle zu nahe kommenden Dohlen sehr reizbar. Diese erhöhte Streitbarkeit war wohl einer der Gründe, daß sich in dieser ersten Zeit des Eingesperrtseins eine Umgruppierung der Rangordnung unter meinen Dohlen vollzog, indem Gelbgrün Tschock aus seiner Herrscherstellung verdrängte, ein seltenes Ereignis, denn im allgemeinen fällt es dem Untergeordneten nie ein, gegen den Vogel, der ihn einmal unterjocht hat, neuerdings aufzumucken. In diesem Falle möchte ich die Umstellung dadurch erklären, daß Tschock in der letzten Zeit so wenig Beziehungen zu den andern Dohlen unterhalten hatte, daß sich die Vögel beim Einsperren gewissermaßen neu kennenlernten und dann Gelbgrün bei einer neuerlichen Rauferei siegte. Daß die Elster Elsa von Stund an Tschock in Ruhe ließ und Gelbgrün verfolgte, habe ich schon erwähnt. Einen anderen interessanten Fall von einer Umstellung der Rangordnung erlebte ich im Herbst 1929. Da kam ein längere Zeit abwesend gewesener Dohlenmann zurück und besiegte nach erbittertem Kampf den Gelbgrünen. Hierauf verlobte er sich mit einem sehr kleinen und etwas kümmernden Weibchen. Das alles geschah noch am Tage seiner Rückkunft, und schon am nächsten gab Gelbgrün der Braut kampflos den Weg zum Futternapf frei, obwohl sie noch vor 2 Tagen in der Rangordnung der Schar der vorletzte Vogel gewesen war. So schnell überträgt sich die Rangstellung des ranghöheren Männchens auf seine Braut.

Ähnlich wie die Elster gegen die als Kronprätendenten zunächst in Frage kommenden Vögel am bösesten war, war es auch Gelbgrün, solange er herrschte. Gegen die in der Rangordnung tief unter ihm stehenden Vögel war er sogar sehr gutmütig. Auch im übrigen besteht zwischen zwei in der Rangordnung sich nahestehenden Dohlen immer ein etwas gespanntes Verhältnis, während jeder Vogel dem sehr viel höher stehenden reibungslos aus dem Wege geht.

Es dürfte hier am Platze sein, etwas näher auf die Ausdrucksbewegungen der Dohlen, insbesondere diejenigen, die Krieg oder Frieden bedeuten, einzugehen. Wenn ein Vogel einen anderen, meist natürlich untergeordneten, zu vertreiben beabsichtigt, so richtet er sich möglichst hoch auf und geht mit steil emporgerecktem Schnabel und knapp angelegtem Gefieder auf ihn zu. Das Annehmen dieser Stellung stellt sicher eine Intentionsbewegung dar, die nichts anderes ist, als ein Rudiment des Gegen-einander-in-die-Höhe-Fliegens, das wir von so vielen kämpfenden Vogelmännchen, so auch vom Haushahn, genugsam kennen. Wenn der Angegriffene nicht gutwillig weicht, sondern seinerseits dieselbe Stellung annimmt, so kommt es denn auch regelmäßig in fließendem Übergange zu dieser Art des Kampfes: Die sich gegenüberstehenden Vögel werden immer länger und länger und fliegen schließlich aneinander empor, jeder bestrebt, den andern zu übersteigen und auf den Rücken zu werfen. Dies ist bei Dohlen die gewöhnliche Form des nur auf persönlicher Rivalität beruhenden Zusammenstoßes. Eine ganz andere Drohstellung wird angenommen, wenn zur Nistzeit eine angegriffene Dohle dem Angreifer nicht weichen will, was besonders dann der Fall ist, wenn sie sich in der Nähe ihres Nestes oder auch nur einer ihr gelegenen, potentiellen Niststelle befindet, also besonderen Wert auf ihren Sitzplatz legt. Dann sträubt sie ihr Gefieder, insbesondere das des Kopfes und des Rückens, und senkt den Kopf sowie den etwas gefächerten Schwanz tief nach unten, wobei letzterer meist nach der Seite schief verzogen wird, von der der Angriff kommt. Zu dieser Defensivhaltung wird dann ein besonderer Ton ausgestoßen, ein hohes scharfes »Zick-Zick«, bei dem der Schwanz zuckt und das den ganzen Körper zu erschüttern scheint. Das alles heißt dann soviel wie: »Hier sitze ich, dieser Platz ist mein Nest, ich fliege von hier auf gar keinen Fall ab und werde mich sitzend bis zum Äußersten verteidigen.« War der Angriff nur rein persönlich gemeint, so geht der Angreifer daraufhin sofort friedfertig weg, hat er aber selbst Absichten auf den betreffenden Nistplatz, so fliegt er entweder dem anderen auf den Rücken, womit er übrigens selten etwas erreicht, oder aber, und das bildet die Regel, er geht in jähem Übergange aus der gestreckten Angriffsstellung in die zuletzt beschriebene Defensivstellung über, und die beiden sitzen sich dann lange Zeit zickend und drohend gegenüber. Manchmal, wenn sie sich sehr nahe sitzen, hacken sie auch nach einander, fast immer aber, ohne einander zu treffen, denn unter solchen Umständen rührt sich keiner der beiden auch nur einen Zentimeter von der Stelle. Die Geste ist eben die der Nestverteidigung, und jeder Vogel sitzt genauso fest, als ob er wirklich schon in seinem Nest auf seinen Eiern säße. Zur Zeit, da meine jungen Dohlen mit der Wahl ihrer Niststätten beschäftigt waren, hörte das ewige Gezicke kaum je ganz auf. Es scheint aber nur den noch nicht ganz fest gepaarten Dohlen eigentümlich zu sein, denn Vögel alter Paare geben im gleichen Falle einen anderen Ton von sich, der, wie wir noch sehen werden, von einer besonderen Reaktion gefolgt wird. Das »Zick-Zick« ist hauptsächlich Sache der unverheirateten jungen Männer. Diese sitzen dann auch zickend in der erkämpften Höhlung, wobei dann der Ton wohl die Bedeutung des Zu-Neste-Lockens hat. Rotrot kroch oft zu dem zickenden Gelbgrünen in einen Nistkasten.

Diese beiden Vögel hielten bis kurz vor Weihnachten zusammen, um sich dann ganz plötzlich umzupaaren. Ich konnte diesen Vorgang leider nicht beobachten, da ich in Wien wohnte und die Vögel von einem Bekannten versorgt wurden, während ich nur jeden Sonntag in unser Haus kam, um nach dem Rechten zu sehen. An dem einen Sonntag waren die beiden ein Herz und eine Seele, und als ich eine Woche später zu den Vögeln kam, ging Gelbgrün statt mit Rotrot mit Rotgelb und verhielt sich ausgesprochen feindselig gegen seine frühere Braut, die ihrerseits mit Gelbblau, dem zweitstärksten Männchen, verlobt war. Die Ursache dieses Wechsels blieb mir vollkommen unklar. Es schien mir aber, daß es den Tieren mit diesen neuen Verlobungen ernster sei als mit den ersten. Besonders Gelbgrün und Rotgelb waren geradezu unzertrennlich, sie sind sich auch bis zum Tode des Männchens treu geblieben. Es erschien mir recht merkwürdig, daß Vögel, die erst im Alter von zwei Jahren zur Fortpflanzung schreiten, sich mit knapp acht Monaten endgültig verloben.

Im Januar 1928 hatte meine Dohlenschar noch schwere Verluste zu beklagen: ein Sturm riß das schneebeschwerte Drahtgitter von einer der Streben des Käfigs los, durch das so entstandene Loch entkamen Linksgelb, Rechtsgelb und leider auch Tschock. Die Vögel konnten dann offenbar von außen die sehr wenig auffällige enge Spalte nicht wiederfinden und sind wahrscheinlich mit ziehenden Dohlen oder Krähen abgewandert. Jedenfalls habe ich nie wieder etwas von ihnen gehört oder gesehen. Jetzt hatte ich also nur mehr sechs von den fünfzehn Dohlen. Von diesen schied noch ein Vogel, nämlich Linksblau, für meine Beobachtungen aus, weil er nicht fliegen konnte. Er hatte nämlich offenbar als ganz kleiner Nestvogel eine Krankheit durchgemacht, die tiefe, durchgehende Scharten in seinem Großgefieder hinterlassen hatte. Bei einer nächtlichen Flatterei hatte er sich dann fast sämtliche Schwingen an den Stellen dieser Scharten abgebrochen.

Die Fortpflanzungsstimmung der fünf unbeschädigten Dohlen flaute erst dann etwas ab, als um Weihnachten strengere Kälte einsetzte, um aber bei Einsetzen milderen Wetters mit erneuter Stärke zu erwachen. Ich habe immer den Eindruck, daß viele Vögel, bliebe das Wetter warm, schon im Spätherbst zur Brut schreiten würden, daß also die durch innersekretorische Vorgänge bedingte Fortpflanzungsbereitschaft des Vogels schon knapp nach der Mauser besteht. Daß dann nur äußere Einwirkungen des Klimas den Vogel bis zum Frühjahr von der Brut abhalten, wird durch die Beobachtung wahrscheinlich gemacht, daß in milden Herbsten sehr viele Vögel zu singen anfangen, ja manche wirklich zur Fortpflanzung schreiten.

Als Ende Februar die Kälte nachließ und die Dohlen wieder zu balzen begannen, brachten sie, zunächst noch unvollständig, bald aber immer deutlicher, eine neue Triebhandlung, und zwar meiner Meinung nach die interessanteste, die der Art eigen ist und die einige Parallelen zu der früher beschriebenen Schnarreaktion hat.

Zum ersten Male sah ich sie am 4. März, als Gelbgrün von der Elster Elsa angegriffen wurde. Da stieß nämlich die angegriffene Dohle einen mir neuen Ruf aus, der sich schwer in Buchstaben wiedergeben läßt. Ich glaube, die beste Vorstellung von diesem Ton zu geben, wenn ich erwähne, daß ich ihn damals in meinem Tagebuch mit »Jöng« wiederzugeben suchte, aber später dann »Jüp« geschrieben habe. Indem er in raschestem Stakkato diesen Ruf wiederholte, flog Gelbgrün zu dem damals von ihm und seiner Braut bevorzugten Nistkasten, auf dessen Anflugbrett er plötzlich kehrt machte und immer noch jüpend gegen die ihn verfolgende Elster die früher beschriebene Defensivhaltung annahm. Im gleichen Augenblick kam die Rotgelbe, ebenfalls jüpend, angeflogen und setzte sich in der gleichen Stellung ganz dicht neben den Gemahl, ebenso wie er gegen die Elster Front machend. Während letztere nun drohend den Dohlen gegenübersaß, die unentwegt in ihrem Konzert fortfuhren, und nicht recht wagte, tätlich zu werden, bemächtigte sich eine mächtige Aufregung der übrigen Dohlen; eine nach der anderen begann ebenfalls zu jüpen, sie flogen zum Nistkasten hin, um sich dort um das Paar zu versammeln und in aufgeregten Drohstellungen in dessen Geschrei einzustimmen. Man sah den Vögeln deutlich an, daß sie durch den Jüpton der Genossen rein reflektorisch in Wut versetzt wurden und keine Ahnung hatten, wem eigentlich ihr Drohen gelten sollte, zumindest drohten sie nicht nach der Elster hin, noch kam es damals zu einem wirklichen Angriff ihrerseits. Allein schon ihr Zusammenströmen und ihr Geschrei genügten, um der Elster die Angelegenheit so unangenehm zu machen, daß sie sich zurückzog.

Ihre volle Ausbildung erlangte diese Triebhandlung erst, als die Vögel die Geschlechtsreife erreicht hatten. Nun griffen die zur Hilfe herbeieilenden Dohlen sehr tatkräftig den Angreifer an, und zwar durchaus nicht nur die Elster, sondern auch jede Dohle, die eine andere so intensiv verfolgte, daß diese zum Jüpen gebracht wurde. Allerdings war zu dieser Zeit, also im Spätwinter 1929, so gut wie immer die Elster der Störenfried, und es war sehr schön zu beobachten, wie dieser Reflex sich gegen sie bewährte, obwohl sie doch jeder einzelnen Dohle im Kampfe weit überlegen war und ihr ganzes Sinnen und Trachten danach ging, ihr Gebiet von Dohlen zu säubern. Da also auch Kämpfe von Dohlen untereinander ein Jüpkonzert mit Zusammenlauf der ganzen Schar und oft tätlichem Angriff auf den Ruhestörer bewirken, so glaube ich, daß der Trieb nicht gegen andersartige Feinde gemeint ist, wie der »Schnarreflex«, sondern vielmehr den Zweck hat, zu verhindern, daß sich ein Vogel zum Tyrannen aufwirft und die anderen Koloniemitglieder am erfolgreichen Brüten hindert. Würde man eine gleiche Anzahl unsozialer Vögel, z. B. Elstern, zwingen, zur Brutzeit auf einem ähnlich engen Raum, wie eine Dohlensiedlung ihn darstellt, zusammen zu leben, so würde sich unfehlbar ein Paar zu Despoten entwickeln. Selbst wenn es gelingen sollte, durch lange Aneinandergewöhnung der Vögel zu erreichen, daß der Trieb zur Gebietsabgrenzung einigermaßen einschläft, die »Spitzentiere« also keine ernstlichen Versuche machen, die Mitbewohner des Geheges einfach umzubringen, so würden sie doch ständig deren Nester zerstören, zumindest jenen am Nest nie die zur erfolgreichen Brut unbedingt erforderliche Ruhe lassen. Da natürlich Vögel nie imstande sein können, durch bewußte gemeinsame Handlungen Ruhestörer in Schach zu halten, so wie wir Menschen es tun, so muß jede siedlungsbrütende Art oder Gattung dies durch unbewußte ererbte Triebe erreichen. Daß es dabei vor allem auf die Sicherung der Einzelnester ankommt, liegt auf der Hand.

Sehr viele Vögel sind in der Nähe des Nestes oder auf demselben um ein Vielfaches mutiger als im gewöhnlichen Leben und haben vor allem eine schier unüberwindliche Hemmung, vom Nest aufzustehen, solange sie es bedroht glauben. Bei sehr vielen Siedlungsbrütern scheint dieses Verhalten noch ausgesprochener und dahin modifiziert, daß die Gatten eines Paares das Nest nie zugleich verlassen, sondern immer einer als Wache zurückbleibt. So scheint es bei Reihern, vielleicht auch bei Saatkrähen zu sein. Genaueste Beobachtungen über Triebe und Hemmungen, die bei anderen Siedlungsvögeln den Schutz der einzelnen Nester gewährleisten, wären äußerst erwünscht.

Die Dohlen zeigen nun nicht einmal andeutungsweise eine Neigung zum abwechselnden Wachestehen. Vielleicht liegt ihnen solch andauerndes Ruhigsitzen nicht, oder vielleicht genügt der kleinen und daher mit einem regen Stoffwechsel begabten Dohle der halbe Tag nicht, um sich mit Futter zu versorgen. Möglicherweise spielt auch die Tatsache eine Rolle, daß bei diesem Höhlenbrüter die begrenzte Anzahl der Nistgelegenheiten einen besonders scharfen Konkurrenzkampf um dieselben bedingt, der seinerseits einen besonderen Schutz der begonnenen Bruten nötig macht, den ein einzelner Vogel zu leisten nicht imstande ist. Sicher ist es, daß *nur* in Fortpflanzungsstimmung befindliche Dohlen auf einen Angriff mit dem Jüpgeschrei antworten und nur, wenn sie im Besitze einer Höhlung sind, in die sie sich jüpend zurückziehen können. Außerdem ist der »Jüpreflex« um so leichter auszulösen, je näher der Vogel bei seinem Neste ist. In der allernächsten Nähe des Nistkastens reagierte mein altes Brutpaar Gelbgrün-Rotgelb, als es im Frühjahr 1929 wirklich Junge hatte, auf das bloße harmlose Herankommen einer der übrigen Dohlen mit Jüpen und wütenden Angriffen, immer aber erst, wenn eine ganz bestimmte und sehr eng gezogene Grenze überschritten wurde.

Natürlich lernten die anderen sehr bald diesen gefährlichen Bezirk vermeiden, und zwar taten sie das auch dann, wenn das Paar abwesend war. Man kann sich ja auch an sonstigen Vögeln, die man im Zimmer regelmäßig von bestimmten Örtlichkeiten verjagt, davon überzeugen, daß sie meist nur den Ort und das unangenehme Ereignis assoziieren, ohne aber auf die An- und Abwesenheit des Menschen zu achten. Kolkraben und große Papageien tun letzteres allerdings sofort sinngemäß, das heißt, sie sind sofort »nun gerade erst recht« auf dem verbotenen Platz, sowie der Pfleger ihnen den Rücken kehrt. Die Dohlen jedoch gingen um nichts in der Welt an den gefahrgeladenen Nistkasten heran, mochten die Besitzer noch so weit weg sein, welch letztere sich darauf vollkommen zu verlassen schienen, denn sie ließen, als die Jungen schon etwas größer waren, das Nest oft recht lange allein. Da das einzige weitere Dohlenmännchen aus dem Jahr 1927, Blaugelb, im Frühling 1928 entflog, so konnte ich nur in der knapp vorangehenden Zeit Beobachtungen über das Verhalten von nistenden Dohlenmännchen zueinander anstellen, und diese nicht an reifen Tieren. Ich glaube aber nicht, daß wesentliche Abweichungen von dem Betragen letzterer bestanden.

Im allgemeinen pflegten sich beide Männer in gewappneter Neutralität aus dem Wege zu gehen, wenn sie einander begegneten. Dabei nahmen sie eine besondere Prahlhaltung ein, die darin bestand, daß sie bei aufrecht getragenem Halse den Schnabel abwärts richteten, wodurch das Genick herausgedrückt und das lange, helle, zerschlissene Nackengefieder zur Geltung kam. In einer sehr ähnlichen Stellung gehen und sitzen übrigens auch Ehepaare neben- und beieinander. Der auf die Brust gesenkte Schnabel drückt Friedfertigkeit aus, während im übrigen ihr Gehaben einen drohend prahlerischen Eindruck machte.

Bei untergeordneten, vor allem jungen Dohlen, aber auch bei sich leicht untereinander befehdenden Paaren sieht man oft eine Art Versöhnungs- oder Unterwürfigkeitshaltung, bei der ebenfalls der Schnabel gesenkt, dabei aber in sehr ausdrucksvoller Weise vom Angreifer weggewendet wird. Der Vogel appelliert also gleichsam dadurch, daß er sich selbst wehrlos macht, an die sozialen Hemmungen des anderen und dies immer mit Erfolg, denn niemals habe ich eine Dohle nach dem so dargebotenen Hinterkopf des Genossen hacken sehen. Abgesehen vom Schnabelsenken ist aber diese Demuthaltung sehr verschieden von der, man möchte sagen drohenden Friedenshaltung sich begegnender brünstiger Männchen, denn während der um Gnade flehende Vogel bei fast lotrechter Körperhaltung in den Fersen einknickt, also ähnlich kläglich dasitzt wie bei starkem Regen, tragen sich letztere sehr waagerecht und stehen mit durchdrückten Fersen eigentümlich hochbeinig da. Dies, im Verein mit dem emporgereckten Hals und trotzdem gesenktem Schnabel, gibt ihrem Körper eine so vielfach gebrochene Linie, daß der Eindruck von etwas gewollt Gespanntem, Schwierigem entsteht, das auch der Unvoreingenommene sofort als prahlerisch empfindet.

Wenn die beiden Männchen aber doch einmal ernstlich aneinandergerieten, so hing der Ausgang des Gefechtes in erster Linie davon ab, wo es stattfand. Wenn nämlich eine der Nestanlagen *näher* war, so blieb immer der Besitzer derselben obenauf, fand aber der Kampf auf gänzlich neutralem Gebiet statt, so war von Anfang an der Sieg des Gelbgrünen sicher. Ich glaube, daß das Übergewicht des in Nestnähe befindlichen Vogels bei alten Dohlen, die erfolgreich brüten, noch viel ausgesprochener sein wird als bei diesen unreifen Tieren. Auch war Gelbgrün, als er 1929 mit Rotgelb brütete, viel leichter mit dem Jüpen bei der Hand als bei den damaligen, mehr persönlich gemeinten Raufereien mit Blaugelb. Die Verteidigung der begonnenen Nester konnte 1928 schon deshalb keine so große Rolle spielen, weil meine Dohlen, als sie um die Mitte des März zu Neste zu tragen begannen, zunächst eine merkwürdige Verirrung des Nestbautriebes zeigten: Es trug nämlich jedes Paar an *mehreren* Stellen Niststoffe zusammen, ohne sich für eine derselben entscheiden zu können. Erst wenn dann eine der Nestanlagen einen gewissen Grad der Vollendung erreicht hatte, wurden die anderen unvollkommenen verlassen, und es wurde nur noch an ersterer weitergearbeitet. Das Paar Gelbgrün-Rotgelb aber besaß zwei Nestanlagen in zwei nebeneinanderliegenden, gleichen Höhlungen neben zwei aufeinanderfolgenden Dachsparren, die es scheinbar nicht unterscheiden konnte, denn beide Vögel trugen ihr Material vollkommen wahllos bald in die eine, bald in die andere Höhlung. Ähnliches beobachtete ich vor einigen Jahren bei einem Paare von Hausrotschwänzen, die unter dem langen Dache einer gedeckten Kegelbahn nisteten. Der Hohlraum unterm Dach wurde durch Sparren in eine große Zahl gleicher Teile geteilt, von denen drei nebeneinanderliegende je ein Nest aufwiesen. Im mittleren hatte das Paar gebrütet. Der Vollendungsgrad der leeren Anlagen zeigte, daß sie erst ganz kurz vor dem Legen verlassen worden waren, ja vielleicht war es erst das erste Ei, das den Vögeln das eine Nest individuell kenntlich machte. Leider hat das Dohlenpaar im nächsten Jahre eine andere, eindeutigere Höhle zur Brut benutzt und sich so um die Lösung der Frage gedrückt.

Während normale reife Dohlen im allgemeinen unverheiratet nicht zum Nestbau schreiten, baute das überzählige Weibchen, Linksgrün, ein ziemlich vollständiges Nest ganz für sich allein.

Auch sonst zeigte dieser Vogel ein interessantes Verhalten: Linksgrün verliebte sich schon im tiefen Winter in Blaugelb, der damals schon mit Rotrot verlobt war, und verfolgte ihn geradezu mit ihrer Liebe, obwohl er seinerseits durchaus nichts von ihr wissen wollte. Sie suchte sich also gar nicht gerade den stärksten Hahn aus, wie es Tierweibchen angeblich immer tun, denn Grüngelb war ja unbestrittener Herrscher, und Blaugelb spielte ihm gegenüber eine recht klägliche Rolle. Trotzdem versuchte sie niemals, Grüngelb seiner Frau abspenstig zu machen, was sie dem andern Männchen gegenüber ausgesprochen anstrebte. Immer wieder setzte sie sich mit dick gesträubtem Kopf dicht neben ihn hin, um sich von ihm krauen zu lassen, aber immer hackte er bloß wütend auf sie los und jagte sie weg. Immer wieder versuchte sie ihrerseits ihn zu krauen, es hatte denselben Erfolg. Da fand Linksgrün einen Ausweg: jedesmal, wenn Blaugelb sich von seiner rechtmäßigen Gattin Rotrot krauen ließ, kam sie schnell und leise herbei und kraute ihn von der andern Seite. Da war er nun so ins Gekrautwerden vertieft, daß er den Betrug nicht merkte. Wenn er aber dann aufsah, jagte er sie doch regelmäßig weg. Rotrot übersah ihrerseits die Lage anscheinend vollständig und verfolgte Linksgrün mit glühendem Haß, der mit der Zeit immer stärker wurde. Da Rotrot stärker war oder, besser gesagt, in eine höhere Rangklasse gehörte, so jagte sie Linksgrün oft so lange herum, bis diese das tat, was von Koloniegenossen verfolgte Dohlen immer tun, nämlich in ihre Nisthöhle kroch und jüpte, was dann, wie oben beschrieben, den Streit regelmäßig beendigte. Langsam änderte aber Blaugelb sein Verhalten gegen Linksgrün. Er ließ sich immer öfter von ihr krauen, ohne nach ihr zu beißen, selbst wenn er nicht gerade von seiner Frau gekraut wurde, und eines Tages sah ich, wie er sie fütterte. Trotzdem liebte er immer noch Rotrot viel mehr. Wenn er mit dieser beisammen war und Linksgrün hinzukam, so »kannte« er sie nicht und jagte sie weg, traf er sie aber allein, so fütterte er sie. In Anwesenheit seiner rechtmäßigen Gattin und vor allem in der Nähe seines Nestes reagierte er auf Linksgrün wie auf einen »fremden Vogel«, während er das Weibchen in ihr sah, wenn er sie allein und auf neutralem Gebiet traf. Am 22. April sah ich dann zu meiner grenzenlosen Überraschung die beiden Weibchen zusammen im Nest von Blaugelb und Rotrot ganz verträglich sitzen, ohne daß ich vorher beobachten konnte, daß ihre Feindschaft allmählich abgenommen hätte.

Wenn die beiden Weibchen geschlechtsreif gewesen wären, wäre es interessant gewesen, ob sie in dasselbe Nest gelegt hätten. Vielleicht aber kommen derartige Unstimmigkeiten eben gerade nur bei solchen unreifen Vögeln vor.

Zur Zeit, da die Fortpflanzungsstimmung meiner Dohlen auf ihrem Höhepunkte war und sie den ganzen Tag, Niststoffe tragend, ab und zuflogen, erschien eines Tages eine Anschluß suchende fremde Dohle. Man kann sich kaum vorstellen, mit welcher Wut dieser Artgenosse von meinen fünf Vögeln verfolgt und schließlich vertrieben wurde. Ich möchte die Frage anregen, ob auch die Mitglieder einer stückreicheren Kolonie einen Fremdling erkennen und geschlossen gegen ihn vorgehen. Die im Januar 1930 in meinem Besitz befindlichen und bei dem herrschenden warmen Wetter stark fortpflanzungsgestimmten 16 Dohlen taten das ausgesprochen.

Als dann im Mai die Nester verlassen wurden, hielt sich Blaugelb fast immer an Linksgrün und flog viel mehr mit ihr als mit Rotrot. Ende Mai war ich verreist, und als ich am 3. Juni zurückkam, waren Blaugelb und Linksgrün verschwunden. Ich glaube nicht, daß sie verunglückt sind, sondern meine, daß sie weggeflogen sind, denn sie hatten in letzter Zeit auffallend lange Ausflüge miteinander gemacht.

Die Dohle mit den abgebrochenen Schwungfedern wurde dann von einer Katze gefressen, so daß ich nur mehr 3 von den 14 Stück hatte, die ich im Jahre 1927 aufgezogen hatte. Ich brachte jetzt 3 Dohlen, die ich von verschiedenen Seiten gekauft hatte, zu meinen 3 eigenen Dohlen und der Elsa. Diese lebten sich nach anfänglichen Kämpfen rasch ein, traten jedoch nie in nähere Beziehungen zu den angesessenen Dohlen und wurden niemals als richtige Mitglieder der Kolonie behandelt. Von diesen 3 einzeln aufgezogenen Vögeln begann der eine, wohl ein Weibchen, sofort die Elster anzubalzen, eine balzte mich an, und die 3. zeigte ein ganz merkwürdiges Verhalten. Sie war bei Bauersleuten aufgewachsen und wollte anfangs nicht auf dem hohen Dachboden wohnen bleiben. Beim ersten Freilassen war sie sofort verschwunden und wurde mir nachmittags von einem etwa 1 1/2 km entfernt gelegenen Bauernhause gemeldet, wo sie sich selber zum Mittagessen eingeladen hatte. Dort war sie gegen alle Leute bedingungslos zahm, während sie gegen mich immer sehr zurückhaltend blieb. Abends wurde sie gefangen und mir zurückgebracht. Ich ließ sie jetzt 2 Tage eingesperrt. Als ich sie am 3. wieder freiließ, flog sie kerzengerade zu ihren Freunden und wurde mir abends wieder gebracht. Das wiederholte sich nun mehrere Male, bis ihr das allabendliche Gefangenwerden bei den Leuten zu dumm wurde und sie eines Abends wegflog und spontan nach Hause kam. Von da ab schlief sie bei den andern Dohlen, verbrachte aber den ganzen Tag bei Fremden, denn sie hatte sich noch mit anderen Leuten angefreundet und war bekannt und geachtet in den umliegenden Ortschaften. Die Leute glaubten, es sei Tschock, der in der Gegend eine gewisse Berühmtheit erlangt hatte. Besonders gern besuchte diese Dohle die Strandbäder an der Donau. Als ich sie einmal dort aufsuchte, erkannte sie mich sofort, das heißt, sie war gegen mich geradezu beleidigend scheu. Leider fiel sie im Januar 1929 einer Seuche zum Opfer, die außerdem noch 7 andere Vögel hinwegraffte.

Ich zog im Sommer 1928 16 Jungdohlen und wieder eine Elster auf. Diese Vögel setzte ich nach dem Flüggewerden nicht alle zugleich zu den freifliegenden Vögeln auf den Boden, sondern brachte sie zunächst in einer geschlossenen Kegelbahn unter, wo sie genug Raum zum Fliegen hatten. Im Dach des Flugraumes vor dem Dohlenboden brachte ich eine Klapptüre direkt über dem Bodenfenster an, wo auch der dümmste Jungvogel sie finden mußte, und nachdem die alten Vögel den Schreck über diese Neuerung verwunden hatten, trug ich gegen Abend des 19. Juni die erste mit einem numerierten Ringe versehene Jungdohle hinauf. Der letzte alte Vogel kam heim, bevor der junge die Klapptüre gefunden hatte, und hinter ihm schloß ich die Tür. Ich bemerkte keine ernstliche Anfeindung des Jungen seitens der Alten. Am nächsten Tag, aber erst nachmittags, öffnete ich die Tür. Als die alten Vögel voll Stallmut hinausstürmten, folgte der junge dem letzten von ihnen glatt durch die Klapptür und war sofort hoch in der Luft. Er wagte einen Sturzflug und landete gleich wieder auf dem Dach des Käfigs. Er flog eben, wie alle diesjährigen Dohlen, viel besser als die vorjährigen, ganz einfach deshalb, weil sie in einem viel größeren Raum zu fliegen begonnen hatten. So trug ich in 2- bis 3tägigen Abständen Stück für Stück die jungen Dohlen zu den alten auf den Boden. Einmal nahm ich 3 zugleich und hatte es sofort zu bereuen. In der früher beschriebenen Weise, nur beieinander Führung suchend, verflogen sich die 3 sofort.

Mit Ausnahme dreier Kümmerlinge, die eingingen, waren die 1928er Dohlen körperlich viel besser beisammen als die 1927er, wohl weil ich bei ihrer Aufzucht mehr Herz und frische Ameisenpuppen und gar kein Pferdefleisch verwendete. Die Jungvögel flogen nicht nur besser, sondern sie verhielten sich auch in punkto Gitterverstehen, Türenfinden und Aktionsradius etwas intelligenter, und der ruckartige Intelligenzfortschritt im August, wie ich ihn oben beschrieben habe, trat bei ihnen noch schärfer umschrieben ein.

Ich möchte hier einiges über die Verschiedenheit der Intelligenz bei Stücken derselben Art sagen. Man hört und liest jetzt so oft, daß die Tiere untereinander so verschieden seien wie wir Menschen. Das trifft vielleicht für die allerhöchsten Säuger zu, gilt aber für Vögel absolut nicht, zumindest nicht in dem Sinne, daß verschiedene Individuen einer Art von allem Anfang an verschieden »begabt« seien. Die meisten Unterschiede, die man an Gefangenschaftsexemplaren, vor allem wieder bei hochstehenden Arten, beobachten kann, beruhen nicht auf Anlage, sondern auf verschiedenem Vorleben und Gesundheitszustand und verschiedener Konstitution der Tiere. Ein unglaublich geringer Unterschied im physischen Kräftezustand zweier Vögel bringt oft eine erstaunlich große Differenz der Reaktionen hervor. Eines der Hauptsymptome einer, wenn auch geringgradigen, konstitutionellen Minderwertigkeit ist ein zu spätes Erlöschen aller Triebe, die auf die Eltern Bezug haben, und eine damit einhergehende übergroße Zahmheit. Der wirklich vollwertige Vogel kann, solange er nicht etwa in seinem Sexualleben auf mich Bezug nimmt, gegen mich nicht zahmer und vertrauensvoller sein, als er draußen in der Natur gegen einen Artgenossen ist. Hiervon sind natürlich kleine und dumme Vögel ausgenommen, die den Pfleger gar nicht als Individuum erfassen, sondern wie einen alten Baumstrunk oder wie sonst ein ungefährliches und sogar nahrungspendendes Stück Landschaft behandeln und womöglich sein Gesicht anbalzen und nach seinen Händen wütend beißen.

Merkwürdigerweise erwachen in solchen halben Kümmerlingen geschlechtliche Regungen schon in früher Jugend. Tschock z. B. begrüßte mich mit Flügel- und Schwanzzittern, als er kaum 3 Wochen flügge war, während normale Dohlen damit erst bei ihrer Verlobung nach der ersten Mauser anfangen, allerdings also auch schon lange vor der Geschlechtsreife. Ebenso begannen die, wie erwähnt, gesünderen 1928er Dohlen später zu balzen als die 1927er. Aber auch rein psychische Reaktionen sind in höchstem Maße von Konstitutionen abhängig, immer in dem Sinne, daß bei konstitutionell nicht vollwertigen Tieren Reaktionen fehlen, die in der Anlage vorhanden und dem normalen Freiheitsvogel eigen sind, nicht etwa, daß ein Individuum angeborenermaßen auf einen Reiz grundsätzlich anders reagiert. Naturgemäß treten solche Ausfallserscheinungen an solchen Reaktionen auf, die besonders kompliziert oder relativ neue Erwerbungen der Art sind. Da gerade die Handlungen der Brutpflege eine Menge derartiger Feinheiten aufweisen, so ist es leicht verständlich, daß in der Gefangenschaft so wenige der in volle Brunst tretenden Vögel sich dann wirklich mit Erfolg fortpflanzen.

Um aber einige Beispiele für bei Kümmerlingen ausfallende Triebhandlungen zu bringen: Keine der von mir erwachsen angekauften, von Laienhand einzeln aufgezogenen Dohlen brachte den oben als Schnarrreflex beschriebenen Angriffsakt beim Anblick einer herumgetragenen toten Dohle oder beim Fangen einer lebenden. Nachdem sie aber den Sommer freifliegend verbracht und die erste Großgefiedermauser hinter sich hatten, brachten sie plötzlich den besprochenen Reflex tadellos und vollkommen (Daß die erste Großgefiedermauser oder die damit eintretende Geschlechtsreife eine Änderung des Gesundheitszustandes zum Bessern mit sich bringt, sah ich übrigens bei Rabenkümmerern wiederholt). Ferner üben bei mir nur die schönsten und größten alten Dohlen das Einweichen harten Futters in Wasser, während alle andern Dohlen sich vergebens mit einer harten Brotrinde abmühen. Natürlich sind diese Vögel, bei denen diese Triebhandlung ausgefallen ist, vollständig außerstande, etwa das Beispiel der sie richtig ausführenden Genossen zu verwerten; dazu gehören ganz andere Denkfähigkeiten. Namentlich das Einweichen scheint bei der Dohle eine ziemlich junge Erwerbung zu sein, denn die in ihren bezeichnenden Rabeneigenschaften spezialisierten Corviden verlieren diesen bestimmten Trieb viel schwerer als die in dieser Hinsicht primitivere Dohle. Bei Nebelkrähe und Kolkrabe sah ich schon ausgesprochene Kümmerer diese Handlung fehlerfrei ausführen. Fast ganz ebenso liegen die Dinge beim Verstecken von Nahrungsbrocken durch Darauflegen von unauffälligen Gegenständen.

Ein schönes Beispiel für das Verlorengehen von Triebhandlungen ist auch folgendes: Eine alte, sehr schöne und große Dohle, die ich aus dem Schönbrunner Zoo bekam und die sich in jeder Hinsicht als Volldohle erwies, brachte folgende Triebhandlung: Wenn man ihr ein Vogelei mittlerer Größe reichte (am besten funktionierte die Sache mit Taubeneiern), so hackte sie mit feinen vorsichtigen Stößen ein ganz kleines Loch hinein, faßte dann den Rand der Schale in der Weise, daß sie die Spitze des Unterschnabels in das Loch schob, und trug das Ei dann so mit der Öffnung nach oben an eine sichere Stelle, legte es wieder mit der Öffnung nach oben hin und fraß es vorsichtig aus. Daß diese Handlungsweise eine angeborene Triebhandlung ist, wird durch 2 Momente wahrscheinlich gemacht. Erstens ist die Lösung des physikalischen Problems, eine Flüssigkeit in einer Schale dadurch zu erhalten, daß die Öffnung nach oben gehalten wird, viel zu schwer für ein Dohlenhirn, sah ich doch bis jetzt eigentlich nur Schimpansen diese Aufgabe mit Einsicht lösen. Es erscheint also ausgeschlossen, daß dieses Stück von *Coloeus* dieses Verfahren selbst »erfunden« hat. Zweitens brachten meine übrigen Dohlen diese Triebhandlung auch, aber mit anderem Objekt; sie zerbissen zwar Taubeneier in der plumpesten Weise und verloren dabei 3/4 des Inhaltes, wandten aber das ganze beschriebene Verfahren auf Pflaumen an, die sie so, und nur so, von den Pflaumenbäumen nach Hause trugen. Nie sah ich eine von ihnen eine solche Frucht einfach im geöffneten Schnabel tragen, was viel zweckentsprechender gewesen wäre, da die Haut, an der sie die Pflaumen trugen, oft riß und sie die Beute verloren. Es ließen sich noch mehrere Beispiele von diesem Verlorengehen von Triebhandlungen bei nicht vollen Individuen anführen, aber ich muß hier noch einen Fall von umgekehrtem Verhalten berichten, trotzdem (oder gerade weil) es sich nicht gut mit der eben entwickelten Ansicht vereinen läßt. Tschock, der, wie früher erwähnt, in der Tierhandlung gekauft und durchaus keine »Volldohle« war, pflegte in seiner Jugend, das heißt vor der ersten Kleingefiedermauser, geeignete Gegenstände in den Füßen zu tragen, und zwar brachte er sie immer erst im Fluge aus dem Schnabel in die Klauen, genau ebenso wie Kolkraben es tun. Für dieses merkwürdige Auftreten einer der Art sonst nicht eigenen Triebhandlung bei einem nicht ganz normalen Stück wüßte ich keine andere Erklärung, als daß der den Corviden ursprünglich eigene Trieb bei *Coloeus* verlorengegangen, bei diesem Vogel aber, sozusagen abnormerweise, zum Durchbruch gekommen ist.

Im Gegensatz zum Vorjahre ließ ich 1928 immer alle Dohlen zu gleicher Zeit frei, da ich mich ja auf die alten Vögel, die unbedingt die Führung hatten, verlassen konnte. Hierbei war deutlich zu beobachten, wie die Jungvögel allgemeinen äußeren Reizen gegenüber weniger schreckhaft und fahrig waren als die alten, andererseits aber ungeheuer fein auf das geringste Zeichen von Beunruhigung seitens ihrer Führer reagierten. Bei den führerlosen Jungvögeln im Vorjahre hatte dies ein ganz eigentümliches Verhalten gezeitigt. Obwohl ihre Schar ungeheuer dreist und durch Dinge, die erwachsene Dohlen erschrecken, kaum zu beunruhigen war, stürzten sie oft, scheinbar ohne jeden Grund, in höchster Angst davon. Bei genauester Beobachtung sah ich dann, daß eine solche Panik immer dadurch hervorgerufen wurde, daß einer der Vögel durch irgendeine Kleinigkeit, etwa das Umkippen eines Steinchens, erschreckt worden war und durch die Zeichen seiner Angst im Nebenmann eine schon wesentlich stärkere induzierte, die sich im lawinenartigen blitzraschen Anwachsen von einem Individuum auf das andere übertrug, bis die Schar davonstob, den zuerst Erschrockenen mitreißend, der natürlich keine Ahnung hatte, daß das ursprüngliche Steinchen, das, wäre er allein gewesen, ihn nie zum Auffliegen gebracht hätte, die Ursache der allgemeinen Flucht sei.

Bemerkenswert ist nur, daß junge Dohlen, die alte zu Führern haben, sehr wohl wissen, nach wessen Zeichen sie sich zu richten haben, und nur auf das Erschrecken der Erwachsenen und nicht auf das von ihresgleichen reagieren. Daß in diesem Sonderfalle Mut und nicht nur wie sonst bei Vögeln allein die Furcht durch das Beispiel übertragen werden kann, bewiesen mir später die bei mir erbrüteten Jungvögel, die, dem Beispiel ihrer Eltern folgend, mir aus der Hand fraßen, obwohl sie mich vor ihrem Ausfliegen nie erblickt hatten, sehr zu meinem Erstaunen, denn ich hatte nicht erwartet, daß sie auch nur im geringsten zahmer sein würden als gleichaltrige freilebende Jungvögel.

Wenn die gemischte Schar der 1927er und 1928er Dohlen im Sommer 1928 eine größere Distanz flog, so befanden sich im allgemeinen die älteren Dohlen vorne und unterhalb der jüngeren. Die alten fluggewandten Vögel fliegen fast immer von erhöhten Punkten steil nach unten ab, um rasch und mühelos in Fahrt zu kommen, während die jungen zunächst auch von hochgelegenen Abflugorten genau ebenso davonrudern, wie wenn sie vom ebenen Erdboden abflögen. Die Jungen halten ganz allgemein Flügel und Schwanz weiter offen, und die dadurch bedingte geringere Flächenbelastung hat ein geringeres Flugtempo zur Folge. Ich will dahingestellt sein lassen, ob dieses weite Offenhalten der tragenden Flächen Ursache oder Wirkung der allgemeinen »Tendenz nach oben« junger und flugungewandter Vögel ist. Sicher spielt bei der größeren Geschwindigkeit der Erwachsenen auch der Umstand mit, daß sie zu der Zeit, da sie Junge führen, gerade stark in der Großgefiedermauser sind, wodurch ja ihre Minimalgeschwindigkeit erhöht wird. Dies alles bringt es mit sich, daß die alten Vögel – sicher ganz unbewußt – richtungsbestimmend wirken.

Da ich die großen Verluste des Jahres 1927 hauptsächlich Katzen zur Last legte, suchte ich 1928 dadurch vorzubeugen, daß ich die Vögel in den ersten Morgenstunden, wo Katzen noch unterwegs sind, eingesperrt ließ und ihnen erst um ungefähr 10 Uhr die Freiheit schenkte, eine Maßnahme, die vollen Erfolg hatte. Jeden Abend, wenn die Vögel schon schliefen, mußte ich dann leise auf das Dach hinausklettern und vorsichtig die Klapptüre schließen, denn jedes Geräusch gab zu einer fürchterlichen Flatterei Anlaß, da die Dohlen im Dunkeln auch mir gegenüber sehr schreckhaft waren, im Gegensatz zu meinen Kolkraben.

Die 1927er Dohlen kümmerten sich nicht viel um ihre jüngeren Genossen, zum mindesten nahm keine einen 28er Vogel an Kindes Statt an, wie Tschock es im Vorjahre mit Linksgelb getan hatte. Die Jungvögel ihrerseits flogen den Älteren sehr getreu nach und übernahmen von allem Anfang an genau deren tägliche Gewohnheiten und Gepflogenheiten. So gingen sie zum Beispiel sofort mit den alten Vögeln auf den Boden nieder, was die vorjährigen lange nicht gewagt hatten. Sie zeigten auch sehr bald gar keine Furcht vor meinem freifliegenden großen Gelbhaubenkakadu, während die 1927er Dohlen lange Zeit brauchten, um sich an den großen Vogel zu gewöhnen, der ihnen oft aus reinem Übermute unter markerschütterndem Geschrei nachflog.

Wenn ich nicht die Gesellschaft der jungen Vögel aufgelöst und sie einzeln der alten eingegliedert hätte, wäre sicher keine so vollständige Anpassung an die Gebräuche letzterer erfolgt.

Interessant war die Gruppenbildung unter den Jungvögeln nach ihrem Umzug auf den Dachboden: Ihr Zusammenhalten richtete sich genau nach der zwischen der Umquartierung der einzelnen verflossenen Zeit und damit nach der Ringnummer der Tiere, da jedes bei dem Umsetzen mit fortlaufenden Nummern bezeichnet wurde. Z. B. konnte Nr. 1 sich des 2 Tage später nachfolgenden Nr. 2 noch gut entsinnen, während er den 3 Wochen später folgenden Nr. 4 nicht wiedererkannte. So hielten dann, und zwar Jahre hindurch, die nah aufeinanderfolgenden Nummern eng zusammen, während weit auseinanderliegende sich dauernd kühl gegenüberstanden. Ich muß aber hier betonen, daß alte, miteinander befreundete Dohlen sich auch nach monatelanger Trennung sofort wiedererkennen. Zu der erwähnten Gruppenbildung mag übrigens noch ein weiterer Umstand beigetragen haben: die in der Kegelbahn eingesperrten Vögel wurden nämlich durch das ständige Wegfangen ihrer Genossen, die ihrer »Meinung« nach ja sicher gefressen worden waren, immer scheuer und scheuer, während die einmal übersiedelten ihren Zahmheitsgrad beibehielten, so daß die niederen Nummern dauernd zahmer blieben als die hohen, was auch zur Festigung der Gruppierung beitragen konnte.

Mit Ausnahme der Zeit täglich vom Tagesanbruch bis 10 Uhr befanden sich meine Dohlen nun den ganzen Sommer 1928 in vollkommener Freiheit, ohne daß ich den Verlust eines einzigen Vogels zu beklagen gehabt hätte. Ob das nun dem morgendlichen Eingesperrtsein oder der Führung der erfahrenen erwachsenen Dohlen zu verdanken war, wage ich nicht zu entscheiden.

Als dann gegen Ende Oktober die Vögel wieder Lust zu zeigen begannen, sich mit fremden Rabenvögeln zu vergesellschaften, schloß ich sie wieder dauernd ein, um ihrem Abwandern vorzubeugen.

Im Anfang Januar 1929 zeigten die 3 restlichen 1927er Dohlen bereits eine sehr ausgesprochene Fortpflanzungsstimmung, die aber bei der bald einsetzenden übergroßen Kälte wieder erlosch.

Während der allerschärfsten Kälte wurden meine Dohlen leider von einer mit schweren Durchfällen einhergehenden Seuche erfaßt, die nicht weniger als 7 Vögel dahinraffte, unter welchen sich glücklicherweise keiner der zweijährigen Vögel befand. Ich hatte den Eindruck, daß die Dohlen sehr darunter litten, daß das ihnen gereichte Wasser so rasch gefror, daß vor allem die in niederer Rangklasse stehenden Tiere, die als letzte zur Tränke durften, nicht genügend Zeit hatten, ihren Durst zu löschen. Daher waren sie wohl sehr aufs Schneefressen angewiesen, was vielleicht erklärt, warum die alten, hoch im Range stehenden Vögel von den Durchfällen fast verschont blieben.

Im Frühjahr 1929 ließ ich die Dohlen schon am 25. März frei, in der Hoffnung, daß sie sich so schneller von den Strapazen des Winters erholen würden. Zu dieser Zeit wimmelte es im Tullnerfeld aber noch von landfremden Dohlen und Saatkrähen, und eines schönen Tages, es war am 9. April, geschah das Unglück, daß meine Dohlen sich so unter eine nach vielen Hunderten zählende Wanderschar mischten, daß es ihnen nicht gelingen wollte, sich vollzählig von dieser loszulösen, weil sie nämlich in dem Gewimmel der fremden Vögel den Zusammenhalt untereinander verloren hatten. Es kamen immer einzelne meiner Dohlen nach Hause, die hier verzweifelt nach ihren Freunden riefen, aber wenn diese dann nicht erschienen, doch wieder zu der Wanderschar zurückkehrten. Damals fiel es mir zum ersten Male auf, daß der Lockton einer Dohle, die im Sitzen fliegende Genossen zu sich rufen will, besonders wenn der rufende Vogel sich zu Hause befindet, anders klingt als der gewöhnliche Stimmfühlungslaut. Während nämlich letzterer wie ein kurzes »Kia« klingt, ist das Signal »komm nach Hause« ein etwas gezogenes, sehr klingendes »Kiu«. Man hört den Ton auch von fliegenden Dohlen, die solche, die weiter von der Kolonie weg dahinfliegen als sie selbst, zu dieser zurücklocken wollen. Gehört hatte ich den Ruf natürlich schon oft, aber erst an diesem Tage bekam ich ihn so oft hintereinander zu hören und so oft zugleich mit den Stimmfühlungsrufen der fremden Schar, daß sich mir endlich der Unterschied aufdrängte und die Bedeutung des »Kiu« klarwurde.

Besonders eifrig im Zurückrufen der Koloniemitglieder war Gelbgrün, der »Häuptling« der Siedlung. Ich glaube aber nicht, daß diese Tätigkeit für das Spitzentier bezeichnend ist, bin vielmehr überzeugt, daß sich alle erwachsenen Männer einer Dohlenkolonie in einem ähnlichen Falle ebenso verhalten. Das Benehmen von Gelbgrün nun war äußerst interessant. Der Vogel glich darin einem gut geschulten Schäferhunde, der eine versprengte Schafherde zusammenbringen will. Immer wieder flog er unter fortwährenden »Kiu«-Geschrei auf eine meiner Dohlen los, die mitten unter den Fremden saß oder flog, bewog sie in einer der früher beschriebenen Weisen zum Mitfliegen und brachte sie dann, sozusagen im Schlepptau, nach Hause. Die beiden anderen zweijährigen Vögel brachten dieselbe Reaktion, aber so wenig ausgesprochen, daß sie keinen richtigen Erfolg zu verzeichnen hatten. Das traurige war nun, daß die glücklich daheim gelandeten einjährigen Vögel durchaus nicht dort bleiben wollten, sondern immer wieder nach einiger Zeit unruhig wurden und wieder zu der Wanderschar auf die Wiesen hinunterflogen. Immerhin brachte Gelbgrün die Abtrünnigen in etwas rascherer Aufeinanderfolge heim, als sie wieder wegflogen, so daß die Wanderschar nur zwei 1928er Dohlen mitnahm, als sie gegen Abend desselben Tages weiterzog. Ich bin überzeugt, daß ohne die Anwesenheit und angestrengte Tätigkeit des geschlechtsreifen Männchens nicht eine einzige der einjährigen Dohlen zurückgekommen wäre.

Bemerkenswert schien mir, daß die Vögel (ebenso wie begreiflicherweise ich) das ganze Ereignis als Katastrophe zu empfinden schienen und die ganze Zeit sichtlich aufs höchste beunruhigt waren. Sie schienen auch dann nachträglich die beiden verlorenen Genossen zu vermissen. Die »Kiu«-Rufe wollten in den nächsten Tagen kein Ende nehmen. Außerdem waren sie längere Zeit in ähnlicher Weise ängstlich wie nach dem Wegfangen von Kameraden, ein Beweis, daß diese Reaktion rein triebmäßig auf das Fehlen von Genossen erfolgt, denn in diesem Falle hätten sie ja wissen müssen, daß die beiden Abwesenden aus eigenem Antrieb und unbeschädigt weggeflogen waren.

Ebenso ist es interessant, daß später, zur Brutzeit, allmählich sämtliche einjährigen Dohlen vom Jahrgang 1928 die Kolonie verließen, ohne daß einer der geschlechtsreifen Vögel die erwähnte »Kiu-Reaktion« gebracht hätte. Daß sie nicht etwa von den alten Dohlen vertrieben worden waren, bewies ein etwas kümmernder Vogel, der den ganzen Sommer dablieb. Ich halte dieses Fortfliegen für ein normales Verhalten und die Fortpflanzungsstimmung im ersten Frühjahr, wie die 27er Vögel sie gezeigt hatten, für eine Gefangenschaftserscheinung, hauptsächlich deswegen, weil sich diese weggeflogenen Dohlen im Oktober vollzählig wieder einstellten. Ich halte es nämlich für wahrscheinlich, daß die einjährigen, also noch nicht fortpflanzungsfähigen Dohlen zur Brutzeit die Umgebung der Kolonie vermeiden, um nicht den ohnehin in großer Zahl auf engem Raum zusammengedrängten Brutpaaren und deren Jungen die Nahrung wegzunehmen. Bei der sonstigen hohen Differenzierung der Soziologie von *Coloeus* halte ich einen derartigen Trieb durchaus für möglich. Beweisend ist diese einmalige Beobachtung natürlich nicht, zumal ein Teil der im Herbste zurückkehrenden Vögel ihre Fußringe verloren hatten, was übrigens auch dem einen zurückgebliebenen Vogel geschehen war und überhaupt bei mir häufig vorkam. Da die Befestigung der Ringe dieselbe war, wie bei denen der Vogelwarte Rossitten, so glaube ich, daß ein guter Teil der dort beringten Rabenvögel ebenfalls ihre Ringe wieder loswerden dürfte.

Ich möchte nun an einer Kolonie zahmer Dohlen, die so individuenreich ist, daß man den Vögeln das herbstliche Abwandern gestatten kann, ohne ein Aussterben der Siedlung befürchten zu müssen, unter Verwendung von verläßlichen Fußringen genaue Beobachtungen anstellen, ob meine Meinung zu Recht besteht, daß die einjährigen Dohlen zur Brutzeit die elterliche Siedlung verlassen und im Herbst dann die reifen Vögel zur Winterwanderung sozusagen abholen. Es würde sich auch zeigen, ob es richtig ist, daß, wie ich glaube, auf dem Zuge Neulinge in den Verband der Koloniegenossen aufgenommen werden. In der Nähe ihres Heims verfolgten meine Dohlen gelegentliche, Anschluß suchende Fremdlinge stets so wütend, daß die reibungslose Aufnahme der im Herbst 1929 zurückkehrenden 1928er

Dohlen für ihre Identität mit den im Frühjahr Davongeflogenen für mich ebenso beweisend war wie die Fußringe, die einige von ihnen noch anhatten, und das Stimmen ihrer Zahl.

Die 3 geschlechtsreifen Dohlen verhielten sich in der Fortpflanzungszeit des Jahres 1929 sehr viel anders als im Vorjahre. Die unverheiratete Rotrot betätigte sich geschlechtlich überhaupt in keiner Weise. Auch bei den Jungdohlen war die Fortpflanzungsstimmung lange nicht so ausgesprochen, wie sie bei denen des Vorjahres gewesen war. Selbst bei dem Paare Rotgelb und Gelbgrün war noch im März nicht viel davon zu bemerken. Erst Anfang April begannen diese beiden Vögel ziemlich unvermittelt zu bauen. Nach einigen erbitterten Kämpfen war es ihnen gelungen, die vorher bestehende Rangordnung zu durchbrechen und der Elster Herr zu werden. Es war jetzt wieder sehr schön zu beobachten, wie dieses unsoziale Geschöpf durch die gute Zusammenarbeit sämtlicher Dohlen gezwungen wurde, sich der Soziologie dieser Art anzupassen. Da sie aber mit der bekannten Nun-erst-recht-Psychologie ihrer Art doch immer wieder sich dem Dohlennest näherte, so entfernte ich sie schließlich, nur um dem Brutpaar Ruhe zu verschaffen. Da Rotgelb und Gelbgrün bei den jungen Dohlen niemals auf ernsteren Widerstand stießen, waren die Wuttöne »Jüp« und »Zick« jetzt überhaupt kaum mehr zu hören.

Das Paar wählte zum Bauen einen sehr engen Nistkasten, und wie im Vorjahre interessierte sich das Männchen hauptsächlich für den groben Unterbau, also für dickere Aststückchen. Der Kasten war aber so klein, daß knapp für die Nestmulde selbst Platz darin war. Das Weibchen, als Baumeister der Mulde, schien diese Tatsache zu erfassen, jedenfalls warf es dauernd die vom Männchen eingebrachten Zweige hinaus und trug ihrerseits weiches Material, hauptsächlich Stroh und Zeitungspapier, ein. Dies setzte sie so lange fort, wie überhaupt der Nestbautrieb dauerte. Ich untersuchte dann das Nest und fand, daß die Tätigkeit des Männchens in diesem Falle vollständig überflüssig, geradezu nur störend gewesen war. Vom 30. April bis zum 2. Mai legte Rotgelb vier Eier. Schon am ersten Tage kam sie nur auf Minuten, allerdings zu wiederholten Malen, aus dem Nistkasten heraus. Nach dem letzten Ei war sie aber noch bedeutend seltener zu sehen. Gelbgrün ergab sich nicht sofort und nicht ohne Widerspruch in die Abwesenheit seiner Gattin, sondern rief dauernd nach ihr. Als sie aber darauf nicht reagierte, ging sein fortwährendes Lockrufen langsam in Gesang über. Er saß aus Sehnsucht nach ihr viel in der Nähe des Nestes, und weil er allein war und »sich langweilte«, sang er eben viel, genau wie ein allein im Käfig gehaltener Vogel besonders viel singt. Der Vogel dachte dabei natürlich nicht daran, etwa seine Frau durch den Gesang zu erfreuen.

Ich möchte hier einige Worte über das Singen der Dohlen einschalten. Der Gesang besteht zum Teil aus gespotteten Lauten, zum Teil aber merkwürdigerweise aus solchen, die der »Umgangssprache« der Art entnommen sind. Man hört da den Sitzlockton Kia, den Fluglockton Kiu ebensogut wie das Jüpen und das Raubvogelschnarren. Alles das bringt der Vogel in buntem Durcheinander, und sonderbarerweise nimmt er bei jenen Lauten, denen eine »sprachliche« Bedeutung zukommt, auch die dazugehörigen charakteristischen Stellungen ein, beugt sich z. B. beim Schnarren vor und schlägt mit den geöffneten Flügeln, duckt sich bei »jüp-jüp«, als säße er im Eingang einer engen Höhle, genau wie ein deklamierender Mensch seine Worte mit den ihnen entsprechenden Ausdrucksbewegungen begleitet. Für mein Ohr sind die im Gesange vorgebrachten Ausdruckslaute absolut dieselben wie die im Ernstfalle ausgestoßenen, und wiederholt bin ich zum Fenster gesprungen, um zu sehen, was es gäbe, wenn ein Vogel aus einem leise dahinplätschernden Gesang plötzlich das laute Schnarren brachte. Niemals aber sah ich eine andere Dohle darauf hineinfallen, selbst dann nicht, wenn eine ihren Gesang mit dem Schnarren begann, was nicht allzu selten vorkam. Wenn man bedenkt, wie prompt und allgemein die Reaktion auf das Schnarren einer Dohle im Ernstfalle eintritt, so mutet dies recht sonderbar an.

Das brütende Weibchen wurde im allgemeinen vom Männchen mit Nahrung versorgt. Er besuchte sie in kurzen, unregelmäßigen Intervallen im Nistkasten, immer mit vollem Kehlsacke ankommend, der dann leer war, wenn er wieder aus dem Kasten herausgekrochen kam. Manchmal kam sie auch heraus, wenn er lockend anflog, und nahm ihm das Futter heraußen ab. Dabei konnte ich mit Sicherheit feststellen, daß sie ihn an der Stimme erkannte. In solchen Fällen flog sie dann stets weg, gefolgt von dem Männchen. Wenn sie dann nicht in wenigen Minuten wieder da war, so kam er allein zurück und kroch still in den Nistkasten. Ob er drinnen richtig brütete, weiß ich natürlich nicht, möchte es aber annehmen. Die längste von mir beobachtete Zeit, die er allein im Neste war, betrug etwas über 8 Minuten. Das Weibchen brachte von diesen Ausflügen immer noch weiches Nistmaterial für die Nestmulde nach Hause, und zwar immer gebündelt, daß der Schnabel seiner ganzen Länge nach, vom Mundwinkel bis zur Spitze, gefüllt war. Manchmal hatte sie schon damals in der Schnabelspitze, sozusagen als Abschluß des dicken Bündels, einen kleinen Klumpen trockenen Lehms. Späterhin wurden diese eingetragenen Lehmklumpen immer größer gewählt, während die Moos- und Grasbündel immer kleiner wurden, bis dann nach dem Schlüpfen der Jungen nur noch große Lehmbrocken und gar kein Nistmaterial mehr eingebracht wurde. Die Klumpen wurden offenbar dann von den Vögeln zerkleinert, denn das Nest und späterhin die Jungen waren ständig mit trockenem Lehmstaub wie eingepudert. Solange das Weibchen brütete, beteiligte sich der Mann überhaupt nicht am Eintragen von Nistmaterial und Lehm, sondern begnügte sich damit, das Weibchen zu füttern und beim Brüten abzulösen. Hierbei saß er viel weniger fest als jenes, zum mindesten kam er sofort aus dem Neste, wenn ich mit Mehlwürmern lockte, während das Weibchen sich in solchem Falle erst lange bitten ließ. Merkwürdigerweise regten sich beide Vögel nicht im geringsten auf, wenn ich das Nest untersuchte, verteidigten es also auch nicht, sehr im Gegensatze zu jener alten Dohle aus dem Schönbrunner Zoologischen Garten, die im Jahre 1927 bei mir baute; dieses Männchen verteidigte schon die ersten Anfänge seines Nestes wütend, wobei es einen mit den Klauen anpackte, obwohl es nicht wie Gelbgrün um Futter auf die Hand kam, also mehr Hemmungen vor einer körperlichen Berührung haben mußte als dieser.

Am 17. Mai traf ich um 10 Uhr vormittags Gelbgrün auf den Eiern. Während er sonst, wie erwähnt, auf mein Locken das Gelege sofort verließ, blieb er diesmal so lange sitzen, daß ich schon meinte, es sei gar kein Vogel im Nistkasten, denn das Weibchen sah ich auf der Wetterfahne sitzen. Als ich aber durch die Tür des Flugkäfigs trat, kam Gelbgrün aus dem Kasten. Ich untersuchte nun das Nest und fand ein Ei gepickt. Um 3 Uhr nachmittags sah ich wieder nach und fand ein geschlüpftes Junges. Von Schalenresten war nichts zu bemerken.

Ich bin sicher, daß die Eltern das Kind noch am selben Nachmittag zu füttern begannen. Als ich nämlich versuchsweise dem Männchen Mehlwürmer verabreichte, nahm er sie nicht einfach in den Kehlsack, wie er es tat, wenn er sie dem Weibchen bringen wollte, sondern zerzupfte sie in winzige Stückchen, nahm sie dann erst in den Kehlsack und begann hierauf seinen Schnabel zu wetzen. Schon einige Tage vorher war es mir aufgefallen, daß beide Alten vor Betreten des Nistkastens sich längere Zeit den Schnabel wetzten. Der Trieb zu dieser Reinigung tritt eben schon etwas früher auf als notwendig. Jetzt aber verfiel der Vogel geradezu in Schnabelwetzparoxysmen, ehe er zu dem Weibchen und den Jungen in den Nistkasten kroch.

Nach dem Getön, welches dann aus diesem drang, glaube ich, daß er drinnen seine Ladung an das Weibchen gab und erst dieses das Junge fütterte. Wenn das Weibchen von der so sorgfältig vorbereiteten Nahrung nichts gefressen hat, was ich deshalb glaube, weil es im Laufe des Nachmittags mehrmals reichliche Futterquanten aus meiner Hand fraß, so hat das Junge an seinem ersten halben Tage 10 Mehlwürmer bekommen.

Am nächsten Tage war das zweite Kind schon fertig geschlüpft, als ich nach 10 Uhr nachsah. Wenn ich ihnen kein Futter anbot, verfütterten die Alten hauptsächlich grüne Raupen, die sie auf den nahen Linden gesammelt hatten. Sie fütterten ebenso unregelmäßig, wie das Männchen das Weibchen gefüttert hatte. Man konnte sie aber jederzeit durch Darreichung von Mehlwürmern oder Ameisenpuppen, nicht aber von anderen Futterstoffen, zum Füttern anregen. Mehlwürmer zerzupften sie wie erwähnt immer ganz fein, Ameisenpuppen hingegen rissen sie bloß an, bevor sie sie in den Kehlsack nahmen. Ich war erstaunt, welche Mengen sie in die kleinen Jungen hineinstopften.

Um bei der chronologischen Reihenfolge zu bleiben, muß ich hier einschalten, daß an diesem Tage die beiden am 1. April davongeflogenen vorjährigen Dohlen sich wieder einstellten. Wenige Tage später verschwanden sie wieder, zwei weitere Altersgenossen mit sich nehmend. Von diesem Zeitpunkte an begann das schon früher beschriebene Abwandern der einjährigen Vögel. Daß sie sich bis Anfang des Winters 1929/30 eine nach der anderen wieder eingestellt hatten, habe ich auch schon erwähnt.

Am 19. und 20. Mai schlüpften die beiden restlichen Jungen, ebenso wie das zweite schon in den ersten Vormittagsstunden. Als das letzte Junge auskroch, war das erste schon fast doppelt so groß. Die Eltern verfütterten nach wie vor grüne Raupen, was ich genau sehen konnte, weil sie ihre Kehlsackladung immer vor dem Nistkasten auspackten und fein zerzupften, ehe sie sie nach dem beschriebenen Schnabelwetzen den Kindern brachten. Auch die Ameisenpuppen nahmen sie jetzt aus meiner Hand zuerst in den Kehlsack, um sie erst auf dem Anflugbrett des Nistkastens zu zerkleinern. Am 2. sah ich das Männchen ein Bündelchen Moos aus dem Neste tragen, welches mit einem winzigen Kotklecks behaftet war; auch späterhin entfernten die Alten den Kot der Jungen immer so, daß sie das Nistmaterial, an dem er haftete, abtransportierten. Dabei berührten sie niemals den Kot direkt mit dem Schnabel. Wenn das ihnen doch einmal passierte, so konnten sie sich nicht genug tun in Kopfschütteln und Schnabelwetzen, wodurch sie ihren Ekel deutlich genug dokumentierten. Das ist deswegen auffallend, weil scheinbar Krähen die Exkremente der Jungen im Kehlsack forttragen. Die Dohleneltern trugen das beschmutzte Nistmaterial selten weit fort, meist legten sie es mit einer eigentümlichen Vorsicht auf den Rahmen der Falltür des Flugkäfigs, der mit der Zeit mit diesen Windeln geradezu garniert war. Natürlich brachte es dieser Prozeß mit sich, daß das Nest langsam abgebaut wurde. Das ging so weit, daß die Nisthöhle nach dem Ausfliegen der Jungen vollständig leer war. Beschmutzt war sie innen nicht im geringsten.

Als ich am 23. Mai nach einer 2tägigen Abwesenheit heimkam, sah ich eine der damals noch in der Kolonie befindlichen einjährigen Dohlen ein totes Junges im Schnabel tragend herumfliegen. Ich jagte ihr die Leiche ab und konnte feststellen, daß sie kaum verletzt, aber schon stark in

Fäulnis übergegangen war. Ich bin der Meinung, daß die betreffende Dohle das Junge keinesfalls aus dem Neste geraubt hat, sondern daß es eingegangen ist und von den Eltern aus dem Nest geschafft und dann erst von ihr gefunden wurde. Als ich dann das Nest untersuchte, fand ich die beiden ältesten Kinder erstaunlich gewachsen und der Größe nach kaum unterscheidbar, das dritte, nach seiner Größe und der des toten aber sicher Nr. 4, sehr zurückgeblieben und kaum größer als bei meiner Abreise.

Es war mir schon lange aufgefallen, daß von so ziemlich allen von mir aufgezogenen Bruten von *Passeres* die jüngsten Geschwister dauernd kleiner, schwächer und hinfälliger blieben als die älteren. Ich entsinne mich keines Falles, wo ein jüngeres Geschwister ein älteres tatsächlich überholt hätte, obwohl doch der menschliche Pfleger in seinem »Gerechtigkeitssinn« bei der Fütterung unwillkürlich die Schwächsten bevorzugt, was die Vogeleltern ganz sicher nicht tun, im Gegenteil, bei ihnen wird immer der am weitesten emporgereckte Schnabel, der ja meist dem Älteren gehören wird, zuerst gestopft. Ich war immer der Meinung gewesen, daß dieses Zurückbleiben eine Gefangenschaftserscheinung sei, dadurch hervorgerufen, daß die ältesten Jungvögel einen größeren Teil ihrer Entwicklung unter natürlicheren Umständen vollzogen hatten als die jüngeren. Es ist ja bekannt, daß Sperlingsvögel bis zu dem Zeitpunkt, wo der Fluchttrieb erwacht und sie Menschen gegenüber nicht mehr sperren wollen, um so leichter aufzuziehen sind, je älter sie sind, weil sie eben von der Fütterung durch die Eltern her gewisse Reservestoffe mitbekommen haben, die ihnen der Mensch schwer bieten kann und die um so besser vorhalten, je später sie in seine Obhut gelangen.

Bei Beobachtung der Jungenaufzucht meiner Dohlen begann ich aber an dieser Erklärung zu zweifeln. Schon am 23. Mai hatte ich den Eindruck, daß sich die Mutter öfter und länger vom Neste entfernte, als für das kleinste Junge gut war. Als ich daraufhin während einer Abwesenheit des Weibchens die Jungen anfühlte, war das kleinste tatsächlich merklich kühler als die beiden anderen. An diesem Tag sah ich zum letzten Male das alte Weibchen Ameisenpuppen zerzupfen. Späterhin wurden diese und auch Mehlwürmer ganz verfüttert, und zugleich verschwand das umständliche Schnabelwetzen. Noch am 23. sah ich am Rachen des Ältesten Reste von Hanfkörnern kleben. So früh begannen die Eltern mit dem Verfüttern pflanzlicher Nahrung.

Am 24. Mai war der Unterschied zwischen den beiden größeren und dem kleinsten Kinde noch auffallender. Beim größten öffnete sich gerade ein Auge. Die Mutter wärmte im Laufe dieses Tages die Jungen überhaupt nur minutenweise, also sicher viel zuwenig für das kleinste. Es scheint also, daß sich die Eltern in der Art der Pflege mehr nach den älteren Jungen richten, in diesem Spezialfalle wegen des zufälligen Ausfallens des dritten Kindes vielleicht aber noch mehr als gewöhnlich. Am 25. war das Nesthäkchen spurlos verschwunden. Die beiden älteren Kinder hatten beide offene Augen und begannen wegen der unter der Haut sprossenden Kiele oberseits dunkel auszusehn. Dies brachte mich auf den Gedanken, daß vielleicht jetzt durch den Anblick der Jungen in meiner Hand bei den Eltern der Schnarreflex auszulösen sei, was aber nicht der Fall war. Sie regten sich nicht im geringsten auf, als ich ihnen die Jungvögel in der Hand hinhielt. An diesem Tage sah ich die Alten wieder große Lehmklötze eintragen, was ich seit dem Schlüpfen der Jungen nicht mehr gesehen hatte. Besonders der Mann trug so große Klumpen ein, wie er irgend in den Schnabel zu fassen vermochte. Die Haut seiner Mundwinkel war so ausgespannt, daß man das Licht durchschimmern sah. Ich hatte nie vorher eine Dohle ihren Schnabel so weit öffnen gesehen und nicht gewußt, daß ihr das überhaupt möglich sei. Am 30. Mai waren am Schultergefieder und am Flügelkleingefieder der Jungen die Spitzen der Federhüllen etwas abgeplatzt, so daß man gerade schon ein weniges von den Federn sehen konnte. Als ich nun die Kinder in die Hand nahm und den Eltern hinhielt, griffen mich sofort beide schnarrend an. Das war ja eigentlich genau das, was ich erwartet hatte. Immerhin erscheint es auffallend, daß bei einem verhältnismäßig so klugen Vogel, wie die Dohle einer ist, die Verteidigung der Nachkommenschaft so rein reflektorisch erfolgt. Am selben Tage flog mein damals soeben flügger Kolkrabe erstmalig auf das Dach des Hauses. Ihn griffen die Dohleneltern sofort schnarrend an, der einzige von mir beobachtete Fall, wo das Schnarren anders als durch das Getragenwerden eines toten Rabenvogels oder dessen Surrogates ausgelöst wurde. Sie schlugen den Raben schließlich in die Flucht und duldeten ihn auch späterhin nicht auf dem Dache. Erst längere Zeit nach dem Ausfliegen der Jungen hörten ihre Angriffe auf. Sie fürchteten aber die Raben auch dann nicht im geringsten.

Am 18. Juni, also im Alter von 32 Tagen, sah ich die ältere junge Dohle auf einer Sitzstange vor dem Neste sitzen, gegen Abend war sie nicht zu sehen, also wohl wieder im Nistkasten. Am nächsten Tage bekam ich keine der beiden Jungdohlen zu sehen, erst am 20. saßen beide vormittags im Flugkäfig, am Nachmittag hatte die eine, sicherlich nur durch Zufall, durch die Klapptüre den Weg ins Freie gefunden und saß nun auf der großen Ulme auf der anderen Seite des Hauses. Die Eltern bemühten sich, das Kind nach Hause zu locken, was ihnen lange Zeit nicht gelingen wollte, da ihnen das Junge genauso mangelhaft nachflog wie eine gleichalte, handaufgezogene Dohle einem menschlichen Pfleger. Außer den früher beschriebenen Methoden, die einer Dohle zur Verfügung stehen, um eine andere zum Mitfliegen zu veranlassen, sah ich jetzt eine neue, sehr drastische, die nur von den Eltern eben flügger Jungen angewendet wird. Diese Triebhandlung besteht darin, daß der alte Vogel dem jungen, der in diesem Falle auf einem erhöhten Punkte sitzen muß, was er ja bei der bekannten Bodenscheuheit eben ausgeflogener Jungvögel so gut wie immer tut, von hinten her so dicht über den Rücken fliegt, daß er stark genug an ihn anstreift, um ihn von seinem Sitzplatz herunterzuwerfen, aber dabei doch selbst so wenig in seiner Fortbewegung gebremst wird, daß er sich nach dem Anprall vor dem Jungen in der Luft befindet, der ihm nun nachfliegt. Diese sehr interessante Triebhandlung wird aber nur relativ selten ausgelöst, meist dann, wenn die Alten selbst in großer Angst sind und rasch fliehen wollen, ohne die Jungen zurückzulassen, oder wenn letztere sich in ihrer typischen Dreistigkeit an einen Punkt gesetzt haben, der den Eltern besonders gefährlich erscheint; oder aber sie wird, wie an diesem Tage gewissermaßen als letztes Mittel, erst nach einer längeren Summation der Reize angewendet. So arbeiteten damals beide Eltern den ganzen Tag, bis es ihnen gelungen war, ihr Kind von der Ulme weg, um das Haus herum, auf die Linde zu lotsen, die auf der Seite des Dohlenkäfigs dicht am Hause steht. Dort verbrachte der Jungvogel die nächsten 3 Nächte. Erst am 25. Juni fand der 2. Jungvogel den Weg durch die Klapptüre ins Freie. Jetzt flogen die beiden Jungen den Eltern schon etwas besser nach, aber nur, wenn sie bereits in der Luft waren. Auf den Boden folgten sie ihren Eltern damals noch nicht nach, selbst dann nicht, wenn sie sehr hungrig waren und bettelten. Sie kamen den Eltern auch genauso wenig sperrend entgegen wie die meisten kleineren *Passeres*. Wenn eines von ihnen aber aufflog, so war sofort eines der Alten hinter ihm her, flog dicht über das Junge hin, es so überholend, um im nächsten Augenblick seine Eigengeschwindigkeit so weit zu mäßigen, daß es nun dicht vor dem Jungen blieb. Letzteres war scheinbar auch sehr nötig, da die Nachfliegereaktion des Jungen damals noch sofort versagte, wenn der Elternvogel auch nur wenige Meter Vorsprung bekam. Die Eltern schienen ihre Kinder dauernd zu überwachen, um zu verhindern, daß diese sich verirrten. Sie erlaubten niemals, daß eines davon auch nur Sekunden unbegleitet in der Luft war. Die Jungen ihrerseits schienen sich in diesen ersten Tagen wenig aus dieser Begleitung zu machen, wenigstens flogen sie immer wieder ohne die geringsten Lock- oder Stimmfühlungsrufe blindlings in die Welt hinaus.

Bis gegen Ende des Monats nächtigten sie in Gesellschaft der Kolkraben, an die sich nun alte wie junge Dohlen vollkommen gewöhnt hatten, in einer Gruppe von Föhren in einiger Entfernung vom Hause. Erst dann entwickelte sich gleichzeitig mit zunehmender Lebhaftigkeit und Fluglust die charakteristische, nestflüchterartige Anhänglichkeit an die Eltern. Dieser Zeitpunkt fällt zusammen mit der Verhornung der Großfederkiele und dem sonstigen körperlichen Ausgewachsensein des Jungvogels.

Da die Jungen nun ihren Eltern nicht nur auf deren Schlafplatz im Inneren des Bodens, sondern auch sonst überallhin folgten, kamen sie jetzt auch viel mehr in meine Nähe und erwiesen sich zu meiner großen Überraschung als gar nicht scheu. Ich hatte als selbstverständlich erwartet, daß diese von ihren Eltern aufgezogenen Jungen, die mich bis jetzt ja nur, wenn ich das Nest untersuchte, zu sehen bekommen hatten, gegen mich fast ebenso scheu sein würden wie irgendwelche gleichaltrige in der Wildnis aufgewachsene, ohne Rücksicht auf den Zahmheitsgrad ihrer Eltern. Diese Erfahrung hatte ich nämlich bei allen von mir gezüchteten Kleinvögeln gemacht. Die jungen Dohlen jedoch kamen ohne weiteres dicht an mich heran und fraßen bald in Gesellschaft ihrer Eltern Ameisenpuppen aus meiner Hand. Wenn ich die Hand mit dem Futter flach auf die Unterlage legte, stiegen sie sogar darauf. Nur dazu waren sie nie zu bringen, daß sie gleich den Alten mir auf die Hand geflogen kamen. Wie stark junge Vögel von Ausdrücken der Angst seitens ihrer Eltern beeinflußt werden, war mir bekannt, auch hatte ich Gelegenheit gehabt zu beobachten, wie sich im Vorjahre die jungen Dohlen, durch das Beispiel ihrer ein Jahr älteren Kameraden ermutigt, viel schneller an den Kakadu gewöhnt hatten, als diese es getan hatten. Aber solch blindes Vertrauen in das Beispiel der Eltern hätte ich doch nicht für möglich gehalten.

Auch in diesem Jahre (1929) zog ich eine Anzahl junger Dohlen auf. Ich wollte sie ebenso, wie ich es im Jahre vorher getan hatte, einzeln der Schar eingliedern. Um aber die beschriebene, durch das ständige Wegfangen einzelner Stücke hervorgerufene Erscheinung des Scheuwerdens zu vermeiden, brachte ich sie diesmal in einem großen Verschlage innerhalb des Bodenraumes unter, von wo ich sie durch eine Türe, ohne sie zu fangen, zu den freifliegenden Vögeln hinüberlassen konnte und wo außerdem die noch eingesperrten Tiere die bereits freifliegenden auch weiterhin sehen und hören konnten. Diese Vorrichtung bewährte sich damals ebenso wie im heurigen Jahre (1930) ausgezeichnet, aber leider fiel ihr durch einen unglücklichen Zufall die eine der bei mir erbrüteten Dohlen zum Opfer. Sie geriet durch die Türe zu den handaufgezogenen Vögeln, wo sie gegen mich natürlich nicht sperrte. In dem allgemeinen Trubel bemerkte ich den verschüchterten Vogel erst, als er durch Hunger schon sehr geschwächt war. Ich ließ ihn sofort ins Freie, aber kaum hatte sich der Kranke auf dem Dache niedergelassen, als ihn schon einer der Kolkraben ergriff und, ehe ich es verhindern konnte, tötete. Bis dahin hatte nie ein Rabe ernstlich versucht, eine Dohle zu fangen, was ihm ja auch ganz sicher nicht gelungen wäre. Dieses feine Reagieren auf Krankheitserscheinungen von Tieren, die gesund als Beute nicht in Frage kommen, ist dem Raben also angeboren. Thienemann hat ähnliches vom Habicht beschrieben, und sehr wahrscheinlich wird diese Reaktion vielen räuberischen Großvögeln zukommen.

Im Winter 1929/30, nach Rückkunft der während des Sommers 1929 abwesenden 1928 gebürtigen Dohlen, bestand meine Kolonie aus 20 Vögeln. Ich hatte die Absicht, im Sommer 1930 eine gehörige Anzahl weiterer Jungvögel großzuziehen und dann im Herbste die ganze Schar nicht mehr einzusperren, sondern ihr Abziehen und Wiederkommen zu studieren. Aber während ich im März 1930 nach einem Autounfall im Spital lag, wurde die Kolonie durch eine vollkommen ungeklärte Katastrophe – ich weiß nicht einmal, ob die Vögel durch irgend etwas vergrämt davongeflogen oder zugrunde gegangen sind – fast vollständig vernichtet. Nachdem zum Überflusse noch einer der zwei übriggebliebenen Vögel bald danach eingegangen war, blieb mir von meiner ganzen schönen Kolonie nur mehr das alte Weibchen Rotgelb. Ich glaube nicht, daß ich zu anthropomorphisierendem, sentimentalem Bemitleiden von Tieren neige, aber die Art und Weise, wie diese Dohle unter ständigem »Kiu«-Geschrei die ganze Gegend nach ihren verlorenen Genossen absuchte, hätte allein genügt, um mich zur Anschaffung von neuen Dohlen zu bestimmen. Wie alle vereinsamten Vögel sang Rotgelb, nachdem die erste Verzweiflung überwunden war, fast ununterbrochen. Ich habe schon früher erwähnt, daß die Dohlen in ihrem Gesange Ausdruckslaute bringen. Neu war es mir aber, daß eine besondere Stimmung eines Vogels sich in seinem Gesange ausdrücken kann. Der »Kiu«-Ruf stellte fast ausschließlich, mit wenigen dazwischengewobenen anderen Lauten, den Gesang der einsamen Dohle dar. Sie pflegte immer wieder plötzlich ihren Gesang zu unterbrechen, und mit wirklichen, jetzt nicht gesungenen »Kiu«-Rufen auf erneute Suche ins Land hinauszufliegen. Das Suchen nach den Verlorenen gewöhnte sie sich allmählich ab, ihr Gesang jedoch blieb dauernd, bis auf den heutigen Tag, vom »Kiu« beherrscht.

Als ich ihr heuer vier junge Dohlen beigesellte, kümmerte sie sich kaum um sie, und auch jetzt fliegen die fünf nur selten zusammen. Eine Ausnahme von dieser Teilnahmslosigkeit sah ich nur einmal, als die heurigen Jungen ganz frisch freigelassen waren. Da verflogen sich zwei von ihnen, und Rotgelb brachte sie mit einer sehr schönen, ganz typisch und voll ausgebildeten »Kiu-Reaktion« nach Hause.

Obwohl also meine Dohlenkolonie doch nicht ganz ausgestorben ist, so erscheint doch die Aussicht auf gute Beobachtungen über das Wandern, vor allem über das Abwandern der einjährigen Vögel aus dem Gebiet der Siedlung, auf mindestens zwei Jahre hinausgerückt.

Zusammenfassung

Wenn wir die Tatsachen zusammenfassen wollen, die sich aus obigen Beobachtungen für die Soziologie und Ethologie der Corviden, insbesondere der Dohlen, ableiten lassen, so ergibt sich kurzgefaßt folgendes:

Innerhalb einer Schar, sei es nun eine Wanderschar oder die Gesamtheit der Mitglieder einer Siedlung einer der koloniebildenden Arten, herrscht eine ganz genaue Rangordnung der einzelnen Arten, die unbedingt ein individuelles Sicherkennen der Tiere zur Voraussetzung hat. Letzteres wird außerdem dadurch bewiesen, daß die Mitglieder einer Dohlensiedlung einen fremden Eindringling sofort als solchen erkennen und ihn vertreiben. Der große Nachdruck, mit dem das geschieht, läßt wahrscheinlich erscheinen, daß neue Mitglieder, wofern sie nicht in der Siedlung selbst geboren sind, nur während der Zeit des winterlichen Umherstreifens aufgenommen werden können.

Das Verschwinden eines Mitgliedes der Gemeinschaft wird sofort bemerkt und mit größter Ängstlichkeit und allgemeiner Fahrigkeit, bei streichenden Scharen höchstwahrscheinlich mit dem Verlassen der Örtlichkeit, beantwortet. Die vor allem innerhalb größerer Gemeinschaften sehr ausgesprochene Gruppenbildung erleichtert offenbar dieses Buchführen über jedes einzelne Mitglied. Die Ängstlichkeit der von einem Verluste betroffenen Gruppe steckt die ganze Schar an. Beim Krankwerden und Sterben eines Individuums tritt die Reaktion nicht auf.

Das Verfliegen eines Mitgliedes einer Dohlensiedlung suchen vor allem die alten Männchen eifrigst zu verhindern, indem sie dem Ausreißer nachfliegen und ihn unter Ausstoßen eines bestimmten Lockrufes, der, im Gegensatze zu dem gewöhnlichen Dohlenlockruf »Kia«, mehr wie ein gezogenes »Kiu« klingt, dazu zu bringen suchen, daß er ihnen nachfliegt, so daß sie ihn zur Siedlung zurückführen können. Diese Reaktion scheint vor allem dann wichtig zu sein, wenn fremde Wanderscharen drohen, einzelne Koloniemitglieder mitzureißen. Sie unterbleibt, wenn die einjährigen, noch fortpflanzungsunfähigen Jungvögel sich zur Brutzeit aus dem Gebiet der Siedlung entfernen, was offenbar die Regel darstellt und für die Art leicht einzusehende Vorteile birgt. Diese Jährlinge stellen sich dann zum Herbst hin von selbst wieder ein und werden reibungslos aufgenommen, also sicher wiedererkannt (S. 52–54).

Wird ein Rabenvogel, gleichgültig welcher Art, ausgenommen sind wohl die recht fernstehenden Häher, von irgendeinem Raubtiere ergriffen und fortgeschleppt, so reagieren Dohlen, welche das sehen, aber wohl ziemlich sicher auch die Krähenarten, mit einem geradezu wütenden Angriff auf den Räuber. Dohlen geben hierbei einen sehr charakteristischen

Ton von sich, ein metallisch klingendes *Schnarren*, und nach der Beschreibung, die Löns von dem entsprechenden Vorgang bei Raben- und Nebelkrähen gibt, scheinen diese einen zumindest sehr ähnlichen Ton dabei zu haben. Dies wird auch dadurch recht wahrscheinlich gemacht, daß Dohlen, die Krähenarten und der Kolkrabe einen anderen Angriffston gemeinsam haben, nämlich das tiefe *Quarren*, das das Stoßen auf zu vertreibende Raubvögel begleitet, aber auch beim spielerischen Stoßen zu hören ist. Krähen und Dohlen, bis zu einem gewissen Grade wahrscheinlich auch Elstern, bilden auf diese Weise ein Schutz- und Trutzbündnis zur Vertreibung von Raubtieren. Ich glaube, daß auch der Schnarrangriff weniger darauf abzielt, den geraubten Vogel zu retten, als dem Räuber dadurch, daß er nicht zum Genusse der Beute kommt, die Gegend, vielleicht sogar in erzieherischem Sinne für die Zukunft das Fangen von Rabenvögeln zu verleiden. Der Vorgang ist zumindest bei der Dohle rein triebhaft, ja geradezu reflektorisch und kann ziemlich leicht durch andersartige Reize »irrtümlich« ausgelöst werden (S. 18–23).

Aus dieser Corviden-Organisation scheint der Rabe sekundär ausgetreten zu sein. Er besitzt zwar die entsprechenden Triebe noch, wendet sie aber offenbar nur zur Verteidigung von ihm *bekannten* Artgenossen an. Der Vorgang gerät also hier vermutlich unter die Kontrolle der Einsicht.

Innerhalb einer Brutgemeinschaft von Dohlen scheint die stark betonte Rangabstufung einen besonderen Schutz für die Nester der in der Rangordnung tiefer stehenden Paare notwendig zu machen, welcher durch eine sehr eigentümliche Triebhandlung gewährleistet wird. Solange die Dohlen noch nicht fest gepaart sind, haben vor allem die Männchen einen Ton, der wie ein hohes, ganzes kurzes »Zick« klingt, und den sie in oder vor ihnen passend erscheinenden Höhlen erklingen lassen und der offenbar für die Weibchen die Bedeutung des Zu-Neste-Lockens hat, während er zugleich eine Äußerung des Trotzes gegen alle übrigen Männchen darstellt, was aber nicht hindert, daß einem schwächeren oder besser gesagt im Range tiefer stehenden Männchen die Höhlung weggenommen werden kann. Sowie die Vögel aber fest gepaart sind, ist das so gut wie unmöglich. Denn im Augenblicke, da sich eine solche Dohle von einem Artgenossen ernstlich bedroht fühlt, stößt sie einen besonderen »Hilferuf« aus, der sich am besten mit »Jüp« wiedergeben läßt. In diesen Ruf stimmten zunächst der Ehegatte, gleich darauf aber die übrigen Siedlungsgenossen ein, und alle gehen, ersterer sogar äußerst nachdrücklich, dem Ruhestörer zu Leibe. Wenn es auch die meisten Vögel bei der Drohung bewenden lassen, so genügt doch schon deren Zusammenströmen im Verein mit dem wütenden Angriff des Gatten, um den Streit zu schlichten, und der ursprüngliche Angreifer beweist meist die Triebhaftigkeit des ganzen Vorganges dadurch, daß er selbst genauso in das Jüpkonzert einstimmt, als ob ein anderer die Ursache desselben gewesen wäre, also keine Ahnung von seiner eigenen Urheberschaft hat. Die Reaktion beginnt bei Jungvögeln zur Zeit der ersten Verlobungen (S. 41–43).

Junge Dohlen verloben sich meist im ersten Herbste ihres Lebens, also schon mit rund fünf Monaten, obwohl sie doch erst im Alter von zwei Jahren fortpflanzungsfähig werden. Manche Stücke warten allerdings bis zu ihrem zweiten Herbst mit der Verlobung. Da der tiefer im Rang stehende Verlobte zwangsläufig in den des höherstehenden aufrückt, so bringen die Verlobungen oft eine ziemlich starke Verschiebung in der Rangordnung hervor, welche dann nahezu sofort allen Koloniemitgliedern bekannt ist. Die erste Verlobungsnachricht war mir oft so, daß ein bisher höherstehender Vogel einem untergeordnet gewesenen freie Bahn gab (S. 38–39).

Am Nestbau, der, wenn der Herbst sehr milde ist, andeutungsweise schon bald nach den Verlobungen beginnen kann, beteiligen sich beide Gatten. Das Männchen beschäftigt sich ausgesprochen nur mit dem groben Unterbau, das Weibchen mehr mit der Ausgestaltung der Mulde. Die dem Manne zukommende Arbeit ist also je nach der Größe der gewählten Höhle recht verschieden (S. 55–56).

Mein Dohlenweibchen »Rotgelb« legte vier Eier durchweg in den frühen Morgenstunden der beiden letzten April- und der beiden ersten Maitage. Obwohl es das Brutgeschäft am ersten Tage noch sehr häufig unterbrach, darf man doch wohl sagen, daß es vom ersten Ei an brütete. Das älteste Junge schlüpfte um die Mittagszeit am 17. Mai, die anderen drei in den frühen Morgenstunden der drei folgenden Tage. In den ersten Lebenstagen der Jungen fütterten die Eltern hauptsächlich mit Mehlwürmern, Ameisenpuppen und grünen Raupen; sie zerrupften alles sehr fein, ehe sie es in den Kehlsack nahmen. Vor dem Füttern reinigten sie sich dann sehr sorgfältig den Schnabel. Schon nach wenigen Tagen wurde die Nahrung der Jungen nicht mehr so vorbereitet, und bald wurden auch gröbere Stoffe gereicht. Der Kot der Jungen wurde stets mit dem Genist, an dem er haftete, entfernt (S. 56–59).

Nach dem Ausfliegen bleiben junge Dohlen längere Zeit in der Umgebung des Nestes und der Siedlung, erst später, zu einer Zeit, da andere Sperlingsvögel von ihren Eltern unabhängig werden, erwacht in den Dohlen der Trieb, ihren Eltern nachzufliegen, ein Nachfolgetrieb, der an Intensität sonst wohl nur von dem mancher jungen Nestflüchter erreicht wird. Da die junge Dohle als wahrer Schatten ihrer Eltern keinen stark entwikkelten Fluchttrieb zu haben braucht, sondern nur dann in Angst gerät, wenn sie ihre Eltern ängstlich sieht, so wirkt der vom Menschen aufgezogene Jungvogel dieser Altersstufe so ungemein dreist. Aber auch sonst ersetzt und verdrängt in diesem Alter bei der jungen Dohle dieser Nachfolgetrieb so viele andere Reaktionen, daß sie, ihrer Führer beraubt, sehr hilflos und recht einfältig erscheint, wenn man sie mit Krähen oder Elstern gleichen Alters vergleicht. Nur bei der Saatkrähe liegen die Dinge wohl ähnlich wie bei der Dohle. Erst gegen Herbst erlischt der allmächtige Nachfolgetrieb der Jungdohlen, und sie verhalten sich dann sehr plötzlich in geistiger Beziehung genau wie ihre Eltern. Ich glaube, daß diese geistige Spätreife der Dohle und, wie gesagt, vielleicht auch der Saatkrähe, in unserer heimischen Vogelwelt ziemlich vereinzelt dasteht (S. 24–25).

Da wohl wenige in verhältnismäßig so kurzer Zeit so viele Jungvögel gleicher Art erzogen und auch in ihrem späteren Verhalten beobachtet haben dürften wie ich, möchte ich hier noch einmal betonen, daß nicht genug davor gewarnt werden kann, die Verschiedenheit der geistigen Veranlagung gleichartiger Tiere, vor allem von Vögeln, zu überschätzen, wie es jetzt so vielfach geschieht. Es mag für die allerhöchsten Säuger zutreffen, daß sie so verschieden sind »wie wir Menschen«, für Vögel trifft das ganz gewiß nicht zu. Die eine Dohle ist nicht »scheu und mißtrauisch veranlagt« und die andere zutunlich und dreist, wohl aber kann ein Altersunterschied von vier Tagen, wie ihn Nestgeschwister haben können, es ohne weiteres mit sich bringen, daß der eine Vogel *noch* gegen den Menschen sperren lernt, der andere aber nicht mehr, und so der eine ganz zahm wird, während der andere hoffnungslos scheu bleibt, und das buchstäblich auf Lebzeiten. Einen ebenso dauernden Einfluß auf das geistige Verhalten eines Vogels hat es auch, ob er allein oder in Gesellschaft von Artgenossen aufgezogen wurde. Den meisten *Passeres* und wahrscheinlich sehr vielen anderen Vögeln ist das Bewußtsein ihrer Artzugehörigkeit *nicht* angeboren, das heißt, wenn man sie von frühester Jugend an allein aufzieht, erkennen sie Artgenossen nicht als solche, was sich vor allem in ihrem geschlechtlichen Verhalten ausdrückt. Die »Einstellung auf die Art« erfolgt bei verschiedenen Vögeln zu einem verschiedenen, für jede Art aber genau festliegenden Zeitpunkt, bei Dohlen verhältnismäßig sehr spät, erst um das Flüggewerden herum. Nach diesem Zeitpunkt ist an der Arteinstellung eines Vogels nichts mehr zu ändern. Man mag den einzeln aufgezogenen dann noch so lange mit Artgenossen zusammen halten, er wird sie nie als seinesgleichen betrachten, und ebensowenig wird ein in Gesellschaft von Artgenossen großgezogener sich so wie jener an den Menschen anschließen. Man halte sich vor Augen, welch grundlegender und dauernder Unterschied im Verhalten des Tieres davon abhängt, ob es drei bis vier Tage später oder früher in menschliche Pflege gelangte. Viele als unzähmbar geltende Arten scheinen nur deshalb so, weil der Zeitpunkt ihrer Arteinstellung in besonders früher Jugend liegt.

Es sei auch noch einmal darauf hingewiesen, welch großen Einfluß der Körperzustand eines Vogels auf sein geistiges Verhalten ausübt. Besonders durch fehlerhafte Aufzucht zurückgebliebene Tiere erscheinen stets einfältiger als vollwertige. Teils ist der Unterschied in der Intelligenz ein scheinbarer, dadurch hervorgerufen, daß bei dem Kümmerer arteigene Reaktionen ausgefallen sind, über die vollwertige Tiere verfügen, man denke an den Trieb zum Einweichen harter Nahrungsbrocken oder zum Aufhakken von Eiern; teils handelt es sich um ein Zurückstehen der konstitutionell Minderwertigen in wirklichen Intelligenzleistungen. Ich kann aber tatsächlich behaupten, daß ich, obwohl ich nun über vierzig Dohlen aufgezogen und durch ihr späteres Leben verfolgt habe, zwischen gleichgeschlechtlichen Vögeln dieser Art keinen Unterschied in ihrem geistigen Verhalten gesehen habe, der sich nicht irgendwie auf Verschiedenheiten im Vorleben der betreffenden Exemplare hätte zurückführen lassen. Ich muß aber erwähnen, daß bei den geistig unvergleichlich viel höher stehenden Kolkraben solche Unterschiede doch vorhanden sind, wenn auch im Verhältnis zu höheren Säugern nur in sehr geringem Maße (S. 47–49).

Zum Schlusse möchte ich meiner Überzeugung Ausdruck geben, daß sämtliche in Obigem beschriebenen, an freifliegenden zahmen Rabenvögeln beobachteten Triebhandlungen *allen* gesunden freilebenden Tieren der betreffenden Arten eigen sind. Umgekehrt ist es aber natürlich ganz gut möglich, daß Reaktionen letzterer bei meinen ja doch immerhin in Gefangenschaft aufgewachsenen Tieren ausgefallen und mir daher entgangen sind.

Tabelle der Haltungsdauer und des Lebenslaufes der öfter namentlich erwähnten Dohlen

Individuelle Bezeichnung	Geburtsjahr und Lebenslauf	Ende der Beobachtungen
Tschock (?)	1926, adoptierte im Sommer 1927 Linksgelb	Durch Riß des Käfiggitters entkommen im Januar 1929
Gelbgrün (♂)	1927, verlobt mit Rotrot im Herbst 1927, im Januar 1928 umgepaart, seitdem mit Rotgelb verheiratet, 1929 erfolgreiche Brut. Spitzentier ab Nov. 1927, entthront am 15. 12. 1929 durch ♂ aus dem Jahre 1928	Verschollen im März 1930
Rotgelb (♀)	1927, siehe Gelbgrün, verwitwet März 1930, gegenwärtig, im Herbst 1930, im Begriff, sich mit diesjährigem ♂ zu verloben	Als einzige der besprochenen Dohlen noch vorhanden
Rotrot (♀)	1927, verlobt mit Gelbgrün im Herbst 1927, umgepaart Januar 1928, von da verlobt mit Blaugelb, Mai 1928 von ihm verlassen. Herbst 1929 verlobt mit ♂ aus dem Jahre 1928	Verschollen im März 1930
Blaugelb (♂)	1927, verlobt Januar 1928 mit Rotrot, beginnt März 1928 Beziehungen zu Linksgrün	Mai 1928 mit Linksgrün weggeflogen
Linksgrün (♀)	1927, siehe Blaugelb	Siehe Blaugelb

Betrachtungen über das Erkennen der arteigenen Triebhandlungen der Vögel (1932)

I Festlegung des Begriffes der Triebhandlung

Bevor ich mich der Methodik des Erkennens und der Analyse der arteigenen Triebhandlungen der Vögel zuwende, muß ich wohl ausführlicher festlegen, welchen Begriff ich mit dem Worte Triebhandlung verbinde.

Wenn ich im folgenden das Wort Instinkt vermeide und satt dessen den deutschen Ausdruck Triebhandlung verwende, so geschieht dies aus dem Grunde, daß das Wort Instinkt schon in zu vielen verschiedenen Bedeutungen gebraucht wurde, um nicht zu Mißverständnissen Anlaß zu geben. Auch finde ich, daß es, ganz abgesehen von seiner Vieldeutigkeit und von seiner Fremdsprachigkeit, an sich schon weniger über den Charakter des Vorganges aussagt als die deutsche Bezeichnung.

Der Sinn, in welchem ich das Wort Triebhandlung anwende, deckt sich mit der Definition, die Ziegler von der Instinkthandlung gibt, wenn er sagt: »Ich habe den Unterschied der instinktiven und der verstandesmäßigen Handlungen in folgender Weise definiert: die ersteren beruhen auf *ererbten Bahnen*, die letzteren auf *individuell erworbenen Bahnen.* So tritt an die Stelle der psychologischen Definition eine *histologische Begriffsbestimmung.*« In dem Bestreben, sich von allen subjektiven Merkmalen möglichst freizuhalten, bezeichnet Ziegler alle irgend individuell veränderlichen Verhaltensweisen als Verstandeshandlungen, ohne sie wiederum in einsichtige Handlungen und Dressuren zu teilen und nur die ersteren als verstandesmäßig zu bezeichnen, was ich, dem Beispiel Köhlers folgend, hier unbedingt tun möchte.

Wenn man aus eigener Anschauung weiß, welch ungeheuer große Rolle die Selbstdressuren in der Biologie auch geistig recht tiefstehender Tiere spielen, und vor allem eindringlich genug erfahren hat, wie ungemein reflexähnlich diese »erworbenen Automatismen« (Alverdes) ablaufen, wird man weniger geneigt sein, sie gerade mit den Verstandeshandlungen in einen Topf zu werfen. Alverdes weist mit Recht darauf hin, daß auch beim Menschen solche Dressurhandlungen sogar *weniger* an das Bewußtsein gebunden zu sein pflegen als selbst die Instinkthandlungen.

Wiewohl ich, dem Beispiele Zieglers folgend, das Bewußt- oder Unbewußtsein einer Handlungsweise ebenso wie das Vorhandensein oder Nichtvorhandensein von Zweckvorstellungen als rein subjektive Merkmale, *nicht* als Kriterien der Verstandeshandlungen auf der einen, der Triebhandlungen auf der anderen Seite, anführen will, so bin ich doch wohl verpflichtet, meine Überzeugung zu betonen, daß die bewußte Einsicht eben das *wesentliche* Merkmal der Verstandeshandlung darstellt, wenn wir es auch zum *praktischen* Erkennen derselben nur sehr selten werden anwenden können. Auch hierin schließe ich mich also der Anschauungsweise Köhlers an.

Wie verschieden die Lösung eines Problems durch Selbstdressur von der einsichtigen Lösung desselben Problemes sein kann, will ich an zwei Umwegaufgaben erläutern, die sich, zuerst ganz ohne mein Zutun, meinen freifliegenden Dohlen stellten. Die erste Aufgabe war folgende: In einem langen, sehr schmalen Flugkäfig hatte ein Dohlenpaar ganz nahe an einer Schmalseite in einem Nistkasten gebaut, während sich die ins Freie führende Klapptüre anschließend an die andere Schmalseite in der Decke des Käfigs befand. Wenn die Vögel nun von der Seite her an den Käfig angeflogen kamen, an der das Nest lag, so mußten sie also, um dieses zu erreichen, einen sehr spitzwinkligen Umweg machen, da sie sich ja zunächst fast geradewegs vom Ziele entfernen mußten, um die Türe zu benutzen. Diese für einen Vogel äußerst schwierige Aufgabe lösten die Dohlen jedesmal sofort ohne das geringste Zögern, und der unvoreingenommene Beschauer hätte sicher nicht daran gezweifelt, daß bei ihnen eine ganz richtige Einsicht in die räumlichen Verhältnisse des Käfigs vorhanden sei. Daß aber eine solche Einsicht nicht vorlag, sondern daß es sich bei diesem Verhalten nur um eine sehr vollkommene Wegdressur handelte, wußte ich deshalb, weil ich ja das Werden dieser Umwegbeherrschung bei dem Dohlenpaar mit angesehen hatte. Anfänglich hatten die Vögel, wenn sie die Nestanlage zu erreichen suchten, die Türe meist erst dann gefunden, wenn sie nach langem Hin- und Herlaufen auf dem Käfigdach über der Nestanlage die Sache aufgaben und dann ganz zufällig in die Nähe der Türe kamen. Ganz allmählich nahm dann die jedesmalige Dauer des Hin- und Herlaufens ab, bis dieses schließlich ganz verschwand und die Tiere immer sofort die Türe fanden.

Daß die Vögel dabei aber nicht etwa den ganzen räumlichen Aufbau des Käfigs begriffen, sondern nur die verschiedenen zum Neste führenden

Umwege einzeln »auswendig gelernt« hatten, ging aus ihrem Verhalten hervor, als die Jungen das Nest verließen. Als diese nämlich nahe am Neste im Käfig saßen, fanden die Alten auf einmal die Tür nicht mehr, sondern flatterten gänzlich uneinsichtig von außen gegen das Gitter. Sie mußten diesen nur ganz wenig veränderten Umweg *neu lernen*, und die Ähnlichkeit mit dem früheren Wege drückte sich nur darin aus, daß sie den neuen in einem Bruchteil der Zeit lernten, die sie zuerst gebraucht hatten. Leider verließen die Jungen sehr bald den Käfig und kehrten erst wieder in diesen zurück, als sie schon vollkommen fliegen konnten und daher kein feststehendes Ziel für Umwegversuche mehr waren. Man hätte sonst sehr schön beobachten können, inwieweit die alten Dohlen *alle* in dem Käfig durch verschiedene Sitzorte der Jungen überhaupt möglichen Umwegaufgaben auswendig gelernt und so die Einsicht in die räumliche Struktur durch Auswendiglernen aller überhaupt möglichen Umwege ersetzt hätten.

Als die jungen Dohlen den Käfig verlassen hatten, stellte ich mit einem schon lange freifliegenden und geistig wie körperlich ungemein regsamen großen Gelbhaubenkakadu Umwegversuche in demselben Käfig an. Da zeigte sich nun, daß dieser Vogel, nachdem er die Türe *einmal* gefunden hatte, nie mehr suchend am Gitter hin- und herlief, sondern, wo immer im Käfig ich das Ziel anbringen mochte, mit immer gleicher Erfolgssicherheit sofort auf die Türe lossteuerte. Es trat also bei ihm ein richtiger »Erkenntnisruck« ein, ganz wie Köhler es von Schimpansen gezeigt hat. Ich würde diesen für einen Vogel ungemein bemerkenswerten Vorgang vom Kakadu nicht geglaubt haben, wenn ich nicht bei einer ganzen Reihe von Aufgaben gesehen hätte, daß eine *einmalige* Erkenntnis für sein weiteres Verhalten maßgebend war. Allerdings muß erwähnt werden, daß der Vogel bei allzu steilen und langen Umwegaufgaben manchmal versagte, aber immer, *ohne* eine Lösung überhaupt zu versuchen. Das lag dann wohl meist daran, daß es schwer ist, solch einem immersatten Pflanzenfresser ein wirklich stark reizendes Ziel zu setzen.

Die Lösung einer Umwegaufgabe durch Selbstdressur versagte bei meinen Dohlen aber nicht nur dann, wenn der Weg auch nur um ein weniges verändert wurde, sondern auch, wenn für *denselben Umweg* ein gänzlich verändertes, wenn auch noch so stark reizendes Ziel geboten wurde. Im Sommer 1931 pflegte ich die seit einiger Zeit freifliegenden diesjährigen Dohlen im Freien zu füttern. Zum Nächtigen suchten sie sämtlich in Gesellschaft meiner älteren Vögel das Innere des Dachbodens auf und hatten den sehr flachen Umweg, der sich daraus ergab, daß vor das ins Innere des Bodens führende Fenster ein Flugkäfig vorgebaut ist, in den sie zuerst durch eine an passender Stelle angebrachte Klapptüre hineinschlüpfen mußten, bereits vollkommen gemeistert. Es war schon lange nicht mehr vorgekommen, daß eins der Dohlenkinder abends draußen geblieben wäre. Als ich sie aber versuchsweise untertags draußen recht hungrig werden ließ und dann mit Futter vom Bodeninneren lockte, versagten sie vollkommen vor der Abend für Abend gelösten Umwegaufgabe. Sie flatterten sämtlich dicht neben der Türe gegen das Gitter und steckten sogar die Köpfe hindurch, genau wie sie es anfangs auch des Abends getan hatten, wenn es sie nach dem Bodeninneren verlangte. Da mir daran lag, die Dohlen auch am Tage füttern zu können, ohne das Haus zu verlassen, und ich daher den Vorgang wiederholte, hatte ich Gelegenheit festzustellen, daß die jungen Dohlen das neue Ziel zum alten Umweg etwas, aber nicht viel schneller lernten als den Umweg überhaupt.

Sowenig »verstandesmäßig« solche Eigendressurhandlungen also bei genauer Betrachtung wirken, vermögen sie doch die wirkliche Einsicht in beträchtlichem Maße zu ersetzen und, solange man ihre Entwicklung nicht kennt, auch vorzutäuschen. Da dem Vogel in der natürlichen Umgebung auch selten ein so plötzlicher Wechsel in der Problemstellung aufgezwungen wird, kommt er eben ganz gut mit dieser uns minderwertig erscheinenden Methode aus.

Eine sehr wichtige Eigenschaft der Eigendressur ist, daß sie sehr wohl aus einer ursprünglich verstandesmäßigen Handlung hervorgehen kann, indem bei häufiger Wiederholung mit zunehmender Ausschleifung der betreffenden Bahnen die anfänglich vorhandene Einsicht mehr und mehr verlorengeht, was Köhler an überzeugenden Beispielen dargetan hat. Hingegen glaube ich, eine Erklärung der Entstehung von Triebhandlungen aus verstandesmäßigen Handlungen, wie sie von lamarckistischer Seite angenommen wurde, abweisen zu dürfen, ohne dabei auf Widerspruch zu stoßen.

Wenn eine Art nämlich die Fähigkeit besitzt, irgendein Problem einsichtig oder auch nur durch Selbstdressur zu lösen, so *braucht* sie eben keine diesbezügliche Triebhandlung zu haben, da die Verhaltensweise ja doch meist die im Sinne der Arterhaltung günstigere sein dürfte. Wir sehen auch recht häufig Handlungsabläufe, die nicht in ihrer Vollständigkeit vererbt werden, sondern sozusagen Lücken besitzen, die durch Selbstdressur oder Einsicht, meist wohl durch ersteres, erst im Laufe der individuellen Entwicklung des Tieres in passender Weise ausgefüllt werden, in »passender« Weise allerdings nur dann, wenn dieses individuelle Leben unter »normalen«, das heißt unter denjenigen äußeren Umständen verläuft, unter denen die betreffende Art die betreffende Triebhandlung ausgebildet hat. Daher zeigt dann das allein aufgezogene Gefangenschaftstier diese »Lücken in Triebhandlungsketten« oft in schöner Weise dadurch, daß sie bei ihm nicht oder gar durch solche erlernte Handlungen ausgefüllt werden, die in gar keinem Verhältnis zu der Triebhandlung stehen und so gänzlich sinnlos erscheinen.

So wird besonders oft bei objektgerichteten Trieben die Kenntnis des zu ihr »passenden« Objektes nicht mitvererbt, sondern nur ein Trieb zum Durchprobieren verschiedener Objekte. Daß in dieser Weise der Trieb zuerst da ist, um erst nachher durch Erfahrung auf passende Gegenstände übertragen zu werden, hat Heinroth besonders schön an der Entwicklung des Aufspießtriebes beim Neuntöter gezeigt.

Es erhebt sich nun die Frage, welche Einflüsse es sind, die das Individuum letzten Endes auf das »richtige« Objekt dressieren, auf das der Trieb der Art »gemünzt« ist. Wenn ein Rabe den Trieb, alle möglichen Gegenstände zu verstecken, schließlich sinngemäß auf Nahrungsstoffe überträgt, wenn ein Neuntöter es lernt, Insekten richtig an Dornen aufzuspießen, so daß er sie nicht verliert, dann ist die Beantwortung dieser Frage leicht, schwieriger aber, sowie es sich um längere Verkettungen von Erbtrieben handelt, die nicht so direkt zu einem belohnenden Ziele führen. Wenn in solche dressurvariable Glieder eingeschaltet sind, scheint dic Selbstdressur meist in dem Sinne zu erfolgen, daß mit dem andressierten Objekte oder überhaupt in der andressierten Ausführungsweise die Triebhandlungskette in artgemäßem Ablauf weitergeführt werden kann. Ob dann dabei »Funktionslust« als belohnendes oder irgendwelche Unlustgefühle beim Abreißen der Kette als strafendes Dressurmittel eintreten, will ich nicht weiter erörtern.

Diese durch individuelle Erfahrung zu schließenden Lücken treten in verschiedenen Abläufen sehr unberechenbar an den verschiedensten Stellen auf. Als Beispiel will ich hier einmal die Handlungsabläufe des nestbauenden Kolkraben beschreiben, da mir diese besonders gut bekannt sind. Bei meinem Kolkrabenpaar und genau ebenso bei meinen Dohlen trat als erster Teiltrieb der verwickelten Triebhandlungskette des Nestbauens der Drang auf, alle möglichen und unmöglichen Gegenstände zu *tragen*, und zwar sie fliegend ganz unnötig weit zu tragen. Den Trieb, mit den Niststoffen zu *fliegen*, kann man sogar noch bei Kanarienvögeln sehen, die doch sonst kaum mehr ans Fliegen denken. Wenn sie ein Bündel von den dargebotenen Niststoffen gesammelt haben, vollführen sie, dieses im Schnabel haltend, Zielbewegungen nach oben, als wollten sie, wie ein Wildfang, gegen die Decke des Käfigs anfliegen. Nicht einmal diese lang domestizierte Art hat sich noch darauf umstellen können, daß vom Orte des Sammelns bis zu dem der Ablage des Niststoffes nur wenige Dezimeter zurückzulegen sind.

Bei diesem Tragen von Gegenständen war im ersten Anfang weder bei den Raben noch bei den Dohlen eine Bevorzugung passender Stoffe zu erkennen. Beide Arten trugen zunächst am häufigsten abgebrochene Stükke von Dachziegeln, die ihnen bei ihrem Aufenthalt auf dem Dache, wo ihre Käfige sich befanden, eben am meisten unterkamen; dabei standen den Vögeln sehr wohl zum Bau geeignete Aststücke zur Verfügung. Erst als etwas später der Trieb zum Befestigen des Materials bei ihnen erwachte, wobei es mit der bekannten zitternden, seitlich schiebenden Bewegung dem Neste eingefügt wird, die wohl allen zu Neste tragenden Vögeln gemeinsam ist, begannen sie beim Zutragen die sich dieser Behandlungsweise nicht recht fügenden Ziegelbrocken, Steinchen usw. zu vernachlässigen und sich ausschließlich Reisern zuzuwenden. Das hinderte aber nicht, daß mein Rabenmann noch in das ziemlich fertige Nest *Eisplatten* eintrug, die er von der dünnen Eisdecke meines Ententeiches vom Rande des für die Enten freigehaltenen Loches abbrach. Beim Kolkraben ist es also allem Anschein nach die Möglichkeit der Befriedigung des Befestigungstriebes, die den Zutragetrieb auf solche Dinge überträgt, auf sie »dressiert«, für die die Art in ihrer Phylogenie den Trieb ausgebildet hat.

Bei geistig weniger hochstehenden Vögeln sehen wir meist im Gegensatze zu diesem Verhalten der Corviden nicht nur die Kenntnis des zu verwendenden Nistmaterials auf das genaueste angeboren, sondern auch, daß sie häufig durch die Darreichung des richtigen Niststoffes zum Bauen angeregt werden oder selbst, wie manche kleinen ausländischen Finkenvögel erst richtig in Brunst treten, wenn Baustoffe im Käfig sind. Ebenso sah ich an einem eben erst flüggen Nachtreiher den Bautrieb dadurch ausgelöst, daß ihm beim Landen auf dem dicken waagrechten Aste einer Platane rein zufällig ein dünner sperriger Zweig zwischen die Beine geraten war: Er bemühte sich auf das eifrigste, den Zweig mit der beschriebenen leise schüttelnden Seitwärtsbewegung des Schnabels auf dem Aste unter sich zu befestigen. Ein seit einer Woche flügger Storch entriß einem Kolkraben ein Stück dürres Rasenwurzelgeflecht, mit dem dieser Vogel gespielt hatte. Der Storch befand sich dabei in dem Glauben, daß es sich um etwas Eßbares handle, denn er stürzte unter Ausstoßen seines Bettelquietschens voll Gier auf den Raben los. Als er dann eine Weile vergeblich an dem Rasenstück herumgestochert hatte, schlug sein Verhalten plötzlich um; er faßte es fest in den Schnabel und begann mit hochgehaltenem Kopf zu marschieren: Man sah sofort, daß er in Auffliege-Stimmung gekommen war. Er flog dann wirklich auf und in großem Bogen in sein auf einem niedrigen Dache angebrachtes Kunstnest, in welches er das Rasenstück ganz regelrecht einbaute. Auch hier wurden also zum Nestbau gehörige Handlungen durch rein zufälliges Erlangen passender Stoffe ausgelöst. Daß Jungvögel der Storch-Reihergruppe schon im Nest Bauhandlungen ausführen, ist schon länger bekannt und hat wohl eine biologische Bedeutung, indem das Nest besser erhalten bleibt. Ich konnte beobachten, daß junge Nachtreiher ein besonderes Interesse für solche Reiser bekundeten, die eben im Begriff waren, aus ihrem Kunstnest herauszufallen, und diese zurückholten und besser befestigten. Daß aber sogar der Zutragetrieb bei einem eben flüggen Storch ausgelöst werden kann, war mir wichtig, zumal da doch ein Storch nicht ohne einen ganz beträchtlichen äußeren oder inneren Reiz auffliegt: Wenn kein äußerer Reiz vorhanden ist, sondern etwa nur der herannahende Abend den auswärts befindlichen Storch zum Auf- und Nachhausefliegen drängt, so geht er viele Minuten lang in Abflugstellung mit langem Hals und andeutungsweise gehobenen Ellenbogen herum, und es bedarf einer langen Summation der inneren Reize, bis er wirklich hochgeht. Dadurch wird die oben geschilderte Beobachtung viel eindeutiger und ein Zufall mit Sicherheit ausgeschlossen.

Man könnte sich nun ganz gut vorstellen, daß die Rabenvögel eine solche Lückenhaftigkeit in ihren Triebhandlungsfolgen »sich leisten« können, um mich mechanistisch auszudrücken, weil sie mit ihrer zweifellos besonders großen Lernfähigkeit und dem für sie so ungemein bezeichnenden Hang zum Herumprobieren schließlich doch immer auf die »richtige« Handlungsweise verfallen, während bei andern Vögeln die geringere Dressurfähigkeit oder aber auch die höhere Spezialisation des Nestbaues eine genauere »Anleitung« des Tieres durch Erbtriebe notwendig macht.

Trotz dieser Überlegung ist aber das Nicht-Angeborensein der Kenntnis des Baumaterials für die Grundlage des Nestes bei den Raben und Dohlen deswegen höchst sonderbar, weil sie, wenn der grobe Unterbau, an dessen Errichtung sich hauptsächlich das Männchen beteiligt, fertiggestellt ist, die weichen Stoffe, die sich zum Auspolstern der Mulde eignen, *sofort triebmäßig als solche erkennen.* Die Rabenfrau wurde nicht nur, wie irgendein Kanarienweibchen, durch Darreichung solcher Stoffe zum »Polstern« angeregt, sondern sie zeigte auch eine besondere Vorliebe für *den* Stoff, der nach Brehm die gewöhnliche Auskleidung der Rabennester in der Freiheit darstellt, nämlich für Streifen von Rindenbast; ja, sie wußte sich diese mit sichtlich triebhafter Geschicklichkeit durch Abspaltung der Rinde von geeigneten Ästen zu verschaffen.

Es besteht anscheinend bei sehr vielen Vögeln eine ziemlich weitgehende Unabhängigkeit der Triebhandlungen des Nestbaues von denen der Nestauspolsterung, was es besser vorstellbar macht, daß sich bei den Raben in erstere ein »Dressurglied« einschalten konnte, während letztere rein triebhaft blieben. So sah ich bei einem Männchen der Mönchsgrasmücke, das in einem Flugkäfig allein baute, daß der fertige Bau nur aus ziemlich dicken Graswurzeln bestand, vollständig durchsichtig war und nicht die geringste innere Auskleidung aus feineren Stoffen besaß, die schon bei normalen Grasmückennestern dürftig genug ist. Vielleicht baut aber auch bei dieser Art das Weibchen die weiche Mulde, denn auch ein alleinstehender brünstiger Dohlenmann lieferte eine ungepolsterte Nestanlage, während ebensolche Dohlenfrauen vollständige Nester zustande bringen, also auch die Triebhandlungen zum groben Unterbau haben. Hingegen sah ich bei einem Pärchen Zebrafinken (*Taeniopygia castanctis*) einen vollständigen Ausfall der Handlungen des Rohbaues bei Erhaltensein des Polstertriebes. Ich hatte den Vögeln als Nestunterlage nur ein muldenförmiges, grobes Drahtgitter im Käfig befestigt und ihnen alles nur erdenkliche Baumaterial zur Verfügung gestellt. Sie versuchten aber immer nur mit den allerweichsten Stoffen das Gitter auszupolstern und brachten es nicht einmal zu einer richtigen Nestmulde. Dieses Verhalten stellt beim domestizierten Kanarienvogel die Regel dar, man kann aber, wenn man die Tiere in einem größeren Flugkäfig »verwildern« läßt, auch erleben, daß sie auf einmal wieder ganz artgemäß bauen. Ich möchte dabei betonen, daß bei den letztgenannten Vögeln die Kenntnis des Rohbaumateriales ebenso angeboren ist wie die der Polsterstoffe.

Daß beim Raben die Verwendung von Aststücken zum groben Unterbau nicht angeboren ist, wird dadurch noch auffallender, daß er allem Anscheine nach einen anderen, ganz spezialisierten Erbtrieb zur *Erwerbung* solcher Aststücke besitzt: Schon um Weihnachten sah ich mein Rabenpaar wiederholt in einer bestimmten halbdürren Eiche herumklettern und zu meinem Erstaunen immer wieder ganz gegen ihre sonstige Gewohnheit dürre Äste betreten, die dann abbrachen und mit den Vögeln in die Tiefe stürzten. Im allgemeinen wissen die Raben nämlich die Tragfähigkeit des Geästes sehr wohl zu beurteilen, eine Fähigkeit, die vom Individuum erworben werden muß. So meinte ich denn zuerst, es nur mit einem neuen »Sport« zu tun zu haben, wie ihn die Raben in häufig wechselnden »Moden«, wie Köhler diese Erscheinungen beim Schimpansen bezeichnet, betreiben. Bald aber ließ mich die Hartnäckigkeit, mit der die Vögel in dieser Beschäftigung fortfuhren, stutzig werden, und kurz darauf sah ich deutlich, wie beide Raben, in wuchtigem Sprunge von oben her sich auf den erwählten Ast werfend, diesen abbrachen und, ohne ihn fahrenzulassen, mit ihm in den Klauen unten aus dem Gezweige heraustaumelten. Dann schossen sie gewöhnlich steil bergab davon, um erst einmal die zum Tragen der oft schweren Last nötige Fahrt zu bekommen, dann erst nahmen sie den gewonnenen Ast aus den Füßen in den Schnabel. Nur wenn er sehr groß war, gaben sie diesen Versuch sofort auf und trugen weiter mit den Füßen.

Zu gleicher Zeit ungefähr begann dann erst der Trieb zum Herumschleppen von Gegenständen, aus dem sich später das Zu-Neste-Tragen entwickelte. Bei frei lebenden Raben, die weit weniger mit verschiedenen unpassenden Gegenständen in Berührung kommen als meine Vögel, mag wohl der beschriebene Abbrechtrieb das Seinige tun, um den Zutragetrieb auf das richtige Objekt zu lenken.

Ich glaube, das Nestbauen des Kolkraben ist ein sehr gutes Beispiel für Erbtrieb-Dressurverschränkung, wie ich diese Erscheinung einmal nennen will. Ich möchte aber noch einmal darauf hinweisen, wie *wenig* Plastisches, Veränderliches dem Nestbau dieses Vogels anhaftet, obwohl er doch geistig so hoch über allen andern einheimischen Vögeln steht, daß er ganz aus deren Rahmen herauszufallen scheint. Auch möchte ich betonen, daß dieses Veränderliche seinerseits nur als Eigendressur- und nicht als Verstandeshandlung zu werten ist.

Eine *Andeutung*, gerade nur eine leise Ahnung von *einsichtigem* Verhalten glaube ich aber doch an meinem Rabenmann beim Nestbauen beobachtet zu haben: Als von dem Nest schon ein gewisser Unterbau vorhanden war, pflegte er, wenn er mit einem Reis ankam, dieses nicht immer blindlings an der ersten besten Stelle einzubauen, sondern blieb häufig mit dem Holz im Schnabel einige Augenblicke auf dem Nestrande sitzen und *betrachtete* das Nest. Sooft er dies nun tat, fügte er dann den Ast an der Stelle des Baues ein, die seiner tatsächlich am meisten bedurfte und an der auch *ich* an seiner Stelle das Reis angebracht hätte. Dies scheint vielleicht manchem höchst selbstverständlich und eine bedeutungslose Beobachtung, mir aber brachte es schlagend zum Bewußtsein, daß ich ähnliches eben noch *niemals* gesehen hatte, bei all den vielen Vögeln, denen ich schon beim Nestbau zugesehen hatte. Besonders bei Reihern und Störchen kann man ganz zappelig werden, wenn man zusieht, wie sie ein Reis nach dem andern an einer Stelle unterbringen wollen, an der es unmöglich halten kann.

Ein solches Eingreifen von einsichtigem Verhalten in eine Triebhandlung kommt bei Vögeln wohl nur in seltenen Ausnahmefällen vor, häufiger wohl bei den höheren Säugetieren, bei denen es die Analyse der Erbtriebe ungemein erschwert.

Dagegen scheint ein Ineinandergreifen von Erbtrieben und selbstandressierten Verhaltensweisen bei Vögeln durchaus nicht selten zu sein. Eines der auffallendsten Dinge, die dabei nicht vererbt, sondern vom Individuum erworben werden müssen, ist die Einstellung des Tieres zu der Art, zu der es sich zugehörig betrachtet, das heißt, gegen die sich alle diejenigen Triebhandlungen richten, die normalerweise auf Artgenossen Bezug haben; also wieder ein Fall, wo die Kenntnis des zu ererbten Triebhandlungen gehörigen Objektes nicht angeboren ist. Wenn bei in menschlicher Pflege groß gewordenen Jungvögeln der Mensch als Ersatzobjekt für die Artgenossen eintritt, so führt dies natürlich zu einer ganz besonderen Annäherung an seinen Pfleger. Heinroth hat in seiner Abhandlung über zahme und scheue Vögel diese Erscheinung sehr genau beschrieben. Bei geselligen Vögeln kann der gewöhnliche Herdentrieb auf den Menschen umschlagen, »Geselligkeitszahmheit«, aber auch bei ungeselligen Arten können sich geschlechtliche Regungen gegen den Menschen richten, »Liebeszahmheit«, oder aber der Vogel kann im Pfleger einen zu vertreibenden gleichgeschlechtlichen Artgenossen sehen, »Wutzahmheit«. Dieses Umschlagen der Triebe, die auf Artgenossen gemünzt sind, auf den Menschen, scheint bei jung aufgezogenen Vögeln so ungeheuer häufig zu sein, daß Beispiele, wo von frühester Jugend allein aufgezogene Vögel *nicht* umgestellt wurden, sondern doch ein normales Verhalten gegen Artgenossen zeigten, von größtem Interesse wären. Im allgemeinen reagieren solche Menschenvögel nämlich auf Artgenossen nicht im geringsten, doch kenne ich im Zoologischen Garten in Amsterdam ein südamerikanisches Rohrdommelmännchen (*Tigrisoma*), an dem mir Herr Portielje demonstrierte, daß dieser jung aufgezogene Vogel, obwohl er ein artgleiches Weibchen besitzt, mit dem er bereits mit Erfolg gebrütet hat, sowie er seinen Pfleger erblickt, nur mehr für diesen Sinn hat, ihn anbalzt und dann unter Umständen auf die rechtmäßige Gattin wie auf »Nestfeind« reagiert. Fast genau das gleiche Verhalten zeigte bei Heinroth ein Wachtelkönig, der im Beisein seiner Pfleger sich auch nicht um ein artgleiches Weibchen kümmerte, mit diesem allein gelassen, aber dann doch ein befruchtetes Gelege erzeugte.

Da die Eigendressurhandlungen der Vögel als erworbene Automatismen ungeheuer reflexähnlich verlaufen und eigentlich überhaupt nur in ihrer Entwicklung zu erkennen sind, so werden sie naturgemäß sehr leicht übersehen, wenn sie, wie früher beschrieben, als variable Glieder in eine Kette von Triebhandlungen eingeschaltet auftreten. Dann täuschen sie eine Variabilität der Triebhandlung vor, die diese in Wirklichkeit gar nicht besitzt.

Das, was ich im folgenden unter Triebhandlung verstehe, ist ein an sich durchaus starres Gebilde, dem *gar nichts* Verstandesmäßiges anhaftet und dessen Veränderlichkeit, wo eine solche tatsächlich vorhanden ist, nur durch die Verschiedenheit der auslösenden Reize bedingt ist. *Wo* in einer längeren Kette von Triebhandlungen erworbene Automatismen oder Verstandeshandlungen als eingeschachtelte Glieder auftreten, möchte ich von Trieb-Dressurverschränkung oder Trieb-Intellektverschränkung sprechen und gleich betonen, daß wir letzterer Erscheinung im Reiche der Vögel kaum begegnen. Auch bei niedrigeren Tieren beruht die scheinbare Plastizität ihrer komplizierten Reflexverkettungen wohl meist auf dem Eingeschaltetsein solcher »Dressurglieder«. v. Frisch hat an seinen Dressurversuchen mit Bienen sehr deutlich gezeigt und auch betont, daß diese Veränderlichkeiten bei seinen Versuchstieren immer an Stellen auftreten, wo sie biologisch von Bedeutung sind.

Damit, daß ich also die Triebhandlung an sich als ein absolut starres Ganzes auffasse, befinde ich mich im Gegensatze zu der Instinktdefinition von Alverdes, der offenbar unter Instinkthandlungen immer die ganzen Abläufe versteht, auch wenn variable Glieder mit dabei sind, was bei höheren Tieren häufig ist, aber durchaus nicht immer der Fall sein muß.

Alverdes sagt: »Manche Autoren sprechen von Instinkthandlungen bei Mensch und Tier, als ob es sich um grundsätzlich Verschiedenes handele. Demgegenüber ist festzustellen, daß in jede Verstandestätigkeit eine reichliche Portion Instinkthaftes, Triebmäßiges sich einmischt; andrerseits verläuft keine einzige Instinkthandlung völlig automatenhaft, sondern stets enthält sie außer der starren, unabänderlichen Komponente auch einen variablen, mehr oder minder situationsgemäßen Anteil. Jede Tätigkeit (Aktion, A) ist also die Funktion gleichzeitig einer Konstanten (K) und einer Variablen (V); in Formelsprache ausgedrückt: A = f (K, V).«

Daß an jeder Verstandeshandlung Instinktmäßiges beteiligt ist, und zwar auch an den Verstandeshandlungen des Menschen, soll ganz und gar nicht geleugnet werden, insofern nämlich, als die primitiven Koordinationen des Blickens, Schreitens, Greifens usw., aus denen sich natürlich auch jede noch so verstandesmäßige Handlung letzten Endes zusammensetzt, vererbtes Gut sind. Daß aber an *jeder* Triebhandlung eine variable Komponente beteiligt ist, die über die durch die Verschiedenheiten der Reize bedingte Veränderlichkeit hinausgeht, glaube ich nicht, zumindest habe ich solche Veränderlichkeiten weder an von mir beobachteten Triebhandlungen wahrnehmen können, noch sichere Beobachtungen darüber in der Literatur gefunden. Wo ein vererbter Handlungsablauf eine solche Variabilität zu haben schien, handelte es sich bei näherem Zusehen immer um Verschiedenheit der auslösenden Reize oder um eine Trieb-Dressurverschränkung oder aber um den noch später zu erörternden interessanten Fall der *sekundären Einsicht* in die eigenen Triebhandlungen, der bei Vögeln wohl sehr vereinzelt vorkommt, bei höheren Säugern und dem Menschen aber das Verständnis des Verhaltens so sehr erschwert.

Bei der Beurteilung der Gleichheit oder Verschiedenheit der Reize muß man sich aber immer vor Augen halten, daß dieselbe äußere Einwirkung bei verschiedenen Individuen der gleichen Art, ja bei demselben Einzelwesen in verschiedenen physiologischen Zuständen ganz verschiedene Reize darstellen kann. Die Nichtbeachtung dieser Tatsache führte mich einmal dazu, eine richtige Beobachtung zu widerrufen, weil ihr eine spätere zu widersprechen schien: Die Dohlen besitzen eine sehr interessante hochspezialisierte Triebhandlung zur Verteidigung von Kameraden, die ich an anderer Stelle genau beschrieben habe. Man kann diese Reaktion jederzeit durch Ergreifen einer Dohle aus einer Schar gleichartiger Vögel leicht auslösen. Dabei hört man einen ganz bestimmten *Angriffston*, ein lautes metallisch klingendes Schnarren. Unter Umständen beginnt der ergriffene Vogel mit dem Schnarren: *Ganz zahme* Dohlen schnarren nicht, wenn man sie greift, sondern klappen nur mit dem Schnabel und fauchen leise, ganz wie sie es tun, wenn ihnen eine Nistdohle dadurch unangenehm wird, daß sie sich ihnen bis zur Berührung nähert. Wohl aber schnarren sie sofort, wenn man irgendeine andere Dohle greift. *Ganz scheue* Dohlen schnarren beim Ergriffenwerden ebenfalls *nicht*, sondern stoßen einen von dem Schnarren deutlich unterscheidbaren Laut aus, der mehr quäkend klingt. Im Dunkeln quäken alle Dohlen, wenn man sie ergreift, es scheint also ein *sehr starkes Erschrecken* zur Auslösung dieses Tones notwendig zu sein. Das *Schnarren* kann bei dem ergriffenen Vogel selbst nur bei *einem ganz bestimmten Zahmheitsgrade* ausgelöst werden: wenn er zu sehr erschrokken ist, um eine Angriffsreaktion, wie das Schnarren sie eben darstellt, zu bringen, quäkt er. Wenn er aber den ihn ergreifenden Menschen so wenig fürchtet, daß dieser keinen stärkeren Reiz setzt als irgendein kleiner, noch wirksam zu bekämpfender Feind, so beteiligt sich eben sozusagen der gegriffene Vogel an dem Angriff der anderen. Wenn Dohlen ganz zahm sind, so erschrecken sie über das Ergreifen erst gar nicht.

Meine im Jahre 1927 aufgezogenen Dohlen schnarrten, wenn man sie ergriff, was ich auch in einer damaligen Veröffentlichung erwähnte. Später aufgezogene Jungdohlen waren um ein weniges scheuer, was genügte, daß, wenn ich eine von ihnen griff, nur die zusehenden Kameraden schnarrten, die Ergriffene selbst aber quäkte. Ich bedachte nun nicht, daß ein so geringer Zahmheitsunterschied das Gegriffenwerden schon zu einem ganz anderen Reize werden läßt, der dann auch eine andere Reaktion auszulösen geeignet ist, und widerrief in meinem Aufsatz *Beiträge zur Ethologie sozialer Corviden* die früher veröffentlichten, ganz richtigen Beobachtungen.

Eine Veränderlichkeit der Triebhandlungen kann ferner dadurch vorgetäuscht werden, daß eine Art auf verschiedene, aber verwandte Reize einander zwar ähnliche, aber für jeden Reiz spezifische Triebhandlungen hat. So trugen meine Dohlen, deren Kinder stets unumhäuteten Kot lieferten, diesen immer nur mit dem Nistmaterial fort, an dem er haftete. Inzwischen sind aber einwandfreie Beobachtungen veröffentlicht worden, nach denen Dohlen den allerdings wohlumhäuteten Kot ihrer Jungen einfach im Schnabel wegtrugen. Danach will es mir scheinen, als hätte *Coloeus* auf das sicher häufige und nicht gerade als pathologisch zu bezeichnende Auftreten nicht umhäuteter Kotballen bei seinen Jungen das Wegtragen mit dem Nistmaterial als Spezialreaktion ausgebildet.

Derartige Verschiedenheiten der Triebhandlungen, die auf verschiedene adäquate Reize in sinngemäßer Weise antworten, sind aber durchaus nicht das, was Alverdes meint, wenn er sagt: »Das Vorhandensein eines variablen Anteiles muß aber nicht nur für die Intelligenzhandlungen der höheren Wirbeltiere, sondern auch für alle ihre Instinkthandlungen gefordert werden. Die Variable findet z. B. bei einem nestbauenden Vogel darin ihren Ausdruck, wie das Tier im Einzelfalle den Nistplatz aussucht, wie es mit koordinierten und zweckmäßigen Körperbewegungen den Halm, den Ast, die vorüberschwebende Feder ergreift und situationsgemäß dem Bauwerke einfügt. Die Variable tut sich auch darin kund, daß der ältere Vogel kunstvoller baut als der jüngere. All die beim Nestbau entwickelten Tätigkeiten sind keine automatenhaften Leistungen, keine bloßen ›Reflexe‹, es sind aber auch keine reinen Intelligenzhandlungen (bei denen V größer als K wäre). Sondern immer liegen echte Instinkthandlungen vor, bei denen K größer als V ist. Der innere Trieb K bildet hier regelmäßig die konstante Basis, die dem ganzen Vorgehen des Tieres den ›biologischen Sinn‹ verleiht, und auf dieser Grundlage erheben sich dann die von der Variablen V eingegebenen zweckmäßigen Einzeltätigkeiten. Ganz das gleiche gilt für die Instinkttätigkeiten der Insekten, Spinnen usw.; mögen dieselben scheinbar noch so starr und unabänderlich verlaufen, stets ist $A = f(K, V)$.«

Daß von einer Variabilität der Triebhandlungen nur insoweit gesprochen werden kann, als sie durch Verschiedenheit der auslösenden Momente bedingt ist, wurde schon erörtert. Der Fehler der Formel $A = f(K, V)$ liegt ganz offensichtlich darin, daß das V bei Instinkthandlungen dem V bei wahren Intelligenzhandlungen gleichgesetzt wird, denn da letzteres ja sicher auf Einsicht in die inneren Zusammenhänge der Handlungen beruht, so führt diese Gleichsetzung der Variablen beim Durchdenken aller Konsequenzen zwangsläufig zur Annahme von Zweckvorstellungen bei den Instinkttätigkeiten der Tiere. Selbst wenn man annehmen *wollte*, daß Übung, Erfahrung, Tradition, etc. auch auf die wahren Triebhandlungen des Tieres irgendwie modifizierend einwirken können, so dürfte die dadurch bedingte Variabilität nicht mit jener gleichgesetzt werden, die Einsicht in Ziele bei erlerntem Verhalten bewirkt.

Was die angeführten Beispiele für Variabilität von Triebhandlungen anlangt, so ist zu sagen, daß gerade die Bestimmung des Nistplatzes ganz und gar nicht durch »Wählen« seitens des Vogels zu erfolgen scheint, sondern gerade dabei scheinen auch recht kluge Vögel rein reflektorisch auf einwirkende Reize zu reagieren. An der Nestplatzwahl ist ja auch oft recht wenig »Unvoraussagbares«, im Gegenteil, gerade bei diesem Vorgang sind die bestimmenden Reize so analysierbar, daß es dem einigermaßen mit der Eigenart einer Vogelgattung Vertrauten oft gelingt, diese Reize willkürlich zu setzen. Zum Beispiel hat mein frei fliegendes Kolkrabenpaar sein Nest prompt dorthin gebaut, wo ich es haben wollte, also eine Art, der man besonders viel Unvoraussagbares zutrauen würde, ja, von der man behaupten kann, daß sie die am wenigsten triebmäßig handelnde nestbauende Vogelart überhaupt ist, da ja die allein geistig an sie heranreichenden großen Papageien nicht zum Neste tragen.

Auch sonst sieht man bei der Wahl des Nistplatzes kaum Variables, vor allem nicht im Sinne einer dadurch erreichten größeren Zweckmäßigkeit. Verwey hat an Fischreihern in einwandfreien Beobachtungen gezeigt, in wie unzweckmäßiger Weise sie an einem bestimmten Nistplatze festhalten, der den zugetragenen Niststoffen keinen Halt gewährt, so daß sie immer wieder herabfallen.

Daß es bestimmte vom Platze ausgehende, wahrscheinlich optische Reize sind, die den Vogel veranlassen, gerade dort mit dem Nestbau zu beginnen, wird auch dadurch wahrscheinlich gemacht, daß, wenn man mehrere Vogelpaare in einem Flugkäfig zusammen hält, ganz auffallend oft derselbe Nistplatz von *mehreren* Paaren angestrebt wird. Dies beobachtet man selbst dann, wenn die verschiedenen Vogelpaare gar nicht derselben Art angehören, wofern sie nur ungefähr ähnliche Nistgewohnheiten haben. Die oben beschriebene Erscheinung veranlaßt die berufsmäßigen Kanarien- und Wellensittichzüchter, ihren Pfleglingen immer eine gewaltige Überzahl an Nistgelegenheiten zu bieten, um ernste Kämpfe um diese wenigstens unwahrscheinlicher zu machen.

Derselben Ansicht ist Sunkel, der in seiner Arbeit über die Bedeutung der optischen Eindrücke der Vögel für die Wahl ihres Aufenthaltsortes sagt: »Natürlich unterliegt auch die Wahl des Nistplatzes optischen Wahrnehmungen. Im allgemeinen wählen die Vögel Stellen zur Errichtung ihres Nestes, die so typisch sind, daß der Ornithologe einem Platz im Freien auf den ersten Blick ansieht, welche Vogelart da nisten kann. Die Eignung des Platzes, die der Vogel mit seinen Augen wahrnimmt, zwingt ihn zu Beginn der Brutzeit geradezu, eben dort sein Nest zu bauen. So kommt es, daß z. B. an Stellen, wo die Vogelnester immer wieder zerstört werden, trotzdem die betreffende Vogelart dem durch optischen Anreiz ausgelösten Nestbautrieb nicht widerstehen kann; man hat solche Beobachtungen in verschiedenen Fällen an Störchen, Falken, Dohlen, Krähen und vielen Singvögeln gemacht.«

Was nun die koordinierten und zweckmäßigen Bewegungen betrifft, die der Vogel beim Nestbau beobachten läßt, so muß man sagen, daß gerade koordinierte und zweckmäßige Bewegungen *immer* entweder Erbgut oder wohlausgeschliffene Dressurhandlungen sind, also *niemals* variabel und immer nur in der einen engumgrenzten Situation situationsgemäß sind, für die sie in ersterem Falle die Art, in letzterem Falle das Individuum ausgebildet hat. Die wahrhaft variable, sich einer wirklich neuen Situation anpassende Intelligenzhandlung sieht bei Tier wie Mensch immer höchst *ungeschickt* aus, etwa wie wenn wir mit der linken Hand schreiben wollen. Köhler hat dies auch an Schimpansen sehr genau beschrieben.

Daß der ältere Vogel kunstvoller baut als der junge, ist eine oft beobachtete Tatsache, nur baut er ganz sicher oft auch dann kunstvoller, wenn er alle bisherigen Brutperioden, *ohne* zu bauen und zu brüten, verstreichen lassen mußte und nun geradesogut zum ersten Male baut wie ein junger Vogel. Das habe ich bei drei Gimpelpaaren erlebt, von denen eines im ersten Jahre in einem Zimmerkäfig lebte und dort nicht brütete, während die anderen beiden Paare in einem Flugkäfig recht schlechte Nester bauten. Im nächsten Jahre bewohnten alle drei Paare denselben großen Flugkäfig und bauten *alle drei* ungleich bessere Nester als die zwei Paare, die im Vorjahr gebrütet hatten. Ein Unterschied zwischen den Nestern war nicht zu sehen, ich wußte auch gar nicht mehr, welche Vögel früher im Zimmerkäfig gewesen waren.

Bei Gefangenschaftsvögeln, und es ist mir nicht bekannt, daß jemand frei lebende auf das Zunehmen ihrer Baukunst mit zunehmendem Alter untersucht hätte, kommt es nämlich ungeheuer häufig vor, daß eine wesentliche Verbesserung des Allgemeinbefindens der Tiere mit dem Geschlechtsreifwerden und der ersten Fortpflanzungsperiode einhergeht, so daß es erst der zweiten Brut zugute kommt. Es gehört geradezu zu den Seltenheiten, daß bei gefangenen Vögeln die erste Brut den folgenden gleichwertig ist. Von Völkles Steinadlerzucht herab bis zum ersten besten Kanarienpärchen macht sich diese Regel geltend. Die Erscheinung beruht sicher nur auf der erhöhten Sicherheit im Ablaufe aller Erbtriebe, die mit jeder Besserung des Körperzustandes der Tiere verbunden ist, und nicht darauf, daß die Tiere etwa im Nestbau oder in der Pflege der Jungen zugelernt hätten. Dabei will ich gar nicht behaupten, daß nicht vielleicht Kolkraben oder Krähen oder andere sehr hochstehende Vögel möglicherweise durch Lernvermögen ihr Nestbauen ganz merklich verbessern können. Davon aber bin ich fest überzeugt, daß alle zur Veröffentlichung gelangten Fälle, in denen ein Vogel bei einer späteren Brut besser baute als bei einer früheren, die wohl immer die unsichere erste war, auf Rechnung der beschriebenen allgemeinen Konstitutionsverbesserung zu setzen waren. Wenn sich in irgendeinem Fall ein richtiges Zulernen im Nestbau nachweisen ließe, wäre es interessant, festzustellen, ob die Verbesserung immer gesetzmäßig an derselben Stelle des Handlungsablaufes auftritt und so den Charakter einer Trieb-Dressurverschränkung trägt. Für jede Mitteilung diesbezüglicher Beobachtungen wäre ich sehr dankbar.

Um es nochmals zu sagen: Ich verstehe unter Triebhandlung einen auf vererbten Bahnen des Zentralnervensystems beruhenden Handlungsablauf, der als solcher ebensowenig veränderlich ist wie seine histologische Grundlage oder irgendein morphologisches Merkmal. Daß sich die Triebhandlungen nur durch ihre größere Kompliziertheit und durch die Beteiligung des ganzen Tieres, statt nur eines einzelnen Organes, von den Reflexen unterscheiden, sich aber nicht scharf von diesen abgrenzen lassen, geht aus dieser Zieglerschen Definition genugsam hervor.

Wo eine Kette von Triebhandlungen eine Veränderlichkeit zeigt, beruht diese, soweit sie nicht nur durch die verschiedene Intensität, Richtung, Beschaffenheit usw. der einwirkenden Reize bedingt ist, wohl immer auf dem Eingeschaltetsein von selbstdressurbedingten Verhaltensweisen in die längeren starren Reflexverkettungen. Solche Trieb-Dressurverschränkungen scheinen bei den höchsten Wirbeltieren häufig zu sein und oft eine hohe Komplikation zu erreichen, was bei den geistig hochstehenden Säugern ein Herausschälen der Erbtriebe ungemein erschwert, ja unmöglich macht.

Darauf, daß gerade bei den Trieb-Dressurverschränkungen niederer Tiere die Stellen, an denen die wenigen dressurveränderlichen Verhaltensweisen, die das ganze »Lernvermögen« dieser Organismen ausmachen, in die bei ihnen besonders verwickelten und starren Reflexketten eingeschaltet sind, oft von offensichtlicher biologischer »Zweckmäßigkeit« sind, wurde schon hingewiesen.

II Der Vogel als Versuchstier

Es ist durchaus kein Zufall, daß zu Untersuchungen der arteigenen Erbtriebe gerade die Vögel herangezogen wurden. Der Vogel ist für das Studium der Triebhandlungen und vor allem ihrer Beziehungen zu den Dressur- und Intellekthandlungen das weitaus günstigste Versuchstier.

Die wenigen plastischen Stellen in den langen Reflexketten der niederen Tiere tragen oft zu sehr den Charakter der speziellen Anpassung an die Veränderlichkeit ihres Lebensraumes, als daß man sie dem Lernvermögen höherer Tiere gleichsetzen dürfte. Auch versagen sie bei Dressurversuchen, bei denen sie Dinge assoziieren müßten, die in ihrem gewohnten Lebensraum keine Beziehungen zueinander haben. So gelang es Armbruster nicht, Bienen mit wirklich überzeugendem Resultate auf Töne zu dressieren, die eben in ihrem gewöhnlichen Leben nie zu dem lockenden Futter Beziehung haben, während v. Frisch sie auf Unterscheidung verhältnismäßig sehr ähnlicher Blumenformen dressieren konnte. Einsichtige Handlungen wird man bei niederen Tieren wohl überhaupt vermissen.

Bei Fischen, Amphibien und Reptilien ist wohl schon ein weit besseres Lern- und Assoziationsvermögen vorhanden; selbst Fische lernen ja im Versuch Dinge zu assoziieren, die in ihrem normalen Lebensraum ganz sicher nicht zueinander in Beziehung stehn, so daß wir diese Fähigkeiten mit den entsprechenden der höchsten Tiere homolog zu setzen berechtigt sind.

Aber bei allen diesen Tieren besitzen die starren Triebhandlungen noch so wenig Beziehungen zu den veränderlichen Tätigkeiten, daß sie von diesen zwar leicht zu unterscheiden und leicht zu analysieren sind, uns aber dem Verständnis der ungeheuer komplizierten Trieb-Dressur- und Trieb-Intellektverschränkungen der höchsten Tiere und des Menschen nur wenig näherbringen.

Gerade dazu steht nun der Vogel sozusagen auf einem idealen Entwicklungsstadium. In die Reflexketten der Vögel sind noch genügend wenig variable Glieder eingeschaltet, daß man diese einigermaßen eindeutig erkennen kann; andererseits besitzen diese veränderlichen Glieder bereits einen genügend großen Einfluß auf das ganze Verhalten, daß dieses sich dem der höheren Tiere genug nähert, um uns gewisse Einblicke in das Zustandekommen desjenigen der höchsten Säuger und des Menschen zu gewähren. Nur aus dem Einfacheren heraus können wir hoffen, das Kompliziertere verstehen zu lernen, wenn auch sicher vieles davon wegen seines überaus verwickelten Aufbaues den wenigen Untersuchungsmethoden, die uns in diesen Fragen zur Verfügung stehen, nie zugänglich sein wird.

Noch ein ganz anderer Nebenumstand kommt hinzu, der uns bei den meisten Vögeln das Studium ihres Seelenlebens besonders erleichtert, und das ist die hochgradige Übereinstimmung der Sinnesfunktionen des Beobachters mit denen des beobachteten Tieres: wie der Mensch, so ist auch der Vogel hauptsächlich Augentier, und wie bei diesem besteht die Hauptfunktion des Hörens nicht so sehr im Warnen bei Gefahr als in der Übermittlung der Lautäußerung an Artgenossen. Diese Feststellung mag als überflüssiger Gemeinplatz erscheinen, aber wie viele günstige Begleitumstände man bei psychologischen Untersuchungen an Vögeln als selbstverständlich hinnimmt, kommt einem erst zum Bewußtsein, wenn man einmal ein Tier hat, dessen Sinnestätigkeiten von denen des Menschen recht verschieden sind. Schon bei den Eulen, bei denen sicher das Gehör eine sehr große Rolle spielt, weiß man öfter als bei anderen Vögeln diese oder jene Beobachtung nicht recht zu deuten, worauf auch Heinroth in seinen *Vögeln Mitteleuropas* hinweist. Nimmt man aber zu irgendwelchen Beobachtungen gar ein Tier wie eine Fledermaus, bei dem jeder einzelne Sinn anders funktioniert als bei uns und das außerdem in seinen Flughäuten noch einen weiteren Sinn hat, den wir gar nicht besitzen und von dem wir uns überhaupt keine Vorstellung machen können, so müssen wir bei allem und jedem ganz besondere, die anderen Sinne ausschaltende Versuchsbedingungen walten lassen, um sicher zu sein, welcher Sinn das Tier bei der Lösung irgendeines Problems oder überhaupt sonst einer Betätigung leitet. Da eine Aufgabe, wie z. B. das Aufsuchen eines Zieles, für verschiedene Sinne ganz verschieden schwierig sein kann, so ist die Entscheidung dieser Frage zur Beurteilung der geistigen Fähigkeiten des Tieres höchst notwendig. So glaubte ich einst fast, meine Fledermäuse hätten es »verstanden«, daß ich das Mehlwurmglas in einen bestimmten Kasten stellte, bis ich dahinterkam, daß sie die Larven in dem Glas in dem Kasten kriechen hörten. Diese Notwendigkeit bestimmter Versuchsbedingungen zur Klärung der Frage nach den das Tier jeweils leitenden Sinnen macht die *Zufallsbeobachtung in natürlicher Umgebung* ergebnislos, die ich sonst als die mit den wenigsten Fehlerquellen behaftete Beobachtungsweise über alle andern hochschätze.

Das Bestreben, den Experimenten, »which nature may be said to make«, wie Selous sich ausdrückt, noch einiges hinzuzufügen, ohne die Zahl der Fehlerquellen durch Veränderungen der natürlichen Umgebung oder gar durch als pathologisch zu wertende Gefangenschaftserscheinungen an den beobachteten Tieren zu vermehren, führte zu Versuchen mit freifliegenden, zahmen Vögeln.

Ohne mich hier über die Technik der Freifluggewöhnung verschiedener Vögel zu verbreiten, will ich nur erwähnen, daß diese Haltungsweise sich bei einer ganz überraschend großen Zahl von den Vögeln, bei denen sie überhaupt versucht wurde, als anwendbar erwies.

Für das Studium aller auf die Artgenossen gerichteten Triebhandlungen sind die meisten Vögel, vor allem gesellig lebende Arten, auch wegen der oben beschriebenen Übertragbarkeit dieser Triebe auf den Menschen besonders günstige Objekte. Fast an jedem einzeln aufgezogenen Vogel kann man in aller Ruhe die Triebe, die sich bei dem von seinen Eltern großgezogenen Vogel gegen seine Artgenossen gerichtet hätten, selbst auslösen und aus nächster Nähe beobachten. Daß viele Triebhandlungen solcher geselligkeits-, liebes- oder auch wutzahmer Vögel (Heinroth) dem Beobachter dann unverständlich bleiben müssen, wenn es sich um solche

Tätigkeiten oder Bewegungen handelt, die bei einem gleichartigen Partner bestimmte Antworthandlungen auslösen sollen, ist klar. Oft kann man diese »Auslöser« aber daran erkennen, daß der Vogel bei solchen Bewegungen und Stellungen einen Anblick darbietet, der von seinem gewöhnlichen so weit wie möglich abweicht. Vor allem gilt dies für die auslösenden Triebhandlungen der Balz, aber auch für die Stellungen und Bewegungen nahrungsheischender Jungvögel sowie für viele Gebärden geselliger Vögel. Häufig sind ja für solche Signale dann besondere Organe ausgebildet, so häufig, daß man oft beim Anblick dieser Organe, wie besonders verlängerter Federn, Schwellkörper, bunter Sperrachen usw., schon vermuten kann, daß sie zu irgendeiner arteigenen »Zeremonie« da sind. Aber auch Vögel, die solche Signalorgane entbehren, verstehn es, durch besondere Körperstellungen und Sträubung bestimmter Gefiederteile so absonderlich auszusehn, daß man wohl versteht, daß ihr Anblick in diesem Zustande bei Artgenossen Reaktionen auslösen kann, die auf das Bild, das sie gewöhnlich bieten, nicht ansprechen. So kann das balzende Kolkrabenmännchen durch Vorstrecken des Kopfes, Abstellen der Flügelbuge, maximales Sträuben des Kopf- und Unterbauchgefieders und Vorziehen der Nickhäute vor die Augen ein so ungewohntes Bild bieten, daß der Uneingeweihte beim Anblick einer Photographie dieser Stellung Mühe hat, in diesem weißäugigen Untier einen Raben zu erkennen.

Gerade solche Auslöser sieht man nun an einem auf den Menschen umgestellten Vogel besonders schön, ja oft viel häufiger wiederholt als bei normalen Freiheitsvögeln, weil eben der Mensch, bei dem der Vogel irgend etwas auslösen »will«, auf die betreffende Triebhandlung *nicht* reagiert und der Vogel es daher immer wieder damit versucht. Sehr reizvoll ist es übrigens, in einem solchen Fall zu versuchen, herauszubringen, was das Tier eigentlich von einem haben will. Das kann allerdings oft zu Irrtümern führen, und ich hielt lange Zeit die Bewegungen einer Dohle, die eine Aufforderung zum Mitfliegen bedeuten und Artgenossen hierzu veranlassen, für die allerdings recht ähnlichen Bewegungen der weiblichen Paarungsaufforderung, die auch zur gewöhnlichen Begrüßung angewendet werden.

Trotz dieser häufigen Unsicherheit in der Deutung sind diese auf den Menschen umschlagenden Triebhandlungen jung aufgezogener Vögel deshalb von unschätzbarem Werte, weil sie den Beobachter auf das *Vorhandensein* der Triebhandlung aufmerksam machen.

III Merkmale der arteigenen Triebhandlung

Im allgemeinen erkennt man als einigermaßen erfahrener Tierpfleger eine triebbedingte Handlungsweise seiner Pfleglinge, soweit man sie überhaupt erkennt, ohne weiteres Nachdenken ganz *gefühlsmäßig* als solche. Um aber genau die Kriterien festlegen zu können, die dabei für das eigene Urteil maßgebend gewesen waren, muß man eine rückblickende Selbstbeobachtung aufbringen, die einem oft schwerer fällt als die Beobachtung der Tiere. Eben diese Selbstbeobachtung lehrt, daß man sich bei dem Erkennen der Triebhandlungen meist, oder wenigstens sehr oft, nicht an die beiden selbstverständlichsten Merkmale hält, die darin bestehen, daß eine Handlungsfolge von *allen* Einzeltieren der Art in ganz gleicher Weise ausgeführt wird und daß auch der allein aufgezogene Jungvogel ohne jegliches Vorbild auf diese Handlungsweise verfällt.

Zumal das letztere Merkmal ist nur in ganz bestimmten Fällen ausschlaggebend, in jenen nämlich, wo die Nachahmung einer bestimmten Lebensäußerung für den Vogel im Bereiche der Möglichkeit liegt, was ja nur recht selten vorkommt. Einigermaßen verwickelte und spezialisierte Handlungsketten, wie die Triebhandlungen der Vögel es häufig sind, vermag ein noch so kluger Vogel sowieso nicht nachzuahmen, und zur Unterscheidung von einer vom Einzeltier »erfundenen« Verstandeshandlung hilft es nichts, daß man den Vogel allein aufgezogen hat. Außerdem stehen uns bei solchen komplizierteren Handlungen noch andere Merkmale zur Verfügung, an denen sich ihre Triebbedingtheit erweisen läßt.

Dort aber, wo tatsächlich Nachahmung eine Rolle spielen kann, wie vor allem bei den stimmlichen Betätigungen gewisser Vögel, ist das Alleinaufziehen zur Entscheidung der Frage nach dem Ererbtsein dieser Lebensäußerungen von der allergrößten Bedeutung. In diesem Falle ist das Alleinaufziehen sehr aufschlußreich und zeigt im allgemeinen, daß auch den der stimmlichen Nachahmung fähigen Vögeln – es ist mir nicht bekannt, ob es außer Sperlingsvögeln und Papageien noch welche gibt – jene Lautäußerungen, die bei den Artgenossen spezifische Reaktionen auslösen, *meist* angeboren sind. Es sind aber Fälle bekannt geworden, wo das Musterbeispiel einer derartigen Lautäußerung, der Lockruf nämlich, sich nicht als angeboren erwies. So beobachtete von Lucanus, daß das »Stieglitt« des Stieglitzes nicht angeboren ist. Es wäre nun von großem Interesse, einmal nachzuweisen, ob beim Stieglitz das Reagieren auf diesen Lockruf ererbt ist, ob also ein Stieglitz, der das »Stieglitt« nicht selbst sagen kann, durch das Hören dieses Tones irgendwie beeinflußt wird. Man müßte zu diesem Versuche allerdings mehrere Stieglitze in strenger Abgeschlossenheit von erwachsenen Artgenossen, aber zusammen aufziehen, denn sonst würde sicher das Resultat durch Störungen im Artbewußtsein der Tiere getrübt werden. Daß ein so behandelter Stieglitz, der also bei normaler Arteinstellung nur den artgemäßen Lockruf nicht hat, auf das »Stieglitt« eines Artgenossen herbeikommt, ist deshalb durchaus denkbar, weil bei allen *nicht* in voller Ausbildung ererbten Lautäußerungen von Vögeln deren Kenntnis insofern angeboren ist, als ja der Jungvogel aus dem Stimmenbabel der Umgebung die artgleichen herausgreift und gerade sie nachahmt, was einem Reagieren auf nichtangeborene Lautäußerungen doch durchaus gleichkommt.

Bei sehr klugen Vögeln kann es auch vorkommen, daß sie einem gespotteten Laut die Bedeutung eines Lockrufes zu geben lernen, manchmal unbeschadet der Ausbildung des artgemäßen Lockrufes. So gebrauchte ein von Heinroths aufgezogener Star den Pfiff, mit dem sich seine Pflegeeltern untereinander herbeizurufen pflegten, im selben Sinne. Papageien verhalten sich oft ähnlich. Ein mir sehr befreundeter alter Kolkrabe, der seinen Namen sprechen kann, pflegt diesen Ruf anzuwenden, wenn er mich zu sich rufen will. Das kommt insbesondere dann vor, wenn ich mit ihm ausgehe und mich dabei an Orten aufhalte, an denen er sich nicht recht aus der Luft herunterwagt. Seine Artgenossen ruft er jedoch mit den ererbten Locksignalen seiner Art, die im Fliegen und Sitzen verschieden sind. Seinen Namen gebraucht er nur im Sinne des Sitzlockrufes und wie diesen besonders häufig gleich nach dem Landen. Wenn er mich dann von so einem ihm unangenehmen Platz weghaben will, sagt er im Fliegen entweder gar nichts und sucht mich nur durch wiederholtes Über-mich-Hinfliegen zum »Auffliegen« zu veranlassen, oder er gebraucht den gewöhnlichen kurzen Flugstimmfühlungslaut der Raben. Wenn er dann in einiger Entfernung von der gefürchteten Örtlichkeit gelandet ist, ertönt sofort, statt des Sitzlockrufes, mit Menschenstimme sein Name und zwar in ungemein komisch wirkender, genauer Nachahmung meiner Rufe, zuerst freundlich, dann in fließendem Übergange befehlend und schließlich ärgerlich.

Diese gespotteten Lockrufe sind deswegen interessant, weil sie im ganzen Tierreiche den einzigen Fall darstellen, wo einer nicht arteigenen Lautäußerung eine sprachliche Bedeutung im Sinne der Auslösung einer Handlung bei einem Genossen zukommt. Bei der Beobachtung von solchen angelernten Lockrufen hat man den sehr bestimmten Eindruck, daß der Vogel wirklich eine Gedankenverbindung des Rufes mit dem darauffolgenden Kommen des Gerufenen gebildet hat, und das legt die Frage nahe, wieweit wohl bei einem gewöhnlichen angeborenen Lockruf eine solche Zweckvorstellung besteht. Bühler unterscheidet an den sprachlichen Ausdrucksformen »Äußerung«, »Auslösung« und »Darstellung«. Die meisten ererbten Stimmäußerungen der Vögel, auch diejenigen, die von der

Art als ausgesprochene »Auslöser« ausgebildet sind, würden, in diese Einteilung der menschlichen Sprache eingereiht, nicht in die Kategorie der »Auslösung« fallen, weil der Vogel dabei keinerlei Vorstellung davon hat, daß darauf irgendeine Handlung eines Artgenossen erfolgen soll. Es bringt sie ja auch der jungaufgezogene und alleingehaltene Vogel in ganz gleicher Weise. Daher gehören diese Laute im Bühlerschen System durchweg in die Kategorie »Äußerung«. Nach den oben beschriebenen Erfahrungen mit den *angelernten* Lockrufen könnte aber bei den klügsten Vögeln auch bei den *arteigenen* Lockrufen tatsächlich eine gewisse Vorstellung des Zweckes vorhanden sein, eine erwachende Einsicht in eine arteigene Triebhandlung, wodurch die betreffende Lautäußerung sich auch nach der Bühlerschen Einteilung der menschlichen Sprache einer bewußten Auslösung nähern würde. Man halte sich vor Augen, daß der Lockruf der einfachste denkbare Fall eines stimmlichen Auslösers ist und wie nur bei den allerklügsten Vögeln, und bei diesen nicht einmal sicher nachweisbar, ein Bewußtsein des Zweckes und eine gewisse Veränderlichkeit durch Dazulernen besteht. Die beiden letzteren Dinge scheinen mir stark voneinander abhängig zu sein. Wenn z. B. der erwähnte Rabe gar keine Vorstellung davon hätte, daß auf den gewöhnlichen Lockruf seine Artgenossen angeflogen kommen, hätte er doch kaum darauf verfallen können, *mich* mit dem Laut zu rufen, den er von mir als »Lockruf« hörte; eine andressierte Handlungsweise ist sicher auszuschließen, da sie nur dadurch hätte entstehen können, daß ich auf das Rufen des Vogels wiederholt zu ihm hingekommen wäre, was durchaus nicht der Fall war.

Sowie eine durch die stimmliche Äußerung auszulösende Handlung einigermaßen spezifischer Natur ist, ist sie bei Vögeln wohl immer in vollem Umfange angeboren. Wenn der allein aufgezogene Vogel derartige Laute hören läßt, kann man zunächst natürlich nie sagen, welche Reaktion der Artgenossen damit ausgelöst werden soll. Sehr oft sind diese stimmlichen Auslöser mit ganz bestimmten, optisch wirkenden Bewegungen verbunden, wie wir sie schon früher beschrieben haben.

Außer bei den stimmlichen Triebäußerungen der Vögel ist das Alleinaufziehen, also das Ausschalten des Beispieles von Artgenossen, zum Erkennen der Triebhaftigkeit einer Handlung nur bei recht einfachen Verhaltensweisen wichtig, nicht aber bei komplizierten und hochspezialisierten Handlungsfolgen. Wenn man, um es grob auszudrücken, einen Rohrsänger eine Pflanzenfaser erst in Wasser erweichen und dann um einen Zweig wickeln sieht, so braucht man nicht erst ein heranwachsendes Junges zu isolieren, um zu wissen, daß diese Handlungsweise ererbt ist, da es nie imstande wäre, sie einem älteren Artgenossen abzusehen.

Die wie erwähnt recht einfachen Verhaltensweisen, die wirklich den

Eltern oder älteren Artgenossen genau nachgeahmt werden, also durch »Tradition« bestimmt sind, scheinen bei den Vögeln nur wenige an der Zahl zu sein. Aber gerade unter ihnen sind solche, von denen man eigentlich erwarten sollte, daß sie durch Vererbung festgelegt seien. Außerdem kann hier, wie bei den stimmlichen Betätigungen, die Lebensäußerung der einen Art in ihrer Gesamtheit vererbt sein und die entsprechende selbst einer nahe verwandten Art durch Tradition bestimmt werden.

So zeigt z. B. eine allein aufgezogene Dohle so gut wie keinen angeborenen Fluchttrieb gegen die Menschen und andere große Tiere. Nur auf ganz nahe Entfernungen weicht sie einer Berührung triebmäßig aus. Im Freileben wird nämlich bei jungen Dohlen die Fluchtreaktion nicht durch das sie gefährdende Tier, sondern durch den Anblick der erschreckenden oder fliehenden Eltern ausgelöst. Indessen genügt bei den von ihren Eltern geführten Jungdohlen ein nur wenige Male wiederholtes Mitmachen der Flucht, um sie das von ihren Führern geflohene Objekt fürchten zu machen, ja, ich bin nicht ganz sicher, ob nicht ein einziges Mal vollkommen dazu ausreicht. Da sie also ausschließlich auf das Beispiel der Eltern angewiesen sind, um überhaupt fliehen zu können, wirkt der dieses Beispieles beraubte, von Menschenhand großgezogene Jungvogel dieser Art so ungemein dreist und wird auch so leicht ein Raub der ersten besten Katze. Außerdem erklärt sich daraus auch die Tatsache, daß von zahmen Eltern erbrütete junge Dohlen zahm sind, sehr im Gegensatz zu den meisten Kleinvögeln, wo im Flugkäfig erbrütete Kinder ganz zahmer Eltern sich nicht oder kaum von gleichaltrigen Wildfängen unterscheiden. Ein ähnliches Verhalten finden wir unter den Säugern bei der Hauskatze, bei der auch die Jungen sehr zahmer Mütter bei ihren ersten Begegnungen mit dem Menschen ganz scheu sind und aus der Furchtlosigkeit ihrer Erzeugerin nichts zu entnehmen vermögen. Bei den meisten anderen Rabenvögeln findet man ebenfalls, daß der Trieb zur Flucht vor dem Menschen in einem bestimmten Alter erwacht, ohne daß der Jungvogel böse Erfahrungen gemacht oder die Fluchtreaktion von Artgenossen gesehen hätte. Bei den wenig geselligen Hähern ist es geradezu eine Kunst, diesen erwachenden Fluchttrieb durch eine Mensch-Futter-Gedankenverbindung zu übertönen, und selbst die im allgemeinen leicht geselligkeitszahm werdenden Krähen haben in der ersten Zeit nach dem Verhornen der Kiele des Großgefieders eine kritische Zeit, in der sie, wenn man sich nicht viel mit ihnen abgibt, buchstäblich über Nacht hoffnungslos scheu werden können. Ähnlich wie die Corviden verhalten sich auch die Anatiden im Angeboren- oder Überliefertsein der Fluchtreaktionen von Gruppe zu Gruppe ganz verschieden, indem sich z. B. frischgeschlüpfte Enten schon beim erstmaligen Öffnen des Brutapparates triebmäßig drücken oder zu entkommen suchen, während ebensolche Gänse keinerlei Furcht bekunden (Heinroth). Immerhin hat aber, wegen des langen Führens der Jungen, bei allen Anatiden die Überlieferung durch die alten Vögel einen größeren Einfluß auf die Zahmheit oder Scheuheit der Nachkommen als bei den meisten Nesthockern.

Eine andere, sehr wichtige Gruppe von Verhaltensweisen, die, ähnlich wie die Fluchtreaktionen, bei verschiedenen Vögeln in ganz verschiedener Weise bald mehr von der Überlieferung, bald mehr oder fast ausschließlich von genau festgelegten Erbtrieben beherrscht werden und bei deren Analyse man daher sehr auf das Alleinaufziehen von Jungvögeln und die Ausschaltung des Beispieles älterer Artgenossen angewiesen ist, umfaßt die Erscheinungen des Zuges.

Ganz im allgemeinen sind bei solchen Vögeln, wo Eltern und Junge überhaupt längere Zeit nach dem Flüggewerden letzterer zusammenbleiben, die *Wegdressuren* eines der wenigen Dinge, die die Jungen wirklich von den alten Vögeln lernen. Bei Dohlen werden diese Weggewohnheiten so genau innegehalten, daß man fast von Wechseln sprechen könnte, und ebenso genau werden sie von einer Generation auf die andere vererbt oder vielmehr überliefert. Sehr deutlich wurde dies, als meine Kolonie zahmer Dohlen verunglückt war und ich dem einzig übriggebliebenen Vogel, einem alten Weibchen, Jungvögel beigesellte, um eine neue Dohlensiedlung ins Leben zu rufen. Diese 29 Jungvögel, die dem alten Vogel im Laufe zweier Jahre Stück für Stück einzeln zugesellt wurden, übernahmen seine Weggewohnheiten so genau, daß sie, um ein Beispiel zu nennen, heute noch die Teile des Gartens meiden, wo unser inzwischen verstorbener Kater zu jagen pflegte, den die Jungvögel selbst nie gesehen haben.

Bei dieser großen Rolle, die die Wegtradition bei Vögeln spielt, die nicht Zugvögel genannt werden können und sich außerdem in ihrem Brutgebiet aufhalten, ist es weiter nicht zu verwundern, daß bei manchen am Tage und im Familienverbande reisenden Zugvögeln für die Zugstraßen ähnliche Verhältnisse vorliegen und die Kenntnis des einzuschlagenden Weges nicht angeboren, sondern überliefert ist. So ziehen junge Graugänse, die keinen wegeskundigen Führer haben, in der Regel nicht fort. Triebhaft festgelegt ist bei ihnen anscheinend nur ein allgemeiner Drang, größere Strecken zurückzulegen. Einen vererbten Trieb, eine bestimmte Richtung einzuhalten, haben sie dabei nicht, und die herbstliche Flugunruhe macht sich bei menschenaufgezogenen Stücken nur in ziel- und planlosem Herumstreichen innerhalb eines ziemlich engen Radius geltend. An freilebenden Wildgänsen, die im Herbst die Donau entlang an unserm Hause vorüberziehen, konnte ich wiederholt beobachten, daß nach Nebeltagen von ihrer Schar abgekommene, offenbar junge Stücke wie Standvögel in der Gegend blieben, bis die nächste durchkommende Schar sie mitnahm. Ein solcher Vogel, den ich durch mehrere Tage in der nächsten Umgebung meines Heimatortes beobachten konnte, suchte dauernd Anschluß an die dortigen Hausgänse. Das sichtlich unorientierte Umherkreisen solcher abgekommener Gänse steht in sehr auffallendem Gegensatz zu dem zielsicheren Streichen der von alten Vögeln geführten Wanderscharen. Auffallend ist, daß ein derartiger Jungvogel, der doch schon eine größere Strecke gezogen ist, bei Verlust der Führer so ganz in der Gegend kleben bleibt, wo er sie verloren hat. Ich möchte nicht annehmen, daß die von mir beobachteten Gänse etwa krank gewesen seien, denn die Erscheinung kam immer unmittelbar nach einem Einfall von dichtem Nebel zustande, der eben eine große Gefahr für Gänse zu sein scheint. Auch habe ich dies mindestens drei- oder viermal gesehen, so daß ein Zufall wohl auszuschließen ist.

Der Zug der Kraniche scheint in ähnlicher Weise wie der der Gänse von der Überlieferung beherrscht zu werden. Führerlose Jungstörche scheinen nach mehreren Beobachtungen zwar einen allgemeinen Richtungsdrang nach Süden angeboren zu haben, nicht aber die Kenntnis der von ihrer Art sonst ziemlich genau eingehaltenen Zugstraße.

Es würden sich sicher noch interessante Zwischenstufen zwischen dem rein durch Erbtriebe festgelegten Zug der nächtlich und einzeln ziehenden Vögel und dem ganz von der Überlieferung beherrschten der Kraniche und Gänse auffinden lassen, wenn man mit jungaufgezogenen, freifliegenden und beringten Vögeln verschiedener Arten diesbezügliche Versuche unternehmen würde.

Natürlich handelt es sich bei diesem Ineinandergreifen von Erbtrieb und Tradition auch um nichts anderes als um den Sonderfall einer Trieb-Dressurverschränkung. Das besondere daran ist nur, daß der Dressuranteil der Handlung nicht durch Selbstdressur, sondern durch das Beispiel der Eltern zustande kommt. Aber auch bei anderen derartigen Handlungsfolgen lassen sich, wie schon früher erwähnt, die nicht triebmäßig festliegenden Anteile dadurch aufweisen, daß bei dem jung aufgezogenen Gefangenschaftsvogel das dressierende Moment ausgeschaltet ist und diese Anteile daher nicht in der artgemäßen, zu den übrigen, rein triebhaften Gliedern der Handlungskette passenden Weise von dem Tiere erlernt werden.

Da es aber bei diesem Ausfallen des Dressurgliedes meist zu einem Abreißen der Handlungskette kommt, so gehört zur richtigen Bewertung der Erscheinung eine vorher erworbene Kenntnis des artgemäß vollständigen Ablaufs. Wenn man z. B. bei einem allein aufgezogenen Neuntöter sieht, wie er mit einem im Schnabel gehaltenen Bissen an seinen Sitzstangen und Käfigdrähten entlangwischt, ohne daß man eine Ahnung von dem artgemäßen Vorgang des Beuteaufspießens hätte, würde man nie dahinterkommen, was diese Handlung zu bedeuten hat, wenn der Vogel nicht etwa zufällig an das dressierende Objekt, nämlich einen passenden Dorn, geraten sollte.

Überhaupt müssen wir, so wichtig und aufschlußreich zum Analysieren einer Handlungsreihe die Frage ist, ob und inwieweit der allein aufgezogene Vogel sie ausbildet, bei der Bewertung ihres *Ausbleibens* ganz ungeheuer vorsichtig verfahren. Erstens führt, wie beschrieben, der Ausfall eines an einer Trieb-Dressurverschränkung beteiligten, erworbenen Automatismus, den der Freiheitsvogel im Laufe seiner Entwicklung unfehlbar in der zu den Triebhandlungen des betreffenden Ablaufs passenden Weise erworben hätte, zu einem Abreißen der Kette und damit zum Ausbleiben der noch fehlenden Glieder.

Zweitens kann aber auch irgendeine ganz zufällig erworbene Gewohnheit eine Triebhandlung blockieren, ähnlich wie bei wut-, geselligkeits- und liebeszahmen Vögeln der Fluchttrieb von objektgerichteten Trieben überlagert werden kann. Diese Überlagerung von Trieben durch Erworbenes scheint hauptsächlich bei den allerklügsten Vögeln vorzukommen, während das Übertöntwerden eines Triebes durch einen andern bei allen Vögeln vorkommt.

Im Frühjahr 1931 hatte ich unliebsame Gelegenheit, an einem Kolkrabenweibchen zu beobachten, wie eine erworbene Gewohnheit, die wohl hauptsächlich auf Rechnung der Gefangenschaft zu setzen war, die Auslösung gewisser, zur Paarbildung scheinbar unbedingt notwendiger Kommenthandlungen vollständig verhinderte. Diese Rabenfrau hatte schon in früher Jugend durch bittere Erfahrung gelernt, das viel stärkere Männchen nie näher als auf Schnabelreichweite an sich herankommen zu lassen. Als nun die Vögel, zwei Jahre alt, in Fortpflanzungsstimmung kamen, begann das Männchen seine brüderlichen Roheiten einzustellen und dem Weibchen den Hof zu machen. Wenn er nun in der seiner Art eigenen Balzstellung auf sie zukam, nahm sie zwar die weibliche Begrüßungs- und Bereitschaftsstellung mit Hinducken, Flügel- und Schwanzzittern ein, hüpfte aber dann im letzten Augenblick, bevor er ganz an sie herangekommen war, weg. Darauf marschierte er zuerst ganz geduldig, immerfort in Balzstellung, hinter ihr drein; wenn sich der Vorgang aber einige Male wiederholt hatte, wurde er in der Verfolgung hitziger, gab schließlich die Balzstellung auf, dann folgte meist eine wüste Jagd und, wenn er sie erwischte, eine ebensolche Prügelei, wodurch sich die Ängstlichkeit des Weibchens nur noch vermehrte. Dabei handelte es sich von seiten des Weibchens ausgesprochen um ein andressiertes Nichtheranlassen des Mannes, das heißt, er war so oft in feindlicher Absicht auf sie zugekommen, daß sich ihre darauf antwortende Reaktion zu sehr eingeschliffen hatte, um nicht nun durch *jedes* Anmarschieren des Bewerbers ausgelöst zu werden. Wenn er nicht geradewegs auf sie losmarschierte, hatte sie weiter gar keine Angst vor ihm, setzte sich oft dicht neben ihn und kraute ihn in den Kopffedern, ja baute sogar mit ihm zugleich am Nest. Da aber der Balzkomment der Raben ein solches Losmarschieren des Männchens auf das Weibchen eben erfordert, meine Rabenfrau es aber absolut nicht vertragen konnte, war darin ein unüberwindliches Ehehindernis gegeben. Ich glaube, daß diese besonders eingeschliffene Fluchtreaktion des Weibchens vor dem herankommenden Männchen hauptsächlich dadurch zustande kam, daß die Vögel vor dem Eintreten der Balzstimmung zusammen einen Käfig bewohnten, in dem das Weibchen dem Männchen natürlich öfter auf kleine Distanzen hin ausweichen mußte, als dies in der Freiheit jemals der Fall gewesen wäre. Da untereinander genau bekannte Kolkraben meist auch im Freien eine Beißordnung in dem Sinne aufrechterhalten, daß der Untergebene dem herankommenden Übergeordneten auf Hackabstand ausweicht, so wäre es möglich, daß die Paarbildung überhaupt nur dann vor sich gehen kann, wenn die beiden Raben sich erst dann näher kennenlernen, wenn bereits beide in Fortpflanzungsstimmung sind. Als nämlich später das Weibchen, durch die ständigen Verfolgungen des Männchens vergrämt, für immer wegflog, wandte dieses seine Aufmerksamkeit einem einjährigen Weibchen zu, das in Gesellschaft seiner Nestschwestern einen anderen Flugraum bewohnte. Bis zum Wegfliegen des alten Weibchens hatte ich diese beiden fast dauernd eingesperrt gehalten, um das Paar nicht zu stören, so daß sie mit dem alten Männchen seit mehreren Monaten nicht zusammengekommen waren. Als ich nun die beiden jungen Weibchen, die nach Art vieler spätreifer Vögel trotz ihrer Unreife in diesem Frühjahr schon stark in Fortpflanzungsstimmung waren, zu dem Rabenmann ins Freie ließ, ging eine, und zwar die übergeordnete von ihnen, bald ohne jedes Mißtrauen auf die Balzbewegungen des Männchens ein, ließ es ohne weiteres ganz nahe an sich herankommen. Dann kam es auch zur Weiterführung eines sehr interessanten Balzkomments, den ich zwischen dem Männchen und dem ersten Weibchen nie gesehen hatte, auf den ich aber nicht näher einzugehen brauche.

Es wurde schon am Fluchttriebe erörtert, wie ein Trieb durch einen anderen überlagert werden kann, und ich möchte hier nur noch der Erscheinung Erwähnung tun, daß bei wutzahmen Vögeln meist nicht nur der Fluchttrieb, sondern so ziemlich alle auf ein lebendes Objekt gerichteten Triebe, also auch die des geselligen Lebens und der Fortpfanzung, in diesem hypertrophierten Angriffstrieb untergehen. Bei solchen wutzahmen Käfigvögeln, die meist Gruppen entstammen, die einen besonders ausgeprägten Trieb zur Gebietsabgrenzung besitzen und die meist einzeln gehaltene alte Männchen sind, ist es so gut wie unmöglich, ihnen ein artgleiches Tier, gleichgültig welchen Geschlechtes, beizugesellen. Bei älteren, längere Zeit hindurch einzeln gehaltenen Kanarienhähnen findet man besonders häufig eine so hochgradige Wutzahmheit, daß sie alle andern auf ein lebendes Objekt gerichteten Triebe verschlingt und es den Vögeln unmöglich macht, auf irgendeinen von einem Lebewesen ausgehenden Reiz anders als mit einer Angriffsreaktion zu antworten. Diese Tiere machen mit dem dauernden »Zit-Zit-Zit«, das ihren Angriffston darstellt, einen geradezu irrsinnigen Eindruck.

In allen diesen Fällen handelt es sich eigentlich nicht um ein Ausfallen von Trieben im Sinne der Zieglerschen Instinktdefinition, denn ihre histologischen Grundlagen, die »kleronomen Bahnen« Zieglers, mögen wohl vollständig ausgebildet sein. Es unterbleibt nur die Auslösung der Handlung, sei es dadurch, daß sie von einem andern Trieb, der in der Gefangenschaft eine abnorme Ausbildung erfahren hat, oder durch eine unter den unnatürlichen Verhältnissen der Gefangenschaft entstandene Gewohnheit unterdrückt wird, sei es, daß in einer Trieb-Dressurverschränkung diejenigen arteigenen Handlungen, die auf den erworbenen Teil der Handlungskette folgen sollen, bei dem Gefangenschaftstier ebenso fehlen wie dieser zu erwerbende Teil, weil bei einer solchen Handlungskette wie bei einer reinen Reflexverkettung der adäquate Reiz für die Auslösung einer Teilhandlung meist nur die Ausführung der in der Kette vorangehenden sein kann.

Da sicher die Zahl und Bedeutung der in die triebhaften Verhaltensweisen der Vögel eingeschalteten, individuell erworbenen Handlungen mit der allgemeinen geistigen Entwicklungshöhe zunimmt, müssen wir bei der Bewertung des Ausbleibens von Triebhandlungen gerade bei den klügsten Vögeln am vorsichtigsten verfahren.

Ich habe die Vorstellung, daß diese Form des Ausfallens von Triebhandlungen auch den Grund darstellt, daß gerade die großen Raben und Papageien, die sich doch in Gefangenschaft ausgezeichnet halten und auch richtig in Brunst treten, die langen Handlungsketten der Fortpflanzung und Brutpflege so selten richtig zu Ende führen, während kleinere, dümmere Arten – ich kann mich des Eindrucks nicht erwehren, daß von sich nahestehenden Tierformen fast immer die größeren die klügeren sind – sich ohne weiteres mit Erfolg fortpflanzen.

Es gibt aber noch eine zweite Form des Ausfallens von Triebhandlungen, bei der nicht wie bei allen bisher geschilderten Fällen nur die Auslösung der Handlungen unterdrückt wird, sondern bei der scheinbar der Ausfall unmittelbar auf mangelhafter Ausbildung der den betreffenden Trieben zugrundeliegenden Bahnen beruht. Diese Form des Ausfalls ist bei gefangenen Vögeln ungemein häufig, viel häufiger als ein wirklich artgemäßes Vorhandensein sämtlicher Erbtriebe, und ist immer an eine konstitutionelle Minderwertigkeit des Vogels gebunden, also unbedingt als pathologische Erscheinung zu werten, während jene nur ein besonderes Reagieren eines an sich durchaus normalen Tieres auf solche Reize darstellt, wie sie ihm im Freileben nie entgegentreten.

Bei Vögeln scheinen alle Vorgänge im Zentralnervensystem in weit höherem Maße von dem jeweiligen Gesundheitszustande abhängig zu sein, als wir es von Säugetieren und von uns selbst her gewohnt sind. Eine Dohle versagt bei einer ganz leichten Erkrankung vor der zum Schlafplatz führenden, höchst einfachen Gitterumwegaufgabe, die sie seit Monaten jeden Abend gelöst hat, während bei Säugern derartig altgewohnte Dressurhandlungen auch durch schwere Erkrankungen nicht in ihrer Ausführung gehindert zu werden pflegen, man denke an die todkranken Schlittenhunde, die ihren Platz im Gespann um keinen Preis aufgeben wollen, und an manche ähnlichen Beobachtungen an Pferden.

Mir fehlen Beobachtungen über das Ausbleiben von echten Verstandeshandlungen bei erkrankten Vögeln, die vorher vollwertig gewesen waren. Dauernd kümmernde Vögel bleiben in den Intelligenzleistungen hinter vollkräftigen Artgenossen ganz erheblich zurück, was ja beim Menschen ganz und gar nicht und bei höheren Säugern viel weniger der Fall ist. Aber auch innerhalb der Klasse der Vögel ist der geistige Unterschied zwischen Kümmerer und Volltier *bei den geistig am höchsten stehenden Arten weitaus am geringsten.*

Merkwürdigerweise sind nun auch die ererbten Triebhandlungen ebenso bei klügeren Vögeln weniger vom Allgemeinbefinden abhängig als bei primitiveren Arten. Nur sind sie bei allen Vögeln eben weit mehr vom Körperzustand abhängig als die variablen Handlungen. Es genügt schon die geringste angeborene oder irgendwann im individuellen Leben erworbene körperliche Minderwertigkeit, um ganz gewaltige Störungen in der Abwicklung der Triebhandlungen hervorzurufen. Diese Störungen bestehen immer im Wegbleiben von Teilen derselben, niemals aber etwa im Auftreten von neuen Formen, also immer in einem Weniger, nie in einem Anders. Dieses Ausfallen von Triebhandlungen ist ein vollständig reversibler Prozeß, denn es können ebensowohl kränklich gewesene Vögel, die gesund werden, bisher fehlende Triebhandlungen sehr plötzlich bekommen, als auch vorher gesund gewesene Tiere im Falle des Kränklichwerdens Handlungsweisen verlieren, die sie schon hundertmal richtig ausgeführt haben.

Es scheint nun, daß bei jeder einzelnen Art eine ganz bestimmte Reihenfolge besteht, in der die Triebe zu gewissen Handlungen bei Sinken des Allgemeinzustandes ausfallen. Die einzigen Vögel, von denen ich genügend viel gleichartige hielt, um mir über diese Dinge ein Urteil zu bilden, sind Dohlen; aber aller Wahrscheinlichkeit nach verhalten sich die meisten Vögel prinzipiell ähnlich. So fällt bei Dohlen die Triebhandlung zum Erweichen harter Nahrungsbrocken im Wasser ganz ungemein leicht aus und zwar schon bei Vögeln, die man zunächst gar nicht als minderwertig bezeichnen würde. Erst wenn man dann solche Dohlen betrachtet, die den Ablauf fehlerlos durchführen, kommt einem zum Bewußtsein, daß auch ein körperlicher Unterschied besteht. Ich sah diese Handlungsweise, ebenso wie das ererbte Verfahren zum Tragen von Vogeleiern, in seiner vollen Ausbildung überhaupt nur bei ganz alten, prächtig gesunden Dohlen. Viel schwerer entfällt die arteigene Reaktion zur Verteidigung eines von einem Raubtier oder vom Menschen ergriffenen Kameraden, ich konnte sie jedenfalls noch bei ausgesprochen kümmernden Dohlen auslösen. Immerhin besaß ich einmal drei recht schwächliche, von Privaten angekaufte Dohlen, bei denen diese Verteidigungsreaktion vollkommen ausgefallen war. Wichtig scheint es, in diesem Zusammenhange zu erwähnen, daß alle drei Vögel die in Rede stehende Triebhandlung vollständig richtig brachten, als sie die erste Großgefiedermauser hinter sich hatten. Dieser Federwechsel geht bei Rabenvögeln mit einem ganz auffallenden Aufschwung des Allgemeinbefindens einher, der sich objektiv sehr eindrucksvoll in der Sterbestatistik zeigt: Bei mir ist überhaupt nie ein Rabenvogel nach vollendeter erster Großgefiedermauser anders als durch Unfall ums Leben gekommen, während vorher insbesondere die Dohlen für ansteckende Krankheiten recht anfällig sind. Sehr schwer verliert sich bei den Dohlen die Triebhandlung zum Verstecken der Nahrung. Selbst sterbenskranke Vögel, bei denen sogar die Triebhandlungen des Gefiederputzens verschwunden sind, zeigen noch Andeutungen davon.

Ich habe die Vorstellung, daß sich bei einer entsprechenden Versuchsanordnung in diesem Ausfalle der Erbtriebe bei Störungen der allgemeinen Gesundheit eine weit höhergradige Gesetzmäßigkeit nachweisen ließe, als sie aus meinen Zufallsbeobachtungen zu entnehmen war.

Bei geistig auf sehr hoher Stufe stehenden Vögeln ist der Zusammenhang zwischen Körperzustand und Triebhandlung weit loser. Jedenfalls sah ich bei Raben und Krähen ausgesprochene Kümmerer gewisse Corviden-Triebhandlungen, wie das Nahrungseinweichen, ganz richtig ausführen, die bei ähnlich ungesunden Dohlen schon längst ausgefallen wären. Ich verlieh in dem erwähnten Aufsatz über Dohlen der Ansicht Ausdruck, daß gerade die am höchsten spezialisierten Triebhandlungen sowie diejenigen, die vielleicht erst jüngere Erwerbungen der Art sind, besonders leicht Störungen erleiden. Daß davon die feinen und verwickelten Triebverkettungen der Fortpflanzung besonders stark betroffen werden, liegt eigentlich auf der Hand, ebenso, daß darin der Grund zu suchen ist, daß so wenige von den Vögeln, die in unserem Gewahrsam zur Fortpflanzung zu schreiten *beginnen*, es wirklich zu flüggen Jungen bringen.

Obwohl also in nicht ganz vollwertigen Stücken die geistig primitiveren Vogelarten stärkere Störungen in ihren Triebhandlungen zeigen als klügere Vögel, so dürfen wir andererseits, *wenn* wir körperlich wirklich tadellose Exemplare vor uns haben, mit viel größerer Sicherheit auf ein vollständiges Abwickeln aller Triebhandlungen rechnen. Bei ihnen ist eben die Wahrscheinlichkeit viel geringer, daß eine Handlungskette dadurch abreißt, daß in ihr etwas Erworbenes fehlt, oder daß, wie bei meinem Rabenweibchen, irgendeine individuell erworbene Gewohnheit als Störung dazwischentritt. Da dies ganz besonders für die langen Handlungsketten der Fortpflanzung gilt, können wir auch da mit viel größerer Sicherheit darauf rechnen, daß Auslösung und Ausgelöstes in einer wohlgeordneten Reihe von Kettenreflexen ineinandergreifen wie die Zahnräder eines gut geölten Uhrwerkes. Der erfahrene Pfleger merkt sehr bald, wann die Reaktionen in der richtigen Weise in Gang gekommen sind und wann nicht. Die Gründe dafür, warum die Sache nicht funktioniert, sind aber dann eben gar nicht leicht zu analysieren.

Auf die Gefahr hin, sehr viel Selbstverständliches zu bringen, mußte ich auf diese Dinge näher eingehen, um darzutun, wieweit wir aus dem Nichtvorhandensein einer Handlungsweise bei einem Gefangenschaftsvogel Schlüsse zu ziehen berechtigt sind.

Die zweite Forderung, die eine Verhaltensweise erfüllen muß, damit wir sie als Triebhandlung auffassen dürfen, ist die, daß sich alle Einzeltiere der Art darin gleichen müssen. Dieses Merkmal der Triebhandlung braucht man zu ihrem Erkennen bei Vögeln verhältnismäßig selten. Auch wenn man zu seinen Beobachtungen nur ein Exemplar zur Verfügung hat, ist man selten im Zweifel, ob man eine Handlung für eine Triebhandlung halten soll oder nicht, denn dafür hat man noch andere Kriterien, die den einigermaßen in der Beobachtung Geübten meist seiner Sache ganz sicher machen, lange bevor er Gelegenheit gehabt hat, seine Schlüsse durch Beobachtung anderer, gleichartiger Vögel zu bestätigen. Immerhin ist eine solche Kontrolle durch Beobachtung möglichst vieler artgleicher Tiere im Interesse der wissenschaftlichen Sicherheit im höchsten Grade wünschenswert. Wirklich angewiesen ist man aber auf die Beantwortung der Frage, ob sich alle Artgenossen in einer Verhaltensweise gleich verhalten, bei der Beurteilung einer Handlungsweise bei gewissen, sehr klugen Vögeln und bei vielen Säugern, einschließlich des Menschen. Dort lassen uns nämlich, wie ich noch zeigen werde, viele andere Merkmale der Triebhandlungen im Stich, und auch die Probe des Alleinaufziehens ist oft nicht durchführbar.

Unter den von mir auf ihre Triebhandlungen hin näher beobachteten Vögeln war ein großer Gelbhaubenkakadu der einzige, bei dem sich mir immer wieder die Frage aufdrängte, wie sich wohl in dieser oder jener Situation andere große Gelbhaubenkakadus verhalten würden. Und gerade bei diesen Vögeln ist es ganz unmöglich, in einer einigermaßen dicht besiedelten Gegend eine größere Anzahl von ihnen freifliegend zu halten. Schon ein einziger stellt mit seiner unersättlichen Zerstörungswut harte Anforderungen an Geduld und Geldbeutel seines Besitzers. Leider ist aber bei den großen Papageien das Freifliegenlassen unumgänglich nötig, wenn man einen Einblick in ihre artgemäßen Verhaltensweisen bekommen will. Wenn man angekaufte Käfigpapageien in noch so große Flugkäfige setzt, behalten sie einen großen Teil jener geistigen Gefangenschaftserscheinungen, die ich unter dem Titel »Käfigverblödung« zusammenzufassen pflege. Vor allem behalten sie immer etwas von der im engen Käfig erworbenen psychischen Hemmung abzufliegen und bewegen sich dauernd mehr vermittels Klettern und weniger fliegend, das heißt, sie vollziehen solche Ortsveränderungen, die der ungehemmte Vogel fliegend vornehmen würde, solange es irgend möglich ist, kletternd. Das alles gibt aber dem allgemeinen Verhalten des Vogels ein so ganz anderes Gepräge und führt zu einer falschen Vorstellung von dem der Art im Freileben eigenen Bewegungsdrang und -tempo. Wenn man aber einen solchen Vogel in längerer Freiflughaltung, und hierzu sind Monate nötig, alle geistigen Käfighemmungen ablegen läßt und ihn dann einsperrt, so ist er auch mit dem größten Flugkäfig nicht zufrieden und setzt alles daran, sich einen Ausweg zu bahnen, oder aber er sitzt, wenn er die Aussichtslosigkeit dieser Bemühungen eingesehen hat, viel langweiliger da als ein aus einem noch so kleinen Käfig kommender Vogel, mit einem Worte, sein Verhalten dem Käfig gegenüber unterscheidet sich von dem eines Frischfanges nur durch das Fehlen der durch Scheuheit bedingten gelegentlichen Tobereien. Aus allen diesen Gründen lernt man die großen Papageien nur dann einigermaßen kennen, wenn man sie freifliegend halten kann, und zwar müßte man viele haben. Aber schon einer bringt seinen Besitzer in kurzer Zeit in Armut oder vor Gericht.

Obwohl ich den erwähnten Kakadu, einen äußerst zahmen, gesundheitlich vollwertigen, höchst temperamentvollen und beweglichen Vogel, jahrelang freifliegend gehalten habe, weiß ich von dem angeborenen Aktionssystem seiner Art, soweit es sich nicht auf leicht kenntliche Kommenthandlungen bezieht, so gut wie nichts. Wegen der Mannigfaltigkeit seiner Bewegungsweisen, der mannigfaltigen Gebrauchsmöglichkeiten des Schnabels und der entsprechenden geistigen Vielseitigkeit sahen eigentlich alle Tätigkeiten des Vogels wie echte Verstandeshandlungen aus. Dazu kommt noch, daß scheinbar die Selbstdressur, das »Auswendiglernen«, das bei andern Vögeln eine so große Rolle spielt, auf sein Verhalten kaum einen Einfluß zu haben schien. Wenn er einer Aufgabe überhaupt gewachsen war, so ging die Lösung nach öfterer Wiederholung auch nicht glatter als das erste Mal; wenn ich ihm etwas andressieren wollte, so bildete er die angestrebte Gedankenverbindung entweder nach einigen wenigen Lektionen ruckartig oder gar nicht. Das Dressurhafte an den so gebildeten Assoziationen war dann eigentlich nur die Zähigkeit, mit der er an ihnen festhielt, und der Umstand, daß er sie schwerer rückgängig machen konnte, als er sie gebildet hatte.

Da auf diese Weise alle Tätigkeiten des Vogels täuschend wie Verstandeshandlungen aussahen, auch dann, wenn sie mit ziemlicher Sicherheit als Dressurhandlungen aufzufassen waren, lag die Vermutung nahe, daß es sich mit den Triebhandlungen ebenso verhielt, und man wußte bei der Beobachtung einer Handlungsweise nie, woran man war. Um aus vielen nur ein Beispiel herauszugreifen. Bei der Kirschen- oder überhaupt Obsternte ging der Kakadu immer in ganz bestimmter Weise vor. Er kletterte so weit, als es sein Gewicht bequem zuließ, in die dünnen Zweige des Baumes hinaus und biß dort einen fruchttragenden Zweig ab, und zwar sehr zweckmäßig immer den am reichsten beladenen zuerst. Dann holte er den Zweig Hand über Hand, oder besser gesagt Schnabel über Fuß, ein und kam so zu den anders für ihn schwer erreichbaren Früchten. Als selbständige Lösung des gestellten Problems wäre das nun eine ganz ungeheuere Leistung. Man vergegenwärtige sich, wieviel dazu gehört, den Zusammenhang des Astes mit den Kirschen optisch zu erfassen und überhaupt darauf zu verfallen, die Kirschen an dem Ast an sich heranziehen zu wollen, eine Aufgabe, wie sie nach Köhler selbst einem Schimpansen immerhin einige Schwierigkeiten bereitet. Aber dazu dann noch den hindernden Zusammenhang des Astes mit dem Baume zu erkennen, den Ast vom Baume »loszusehen«, um dann diesen Zusammenhang zweckentsprechend zu beseitigen, dazu gehört eine Denkfähigkeit, die man keinem Vogel zutrauen möchte. Wenn ich nun in der Heimat der Kakadus eine größere Anzahl dieser Vögel alle stereotyp in der beschriebenen Weise Früchte ernten sähe, so würde ich erleichtert aufatmen und »also doch« sagen. So aber habe ich, wenn ich sonstige, oft sehr beträchtliche und sicher als solche zu erkennende Intelligenzleistungen des Vogels zum Vergleiche heranziehe, nicht das Recht, ihm die Fähigkeit zu dieser Leistung abzusprechen. Es ist sehr bemerkenswert, daß man bei der tierseelenkundlichen Beurteilung der großen Papageien immer wieder auf ganz ähnliche Schwierigkeiten stößt, wie man sie sonst nur bei hohen Säugetieren zu begegnen gewohnt ist.

Bei diesen hochstehenden Tieren läßt uns nämlich ein bei den meisten andern Vögeln und bei allen niederen Tieren sehr verläßliches Merkmal der Erbtriebe im Stich, das ich nun als nächstes besprechen möchte.

Wenn wir an einem Tiere eine Handlungsweise beobachten, deren biologischer Zweck auch für uns ohne weiteres klar ist, kann man sehr häufig die Triebbedingtheit dieser Handlung aus dem Mißverhältnis entnehmen, in dem das Denkvermögen des Tieres, wie wir es sonst an ihm beobachten, zu demjenigen steht, das zur einsichtigen Vollendung des Vorganges notwendig wäre. Schon Cuvier hat auf das Bestehen eines solchen Mißverhältnisses hingewiesen. Wenn ein Webervogel beim Beginne des Nestbaues eine Pflanzenfaser in einen Knoten schlingt, der so kompliziert ist, daß ein Schimpanse einen entsprechenden nicht einmal aufzulösen, geschweige denn zu erfinden vermag, dann ist der Triebcharakter sofort klar. Ebenso, wenn eine Dohle beim Tragen eines Eies die Aufgabe löst, eine Flüssigkeit dadurch in einem Gefäß zu erhalten, daß dessen Öffnung immer nach oben steht. Bei niederen Tieren ist dieses Mißverhältnis natürlich noch viel auffallender. Ein Einsiedlerkrebs müßte doch, um die so reizend intelligent aussehenden Handlungen seines Umzuges von einem Schneckenhaus in ein anderes mit Einsicht zu vollziehen, mindestens so klug wie ein besserer Affe sein.

Daß dieses Merkmal uns zum Erkennen der Triebhandlungen von sehr klugen Vögeln gar nichts hilft, haben wir schon an den Erfahrungen mit dem erwähnten Kakadu gesehen, auch wurde angedeutet, daß dies bei Säugetieren noch mehr der Fall ist. So weiß ich zum Beispiel von einer mir seit Jahren bekannten Handlungsweise von Hunden nicht, ob sie eine Trieb- oder eine Verstandeshandlung darstellt. Diese Handlung bezieht sich, sonderbarerweise, wie die eben erwähnte der Dohlen, auf die Verwertung gestohlener Eier. Der Hund nimmt das Ei ungemein vorsichtig sehr tief ins Maul, so daß es offenbar auf der Zunge ruht und nicht stark gegen die Zähne gedrückt wird, und trägt es so, ohne es zu zerbrechen, an eine Stelle, wo der Boden aus glattem Stein besteht, so daß ihm, wenn er dort das Ei zerbeißt, nichts von dem Inhalt verloren gehen kann. Der Gedanke, sich zum Zerbeißen des Eies einen ableckbaren Untergrund zu suchen, wäre einem klugen Hunde schon zuzutrauen, nur der Umstand, daß sich viele Hunde darin gleich verhalten, macht die Annahme eines Erbtriebes zu dieser Handlungsweise wahrscheinlich. Daß nicht alle Hunde die Handlung bringen, beweist bei der starken Domestikation des Haushundes nichts.

Ein viertes Merkmal der durch Erbtriebe bedingten Handlungen besteht darin, daß Handlungsreihen in unvollständiger Weise abgewickelt werden, so daß ihr Zweck nicht erreicht wird und der vollständige Mangel von Zweckvorstellungen von seiten des Tieres zutage tritt. Die sich daraus ergebenden Fehlleistungen sind bei der praktischen Beobachtung von Vogeltriebhandlungen sehr oft das für die Beurteilung bestimmende Merkmal.

Solche Unvollständigkeiten treten einerseits bei der Entwicklung triebhafter Handlungsketten sowohl beim Jungvogel auf als auch bei dem alljährlichen Wiedererwachen von Saisontrieben bei älteren Vögeln, nur in weniger ausgesprochenem Grade, andererseits bleiben sie als dauernde Unvollkommenheiten der Handlungsketten erwachsener Gefangenschaftsvögel zeitlebens bestehen.

Wir haben schon gesehen, daß auf bestimmte Objekte gerichtete Triebhandlungen, bei denen die Kenntnis des Objektes nicht mitvererbt wird, zunächst ohne dieses ausgeführt werden. Aber auch bei solchen Tieren, bei denen die Kenntnis des Objektes einer objektgerichteten Triebhandlung in vollem Umfange angeboren ist, das heißt, bei denen diese Handlung ohne vorherige Erfahrung beim erstmaligen Erblicken des Objektes sofort ausgelöst wird, wie zum Beispiel das Beuteschlagen bei jungen Raubvögeln, tritt die Handlung oft objektlos, ich pflege zu sagen, »auf Leerlauf«, oder an einem Ersatzobjekt auf. Bei geistig hochstehenden Vögeln und bei vielen Säugern mag aber eine Zweckmäßigkeit darin bestehen, daß die betreffenden Abläufe durch wiederholte Bahnung sozusagen eingeschliffen werden und dann bei der ersten Anwendung im Ernstfall sicherer gelingen. Diese »Vorahmung« (Groos) pflegen wir meist als Spiel der jungen Tiere zu bezeichnen, müssen aber eingedenk bleiben, daß die meisten Spiele menschlicher Kinder als bewußte Handlungen vollständig anderer Natur sind. Nur das Puppenspielen kleiner Mädchen halte ich für eine echte Vorahmung, ebenso das spielerische Herumhantieren mit allen möglichen Gegenständen, wie wir es bei kleinen Kindern sehen. Dasselbe Herumhantieren haben in ihrer Kindheit sehr viele Affen, ohne daß sich später daraus eine größere Geschicklichkeit der Hände entwickelt, im Gegenteil, dieses »Interesse für Mechanik« verliert sich mit zunehmendem Alter mehr und mehr, und keine Fähigkeit des erwachsenen Tieres entspricht dem Spiele des jungen. Oft hat man geradezu den Eindruck, als wären da Fähigkeiten verlorengegangen, die nur mehr schattenhaft im Spiele des Jungtieres auftauchen.

Bei jungen Vögeln kann man aber fast immer aus der Vorahmung erkennen, wozu die Handlung im Ernstfalle gut sein soll. Fast alle räuberisch lebenden Tiere entwickeln die sich auf eine Beute beziehenden Triebhandlungen an einem Ersatzobjekt. Im Spiele der jungen Katze mit dem

Wollknäuel sehen wir das typische Beispiel dafür. Meine jungen Turmfalken »schlugen« passende, vor allem weiche Gegenstände schon lange, bevor sie fliegen konnten. Besonders oft verfolgten sie den Rand eines dikken Teppichs, ganz als ob es eine an diesem entlang laufende Maus wäre. Interessant ist, daß dieses lineare Gebilde bei ihnen, ganz wie bei uns, die Vorstellung einer Bewegung wachrief, sprechen doch auch wir vom »Verlauf« einer Linie. Die Falken liefen diesem Verlauf nach, wie um ihn zu fangen. Ein sehr zahmer Mäusebussard tat später ganz genau dasselbe.

Bei diesen dem Beuteerwerb dienenden Triebhandlungen von Raubvögeln hat man eigentlich nicht den Eindruck, daß die objektlose Vorübung wirklich eine biologische Bedeutung hat. Dafür spricht auch die Beobachtung Heinroths an einem jungen Habicht, der beim ersten Versuch, Beute zu machen, einen Fasan im Fluge griff, und das noch dazu im Zimmer, also unter erschwerenden Umständen. Ein ähnlich plötzlich vollkommenes Erwachen des Schlagtriebes scheint bei den Eulen vorzukommen. Von ihnen kenne ich aus eigener Erfahrung nur den Waldkauz näher. Von den in verschiedenen Jahren immer einzeln aufgezogenen Vögeln dieser Art sah ich ein spielerisches Vorahmen des Schlagens nie. Trotzdem tötete und fraß einer, knapp nachdem er ausgeflogen war, eine erwachsene junge Nebelkrähe, also ein verhältnismäßig sehr großes und wehrhaftes Beutetier.

Dieses sofort vollständige Auftreten einer Handlungskette ist immer ein Zeichen dafür, daß keine durch Eigendressur variablen Anteile mitspielen. Das Vorhandensein erworbener Glieder in im übrigen ererbten Handlungsketten macht sich dementsprechend in einem zunächst unvollständigen und daher den Zweck nicht erreichenden Ablauf dieser Ketten bemerkbar. In diesem Falle ist auch die biologische Notwendigkeit der Vorahmung offensichtlich und trägt viel deutlicher den Charakter des Spieles. Da dies natürlich bei den klügsten Vögeln am stärksten ausgeprägt ist, haben wir darin eines der wenigen Merkmale vor uns, an dem die Triebhandlungen geistig höher stehender Vögel deutlicher zu erkennen sind als die primitiverer. Aus diesem Grunde wäre auch sicher das Verhalten eines Jungvogels einer der großen Papageienarten sehr lehrreich.

Beim Kolkraben tragen sehr viele sich objektlos oder am Ersatzobjekt entwickelnde Handlungsketten das Wesen des Spielerischen ebenso ausgesprochen wie diejenigen von Säugern, insbesondere von jungen Raubtieren. Daß der Trieb zum Verstecken von Nahrung anfänglich rein spielerisch an allen möglichen Objekten geübt wird, wurde schon angedeutet. Eine andere im Spiele zuerst erscheinende Handlungsweise des Kolkraben möchte ich deshalb noch anführen, weil sie bei den Raubtieren eine interessante Parallele hat. Man sieht schon die eben erst flüggen Raben beim

Spielen mit größeren Gegenständen eine ganz auffallende Bewegung ausführen: Sie treten einen Schritt von dem betreffenden Ding zurück, ganz als fürchteten sie sich etwas davor – tatsächlich sah ich die Handlung meistens mit Dingen ausgeführt, vor denen die Vögel wirklich etwas Angst hatten – und greifen dann blitzrasch mit einem Fuß danach, *ohne* mit dem Schnabel hinzulangen, im Gegenteil, der Vogel hat dabei den Kopf soweit wie irgend möglich zwischen die Schultern gezogen, als wollte er sein Gesicht möglichst weit von dem gefaßten Gegenstand fernhalten. Oft wagen sie nicht einmal mit dem Fuß ernstlich zuzupacken, und dann erinnert ihr Verhalten zwingend an das, welches Raubtiere einem wehrhaften und nicht flüchtenden oder nicht fluchtfähigen Beutetier gegenüber zur Schau tragen, wie wir es vom Spiele junger Hunde und Katzen kennen. Besonders beim bekannten Schauspiel des jungen Hundes mit der Wespe sehen wir das Zurückziehen des Kopfes zugleich mit dem Hinlangen der Pfote in fast genau derselben Weise wie beim Raben.

Dieses Verhalten meiner Kolkraben sah ich zum ersten Male, als sie mir auf einen Tennisplatz nachkamen und die Tennisbälle, die sie offenbar einerseits durch ihr Herumrollen reizten, andererseits ihnen als gänzlich neue Dinge schrecklich waren, in der beschriebenen Weise behandelten. Ich vermutete darin sofort die »Triebhandlung zur Überwindung wehrfähiger Beutetiere«, was sich später als vollkommen richtig herausstellte.

Als die Raben diese Handlung etwas später vollständiger brachten, sah ich oft, daß sie, nachdem sie das Holzstück, den Lappen oder mit was sie sonst spielten, mit einem Fuße ergriffen hatten, auch rasch noch den zweiten hineinschlugen, wobei sie dann natürlich glatt auf die Seite oder gar auf den Rücken fielen, aber niemals losließen. Sie streckten nur beide Fersengelenke so weit wie möglich durch, wie um sich das geschlagene Tier so weit wie irgend möglich vom Leibe zu halten. Den Kopf hielten sie dauernd ganz zwischen die Schultern gezogen. In dieser Stellung verharrten sie dann längere Zeit vollständig bewegungslos. Dieses Stillesein nach dem Ergreifen der Beute sieht man ebenso an sehr vielen räuberischen Tieren, am meisten an solchen, die über gute Faßvorrichtungen verfügen, vom Hecht sowie von der Ringelnatter oder irgendeinem Raubvogel. Es hat wohl den Zweck, die Beute sich erst abzappeln zu lassen, um dann, wenn in den Befreiungsversuchen eine Erschöpfungspause eingetreten ist, den Griff gegen einen sichereren zu vertauschen oder gleich dem Opfer den Garaus zu machen.

Unter den Raubvögeln kenne ich vom Habicht das beidfüßige Zupacken mit dem wie absichtlich aussehenden Umfallen in ganz gleicher Weise. Bei ihm sah ich es aber immer nur im Ernstfalle, wenn er ein größeres Tier oder ein besonders großes Stück Herz bekam. Es wirkt aber dann so selbstverständlich, daß man meint, jeder körperlich so beschaffene Vogel müßte auf diese Methode der Bewältigung einer Beute von selbst verfallen, und es brauchte ihm nicht erst der ganze Handlungsablauf in toto angeboren zu sein. Nach den Beobachtungen an den Raben wird es sich aber doch wahrscheinlich auch bei Raubvögeln so verhalten.

Es gibt aber Handlungsabläufe, bei denen ein Glied noch viel selbstverständlicher aus dem anderen hervorgeht als bei den eben beschriebenen und bei denen kein Mensch auf den Gedanken kommen würde, daß der Ablauf dem Tier bereits als Ganzes angeboren sei, bis man einmal einen Vogel die Handlung objektlos ausführen sieht. So hatte ich einen jung aufgezogenen Star, der, obwohl er nie in seinem Leben im Fluge eine Fliege gefangen hatte, doch das ganze dazugehörige Verhalten ausführte, aber *ohne Fliege*, auf Leerlauf. Der Star benahm sich dabei wie folgt: Er flog auf einen erhöhten Punkt, der ihm als Warte diente, meist auf den Kopf einer Bronzestatue in unserem Speisezimmer. Dort saß er und blickte ununterbrochen in die Höhe, als suchte er den Himmel nach fliegenden Insekten ab. Plötzlich zeigte dann sein ganzes Benehmen, daß er scheinbar ein solches entdeckt hatte. Er wurde lang und dünn, zielte in die Höhe, flog ab, schnappte nach etwas, kam auf seine Warte zurück, schlug die imaginäre Beute wiederholt gegen seinen Sitz und vollführte dann Schluckbewegungen. Der ganze Vorgang war so überraschend wahrheitsgetreu, vor allem sein Benehmen, bevor er abflog, war so überzeugend, daß ich immer wieder nachsah, ob nicht doch kleine fliegende Insekten vorhanden wären, die ich bisher übersehen hätte. Es waren aber wirklich keine da. Es liegt einem bei der Beobachtung eines solchen Verhaltens die Frage nahe, welche subjektiven Erscheinungen für das Tier damit verbunden seien, so sehr erinnert es an dasjenige gewisser halluzinierender menschlicher Psychopathen.

Aber nicht nur das *anfängliche* unvollständige Auftreten einer Handlungsweise, sei es beim Erwachen des sie bedingenden Triebes bei einem Jungvogel, sei es bei einem alljährlich neu erwachenden Trieb eines alten Vogels, ergibt ein Kennzeichen dafür, daß sie durch Erbtriebe bestimmt ist. Auch die schon früher beschriebenen *Ausfälle* von Trieben bei Gefangenschaftsvögeln bedingen dauernde Unvollständigkeiten, durch welche die Handlungsweise des Vogels so sinnlos wird, daß das Fehlen von Zweckvorstellungen und damit die Triebhaftigkeit der Handlungsweise offenbar wird. Besonders deutlich ist das, wenn wir den Zweck einer Handlung kennen und sehen, daß der Vogel keine Ahnung davon hat.

Die, wie schon erwähnt, besonders leicht zum Ausfall neigenden verwickelten Handlungen des Fortpflanzungsgeschäftes sehen wir in unseren zoologischen Gärten ja weit öfter in dieser Weise verstümmelt als in einer wirklich zum Ziele führenden geschlossenen Kette. Es wäre müßig, hier alle Vögel aufzählen zu wollen, bei denen ein solches Abreißen schon begonnener Abläufe, wie zum Beispiel eines begonnenen Nestbaues, beobachtet wurde. Wie wenige von all den Vögeln, die im Frühjahr in den Flugkäfigen der Gärten mit Niststoffen im Schnabel umherziehen, vollenden wirklich eine Brut! Allerdings muß man sich vor Augen halten, daß die Handlungen des Brütens keine einfachen Kettenreflexe sind, sondern eine sogenannte Instinktverschränkung (Alverdes), bei der immer eine Triebhandlung des einen Gatten durch die des anderen ausgelöst wird, was natürlich zu einer weiteren Fehlerquelle werden kann.

Das Steckenbleiben des Fortpflanzungsgeschäftes nach einem vielversprechenden Beginn mag ja in vielen Fällen nur an dem unnatürlichen Lebensraume liegen oder in dem nicht artgemäßen Jugendleben des einen oder des anderen Brutvogels begründet sein. Sehr oft aber liegt der Mißerfolg an dem Ausfall eines einzigen Triebes oder, was auf dasselbe hinauskommt, einer einzigen Hemmung. Wie schon gesagt, sind solche Ausfälle als pathologisch zu betrachten, aber immerhin kommen sie bei Vögeln vor, die gesund genug sind, um es zu befruchteten Eiern zu bringen. Einen typischen Hemmungsausfall zeigen zwei Paare der Zwergrohrdommel, die im Schönbrunner Zoologischen Garten Jahr für Jahr brüten, die frischgeschlüpften Jungen aber jedesmal sofort auffressen. Das Ansprechen der Triebhandlungen, die durch den ersten Anblick der Jungen ausgelöst werden sollen, scheint überhaupt ein Punkt zu sein, an dem besonders leicht Versager auftreten. Zumal bei räuberischen Tieren, seien es nun Völkles Steinadler oder die Dackelhündin eines Freundes, scheint leicht die Hemmung zu versagen, die eigenen Kinder so wie irgendein anderes kleines Tier einfach zu fressen.

Wenn auch alle die jetzt besprochenen Unvollständigkeiten und Ausfälle von Erbtrieben vom ärztlichen Standpunkt in das Gebiet des Pathologischen zu verweisen sind, so kann man aus ihnen doch sehr vieles lernen, was uns Aufschlüsse über die Beschaffenheit und den Aufbau der normalen Triebhandlungen der Vögel geben kann. Ebenso schöpft ja auch die normale Physiologie des Zentralnervensystems einen guten Teil ihrer Kenntnisse aus der Beobachtung von pathologischen oder im Versuch künstlich herbeigeführten Ausfallserscheinungen.

Das sozusagen klassische Merkmal der Triebhandlung, das ich nun als letztes besprechen will, haben wir in ihrer Unveränderlichkeit, in ihrer Starrheit vor uns. Wenn auch eine Handlungskette unterbrochen werden kann, einige ihrer Glieder ausfallen können, ja sogar der ganze Ablauf an einer anderen als der natürlicherweise den Anfang bildenden Stelle begonnen werden kann, so kommen dadurch doch immer nur Unvollständigkeiten und niemals neue Varianten zustande.

Die Erbtriebe bilden ebenso feste oder sogar noch festere Merkmale der Art als nur irgendein morphologisches Kennzeichen. Daß sie daher auch sehr wohl taxonomische Bedeutung haben, hat Heinroth in seinen *Beiträgen zur Biologie, insbesondere Psychologie und Ethologie der Anatiden* wohl zur Genüge bewiesen.

Die große Konstanz der ererbten Triebhandlungen, ihre auffallende Unveränderlichkeit unter geänderten Lebensbedingungen, selbst unter solchen, die eingreifende Änderungen morphologischer Natur nach sich ziehen, sehen wir an vielen unserer Hausvögel, die oft ihre Zugehörigkeit zu einer bestimmten Wildform in ihren Trieb-, vor allem in ihren Kommenthandlungen viel deutlicher dokumentieren als in ihrem Äußeren.

Einer der schlagendsten Beweise des hohen erdgeschichtlichen Alters vieler Erbtriebe ist aber wohl der Umstand, daß bei Kreuzungstieren bestimmte Triebhandlungen oft weder an die entsprechenden der einen, noch an die der anderen elterlichen Art erinnern, noch etwa ein Mittelding zwischen beiden bilden, sondern in ganz anderer Weise zur Ausbildung kommen, indem ein Rückschlag auf eine primitivere, phylogenetisch ältere Form eintritt, ein Verhalten, das von morphologischen Merkmalen bei Kreuzungstieren lange bekannt ist. Ich entnehme Heinroths *Vögel Mitteleuropas* folgende Beobachtung: Ein Mischlingspaar von Tadorna und Nilgans entsprach in seiner Paarungseinleitung mit seinem Halseintauchen und seinem Nachspiele ganz den Kasarkas (und also vielen andern Anatiden), zeigte also weder das Tauchen der Tadorna (bei der Paarung tauchen beide Gatten unter, und das Männchen besteigt unter Wasser den Rücken des Weibchens, so daß sie beim Auftauchen schon in Paarungsstellung sind), noch das für die Nilgans sehr bezeichnende Gegenüberstehen der beiden Gatten im Flachwasser mit der langen Verabredung. Der Ausgleich der Eigentümlichkeiten von Tadorna und Alopochen war also in der Weise erfolgt, daß die anscheinend ursprünglichere Verkehrsform, die sich ja viel häufiger findet und auch den Kasarkas eigen ist, in Erscheinung trat.

Ich glaube, daß gerade die Kommenthandlungen an taxonomischer Bedeutung die anderen Triebhandlungen und auch so manches anatomische Merkmal aus dem Grunde übertreffen, weil bei diesen rein »konventionellen« Handlungen, deren Ausbildung von dem Lebensraum der Tiere nicht direkt beeinflußt wird, die Wahrscheinlichkeit, daß ihre Gleichheit bei zwei verschiedenen Arten durch gleichlaufende Anpassung zustande gekommen sei, überhaupt nicht besteht. Andererseits können sich solche Kommenthandlungen, eben weil sie keinen durch Änderungen im Lebensraum verursachten Einflüssen unterworfen sind, besonders lange erhalten.

Die anderen Triebhandlungen einer Vogelart stehen in so engen und direkten Beziehungen zu ihrem Lebensraume, passen in diesen so gut hinein, daß einem bei Beobachtung des freilebenden Tieres ihre Starrheit wenig zum Bewußtsein kommt. Sie tritt aber sofort zutage, wenn die Triebhandlungen unter von den natürlichen abweichenden, ihnen ihre gewöhnlichen Voraussetzungen nicht bietenden Umständen ausgelöst werden. Diese am falschen Orte befindlichen Triebhandlungen sind dann auch bei hohen Säugern oft leicht zu erkennen. Wer hätte nicht gesehen, wie selbst Hunde einen Knochen, den sie verstecken wollen, auch wenn er im Zimmer auf Holzboden liegt, durch schaufelnde Bewegungen der Nase mit Erde zu bedecken trachten. Da erscheint dem Unkundigen das entsprechende Verhalten der Kolkraben ungleich klüger, nur weil sein Triebablauf nicht an das Vorhandensein eines bestimmten Materials gebunden ist, sondern weil ihm jeder passende Gegenstand zum Bedecken der Beute recht ist. Wir brauchen dem Raben aber nur jeglichen passenden Gegenstand zu entziehen, um zu sehen, wie er in ganz sinnloser Weise verfährt, zum Beispiel ein viel zu kleines Papierstückchen auf die Beute legt, das weit davon entfernt ist, sie zu verbergen, sondern sie im Gegenteil noch auffälliger macht.

Kluge Tiere passen sich nun mit der Zeit den für sie unnatürlichen Verhältnissen der menschlichen Umgebung insofern an, als sie lernen, wo gewisse Triebhandlungen *nicht* hinpassen. Bei einem klugen älteren Hund wird man nie sehen, daß er einen Knochen an einer Stelle eingraben will, wo keine Erde ist, er wird aber nie auf ein neues Verfahren verfallen, etwa irgendeinen Gegenstand mit den Zähnen auf das zu verbergende Objekt zu tragen. Ohne daß also an der Triebhandlung selbst etwas geändert wird, werden aber doch so viele Nebenumstände berücksichtigt, daß man eigentlich nicht den Eindruck hat, daß dem Tiere nur die unpassenden, zu keinem Ziele führenden Anwendungsweisen einzeln abdressiert worden sind, sondern in manchen Fällen annehmen möchte, daß bei ihm Zweckvorstellungen und eine gewisse Einsicht in das Wesentliche der eigenen Triebhandlung vorhanden sind. Durch diese sekundäre Einsicht in den Zweck der eigenen Triebhandlungen werden natürlich viele Merkmale, an denen sie sonst zu erkennen sind, mehr oder weniger verwischt. Wenn ich zum Beispiel zur Analyse der Versteckreaktion der Rabenvögel nur einen alten erfahrenen Kolkraben zur Verfügung hätte, so würde mir nur das höchst zweifelhafte Kriterium verbleiben, daß der Rabe wohl kaum imstande sein dürfte, so etwas zu erfinden. Ein solcher alter Kolkrabe versteckt, wenn man ihm nur einige Male die Beute weggenommen hat, stets an dem Menschen unzugänglichen Orten. Er vermeidet es, sich beim Verstecken von seinen Kameraden zusehen zu lassen, und sucht zu diesem

Zwecke Örtlichkeiten auf, wo seine Genossen sonst nie hinkommen. Von meinen Raben hat jeder einzelne eine bestimmte Versteckgegend, wo nur er hinkommt, und wenn er sie mit einem Bissen im Kehlsack aufsuchen will, hat er eine ganz eigene Art, sich so unauffällig wegzustehlen, daß ihm niemand folgt. Das alles ist sicher nicht angeboren; der junge Rabe verfährt nicht so, Dohlen verstecken lebenslänglich, auch wenn sie immer wieder schlechte Erfahrungen damit machen, vor den Augen ihrer Genossen. In der Annahme, daß es sich bei den Raben um ein wirklich verstandesmäßiges Verhalten handelt, werde ich gerade dadurch bestärkt, daß sich die geistig primitiveren Corviden, die doch, einwandfreie körperliche Gesundheit vorausgesetzt, eine größere Instinktsicherheit bekunden, alle diese zweckmäßigen Feinheiten in der Versteckreaktion nie zeigen. Ich habe die Vorstellung, daß sehr viele Verhaltensweisen der Säugetiere und des Menschen, die man als reine Verstandeshandlungen zu werten pflegt, solche ursprünglich triebhaften Handlungen darstellen, die sekundär unter die Kontrolle der Einsicht geraten sind, natürlich aber in unvergleichlich höherem Maße, als dies jemals bei einem Vogel der Fall sein kann. Da damit auch das Merkmal der Starrheit einer triebhaften Handlungsweise wegfällt, bleibt uns, zumal wenn der Trieb erst erwacht, wenn der Intellekt schon voll ausgebildet ist, zum Erkennen der ursprünglichen Triebhaftigkeit des Verhaltens nur der Umstand, daß sich alle normalen Individuen der Art darin gleich verhalten. Da der Begriff »normal« für den Menschen genaugenommen nicht existiert, läßt uns bei ihm auch das im Stich.

Die Starrheit der Triebhandlung kommt schließlich noch sehr schön zum Ausdruck, wenn eine bei einem vollwertigen Vogel in ganz artgemäßer Weise ausgebildete Handlung durch einen *anderen* Reiz, als den, auf den sie normalerweise erfolgen soll, durch einen nicht adäquaten Reiz also, ausgelöst wird. Manchmal scheint eine sehr geringe Zahl von Merkmalen, die einem Reiz mit demjenigen gemeinsam sind, auf den die Art in ihrer Phylogenie den Trieb ausgebildet hat, zur Auslösung des Triebes zu genügen. So wurde bei meinen Dohlen die ganze Reaktion zur Verteidigung eines Kameraden in ihrer spezifischen Ausbildung ausgelöst, als die Vögel einmal sahen, wie ich eine nasse schwarze Schwimmhose in der Hand trug. In ähnlicher Weise reagierte ein wildgefangener alter Singschwan, bei dem Umstellung der Triebe auf den Menschen also nicht in Frage kommt, auf einen langausgestreckt im Grase liegenden Mann wie auf die ähnliche langhingestreckte Paarungsstellung eines Weibchens seiner Art (Heinroth, *Beiträge*). Bei manchen Vögeln, so bei meinen Turmfalken, löste der Anblick jeder glatten Fläche ebensogut Badebewegungen aus, wie der einer Wasserfläche. Eine vor Jahren von mir beobachtete Verhaltensweise der Mönchsgrasmücken stellt einen ähnlichen Fall dar, nur daß bei ihnen der

»irrtümlich« ausgelöste Reflex im Sinne der Arterhaltung nicht so gleichgültig war. Ein Paar Schwarzplatten, jungaufgezogene Nestgeschwister aus dem Vorjahre, brüteten in meiner Vogelstube in einem kleinen Buchsbaum. Die Jungen entwickelten sich in den allerersten Tagen gut, aber plötzlich fand ich eines von ihnen tot auf dem Boden der Stube, und zwar in einiger Entfernung vom Nest, kurz darauf leider auch die drei übrigen. Ich wußte mir den Vorgang damals nicht zu erklären, aber nach Heinroth[1] handelt es sich darum, daß bei den Eltern die für das Absterben von Jungen von der Art ausgebildete Triebhandlung dadurch ausgelöst wird, daß die wegen der leichten Erreichbarkeit des Futters überfütterten Jungen längere Zeit nicht sperren. Das kommt offenbar im Freileben niemals vor, und so löst in der Gefangenschaft der satte Jungvogel bei seinen Eltern die Triebhandlung aus, die eigentlich an dem toten erfolgen soll.

Zusammenfassung

Im obigen habe ich versucht, eine kurze Übersicht über die Merkmale zu geben, an denen ich selbst die durch Erbtriebe bestimmten Handlungen meiner Vögel als solche erkenne. Ich habe schon erwähnt, daß man sich als einigermaßen geübter Tierpfleger mehr unbewußt als bewußt nach diesen Kennzeichen richtet, und da die Selbstbeobachtung die schwerste aller Beobachtungen ist, habe ich wahrscheinlich viele übersehen, die oft für mein eigenes Urteil bestimmend sein mögen.

Die oben beschriebenen Merkmale will ich noch einmal kurz zusammenfassen. Wir haben die Berechtigung, an eine Triebhandlung zu denken, wenn:

1. Eine Verhaltensweise von einem einzeln vom Menschen aufgezogenen Vogel gebracht wird. Dies ist besonders dann wichtig, wenn es sich um eine solche handelt, die nachzuahmen im Bereiche der psychischen Möglichkeiten des Vogels liegt, wie zum Beispiel stimmliche Äußerungen oder Weggewohnheiten einschließlich der Zugstraßen. Einigermaßen verwickeltere Handlungsabläufe vermag der Vogel ohnehin viel leichter zu erfinden als nachzuahmen.

Wenn aber eine Handlung, vielleicht eine solche, die wir nach Freibeobachtungen an der gleichen Art von dem allein aufgezogenen Vogel erwarten, von diesem *nicht* gebracht werden, sind wir nur mit großer Vorsicht Schlüsse zu ziehen berechtigt. Denn erstens bringt jede auch nur geringfügige körperliche Minderwertigkeit, die sich bei der Gefangenhaltung gewisser Arten nicht umgehen lassen wird, eine starke Schädigung des Systems der Triebhandlungen mit sich. Diese Abhängigkeit der Erbtriebe von dem Körperzustand scheint bei geistig primitiveren ausgesprochener zu sein als bei geistig höherstehenden Formen. Zweitens aber kommt es gerade bei höherstehenden Formen, bei denen das persönliche Erleben eine größere Rolle spielt, bei unseren Gefangenschaftstieren, häufig vor, daß die Unnatürlichkeit ihres Vorlebens störend auf den artgemäßen Triebablauf einwirkt.

2. Wenn alle Einzeltiere einer Art sich darin ganz gleich verhalten. Bei sehr klugen Vögeln und anderen sehr hochstehenden Tieren, wo uns andere Kennzeichen der Erbtriebe im Stiche lassen, ist das oft das einzige einigermaßen verläßliche Merkmal.

3. Wenn bei einer Handlungsweise, deren Zweck für uns erkennbar ist, ein augenfälliges Mißverhältnis der Denkfähigkeit, die wir im allgemeinen an dem Tiere beobachten, zu derjenigen besteht, die zur einsichtigen Vollendung des Ablaufes notwendig wäre. Dieses Merkmal fehlt manchen Triebhandlungen der klügsten Vögel.

4. Wenn in einem Handlungsablauf Unvollständigkeiten auftreten, die deutlich zeigen, daß dem Tiere selbst der Zweck seiner Handlung nicht bewußt ist. Bei Jungen entwickeln sich auf ein Objekt gerichtete Triebe zunächst ohne dieses und werden erst sekundär durch Erfahrung auf ein passendes Objekt übertragen. Bei geistig auf hoher Stufe stehenden Tieren, in deren Triebhandlungsketten häufiger solche durch persönliche Erfahrung veränderliche Stellen eingeschaltet sind, dürfte dieses den eigentlichen Zweck der Handlung nicht erreichende Ablaufen für die Jungtiere als Vorübung von biologischer Bedeutung sein.

Bei Gefangenschaftsvögeln ist häufig eine Triebhandlung durch pathologische Ausfälle von Teilen in derselben Weise gekennzeichnet wie die noch unvollständige des Jungvogels.

5. Wenn die charakteristische Starrheit der Triebhandlung, ihre geringe Beeinflußbarkeit durch äußere Umstände, dadurch in Erscheinung tritt, daß die äußeren Umstände, unter denen sie abläuft, recht weit von den natürlichen, unter denen sie sich ausgebildet hat, abweichen. Dann kann die Handlungsweise so gänzlich sinnlos werden, daß das vollständige, präzise Nacheinander ihrer Glieder ihre Kettenreflexnatur offenbart.

Ein zweiter Fall, in dem die Starrheit der Triebhandlung sehr deutlich zum Ausdruck kommt, tritt ein, wenn die Handlung als Fehlleistung durch einen Reiz ausgelöst wird, der nicht demjenigen entspricht, auf welchen sie in der freien Natur abgestimmt ist.

Die geistig am allerhöchsten stehenden Tierformen lernen diese Sinnlosigkeiten und Fehlleistungen in vielen Fällen in einer Art und Weise zu vermeiden, die den Eindruck hervorruft, daß dort eine gewisse Einsicht in den Zweck der eigenen Triebhandlungen vorhanden ist. Die Starrheit des Handlungsablaufes wird dadurch nicht geändert, nur tritt sie nicht mehr in der beschriebenen Weise in Erscheinung.

Wenn ich auch im obigen sicher nur eine höchst unvollständige Übersicht über die Kennzeichen gegeben habe, an denen man die Erbtriebe eines Vogels erkennen kann, hoffe ich doch, gezeigt zu haben, daß die Erbtriebe der Vögel bis zu einem gewissen Grade wissenschaftlich erfaßbar sind, zumal wir ja in keinem konkreten Falle nur auf ein einziges der besprochenen Merkmale angewiesen sind. Von psychologischer Seite aber wäre zu fordern, daß jeder Experimentator das angeborene System der arteigenen Triebhandlungen der zu Versuchen dienenden Tierart wenigstens einigermaßen in diesem Sinne untersucht hat, denn an der Unkenntnis dieses Aktionssystems kranken viele sonst ganz ausgezeichnete tierpsychologische Arbeiten.

Der Kumpan in der Umwelt des Vogels

Der Artgenosse als auslösendes Moment sozialer Verhaltensweisen (1935)

Jakob von Uexküll zum 70. Geburtstag gewidmet

I Einleitung

Das, was wir als einen Gegenstand zu bezeichnen pflegen, entsteht in unserer Umwelt dadurch, daß wir die verschiedenen, von einem und demselben Dinge ausgehenden Reize zusammenfassen und sie zusammengefaßt auf das betreffende »Ding« als die gemeinsame Reizquelle beziehen. Dazu gehört noch, daß wir die empfangenen Reize nach außen in den uns umgebenden Raum projizieren, in ihm lokalisieren. Wir empfinden das von der Linse unseres Auges auf unsere Netzhaut entworfene Bild der Sonne nicht eben dort auf der Netzhaut, nicht so als »Licht«, wie wir etwa das mit einer Glaslinse auf unsere Körperhaut entworfene Sonnenbild als »Wärme« auf der betreffenden Hautstelle empfinden würden. Vielmehr *sehen* wir die Sonne fern von unserem Körper am Himmel droben, wohin sie schon von unserer Wahrnehmung und nicht etwa erst durch einen Bewußtseinsvorgang lokalisiert wird.

Bei der Erfassung der Gegenstände unserer Umwelt sind wir also auf die Sinne angewiesen, deren Meldungen wir in dem uns umgebenden *Raum* zu lokalisieren vermögen. Nur so vermögen wir ja die unbedingte räumliche Zusammengehörigkeit der Einzelreize zu erfassen, die die dinghafte Einheitlichkeit des Gegenstandes ausmacht und die die Grundlage bildet zu der einfachen Uexküllschen Definition des Gegenstandes: »Ein Gegenstand ist das, was sich *zusammen bewegt*.«

Die den Reiz lokalisierenden Sinne sind bei uns Menschen vornehmlich der Tastsinn und der Gesichtssinn. Wir sprechen daher von einem Tastraum und einem Sehraum; schon beim Gehörsinn ist bei uns die Lokalisation weit weniger genau, so daß beim Menschen von einem »Hörraum« nur selten gesprochen wird. Es bleibe aber dahingestellt, ob dies bei allen Tieren ebenso ist. Eulen vermögen akustische Reize mindestens ebenso genau zu lokalisieren wie optische, Fledermäuse sogar unvergleichlich viel genauer. Es könnte sein, daß diese Tiere ebensogut einen Hörraum besitzen wie wir einen Sehraum.

Das *Zusammenfassen* der verschiedenen Sinnesgebieten zugeordneten Reize, die von einem Dinge ausgehen, zu einem einheitlichen Gegenstande ist eine Leistung, die sicher eng mit der Lokalisation dieser Reize an eine gemeinsame Ausgangsstelle im Raume zusammenhängt. Die Entwicklung des Gegenstandes aus der Summe der Reizdaten können wir an uns selbst beobachten, am besten dann, wenn sie durch irgendwelche Umstände verlangsamt vor sich geht. Wenn wir z. B. aus einer Narkose oder auch nur aus besonders tiefem Schlafe erwachen, so wirken häufig auch wohlbekannte Dinge auf uns nicht als Gegenstände. Wir sehen Lichter, hören Töne, aber es dauert eine gewisse, die Selbstbeobachtung ermöglichende Zeit, bis wir den Ausgangspunkt dieser Reize lokalisiert haben und sie damit zum dinghaften Gegenstand zusammenfließen lassen.

Eine besondere Leistung des Zentralnervensystems ist darin zu sehen, daß wir einen Gegenstand in verschiedenen Lagen, verschiedenen Entfernungen, verschiedenen Beleuchtungen usw. trotz der Verschiedenheit der unsere Sinnesorgane treffenden Reize innerhalb weiter Grenzen dieser Verschiedenheiten in gleichbleibender Größe, Gestalt und Farbe wahrnehmen. Wir sehen einen etwas weiter entfernten Menschen nicht kleiner als einen in nächster Nähe befindlichen, obwohl sein Bild auf unserer Netzhaut viel kleiner ausfällt. Wir sehen die Rechtwinkligkeit eines an der Wand hängenden Bildes, auch wenn wir schräg zu ihm aufblicken und es sich auf unserer Netzhaut als nicht rechtwinkeliges Parallelogramm abbildet. Wir sehen ein weißes Papier auch bei einer herabgesetzten Beleuchtung als weiß, bei der die von ihm reflektierte Lichtmenge geringer ist als diejenige, die bei hellem Sonnenschein ein von uns schwarz gesehenes Papier zurückstrahlt. Wie diese den Schwankungen der Wahrnehmungsbedingungen bis zu einem hohen Grade trotzende Konstanz unserer Umweltdinge im einzelnen gewährleistet wird, gehört ins Gebiet der Wahrnehmungspsychologie. Hier genügt es, festzustellen, daß selbst bei höheren Tieren diese Konstanz der Dingeigenschaften im allgemeinen nur geringeren Veränderungen der den Rezeptoren des Tieres gebotenen Reize standhält als bei uns Menschen.

Da die Verschiedenheit der Lebensräume einzelner Tierformen eine große Verschiedenheit der Variationsbreiten der Wahrnehmungsbedingungen mit sich bringt, erscheint es verständlich, daß die Widerstandskraft tierischer Umweltdinge gegen diese Veränderungen von Art zu Art sehr verschieden groß ist. Oft ist die biologische Bedeutung solcher Verschiedenheiten ohne weiteres erkennbar. So zeigten Versuche von Bingham und

Coburn, daß Hühner, die auf gewisse Signalformen dressiert waren, diese nicht wiedererkannten, wenn man sie ihnen verkehrt zeigte, während es für Krähen keinerlei Unterschied ausmachte, in welcher Lage im Raume die Dressurdinge dargeboten wurden. Für ein Flugtier, das, wie die Krähe, sehr häufig in kreisendem Fluge nach Nahrung ausspäht, ist es selbstverständlich eine Lebensnotwendigkeit, die Gegenstände, die sie auf der Erde unter sich wahrnimmt, unabhängig von ihrer augenblicklichen Flugrichtung und daher unabhängig von der Lage ihrer Netzhautbilder wiederzuerkennen.

Für den Menschen, der seinen Lebensraum und dessen Erscheinungen durch Einsicht in kausale Zusammenhänge zu beherrschen trachtet, ist das richtige Zusammenfassen der von den Dingen seiner Umgebung ausgehenden Reize zu Gegenständen seiner Umwelt die Grundlage aller Erkenntnis und höchste Lebensnotwendigkeit.

Für das Tier jedoch, insbesondere für das niedere Tier, das im wesentlichen durch triebmäßig ererbte Verhaltensweisen in seinen Lebensraum eingepaßt ist und bei dessen Reagieren auf die Reize der Umgebung die Einsicht überhaupt keine Rolle spielt, ist ein dinghaftes Erfassen der Umwelt keine unbedingte biologische Notwendigkeit. Es genügt, daß eine triebhaft festgelegte Reaktion, die arterhaltend einem bestimmten Dinge gegenüber zu erfolgen hat, durch *einen* der von diesem Dinge ausgehenden Reize ausgelöst wird, wofern das Ding durch diesen Reiz so eindeutig charakterisiert ist, daß ein irrtümliches Ansprechen der Reaktion auf andere, ähnliche Reize aussendende Dinge nicht eine die Arterhaltung schädigende Häufigkeit erlangt. Um letzteres unwahrscheinlicher zu machen, werden meist mehrere Reize zu einer immer noch recht einfachen Kombination von Reizdaten zusammengefaßt, auf die ein »angeborenes Schema« anspricht. Die Form eines solchen Auslöse-Schemas muß ein gewisses Mindestmaß genereller Unwahrscheinlichkeit besitzen, und zwar aus denselben Gründen, aus denen man dem Barte eines Schlüssels eine generell unwahrscheinliche Form gibt.

Es besteht ein wesentlicher Unterschied zwischen diesen *angeborenen* Schemata und jenen *erworbenen* Schemata, die das auslösende Moment von bedingten Reflexen und Dressurhandlungen darstellen. Während die ersteren von vornherein *möglichst* einfach gefaßt erscheinen, scheinen alle Tiere die letzteren *so komplex wie möglich* zu gestalten.

Wenn man bei Dressurversuchen das Tier nicht zwingt, gewisse Merkmale aus einer gebotenen Vielheit herauszugreifen, was man durch ständigen Wechsel aller übrigen Merkmale erzielen kann, so wird das Tier im allgemeinen auf die Gesamtheit, die »Komplexqualität« *aller* gebotenen Reize dressiert werden. »Nehmen Sie einen Hund«, schreibt Uexküll, »der mit dem Befehl ›auf Stuhl‹ auf einen bestimmten Stuhl dressiert ist, so kann es vorkommen, daß er nicht alle Sitzgelegenheiten als Stuhl anerkennt, sondern *nur diesen einen und nur an dieser Stelle.*« Was bei den vom Menschen beabsichtigten Dressuren der höchsten Säugetiere immer wieder unbeabsichtigter Weise »vorkommen kann«, stellt bei den *Eigendressuren* geistig weniger hochstehender Tiere die Regel dar. Ein Tier, das sich selbst auf eine Merkmalkombination dressiert, die ihm ein oder mehrere Male einen Erfolg gebracht hat, kann ohne »Einsicht in Sachbezüge« selbstverständlich nicht wissen, welche unter diesen Merkmalen unwesentliche Zutaten sind und welche von ihnen mit dem erreichten Erfolg in ursächlichem Zusammenhang stehen. Daher ist es wohl biologisch sinnvoll, wenn das Tier *alle* Merkmale zu einer Komplexqualität vereinigt und als solche zum auslösenden Moment seiner Dressurhandlung wählt. Es wiederholt blind, ohne Wesentliches und Unwesentliches zu unterscheiden, das früher zum Erfolg führende Verhalten nur in einer in allen Einzelheiten gleichen Situation. Natürlich kann ein Tier auch auf *ein* Merkmal, z. B. das des »Dreieckigen«, dressiert werden, wenn nämlich unter ständigem Wechsel aller übrigen Merkmale dieses eine konstant bleibt. *Wo* aber *ohne* derartigen Zwang ein Herausgreifen von wesentlichen Merkmalen geleistet wird, haben wir meiner Meinung nach den Ansatz zu einer »Einsicht in Sachbezüge« vor uns.

Im Gegensatz zu diesen individuell andressierten auslösenden Schemata sind die angeborenen von vornherein in einen fertigen, artspezifischen Funktionsplan eingebaut, in welchem es von vornherein feststeht, welche Merkmale wesentlich sind. Daher entspricht es nur dem Prinzip der Sparsamkeit, wenn so wenige Merkmale wie irgend möglich in die auslösenden Schemata aufgenommen werden. Für den Seeigel *Sphaerechinus* genügt es, wenn seine ungemein hochspezialisierte kombinierte Flucht- und Abwehrreaktion gegen seinen Hauptfeind, den Seestern *Asterias*, durch einen einzigen, spezifischen chemischen Reiz ausgelöst wird, der von diesem Seestern ausgeht. Ein solches Ausgelöstwerden einer motorisch hochkomplizierten und einem ganz bestimmten biologischen Vorgang angepaßten Verhaltensweise durch einen einzelnen Reiz, oder doch durch eine verhältnismäßig einfache Reizkombination, ist für die große Mehrzahl der angeborenen Reaktionen bezeichnend.

Man würde zunächst erwarten, daß von höheren Tieren, denen wir nach ihrem sonstigen Verhalten ein dinghaft-gegenständliches Erfassen der Umwelt unbedingt zuschreiben müssen, auch das Objekt aller triebhaften Verhaltensweisen dinghaft erfaßt würde. Insbesondere würde man dies dort für wahrscheinlich halten, wo ein Artgenosse das Objekt der Handlung darstellt. Merkwürdigerweise ist nun aber eine durch mehrere Funktionskreise durchgehende Dingidentität des Artgenossen in sehr vielen Fällen nicht nachzuweisen. Ich glaube eine Erklärung dafür geben zu dürfen, warum die subjektive Identität des Artgenossen als Objekt verschiedener Funktionskreise noch weniger eine biologische Notwendigkeit ist als diejenige anderer Triebobjekte.

Auch bei den höchsten Wirbeltieren wird häufig eine objektgerichtete triebhafte Handlungsfolge durch eine sehr kleine Auswahl der von ihrem Objekte ausgehenden Reize ausgelöst, nicht von seinem dinghaften Gesamtbild. Wenn mehrere Funktionskreise denselben Gegenstand zum Objekt haben, so kommt es vor, daß *jeder* dieser Kreise auf ganz andere der vom gleichen Objekte ausgehenden Reize anspricht. Das angeborene auslösende Schema einer Triebhandlung greift sozusagen aus der Fülle der von ihrem Objekt ausgehende Reize eine kleine Auswahl heraus, auf die es selektiv anspricht und damit die Handlung in Gang bringt. Die Einfachheit dieser angeborenen Auslöse-Schemata verschiedener Triebhandlungen kann zur Folge haben, daß zwei von ihnen kein einziges der sie zum Ansprechen bringenden Reizdaten gemein haben, obwohl sie auf dasselbe Objekt gemünzt sind. Normalerweise sendet das artgemäße Objekt alle zu beiden Schemata gehörenden Reize *gemeinsam* aus. Im Experiment jedoch kann man die Auslöse-Schemata, die eben wegen ihrer großen Einfachheit häufig auch durch *künstliche* Darbietung entsprechender Reizkombinationen zum Ansprechen zu bringen sind, durch zwei verschiedene Objekte auslösen und so eine Trennung der beiden auf *ein* Objekt gemünzten Funktionskreise erzielen. Umgekehrt kann aus denselben Gründen *ein* Objekt zwei gegensätzliche, biologisch nur mit zwei getrennten Objekten sinnvolle Reaktionen auslösen. Besonders häufig ist dies bei jenen Triebhandlungen, deren Objekt ein Artgenosse ist. So ist zum Beispiel bei verschiedenen Arten von Entenvögeln die Verteidigungsreaktion der Mutter auch durch den Hilferuf von nicht artgleichen Jungen auslösbar. Andere Betreuungsreaktionen sind dagegen in hohem Maße artspezifisch an ganz bestimmte Färbungs- und Zeichnungsmuster an Kopf und Rücken der Kinder gebunden. So ist es erklärlich, wenn eine Junge führende Stockente ein hilferufendes Türkenenten-Küken mit größtem Mute aus einer Gefahr rettet, es aber im nächsten Augenblick, wenn sie die Stockenten spezifische Kopf- und Rückenzeichnung vermißt, »unspezifisch behandelt«, d. h. als »fremdes Tier in der Nähe der eigenen Küken« angreift und tötet.

Die einheitliche Behandlung eines Artgenossen, wie wir sie unter natürlichen Umständen, beim normalen Ablauf der Triebhandlungen, zu sehen bekommen, muß also nicht notwendigerweise in einem inneren Zusammenhang der Reaktionen im handelnden Subjekt begründet sein. Sie wird vielmehr häufig durch den rein äußeren Umstand gesichert, daß das Objekt der Reaktionen, der Artgenosse, die zu verschiedenen Auslöse-Schemata gehörenden Reize vereint aussendet. Der Funktionsplan der arteigenen Triebhandlungen verlegt also das biologisch notwendige vereinheitlichende Moment in das Reize aussendende Objekt, anstatt in das handelnde Subjekt.

Nehmen wir den Fall an, daß zwei oder mehrere Triebhandlungen an dem gleichen Ding als Objekt zu erfolgen haben, wenn ihr biologischer Sinn gewahrt werden soll. Dann gibt es zwei Möglichkeiten, diese Einheitlichkeit der Objektbehandlung zu sichern. Die eine besteht darin, daß das Objekt dinghaft-gegenständlich erfaßt wird und in der Umwelt des Subjektes in allen Funktionskreisen als dasselbe auftritt. Die zweite Möglichkeit, mit der wir uns hier näher befassen müssen, liegt in der oben geschilderten Bindung der verschiedenen Triebhandlungen *vom Objekte* aus, ohne daß dieses zur erlebten Einheit in der Umwelt des Subjektes wird. Es ist klar, daß diese Art von Bindung von den Eigenschaften des betreffenden Objektes sehr abhängig ist.

Wenn das Triebobjekt ein beliebiger fremder Gegenstand der Umgebung ist, wie z. B. die naturgemäße Beute oder der Stoff zum Nestbau, so können die auf diesen Gegenstand ansprechenden Auslöse-Schemata sich nur an solche Merkmale halten, die dem passenden Objekt von vornherein gesetzmäßig zu eigen sind. Da die Zahl und auch die Eigenart dieser Merkmale oft nicht sehr groß ist, hat die biologisch notwendige (S. 117) generelle Unwahrscheinlichkeit der aus ihnen zusammensetzbaren angeborenen Auslöse-Schemata eine ziemlich eng gezogene obere Grenze, zumal offenbar die Komplikation, der Zeichenreichtum dieser Schemata, nicht über ein gewisses Maß gesteigert werden kann. Die Wahrscheinlichkeit zufälliger Fehlauslösung ist also nicht unter ein gewisses Maß zu drücken. Diese Beschränkung dessen, was die instinktmäßige Reaktion und ihr angeborenes Auslöse-Schema hier zu leisten vermögen, erhöht wohl den arterhaltenden Wert einer subjektiven Dingidentität des Objektes ganz wesentlich.

Ganz anders liegen die Dinge, wenn das gemeinsame Objekt zweier oder mehrerer Triebhandlungsfolgen ein Individuum der gleichen Art ist wie das handelnde Subjekt. Da der spezifische Körperbauplan einer Art und der spezifische Bauplan ihrer Triebhandlungen Teile eines einzigen, unzertrennlichen Funktionsplanes sind, so können in diesem Falle die auslösenden Schemata im Subjekt, parallel mit den ihnen entsprechenden Merkmalen des Objektes, zu einer beliebig hohen generellen Unwahrscheinlichkeit entwickelt werden, die Fehlauslösungen der Handlung praktisch ausschließt. Merkmale, die dem Individuum einer Tierart zukommen und auf welche bereitliegende Auslöseschemata von Artgenossen ansprechen und bestimmte Triebhandlungsketten in Gang bringen, habe ich andern Ortes kurz als *Auslöser* bezeichnet. Diese Merkmale können ebensowohl körperliche Organe, als auch bestimmte auffallende Verhaltensweisen sein. Meist sind sie eine Vereinigung von beidem. Die Ausbildung aller Auslöser schließt einen Kompromiß zwischen zwei biologischen Forderungen: möglichster Einfachheit und möglichster genereller Unwahrscheinlichkeit. Ein Ausruf, den der Fernstehende beim Anblick des Rades eines Pfaus, des Prachtkleides eines Goldfasans, der bunten Rachenzeichnung eines jungen Kernbeißers oft hören läßt, ist: »Wie unwahrscheinlich!« Diese naiv-erstaunte Äußerung trifft tatsächlich den Nagel auf den Kopf. Der Rachen eines Kernbeißer-Nestlings z. B. ist darum so »unwahrscheinlich bunt«, weil er, im Verein mit der Triebhandlung des Sperrens, den Schlüssel zur arteigenen Fütter-Reaktion der Elterntiere darstellt. Die biologische Bedeutung seiner Buntheit liegt in der Verhinderung »irrtümlicher« Auslösung durch zufällig gleiche Reize anderen Ursprungs. Manchmal genügt die Unwahrscheinlichkeit eines solchen Auslösers nicht ganz: Gewisse afrikanische Astrilden haben als Nestjunge eine fast ebenso hochspezialisierte Rachenzeichnung wie der Kernbeißer. Trotzdem schmarotzt bei ihnen ein Brutparasit, der den Schlüssel »nachbildet«, indem seine Jungen fast genau dieselbe Kopf- und Rachenfärbung und -zeichnung haben wie junge Astrilden.

Es besteht die Möglichkeit, die Spezialisierung der auslösenden Merkmale am Objekt und die der bereitliegenden Auslöse-Schemata im Subjekt nahezu unbegrenzt weit zu treiben. Die einheitliche Behandlung eines Artgenossen, der Objekt verschiedener Triebhandlungen ist, kann dadurch ebensogut gesichert werden wie durch seine subjektive Einheitlichkeit in der Umwelt des diese Triebhandlungen ausführenden Artgenossen. Offenbar ist bei geistig so tiefstehenden Tieren, wie es die Vögel sind, eine noch so hohe Spezialisation von Auslöser und Ausgelöstem leichter zu erreichen als eine durch alle Funktionskreise durchgehende subjektive Identität des Triebobjektes.

Wir können uns nun einen Reim darauf machen, daß ein unbelebtes oder andersartiges Objekt arteigener Verhaltensweisen öfter als dinghafte Einheit behandelt wird als der Artgenosse. Noch einmal ganz grob ausgedrückt: Der zum Nestbau benutzte Stab besitzt nicht genügend viele auffallende Merkmale, um aus ihnen genügend viele und genügend unwahrscheinliche auslösende Schemata aufzubauen, wie sie zur Auslösung der vielen verschiedenen Handlungen gebraucht würden, die in ihrer Gesamtheit den Nestbau ausmachen. Daher wird seine Kenntnis in einer Trieb-Dressur-Verschränkung erworben, und er besitzt eine beträchtliche Konstanz in allen auf ihn bezüglichen Funktionskreisen. Das Nestjunge eines Vogels kann unbegrenzt komplizierte Merkmale an sich tragen, für die unbegrenzt viele Auslöse-Schemata im Elterntier bereitliegen: für die Fütterreaktion ein in bestimmter Weise gezeichneter Sperrachen, für die Reaktion des Kot-Wegtragens ein besonderer, auffallend gefärbter Federkranz um den After, für die Reaktion des Huderns ein bestimmter Schrei, der bedeutet, daß das Junge friert.

Auslöser und triebmäßig angeborene Reaktion gewährleisten unter den Bedingungen des natürlichen Lebensraumes der Art eine einheitliche Behandlung des Artgenossen, obwohl er in der Umwelt des Vogels keine Einheit darstellt. Eine Einheit letzterer Art läßt sich vielleicht in den erlernten oder verstandesmäßigen, nicht triebhaften Verhaltensweisen höchster Tiere nachweisen. Die Identität geht aber verloren, sowie sich die physiologisch-triebhafte Einstellung des Subjektes zum Wahrgenommenen ändert. Bei uns Menschen kann die Reflexion bewirken, daß wir imstande sind, die eigene, triebhaft-affektive Einstellung in das Gesamtverhalten einzukalkulieren und dadurch zu verhindern, daß sie nach außen projiziert wird und den Charakter der Umweltdinge verändert. Es kann auch vorkommen, daß trotz einer solchen reflexiv gewonnenen Einsicht die triebhafte Reaktion auf die rein subjektive Veränderung eines Umweltdinges motorisch zum Durchbruch kommt, z. B. daß wir einer Türe einen Tritt versetzen, an die wir im Finstern mit der Nase angerannt sind, obwohl wir es schon während der Aktion »besser wissen«. Wenn aber auch beim *Menschen* in solcher Art ein Umweltding gleichzeitig vom Standpunkte des Erlebnisaspektes konstant und vom Standpunkte objektiver Benehmenslehre labil erscheinen mag: beim *Tier*, auch beim höchsten, brauchen wir eine solche reflexiv bedingte Spaltung der rezeptorischen und der motorischen Vorgänge sicherlich niemals in Betracht zu ziehen.

Für die meisten Vögel können wir getrost annehmen, daß der Artgenosse in jedem Funktionskreise im Sinne Uexkülls, in dem er als gegenleistendes Objekt auftritt, in der Umwelt des Subjektes ein anderes Umweltding darstellt. Die eigenartige Rolle, die so der Artgenosse in der Umwelt der Vögel spielt, hat J. v. Uexküll treffend als die des »Kumpanes« bezeichnet. Wir verstehen ja unter Kumpan einen Mitmenschen, mit dem uns nur die Bande eines einzelnen Funktionskreises verbinden, die mit höheren seelischen Regungen wenig zu tun haben, etwa einen Zech- oder bestenfalls Jagdkumpan.

Der »Kumpan« in der Umwelt des Vogels erscheint nicht nur von dem Standpunkt der Umweltforschung aus interessant, den wir hier einnehmen werden, sondern auch speziell soziologisch so wichtig, daß er mir einer näheren Untersuchung nicht unwert erschien.

Ich verdanke der persönlichen Anregung Herrn Prof. Dr. Jakob v. Uexkülls den Mut, die Darstellung der hier vorliegenden ungemein verwikkelten Verhältnisse wenigstens zu versuchen.

II Arbeitsmethoden und Prinzipielles

1 Die Beobachtung

Das allen nachstehenden Untersuchungen zugrunde gelegte Tatsachenmaterial entstammt fast ausschließlich der Zufallsbeobachtung. Zum Zwecke allgemein biologischer und insbesondere ethologischer Untersuchungen hielt ich verschiedene Vogelarten in einer ihrem natürlichen Lebensraum möglichst entsprechenden Umgebung, zum großen Teile in völliger Freiheit. Im Vordergrunde meines Interesses standen dabei koloniebrütende Formen wie Dohle, Nachtreiher und Seidenreiher, deren Soziologie nach Möglichkeit zu erforschen ich mir zur Aufgabe gestellt hatte. Da die Struktur dieser Vogelsozietäten so gut wie ausschließlich aus dem Bauplan der Instinkte der betreffenden Arten zu erklären ist, so war dieser der zunächstliegende Gegenstand meiner Untersuchungen.

Wenn man trachtet, irgendeine Tierart in Gefangenschaft dazu zu bringen, ihren gesamten Lebenszyklus vor unseren Augen abzurollen, ihre sämtlichen Triebhandlungsketten ablaufen zu lassen, so bekommt man meist sowieso, besonders aus den sich ergebenden Unvollständigkeiten und als pathologisch zu wertenden Gefangenschaftserscheinungen, so viele Einblicke in das Funktionieren des Instinktsystemes der zu untersuchenden Art, daß das nun folgende Experimentieren kein blindes Würfeln mit Umgebungsfaktoren mehr zu sein braucht. Über die Methodik der Untersuchung der Instinktsysteme habe ich schon früher[1] berichtet. Andererseits ergeben sich im Laufe einer jahrelangen, ausschließlich solchen Zwecken dienenden Tierhaltung sehr viele unbeabsichtigte Nebenergebnisse, besonders dann, wenn die gleichzeitige Haltung mehrerer Arten dazu beiträgt, immer neue Situationen zu schaffen. So kamen häufig Antworthandlungen zur Beobachtung, die auf eine Einwirkung hin erfolgten, die nicht absichtlich von mir gesetzt war, die aber dadurch, daß sie als einzige Veränderung im gewohnten natürlichen Lebensraum auftrat, eindeutig die auslösende Ursache jenes Antwortverhaltens war. Ein solches Zufallsexperiment hat den Vorteil, daß es von einem wirklich unvoreingenommenen Beobachter registriert wird. Bei der feinen Differenziertheit mancher tierischer Verhaltensweisen, insbesondere, wo es sich um Ausdrucksbewegungen und -laute handelt, ist es höchst wertvoll, wenn der Beobachter von jeder Hypothese nachweislich vollkommen frei ist.

Fast sämtliche hier verwerteten, das Kumpanproblem beleuchtenden Tatsachen entstammen solchen Beobachtungen und ungewollten Experimenten, die als Nebenergebnisse der erwähnten ethologischen Untersuchungen gebucht wurden. Sie sind nicht zielbewußt gesammelt, sondern von selbst im Lauf der Jahre zusammengekommen, und daraus erklärt sich auch ihre Lückenhaftigkeit, der durch nachträglich mit Hinblick auf die vorliegende Darstellung unternommene Versuche nur zum kleinsten Teil abgeholfen werden konnte.

Ich sehe jedoch weder in der Lückenhaftigkeit der Beobachtungen noch in ihrem weiten zeitlichen Auseinanderliegen ein Hindernis für ihre wissenschaftliche Verwertung, noch auch in der Tatsache, daß sie Nebenergebnisse von Untersuchungen sind, die eigentlich anderen Zwecken galten. Auch hoffe ich dadurch, daß ich schon jetzt mit meinen vielleicht unrichtigen Meinungen hervortrete, einschlägige Beobachtungen anderer Tierkenner zu erfahren.

2 Das Experiment

Wenn Claparède gegen die Beobachtung und zugunsten des Experimentes einwandte, daß erstere das Studium vom Zufall abhängig mache und unverhältnismäßig viel Zeit beanspruche, so ist dem entgegenzuhalten, daß das Experiment ohne Kenntnis der natürlichen Verhaltensweise in den meisten Fällen vollständig wertlos ist. Ich bin der Ansicht, daß man vergleichende Psychologie als eine *biologische* Wissenschaft betrachten und betreiben muß, auch dann, wenn dieser Standpunkt es mit sich bringt, daß man sehr viele, allgemein anerkannte tierpsychologische Arbeiten vorläufig ablehnen muß. Aber bevor nicht der Bauplan der Instinkte einer Tierart und dessen Funktionieren unter den natürlichen Lebensbedingungen, unter denen die Art diesen Bauplan ausgebildet hat, wenigstens im groben bekannt ist, sagen auch die rein auf den Intellekt gerichteten tierpsychologischen Versuche *über Lernfähigkeit und Intellekt der Tiere nichts aus*, da beim Verhalten der Tiere nie feststeht, was auf Rechnung von ererbten Triebhandlungen und was auf Rechnung des Lernens und des Intellektes zu setzen sei. Ohne genaueste Kenntnis des Instinktbauplanes eines Tieres weiß man gar nicht, *wie schwer das gestellte Problem für das Tier ist.* Es besteht immer die Möglichkeit, daß die untersuchte Art über eine ererbte und zufällig auf die Situation des Experimentes passende und in dieser Situation auch zur Auslösung kommende *Triebhandlung* verfügt.

In diesem Falle könnte eine Verhaltensweise als Intelligenzleistung gebucht werden, die mit Intellekt überhaupt nichts zu tun hat.

So wird in Hempelmanns *Tierpsychologie* und in Bierens de Haans Arbeit *Der Stieglitz als Schöpfer* (›Journal f. Ornithologie‹, 1933) das eine Mal von Meisen, das andere Mal vom Stieglitz das im Experiment auftretende Festhalten der Nahrung mit dem Fuße beschrieben und in beiden Fällen mit dem Verhalten anderer Vögel, die das nicht tun, in einer Weise verglichen, die im Uneingeweihten unbedingt den Eindruck erwekken muß, es handle sich bei Meise und Stieglitz um ein gegenüber den mit ihnen verglichenen Arten hochwertigeres intellektuelles Verhalten. In keinem der beiden Fälle wird die Tatsache erwähnt, daß diese Bewegungskoordination den Meisen und dem Stieglitz instinktmäßig, reflexmäßig angeboren ist und genau ebensoviel mit Intellekt zu tun hat wie der Umstand, daß wir Menschen durch regelmäßiges Zwinkern mit den Augenlidern unsere Hornhaut vor verderblicher Austrocknung bewahren. Nur darin, daß der Stieglitz und die Meise ihre Triebhandlung in der neuen, nicht naturgemäßen Situation *anwenden* lernen, ist eine *Lernleistung* zu erblicken. Die starre Instinkthandlung läßt sich so gut wie ein unveränderliches Werkzeug unter Umständen zu neuen Zwecken verwenden. Zwischen dem einsichtigen Bau eines neuen Werkzeuges und dem dressurmäßigen Gebrauch eines ererbten ist ein Unterschied.

Aber nicht nur das natürliche, auf Erbtrieben beruhende Verhalten einer Tierart müssen wir kennen, *bevor* wir zum Experiment schreiten, sondern auch ganz allgemein müssen wir ihre Verhaltensweisen, auch die individuell veränderlichen, kennen, wenn wir eine bestimmte von ihnen näher untersuchen wollen. Um ein Beispiel herauszugreifen: Eine Fehlerquelle, die bei sehr vielen Labyrinth- und Vexierkasten-Versuchen überhaupt nicht berücksichtigt ist, liegt in der Tatsache, daß jede Panik die verstandesmäßigen Fähigkeiten gerade der höchsten Tiere auf nahezu Null herabsetzt. Wenn ich einen geistig hochstehenden und gerade deshalb leicht erregbaren Vogel beispielsweise bei einem Umwegversuch auch nur im leisesten in Furcht versetze, wird seine Verstandesleistung sofort weit hinter der eines viel dümmeren Tieres zurückbleiben, das auf dieselbe Veränderung der Umgebung nicht mit Furcht anspricht. Zahme und scheue Stücke derselben Art geben dann natürlich ganz verschiedene Ergebnisse. Das Resultat ist dann ebenso falsch, wie wenn man die Intelligenz von Homo sapiens danach beurteilen wollte, daß beim Wiener Ringtheaterbrand, 1881, die in Panik geratene Menschenmenge vor dem Umwegproblem versagte, das ihr durch den Umstand gestellt wurde, daß sich die Türen des Theaters nach innen, statt nach außen öffneten. Um solche Feinheiten in der Psychologie, bei sehr hochstehenden Tieren auch in der Individualpsychologie, beurteilen und um derartige Fehler aus den experimentell gewonnenen Resultaten ausmerzen zu können, ist aber eine *langdauernde Allgemeinbeobachtung unbedingt vonnöten, die dem Beginn der Versuche voranzugehen hat.* Wer zu einer solchen, zunächst auf gar kein bestimmtes Ziel gerichteten Beobachtung keine Zeit zu haben meint, lasse überhaupt die Hände von der Tierseelenkunde.

Wohl das einzige Teilgebiet der Psychologie, das beim Tierexperiment der Kenntnis der instinktmäßigen Verhaltensweisen des Versuchstieres entraten kann, ist die Psychologie der Wahrnehmung. Für sie ist eben die Reaktion auf den gebotenen Reiz an sich nebensächlich und nur insoweit wichtig, als sie eine charakteristische und objektiv feststellbare Antwort auf eine bestimmte Wahrnehmung darstellt.

3 Die Verwertung fremder Beobachtungen

Ein großer Nachteil der reinen Beobachtung im engsten Sinne, den wir hier ruhig eingestehen wollen, liegt in der Schwierigkeit ihrer Mitteilung an andere. Während das Experiment durch die Nachahmbarkeit der Versuchsbedingungen einen hohen Grad der Objektivität erreicht, trifft das für die reine Beobachtung nicht zu.

Die große Schwierigkeit bei der Untersuchung und Aufzeichnung der Verhaltensweisen höherer Tiere liegt darin, daß der Beobachter selbst ein Subjekt ist, das dem Objekt seiner Beobachtung zu ähnlich ist, als daß eine wirkliche Objektivität erreicht werden könnte. Der »objektivste« Beobachter höherer Tiere kann nicht umhin, sich immer wieder zu Analogieschlüssen zu den eigenen Seelenvorgängen hinreißen zu lassen. Schon unsere Sprache *zwingt* uns geradezu, »Erlebnis-Termini« anzuwenden, die unserem eigenen Innenleben entnommen sind, von »Schreck«-Stellungen, »Wut«-Äußerungen und dergleichen zu reden. Bei niederen und uns selbst systematisch fernstehenden Tieren ist es leichter, sich von solchem ungewollten Analogisieren freizuhalten; kein Beobachter hat je die Angriffsreaktion eines Termitenkriegers mit Wut, die Abwehrreaktion eines Seeigels mit Schreck in Zusammenhang gebracht.

Es wäre aber eine müßige Prinzipienreiterei, wollte man aus der Beschreibung von Verhaltensweisen höherer Tiere jeden in der Beschreibung menschlichen Innenlebens gebrauchten Ausdruck fernhalten. Nur müßte man diese Ausdrücke *immer nur im selben Sinne* gebrauchen. Die Ausdrücke, die die biologische Forschung zur Beschreibung psychischer Verhaltensweisen niederer Tiere *erst prägen* mußte, da sie der Umgangssprache fehlen, werden ganz allgemein im Sinne des Prägers des betreffenden Ausdruckes prioritätsgemäß immer nur im gleichen, eng begrenzten Sinne gebraucht. Die Ausdrücke jedoch, die zur Beschreibung des eigenen Innenlebens schon von vornherein in der Umgangssprache gegeben waren, haben ihre Vieldeutigkeit aus der Umgangssprache in die wissenschaftliche Literatur mitgenommen. Auch das Umgekehrte ist vorgekommen. Das Wort »Instinkt« hat seine wissenschaftliche Verwendbarkeit dadurch fast eingebüßt, daß es in die Umgangssprache Aufnahme fand.

Außerdem liegt eine Fehlerquelle bei der Benutzung von Beobachtungen anderer darin, daß der eine Ausdrücke aus dem menschlichen Seelenleben nur dort anwenden will, wo er wirklich Homologien sieht, der andere sie aber auch dort braucht, wo nur oberflächliche Analogien vorliegen. Wir mögen einmal bei der Beobachtung der Fluchtreaktion einer Garneele, die mit den Antennen an die Tentakel einer Aktinie kommt, sagen: »Jetzt ist sie erschrocken« oder bei der Beobachtung eines heranreifenden jungen Vogelmännchens, das seinen Balzlaut noch nicht vollkommen herausbringt: »Nun will er was sagen und kann noch nicht.« Diese Aussagen stehen aber unter bewußten Anführungszeichen; sehr viele Beobachter, und zwar auch psychologisch geschulte, *schreiben* so etwas hin, ohne daß man entnehmen kann, ob es mit oder ohne Anführungszeichen gemeint sei.

Aber auch abgesehen von diesen rein sprachlichen Schwierigkeiten in der Übermittlung des Gesehenen liegt die größte Fehlerquelle bei der Verwertung fremder Beobachtungen darin, daß zwei, die auf das gleiche blicken, nicht Gleiches sehen, mit anderen Worten, daß jeder Mensch nur in seiner eigenen Umwelt lebt. Vor allem die Tatsache, daß ein Beobachter an einem bestimmten Tiere etwas *nicht* gesehen hat, berechtigt nie zu negativen Aussagen. Wenn ich nun im folgenden außer eigenen Beobachtungen nur solche von Forschern verwende, deren Standpunkt dem meinen ähnlich oder gleich ist, so geschieht dies nicht aus Engherzigkeit oder gar etwa, um Tatsachen zu verschweigen, die meinen Hypothesen widersprechen. Ich tue das nur, weil es nur in diesem Falle gelingt, zwischen den Zeilen zu lesen und eine der Selbstkritik ähnliche Kritik zu üben; weil es nur dann möglich ist, das Niedergelegte wirklich zu verstehen. Dazu ist es sehr nützlich, wenn man den Autor persönlich genau kennt. Wenn ich zum Beispiel irgendeine Beobachtung meines Freundes Horst Siewert lese, so weiß ich mit guter Annäherung an die Wirklichkeit, was das von ihm beobachtete Tier damals wirklich getan hat. Bei der Lektüre der in Lloyd Morgans Büchern niedergelegten Beobachtungen kann ich mir nur eine höchst unsichere Vorstellung hiervon machen. Damit ist natürlich gar nichts über den Wert der Beobachtungen verschiedener Autoren ausgesagt. Nur wäre es höchst irreführend, wollte man sie in gleicher Weise verwerten.

Aus diesen Gründen werde ich nachstehender Abhandlung außer

eigenen Beobachtungen nur die verhältnismäßig sehr weniger Tierbeobachter zugrunde legen. Unter diesen sei besonders mein väterlicher Freund Heinroth genannt, mit dessen Ansichten und Auffassungen über Tierseelenkunde die meinigen, schon bevor ich ihn kennenlernte, so weitgehend übereinstimmten, daß die Frage, wieviel von seinem geistigen Eigentume ich mir angeeignet habe, nicht mehr zu klären ist, glücklicherweise aber auch nicht geklärt zu werden braucht. Jedenfalls sei mir verziehen, wenn ich hier manchmal seine Gedanken ohne besondere Anführung seines Namens darlegen sollte.

4 Das Beobachtungsmaterial

Das Material zu den im folgenden verwerteten Beobachtungen und teils beabsichtigten, teils unbeabsichtigten Versuchen lieferten mir folgende Vögel, die ich im Laufe der Jahre *freifliegend* gehalten habe. (Ich gebe auch die Zahl der untersuchten Individuen an, da ich großen Wert darauf lege, von jeder Art möglichst viele Individuen zu halten, um mich vor falschen Verallgemeinerungen zu bewahren. Natürlich habe ich, besonders von den Arten, die mit besonders hohen Zahlen verzeichnet sind, nicht alle Stücke gleichzeitig gehalten, vielmehr erstreckten sich die Haltungsversuche über viele Jahre.) 15 Seidenreiher, 32 Nachtreiher, 3 Rallenreiher, 6 Weiße und 3 Schwarze Störche, viele Stockenten, viele Hochbrutenten, viele Türkenenten in der Domestikationsform, 2 Brautenten, 2 Graugänse, 2 Mäuse- und 1 Wespenbussard, 1 Kaiseradler, 7 Kormorane, 9 Turmfalken, ungefähr 1 Dutzend Goldfasane, 1 Mantelmöwe, 2 Flußseeschwalben, 2 große Gelbhaubenkakadus, 1 Amazonenpapagei, 7 Mönchssittiche, 20 Kolkraben, 4 Nebelkrähen und 1 Rabenkrähe, 7 Elstern, weit über 100 Dohlen, 2 Eichelhäher, 2 Alpendohlen, 2 graue Kardinäle und 3 Gimpel. Die in engerer Gefangenschaft beobachteten Vögel aufzuzählen erübrigt sich wohl, da die an solchen gewonnenen Beobachtungen hier nur wenig Verwendung finden werden.

Es sei mir eine angenehme Pflicht, an dieser Stelle allen jenen zu danken, die mich durch Überlassung lebender Vögel unterstützt haben. Vor allem sei den Leitern der Zoologischen Gärten Wien-Schönbrunn und Berlin für unschätzbare Unterstützung auf das innigste gedankt. Ferner Herrn Dr. Ernst Schüz, Rossitten, Herrn Frommhold, Essen, Fräulein Sylvia und Oberst August von Spieß, Hermannstadt (Sibiu), welch letzteren ich das wahrhaft fürstliche Geschenk von 12 Seidenreihern danke.

Wie man sieht, spielen in der Auswahl des Materials die domestizierten Formen eine sehr geringe Rolle. Nur mit großer Vorsicht werden die an ihnen gemachten Beobachtungen verwertet werden. Das hat folgenden Grund: Nach unserem Dafürhalten sollte das Schwergewicht der Bedeutung der gesamten Tierseelenkunde vorläufig mehr auf die Erforschung des triebmäßig Angeborenen als auf diejenige der variablen Handlungsweisen, des Erlernten und des Verstandesmäßigen, gelegt werden, vor allem, wie schon dargetan, deshalb, weil man in Unkenntnis des triebmäßigen Verhaltens eines Tieres nie weiß, wie weit seine Lernleistung und seine Intelligenzleistung gehen. An der Wichtigkeit der Erforschung der ererbten Verhaltensweisen wird ja auch niemand zweifeln. Nun zeigt sich aber bei näherem Studium der Triebhandlungen domestizierter Tiere und bei genauem Vergleich mit den zugehörigen Wildformen, insbesondere bei Vögeln, daß die Domestikation im Gebiete der Erbtriebe ganz ähnliche *Ausfallsmutationen erzeugt* wie auf körperlichem Gebiete. Der Versuch, an Haustieren Triebhandlungen zu studieren, mutet mich immer so ähnlich an, als wollte man an einem weißen Peking-Erpel Untersuchungen über Strukturfarben der Vogelfeder anstellen. Dabei wäre man im letzteren Falle noch insofern besser daran, weil man da die Ausfälle *sieht*, welchen Vorteil man bei der Untersuchung der Verhaltensweisen nicht genießt. Dabei muß man sich aber noch vor Augen halten, daß bei Vögeln noch der weitaus größte Teil des gesamten Verhaltens triebbedingt ist. Man kann natürlich mit einigem Geschick und biologischem Taktgefühl auch aus dem triebmäßigen Verhalten domestizierter Vögel in ähnlicher Weise dasjenige der Wildform rekonstruieren, wie man etwa aus den Färbungen verschiedener geschechter Hausenten, die an *verschiedenen* Stellen ihres Körpers weiße Flecken haben, die Wildfärbung wieder berechnen kann. Besonders gut gelingt dies Brückner in seiner Arbeit *Untersuchungen zur Tiersoziologie, insbesondere zur Auflösung der Familie*, die sich ausschließlich auf die Beobachtung von Haushühnern stützt. Er sagt zwar in seiner Einleitung: »Selbst wenn die primären sozialen Instinkte dieser Tiere abgebogen sein sollten, so hindert nichts, die jetzt bestehenden Verhältnisse zum Gegenstand einer Untersuchung zu machen.« Im übrigen bemüht er sich jedoch, und zwar mit dem besten Erfolg, abnorme Reaktionen nicht mit auszuwerten. Um aus seiner sonst ganz ausgezeichneten Arbeit einen Irrtum anzuführen, der typisch aus der Vernachlässigung der Art und Weise entspringt, in der Ausfallmutationen in Triebhandlungsketten erscheinen und »umhermendeln«, möchte ich folgende Angabe Brückners anführen: »Nicht alle Glucken führen gleich gut. Es gibt Glucken, die berühmt sind für ihre prächtige Art zu führen und die man sich zu diesem Zwecke ausleiht. Es gibt andere, die diese wichtige Aufgabe nur mangelhaft erledigen. Das ist Temperaments- und Persönlichkeitsfrage.« Dem ist entgegenzuhalten, daß man zwar vielleicht das stärkere oder schwächere mutative Ausfallen von arteigenen Triebhandlungen als Verschiedenheit der »Persönlichkeit« bezeichnen kann, sicher aber nicht als eine Verschiedenheit des Temperamentes. Jedenfalls ist festzustellen, daß *jede* gesunde Wildhenne, sei es Bankiva oder Goldfasan, selbstverständlich *vollkommen* dem *Ideal* der Glucke entspricht. Ein Elterntier, das sich seiner Aufgabe nur mangelhaft entledigt, gibt es innerhalb der normalen Variationsbreite einer Wildform *nicht* oder höchstens als eine nur in einem Individuum auftretende Mutante, die verdammt ist, ohne Erben zu bleiben.

Die Variabilität der domestizierten Formen gehorcht eigenen Gesetzen, die sicherlich ganz andere sind als die der normalen Wildform. Welche Faktoren mögen es wohl sein, die in der Erbmasse einer Art, beispielsweise der Stockente, die hübsche und an genau bestimmten Einzelheiten so reiche Gefiederung durch Jahrtausende festgehalten haben, die aber in der Domestikation ausfallen, so daß innerhalb so kurzer Zeit ein solch regelloses Mutieren der Färbung einsetzte? Wir wissen es nicht, und wenn wir die Gesetzmäßigkeiten der Verhaltensweisen von Haustieren untersuchen, so untersuchen wir Gesetzmäßigkeiten, die von solchen gänzlich anderer Art überschnitten und zum großen Teil aufgehoben werden. Dadurch liegen die Dinge zwar nicht chaotisch, aber durch das Gegeneinander zweier gänzlich verschiedener Prinzipien, von denen noch dazu das eine hart an die Pathologie grenzt, ergibt sich eine solche Komplikation, daß die geringen Vorteile der Untersuchung von Haustieren, die ja zum größten Teile in der Bequemlichkeit der Beschaffung und Haltung gelegen sind, mehr als wettgemacht werden. Bevor wir Variationen studieren, müssen wir das Grundmotiv, das variiert wird, kennen. Wenn ich auch die Haushuhn-Arbeiten von Katz, Schjelderup-Ebbe und in neuerer Zeit Brückner sehr bewundere und voll anerkenne, so wage ich doch mit voller Bestimmtheit die Behauptung, daß die allgemein wichtigen Ergebnisse dieser Arbeiten weit größer gewesen wären, wenn eine undomestizierte Form zum Versuchstier gewählt worden wäre, ich will einmal sagen, die Graugans statt des Haushuhns. Insbesondere gilt dies für die schon genannte Arbeit von Brückner über die Auflösung der Hühnerfamilie. Gerade die von Brückner beschriebene Form der Auflösung kommt nämlich *nur* der *domestizierten* Hühnerform zu. Nur die Haushenne jagt ihre Küken durch »Abhacken« von sich, denn nur die Haushenne beginnt mit neuem Legen, bevor die Küken sie freiwillig verlassen haben. In diesem Falle haben also die Küken noch die normalen Triebhandlungen der Wildform, die mit den durch die Züchtung auf ununterbrochenes Eierlegen verkürzten Brutpflegehandlungen der Henne nicht mehr harmonieren. Ein Wegbeißen der Jungen habe ich bei keiner einzigen undomestizierten Vogelform gesehen, wohl aber in verschiedenen Fällen, wo es im Schrifttum angegeben wird, nachweisen können, daß die Auflösung der Familie von den Jungen ausgeht. Genauso wie der Beginn der Elterntriebhandlungen dem derjenigen der Kinder entspricht und gemäß dem Bauplan des arteigenen Triebhandlungssystemes mit ihnen zusammenpaßt, hören sie auch harmonisch gleichzeitig auf, wenn nicht der Mensch aus dem Elterntier durch planmäßige Züchtung eine Eierlegmaschine gemacht hat. Wenn wir im Ablauf von Triebverschränkungen von Eltern und Kindern Reibungen sehen, liegt uns immer schon der Gedanke an Pathologisches nahe.

5 Die prinzipielle Einstellung zum Instinktproblem

Da die hier vertretenen Anschauungen und Hypothesen auf einer ganz bestimmten Einstellung zu den Fragen des Instinktproblemes aufgebaut sind, erscheint es notwendig, diese prinzipielle Einstellung in Kürze darzutun.

Es ist eine unter Biologen weitverbreitete Anschauung, daß instinktmäßiges Verhalten sozusagen ein phylogenetischer Vorläufer jener variableren Verhaltensweisen sei, die wir als »erlernt« oder als »einsichtig« bezeichnen (W. Köhler). Lloyd Morgan beschreibt in seinem Buche *Instinkt und Erfahrung*, wie erlerntes Verhalten in fließendem Übergange aus instinktmäßigem entstehen könne, indem die Erfahrung gegebene instinktive Grundlagen allmählich modifiziere und an bestimmte Ziele besser anpasse. Diese Anschauung Morgans wird von einer großen Zahl deutscher Tierpsychologen geteilt. Es ist eine undankbare Aufgabe, einer herrschenden Meinung entgegenzutreten, aber ich erachte es als Pflicht, sich nicht durch Autorität beeinflussen zu lassen.

Ich vertrete die Anschauung, daß die Instinkthandlung etwas fundamental anderes sei als alle anderen tierischen Verhaltensweisen, mögen diese nun einfache bedingte Reflexe, verwickelte Dressurhandlungen oder höchste, auf Einsicht beruhende Intelligenzleistungen sein. Ich vermag keine Trennungslinie zwischen reinen Instinkthandlungen und aus unbedingten Reflexen aufgebauten Reflexketten zu erblicken, wobei ich aber betonen muß, daß ich auch für den reinen Reflex eine strikt mechanistische bahntheoretische Erklärung ablehne. Ich betrachte die Instinkthandlung als *unhomolog* zu allen erworbenen oder einsichtigen Verhaltensweisen, mag die funktionelle Analogie in einzelnen Fällen noch so weit gehen. Ich glaube auch nicht an die Existenz genetischer Übergänge zwischen beiden Verhaltenstypen.

Diese Anschauungen entwickelte ich ursprünglich vollkommen naiv, als eine Selbstverständlichkeit, die, wie ich meinte, jedem praktischen Tierkenner in die Augen springen müßte. In meiner damaligen Unbelesenheit legte ich sie meinen ersten Arbeiten als selbstverständlich zugrunde, ohne sie besonders zu betonen.

Ich bin mir vollkommen bewußt, daß diese vorläufig nur als Arbeitshypothese aufgestellten Behauptungen beim heutigen Stande unseres Wissens nicht bewiesen werden können. Bevor ich daher die Tatsachen anführe, die mit meiner Anschauung im Einklang stehen und sie als *wahrscheinlich* erscheinen lassen, will ich beweisen, daß die herrschende Anschauung über die Beeinflußbarkeit der Instinkthandlungen durch Erfahrung rein dogmatisch ist und daß ihr noch viel weniger beweisendes Tatsachenmaterial zugrunde liegt.

Als klassisches Beispiel für adaptive Modifikation einer instinktiven Grundlage durch Hinzukommen von Erfahrung führt Morgan das Fliegenlernen junger Schwalben an.

Ich habe ernste Einwände dagegen, den allmählichen Fortschritt im Fliegenkönnen eines Jungvogels als endgültigen Beweis einer Beeinflußbarkeit der Instinkthandlung durch hinzukommende Erfahrung gelten zu lassen.

Erstens wäre zu fordern, daß in allen Fällen, wo von einem *Lern*-Vorgang gesprochen wird, ein bloßer *Reifungsvorgang* mit Sicherheit ausgeschlossen werde. Genau wie ein heranreifendes Organ kann die sich entwickelnde Instinkthandlung eines Jungtieres in Tätigkeit treten, *bevor* ihre Reifungsvorgänge abgeschlossen sind. Die Entwicklung einer triebmäßigen Reaktion und der zu ihrer Ausführung nötigen Organe müssen nicht notwendigerweise zeitlich zusammenfallen. Wenn die Entwicklung der Handlung der des Organes vorauseilt, ist der Tatbestand leicht zu durchschauen: Die Küken aller Entenvögel haben unverhältnismäßig kleine und gänzlich unverwendbare Flügel. Trotzdem zeigen sie in ihrer Kampfreaktion, die schon in den ersten Lebenstagen auslösbar ist, genau dieselbe Koordination der Flügelbewegungen wie die erwachsenen Tiere ihrer Art, die mit stark gewinkeltem Handgelenk auf den Feind eindreschen. Dabei sind die Flügel der Küken so unproportioniert kurz, daß sie bei der triebmäßig ererbten, auf die Abmessungen des erwachsenen Vogels abgestimmten Kampfstellung den Gegner überhaupt nicht mit dem Flügel berühren können. Wenn, umgekehrt, die Entwicklung des Organes früher beendet ist als die des Instinktes, der zu seinem Gebrauch die Anleitung gibt, so sind die Zusammenhänge nicht so offensichtlich. Bei vielen Vögeln, so auch bei Schwalben, viel deutlicher bei Großvögeln wie Störchen, Adlern u. ä., sind die Flugwerkzeuge funktionsfähig, bevor die Koordination der Flugbewegungen vorhanden ist. Wenn dann das Heranreifen dieser Koordinationen im Begriffe ist, die vorausgeeilte Entwicklung des Organes einzuholen, so sieht das Benehmen des Jungtieres ganz so aus, als lernte es, während in Wirklichkeit ein innerer Reifungsvorgang auf genau festgelegter Bahn fortschreitet. Auf einige wenige, neben diesen Reifungsvorgängen stattfindende Lernvorgänge werden wir noch zurückkommen.

Der Amerikaner Carmichael hat Embryonen von Amphibien in schwachen Chloretonlösungen dauernd narkotisiert gehalten, was merkwürdigerweise ihre körperliche Entwicklung nicht hemmte, aber sämtliche Bewegungen vollständig unterdrückte. Als er sie in späten Entwicklungsstadien »erwachen« ließ, unterschieden sich ihre Schwimmbewegungen in nichts von denen normaler Kontrolltiere, die diese Bewegungen seit vielen Tagen »geübt« hatten. Wir können natürlich mit Jungvögeln dieses Experiment nicht nachmachen, aber einige Tatsachen scheinen darauf hinzudeuten, daß auch hier die Verhältnisse ähnlich liegen. So verlassen die Jungen der Ringeltaube, *Columba palumbus*, das Nest sehr früh, wenn die Schwungfedern noch recht kurz und noch im Blutkiel sind. Bei der Felsentaube, bei der als Höhlenbrüter die Jungen im Neste offenbar weit weniger gefährdet sind als bei dem vorher genannten offenbrütenden Verwandten, tritt das Ausfliegen aus dem Nest erst ein, wenn Schwingen und Steuerfedern vollkommen ausgewachsen und verhornt sind. Obwohl nun Felsentauben in diesem Stadium noch gar keine Übung im Fliegen haben, gleichweit entwickelte Ringeltauben aber schon seit vielen Tagen umherfliegen, sieht man nicht den geringsten Unterschied in der Flugfähigkeit beider.

Mein zweiter Einwand ist der, daß weder Morgan noch einer der ihm folgenden Biologen die unleugbare Existenz einer Erscheinung berücksichtigten, die ich in einer früheren Arbeit[2] als *»Trieb-Dressurverschränkung«* bezeichnet habe. Es ist eine Eigentümlichkeit sehr vieler Verhaltensweisen der Vögel und anderer Tiere, daß in einer funktionell einheitlichen Handlungsfolge triebmäßig angeborene und individuell erworbene Glieder in gänzlich unvermittelter Weise aufeinanderfolgen. Die Vernachlässigung des eingeschalteten Dressurverhaltens muß notwendigerweise dazu führen, daß der rein triebmäßigen Handlung eine Veränderlichkeit zugeschrieben wird, die ihrem Wesen vollkommen fremd ist.

Eine Triebdressurverschränkung ist als eine Kette von vielen unbedingten Reflexen aufzufassen, zwischen denen ein bedingter Reflex eingeschaltet ist. Bei höherer Komplikation der Handlungsfolge können es auch mehrere sein. Besonders häufig *beginnt* eine derartige Verschränkung mit dem bedingten Reflex. Wie bei den einfachsten bedingten Reflexen, so ist auch bei verwickelten Triebdressurverschränkungen das Erworbene besonders häufig das *auslösende Moment der Reaktion*, in Gestalt einer Gruppe von Merkmalen, die das reagierende Subjekt zu einem Schema vereinigt. Dieses *erworbene* auslösende Schema bringt dann durch sein Ansprechen die im übrigen rein reflexmäßige Handlungsfolge in Gang. O. Koehler bezeichnet die Nomenklatur Pawlows als eine »Verwässerung des Reflexbegriffes«. Ich möchte dieser Ansicht durchaus beistimmen und vorschlagen, statt des Ausdruckes »bedingter Reflex« das Wort Reflex-Dressurverschränkung einzuführen und so die Zweiheit und Verschiedenheit der Faktoren zum Ausdruck zu bringen.

Ein Beispiel einer Triebdressurverschränkung bildet die Reaktion des Aufspießens der Beute beim Neuntöter, *Lanius collurio*. Dem Jungvogel dieser Art ist nämlich nicht etwa die ganze Handlungsfolge des Aufspießens eines Beutestückes in allen ihren Beziehungen angeboren, vielmehr fehlt ihm zunächst die triebmäßige Kenntnis des *Dornes*, auf den die Beute gespießt werden soll. Die gesamte Bewegungskoordination des Aufspießens hingegen ist angeboren, ebenso die Kenntnis der Tatsache, daß das Aufspießen an einem festen Gegenstand zu erfolgen hat. Der jungaufgezogene Neuntöter beginnt bald mit einem Bissen im Schnabel die Bewegungen des Aufspießens auszuführen, zunächst aber wahllos an irgendeiner Stelle seines Käfigs und selbst, wenn in diesem zum Aufspießen geeignete Dornen oder Nägel vorhanden sein sollten, ohne jede Berücksichtigung dieser Gebilde. Er fährt mit dem im Schnabel gehaltenen Fleischstückchen wischend an den Sitzstangen und Sprossen seines Käfigs auf und ab und vollführt von Zeit zu Zeit die eigentümlich ziehenden kleinen Ruckbewegungen, die zum eigentlichen Aufspießen im Bauplan der Triebhandlungskette vorgesehen sind. Diese Rucke erfolgen besonders dann, wenn der Vogel bei seinen Wischbewegungen auf Widerstand stößt. Diese zweckvolle Eigentümlichkeit bringt es mit sich, daß das ruckweise Ziehen dann sofort eintritt, wenn *rein zufällig* einmal der Bissen an einem Nagel oder Dorn hakt. In sehr kurzer Zeit *lernt* dann der Vogel die Dornen als Objekt seiner im übrigen rein angeborenen Triebhandlungskette kennen. Durch einen solchen, ausgesprochen einem *Lernen* gleichzusetzenden Vorgang werden nun in sehr vielen Fällen sozusagen Lücken in Triebhandlungsketten ausgefüllt, Stellen, an denen in Handlungsabläufe statt des betreffenden Gliedes des Ablaufes eine »Fähigkeit zum Erwerben« zwischen rein angeborene Glieder eingefügt ist.

Wenn wir bei verschiedenen Vogelarten jene Triebdressurverschränkungen miteinander vergleichen, denen analoge Funktionen zukommen, so finden wir häufig, daß bei der einen Art ein Glied dieser Handlungskette angeboren ist, bei der anderen das funktionell analoge Glied individuell erworben wird. Sehr deutlich ist dieses *vikariierende* Auftreten von etwas Angeborenem auf der einen Seite und einer Fähigkeit, die betreffende Verhaltensweise zu erlernen, auf der anderen beim Fliegen-»Lernen« junger Vögel. Da zeigt es sich, daß häufig bei der einen Art die Fähigkeit, Entfernungen richtig abzuschätzen und Landungspunkte zielsicher zu treffen, durchaus angeboren und ohne jede vorherige Übung sofort nach dem Verlassen des Nestes in größter Vollkommenheit vorhanden ist, während sie bei einer anderen in langdauerndem Lernen erworben werden muß. Oft ist dabei die Einwirkung eines biologischen Zwanges nachweisbar: Junge Rohrsänger, Wasserstare, aber auch manche Felsenvögel, bei denen allen das Verfehlen des Landungszieles von besonders schweren Folgen wäre, zeigen eine ganz besonders vollkommene angeborene Fähigkeit, das Landungsziel im Raum zu lokalisieren. Hingegen haben junge Kolkraben sowohl die Fähigkeit als auch bei ihrem sozusagen schrittweisen Verlassen des Nestes die Zeit, die entsprechenden Fähigkeiten individuell zu erwerben. Sehr wichtig ist bei vielen dieser Erwerbungsvorgänge jenes Verhalten, das wir mit Gross als *Spiel* bezeichnen. Wenn wir bei einer sich entwickelnden Verhaltensweise eines Jungtieres spielerische Betätigung beobachten können, so liegt uns stets die Vermutung nahe, daß in ihren Ablauf dressurvariable Glieder eingeschaltet seien.

Das deutlich *vikariierende* Auftreten von Instinkthandlung auf der einen Seite und erworbenen Verhaltensweisen auf der anderen läßt sie als *analoge Funktionen* im Sinne Werners erscheinen und macht das Vorhandensein von Übergängen zwischen beiden sehr unwahrscheinlich.

Zweifellos enthalten die Triebhandlungsketten geistig tiefstehender Tiere im allgemeinen weniger erworbene Glieder als diejenigen höherstehender Organismen. Wenn wir überhaupt die Frage aufwerfen sollen, in welcher Weise man sich das Verhalten beider im Laufe der Phylogenese vorzustellen hat, so möchte ich folgende Hypothese aufstellen: Instinktives Verhalten auf der einen, erlerntes und einsichtiges Verhalten auf der anderen Seite sind weder ontogenetisch noch phylogenetisch aufeinanderfolgende Stufen, sondern entsprechen zwei divergenten Entwicklungsrichtungen. Wo immer einer der beiden Verhaltenstypen eine besonders hohe Spezialisation erfahren hat, verdrängt er den anderen sehr weitgehend. In den Fällen, wo mit höherer Entwicklung von Lernfähigkeit und Einsicht die instinktmäßigen Verhaltensweisen schrittweise zurückgedrängt werden, halte ich einen allmählichen Übergang der ersteren in die letzteren für durchaus unbewiesen und glaube nicht an seine Möglichkeit. Ich meine, daß die starr triebmäßigen Glieder einer Handlungskette keineswegs mit höherer Entwicklung der Lernfähigkeit und des Intellektes plastischer und durch Erfahrung besser beeinflußbar werden. Vielmehr fallen sie, eins nach dem anderen, ganz aus und werden durch erworbene oder verstandesmäßige Verhaltensweisen ersetzt. Außerdem können bei Erhaltenbleiben der triebmäßigen Glieder neue, variable zwischen sie eingeschaltet werden. Wie alle phylogenetischen Hypothesen können wir auch diese nur durch Aufstellung von Typenreihen wahrscheinlich machen. *Daß* wir aber bei dem heutigen, ungemein niedrigen Stand unseres Wissens über die Instinkthandlungen höherer Tiere überhaupt imstande sind, Ansätze solcher Reihen aufzustellen, ist schon etwas. Für die Wahrscheinlichkeit der herrschenden Meinung von der allmählich stärker werdenden Beeinflussung der Instinkthandlung durch Erfahrung lassen sich keine derartigen Tatsachen erbringen. Als Versuch einer solchen Reihenbildung mögen die Versteckreaktionen zweier Rabenvögel nebeneinander gestellt werden. Die Dohle reagiert, wenn sie einen zu versteckenden Bissen im Schnabel hat, blind auf die von der Umgebung ausgehenden Reize und versteckt meist in dem tiefsten und finstersten der ihr gebotenen Winkel oder Löcher. Sie ist außerstande durch Erfahrung zu lernen, daß der Sinn der Versteckreaktion verloren geht, wenn sie sich von anderen Dohlen beim Verstecken zusehen läßt. Auch kommt sie nie dahinter, daß gewisse Örtlichkeiten ihren menschlichen Freunden unzugänglich und dort versteckte gestohlene Wertgegenstände vor ihnen sicher sind. Der nahe verwandte, aber an Lernfähigkeit und Intellekt ungleich höher stehende Kolkrabe lernt schon in früher Jugend, daß Verstecken nur einen Sinn hat, wenn einem niemand zusieht, und ebenso, daß Menschen mangels der Fähigkeit zu fliegen nicht überall hinkönnen. Bei ihm ist also das Wann und das Wo der Versteckhandlungen im Gegensatz zur Dohle nicht triebhaft festgelegt. In jeder anderen Hinsicht ist aber die Versteckreaktion des Raben ebenso starr wie die der Dohle. Die Bewegungskoordinationen selbst werden nie geändert, unterscheiden sich auch nicht von denen der Dohle. Experimentelle Veränderungen in den natürlichen Bedingungen des Handlungsablaufes zeigen auch beim Raben deutlich den vollkommenen Mangel an Zweckvorstellungen, der für die ererbten Triebhandlungen bezeichnend ist.

Ich vermute, daß wir bei genauer Untersuchung der Funktionspläne arteigener Triebhandlungen möglichst vieler und womöglich verwandter Arten viel bessere und deutlichere Reihenbildungen auffinden werden.

In der mehrfach zitierten früheren Arbeit habe ich die Instinktdefinition von Ziegler zu der meinen gemacht. Ich bin mir bewußt, daß diese auf Bahntheorie und Zentrenlehre aufgebaute Definition gewissen wichtigen ganzheitlichen Regulationserscheinungen nicht gerecht wird. Ich erinnere an die Versuche von Bethe, die eine weitgehende Regulationsfähigkeit der angeborenen Koordinationen der Gehbewegungen der verschiedensten Tiere nachweisen. Wenn ich damals die Starrheit der Triebhandlung so sehr betonte, so meinte ich ihre absolute Starrheit gegenüber den Einflüssen der

Erfahrung und des Intellektes. Ich betone, daß gerade Bethes Versuche in klarer Weise zeigen, daß die Regulationsfähigkeit der Instinkte eine Form der Plastizität ist, die mit *Lernen* und *Erfahrung* nichts zu tun hat. Wo die Koordination der Gangbewegungen in den Versuchen Bethes einer Regulation überhaupt fähig war, war die letztere *sofort* nach dem Eingriff in vollkommener Weise fertig! Die Behauptung, daß Instinkthandlungen der Erfahrung gegenüber unveränderlich seien, wird durch die Ergebnisse Bethes eher wahrscheinlicher als unwahrscheinlicher gemacht. Sie fügen sich gut der kurzen Instinktdefinition Drieschs: »Instinkt ist eine Reaktion, die von Anfang an vollendet ist.«

Die schwer zu beweisende negative Feststellung, daß die Triebhandlung durch Lernen unbeeinflußbar sei, ist natürlich keine Definition. Dennoch weiß ich nichts Besseres zu tun, als dieser einen negativen Aussage eine weitere hinzuzufügen, um so den Begriff dessen, was ich hier unter Triebhandlung oder Instinkthandlung verstehe, wenigstens etwas mehr einzuengen.

Eduard C. Tolman sagt in seinem ausgezeichneten Buche *Purposive behaviour in animals and men:* »Wo immer Lernfähigkeit in bezug auf ein bestimmtes Ziel auftritt (und wo, außer bei den allereinfachsten Tropismen und Reflexen, wäre dies nicht der Fall?), haben wir die objektive Erscheinung und Definition dessen, was man passenderweise als *Zweck* bezeichnet.« (Übers.)

Diese objektive Definition des Zweckes in der Terminologie der Benehmenslehre ist sehr wertvoll. Ich bin der Ansicht, daß man alle Arten *nichtinstinktiven* Verhaltens, sei es nun andressiert oder einsichtig, als »Zweckverhalten« zusammenfassen könnte. Die Instinkthandlungen jedoch ermangeln der zweckvollen Veränderlichkeit (»docility relative to some end«) in einer so in die Augen springenden Weise, daß diese »behaviouristische« Definition des Zweckes zu einer negativen Aussage über die Triebhandlung verwendet werden kann. Der Ansicht jedoch, daß »Lernfähigkeit in bezug auf ein bestimmtes Ziel« nur in den einfachsten Tropismen und Reflexen mangelt, muß ich aufs nachdrücklichste widersprechen. Es ist zu betonen, daß Ketten von Instinkthandlungen im allgemeinen um so starrer sind, je komplizierter sie sind. Die einfachen Umwendereaktionen eines Seesternes, eines Pantoffeltieres zeigen viel eher einige Plastizität als die Wabenbaureaktionen einer Biene. Uexküll hat einmal den Ausspruch getan: »Die Amöbe ist weniger Maschine als das Pferd.« Im gleichen Sinne können wir sagen, daß die hochspezialisierten Brutpflegehandlungen einer Hündin viel reiner und einwandfreier ihre Reflexnatur offenbaren als der einfache, aber bedingte Speichel-»Reflex« eines Pawlowschen Hundes. Wir finden unter den höher spezialisierten Triebhandlungen ebensowohl bedingte wie unbedingte Reflexe. Man kann aber wohl sagen, daß bei den am höchsten spezialisierten Handlungsketten, wie wir sie etwa bei den staatenbildenden Insekten finden, unbedingte Reflexe überwiegen.

Bei den weniger verwickelten Triebhandlungen höherer Wirbeltiere finden wir kaum je längere rein triebmäßige Handlungsketten, sondern meist hochkomplizierte Triebdressurverschränkungen. Daß diese häufig der Analyse durch die wenigen uns zu Gebote stehenden Forschungsmethoden nicht zugänglich sind und kaum je restlos aufgelöst werden dürften, ist kein Grund, die begriffliche Trennung der erworbenen und der reflexmäßigen Anteile nicht streng durchzuführen.

Noch ein zweites von Tolman definiertes Charakteristikum des Zweckbenehmens können wir zur Einengung unseres Begriffes der Triebhandlung verwenden. Tolman schreibt: »Auslösende Reize allein sind nicht genug; es werden außerdem gewisse Unterstützungen benötigt. Tierisches Verhalten (›behavior‹) kann nicht im leeren Raume verpuffen. Es benötigt eine ergänzende ›Unterstützung‹, etwas, das es aufrechterhält. Eine Ratte kann nicht ›einen Gang entlanglaufen‹ ohne einen wirklichen Fußboden, gegen den sie ihre Füße stemmt, wirkliche Wände, zwischen denen sie dahinsteuert.« (Übers.)

Man könnte kaum ein eindrucksvolleres Merkmal der Triebhandlung herausgreifen als ihre Eigentümlichkeit, bei Ausbleiben der artspezifischen Auslösung »im leeren Raum zu verpuffen«. Wenn unter den Bedingungen der Gefangenschaft eine Triebhandlung mangels des ihr adäquaten Reizes nie zur Auslösung kommt, so erniedrigt sich merkwürdigerweise die Schwelle dieses Reizes. Dies kann manchmal so weit gehen, daß die betreffende Triebhandlung schließlich *ohne* jeden nachweisbaren Reiz »losgeht«. Es ist, als würde die latent bleibende Verhaltensweise schließlich selbst zu einem inneren Reiz. Ich erinnere an das in meiner zitierten Arbeit beschriebene Beispiel des Stares, der die Handlungsfolgen der Fliegenjagd ohne Objekt vollständig durchführte. Man sollte meinen, daß das Vorhandensein von Fliegen die wichtigste und unerläßlichste »Verhaltensunterstützung« (behaviour support) im Sinne Tolmans für den Ablauf des Verhaltens bei der Fliegenjagd sei. Das wäre es auch, wenn beim Ablauf dieses Verhaltens irgendein dem Tiere gegebener »Zweck« vorhanden wäre. Der vollkommene Mangel eines solchen tritt auch hier zutage. Das Tier gehorcht keiner noch so dunklen Zweckvorstellung, sondern dem »blinden Plane« (Uexküll) seiner Triebhandlungen. Die Entwicklungshöhe und biologische Bedeutung dieses Plans hat so wenig mit den psychischen Fähigkeiten des Tieres zu tun wie die biologisch sinnvolle Gestaltung seines Körpers.

Diese hauptsächlich aus negativen Feststellungen aufgebaute Umgrenzung meines Begriffes der arteigenen Triebhandlung macht keinen Anspruch darauf, eine explizite Definition zu sein. Die hier festgelegten Anschauungen haben sich als Arbeitshypothesen bei der Analyse tierischen Verhaltens bereits bis zu einem gewissen Grade bewährt. Jedenfalls halten sie einer Kritik an Hand der bisher bekannten Tatsachen besser stand als die landläufigen Anschauungen von einem durch Erfahrung adaptiv modifizierbaren Instinkt. Wieweit sie weiterem Tatsachenmaterial gerecht werden, können wir bei unserem heutigen minimalen Wissen über das Instinktverhalten der höheren Tiere nicht voraussagen.

III Die Prägung des Objektes arteigener Triebhandlungen

Das *Erworbene* in Triebdressurverschränkungen ist besonders häufig das *Objekt* der angeborenen Handlungen, wie ich in der schon zitierten Arbeit[3] an einigen Beispielen darzutun versuchte. Während nun im allgemeinen die Erwerbung dieses Objektes einer Dressur gleichkommt, findet bei einer bestimmten Gruppe von objektlos angeborenen Triebhandlungen ein grundsätzlich anderer Erwerbungsvorgang statt, der nach meiner Meinung mit Lernen nicht gleichgesetzt werden darf. Es handelt sich um die Erwerbung des Objektes *der auf die Artgenossen bezüglichen Triebhandlungen.*

Für den Fernerstehenden ist es meist sehr überraschend, ja unglaublich, daß ein Vogel Artgenossen nicht angeborenermaßen und rein »instinktiv« unter allen Umständen als solche erkennt und entsprechend auf sie reagiert. Dies tun aber nur sehr wenige Vögel. *Im Gegensatz zu allen in dieser Hinsicht untersuchten Säugern erkennen isoliert jungaufgezogene Vögel der allermeisten Arten Artgenossen, mit denen man sie zusammenbringt, nicht als ihresgleichen,* d. h. sie lassen die normalerweise auf die Artgenossen ansprechenden Verhaltensweisen durch Artgenossen nicht auslösen. Hingegen bringen Jungvögel der allermeisten Arten die auf den Artgenossen bezüglichen Triebhandlungen *dem Menschen gegenüber*, wenn sie, von ihresgleichen isoliert, in menschlicher Pflege groß geworden sind.

Dieses Verhalten wirkt auf den Beobachter so absonderlich, so »verrückt«, daß jeder Einzelbeobachter, der beim Aufziehen junger Vögel mit dieser Erscheinung bekannt wird, zunächst an einen *pathologischen* Vorgang denkt, den er als »Gefangenschaftspsychose« oder sonstwie erklärt. Erst, wenn man diesem Verhalten wieder und wieder begegnet und bei durchaus gesunden Stücken der verschiedensten Vogelarten feststellen kann und auch sieht, daß es bei in völliger Freiheit groß gewordenen Tieren auftritt, kommt man langsam dahinter, daß es sich da um eine gesetzmäßige Reaktion handelt, daß den meisten Vogelarten *das Objekt der artgenossenbezüglichen Triebhandlungen nicht angeboren ist.* Es wird vielmehr dieses Objekt im Laufe des individuellen Lebens erworben, und zwar durch einen Vorgang, der so eigentümlich ist, daß wir ihn ausführlicher besprechen müssen.

Wenn wir das Ei eines Brachvogels, *Numenius,* oder einer Uferschnepfe, *Limosa,* im Brutofen zeitigen und das Junge gleich nach dem Ausschlüpfen in unsere Pflege nehmen, so zeigt sich, daß es von uns als Pflegeeltern nichts wissen will. Es flieht schon beim ersten Anblick des Menschen, und von den auf die Eltern gemünzten Triebhandlungen bekommen wir nichts zu sehen, außer möglicherweise bei fein abgestimmmten Attrappenversuchen, wie sie leider bisher von niemandem angestellt wurden. Bei diesen beiden Arten sowie noch bei manchen Nestflüchtern, die in sehr fortgeschrittenem Entwicklungszustande das Ei verlassen, sind diese Triebhandlungen *nur* durch artgleiche Altvögel auszulösen. In die Terminologie der Umweltforschung übersetzt: Der Jungvogel besitzt ein angeborenes »Schema« des Elterntieres, es ist ihm das Bild des Elterntieres in so vielen Merkmalen angeboren, daß seine Kindestriebhandlungen nur »artspezifisch« auf den artgleichen Altvogel ansprechen. Wie viele Merkmale das sind, können wir nämlich manchmal ganz gut bestimmen, in Fällen, wo es bei *Nachahmung* dieser Zeichen dann doch gelingt, Kindestriebhandlungen auszulösen.

Wenn wir nun statt des Brachvogels eine wenige Tage alte Graugans in unsere Pflege nehmen, die bis dahin bei ihren Eltern herangewachsen ist, so machen wir mit ihr dieselben Erfahrungen wie mit jenem. Auch bei ihr lassen sich dann irgendwelche Kindestriebhandlungen durch den Menschen nicht auslösen. *Ganz anders jedoch, wenn man eine Graugans sofort nach dem Schlüpfen selbst in Pflege nimmt.* Dann sprechen sämtliche auf die Eltern gemünzten Triebhandlungen *sofort* auf den Menschen an. Ja, man kann junge Graugänse, die man im Brutofen *künstlich* erbrütet hat, nur unter Beachtung ganz bestimmter Vorsichtsmaßregeln dazu bringen, daß sie mit einer Junge führenden Grauganskmutter mitlaufen. Sie dürfen nämlich zwischen Schlüpfen und dem Untergeschobenwerden unter die Gänsemutter den Menschen *nicht richtig zu sehen bekommen,* weil sonst ihr Nachfolgetrieb sofort auf den Menschen eingestellt ist. Heinroth hat dies in seiner Arbeit *Beiträge zur Biologie, insbesondere Psychologie und Ethologie der Anatiden* sehr genau beschrieben: »Häufig mußte ich den Versuch machen, im Brutapparat geschlüpfte Gänschen an ein ganz kleine Junge führendes Paar heranzubringen, und hierbei stößt man auf mancherlei Schwierigkeiten, die aber für das ganze psychische und instinktive Verhalten unserer Vögel recht bezeichnend sind. Öffnet man den Deckel eines Brutofens, in dem soeben junge Enten die Eier verlassen haben und trocken geworden sind, so drücken sie sich zunächst regungslos, um dann, wenn man sie anfassen will, blitzschnell davonzuschießen. Dabei springen sie häufig auf die Erde und verkriechen sich eilig unter umherstehenden Gegenständen, so daß man oft seine liebe Not hat, der kleinen Dinger habhaft zu werden. Ganz anders junge Gänse. Ohne Furcht zu verraten, schauen sie den Menschen ruhig an, haben nichts dagegen, daß man sie anfaßt, und wenn man sich auch nur ganz kurze Zeit mit ihnen beschäftigt, wird man sie so leicht nicht wieder los: Sie piepen jämmerlich, wenn man sich entfernt, und laufen einem bald getreulich nach. Ich habe es erlebt, daß so ein Ding, wenige Stunden, nachdem ich es dem Brutapparat entnommen hatte, zufrieden war, wenn es sich unter dem Stuhle, auf dem ich saß, niedertun konnte! Trägt man ein solches Gänseküken nun zu einer Gänsefamilie, bei der sich gleichalte Junge befinden, so gestaltet sich die Sache gewöhnlich folgendermaßen: Der herankommende Mensch wird von Vater und Mutter mißtrauisch betrachtet, und beide versuchen, mit ihren Jungen möglichst rasch ins Wasser zu kommen. Geht man nun sehr schnell auf sie zu, daß die Jungen keine Zeit mehr zum Entfliehen haben, so setzen sich natürlich die Alten wütend zur Wehr. Geschwind befördert man nun das kleine Waisenkind dazwischen und entfernt sich eilig. In ihrer großen Aufregung halten die Eltern natürlich den kleinen Neuling zunächst für ihr eignes Kind und wollen es schon in dem Augenblick vor dem Menschen verteidigen, wo sie es in seiner Hand hören und sehen. Doch das schlimme Ende kommt nach. *Dem jungen Gänschen fällt es gar nicht ein, in den beiden Alten Artgenossen zu sehen.* Es rennt piepend davon, und wenn zufällig ein Mensch vorüberkommt, so schließt es sich diesem an: es hält eben die Menschen für seine Eltern.« Des weiteren führt Heinroth aus, daß die Unterschiebung eines Gänschens gelingt, wenn man es sofort nach dem Herausnehmen aus dem Brutofen in einen Sack steckt, so daß es den Menschen erst gar nicht zu sehen bekommt. Er ist mit Recht der Ansicht, daß die neugeborenen Graugänse das erste Wesen, das sie gleichzeitig mit dem Licht der Welt erblicken, »wirklich in der Absicht ansehen, sich das Bild genau einzuprägen, denn wie schon erwähnt, scheinen diese niedlichen wolligen Dinger ihre Eltern auch nicht rein triebhaft als Artgenossen zu erkennen«.

Dieses Verhalten der jungen Graugans habe ich deshalb so ausführlich behandelt, weil es ein geradezu klassisches Beispiel dafür ist, wie einem Jungvogel das zu seinen Kindestriebhandlungen gehörige Objekt, dessen Kenntnis ihm *nicht* instinktiv angeboren ist, durch einen *einmaligen*

Eindruck aufgeprägt wird, für den er *nur in einer ganz bestimmten Periode seines Lebens empfänglich ist.* Wichtig ist ferner die Tatsache, daß die Graugans auf diesen Eindruck zu dieser Zeit der Empfänglichkeit offensichtlich »wartet«, das heißt, *den angeborenen Trieb hat, diese »Lücke« in ihrer Instinktausrüstung auszufüllen.* Außerdem ist zu betonen, daß die Gattung *Anser* ein Extrem darin darstellt, daß dem Neugeborenen so *wenige* Merkmale des Elternkumpanes angeboren sind: Außer einem triebhaften Ansprechen auf den arteigenen Warnton läßt sich eigentlich kein triebmäßiges Reagieren auf ein den Eltern zukommendes Merkmal nachweisen. Vor allem fehlt das so vielen kleinen Nestflüchtern eigene triebmäßige Ansprechen auf den Lockton der Eltern.

Der Vorgang dieses Einprägens des Objektes zu im übrigen angeborenen, auf einen Artgenossen gemünzten Triebhandlungen *unterscheidet sich wesentlich vom Erwerb des Objektes anderer Triebhandlungen,* deren auslösendes Schema nicht angeboren ist, sondern wie bei einem bedingten Reflex erworben wird. Während nämlich im letzteren Falle die Erwerbung des Objektes wohl immer einer Eigendressur, einem Lernvorgange gleichzusetzen ist, hat *der Vorgang der Objektprägung artgenossenbezüglicher Triebhandlungen eine Reihe von Zügen, die ihn von einem Lernen grundsätzlich unterscheiden.* Er besitzt auch in der Psychologie sämtlicher anderer Tiere, insbesondere der der Säugetiere, nicht seinesgleichen. Es sei jedoch an dieser Stelle auf gewisse Analogien zu pathologisch auftretenden Fixationen des Triebobjektes im *menschlichen* Seelenleben hingewiesen.

Was den Prägungsvorgang vom gewöhnlichen *Lernen* unterscheidet, sind folgende Umstände.

Erstens, daß der in Rede stehende Erwerb des Objektes angeborener Triebhandlungen nur zu einem eng umgrenzten Zeitabschnitt des individuellen Lebens stattfinden kann. Zum Zustandekommen der Einprägung des Objektes gehört also hier *ein ganz bestimmter physiologischer Entwicklungszustand* des Jungtieres.

Zweitens, daß die eingeprägte Kenntnis des Objektes der auf den Artgenossen bezüglichen Triebhandlungen *nach Verstreichen* der für die Art festgelegten physiologischen Prägungszeit sich *genauso verhält, als sei sie angeboren. Sie kann nämlich nicht vergessen werden!* Das Vergessenwerden ist aber, wie besonders Bühler betont, *ein wesentliches Merkmal alles Erlernten!* Natürlich ist es bei dem geringen Alter aller darüber angestellten Beobachtungen eigentlich noch nicht ganz angängig, die Unvergeßbarkeit dieser erworbenen Objekte endgültig festzustellen. Wir entnehmen die Berechtigung dazu der in vielen Fällen beobachteten Tatsache, daß Vögel, die vom Menschen aufgezogen und in ihren artgenossenbezüglichen Triebhandlungen auf diesen umgestellt werden, ihre Verhaltensweise auch dann nicht im geringsten ändern, wenn man sie jahrelang ohne menschlichen Umgang mit Artgenossen zusammenhält. Man kann sie dadurch ebensowenig dazu bringen, die Artgenossen für ihresgleichen zu halten, wie man einen altgefangenen Vogel veranlassen kann, im Menschen einen Artgenossen zu sehen. (Auf das scheinbar eine Ausnahme hiervon bildende Verhalten zu Ersatzobjekten will ich später eingehen.)

Diese beiden Tatsachen, erstens die Bestimmung des späteren Verhaltens zu einem bestimmten Zeitpunkt der Ontogenese durch eine Beeinflussung von außen, und zwar von den Artgenossen her, zweitens die Irreversibilität dieses Bestimmungsvorganges, bringen die Entwicklungsvorgänge des Systems der triebmäßigen Verhaltensweisen in eine merkwürdige Analogie zu Vorgängen, die aus der körperlichen Entwicklungslehre bekannt sind.

Wenn wir zu einem gewissen Zeitpunkt der Entwicklung an einem Froschkeimling Zellmaterial aus dem in der späteren Bauchregion gelegenen Ektoderm, das normalerweise in der weiteren Entwicklung des Keimes ein Stück Bauchhaut geliefert hätte, in der Region der späteren Neuralrinne in die Oberfläche einpflanzen, so entwickelt es sich situationsgemäß zu einem Stück Rückenmark. Die Zellen werden also von dem Organisationsprinzip ihrer Umgebung beeinflußt, was Spemann als »Induktion« bezeichnet. Die Möglichkeit einer Induktion von der Umgebung her zwingt uns, zwischen »prospektiver Potenz« und »prospektiver Bedeutung« einer Zelle zu unterscheiden. Die in Spemanns Versuch verpflanzten Ektodermzellen des Froschkeimes hatten die prospektive Bedeutung eines Stückes Bauchhaut; ohne das Eingreifen des Forschers hätten sie *nur* zu einer solchen werden können. Gleichzeitig hatten sie aber auch noch die normalerweise latent bleibende Fähigkeit, sich zu einem Stück Rückenmark zu entwickeln. Ihre prospektive Potenz war also weiter als ihre prospektive Bedeutung. Wenn wir aber einen ähnlichen Versuch zu einem späteren Zeitpunkt der Entwicklung wiederholen oder etwa die bereits zum Rükkenmark determinierten Bauchektodermzellen an ihren Herkunftsort *rückverpflanzen*, zeigt sich die prospektive Potenz mit der prospektiven Bedeutung identisch: wenn wir diese zweite Verpflanzung vornehmen, wird das, was ohne sie zum Rückenmark geworden wäre, auch an der ihm jetzt angewiesenen Stelle dasselbe, und unser Transplantationsversuch erzeugt ein Monstrum. Seine prospektive Bedeutung wird also durch den Einfluß der Umgebung, durch Induktion, festgelegt, »determiniert«. Das Zellenmaterial »weiß« also auch nicht ererbtermaßen, was aus ihm wird, es wird ihm vielmehr durch seinen Ort, durch seine Umgebung sein endgültiger Organcharakter aufgeprägt. Nach Vollendung dieser zu einer bestimmten

Entwicklungsphase stattfindenden Determination kann das Gewebe nicht mehr »vergessen«, wozu es bestimmt wurde. Das in die Bauchhaut rückverpflanzte präsumptive Rückenmark kann nicht mehr zur Bauchhaut »rückdeterminiert« werden! Es gibt aber auch Tiere, wie z. B. die Tunikaten, bei denen schon im Zweizellenstadium des Keimes jede der beiden Zellen vollkommen zu ihrem späteren Verhalten determiniert ist, wo nahezu gar keine Induktion stattfindet, wo eine Zelle des künstlich zerschnürten Zweizellenstadiums buchstäblich einen halben Organismus liefert, wo einzelne Zellkomplexe späterer Entwicklungsstufen isoliert immer nur dieselben Organe oder Organteile ergeben, die sie im Zusammenhange mit ihren Schwesterzellen ergeben hätten. Diese Zellen werden also nicht von ihrer Umgebung beeinflußt, sondern jede einzelne Zelle eines solchen Keimes »weiß« ererbtermaßen genau, was sie zu tun hat, und durch das Mosaik der so genau aufeinander eingestellten Verhaltensweisen der Teile kommt ein einheitlicher Organismus zustande, ohne daß die Teile einander weiter beeinflussen. Man bezeichnet daher auch solche Keime als »Mosaikkeime« im Gegensatz zu den früher beschriebenen »Regulativkeimen«.

Man könnte nun sehr gut von Mosaiktypen und Regulativtypen der Instinktsysteme sprechen; man könnte auch recht gut bei den Triebhandlungen, deren Objekt dem Tier nicht ererbtermaßen bekannt ist, sondern durch die Umgebung, vor allem durch die Artgenossen geprägt wird, von einer *induktiven Determination* sprechen. Der Leistungsplan des Instinktsystemes eines Tieres und der Leistungsplan seines Baues haben sehr viel Analoges.

Wenn eine junge Dohle von etwa 14 Tagen ihre Kindestriebhandlungen gegen ihre Eltern, also gegen Dohlen richtet, so haben diese für den Jungvogel die prospektive Bedeutung der Eltern, der Artgenossen. Doch besitzen die arteigenen, artgenossenbezüglichen Triebhandlungen zu dieser Zeit noch eine viel weitere prospektive Potenz der Objektwahl. Das bereits als solches funktionierende Objekt, die Eltern, können bei der Jungdohle also noch verdrängt werden. Aus dem Neste genommen, ist sie zunächst gegen den Menschen schüchtern und drückt sich vor ihm. Sie kennt also sehr wohl schon den Anblick ihrer Eltern. Trotzdem läßt sich der Elternkumpan, das Objekt der Kindestriebhandlungen, noch in anderem Sinne umdeterminieren. Nach wenigen Stunden sperrt die Dohle gegen den Menschen, nach etwa zwanzig Tagen ist sie flügge und richtet nun ihren Nachfliegetrieb auf den Menschen und ist nun in ihren Kindestrieben nicht mehr »auf Dohle« rückdeterminierbar. Im gleichen Alter ist die bei ihren Eltern verbliebene Jungdohle auch nicht mehr auf den Menschen umzuprägen. Prospektive Bedeutung und prospektive Potenz des Objektes fallen nun zusammen.

Wir müssen also in der Zeit der Entwicklung der objektlos ererbten Triebhandlungen zwei Abschnitte unterscheiden. Einen anfänglichen, meist sehr kurzen, während dessen der Vogel das Objekt zur ererbten Handlung sucht, und einen zweiten längeren, während dessen er zwar schon ein Objekt gefunden hat, auf das seine Triebe ansprechen, eine »Umdetermination« aber noch möglich ist. Bei manchen Vögeln, wie bei den erwähnten Nestflüchtern, bei denen ein einmaliger Eindruck determinierend wirkt, ist der zweite Abschnitt extrem kurz. Es ist bei ihnen sozusagen die ganze geistige Entwicklung, die die Nesthocker während ihrer langen Nestzeit durchmachen, auf die wenigen Stunden zusammengedrängt, die auch der Nestflüchter im Neste verbleibt.

Die kürzeste und im kürzesten Abstand auf das Verlassen des Eies folgende Zeit der Prägbarkeit der ohne Kenntnis des Objektes angeborenen Kindestriebhandlungen finden wir, wie bereits angedeutet, bei den Nestflüchtern der verschiedensten Gruppen. Von Stockente, Jagdfasan und Rebhuhn kann ich aus eigener Erfahrung versichern, daß die Jungvögel, die nur wenige Stunden hindurch ihrer Mutter nachgelaufen sind, ihren Nachfolgetrieb nicht mehr auf den Menschen übertragen können. Man kann diese Arten daher nur dann gut aufziehen, wenn man sie künstlich erbrütet, sonst löst der Mensch in ihnen so heftige Fluchtreaktionen aus, daß die Jungvögel darüber leicht das Fressen vergessen und eingehen. Ich halte es für sehr möglich, daß ein *einmaliges* Ausgelöstwerden der Nachfolgereaktion die Prägung auf das Aussehen der Mutter vollziehen kann. Besonders glaube ich das vom Rebhuhn, denn ich habe von Bauern ausgemähte Rebhuhnküken aufzuziehen versucht, die noch nicht dauernd stehen konnten, sondern sich noch nach jedem durchlaufenen Stückchen auf die Fersen setzen mußten. Dieses mir wohlbekannte Stadium dauert nur einige Stunden nach dem Trockenwerden, und die Henne führt ihre Kinder während dieser Zeit nur wenige Meter weit. Trotzdem gingen diese Rebhühnchen ein, da sie sich sofort drückten oder flohen, sowie man sie zum Füttern ins Helle setzte. Sie fraßen erst, als sie bereits zu geschwächt zum Weiterleben waren. Erbrütet man hingegen Rebhühner künstlich, so sind sie sofort zahm gegen den Pfleger und leicht aufzuziehen.

Der Zeitpunkt der induktiven Determination, der Prägung des Objektes der ererbten, auf den Artgenossen gemünzten Triebhandlungen, ist nun in den meisten Fällen durchaus nicht so leicht zu ermitteln wie bei den Kindestrieben der Graugans oder eines Rebhuhnes, und zwar aus zwei Gründen.

Erstens kann die Feststellung dieses Zeitpunktes dadurch erschwert sein, daß durch eine größere Zahl von angeborenen Merkmalen die Prägung auf das artgemäße Objekt erleichtert, die auf ein anderes erschwert wird. Das angeborene positive Reagieren des Jungvogels auf solche Merkmale bringt es mit sich, daß der bisher auf ein nicht artgemäßes Objekt reagierende Jungvogel noch zu einer Zeit auf den Artgenossen umgestellt werden kann, zu der der umgekehrte Vorgang nicht mehr möglich ist. Dadurch, daß beispielsweise ein junger Goldfasan auf den Lockton der Goldfasanenhenne triebmäßig anspricht, d. h. ausgesprochen auf die Schallquelle zuläuft (was eben die kleine Graugans gerade *nicht* tut!), ist die Möglichkeit gegeben, den menschengewöhnten Fasan in einem Entwicklungszustand an die Henne rückzugewöhnen, in dem die »Transplantation« von Fasanhenne auf Mensch nicht mehr gelingt. Interessant wären da Versuche mit wirklich gut zur Nachahmung von Vogellauten begabten Menschen, zu denen ich unglücklicherweise ganz und gar nicht gehöre.

Eine zweite Erschwerung für die genaue Ermittlung des Zeitpunktes der Prägung liegt darin, daß die Zeit der Objektprägung einer Triebhandlung zuweilen die einer anderen Triebhandlung zeitlich überschneidet. Dieses merkwürdige Verhalten scheint bei Nesthockern nicht selten zu sein. Insbesondere bei Sperlingsvögeln habe ich beobachtet, daß Stücke, die man verhältnismäßig spät in Pflege nimmt, wohl noch mit ihren Kindestriebhandlungen auf den Menschen ansprechen, aber späterhin ihre ebenfalls objektlos ererbten geschlechtlichen Triebe gegen Artgenossen richten. Besonders fiel mir dies auf, als ich einmal gleichalte Jungdohlen hatte, von denen drei als nackte Junge, die sechs anderen erst knapp vor dem Ausfliegen in meine Hände gekommen waren. Solange die Dohlen gegen mich sperrten, waren alle gleich zahm gegen mich. Nach dem Erlöschen der Kindestriebhandlungen aber wurden die spät gefangenen Stücke sehr rasch scheu gegen mich, während die drei anderen mich anzubalzen begannen. Es scheint danach, als ob bei der Dohle die Objektprägung der geschlechtlichen Triebe *vor* der endgültigen Determination der Kindestriebhandlungen stattfände. Ganz abgeschlossen scheint sie nicht zu sein, da ich in einigen Fällen zu dieser Zeit eine Umprägung »auf Dohle« verzeichnen konnte, was später niemals stattfand.

Die Einstellung verschiedener, auf den Artgenossen bezüglichen Leistungskreise auf das zugehörige Objekt findet zu verschiedenen Zeitpunkten im Laufe der Entwicklung des Individuums statt. Dies ist hier für uns sehr wichtig: Es ist einer der Gründe dafür, daß unter den Bedingungen der Gefangenschaft, im gewollten oder ungewollten Versuch, die verschiedenen Leistungskreise auf verschiedene Objekte eingestellt werden können. So besaß ich eine ganz allein aufgezogene junge Dohle, die mit allen artgenossenbezüglichen Verhaltensweisen auf den Menschen umgestellt war, mit Ausnahme von zwei Funktionskreisen: den Reaktionen des Mitfliegens in der Schar und denen des Fütterns und Betreuens artgleicher Jungvögel. Die ersteren waren in der Zeit des Erwachens des Herdentriebes auf Nebelkrähen geprägt worden, die diese Dohle als erste fliegende Rabenvögel kennenlernte. Sie flog auch dann noch dauernd mit den freilebenden Nebelkrähen, als der von ihr bewohnte Bodenraum außer ihr noch einer ganzen Schar weiterer Dohlen zum Aufenthalt diente. Als Flug-Kumpane kamen diese für sie nicht in Betracht. Jeden Morgen, nachdem ich die Vögel freigelassen hatte, schraubte sich diese Dohle hoch in die Luft und begab sich auf die Suche nach ihren Krähen-Flugkumpanen, die sie stets zielbewußt zu finden wußte. Zur Zeit der Jungenaufzucht jedoch adoptierte sie sehr plötzlich eine eben flügge Jungdohle, die sie in vollkommen artgemäßer Weise führte und fütterte. Es ist eigentlich selbstverständlich, daß das Objekt der Pflegetriebhandlungen angeboren sein *muß*. Es kann ja gar nicht vorher durch Prägung erworben werden, da doch die eigenen kleinen Jungen die ersten sind, die der Vogel zu sehen bekommt. In der Umwelt dieser Dohle trat also der Mensch als Eltern- und als Geschlechtskumpan, die Nebelkrähe als Flugkumpan und die junge Dohle als Kindkumpan ein!

Da die Prägung, die den artgenossenbezüglichen Triebhandlungen des Jungvogels das Objekt zu weisen hat, häufig nur durch den Einfluß von Eltern und Geschwistern zustande kommt und trotzdem das Verhalten des Jungvogels zu *allen* Artgenossen bestimmen muß, so müssen wie in dem angeborenen, so auch hier in dem *geprägten* Schema des Artgenossen nur *überindividuelle*, artkennzeichnende Merkmale aus dem Bilde der Eltern und Geschwister herausgegriffen und für immer eingeprägt werden. Daß dies bei dem normalen artgemäßen Prägungsvorgang gelingt, ist schon wunderbar genug; höchst merkwürdig ist es aber, daß der vom Menschen aufgezogene und »auf Mensch« umgestellte Vogel seine artgenossenbezüglichen Triebhandlungen nicht gegen *einen* Menschen, sondern gegen die Art Homo sapiens richtet. So richtet eine Dohle, der ein Mensch den Elternkumpan ersetzte und die vollständig »Menschenvogel« geworden ist, ihre erwachenden geschlechtlichen Triebe nicht etwa gegen den früheren Elternkumpan, sondern vielmehr mit der vollkommenen Unberechenbarkeit des Sich-Verliebens ganz plötzlich gegen *irgend*einen verhältnismäßig fremden Menschen, gleich welchen Geschlechts, *ganz sicher aber gegen einen Menschen*. Es scheint sogar, als ob der frühere Elternkumpan als »Gatte« nicht in Erwägung käme. Woran aber bestimmt so ein Vogel unsere Artgenossen als »Menschen«? Hier harren noch eine ganze Reihe hochinteressanter Fragen der Beantwortung!

Im Anschluß müssen wir noch kurz besprechen, von *welchen* Artgenossen die Reize ausgehen, die eine induktive Festlegung des Objektes einer Triebhandlungskette bewirken.

In Fällen, wo die Objektprägung der Ausführung der Triebhandlung zeitlich weit vorausgeht, muß selbstverständlich die Prägung durch einen Artgenossen induziert werden, der in einem anderen Funktionskreis zu dem Vogel in Beziehungen steht als in demjenigen, für den er die Objektprägung induziert. So geht bei Dohlen wohl sicher die Prägung der geschlechtlichen Triebhandlungen vom Elternkumpan aus, wenigstens werden Jungdohlen in ihrem geschlechtlichen Verhalten auch dann auf den Menschen umgestellt, wenn sie zusammen mit vielen Geschwisterkumpanen aufgezogen werden, woferne nur der Mensch sich so viel mit ihnen abgibt, daß er als vollwertiger Elternkumpan eintritt. Bei Heinroth zeigten sich noch viele andere Vögel, die mit mehreren Geschwistern zusammen heranwuchsen, geschlechtlich auf den Menschen umgestellt, so Uhu, Kolkrabe, Rebhuhn u. a. m.

Andererseits gibt es Formen, bei denen die *Geschwister* das spätere geschlechtliche Verhalten bestimmen. Die S. 153 erwähnten, von mir sehr ausführlich bemutterten Stockenten erwiesen sich als geschlechtlich völlig normal, während ein mit ihnen aufgezogener Türkenerpel geschlechtlich »auf Stockente« geprägt war. Da diese artlich gemischte Geschwistergemeinschaft bis ins nächste Frühjahr hinein zusammenblieb, vermag ich auf die Frage nach dem »Wann« der Prägung keine Angaben zu machen, beabsichtige jedoch in nächster Zeit genaue Versuche zu ihrer Klärung anzustellen, und zwar ebenfalls mit den leicht züchtbaren Gattungen *Cairina* und *Anas*.

Von ihresgleichen ganz isoliert aufgezogene Vögel schlagen häufig in allen ihren Trieben auf den Menschen um, auch dort, wo die Objektprägung normalerweise vom Geschwisterkumpan ausgeht. Da der Mensch, wie später zu besprechen, nie als Geschwisterkumpan eintritt, scheint der Prägungsvorgang nicht unbedingt an einen bestimmten Kumpan gebunden zu sein.

IV Das angeborene Schema des Kumpans

Wir haben im ersten Kapitel S. 116 festgestellt, daß die angeborenen auslösenden Schemata vieler objektgerichteter Triebhandlungen oft keinerlei Zusammenhang miteinander zeigen, da jedes von ihnen auf andere Merkmale des Objektes anspricht und von dem Ansprechen der übrigen durchaus unabhängig ist. Wir konnten zeigen, daß diese Unabhängigkeit bei jenen Triebhandlungen besonders groß ist, deren Objekt der *Artgenosse* bildet.

Durch die Prägung erwirbt der Vogel ein anders geartetes Schema des artgleichen Tieres, das sich ebenso wie ein durch Lernen erworbenes Schema von den angeborenen Auslöse-Schemata arteigener Triebhandlungen durch großen Reichtum an Merkmalen auszeichnet.

Angeborenes Schema und erworbenes Schema eines Artgenossen bilden unter natürlichen Umständen eine funktionelle Einheit. Nur unter den Bedingungen des Experimentes lassen sich die Triebhandlungen, die auf einen Artgenossen gerichtet sind, auf verschiedene Objekte verteilen. Im Freileben der Art ist es das geprägte Kumpanschema, das die durch angeborene Schemata auslösbaren Triebhandlungen, die unbedingte Reflexe darstellen, zu einheitlicher Funktion zusammenfaßt. Die Komplexgestalt des erworbenen Kumpanschemas fügt sich zwischen die einzelnen, voneinander unabhängigen Auslöse-Schemata einzelner Triebhandlungen ein, wie ein Ausnähbild für Kinder sich zwischen die vorgestochenen Löcher einfügt, die an sich keine Beziehungen zueinander haben und nur durch einen Funktionsplan zusammengefaßt werden, dessen Ganzheitlichkeit von einer andern Seite her bestimmt wird. Von einem einheitlichen, angeborenen Schema eines Kumpans dürfen wir nur unter der Voraussetzung reden, daß ein artgemäßer Prägungsvorgang die unabhängig voneinander ererbten Zeichen des Kumpans zu einem Schema zusammenfügt. Umgekehrt ist aber das geprägte Kumpanschema in seiner Entstehung von dem angeborenen abhängig. Stets ist es ja das Ansprechen einer oder mehrerer Triebhandlungen mit angeborenem Auslöse-Schema, das den Prägungsvorgang auf ein bestimmtes Objekt richtet. Ich erinnere an die jungen Rebhühner, bei denen ein einmaliges Ansprechen der Nachfolgereaktion, deren Auslöser der triebmäßig erkannte Führungston der Mutter ist, die Prägung auf die Komplexqualität des Mutterkumpans endgültig festlegt. Die angeborenen Teilschemata geben sozusagen einen Rahmen von unabhängig voneinander im leeren Raum fixierten Punkten, zwischen die das zu prägende Schema irgendwie »hineingepreßt wird«, wie Uexküll sich ausdrückt.

Wie Instinkthandlung und erworbene Handlung, so bilden auch angeborenes und erworbenes Schema eine funktionelle Einheit, deren Komponenten sich unvermittelt und subjektiv beziehungslos aneinanderfügen und von Art zu Art vikariieren können. Dieses Vikariieren kann bei verschiedenen Formen von Vögeln so weit gehen, daß bei der einen das geprägte, bei der anderen Art das angeborene Schema des Artgenossen bis zum Verschwinden in den Hintergrund gedrängt wird.

Im ersteren Falle bilden die angeborenen Triebhandlungen ein »Mosaik«, das nur in der S. 120 geschilderten Weise durch die Auslöser des Objektes zu einheitlicher Wirkung gebracht wird. In diesem Grenzfall bildet der Artgenosse in dem Funktionskreis jeder einzelnen Triebhandlung, der ein besonderes Auslöseschema zukommt, ein anderes Umweltding, einen anderen Kumpan. Wir dürfen also bei solchen Vögeln genaugenommen gar nicht von z. B. »Elternkumpan« reden, wie wir es im folgenden tun wollen, da das Elterntier in der Umwelt des Jungvogels einmal als »Fütterkumpan«, einmal als »Wärmekumpan«, »Führerkumpan« usw.) stets als etwas Neues auftritt. Einen solchen extremen »Mosaiktypus« der auf den Artgenossen gerichteten Verhaltensweisen stellt der S. 140 geschilderte junge Brachvogel dar.

Wo hingegen das blinde Reagieren auf artspezifische Auslöser nicht so ausschlaggebend ist, wo das geprägte, überhaupt das erworbene Schema eines Artgenossen mehr in den Vordergrund tritt, ist zweifellos in der Umwelt des Tieres der Artgenosse viel einheitlicher. Besonders gilt das dort, wo das persönliche Erkennen eines bestimmten individuellen Kumpans eine Rolle spielt. Wenn bei den Graugänsen Geschwister Jahre hindurch befreundet bleiben, obwohl sie sich so gut wie nie verheiraten, wenn bei anderen Entenvögeln die Kinder zu den Eltern jahrelang in freundschaftlichen Beziehungen bleiben und, auch wenn sie selbst schon Junge gehabt haben, im Herbste wieder alte Familienbeziehungen aufnehmen, entspricht das Umweltbild des Artgenossen wiederum nicht genau dem Begriffe des »Kumpans«, diesmal aber aus entgegengesetzten Gründen.

Es ist erstaunlich, daß wir hier innerhalb einer Klasse von Wirbeltieren auf der einen Seite ein Verhalten finden, das sich an das starre Triebverhalten niederer Wirbelloser eng anschließt, andererseits aber ein solches, das an die entsprechenden Verhaltensweisen des Menschen anklingt. Gerade das macht die Beobachtung der Vögel wertvoll.

Der extreme »Mosaiktypus« des Brachvogels und der extreme »Regulativtypus« der Graugans stellen seltene Grenzfälle dar, zwischen denen es alle denkbaren Zwischenstufen des Vikariierens von angeborenem und erworbenem Artgenossenschema gibt. Bei nicht artgemäßer Prägung ergeben sich in solchen Fällen oft sehr lehrreiche Unstimmigkeiten im Verhalten der Tiere zum Kumpan. Auch dort, wo das erworbene Kumpanschema eine große Rolle spielt, verhindert dies nicht, daß angeborene Auslöseschemata ansprechen. Dadurch kommt ein widerspruchsvolles Verhalten des Tieres zustande, das in seinem gänzlichen Mangel an Folgerichtigkeit sehr deutlich zeigt, in welcher Weise durch die unnormale Prägung der arteigene Funktionsplan von angeborenem und erworbenem Kumpanschema gestört wurde. Eine Dohle, die in allen Verhaltensweisen mit erworbenem Objekt auf den Menschen eingestellt ist, dem menschlichen Pfleger freundlich, anderen Dohlen feindlich gesinnt ist, reagiert dennoch mit der arteigenen Verteidigungsreaktion, wenn der Pfleger eine der anderen Dohlen ergreift. Umgekehrt kann auch das Fehlen eines arteigenen Auslösers an einem erworbenen, nicht artgemäßen Kumpan eine ähnliche Störung der Folgerichtigkeit des Verhaltens erzeugen. Eine weiße Störchin war in der Schönbrunner Menagerie mit einem Schwarzstorchmännchen verheiratet und baute mit ihm alljährlich ein Nest. Die Begrüßungszeremonien beim Betreten des Nestes sind bei beiden Arten etwas verschieden, beim Weißstorch erfolgen sie unter dem bekannten Klappern, beim Schwarzstorch unter eigentümlichen Zischlauten. Diese Ungleichheit hatte zur Folge, daß das in Rede stehende, seit Jahren verheiratete Paar immer wieder bei der Begrüßungszeremonie mißtrauisch und ängstlich wurde. Besonders die Weißstörchin schien oft drauf und dran, über den Gatten herzufallen, wenn er durchaus nicht klappern wollte. Ähnliche Unstimmigkeiten beschreibt Heinroth von einem Mischpaar aus Felsen- und Ringeltaube.

Es wäre falsch, für Arten, die wie die Graugans sehr wenige Zeichen des Elternkumpans angeborenermaßen kennen, die Behauptung aufzustellen, daß sie gar kein angeborenes Schema hätten. Nur ist bei solchen Formen das Schema wegen der *geringen Zahl* der Zeichen *ungeheuer weit*. Für die neugeborene Graugans, die noch kein Objekt für ihren Nachfolgetrieb besitzt, kann ja auch nicht *irgendein* Gegenstand zum Führerkumpan werden, vielmehr muß dieser Gegenstand gewisse Eigenschaften besitzen, die zur Auslösung des Nachfolgens notwendig sind. Vor allem muß er sich bewegen. Leben braucht er nicht gerade, denn es sind Fälle bekannt geworden, wo ganz junge Graugänse sich an *Boote* anzuschließen versuchten. Auch eine bestimmte Größe des Kumpans ist also offenbar kein »Zeichen«, das im angeborenen Schema enthalten ist.

Man müßte Versuche darüber anstellen, innerhalb welcher Grenzen die Größe des Gegenstandes schwanken kann, der so den Nachfolgetrieb der jungen Graugans auslöst, und auch die Wirkung verschiedener Formenverhältnisse untersuchen.

Ein in diesem Sinne interessantes und von dem eben beschriebenen Verhalten der jungen Graugänse doch recht abweichendes Verhalten zeigte ein Wellensittich, *Melopsittacus*, mit dem ich im Frühjahr 1933 Versuche anstellte. Das Tier wurde im Alter von einer Woche dem Neste entnommen und isoliert aufgezogen. Es befand sich dabei bis zum Flüggewerden in einem undurchsichtigen Behälter, so daß es die ihn pflegenden Menschen möglichst wenig zu sehen bekam. Nach dem Flüggewerden wurde es in einem Käfig untergebracht, in dem an einem federnden Stiel eine weißblaue Zelluloidkugel so angebracht war, daß sie schon beim gewöhnlichen Umherklettern und -fliegen des Vogels in leichte Bewegung geriet. Diese Versuchsanordnung hatte ich nicht frei erfunden, sondern ich hatte einige

Zeit vorher bei dem Wiener Wellensittichzüchter Grasl einen allein aufgezogenen, sprechenden Wellensittich kennengelernt, der eine an der Dekke seines Käfigs angebrachte Wellensittich-Attrappe anbalzte. Da ich überzeugt war, daß das angeborene Kumpanschema des Sittichs viel zu zeichenarm sei, um eine derartige genaue Nachahmung eines Artgenossen wirklich nötig zu machen, wählte ich zum ersten Versuch als Grenzfall eines einfachsten Gegenstandes die Zelluloidkugel. Meine Absicht, die geselligen Triebhandlungen des Sittichs auf die Kugel zu übertragen, gelang ohne weiteres. Schon sehr bald hielt sich der Vogel dauernd in der Nähe der schwingenden Kugel auf, setzte sich nur dicht neben ihr zur Ruhe und vollführte dann auch an ihr die Triebhandlungen der »sozialen Hautpflege«, die wir im gegenseitigen Gefiederkrauen aller Papageien zu sehen haben. Er vollführte mit großer Genauigkeit die Bewegungskoordinationen des Putzens kleiner Federn, obwohl die Kugel natürlich keine solchen hatte. Andererseits aber bot er der Kugel, nachdem er sie eine Weile so gekraut hatte, mit der bekannten Bewegung des zum Krauen auffordernden Papageien den Nacken dar, und manchmal gelang es ihm geradezu, sich von der noch schwingenden Kugel tatsächlich im Nacken krauen zu lassen.

Eine Beobachtung spricht dafür, daß das *räumliche* Schema des Artgenossen dem Sittich doch in mehr Einzelheiten angeboren ist als der Graugans: der Vogel behandelte die Kugel in jeder Hinsicht, als sei sie der *Kopf* eines Artgenossen. Alle Aufmerksamkeiten, die er ihr erwies, waren solche, die sich im normalen Triebablauf von *Melopsittacus* auf den Kopf des Artgenossen beziehen. Befestigte man die Kugel nahe am Gitter des Käfigs, so daß es dem Vogel freistand, sich in beliebigem Höhenverhältnis zur Kugel an diese anzuklammern, so tat er dies stets so, daß er sie genau in Kopfhöhe vor sich hatte. Befestigte man sie über einem waagerechten Sitzholz, das die Sitzhöhe des Vogels festlegte, so, daß er sie unter Kopfhöhe vor sich hatte, so wußte er nichts Rechtes mit ihr anzufangen und zeigte deutlich »Verlegenheitsaffekt«. Löste man die Kugel von ihrer Befestigung und warf sie einfach auf den Boden des Käfigs, so reagierte der Vogel mit Verstummen und dauerndem gedrückten Stillesitzen, ganz wie Wellensittiche auf den Tod ihres einzigen artgleichen Käfiggenossen zu reagieren pflegen.

Die einzige nicht auf den Kopf, sondern auf den Körper des Artgenossen gerichtete Triebhandlung, die ich an diesem Wellensittich beobachten konnte, war folgende: Balzende Wellensittichmännchen pflegen, während sie unter aufgeregtem Schwatzen vor ihrem Weibchen auf- und abtrippeln, mit dem einen Fuß nach dem Körper, meist nach der Bürzelgegend, des Weibchens zu greifen. Als mein Sittich etwas älter war und seine Kugel nun auch anzubalzen begann, sah ich diese Verhaltenweise besonders dann, wenn ich die die Kugel haltende Feder so anordnete, daß die Kugel an ihrem nach oben gerichteten Ende pendelte. Wenn der Sittich dann die Kugel umkoste, so trat er häufig mit dem Fuße nach der sie haltenden Federspule, wie ich glaube mit derselben Bewegung, die ich oben von den normalen Wellensittichmännchen geschildert habe. Bei anderer Anordnung der Haltevorrichtung trat er gelegentlich unter der Kugel durch ins Leere! Leider starb der Vogel vor Erreichen der Geschlechtsreife.

Danach scheint das angeborene Schema des Artgenossen beim Wellensittich eine räumliche Gliederung in Kopf und Rumpf zu besitzen, eine Gliederung, die dem angeborenen Schema des Mutterkumpans bei der jungen Graugans abgeht.[4] Es hat das seinen Grund wohl darin, daß der erwachsene Sittich eben auf getrennte Körperteile des Kumpans gerichtete Triebhandlungen besitzt, während wir bei der jungen Graugans eine solche Differenzierung vermissen.

Das angeborene Schema des »Flugkumpans« der Dohle ist schon enger als das des Elternkumpans der Graugans oder des sozialen Kumpans des Sittichs: In ihm sind das Fliegenkönnen, die Schwärze, vielleicht auch die allgemeine Form eines Rabenvogels und noch anderes als Zeichen vorhanden. In dieses Schema, das ja für die arterhaltende Funktion der Triebhandlungen eigentlich eine Dohle kennzeichnen »soll«, kann durch Prägung von weiteren Zeichen eine Nebelkrähe »hineingepreßt« werden, wie Uexküll sich ausdrückte. Ein Mensch kann *dieses* Schema nicht ausfüllen, weil ihm zu viele seiner Zeichen abgehen. Das Fehlen *einzelner* im angeborenen Schema gegebener Zeichen verhindert nämlich, wie wir sehen werden, nicht immer die Ausfüllung des Schemas durch ein nicht genau hineinpassendes geprägtes Objekt. Besonders klar wird das Zusammenspiel von angeborenem Schema und Prägung in solchen Fällen, wo nur so wenige, aber doch charakteristische Zeichen des Kumpans angeboren sind, daß man die ihnen entsprechenden Reize im Versuch künstlich setzen kann.

Wenn man kleine Stockenten aus dem Ei aufzieht und sich bemüht, möglichst viele ihrer Kindestriebhandlungen auszulösen, so bekommt man den Eindruck, daß dies nicht so richtig gelingt. Heinroth sagt über künstlich erbrütete Stockentenküken: »Hat man mehrere, so ist ihr Geselligkeits- und Anschlußbedürfnis hinlänglich befriedigt; sie vermissen die führende Alte kaum und schließen sich auch nicht an den Menschen an. Eigentlich scheu sind sie dann nicht, fressen natürlich aus der Hand, lassen sich aber ungern anfassen, denn sie wahren immer eine gewisse Selbständigkeit. Stockenten- und Grauganskükken sind demnach in ihrem Verhalten dem Menschen gegenüber die größten Gegensätze, die man sich innerhalb einer Gruppe vorstellen kann.« Meine Erfahrungen deckten sich zunächst mit den angeführten von Heinroth vollkommen. Auch ich hatte die Erfahrung gemacht, daß Stockenten und auch die wildformnahen Rassen der

Hausente, wie die sogenannten Hochbrutenten, die mehr als zur Hälfte Wildblut in den Adern haben, eine artfremde Amme, sei es nun der Mensch oder ein Ammenvogel, nicht annehmen. Die Küken schwerer Hausenten übertragen ihre Kindestriebe, vor allem also den Nachfolgetrieb, sehr leicht auf den Menschen oder auf die ihn ersetzende Mutter, die Haushenne. Dieses Verlorengehen der Spezifität der Reizbeantwortung ist aber eine Domestikationserscheinung, die wir bei den verschiedensten Haustieren finden. Leider werden dann sehr oft aus diesen durchaus uncharakteristischen und verschwommenen Instinkten von Haustieren in ganz unzulässiger Weise auf »den Instinkt« Rückschlüsse gezogen. Stockentenküken, die im Besitze ihres vollen Instinktschatzes sind, sprechen nicht einmal auf gattungsverschiedene Enten-Ammen mit ihren Kindestriebhandlungen an. So verlieren sie beispielsweise, wenn man sie von einer Türkenente, *Cairina moschata*, erbrüten läßt, diese Pflegemutter schon, solange diese noch auf dem Nest sitzt, indem sie einfach von ihr fortlaufen. Dabei ist *Cairina* mit *Anas* ohne weiteres kreuzbar! Nun gehen aber allem Anscheine nach junge Stockenten ohne weiteres mit einer Hausenten-Amme, mag diese gefärbt sein wie sie will, so daß also ihr optisches Bild von dem einer Stockentenmutter mindestens ebensoweit abweicht wie das einer *Cairina*. Was sie aber mit der Wildente gemein hat, das sind die Verkehrsformen, die sich im Laufe der Domestizierung so gut wie nicht geändert haben, und vor allem die Locktöne. Während die *Cairina*mutter nur ein ganz leises heiseres Quaken hat und zudem noch fast immer schweigt, läßt die Stock- und Hausentenmutter beim Führen ihrer Jungen ihre Stimme fast ununterbrochen ertönen. Nach diesen Erfahrungen mit der Vertretung des Stockenten-Mutterkumpans durch den Menschen, die Türkenenten und die Hausenten, wollte es mir scheinen, als sei der angeborene Mutterton das ausschlaggebende Merkmal, das den Stockentenkindern an den Ersatzmüttern mit Ausnahme der Hausente abgehe. Da man nun den Führungston der Stockentenmutter ganz gut nachahmen kann, beschloß ich, den Nachweis durch das Experiment zu versuchen. Ich nahm also im Frühsommer 1933 drei unter einer Hochbrutente geschlüpfte Stockentenküken und sechs gleichaltrige, von ihrer Mutter, einer reinblütigen Stockente, erbrütete Kreuzungsküken von Stockente und Hochbrutente sofort nach dem Schlüpfen an mich. Schon während des Trockenwerdens beschäftigte ich mich wiederholt mit ihnen und quakte ihnen meine Führungston-Nachahmung vor, und die darauffolgenden Tage, die glücklicherweise die Pfingstfeiertage waren, beschäftigte ich mich ausschließlich mit Quaken. Der Erfolg dieses im wahrsten Sinne des Wortes selbstverleugnenden Versuches blieb nicht aus. Schon als ich die Küken zum ersten Male auf einer Wiese frei aussetzte und dort verließ und mich ständig quakend von ihnen entfernte, begannen sie sofort mit dem »Pfeifen des Verlassenseins«, das in irgendeiner Form fast allen Nestflüchtern eigen ist. Genau wie die richtige Entenmutter ging ich auf das Pfeifen hin zu den Entlein zurück und wiederholte das langsame Weggehen unter neuerlichem Quaken, und jetzt setzte sich der ganze Zug prompt in Bewegung und kam dicht aufgeschlossen hinter mir her. Von da ab folgten mir die Enten fast genauso eifrig und sicher nach, wie sie es bei ihrer richtigen Mutter getan hätten. Daß aber für die junge Stockente der Mutterton das wesentliche Merkmal des Mutterkumpans ist und daß sie sich das Aussehen des Kumpans individuell einprägt, wird durch den Fortgang des Versuches wahrscheinlich gemacht. Zunächst durfte ich nämlich nicht zu quaken aufhören, sonst begannen die Kinder nach einiger Zeit mit dem Pfeifen des Verlassenseins. Erst als sie älter wurden, war ich auch dann der Mutterkumpan, wenn ich schwieg.

Man kann also in Einzelfällen herausschälen, welche Eigenschaft der Mutterkumpan unbedingt haben muß und welche seiner Eigenschaften der Jungvogel sich erst im Laufe seines Jugendlebens einprägt.

V Der Elternkumpan

Da gerade die Kindestriebhandlungen mancher Vögel die besten Beispiele für Objektprägung und das angeborene Schema abgeben, haben wir über das Verhalten der Jungvögel zum Elterntier einiges schon erwähnen müssen, worauf wir im vorliegenden Kapitel zurückgreifen werden. Es verbleibt uns auch noch zu betrachten, welche Leistungen dem Elternkumpan in den Funktionskreisen des Jungvogels bei den einzelnen Vogelarten zukommen, wie er sich in der Umwelt des Jungvogels widerspiegelt.

1 Das angeborene Schema des Elternkumpans

Die Merkmalgruppen des gleichartigen Elterntieres, deren Kenntnis dem Jungvogel angeboren ist, beziehungsweise auf die er mit spezifischen Antworthandlungen anspricht, sind von Art zu Art sehr verschieden viele an der Zahl. Dadurch wird eben, wie wir gesehen haben, das angeborene Schema des Elternkumpans bei der einen Art allgemeiner, bei der andern Art enger und spezieller »gefaßt« erscheinen. Diese Verschiedenheiten treten häufig innerhalb einer und derselben Vogelgruppe in recht unberechenbarer Weise auf; wenn wir aber die ganze Klasse betrachten, so können wir doch eine allgemeingültige, wenn auch scheinbar selbstverständliche Regel aufstellen, nämlich, daß das angeborene Schema des Elternkumpans um so einfacher ist, auf je früherem Entwicklungszustand der Vogel das Ei verläßt. Es ist klar, daß bei einem neugeborenen Sperlingsvogel, der mit verschlossenen Augen und Ohren das Ei verläßt, schon allein die mangelhafte Funktion der Sinnesorgane ein reicheres Schema ausschließt, während umgekehrt die lange Nestzeit solcher Tiere Gelegenheit gibt, vieles in Muße durch Prägung zu erwerben. Im Gegensatz dazu hat ein frischgeschlüpfter Regenpfeifer Sinnesorgane, deren Funktion ihm das Ansprechen auf hochkomplizierte angeborene Schemata gestattet, während die geistige Entwicklung, die bei einem Nesthocker Wochen und Monate beansprucht, bei ihm auf Stunden zusammengedrängt ist. Daß letzteres kein Hindernis dafür ist, Merkmale des Elternkumpans durch Prägung sich zu eigen zu machen, zeigt die Graugans, immerhin aber spielt im allgemeinen die Prägung bei den Nesthockern eine größere Rolle als bei den Nestflüchtern. Deshalb wollen wir uns hier bei der Besprechung der verschiedenen den Jungvögeln angeborenen Elternschemata nicht an das zoologische System halten, sondern die wenigen Vogelformen, über deren Verhalten diesbezüglich überhaupt etwas bekannt ist, nach dem Entwicklungszustand anordnen, in dem ihre Jungen das Ei verlassen. Wir wollen mit den in ihrem Nesthockertum hochspezialisierten Sperlingsvögeln beginnen.

Der neugeborene Sperlingsvogel ist ein sehr hilfloses Wesen. Von seinen Sinnen funktioniert nachweisbar das Gehör, der statische Sinn und der Wärmesinn. Daß mit diesen drei Sinnesleistungen nur ein sehr einfaches Schema des Elternkumpans aufgenommen werden kann, ist klar.

Das größte Unterscheidungsvermögen für verschiedene Reize liegt zweifellos auf dem Gebiet des Gehöres. Wenn sich auch meist die einzige Antworthandlung der Jungvögel, das Sperren, auch durch andere Gehörreize auslösen läßt als durch die Stimme der Eltern oder durch ihre Nachahmung, so läßt sich doch nachweisen, daß bei dem Lockruf der Eltern geringere, und zwar sehr viel geringere Reizintensitäten genügen, um das Sperren auszulösen. Ich habe das an frischgeschlüpften und im elterlichen Neste belassenen Jungdohlen im Frühjahr 1933 nachweisen können, da der Fütterton der alten Dohlen leicht nachahmbar ist. Heinroth beobachtete an noch blinden jungen Kolkraben im Alter von etwa 9 Tagen dasselbe. Sie wurden durch tiefe Töne, wie sie der Stimme der Rabeneltern entsprachen, mehr zum Sperren angeregt als durch hohe. Auch hier war die Reaktion nicht spezifisch, d. h. sie sprach bei höherer Reizintensität auch auf die nicht artgemäßen Reize sehr wohl an, nur eben schwerer als auf den adäquaten, vom Elterntier ausgehenden Reiz.

Recht bezeichnend sind die Reaktionen, die wir bei manchen ganz jungen Sperlingsvögeln auf Erschütterungsreize hin beobachten können. Es zeigt sich da eine interessante Einstellung auf den artentsprechenden Nestort. Jungvögel von Höhlenbrütern, deren Wiege normalerweise vollkommen feststeht, wie z. B. die eigentlichen Meisen, *erschrecken*, wenn man versehentlich an das Kunstnest stößt, in dem man sie aufzieht, und hören zu sperren auf, falls sie gerade dabei waren. Umgekehrt wirkt bei Arten, deren Nest artgemäß auf schwanken Zweigen steht oder an solchen hängt, jede Erschütterung, soferne sie nicht über ein gewisses Maß hinausgeht, als Auslösung des Sperr-Reflexes. Besonders gilt dies nach den Beobachtungen von Steinfatt[5] für die Jungen der Beutelmeise.

Schließlich kann man manchmal feststellen, daß die Jungen zu sperren beginnen, wenn die wärmende Mutter sich so leise vom Neste entfernt hat, daß dadurch kein Reiz gesetzt wurde. Da dann die Jungen erst nach einiger Zeit unruhig werden und schließlich zu sperren anfangen, so liegt mir der Gedanke nahe, daß in diesem Falle der Kältereiz die auslösende Ursache darstellt. Dazu muß gesagt werden, daß junge Sperlingsvögel merkwürdigerweise *keine* Auslösehandlung besitzen, die den Elternvogel zum Wärmen anregt. Wenn man noch ganz junge und vollständig nackte Sperlingsvögel ungenügend erwärmt, so merken sie diese mit einem »Einschleichen des Reizes« allmählich einsetzende *dauernde* Unterkühlung augenscheinlich nicht. Sie beginnen nicht zu jammern, wie unterkühlte junge Reiher, Raubvögel und wohl alle Nestflüchter es tun, vielmehr werden sie, ganz wie zu kalt gehaltene tropische Reptilien, in allen Bewegungen langsamer, sperren aber mit zeitlupenartigen Bewegungen selbst dann noch, wenn sie sich schon ganz kalt anfühlen. Auch lassen sie sich durch neuerliche Erwärmung wieder zum Leben erwecken, wenn sie bereits lange Zeit in vollständiger Kältestarre verbracht haben, wie ich anläßlich des Versagens einer Wärmevorrichtung bei jungen Haussperlingen feststellen konnte. Die dauernde Wärmefunktion des Elterntieres scheint also bei diesen fast poikilothermen Jungvögeln keinerlei Antwort auszulösen. Vielleicht bedeutet aber für sie der Kältereiz, der sie trifft, wenn die dauernd hudernde Mutter sich *plötzlich* vom Neste erhebt, ein Zeichen des Elternkumpans, da dieser Reiz natürlich jeder Fütterung vorausgeht.

Daß sich aus den wenigen Zeichen, die durch die besprochenen Sinnesqualitäten überhaupt zu geben sind, keine sehr hochentwickelten und bezeichnenden angeborenen Schemata aufbauen lassen, ist selbstverständlich; anders liegen aber die Verhältnisse dort, wo der *Gesichtssinn* eine Rolle zu spielen beginnt, wie bei etwas herangewachsenen Sperlingsvögeln oder bei jungen Reihern und anderen, die zwar Nesthocker sind, aber im Besitze eines funktionierenden Gesichtssinnes das Ei verlassen. Auch auf dem Gebiete des Gesichtssinns ist nicht das allgemeine Bild des Elternkumpans angeboren, sondern, wie auf dem der anderen Sinne, nur ein verhältnismäßig einfaches, aus wenigen Zeichen bestehendes Schema.

Nicht alles »Angeborene« muß sofort nach dem Schlüpfen in Erscheinung treten. Ein Beispiel dafür ist beim Nachtreiher die durchaus triebmäßige Reaktion auf die arteigene Begrüßungszeremonie. Auf diese will ich als gutes Beispiel eines »Auslösers« (S. 120) hier näher eingehen. Wie bei vielen Auslösetriebhandlungen, die neben anderen auch einen optischen Reiz setzen, sind auch hier *körperliche Signalorgane* für die Auslösehandlung vorhanden. Bei *Nycticorax* besteht dieses Organ aus einem Schopf stark verlängerter, schwarzer und aufrichtbarer Kopffedern, aus denen drei ebenfalls aufricht- und außerdem noch seitlich spreizbare schneeweiße Nackenfedern herausragen. Der Ausdruck »Schmuckfedern« ist für diese Gebilde durchaus irreführend, da sie nicht zum Schmucke dienen, sondern vielmehr dazu, bei einem Artgenossen eine ganz bestimmte arteigene Reaktion hervorzurufen. Bei der Begrüßungshandlung wird nun der Schnabel abwärts gehalten und der Kopf mit der gesträubten schwarzen Haube und den drei weißen, oben aus dieser emporragenden Federn dem zu Begrüßenden entgegengestreckt. Von vorne gesehen, wirkt die schwarze Scheibe mit den drei scharfen, nach oben divergierenden weißen Strichen tatsächlich wie ein Signal. Die triebhafte Reaktion, die durch dieses arteigene Signal ausgelöst wird, ist nicht eine Handlung, sondern eine Hemmung; es wird nämlich die bei Reihern sehr starke *Abwehrreaktion*, die sonst durch jede Annäherung eines Artgenossen ausgelöst wird, *unter Hemmung gesetzt*. Es ist ungemein bezeichnend für die Gruppe der Reiher, daß bei ihr besondere körperliche Organe ausgebildet werden mußten, um es den zusammengehörigen Vögeln eines Nestes zu ermöglichen, die gegenseitigen Abwehrreaktionen zu unterdrücken. Beobachtete doch Verwey am Fischreiher, *Ardea cinerea*, daß werbende Männchen, die schon tagelang in ihren Nestern stehend nach einem Weibchen gerufen hatten, bei dessen endlicher Ankunft ihre reflexmäßige Abwehrreaktion nicht unterdrücken konnten und nach der »ersehnten« Braut stießen. Interessant für die besprochene Abwehrhemmungs-Zeremonie von *Nycticorax* ist die Tatsache, daß ein südamerikanischer Verwandter, *Cochlearius*, der trotz seines abweichenden, an *Balaeniceps* erinnernden Schnabelbaues ein echter Nachtreiher ist, die gleiche Triebhandlung *mit einem anderen Signalorgan* hat. Ihm fehlen nämlich die drei weißen Schmuckfedern; dafür ist das schwarze Gefieder des ganzen Kopfes stärker verlängert und seitlich spreizbar. Bei dieser Art wird also dem zu besänftigenden Artgenossen nicht eine schwarze Scheibe mit drei weißen Linien, sondern ein großes schwarzes, auf dem kleinsten Winkel stehendes, spitzwinkliges Dreieck präsentiert. *Die Zeremonie ist also älter als das zu ihr gehörige Signalorgan.*

Die Reaktion auf diese arteigene Auslösetriebhandlung ist natürlich angeboren, tritt aber erst einige Zeit nach dem Ausschlüpfen der jungen Nachtreiher in Tätigkeit, und zwar interessanterweise einige Tage nach dem Erwachen der Abwehrreaktion. Zunächst bekommen die Jungvögel ihre Eltern normalerweise *nicht zu sehen*; denn solange die Kinder noch ganz klein und sehr wärmebedürftig sind, brüten die alten Nachtreiher auf ihnen genauso fest weiter wie vorher auf den Eiern. Dabei lösen sich Mann und Frau in der gleichen Weise ab, und die Ablösung geschieht wie bei Tauben und anderen Vögeln meist in der Weise, daß der ablösende Gatte sich zu dem brütenden ins Nest setzt und ihn langsam von den Eiern oder Jungen verdrängt, so daß man diese letzten bei dem ganzen Vorgang nicht zu sehen bekommt. Natürlich sehen sie ihrerseits die Eltern auch nicht. An einem meiner freibrütenden Nachtreiherpaare verlief nun die Ablösung deshalb oft nicht regelmäßig, weil das Nest sehr nahe am Fütterungsplatz lag. Der eben diensthabende Brüter ließ sich dadurch oft verleiten, während der Fütterung rasch für einen Augenblick das Nest zu verlassen und sich einen Fisch zu holen. Wenn er dann auf das nicht in artgemäßer Weise bedeckte Nest zurückkehrte, nahmen die kleinen Jungen regelmäßig die Abwehrstellung ein und stießen auch nach ihm, was ihn allerdings wenig kümmerte. Für den noch zu bebrütenden jungen Nachtreiher ist eben der Elternkumpan nicht ein Tier, das angeflogen kommt, sondern eines, das dauernd brütet, denn von dem Wechsel merkt er ja wohl nichts. Es kommt auch »normalerweise« nicht vor, daß ein Elterntier auf den unbedeckten Horst zufliegt.

Bei etwas älteren jungen Nachtreihern tritt dann die Reaktion auf die Begrüßungszeremonie der Eltern ziemlich gleichzeitig damit auf, daß nun auch der Jungvogel dem Elterntier gegenüber selbst diese Triebhandlung zur Anwendung bringt. Von nun an scheint die Begrüßungszeremonie das wichtigste Zeichen zu sein, durch das sich das Schema des Elternvogels dem Jungtier kennzeichnet. Daß sich zur Form als Reiz noch bestimmte Bewegungen hinzufügen, hängt ja sicher auch damit zusammen, daß bei Vögeln, besonders bei geistig nicht sehr hochstehenden Arten, das Formensehen hinter dem Bewegungssehen stark zurücktritt. Um die Form als spezifischen Reiz wirken zu lassen, müssen schon so bezeichnende und relativ einfache Formen geboten werden wie die beschriebenen Signalorgane.

Am höchsten ausgebildet finden wir das angeborene Schema bei gewissen Nestflüchtern. Bei ihnen sind – wie eingangs vom Brachvogel beschrieben – häufig so viele das artgleiche Elterntier charakterisierende Zeichen dem Jungvogel angeborenermaßen bekannt, daß durch sie der artgleiche Elternkumpan sehr eindeutig bestimmt ist. Daher sind die auf ihn bezüglichen Reaktionen durch keine ersetzenden Reize auszulösen. Da solche Jungvögel dem Experiment kaum zugänglich sind, wissen wir so gut wie nichts darüber, welche diese angeborenen Elternkumpanzeichen sind. Versuche mit Attrappen oder mit Ammenvögeln, die der betreffenden Art nahe verwandt und sehr ähnlich sind, könnten über diese Frage Aufklärung bringen.

In manchen Fällen, wie in dem vorweggenommenen der Stockente, ist der Elternkumpan durch seinen Lock- oder Führungston für den Jungvogel charakterisiert. Überhaupt scheinen *angeborene Kumpanzeichen häufiger auf akustischem Gebiet zu liegen* als auf irgendeinem anderen Sinnesgebiete. Besonders häufig scheint es vorzukommen, daß ein angeborenes Reagieren auf einen akustischen Reiz den auf den Elternkumpan gemünzten Triebhandlungen bei der Prägung den Weg auf das artgemäße Objekt weist. So ist das schon beschriebene Verhalten junger Stockenten zu Ammenvögeln zu erklären.

Schließlich muß noch erwähnt werden, daß gewisse im angeborenen Schema des Elternkumpans vorkommende Zeichen, die bei der Ausfüllung des Schemas durch Prägung eines unnormalen, d. h. nicht artgleichen Elternkumpans, sei es ein Ammenvogel oder ein Mensch, *nicht* mit ausgefüllt werden, zwar die Prägung auf den Ersatzkumpan nicht verhindern, sich aber doch oft in sehr bezeichnender Weise bemerkbar machen. Dies gilt z. B. für den *Warnton* des Elterntieres, dessen Kenntnis dem Jungvogel immer angeboren ist und dessen Fehlen beim menschlichen Elternkumpan sich in einer später zu besprechenden Weise auswirkt.

2 Das persönliche Erkennen des Elternkumpans

Es steht in sehr vielen Fällen überhaupt nicht fest, inwieweit Jungvögel ihre Eltern individuell erkennen. Für einzeln nistende Arten ist es ja auch gänzlich unnötig, daß die Jungen nur auf die eigenen Eltern mit Kindestriebhandlungen ansprechen, da sie ja keinen Schaden davon haben, wenn sie etwa vorüberkommende Fremdlinge vergebens um Futter anbetteln. Eher könnte es schon bei koloniebrütenden Nesthockern etwas schaden, wenn die Jungen einen fremden und vielleicht feindseligen Altvogel nicht abwehren. Dies tun nun junge Nachtreiher auch tatsächlich, aber augenscheinlich erkennen sie trotzdem ihre Eltern nicht im eigentlichen Sinne des Wortes. Vielmehr ist für sie das Elterntier rein durch ein Zeichen des *angeborenen Schemas*, und zwar dadurch gekennzeichnet, daß es *ihr* Nest mit der früher beschriebenen Begrüßungszeremonie betritt. Tut ein Elterntier dies unter den Bedingungen des Versuches, denn normalerweise kommt das nie vor, einmal doch *ohne* die Zeremonie, so wird es wie ein fremder Nachtreiher wütend abgewehrt. Der Elternvogel ist für sein Kind nicht ein Tier, das so und so aussieht, sondern eines, das sich auf den Nestrand setzt und sich in bestimmter Weise benimmt. Im Sommer 1933 brüteten meine 1931 jung aufgezogenen und sehr zahmen Nachtreiher in völliger Freiheit auf einer hohen Hängebuche in unserem Garten. Das zahmste Paar hatte zwei Junge, die eben begannen, sich an den Abwehrreaktionen ihrer Eltern zu beteiligen, wenn ich den Baum erstieg und ins Nest hineinsah. Die Mutter hatte so wenig Angst vor mir, daß sie mir ohne weiteres ins Gesicht oder auf den Kopf flog und wütend auf mich einhackte. Es war bei meinem unsicheren Stand auf einem abschüssigen Hängebuchenast, ohne richtigen Halt für meine Hände, gar nicht einfach, sich des furchtlosen Vogels zu erwehren. Das etwas scheuere Männchen verteidigte zwar das Nest, ging aber nie wie das Weib zur Offensive über. Nun wollte ich einmal mit den beiden Jungen allein sein, da ich sehen wollte, ob sie durch die Wuttöne der Eltern in eine abwehrbereite Stellung versetzt würden und ohne diesen Einfluß ganz anders zu mir wären. Ich wartete daher eine Zeit ab, wo die Frau allein zu Hause war, das Männchen war in die Donau-Auen geflogen, und erstieg dann den Horstbaum. Als das Weibchen mir wütend entgegenkam, packte ich es und warf es mit aller Macht abwärts vom Baum hinunter. Die Steigfähigkeit des Nachtreiherfluges ist so gering, daß die Reihermutter ziemlich erschöpft bei mir ankam, als sie eilends zurückkehrte, um ihren Angriff zu erneuern. Ich warf die Arme nochmals hinunter, und diesmal mußte sie sich auf dem Rückweg einige Minuten verschnaufen, so daß ich Zeit hatte, mich ungestört mit den Kindern zu beschäftigen. Sie drohten zwar gegen mich und stachen auch nach meiner Hand; als ich diese jedoch zwischen den Jungen im Nest ruhen ließ, beruhigten sie sich bald so weit, daß sie neben der im Neste liegenden Menschenhand hingeworfene Fischstückchen auflasen und fraßen. Da kam ganz plötzlich das alte Männchen aus der Au zurück und kam sofort in Drohstellung von der anderen Seite her auf das Nest zu. Als er auf etwa einen halben Meter heran war, machten beide Jungen, mir den Rücken zukehrend, gegen ihren Vater Front und gingen wie er selbst in Drohstellung. Als er, immer noch drohend, den Nestrand erkletterte, um mir zu Leibe zu gehen, stachen beide Jungen heftig nach seinem Gesicht und stießen laut das der Art eigentümliche Angstquaken aus. Sie bezogen die mir geltenden, zu ihrer Verteidigung dienenden Drohstellungen auf *sich*. Für sie ist der Elternkumpan eben nur der Vogel, der mit der arteigenen Begrüßungszeremonie auf das Nest kommt, die die Jungen dann in derselben Weise erwidern. Der wütend drohende Vater war ihnen ein Fremder.

Der ganz junge Nachtreiher »erkennt« also seine Mutter »an« ihrer wärmenden Eigenschaft, der etwas herangewachsene »an« der Begrüßungszeremonie am Nest. Nach dem Flüggewerden erkennt er seine Eltern überhaupt nicht, sondern bettelt jeden sich nähernden Altvogel in ganz gleicher Weise an, noch später lernt er die Territorien kennen, die in der Kolonie seinen Eltern zukommen, und »erkennt« sie »an« den Örtlichkeiten, an denen sie sitzen. Wahrscheinlich wird bei ihm das Betteln und die Begrüßungszeremonie durch *ganz wenige* Merkmale des grüßenden Elterntieres ausgelöst. Es würde möglicherweise der Jungvogel auch dann grüßen und betteln, wenn wir ihm, ohne dabei andere Reize zu setzen, die drei gesträubten Nackenfedern als optischen und den Begrüßungston als akustischen Reiz darbieten könnten. An dem »ohne dabei andere Reize zu setzen« scheitert aber meist die Möglichkeit zu Attrappen-Versuchen über die tatsächlich wesentlichen, auslösenden Merkzeichen. Nur in wenigen besonderen Fällen liegen die Verhältnisse so günstig, daß wir imstande sind, die einer Antworthaltung zugeordneten Merkzeichen zu isolieren, und in diesen Fällen läßt sich dann eine ganz erstaunliche *Armut* an angeborenen Merkzeichen nachweisen. Aus dieser »Erstaunlichkeit« kann man sehr gut sehen, wie sehr man dazu neigt, sich die Umwelt eines Tieres der eigenen allzu ähnlich vorzustellen, denn an und für sich ist es ja eben *nicht* erstaunlich, daß die Umwelt eines Vogels um einiges ärmer ist als die des Menschen.

Die wenigen Merkmale des Elternkumpans, die dem Jungvogel instinktmäßig angeboren sind, sind aber im Leistungsplan der Instinkte so eingebaut, daß sie das Elterntier unter den Bedingungen des Freilebens eindeutig kennzeichnen. Der alte Nachtreiher, der mit den beschriebenen Begrüßungsbewegungen und -tönen zu einem Neste fliegt, *ist* eben immer ein dazugehöriges Elterntier, ebenso wie das Wesen, das der kleinen Graugans als erstes entgegentritt und ihren »Einprägetrieb« auf sich lenkt. Es ist, als ob mit den *angeborenen* Merkmalen aus irgendeinem Grunde *gespart* werden müsse.

Es seien hier noch einige, zum Teil in das Gebiet der Pathologie gehörige Beobachtungen mitgeteilt, die zeigen, daß für den Jungvogel auch darin eine eindeutige persönliche Kennzeichnung des Elternkumpans gegeben sein kann, daß die Zeichen seines angeborenen Elternkumpanschemas *eine Entwicklung* durchmachen, eine Zeitgestalt darstellen, die einer ebensolchen Entwicklung der diese Zeichen setzenden Triebhandlungen des Elterntieres parallel geht. Mit anderen Worten, die Verschränkung der Triebhandlungen von Elterntier und Jungen machen eine gesetzmäßige Entwicklung durch, in der Weise, daß Auslöser und Ausgelöstes sich stets parallel zueinander so verändern, daß nie eine Störung ihres Aufeinanderpassens daraus folgt. Es ändert sich daher auch das dem Jungvogel angeborene Schema des Elternkumpans, und zwar *unabhängig* von der Änderung der von diesem ausgehenden Zeichen, normalerweise aber *entsprechend* der Entwicklung dieser letzteren. Es ist also für ihn der Elternkumpan dadurch persönlich gekennzeichnet, daß das *Stadium* der elterlichen Brutpflegetriebhandlungen dem Entwicklungsstadium seiner eigenen Triebhandlungen und seines angeborenen Elternschemas entspricht.

Eine wesentliche Rolle für die individuelle Kennzeichnung des Elterntieres scheint dieses »Zeichen des gleichen Stadiums« bei gewissen Enten zu spielen. Bei Hochbrutenten und Türkenenten, also bei zwei nicht sehr weitgehend durch Domestikation veränderten Formen, und ebenso bei der Eiderente, also einer Wildform, liegen darüber Beobachtungen vor. Hochbrut- und Türkenenten verhalten sich in dieser Hinsicht etwa folgendermaßen: Tritt der Fall ein, daß zwei Bruten am gleichen Tage schlüpfen und sich bei ihren ersten Ausflügen auf dem Teich begegnen, so kommt es sehr häufig, ja regelmäßig vor, daß sich die Kükenscharen vereinigen. Diese Vereinigung geht von den Jungen aus und erfolgt sehr gegen den Willen der Mütter, zwischen denen es zunächst erbitterte Kämpfe setzt und die sich erst allmählich aneinander gewöhnen. Es beginnt die Vereinigung damit, daß Junge der einen Schar der fremden Führerin folgen. Ihre eigene Mutter muß sich wohl oder übel den vereinigten Kükenscharen anschließen, was ihr nach einigen Kämpfen mit der anderen Mutter regelmäßig gelingt. Besonders die jungen Türkenenten scheinen ihre Mutter in ihren ersten Lebenstagen ausschließlich daran zu erkennen, daß die Elterntriebhandlungen der letzteren auf der gleichen Entwicklungshöhe stehen wie ihre eigenen Kindestriebhandlungen. Die Entwicklung der Triebhandlungen bildet eine Zeitgestalt, gleichsam eine Melodie, und für den Jungvogel der *Cairina* ist es das wichtigste Merkmal der Mutter, daß diese zugleich mit ihm dieselben Takte dieser Melodie abspielt. Es kommt nämlich nur unter ganz bestimmten und recht aufschlußreichen Umständen vor, daß eine junge *Cairina* einer fremden führenden Mutter nachläuft, deren Kinder in einem *anderen* Alter stehen.

Wenn irgendein junger Vogel, also auch ein *Cairina*-Küken, körperlich in seiner Entwicklung zurückgeblieben ist, so zeigen seine Triebhandlungen in ihrer Entwicklung eine der körperlichen Entwicklungshemmung entsprechende Verlangsamung. So erlischt bei vielen Nestflüchtern der Trieb, zum Schlafen *unter* die Mutter zu kriechen, ungefähr gleichzeitig mit dem Auftreten des Rückengefieders, ganz gleichgültig, ob dieses bei einem vollwertigen Küken rechtzeitig erscheint oder ob es bei einem Kümmerling um die doppelte Zeit verspätet sproßt. Die Mutter ihrerseits verliert den Trieb zu hudern zu einer bestimmten Zeit nach dem Schlüpfen der Jungen ziemlich unabhängig von der inzwischen erreichten Entwicklungshöhe der letzteren. Das heißt, sie hudert unterentwickelte Küken wohl etwas, aber nicht bedeutend länger als normale. Befinden sich aber unter vielen normalen Küken einer Brut nur wenige Kümmerlinge, so nehmen die Triebhandlungen der Mutter auf diese erst recht keine Rücksicht. Meist gehen diese denn auch um die Zeit des Aufhörens des nächtlichen Huderns zugrunde. Nun habe ich im Sommer 1933 zweimal den Fall erlebt, daß kümmernde *Cairina*küken von selbst ihre Mutter verließen und zu einer anderen jungeführenden *Cairina* übersiedelten, deren Kinder *jünger* waren und deren Muttertriebhandlungen noch auf den körperlichen Entwicklungszustand der Kümmerlinge paßten. Ein solches Küken hält also die führende Ente mit den *passenden* Triebhandlungen für seine Mutter, ohne sie wesentlich persönlich zu erkennen. Es kennt natürlich sehr wohl seine Art, denn es läuft niemals einer nicht artgleichen Ente nach.

Ob sich auch die *Wildform* der Türkenente so verhält, steht nach dem Gesagten natürlich nicht fest. Die Türkenente ist eine Form, in deren Ethologie es auffällt, daß das persönliche Sichkennen der Individuen eine sehr geringe Rolle spielt, im Gegensatz zu fast allen anderen Anatiden. Da sie außerdem als einzige bekannte Anatidenform vollständig unehig ist, so liegt es nahe, darin den Grund für die geringe Fähigkeit zu individuellem Erkennen zu suchen. Wenn auch bei Stockenten Zweimutterscharen vorkommen, und selbst wenn diese bei der Eiderente dort, wo sie in Mengen vorkommt, geradezu die Regel bilden, so möchte ich doch stark bezweifeln, daß bei Jungen dieser Arten das Merkmal der »Gleichaltrigkeit der verschränkten Triebhandlungen« wie bei *Cairina* über die individuellen Merkmale der Mutter siegt, wenn es mit diesen in Widerspruch gerät.

Bei Hühnern ist die Gleichaltrigkeit der verschränkten Triebe zwar auch unerläßliche Bedingung für jeden Austausch des Mutterkumpans; die erlernten individuellen Merkmale der Mutter spielen aber schon ganz früh eine so große Rolle, daß Verwechslungen der Mutter ohne experimentelles Eingreifen des Menschen scheinbar nie zustandekommen (Brückner).[6]

Im Gegensatz zu den Fällen, wo es eigentlich *Zeichen* des *angeborenen Schemas* sind, die den Elternkumpan durch ihre räumliche oder zeitliche Anordnung individuell kennzeichnen, so daß ein persönliches Erkennen unnötig wird, gibt es sehr viele Vogelformen, bei denen ein wirkliches persönliches Erkennen der Eltern von seiten der Jungen stattfindet. Dies gilt für die große Mehrzahl der Nestflüchter und für solche Nesthocker, die nach dem Flüggewerden von ihren Eltern geführt werden. Es müssen vom Jungvogel genügend viele individuelle Merkmale des Elterntieres erworben werden, um das letztere eindeutig individuell zu kennzeichnen. Während nun das angeborene Schema in der beschriebenen Weise verhältnismäßig sehr wenige Merkmale enthält, zeichnet sich das erworbene Schema des individuell erkannten Elternkumpans durch eine so große *Reichhaltigkeit* an Merkmalen aus, daß es unwahrscheinlich erscheint, daß der Vogel jedes einzelne dieser Merkmale getrennt von den anderen aufnimmt und »registriert«. Trotzdem aber reagiert der Vogel unzweideutig auf den Ausfall oder die Abänderung jedes einzelnen dieser vielen Merkmale. Auf die diese und ähnliche Erscheinungen erklärende Lehre von den »Komplexqualitäten« näher einzugehen, ist hier nicht der Ort.

Es sei auf die Art und Weise, in der das persönliche Wiedererkennen eines Kumpans bei verschiedenen Vögeln vor sich geht, gleich näher eingegangen, wiewohl diese Dinge natürlich nicht nur für den Elternkumpan Geltung haben, sondern ebensogut für jeden anderen Kumpan.

Geistig nicht sehr hochstehende Vögel, seien es nun Junge, die noch dumm sind, oder Arten, die sich nie höher entwickeln, erkennen einen Menschen, der als geprägter Kumpan in einen ihrer Funktionskreise eingetreten ist, im allgemeinen nur dann, wenn er in allen oder fast allen Merkmalen dem Bilde entspricht, das sie von ihm gewöhnt sind. Setzt der Freund einen Hut auf oder zieht er sich seinen Rock aus, so fürchten sie sich vor ihm. Diese allgemein bekannte Erscheinung kann man in verschiedener Weise erklären. Die eine Erklärung gründet sich auf die Annahme sogenannter *Komplexqualitäten*, d. h. sie nimmt an, das Tier gliedere den Gesamteindruck, den es empfängt, nicht in einzelne, heraushebbare und voneinander trennbare Eigenschaften; daher bedeute die Änderung auch nur einer einzelnen in die Merkwelt des Tieres eintretenden Eigenschaft eine vollständige Änderung der Gesamtqualität des Eindrukkes. Eine andere Erklärung ist die folgende: Sehr viele Vögel, darunter auch geistig sehr regsame, haben die Eigenschaft, auf jede Änderung *bekannter* Dinge mit dem größten Schrecken zu reagieren. So genügt es für einen Kolkraben, daß in seinem engsten Heimatgebiete ein Holzstoß aufgeschichtet wird, um ihn für einen Tag zu vergrämen. Wenn derselbe Holzstoß weit von seinem Heim errichtet wird und der Rabe ihn ebenso zum ersten Male sieht, so denkt er nicht daran, sich davor zu fürchten, sondern setzt sich furchtlos darauf. Bei dümmeren Vögeln ist das entsprechende Verhalten noch ausgesprochener. Manche Kleinvögel geraten in wildeste Panik, wenn man den Käfigschuber einmal mit Erde statt mit dem gewohnten Sand füllt. Wenn man sie aber in eine gänzlich neue Umgebung bringt, in der dieselbe Erde einen Bestandteil darstellt, so fürchten sie sich lange nicht so vor ihr. Geradesogut könnte sich natürlich der Vogel vor dem unbekannten Hut auf dem Kopf des bekannten Menschen fürchten und diesen dabei doch im Grunde wiedererkennen. Die starke Fluchttriebauslösung verwischt natürlich jede andere Reaktion vollständig.

Für diese Annahme spricht auch der Umstand, daß solche dümmeren Vögel eine kleine Veränderung an der Person des Pflegers, vor der sie zunächst stark flattern, doch viel schneller verwinden als einen vollständigen Austausch des Menschen.

Für die Komplexqualität des Wahrgenommenen spricht aber wieder die Tatsache, daß viele dumme Vögel auf den bekannten und unveränderten Menschen wie auf etwas Neues reagieren, wenn sie ihn auf einem ungewohnten, *wenn auch an sich bekannten Hintergrund* erblicken. Gegenwärtig besitze ich einen durchaus nicht scheuen Trupial, dessen Käfig zwischen meinem Schreibtisch und einem von mir selten betretenen Erker liegt. Solange ich mich im Zimmer bewege, ist der Vogel ruhig und zahm, aber im Augenblick, wo er mich zwischen sich und dem Erkerfenster erblickt, beginnt er zu flattern. Die Lehre von der Komplexqualität tierischer Wahrnehmung (Volkelt) erklärt dieses Verhalten dahin, daß der Vogel das wahrgenommene Netzhautbild gar nicht in Gegenstand und Hintergrund gliedert (höchster Grad der Ungegliedertheit) und daher den bekannten Menschen auf verschiedenen Hintergründen auch dann als Verschiedenes empfindet, wenn ihm jeder Hintergrund für sich bekannt ist.

Bei sehr klugen Vögeln scheint das ganze Erkennen anders zu verlaufen als bei den tieferstehenden. Mit meinen Kolkraben erlebte ich folgendes: Die Tiere waren im allgemeinen gleichgültig gegen Veränderungen in meiner Kleidung, begleiteten mich sogar fliegend auf Skiausflügen, auf denen ich mit den langen Brettern an den Füßen ein sehr verändertes Bild bot. Das einzige, worin sie durch meine Kleidung beeinflußt wurden, war, daß sie sich nicht gerne auf meinen Arm setzten, wenn ich einen ihnen fremden Ärmel darüber anhatte. Nun hatte ich einen Motorradunfall, bei dem ich einen Kieferbruch davontrug, und mußte längere Zeit einen Verband tragen, an dem an jeder Seite des Kopfes eine den Kiefer nach oben ziehende Feder angebracht war. Als ich, mit diesem unheimlichen Helm angetan, zum ersten Male zu den Raben kam, gerieten sie in Panik und rasten gegen das Gitter der mir abgewandten Seite des Käfigs. Als ich aber nur ein paar Worte sprach, hielten sie plötzlich in ihrem Toben inne und sahen mich einige Augenblicke starr an, und zwar über ihre Schultern weg, denn sie steckten von mir abgewandt zusammengedrängt in der hintersten Käfigecke. Dann wurde ihr eng angelegtes Gefieder mit einem Male lokker, alle drei Raben schüttelten sich zu gleicher Zeit, wie sich fast alle Vögel schütteln, wenn nach großer Furcht Entspannung eintritt. Dann kamen alle ganz wie gewöhnlich nahe zu mir heran und begannen in meine Schuhe zu hacken, wie sie es immer taten. Diese Vögel hatten mich also sicher für einen Fremden gehalten und mit einem Ruck den Kopfverband als etwas nicht zu mir Gehöriges von meiner Person abgegliedert. Ähnliches habe ich bisher nur von Hunden und Kindern erlebt. Diese Raben hatten mich also auf den ersten Blick erkannt und hatten sich nur vor dem schrecklichen Kopfverband gefürchtet, sonst hätten sie nicht im nächsten Augenblick so vollständig beruhigt sein können.

3 Die Leistungen des Elternkumpans

Unter »Leistungen« eines Kumpans wollen wir hier, wo wir von einem umwelttheoretischen Gesichtspunkt ausgegangen sind, nicht schlechtweg alle Funktionen des Kumpans verstehen, die überhaupt einen Bezug auf den untersuchten Vogel haben, sondern nur diejenigen, auf die wir diesen Vogel mit einem wie immer gearteten *Antwortverhalten* ansprechen sehen, also mit »Gegenleistungen« im Sinne Uexkülls. Wo dies nicht der Fall ist, haben wir ja kein Recht zu der Behauptung, daß die betreffende Funktion des Kumpans in der Umwelt unseres Vogels tatsächlich in Erscheinung trete. Umgekehrt werden wir hier vom Kumpan ausgehende und von unserem Untersuchungsobjekt gesetzmäßig beantwortete Reize auch *dann* als »Leistungen« dieses Kumpans beschreiben, wenn sie, von ihm aus betrachtet, keineswegs als solche imponieren, weil er sich bei dem ganzen Vorgang rein passiv verhält und keinerlei auch nur »instinktmäßige« Kenntnis von seiner eigenen Auslösefunktion besitzt. So werden wir z. B. das bloße Vorhandensein der Jungen in der Nestmulde, als Auslösung des Triebes zum Wärmen bei den Eltern, als eine »Leistung« des Kindkumpans zu besprechen haben.

a) Die Auslösung der Bettelreaktionen

Die Jungen sämtlicher Nesthocker und mancher Nestflüchter beantworten gewisse Reize, die von den Elterntieren ausgehen, mit Handlungen, die ihrerseits im Bauplan des arteigenen Triebhandlungssystems die Aufgabe haben, die Eltern zu den Reaktionen der Fütterung zu veranlassen: ein typisches Beispiel einer Instinktverschränkung. Wir wollen diese auslösenden Handlungen der Jungen als *Bettelreaktion* zusammenfassen und untersuchen, durch welche Reize sie ihrerseits ausgelöst werden. Wir haben ja schon S. 156 erwähnt, in welcher Weise bei noch blinden Jungvögeln gewisse akustische und taktile Reize die Bettelreaktionen auslösen. Hier sei nur noch hinzugefügt, daß auch optische Reize, die nichts mit Bildersehen zu tun haben, in typischer Weise dasselbe vermögen. Für sehr viele Nesthockerjunge bedeutet, solange sie noch dauernd von den Eltern gewärmt werden, jede Verstärkung der Beleuchtung, daß sich das Elterntier vom Neste erhoben hat und daß die Fütterung naht. Umgekehrt beginnen sehr viele junge Höhlenbrüter dann zu betteln, wenn Verfinsterung eintritt: für sie bedeutet eben die Verfinsterung des Höhleneinganges immer die Ankunft eines Elternvogels und wird triebmäßig in diesem Sinne beantwortet.

Bei sehr vielen Vögeln bringt der Jungvogel, wenn sein Hunger gewisse Grade überschreitet, die Bettelreaktionen, auch ohne daß er das Elterntier überhaupt sieht. Besonders groß sind darin herangewachsene Reiherjunge, die mit ihren Bettelbewegungen und -tönen stundenlang fortfahren, auch wenn die Eltern gar nicht in der Nähe des Nestes sind. Allerdings zeigt eine heftige Verstärkung dieser Tätigkeiten dem Beobachter an, wann der Jungvogel das zurückkehrende Elterntier sichtet. Auch bei den Nesthockern, die nicht »auf Leerlauf« dauernd vor sich hin betteln wie die Nachtreiher, genügt meist der bloße Anblick der ankommenden Altvögel zur Auslösung des Bettelns.

Eine besondere Auslösehandlung der Eltern, die die Futterübernahme-Bereitschaft der Jungen erst erzeugt, finden wir in Gestalt einer Begrüßungszeremonie, dem bekannten Klappern, beim Hausstorch und einigen nahverwandten Arten. Nachtreiher zeigen etwas Ähnliches. Die Jungen betteln zwar schon, wenn die Alten am Horizont erscheinen, sagen aber dann doch noch schnell den Begrüßungston, wenn der Altvogel das Nest betritt, ehe sie ihn gierig beim Schnabel packen. Auch da hat man oft den Eindruck, als genügten beide Teile einer »lästigen Formalität«.

Auch Vögel, die keine Begrüßungszeremonie haben, besitzen oft Triebhandlungen, die eine etwa ausbleibende Bettelreaktion der Jungen auslöst, sehr häufig besondere Töne. Bei der Dohle zeichnet sich dieser Ton dadurch aus, daß das Zustandekommen seiner Bedeutung verständlich ist, worüber ich in einer anderen Arbeit[7] berichtet habe: Es wird nämlich der gewöhnliche Lockruf dadurch abgeändert, daß die Dohle beim Rufen den Schnabel nicht öffnet, weil sie sonst den Inhalt des Kehlsackes verlieren würde. Der Laut ist aber in dieser Form triebhaft festgelegt, da er auch bei nachweislicher Leere des Kehlsackes in gleicher Form hervorgebracht wird. Grasmücken lösen die Sperreaktion ihrer Jungen dadurch aus, daß sie ihnen auf den Rücken springen. Ich sah an einer Mönchsgrasmücke, *Sylvia atricapilla*, daß das Weibchen, wenn es die Jungen schlafend vorfand, diese nicht durch einen Ruf weckte, sondern über die Reihe der eng aneinandergedrängt auf einem Zweig sitzenden Jungen *der Länge* nach von Rücken zu Rücken hinhüpfte. Dabei gebrauchte der alte Vogel aber auch die Flügel, so daß er die Jungen mit den Füßen nur leicht berührte. Diese interessante Triebhandlung vermute ich aber noch bei sehr vielen Sperlingsvögeln, und zwar deshalb, weil man bei sehr vielen Arten, so z. B. beim Eichelhäher,

Garrulus glandarius, die Jungen durch ein leichtes, aber scharfes Betupfen von Kopf und Oberrücken auch dann zum Sperren bringen kann, wenn alle anderen Reize versagen.

Es seien hier ein paar Worte über die Sperreaktion der Sperlingsvögel eingeschaltet. Das Schnabelaufreißen, das ursprünglich zum Zwecke der Nahrungsaufnahme stattfindet, hat, wie schon früher angedeutet, im Laufe der Stammesgeschichte dieser Gruppe eine neue Funktion und damit eine recht veränderte Bedeutung bekommen. In einer typischen Instinktverschränkung zwischen Jungvogel und Elterntier dient diese Triebhandlung vor allem zur Auslösung des Füttertriebes bei den alten Vögeln. Wir werden auf diese Dinge noch im Kapitel über den Kindkumpan zurückzukommen haben.

So leicht nun bei dieser speziellen Art der Nahrungsüberreichung der Mensch den fütternden Altvogel vertreten kann, so wenig ist andererseits die Triebhandlung des Jungvogels auch nur im geringsten an veränderte Bedingungen anpassungsfähig. Der als Elternkumpan fungierende Mensch kann daher oft auf das genaueste aus dem Verhalten des Jungtieres entnehmen, was für ein Benehmen dieser triebmäßig von seinen Eltern erwartet. Besonders auffallend und in einzelnen Fällen ärgerlich ist es, daß der flügge Jungvogel dem fütternden Menschen auch nicht um den Bruchteil eines Zentimeters entgegenkommt, solange er gerade sperrt, und in den meisten Fällen auch nicht vorher, um zu sperren, auf einen zugeflogen kommt. Das Schema des Elternkumpans *kann* eben fliegen. Nur von ganz wenigen Arten, und zwar durchwegs bei solchen, deren Junge noch lange nach dem Ausfliegen den Eltern nachfolgen, lernen die flüggen Jungen allmählich, zum Sperren an den menschlichen Pfleger heranzukommen, aber auch diese tun es meist nur dann, *wenn sie gerade nicht sperren.* Trete ich in einen Raum, in dem eine eben flügge, junge Dohle mir unzugänglich hoch auf einer Kastenecke thront, so wird sie zunächst von ihrem Sitze aus mich ansperren. Solange sie nun bei diesem Sperren bleibt, ist ihr die Möglichkeit benommen, zu mir herabzukommen. Erst wenn das Sperren allmählich ermüdet, kann es geschehen, daß der Vogel in der Pause zwischen zwei Sperrausbrüchen zu mir hinfliegt. Jung aufgezogene Dohlen, die schon längere Zeit flügge sind, reagieren auf das Erscheinen des Pflegers überhaupt nicht gleich mit Sperren, sondern damit, daß sie zu ihm hinfliegen. Dieses sinngemäße Verhalten kann man aber sofort in ein sinnloses umschlagen lassen, wenn man die Tiere dann *auf eine ganz kurze Entfernung hin* zum Sperren veranlaßt. Dann ist auch dem älteren Jungvogel die Möglichkeit benommen, diese kleinere Entfernung zu überwinden. Es ist, als ob das Sperren an sich den Jungvogel an seinen Ort banne, und gerade auf solche kleinen Entfernungen spricht der Vogel auf den Anblick des Elternkumpans eben leichter mit Sperren an als mit Näherkommen.

In ähnlicher Weise, wie die Sperreaktion die jungen Sperlingsvögel unfähig zum Ortswechsel macht, blockiert sie unter Umständen auch andere Reaktionen. Jungvögel, die eben im Begriffe sind, mit dem Selbstfressen zu beginnen, fressen zunächst nur sozusagen spielerisch, *wenn sie fast gänzlich satt sind.* Sowie sie etwas hungriger werden, beginnen sie zu sperren. Nur wenn sie allein sind und von keinerlei das Sperren auslösenden Reizen getroffen werden, gelingt es ihnen, auch bei größerem Hunger selbst zu fressen. Mit solchen Pfleglingen kann einem folgendes passieren: Man war mehrere Tage abwesend und trifft bei seinem Zurückkommen die in der Zwischenzeit auf das Selbstfressen angewiesenen Pfleglinge gesund und augenscheinlich genügend ernährt an. Die Jungvögel betteln einen zwar an, da sie aber nachweislich tagelang genügend selbst gefressen haben, hält man es für unnötig, sie weiter zu atzen. Wenn man nun aber dauernd in demselben Zimmer mit den Jungvögeln bleiben muß, geht einem nicht nur die ewige Bettelei auf die Nerven, sondern man sieht nach einigen Stunden zu seinem Erstaunen, daß die Tiere matt zu werden beginnen und alle Anzeichen einer Hungerschädigung beobachten lassen. Durch den Anblick des Pflegers wird nämlich der Sperrtrieb andauernd ausgelöst, und dieser blockiert dem Vogel die Möglichkeit des Selbstfressens so vollkommen, daß ein solcher Vogel, der sich in Abwesenheit des Pflegers bereits tagelang selbst ernährt hat, nun in seiner Anwesenheit buchstäblich eher verhungert als selber frißt.

b) Die Auslösung des Nahrungsabnehmens

Die artgemäße Weise der Futterübernahme von den Eltern ist auch bei solchen Arten den Jungvögeln vollständig angeboren, wo das angeborene Schema des Elternkumpans im übrigen nur sehr wenige Zeichen aufweist. Auch gibt es keine einzige Vogelart, bei der die Triebhandlungen der Futterabnahme der jungen Tiere durch individuell Erlerntes auch nur im geringsten modifizierbar wäre. Bei der Aufzucht mancher Arten bietet dieser Mangel an Anpassungsfähigkeit des Triebes zum Futterabnehmen sehr große Schwierigkeiten.

Unter den Vögeln, die ihren Jungen die Nahrung *einwürgen*, verhalten sich die Arten verschieden, je nachdem, ob beim Einwürgeakt der Schnabel des Jungvogels in den des Elterntieres hineingesteckt wird, wie bei Tauben z. B., oder auch, ob dabei der Schnabel des Jungvogels den des alten Vogels umgreift, wie z. B. bei Reihern.

Auch in der Pflege eines menschlichen Elternersatzes wollen junge

Tauben ihren Schnabel in irgendeine Spalte einbohren. Ihre Schluckbewegungen sind nur dann auslösbar, wenn es ihnen gelingt, eine allseitige Berührung der Schnabelwurzel zu erzielen, z. B. wenn man den Schnabel von allen Seiten her mit den Fingerspitzen umfaßt. Nun ist es gar nicht so einfach, den Jungvogel durch allseitige Reizung der Schnabelwurzel zu Schluckbewegungen zu veranlassen und ihm gleichzeitig einen Brei von gequollenen Körnern in den Rachen zu pumpen. Die Saugwirkung der Schluckbewegungen ist nämlich so gering, daß ein Überdruck von seiten des Futterspenders nicht entbehrt werden kann. Ohne Erfüllung aller dieser teils reflexauslösenden, teils rein mechanischen Bedingungen ist die junge Taube zur Nahrungsaufnahme vollständig unfähig. Am einfachsten hilft man sich bei der künstlichen Aufzucht so, daß man gequollene Körner in den Mund nimmt, den Schnabel des Jungvogels mit den Lippen umfaßt, worauf er sofort mit seinen Schlingbewegungen beginnt und man ihm leicht die Nahrung in den Schlund drücken kann. Solange die jungen Tauben noch blind sind, vollführen sie auf jeden Berührungsreiz hin Kopfbewegungen, die darauf abzielen, den Schnabel irgendwo einzubohren, wobei sie, nur vom Tastsinn geleitet, Spalten finden, etwa diejenigen zwischen den Fingern einer Menschenhand. In vorgeschrittenem Alter suchen die bei ihren Eltern Verbliebenen, sehr zielbewußt und offensichtlich optisch orientiert, ihren Schnabel in den Schnabelwinkel des Elterntieres einzubohren. Die Kenntnis dieser anzuzapfenden Stelle ist aber wahrscheinlich erworben und nicht triebmäßig vererbt, denn die beim Menschen herangewachsenen Tiere zielen mit derselben Sicherheit nach dem Munde ihres Pflegers.

Ähnlich den Tauben stecken auch junge Kormorane bei der Futterübernahme ihren Schnabel in den der Eltern, nur scheinen sie in ihm die Nahrung aktiv zu ergreifen. Obwohl also bei ihnen ein eigentliches Einwürgen unter Druck von seiten des Altvogels nicht stattfindet, hat auch bei ihnen der Reflex zum Nahrungsgreifen und Schlucken das Hineinstekken des Schnabels in die Rachenhöhle des Elterntieres zur unentbehrlichen Bedingung. »Da man sie nun nicht gut aus dem Rachen füttern kann«, wie Heinroth sich ausdrückt, ist man bei der künstlichen Aufzucht sehr junger Kormorane zur Zwangsfütterung gezwungen, d. h. man muß ihnen die Fische mit sanfter Gewalt in den Rachen schieben, was deswegen gar nicht leicht ist, weil der Jungvogel nicht stille hält, sondern dauernd gierige Suchbewegungen vollführt, denn er »will den Schnabel in einen Rachen stecken«! Gerade bei solchen Jungvögeln, deren Aufzucht wochenlang dauert, kommt einem so recht zum Bewußtsein, wie absolut unfähig die Triebhandlungen eines solchen Tieres zu irgendwelcher adaptiven Modifikation sind!

Im Gegensatz zu den beschriebenen sind Jungvögel von Arten, bei denen die Futterübernahme durch Einwürgen so vor sich geht, daß der Jungvogel den Schnabel des Altvogels *von außen* umfaßt, leicht künstlich zu füttern. Der Jungvogel will da *etwas*, nämlich den elterlichen Schnabel packen, und wenn dieses Etwas nicht der als Zwischenziel angestrebte Schnabel des Alten, sondern gleich die Nahrung selbst ist, so schluckt er sie eben. Man braucht aber nur die Nahrung festzuhalten, um festzustellen, daß der Jungvogel bei deren Ergreifen eigentlich nicht das Futter, sondern den Elternschnabel »meint«: Er versucht nämlich dann kaum, die Nahrung an sich zu reißen, sondern vollführt an dem Gepackten, unter Bettelbewegungen und -lauten, die bezeichnenden »Melkbewegungen«, die das Würgen des Altvogels normalerweise auslösen.

So kann man junge Papageien leicht aus einem Löffel füttern, da sie diesen am Rande erfassen und daran »melken« wie am elterlichen Schnabel, wobei man ihnen dann durch Neigen des Löffels Nahrungsbrei einflößen kann. In vorgeschrittenen Entwicklungsstadien fressen sie »scheinbar« von selbst aus dem still gehaltenen Löffel. Nur vollführen sie während der ganzen Nahrungsaufnahme Bettelbewegungen und stoßen die dazugehörigen Laute aus. Sie verhalten sich also so, als glaubten sie, der Löffel würde sofort die Übergabe von Brei einstellen, wenn er nicht dauernd durch die genannten Auslöser hierzu veranlaßt würde, wie das der Elternvogel natürlich tatsächlich tut. Die Jungvögel »fühlen« sich also »gefüttert«, und wenn sie das nicht täten, so *könnten* sie gar nicht in der geschilderten Weise selbst Nahrung aufnehmen, denn der Trieb zum Selbstfressen erwacht bei ihnen erst später.

Ähnlich verhalten sich in menschlicher Pflege die Jungvögel der verschiedenen Reiherarten. Auch sie erfassen die dargebotene Nahrung mit der Bewegung, die eigentlich zum Erfassen des elterlichen Schnabels gehört, und schlucken dann natürlich die ihnen so – eigentlich unerwarteterweise – in den Schnabel gelangende Nahrung. Nur liegen hier die Dinge insofern etwas anders, als die Jungen auch in der Pflege ihrer Eltern danebengefallene Futtertiere vom Nestrande auflesen. Das Futtereinwürgen der Reihervögel ist wahrscheinlich aus einem *Vorwürgen* des Futters hervorgegangen. Beim Nachtreiher, *Nycticorax*, wird den ganz kleinen Jungen das Futter vorgewürgt, wobei der Elternvogel den geöffneten Schnabel auf das Nest aufstemmt und die Jungen schon vor dem Auswürgen der Nahrung den elterlichen Schnabel beknabbern und umfassen, so daß ihnen dann der halbverdaute Brei mehr oder weniger direkt zwischen die Kinnladen tropft. Sie fressen aber schon nach wenigen Tagen unter optischer Orientierung die Brocken des Speisebreies aus der Nestmulde. Der alte Vogel schlingt während des Vorwürgens häufig einen Teil des Vorgewürgten wieder ein, möglicherweise, um es warm zu halten, oder auch, um allzu große Brocken zu entfernen. Störche tun genau dasselbe. Während nun aber bei Störchen diese Fütterungsart dauernd beibehalten wird und die Kinder dauernd mit abwärts gerichtetem Schnabel bettelnd auf das Vorwürgen warten, gehen die etwas herangewachsenen Nachtreiherkinder sehr bald dazu über, sich dem anfliegenden Elternvogel schon im Augenblick, wo er auf dem Nestrand ankommt, entgegenzurecken und ihn bei der Schnabelwurzel zu fassen. Dabei vollführt der Jungvogel auch schon Schlingbewegungen, und das Ganze sieht aus, als wolle er den Schnabel des Elterntieres verschlucken.

c) Die Auslösung der Nachfolgereaktionen

Eine Leistung des Elternkumpanes, die oft ebenso wichtig ist wie die des Fütterns und die das letztere in manchen Fällen ersetzt und unnötig macht, ist die des *Führens* der Nachkommenschaft. Den Trieb, einem führenden Elternkumpan nachzufolgen, finden wir in mehr oder weniger starker Ausbildung bei der großen Mehrzahl der Nestflüchter sowie bei einer Anzahl von Nesthockern. Nestflüchter ohne Nachfolgetrieb sind die Großfußhühner, ferner die Möwen und Seeschwalben, bei denen die Jungen, obwohl sie oft durchaus nicht an den Nestort gebunden sind, ganz nach Art der Nesthocker mit Nahrung versehen werden. Unter den Nesthockern scheinen die flüggen Jungen nur bei verhältnismäßig sehr wenigen Formen den Eltern nach Art der Nestflüchter nachzufolgen. Es sind darunter besonders geistig hochentwickelte Formen, wie z. B. die großen Corviden, manche Papageien u. a.

Über den Nachfolgetrieb einiger *Nestflüchter* haben wir schon im Abschnitt über die Prägung manches gehört, z. B. wie bei manchen Arten seine Auslösung an bestimmte, vom Elterntier ausgehende Reize gebunden ist, die bei anderen durch ganz beliebige Reize ersetzt werden können. Hier will ich nur noch auf einige Eigentümlichkeiten des Nachfolgetriebes eingehen, die recht deutlich zeigen, wie der Jungvogel manchmal auf ganz bestimmte Eigenschaften des Elterntieres eingestellt ist, die zwar weniger auffallend sind als Lock- oder Warntöne (deren Kenntnis der Jungvogel ebenso ererbt), die aber ebensowenig abgeändert werden dürfen, wenn der Gegenleistung kein Abbruch getan werden soll, die der Elternkumpan dem Nachfolgetrieb des Jungvogels zu erfüllen hat.

Wir haben schon gehört, daß der Führerkumpan der jungen Stockenten dauernd quaken muß, wenn er seine Rolle erfüllen soll. Ein solches dauerndes Lautgeben kommt sehr vielen führenden Nestflüchtern zu. Der Elternkumpan muß aber auch, solange die Jungen wach und in Tätigkeit sind, dauernd in Bewegung sein. Bleibt der menschliche Elternkumpan längere Zeit stehen, so fließt der Strom der Küken an ihm vorüber und weiter vorwärts. Erst nachdem sie eine Strecke von mehreren Metern zurückgelegt haben, werden die Küken unruhig und beginnen zu pfeifen. Wenn man nun im Stehen zu locken beginnt, so rennen die kleinen Enten durchaus nicht sofort zu einem zurück, vielmehr bleiben sie noch längere Zeit hochaufgerichtet nebeneinander stehen und pfeifen weiter. Ähnlich verhalten sich Hühnchen, was Engelmann sehr genau beschrieben hat.[8] Ganz plötzlich rennt dann eines ein ganz kurzes Stück sehr schnell in der ungefähren Richtung auf einen zu und bleibt wieder hochaufgerichtet pfeifend stehen; ihm folgt ein zweites, das etwas weiter auf den Pfleger zuläuft, dann weitere, und auf einmal löst sich die Lawine, und die ganze Schar kommt in größtmöglicher Schnelligkeit zu einem zurück. Beim Pfleger angekommen, brechen sie in ein eifriges Geschnatter aus, das, aus dem »Unterhaltungston« bestehend, immer dann zu hören ist, wenn zusammengehörige Stockenten sich verloren hatten und wiedergefunden haben.

Ebensowenig, wie man als Führer einer Stockenten-Kükenschar diese zum plötzlichen Anhalten veranlassen kann, kann man sie dazu bringen, in spitzem Winkel aus der bisherigen Richtung abzuschwenken. Die Küken laufen geradeaus weiter, wenn man, an der Spitze gehend, plötzlich scharf abbiegt, und sie beginnen dann ebenso nach einigen Metern zu »weinen« wie beim plötzlichen Stehenbleiben des Pflegers, kehren dann in derselben Weise um und kommen so natürlich schließlich auch um den spitzen Winkel herum, um den man sie führen will. Ich vermag nicht sicher zu sagen, ob die Stockentenmutter nicht vielleicht für diese Sonderfälle besondere Töne als Signale hat, auf die die Jungen spezifisch reagieren. Ich glaube es jedoch kaum, da ich trotz langjähriger Stockentenbeobachtung nichts dergleichen zu sehen bekommen habe. Ebenso wie die Hühnerglucke verfügt die Stockentenmutter über eine Bewegung, die den Küken die beabsichtigte Marschrichtung anzeigt. Es ist dies eine von hinten nach vorn nickende Kopfbewegung, wie sie viele Vögel vollführen, wenn sie während des Dahinschreitens etwas fest ins Auge fassen wollen. Bezeichnend für diese richtunganzeigenden Nickbewegungen ist es jedoch, daß sie viel schneller und ausholender sind, als es der Geschwindigkeit der dahinschreitenden Ente entspricht. In einer höchst verwunderlichen Konvergenz haben die ebenfalls ihre Jungen führenden Fische, die Chromiden, ganz entsprechende Bewegungen, die der Schar der Jungfische die beabsichtigte Schwimmrichtung anzeigen, und zwar in Gestalt von überbetonten Schwimm-Intentionsbewegungen, die ebenfalls so aussehen, als wolle sich das Elterntier eiligst in der betreffenden Richtung davonstürzen, während es in Wirklichkeit ganz langsam vorrückt. All diese durch Zeichengebung seitens des Elterntieres erfolgenden Richtungsänderungen erfolgen jedoch nur sehr *stumpfwinkelig.*

Spitze Winkel und Stehenbleiben kommen bei der Stockentenmutter nur dann vor, wenn sie vor sich etwas Beängstigendes wahrgenommen hat. Dann aber warnt sie, und dies kann ihr der menschliche Führer leider nicht nachmachen. Der einzige weitere Fall, wo die führende Stockentenmutter ihr ständig suchendes Dahinschreiten unterbricht, tritt dann ein, wenn sie auf einen so reichlich Nahrung spendenden Fleck geraten ist, daß sie zunächst auch im Stillstehen eine Weile zu fressen findet. Dann aber tun die Jungen dasselbe und kommen nicht in die Lage, ihrer Mutter davonzulaufen. Unter den natürlichen Bedingungen sieht das alles selbstverständlich aus; erst wenn man selbst versucht, bei den Jungvögeln die Mutter zu vertreten, kommt einem zum Bewußtsein, wie fein die Verhaltensweisen der Mutter und der Jungen aufeinander abgestimmt sind und wie wenig Veränderungen schon genügen, um den Leistungsplan der arteigenen Instinkte zu stören, wie scharf umrissen den Jungvögeln das zu dem des artgleichen Elterntieres passende Verhalten angeboren ist.

Ziemlich viel anders ist die Leistung des führenden Elternkumpanes bei den wenigen *Nesthockern*, bei denen ihm überhaupt nach dem Ausfliegen der Jungen eine derartige Funktion zukommt. Unter unseren Rabenvögeln finden wir ein solches nestflüchterartiges Führen der Jungen bei der Dohle, weniger ausgeprägt beim Kolkraben, noch weniger bei Nebelkrähe und Elster. Die Saatkrähe scheint sich darin der Dohle ähnlich zu verhalten. Den führenden Rabenvögeln scheint sich das Verhalten der ja ebenfalls geistig sehr regsamen Papageien anzuschließen, jedoch ist Sicheres darüber kaum bekannt.

Der Nachfolgetrieb der jungen Dohlen und Kolkraben regt sich erst ganz geraume Zeit nach dem Verlassen des Nestes, wenn die Jungvögel körperlich imstande sind, den Eltern überallhin zu folgen. Er unterscheidet sich ferner vom Nachfolgetrieb der Nestflüchter dadurch, daß er in einen *Nachlauftrieb* und einen *Nachfliegetrieb* zerfällt, die voneinander merkwürdig unabhängig sind.

Nimmt man eine junge Dohle, die man seit ihrer frühen Jugend selbst aufgezogen hat und der man also in jeder anderen Hinsicht Elternkumpan ist, zu jener Zeit mit sich ins Freie, in der bei ihr der Nachfolgetrieb im Erwachen begriffen ist, so schlägt er meist ohne weiteres auf den Menschen um. Ebenso leicht kann man aber auch andererseits eine solche menschengewöhnte Jungdohle dazu bringen, daß sie etwa vorhandenen alten Dohlen nachfliegt und nur in ihrem Fütter-Funktionskreise auch weiterhin auf den menschlichen Pfleger als Elternkumpan reagiert.

Will man aber den Nachfolgetrieb einer menschengewöhnten Jungdohle studieren, indem man ihn selbst auslöst, so verfahre man etwa folgendermaßen: Man setze den Vogel im Freien auf einen nicht allzu hohen Gegenstand und beschäftige sich dort so lange mit ihm, bis er den Schreck über den Umgebungswechsel verwunden hat. Setzt man ihn auf den Boden, so fliegt er meist aus Bodenscheu vorzeitig ab, liegt der Sitz zu hoch, so geht das nun Folgende nicht richtig. Man muß nämlich, nachdem man den Vogel eine Weile beruhigt und vielleicht auch gefüttert hat, plötzlich in die Höhe fahren und raschestens von dem Vogel weglaufen. Das In-die-Höhe-Fahren ist zur Auslösung des Nachfliegetriebes wesentlich, daher muß die Dohle tiefer sitzen, als man selbst hoch ist. Hat man alles richtig gemacht und ist die Dohle vollwertig und gesund, so kommt sie mit Sicherheit hinter einem hergeflogen. Gewöhnlich landet der Vogel nun auf der Person des Pflegers, oft aber gerät er über ihn hinaus. In letzterem Falle ist er dann nicht imstande, richtig umzukehren und zu einem zurückzukommen. Meist endet er ziemlich hoch oben auf irgendeinem Baum und ist von dort dann gar nicht leicht wieder herunter zu bekommen. Dadurch, daß man sich nahe an den Baum stellt und dann plötzlich von ihm fortläuft, kann man den Nachfliegetrieb nicht auslösen. Scheinbar gehört es zur Auslösung des Auffliegens mit dazu, daß der Führer sich in der gleichen Ebene mit dem Vogel befindet und beim Losfahren womöglich auch etwas höher kommt. Glücklicherweise sprechen aber junge Dohlen gut auf Nachahmungen des Dohlenlockrufes an und kommen nach einiger Zeit unter Führung ihres Gehöres geradenwegs zu einem zurück, wozu junge Nestflüchter nicht fähig sind. Vielmehr finden Küken die Locktöne aussendende Glucke erst nach längerem, den Standort der Mutter offenbar akustisch auspeilenden Zickzacklaufen.[9] Ihnen muß man sich unbedingt bis auf wenige Meter nähern, um den Anschluß schnell wieder herzustellen. Dohleneltern tun dies aber auch, zumindest in der ersten Zeit, nachdem die Jungen nachzufliegen begonnen haben. Wenn die Jungen den Anschluß an die vorausfliegenden Eltern verlieren, sei es, daß sie diese überholt haben oder daß sie zu weit zurückgeblieben sind, so stellen die Eltern ihn wieder her, indem sie entweder, unter ständigem Zurückblicken langsamer fliegend, auf die Jungen warten oder aber die vorausfliegenden Jungen überholen und sich so wieder an den Kopf des Zuges setzen. Der Nachfliegetrieb solcher noch nicht allzulange Zeit mit den Eltern fliegenden Jungdohlen verhält sich sozusagen wie ein Gummiband, das zwischen Eltern und Jungen gespannt ist: Je weiter sie sich voneinander entfernen, desto stärker zieht es, aber nur bis zu einem gewissen Punkte, dann reißt es ab und muß neu geknüpft werden.

Nach einiger Zeit tritt dieses so rein reflektorische, durch optische Reize ausgelöste Nachfliegen etwas zurück gegenüber dem durch Gehörreize ausgelösten Anschlußtrieb der Jungen. Diese vermögen dann unglaublich genau zu lokalisieren, von wo die Eltern oder der Pfleger sie rufen. Entsprechend dieser Fähigkeit können sie sich dann auch viel weiter von jenen entfernen, ohne in Gefahr zu geraten, sie zu verlieren. Die Stimmfühlung, wie Heinroth dieses akustische Zusammenhalten nennt, spielt ja überhaupt bei Vögeln oft eine sehr große Rolle.

Nur beim Abflug bleibt dauernd die optische Auslösung durch den auffliegenden Führer in gleichem Umfange erhalten. Der stärkste Reiz, der dem menschlichen Dohlenvater zur Verfügung steht, um die junge Dohle zum Nachfliegen zu veranlassen, besteht darin, daß man auf den sitzenden Vogel schnell zuläuft, dicht vor ihm kehrt macht und so rasch wie möglich in der Richtung, aus der man gekommen ist, zurückrennt. Diese Methode der Auslösung hatte ich bei meiner ersten jungen Dohle herausgefunden und war nicht wenig erstaunt und befriedigt, als ich später beobachten konnte, daß dieselbe Auslösungsweise den alten Dohlen als arteigene Triebhandlung regelmäßig zukommt. Im Experiment empfiehlt es sich jedoch, dieses Verfahren nur bei Jungvögeln anzuwenden, die dem Pfleger schon längere Zeit im Freien nachgeflogen sind. Wenn man sie als erste Auslösung bei einer ganz jungen Dohle versucht, so bekommt man leicht Fluchtreaktionen statt des Nachfliegens.

Sehr eigentümlich ist die strenge Sonderung des Triebes zum Nachfolgen in der Luft von dem des Nachfolgens zu Fuß. Das Auffallendste ist da zunächst die sehr verschiedene Intensität der beiden Triebe. Zu Fuß zeigt ein solcher Jungvogel, der in der Luft dem Elternkumpan »wie angebunden« nachfolgt, nur ein ganz ungefähres Bestreben, die gleiche Richtung einzuhalten. Wie bei jungen Nestflüchtern, so funktioniert auch bei einer jungen Dohle das Nachlaufen nur dann auf die Dauer, wenn man sich sehr genau an die Geschwindigkeit hält, mit der das futtersuchende Elterntier dahinschreitet. Geht man schneller, so bleibt die Dohle zurück und kommt einem dann nachgeflogen *oder auch nicht*. Man kann sich nämlich sehr wohl unter einem »Einschleichen des Reizes« von seiner Dohle wegschleichen, *ohne* daß der Nachfliegetrieb ausgelöst wird. Unter den gewöhnlichen Verhältnissen spielt es offenbar keine Rolle, wenn sich die auf dem Boden futtersuchende Jungdohle etwas weiter von dem führenden Altvogel entfernt. Das auffliegende Elterntier reißt sie ja doch mit in die Höhe, auch wenn es sich inzwischen vierzig oder hundert Meter von ihm entfernt hat, und in der Luft macht diese Entfernung nichts aus.

Im Sommer 1933 experimentierte ich mit einem jungen Star und konnte feststellen, daß bei dieser Art der Intensitätsunterschied zwischen Nachlauf- und Nachfliegetrieb noch viel größer ist. Dies entspricht genau der verhältnismäßig großen Flug- und geringen Gehgeschwindigkeit des

Stares. Die Vögel können sich auch während längeren Futtersuchens gar nicht so weit voneinander entfernen, daß sie nicht nach dem Auffliegen in wenigen Sekunden wieder beieinander wären.

Noch ausgesprochener ist dies bei manchen Kleinvögeln, die sowohl den Elternkumpan als auch den Artgenossen überhaupt so gut wie nicht beobachten, solange sie sich zu Fuß umherbewegen, fliegend aber »wie angebunden« an ihm hängen. Heinroth beschreibt dies von einem jungaufgezogenen Goldammer.

d) Das Warnen

Eine weitere sehr wichtige Leistung des Elternkumpanes besteht darin, den Jungvogel gegebenenfalls vor Gefahr zu warnen. Die Reaktion auf die Warntöne und Bewegungen der Eltern ist den Jungvögeln wohl aller existierenden Arten angeboren, vielleicht mit Ausnahme der Großfußhühner, die keinen Elternkumpan haben.

Die Warnung besteht in Tönen oder Ausdrucksbewegungen oder beiden und ist *immer* eine echte Triebhandlung, bei deren Ausführung der warnende Vogel sicher keine altruistischen Zweckvorstellungen hat. Er warnt ja auch, wenn er allein ist. Erwähnenswert scheint mir noch, daß das Vorhandensein besonderer Warntöne keineswegs auf eine besonders große Bedeutung des Warnens bei der betreffenden Art schließen läßt; keinesfalls ist der umgekehrte Schluß berechtigt: unter sämtlichen mir bekannten Arten sind die Jungen der Dohle am meisten auf die Warnfunktion der Altvögel angewiesen, denn sie sprechen mit Fluchtreaktionen weit weniger auf die von dem zu fliehenden Feind ausgehenden Reize an als auf das Erschrecken und Fliehen der alten Artgenossen. Trotzdem hat die Dohle keinen eigentlichen Warnton. Es ist geradezu bezeichnend, daß gerade bei der Dohle, die so ungeheuer fein auf die leisesten Ausdrucksbewegungen der Artgenossen reagiert, ein eigentlicher Warnruf nicht ausgebildet zu werden brauchte. In ähnlicher Weise geht das Warnen der Jungen durch die Eltern bei anderen, längere Zeit führenden Nesthockern vor sich, so auch beim Kolkraben. Dieser hat zwar auch einen Warnton, aber diesem kommt anscheinend eine weniger wichtige Rolle bei der Auslösung der Fluchtreaktion der Jungen zu als den ihn begleitenden Ausdrucksbewegungen. Zu meinem Ärger war es mir bei meinen jungen Kolkraben nie geglückt, durch Nachahmung des Warntons eine Flucht herbeizuführen. Unter gewissen Umständen wäre es mir erwünscht gewesen, dies zu können. Die Raben pflegten nämlich Orte, an denen sie einmal sehr erschreckt worden waren, dauernd zu meiden. Nun erschrecken sie aber jedesmal sehr, wenn fremde Menschen von ihnen unbemerkt nahe an sie herangekommen waren, und um die Erzeugung einer, mich bei meinen Versuchen oft sehr störenden, Platzfurcht zu vermeiden, hätte ich die Vögel sehr gerne durch eine Warnton-Nachahmung zum Wegfliegen veranlaßt, wenn ich einen von den Raben noch nicht bemerkten Menschen nahen sah. Dies gelang mir niemals, bis ich einmal zufällig zugleich mit dem Ausstoßen des Warntones mich selbst rasch in Bewegung setzte, weil ich einen mir unangenehmen Bekannten nahen sah. Da stimmten die Raben regelrecht in den Ruf ein und flohen sehr rasch, viel schneller, als ich mich bewegte; sie flogen also nicht etwa nur mir nach.

Reflexhafter verläuft die Reaktion auf das Warnen des Elternvogels bei jungen Nestflüchtern. Auch hier ist sie natürlich durchaus angeboren, sogar bei der Graugans, die doch im übrigen so wenige rein triebmäßige Reaktionen auf die von den Eltern ausgehenden Reize hat und nicht einmal auf deren Lockton instinktmäßig anspricht. Nun darf man aber ja nicht meinen, ein solcher Jungvogel habe in irgendeiner Weise davon Kenntnis, daß ihn da ein befreundetes Wesen vor einem dritten, feindlichen warnen wolle. Vielmehr hat man in manchen Fällen ausgesprochen den Eindruck, daß der Jungvogel *vor* dem Warnton flieht. Man halte sich vor Augen, daß ein eben trocken gewordenes Küken, sagen wir eines Goldfasans, durch *keinen wie immer gearteten Reiz* zu einer richtigen Fluchtreaktion zu bringen ist, *außer* durch den Warnton seiner Mutter. Ein noch nasses Goldfasanküken sah ich einmal gut einen Meter weit rennen und dann in einer dunklen Ecke Deckung nehmen, als ich sein älteres Geschwister aus dem Neste nahm und die darob erschreckte Henne den Warnruf hören ließ. Im Ruhezustand war dieses geflüchtete Küken kaum imstande, den Kopf aufrecht zu tragen, konnte nicht stehen und auch nicht langsam gehen. Nur unter dem ungeheuren Erregungsdruck, den der Warnton auslöste, konnte es zu kurzem, aber raschem Rennen aufgepeitscht werden. Solche ganz kleinen Küken fliehen beim Warnen der Henne auch immer von *ihr weg* und nehmen dann oft sehr weit von ihr und voneinander entfernt Deckung, in der sie dann so lange bleiben, bis das gewöhnliche Lokken der Mutter ertönt. Beunruhigt man die letztere dauernd weiter, so daß sie nicht lockt, so wagen sie sich ebenso lange nicht hervor.

Die etwas größeren, bereits zum Aufbaumen fähigen Küken sehr vieler Hühnervögel zeigen zwei streng getrennte Antworten auf *zwei verschiedene Warnlaute* der Eltern. Auch das Bankivahuhn und das Haushuhn haben zwei getrennte Warnlaute für den fliegenden Feind und den Bodenfeind. Man begegnet aber in der Literatur der Ansicht, daß es sich da um graduell verschiedene Ausdrücke derselben Erregung handle. Aus dieser Tatsache entnehme ich die Berechtigung, hier ohnehin Bekanntes nochmal breitzutreten. *Gallus bankiva* reagiert auf einen fliegenden Raubvogel mit einem langgezogenen, sonantischen R-Laut, der meist als »Rräh« wiedergegeben wird. Dieser Laut ist auslösbar durch einen fliegenden Raubvogel, aber auch durch irgendeinen anderen ungewohnten fliegenden Großvogel, auch wenn er gar nicht raubvogelartig wirkt. Ich hörte das »Rräh« der hiesigen Haushähne als Antwort auf den Anblick meiner fliegenden Störche, Graugänse, Kormorane, Kolkraben und anderer Großvögel, also auch solcher, die durchaus nicht raubvogelartig wirken. Noch sicherer und nicht durch Gewöhnung abstumpfbar war die Auslösung des »Rräh« durch kurzhalsige und sehr schnell fliegende Vögel: sowohl meine Mönchsittiche als auch in sehr raschem Sturzflug herabsausende Haustauben brachten regelmäßig die Dorfhühner zum Ausstoßen dieses Raubvogel-Warnrufes.

Erreicht dieselbe Erregung, deren Ausdruck der Rräh-Ruf ist, höhere Grade, so erfolgt eine Fluchtreaktion *nach unten*, d. h. bodenwärts ins Finstere, also womöglich *unter* eine Deckung. Die »Rräh-Erregung« ist zwangsläufig mit Nach-oben-Blicken gekoppelt.

Außer dieser Warn- und Fluchthandlung besitzen die Haushühner und viele andere Hühnervögel noch eine zweite. Erblickt ein Haus- oder Bankivahuhn ein *nichtfliegendes*, aber ihm gefährlich erscheinendes Tier, so bekommt man einen ganz anderen Ton zu hören. Das Huhn sagt zunächst einmal: »Gockokokok«, mit sehr starker Betonung der zweiten Silbe. Dauert die Erregung an und tritt nicht sofortige Beruhigung ein, so hört man in regelmäßigen Abständen von etwas weniger als einer Sekunde einzelne Gock-Laute, die sich je nach Stärke der Erregung häufiger oder seltener zu einem sehr lauten, zweisilbigen »Gokóhk« steigern. Dieser Warnlaut wird merkwürdigerweise von der Henne nach dem Legen ausgestoßen und ist den meisten in dieser Verbindung bekannter als als Warnlaut.

Es liegt nun die Frage nahe, wieso denn gerade der Warnlaut gleich nach dem Legen zur Auslösung komme. Zunächst sieht dieses Verhalten so sinnlos, ja geradezu biologisch schädlich aus, daß man nicht meinen möchte, daß es der Wildform in der gleichen Weise zu eigen sei. Ein ähnliches Gehaben finden wir jedoch bei der Amsel zur Zeit der Abenddämmerung. Jeder kennt das bezeichnende laute Warnen, das die Amseln vor dem Schlafengehen hören lassen. Heinroth hat die Vermutung ausgesprochen, daß dieses laute Warnen stets weit entfernt von dem eigentlichen Schlafplatz der Vögel ausgestoßen werde, daß diese also nach dem Warnen stumm eine größere Strecke weit abstrichen, eine Vermutung, die durch die Beobachtung durchaus bestätigt wurde. Ich vermutete nun, daß bei den Hennen eine ähnliche biologische Bedeutung des lauten Warnens vorliege, was durch eine Nachfrage, die Heinroth freundlicherweise auf meine Bitte anstellte, ebenfalls bestätigt wurde. Bankivahennen und auch Haushuhn-

Bankiva-Kreuzungstiere verlassen das Nest nach dem Legen stumm und heimlich und *fliegen* eine möglichst weite Strecke von ihm weg, um dann erst in das auch ihnen zukommende *Legegackern* auszubrechen. Da der Trieb zu diesem Wegfliegen bei den mehr oder weniger flugunfähigen Haushühnern meist ausfällt, so erfolgt bei ihnen das Legegackern in durchaus unzweckmäßiger Weise dicht beim Neste. Auch bei der legenden Henne ist das Gackern also im Grunde genommen mit Flugstimmung gekoppelt.

Bei der gewöhnlichen Bodenfeind-Warnreaktion sieht man dem Huhn schon während des regelmäßigen Gock-gock-gock usw. deutlich Flugstimmung an: es wird lang und schlank und vollführt im Takte zu den einzelnen Lauten lebhafte Kopfbewegungen, die einwandfrei als Auffliege-Zielbewegungen zu erkennen sind. Steigert sich die Erregung in *dieser* Stimmung bis zur motorischen Auswirkung, so fliegt der Vogel schließlich im Augenblick eines »Gogóhk« unter mehrmaliger rascher Wiederholung dieses letzten Lautes in die Höhe. Bei dieser Reaktion sichert das Huhn mit Blickrichtung zum Boden.

Diese Bodenfeind-Warnreaktion ist beim domestizierten Huhn dadurch verwischt, daß es bei schwereren Rassen kaum je zum wirklichen Auffliegen kommt; man kann aber an ihrer Bedeutung nicht mehr zweifeln, wenn man die entsprechende Verhaltensweise des Goldfasans kennt.

Beim Goldfasan finden wir, ebenso wie offenbar bei sehr vielen Hühnervögeln, auch zwei Warnreaktionen. Entsprechend der höheren Stimmlage von *Chrysolophus* klingt der Flugwarnlaut mehr wie »Rrihh«; dem Bodenfeind-Warnton des Bankivahuhnes entspricht ein zartes »Grix-grix-grix«, das in etwas größeren zeitlichen Intervallen ausgestoßen wird als der entsprechende Laut des Haushuhnes, und der in einem zweisilbigen »Girrih« gipfelt, das ebenso wie der zweisilbige Ruf des Huhnes immer zwischen längeren Folgen des einsilbigen eingeschaltet wird. Man bekommt ihn aber seltener zu hören als beim Huhn, da beim Goldfasan das Auffliegen viel leichter und früher eintritt als bei jenen. Auch geht das Auffliegen des Goldfasans im Gegensatz zu dem des Haushuhns meist still vor sich. Sehr häufig baumt der Goldfasan dann sofort auf, ohne weiter zu fliehen.

Für unsere Betrachtung ist hier wichtig, daß diese Zweiheit der Reaktion bei kleinen Hühner- und Goldfasanküken zunächst nicht vorhanden ist. Goldfasanküken nehmen auf beide Arten von Warnrufen hin sofort Deckung. Erst von der Zeit ab, wo sie etwas flugfähig sind und auch nachts mit der Mutter aufzubaumen beginnen, fangen sie an, auf den Bodenfeind-Warnlaut in Auffliegestimmung zu geraten.

Vergleichend kann man sagen, daß diese Mutter und Kind angeborene und im Sinne der Arterhaltung ungeheuer zweckmäßige Verhaltensweise der Hühnervögel einen viel reflexmäßigeren, unbewußten Eindruck hervorruft als das nur durch das Gehaben der Eltern hervorgerufene Sichern und Fliehen der jungen Dohlen und anderer Rabenvögel.

Man darf auch nicht vergessen, daß die jungen Rabenvögel auf das Erschrecken ihrer Führer hin sichern, d. h. nach einem Feinde Ausschau halten; sie verhalten sich also so, als »wüßten« sie triebmäßig, daß sie von den Führern vor etwas Drittem gewarnt würden, im Gegensatz zu kleinen Nestflüchterküken, die allem Anschein nach direkt *vor* dem Warnton ihrer Mutter fliehen. Man möchte ja auch diesen frischgeschlüpften kleinen Tieren von vornherein nicht so hochentwickelte Verhaltensweisen zutrauen wie einem körperlich erwachsenen jungen Rabenvogel. Die größeren, flugfähigen Hühnerküken benehmen sich beim Ertönen des Bodenfeind-Warnlautes wie die Rabenjungen, d. h. sie sichern nach allen Seiten nach dem zu erwartenden Feinde.

Es seien mir einige Worte über das *Verhalten bei Ausfall der Warnleistung* gestattet.

Da die Warntöne und Gebärden der einzelnen Arten meist nur in ihrer spezifischen Form die dazugehörigen Reaktionen der Jungvögel auslösen, so ist der Elternstelle vertretende Mensch meist nicht imstande, adäquate Ersatzreize zu setzen.

Nun finden wir aber bei vielen Tieren die Neigung, Reaktionen, die eigentlich einer bestimmten Auslösungsweise zugehören, beim Ausbleiben des adäquaten Reizes auch durch einen anderen Reiz auslösen zu lassen. Es wird die Reizschwelle der betreffenden Reflexe oder Reflexketten immer weiter erniedrigt, bis die ganze Reaktion schließlich sogar *ohne* erkennbaren äußeren Reiz, wie ich zu sagen pflege »auf Leerlauf«, zur Ausführung gelangt. Es ist, als ob die durch lange Zeit nicht ausgelöste arteigene Triebhandlung mangels eines äußeren Reizes schließlich *selbst* zu einem *inneren* Reize würde.

Ich befinde mich in der Auffassung dieser Dinge in einem gewissen Gegensatze zu Groß, der alle solche Leerlaufreaktionen als »Spiel« betrachtet und ihnen einen biologischen Wert im Sinne einer Einübung der Reaktion zuschreibt. Ich meine nämlich, daß nur verhältnismäßig wenig Leerlaufreaktionen diesen Namen wirklich verdienen, daß sehr wenige von ihnen sich wirklich *von der Reaktion des Ernstfalles unterscheiden.* Zweifellos ist das Kampfspiel zweier junger Hunde tatsächlich etwas ganz anderes als ein ernster Hundekampf und nicht etwa nur graduell von einem solchen verschieden. Der Hauptunterschied besteht in dem *Erhaltenbleiben aller sozialen Hemmungen* beim Spiele, und zwar auch beim heftigsten und leidenschaftlichsten Spiel. Vor allem erhält sich die Hemmung, ernstlich zuzubeißen, während sie beim ernstlichen Kampfe, und zwar auch bei der kleinsten ernsten Reiberei, sofort vollständig ausgeschaltet wird. Ähnliche Unterschiede zwischen Spiel und Ernstfall lassen sich bei sehr vielen Tierspielen nachweisen, und nur dann sollte meiner Meinung nach von »Spiel« gesprochen werden. Ich bin nämlich überzeugt, daß sich die Vorgänge im Zentralnervensystem des Tieres in sehr vielen Fällen bei der Leerlaufreaktion fast nicht von dem im Ernstfall ausgelösten Ablauf unterscheiden, und zwar um so weniger, je geringer die geistige Entwicklungshöhe des betreffenden Tieres ist. Ich bin überzeugt, daß ein kleines Kaninchenkind, das auf einer freien Wiese plötzlich wild Haken zu schlagen beginnt und dann der nächsten Deckung zustürmt und sich dort drückt, sich genauso wirklich »fürchtet«, wie wenn ein Habicht hinter ihm her wäre. Andererseits verhält sich ein Zicklein bei dem entsprechenden »Flucht«-Spiel ganz anders, denn es bleibt nach einigen Haken- und Quersprüngen stehen und fordert sein verfolgendes Geschwister zur weiteren Verfolgung auf. Da hätten wir also tatsächlich ein Spiel vor uns. Die Grenzen sind, wie überall, nicht scharf zu ziehen; trotzdem aber dürften wir mit der Annahme nicht sehr weit fehlgehen, daß *bei Vögeln* die große Mehrzahl der Leerlaufreaktionen mit denen des Ernstfalles *bezüglich der inneren Nervenvorgänge identisch* und daher nicht als Spiel zu betrachten sind. Selous, wohl ein sehr guter Kenner und Deuter tierischen Benehmens, spricht den Vögeln die Fähigkeit zum Spiel rundweg ab. Ausnahmen und Übergänge gibt es natürlich, und zwar, wie zu erwarten, bei den großen Rabenvögeln und Papageien.

Bei Ausfall der Warnfunktion von seiten des Elterntieres kommt es nun bei vielen Jungvögeln zu sehr eigentümlichen Leerabläufen der normalerweise gerade durch das Warnen ausgelösten Flucht- und Sicher-Reaktionen. Man findet dann häufig eine ganz eigentümliche Fahrigkeit und *Überbereitschaft zu Fluchthandlungen*, die vollkommen unabhängig von der Zahmheit des Vogels gegenüber seinem Pfleger ist. Es ist, als *warte* der Vogel darauf, einmal fliehen zu müssen, ja, als würde es ihm eine Beruhigung sein, wenn der ewig ausbleibende Feind endlich erscheinen würde. Heinroth pflegt im Scherz und in bewußter Vermenschlichung diese Stimmung der zahmen Jungvögel in die Worte zu fassen: »Wann kommt der Kerl nun endlich?« Die Neigung, sich vor unwichtigen und kleinen Dingen unmäßig zu fürchten, steht dann in einem auffallenden Gegensatz zu dem Vertrauen, das sie dem Pfleger entgegenbringen, ja, man könnte sagen, sie stünde in einem *umgekehrten Verhältnis* zu diesem Vertrauen. Zu der Annahme, daß die erwähnte Fahrigkeit und Panikbereitschaft auf den Ausfall der elterlichen Warnfunktion zurückzuführen sei, werde ich hauptsächlich durch den Umstand veranlaßt, daß sie gerade bei solchen Arten am deutlichsten zur Beobachtung kommen, bei denen Eltern und Kinder besonders lange und innig in Beziehung zueinander stehen und bei denen die Jungen *wenig angeborene Kenntnis der zu fliehenden Feinde* zeigen. Gerade solche Jungvögel, die sich dem Menschen gegenüber als besonders vertrauensvoll erweisen, gehören Arten an, bei denen, wie bei den Dohlen, die Auslösung des Fluchttriebes nicht durch den Anblick eines triebmäßig als solchen erkannten Feindes, sondern durch das Miterleben der Warn- und Fluchtreaktion der führenden Eltern ausgelöst wird. Gerade bei ihnen setzt dann die »Leerlauf«-Beantwortung eines gar nicht gebotenen Warnreizes ein. Nach Heinroth finden wir die beschriebene Erscheinung sehr stark bei Kranichen, bei Graugänsen und bei Kolkraben, für welch letztere auch meine Beobachtungen dasselbe gezeigt haben. Ich möchte den genannten Arten noch die Dohle hinzufügen; über die durch gänzlich grundlosen Alarm hervorgerufenen Paniken, denen führerlose Jungvögel dieser Art ganz besonders ausgesetzt sind, habe ich an anderer Stelle berichtet.[10]

Bei ihnen handelt es sich kurz gesagt darum, daß die Furchtreaktionen des einen Vogels bei dem nächsten eine ebensolche auslöst, die *stärker* ist, als sie selbst. Das kleinste Erschrecken eines Individuums führt zur Flucht der ganzen Schar, wofern so viele Individuen gegenwärtig sind, daß die Erregungssteigerungen beim jedesmaligen Überspringen des Reizes zu seiner genügenden Verstärkung führen. Bei einer normalen Schar erwachsener Vögel reagiert jedes Individuum auf den Ausdruck der Furcht bei einem Kumpan *höchstens* mit einer ebenso starken Erregung, nie mit einer stärkeren. Das lawinenhafte Anschwellen der Panik bei den Jungvögeln beruht auf einer *abnormen Herabsetzung der Schwellenwerte des Warnreizes.* Bei der erhöhten Panikbereitschaft mancher Huftiere mag es ähnlich sein.

e) Das Verteidigen

Das Verteidigen der Jungen durch die Elternvögel scheint in vielen Fällen von den Jungen »zur Kenntnis genommen« zu werden. Bei Hühnerküken beobachtete Brückner, daß sich die Jungen bei Herannahen eines Feindes, der eine Verteidigungsreaktion bei der Glucke auslöste, *hinter* der Glucke, »im Gefahrschatten«, wie Brückner sich ausdrückt, ansammeln. Ähnliches konnte ich bei Nacht- und Seidenreihern an flüggen Jungvögeln beobachten.

4 Die Trennbarkeit der Funktionskreise

Daß es in der Umwelt des Jungvogels nicht in Erscheinung tritt, ob alle die besprochenen Leistungen des Elterntieres von einem und demselben individuellen Wesen ausgehen oder nicht, glaube ich daraus entnehmen zu dürfen, daß es die die einzelnen Leistungskreise betreffenden Instinkthandlungen des Jungvogels in keiner Weise stört, wenn in jedem einzelnen ein anderer Kumpan die Gegenleistung zu seinen eigenen Trieben abgibt. Natürlich muß dies in einer zu dem Bauplan seiner Triebhandlungen passenden Weise geschehen.

So nehmen kleine Nestflüchter meist ohne weiteres damit vorlieb, daß ihnen der Mensch den Kumpan im Funktionskreise des Führens darstellt, ihrem Trieb zum Unterkriechen und Sichwärmenlassen jedoch die Gegenleistung eines passenden Petroleumofens geboten wird. Wachen sie auf und kriechen sie unter der Petroleumglucke hervor, so weinen sie ebenso »nach« dem Führungskumpan, wie sie, wenn sie frieren oder müde sind, »nach« dem Wärmespender weinen.

Ebenso zeigt sich in Fällen, wo normalerweise das Elterntier die Leistungen des Führens und des Fütterns in sich vereinigt, eine weitgehende Unabhängigkeit dieser Funktionskreise. Ich habe wiederholt junge Dohlen, die ich aus Zeitmangel nicht selber führen konnte, ganz einfach an die Schar meiner alten, freifliegenden Dohlen angegliedert. Ihr Nachfolgetrieb richtet sich dann ohne weiteres auf die Schar der Altvögel, und die Tiere machen nie Versuche, mir nachzufliegen, vorausgesetzt, daß sie satt sind. Auch lassen sie sich von mir nicht an Orte führen, wo sie und die anderen Dohlen sonst nicht hinkommen, während eine durch ihren Nachfolgetrieb an mich gefesselte Dohle sich natürlich blindlings überallhin führen läßt. Die Bettelreaktionen richten sich ebenso gegen mich wie bei einer auch im Führen auf mich angewiesenen Jungdohle, höchstens mag es sein, daß der Sperrtrieb bei solchen Vögeln etwas früher erlischt als bei Vögeln, die durch ihr Nachfliegen noch von einer anderen Seite her an mich gebunden sind. Ein Anbetteln der ihren Nachfolgetrieb befriedigenden alten Dohlen kommt bei solchen Jungvögeln nur ganz ausnahmsweise einmal vor.

Da das Reagieren auf das Warnen der Eltern völlig angeboren und völlig unabhängig von Erworbenem ist, so erscheint es verständlich, daß sich der Funktionskreis gerade dieser Leistung einer besonderen Unabhängigkeit von anderen erfreut. Es spielt denn auch die Person des Warners dabei keine Rolle. Ein Jungvogel, dem in allen anderen Funktionskreisen der Mensch oder ein bestimmter Mensch Elternkumpan ist, gerät durch das Warnen eines alten Artgenossen genauso in Erregung wie in Fällen, wo die Nachahmung der elterlichen Warnlaute im Bereich menschlicher Stimmittel liegt, der Mensch durch eine solche Nachahmung die bei ihren richtigen Eltern befindlichen Jungvögel in Schrecken versetzen kann.

VI Der Kindkumpan

Mit etwas mehr Berechtigung als wir in dem vorigen Kapitel das Bild, das die Leistungen des Elternvogels in der Umwelt des Jungvogels malen, als »Elternkumpan« bezeichnet haben, obwohl wir ihn in manchen Fällen, gemäß seiner einzelnen Funktionskreise, in einen Führer-, einen Fütter-, einen Wärmekumpan usw. hätten zerreißen müssen, wollen wir nun umgekehrt unter »Kindkumpan« das Bild bezeichnen, welches die den Pflegetrieben der Elterntiere entgegenstehenden Gegenleistungen der Jungtiere in der Umwelt dieser Eltern entwerfen. Mit etwas mehr Berechtigung deshalb, weil der Altvogel meist zu der vergegenständlichenden Reizzusammenfassung natürlicherweise eher imstande ist, als der oft auf sehr niederer Entwicklungsstufe ins Leben tretende Jungvogel.

1 Das angeborene Schema des Kindkumpans

Die Jungen werden also in den meisten Fällen triebmäßig an Merkmalen, deren Kenntnis dem Elterntier angeboren ist, als artgleich erkannt. Es ist ja eigentlich selbstverständlich, daß diese Merkzeichen nicht durch Prägung erworben werden können, da ja die eigenen Kinder stets die ersten neugeborenen Artgenossen sind, die der Vogel zu sehen bekommt, und trotzdem muß er mit sämtlichen arterhaltenden Pflegetrieben auf ihren ersten Anblick reagieren. Die merkwürdige Ausnahme von dieser Regel ist die schon einmal in ähnlichem Zusammenhang erwähnte Gattung *Anser*, die ja überhaupt eine Spitzenleistung an Instinktarmut darstellt. Die Graugans ist wohl buchstäblich der einzige unter den bisher ethologisch näher untersuchten Vögeln, bei dem die Eltern auf den Anblick frisch geschlüpfter Jungen ihrer Art nicht spezifisch reagieren. Daher führen sie im Gegensatz zu *allen* anderen in dieser Hinsicht untersuchten Nestflüchtern anstandslos art- und selbst gattungsfremde Junge, soweit diese sich auf den fremden Führer umstellen lassen, in einem von mir 1934 angestellten Versuch z. B. Küken von *Cairina moschata*! Leider ist es nicht bekannt, ob hierbei eine richtige Prägung auf die artgleichen Jungen stattfindet, d. h. ob Graugänse, die schon einmal artgleiche Kinder erbrütet haben, auch noch bereit sind, bei einer späteren Brut artfremde anzunehmen. Nach sonstigen über die Prägung bekannten Tatsachen würde man das nicht erwarten. Ein entsprechendes Verhalten von Hühnerglucken, von denen behauptet wurde, daß sie nach einmaligem Ausbrüten von Enten nun Hühnerküken nicht angenommen oder gar »wie Enten« ins Wasser geführt hätten, kommt mir so unwahrscheinlich vor, daß ich bei solchen Angaben geneigt bin, an Beobachtungsfehler zu denken, selbst wenn ein Lloyd Morgan derartige Angaben zu den seinen macht. Überhaupt täte man am besten, *Haustiere* aus instinkttheoretischen Untersuchungen aus schon früher erwähnten Gründen *unbedingt auszuschließen.* Insbesondere die falsche Verallgemeinerung des Verhaltens der Haushenne zu artfremden Jungen hat zu sehr unrichtigen Vorstellungen geführt.

Gerade die nicht domestizierten Hühnervögel zeigen ein besonders spezialisiertes Reagieren auf das Aussehen und die Laute der artgleichen Küken. Selbst die der Wildform noch näherstehenden Formen des Haushuhnes bemuttern durchaus nicht jeden von ihnen selbst ausgebrüteten Jungvogel. Man lese einmal in Heinroths *Vögel Mitteleuropas* nach, wie viele Jungvögel diesem Forscher von der sie erbrütenden Hühnerglucke beim Schlüpfen totgeschlagen wurden. Selbst nach dem kaum gepickten Ei hakken solche Ammenvögel, wenn es nicht die »richtigen« *Bankiva*-spezifischen Schlüpfgeräusche und -laute von sich gibt.

Von einer meiner Goldfasanhennen, *Chrysolophus*, habe ich es erlebt, daß sie nach einem von ihr gleichzeitig mit ihren richtigen Kindern erbrüteten Jagdfasanküken, *Phasianus*, hackte. Dabei zeigte sie ein ganz eigenartiges Benehmen. Sie verfolgte nämlich das *Phasianus*küken nicht weiter mit ihrem Haß. Nur wenn es ihr dicht vor die Augen kam, was besonders dann eintrat, wenn sie sich zum Hudern niedergehockt hatte und die Küken eines nach dem anderen unter ihrem Schnabel vorbei in den »Wärmeunterstand« krochen, blieb immer wieder ihr Blick *an dem Kopfe* des Wechselbalges hängen und sie folgte mit ihrem Kopf der Schädeldecke des Kükens, so wie die Vögel ein laufendes Insekt, nach dem sie nicht recht zu picken wagen, mit einem »Kopf-Nystagmus« verfolgen, so daß das Bild des sich bewegenden Objektes auf ihrer Netzhaut in Ruhe bleibt und scharf gesehen werden kann. Dann pickte die *Chrysolophus*henne regelmäßig nur ganz zart nach dem Kopfe des Kükens. Man hatte den Eindruck, es läge in ihr der Trieb, den Fremdling zu vertreiben, in Widerspruch mit der Hemmung, ernstlich nach einem so kleinen Küken zu beißen.

Wichtig erscheint an dieser Beobachtung die Tatsache, daß die Henne gerade die *Kopfplatte* des *Phasianus*kükens dieser eingehenden Musterung unterzog. Es scheint nämlich, daß bei den Kükenkleidern der verschiedensten Nestflüchter gerade die Kopfzeichnung das Arterkennungszeichen sei, das die arteigenen Pflegetriebhandlungen der Elterntiere auslöst. Meist ist ja auch die Kopfzeichnung der Küken schärfer abgesetzt und auch farbenprächtiger als die des übrigen Körpers. Bei Hühnervögeln ist meist die Scheitelregion mit besonders scharfen Zeichnungen geziert, bei Rallen finden sich leuchtend gefärbte nackte Stellen am Vorderkopf der Küken. Heinroth hatte schon früher in diesen Zeichnungen artbezeichnende Auslöser vermutet. Die Beantwortung dieser Auslöser, beziehungsweise die Erscheinungen bei ihrem Ausfall habe ich nie so klar zu sehen bekommen wie bei dieser *Chysolophus*henne.

Besondere körperliche Organe, die nur zur Auslösung elterlicher Triebhandlungen da sind, finden sich bei den verschiedensten Vögeln. Die große Verschiedenheit dieser Auslöser bei nahverwandten Arten läßt den Schluß zu, daß diese meist grell gefärbten und auffällig gestalteten Gebilde gleichzeitig auch die Funktion von *Arterkennungsmerkmalen* erfüllen. Dies trifft besonders für die Innenzeichnung der Sperr-Rachen der jungen Sperlingsvögel zu, deren Bedeutung Heinroth als erster voll gewürdigt und die er vergleichend beschrieben hat.

2 Das persönliche Erkennen des Kindkumpans

Was das individuell-persönliche Erkennen der Kinder anlangt, so müssen wir sagen, daß wir darüber sehr wenig wissen. In sehr vielen Fällen, wo man zunächst annehmen würde, daß die Eltern ein fremdes Junges unter ihren Kindern durch persönliches Erkennen bemerken, stellt sich bei näherer Untersuchung heraus, daß es das verschiedene Benehmen des Fremdlings ist, das die Altvögel auf ihn aufmerksam macht. Bienen töten eine fremde Königin, die in ihren Stock gesetzt wird, offenbar hauptsächlich wegen ihres auffallenden Benehmens und nicht ausschließlich wegen des fremden Geruches, wie meist angenommen wurde. Läßt man die neue Königin vor dem Einsetzen in den fremden Stock kräftig hungern, so daß sie auf die erste ihr begegnende Biene voll Gier mit ihrer Bettelreaktion losgeht, so wird sie sofort gefüttert und ohne weiteres angenommen. Ganz ähnlich verhalten sich nun die geistig primitiveren Vögel gegen gleichartige Junge. Wenn eine Grasmücke oder eine Bachstelze jedes artgleiche Junge, das sie überhaupt anbettelt, genauso füttert wie ihre eigenen Jungen, so haben wir eben gar kein Recht zu der Annahme, daß sie sie von ihren eigenen Jungen unterscheidet. Sehr oft ist das Annehmen fremder Jungen auch hier an die Bedingung geknüpft, daß sie mit den eigenen gleichaltrig sind.

Ein wirkliches persönliches Erkennen der Kinder möchte ich aber bei der Mehrzahl der Nestflüchter annehmen; auffallend ist nur, daß hier die Kinder ihre Eltern weit früher persönlich kennen als diese die Kinder, im Gegensatz zu Nachtreihern und ähnlichen Vögeln. Ganz sicher scheint mir persönliches Kennen der Kinder bei den die Jungen noch längere Zeit führenden Nesthockern, also vor allem bei den Rabenvögeln (unter Ausschluß der Häher).

Bei den Nestflüchtern scheint meist das persönliche Kennenlernen der einzelnen Kinder einige Zeit in Anspruch zu nehmen. Jedenfalls ist es schwerer, in eine ältere Kükenschar ein neues Mitglied einzuschmuggeln als in eine jüngere. Bei den Graugänsen, die sich auch hierin wieder besonders wenig triebmäßig verhalten, erkennen aber die Eltern auch schon die ganz kleinen Jungen persönlich und bemerken einen Fremdling sofort, auch wenn dieser mit den Jungen gleichaltrig ist und sich nicht durch andersartiges Benehmen kennzeichnet. Heinroth teilt folgende Beobachtung mit, die ungemein bezeichnend dafür ist, wie rasch bei der Domestikation die Einheiten gewisser Verhaltensweisen verlorengehen und wie untypisch die Verhaltensweisen von Haustieren sein können. Er schreibt: »... Recht bezeichnend für die Verflachung der Triebhandlungen oder des Unterscheidungsvermögens bei den Haustieren ist folgender Fall. Als ich zu einer Gänsefamilie, deren Vater ein reinblütiger Graugansert und deren Mutter eine Haus-Grauganskreuzung war, ein Waisenkind setzte, stellte sich heraus, daß die Alte den Neuling kaum oder gar nicht herauskannte, während der Vater sehr schnell den kleinen Fremden bemerkte und zunächst große Lust zeigte, über ihn herzufallen. Es dauerte geraume Zeit, bis er sich an seine Gegenwart gewöhnt hatte, obgleich das Stiefkind nach menschlichen Begriffen so gut wie nicht von den andern Küken zu unterscheiden war.«

3 Die Leistungen des Kindkumpans

Wir wollen wiederum nur diejenigen Leistungen des Kindes in Betracht ziehen, die als Gegenleistungen zu bestimmten Reaktionen des Elterntieres mit diesen zusammen einen Funktionskreis ausmachen. In dieser Weise betrachtet, zeigen auch die Leistungen des Kindkumpanes dieselbe Einfachheit und Armut, die uns schon bei denen des Elternkumpanes aufgefallen ist.

a) Die Auslösung des Fütterns

Der Füttertrieb der erwachsenen Vögel ist ein starker und von äußeren Reizen ungemein unabhängiger Trieb, der bei einzeln gehaltenen und gesunden Vögeln sehr häufig als Leerlauf-Reaktion auftritt. Rotkehlchen, Grasmücken u. a. lassen dies häufig beobachten: Gegen Ende der Gesangszeit sieht man die Vögel mit Futter im Schnabel unruhig im Käfig hin und her hüpfen. Dabei sieht man oft Ausweg-suchende Bewegungen wie bei noch wenig käfiggewohnten Tieren. Ein ähnliches Verhalten beschreibt Heinroth vom Wachtelkönig. Da selbst Wildfänge und Vögel, die nicht in ihren prägbaren Trieben auf den Menschen umgestellt sind, ohne jeden das Junge vertretenden Kumpan derartige Handlungen ausführen, so muß es uns eigentlich überraschen, daß der Mensch *nie* als Kindkumpan in die Umwelt zahmer Vögel eintritt. Die mir bekannten Vögel, die Füttertriebe am befreundeten Menschen anbringen wollten, gehörten sämtlich Arten an, bei denen das Männchen sein Weibchen füttert, und waren auch durchwegs Männer. Auch ihr sonstiges Betragen bewies stets eindeutig, daß der gefütterte Mensch für sie das Weibchen und nicht das Junge war. Ganz sicher hängt das mit dem sehr feinen Reagieren der Tiere auf die relative Stärke des Kumpanes zusammen: der übermächtige Mensch kann nie die »Bedeutung« des Kindes haben. Auf relative Stärke als Merkmal des Kumpanschemas werden wir bei Besprechung des Geschlechtskumpanes zurückkommen.

Anderseits füttern fütterlustige Käfigvögel ungemein leicht artfremde Junge, wofern diese nur einigermaßen mit ihrem Verhalten in den Instinktbau ihrer Art passen. Dies ist aber wohl sicher nicht so aufzufassen, daß die Füttertriebe nicht spezifisch auf die artgleichen Jungen ansprächen. Vielmehr nähert sich dieses Verhalten einer Leerlauf-Reaktion. Der Vogel steckt den zu verfütternden Bissen eben doch lieber in einen artverschiedenen Kinderschlund, als daß er weiter suchend damit im Käfig herumspringt. In den Schnabel faßt er ihn ja, wie wir gesehen haben, auch wenn er ganz allein ist. Überhaupt darf man bei einer »am falschen Objekt« erfolgenden Triebhandlung nicht gleich ohne weiteres annehmen, daß das Objekt nicht angeboren, sondern durch Prägung erworben sei. Zu letzterer Annahme sind wir erst berechtigt, wenn das gleichzeitig mit dem Ersatzobjekt gebotene »richtige Objekt« verschmäht und das andere vorgezogen wird. Sonst haben wir eben eine Befriedigung des Triebes an einem »Ersatzobjekt« vor uns. Solche Triebbefriedigung am Ersatzobjekt finden wir häufig auch bei Säugern, während eine Prägung auf ein nicht artgemäßes Objekt bisher nur bei Vögeln beobachtet wurde.

Einen merkwürdigen Fall von *Triebbefriedigung an einem Ersatz-*

objekt bildet das Verhalten verschiedener Kleinvögel zum jungen *Kuckuck*. Es wäre zunächst rätselhaft, wieso der junge Kuckuck imstande ist, bei *verschiedenen* Vogelarten den Füttertrieb in solcher Weise auszulösen, wie es tatsächlich stattfindet. Daß der Sperr-Rachen des Kuckucks keinerlei Anpassungen an den der Jungen seiner Wirtsvögel zeigt, scheint damit zusammenzuhängen, daß er diese aus dem Neste entfernt. Manche anderen Brutschmarotzer, die das nicht tun, also neben ihren Ziehgeschwistern aufwachsen, haben weitgehende Anpassungen an deren Äußeres erfahren. Bei den Widavögeln geht diese Anpassung bis in kleinste Einzelheiten der Kopf- und insbesondere Rachenzeichnung. Wenn dem nicht so wäre, würden die Altvögel offenbar auf die artgleichen Jungen besser ansprechen als auf die der Parasiten. Man müßte einmal beim einheimischen Kuckuck den Versuch machen, zu einer Zeit, wo der Hinauswerftrieb des jungen Kuckucks bereits erloschen ist, wiederum Junge der Art des Wirtes in das Nest zu setzen. Vielleicht würden dann die Altvögel den Kuckuck nicht mehr genügend füttern. Ein Brutparasit muß also entweder die Erscheinung seiner Jungen an die der Kinder seiner Wirtsart so angleichen, daß die artspezifischen Füttertriebe der alten Wirtsvögel auch auf sie ansprechen, oder er muß eine »Vorrichtung« zur Beseitigung der Jungen der Wirte ausbilden. Wenn er letzteres kann, so wird den Wirten der junge Parasit zum unentbehrlichen Ersatzobjekt für die »Abreaktion« des Füttertriebes. Als Ersatzobjekt braucht der Jungvogel dann gar nicht die artspezifischen Auslöser der Wirtsjungen zu besitzen, was den großen Vorteil für ihn hat, daß er dann bei *verschiedenen* Arten zu schmarotzen befähigt ist. Die Kuhstärlinge, *Molothrus*, schmarotzen allerdings auch bei verschiedenen Arten, *ohne* die Jungen der Wirtsart aus dem Nest zu entfernen. Bei ihnen aber schlüpft das Junge meist etwas vor seinen Ziehgeschwistern und ersetzt nach Friedmann durch die größere Stärke der von ihm ausgehenden Reize, was ihnen an spezifischem »Passen« als Auslöser abgeht. Bei den auslösenden Reizen der Sperr-Reaktion sind wir ähnlichem begegnet (S. 167).

In ähnlicher Weise, wie Rachenfärbungen oder Kopfzeichnungen der Jungvögel Arterkennungszeichen sein können, deren angeborene Kenntnis die Elternvögel zum Füttern der »richtigen« Jungen anleitet, so können dies auch arteigene *Bettelbewegungen* sein, die, in ihrer Gänze vererbt, ebenso kennzeichnende Merkmale der Art sind wie die vorher erwähnten morphologischen Merkmale. So ziemlich alles, was an Kapriolen und Körperverrenkungen überhaupt denkbar ist, findet sich da, auf die verschiedenen Vogelgruppen verteilt, als Auslöser vor.

Schon wenn man die Vielheit und die charakteristische Eigenart dieser Artkennzeichen bedenkt, muß man zu der Vermutung kommen, daß sie nicht »umsonst da« sind, sondern daß die Eltern gesetzmäßig auf sie reagieren. Dies wird denn auch dadurch bestätigt, daß bei solchen jungaufgezogenen und zahmen Vögeln, die in allen Reaktionen mit prägbarem Objekt auf den Menschen eingestellt sind, Füttertriebe nur durch artgleiche Jungvögel ausgelöst werden können. Eine ganz eigenartige Wichtigkeit und Bedeutung der Leistung des Futterentgegennehmens finden wir bei Grasmücken und noch bei einigen verwandten Formen. Hier wird nämlich das Sperren der Jungen für die Eltern augenscheinlich zum Kriterium dafür, ob diese überhaupt leben. In Gefangenschaft brütende Grasmücken werden regelmäßig durch die leichte Erreichbarkeit des Futters dazu veranlaßt, die Jungen öfter und mehr zu füttern als in der Freiheit, und so kommt es dazu, daß die Jungen, was in der Freiheit offenbar nie der Fall ist, satt sind und nicht sperren. Auf dieses abnorme Ausbleiben des Futterabnehmens seitens der vollkommen gesunden Jungen antworten die Eltern prompt damit, daß sie sie »für tot« aus dem Neste tragen und wegwerfen.

Während man bei Sperlingsvögeln den Eindruck hat, daß die Eltern auf die zu fütternden Jungen mit einer ähnlichen Triebintensität reagieren wie etwa ein begattendes Männchen auf sein Weibchen, empfindet man umgekehrt das Füttern der Altvögel bei Tauben, Reihern und anderen als ein fast widerstrebendes Nachgeben vor dem stürmisch bettelnden Andrängen der Jungen. Besonders beim Nachtreiher scheint es, als könne der Elternvogel seine Abwehraktionen gegen das zudringliche Verhalten seiner Jungen nie ganz unterdrücken. Wenn er nämlich auf dem Nestrand ankommt, so steht er, wie um seinen Schnabel den Jungen zu entziehen, möglichst hoch aufgerichtet mit eingezogenem Kinn da und wendet sich immer wieder von den andrängenden Kindern ab, bis ihn schließlich doch eines beim Schnabel zu fassen kriegt und dadurch zum Aufwürgen des Mageninhaltes veranlaßt. Obwohl der Reiher, nur um zu füttern, mit vollem Magen und Schlund auf das Nest kommt, scheint er doch von den Jungen in gewissem Sinne vergewaltigt werden zu müssen, damit sein Einwürge-Reflex ausgelöst werde. Als ich dieses Verhalten kennenlernte, meinte ich zunächst, der alte Nachtreiher habe gar keinen ererbtermaßen festgelegten Trieb zum Einwürgen, sondern werde nur durch das allzu stürmische Entgegendrängen der Jungen am Vorwürgen verhindert. Diese Ansicht erwies sich durch das Experiment als falsch: Einer meiner Nachtreiher hatte die Gewohnheit, eines seiner flüggen Jungen abends auf dem Dache seines Flugkäfigs zu füttern. Das Kind pflegte sich schon in der Abwesenheit seines Vaters an diesen Ort zu begeben. Dies benützte ich nun eines Abends dazu, um das Junge vor Ankunft des alten Reihers mit Fischen, die ich auf das Käfigdach hinauswarf, mehr als halbwegs zu sättigen. Als dann der Reihervater abmachungsgemäß ankam, gab es eine sehr eigentümliche Szene. Das Junge bettelte zwar, brachte aber nicht mehr genügend Erregung auf, um den Vater richtig beim Schnabel zu packen. Dieser seinerseits stand in der beschriebenen, halb abwehrenden Stellung vor dem Jungen, das ihm gar nicht wie sonst zu Leibe ging. Er machte zwar mehrmals Würgebewegungen, als hätte er den Schluckauf, zu einem Auswürgen von Nahrung, etwa in der Weise, wie ganz kleinen Nachtreihern Mageninhalt vorgewürgt wird, kam es aber nicht. Er zog sich vor dem bettelnd auf ihn zugehenden Jungvogel unter wiederholtem Würgen zurück, der Junge verfolgte ihn aber nicht heftig genug, um ihn einzuholen. Ein ausgesprochen ähnliches Verhalten zeigen manchmal sehr paarungslustige Weibchen von Türkenenten, *Cairina*, einer Art, bei der das Weibchen normalerweise vom Männchen vergewaltigt wird. Wenn bei diesen Vögeln das Männchen aus irgendeinem Grunde die Verfolgung des Weibchens nicht ganz mit der normalen Heftigkeit betreibt, kann man oft sehen, daß er das viel kleinere und flinkere Weibchen nicht einholt, obwohl es zwischen den einzelnen Phasen des Davonlaufens in Begattungsstellung auf den verfolgenden Erpel wartet.

Der alte Nachtreiher ist sehr wohl triebmäßig auf das beschriebene Verhalten der Jungen eingestellt, und letzteres ist zur Auslösung der Fütterreaktion bedingt notwendig. Der alte Nachtreiher kann zu der Zeit, da den Jungen nicht vor-, sondern eingewürgt wird, diesen nicht mehr entgegenkommen, sondern *muß* von ihnen beim Schnabel gefaßt werden.[11] Dies ist deshalb erwähnenswert, weil es bei anderen Reiherarten *nicht* so ist. Ich kenne aus eigener Anschauung nur das Füttern des Seidenreihers, *Egretta garzetta*, und des amerikanischen Schmuckreihers, *Egretta candidissima*, ferner aus Filmen dasjenige des Graureihers, *Ardea cinerea*. Bei diesen Arten ist das Einwürgen durchwegs weit höher ausgebildet als bei *Nycticorax*; Seidenreiher und Schmuckreiher gehen jedenfalls viel früher vom Vorwürgen zum Einwürgen über als der Nachtreiher, ja möglicherweise füttern sie auch schon die Neugeborenen so, was nach Portielje auch der Riesenreiher, *Ardea goliath*, tut. Es bewegt sich bei diesen Arten, ebenso wie beim Fischreiher, der fütternde Altvogel höchst zielbewußt *auf ein bestimmtes Junges zu*, ganz wie es ein Sperlingsvogel tut, und führt mehr seinen Schnabel in den des Jungen ein, als daß er von letzterem an dem seinen gepackt wird. Die Jungen der genannten Arten zeigen auch nicht in dem Maße wie junge Nachtreiher das Bestreben, den Elternvogel am Schnabel zu packen, vielmehr betteln sie mit offenen Schnäbeln nach *oben*, was besonders beim Seidenreiher geradezu an das Sperren der Sperlingsvögel erinnern kann. Sie sind im Gegensatz zum jungen Nachtreiher auf das Entgegenkommen des Altvogels eingestellt.

b) Die Auslösung der Handlungen der Nestreinhaltung

Fast alle Singvögel und wohl noch viele andere tragen den von den Jungen abgesetzen Kot vom Neste fort. Man sieht den fütternden Altvogel nach der Fütterung stets noch einen Augenblick auf dem Nestrand verharren und die Jungen starr anschauen. Da wartet er auf das Absetzen eines Kotballens. Eine besondere Wichtigkeit hat diese Reaktion bei manchen Meisen, wo die Zahl der Kinder oft so groß ist, daß die in der Mitte des Nestes befindlichen nicht ohne weiteres zum Nestrand gelangen können. Da finden wir denn auch ein körperliches Auslösungsorgan bei den Jungen in Gestalt eines hellgefärbten und besonders ausgebildeten Federnkranzes um den After: Dieser Federnkranz entfaltet sich vor dem Kotabsetzen in auffälliger Weise und lenkt das Augenmerk des Elterntieres auf das gerade seiner Hilfe bedürfende Junge. Die Jungvögel dieser Arten versuchen auch gar nicht, ihre Kotballen über den Nestrand zu entleeren, sondern erhalten sie auf dem lotrecht nach oben gerichteten After solange im Gleichgewicht, bis der Elternvogel sie von dort abnimmt.

c) Auslösung der Führungsreaktionen

Die Triebhandlungen der alten Vögel, die die Nachfolge-Reaktionen der Jungvögel beantworten und die ihrerseits das Nachfolgen der Jungvögel als Gegenleistung verlangen, wollen wir hier als das »Führen« bezeichnen. Der Ausdruck des Führungstriebes beim Elternvogel ist zumal bei den Nestflüchtern meist ein ganz bestimmtes und recht auffallendes Verhalten. Meist hören und sehen wir Töne und Bewegungen, die als Auslöser auf den Nachfolgetrieb der Jungvögel wirken. Fast immer haben die Bewegungen und Körperstellungen gleichzeitig die Bedeutung der Drohung nach außen hin; man denke an Höckerschwan und Haushenne. Es liegen eben bei diesen Tieren die Triebe zum Führen und zum Verteidigen der Jungen nahe beieinander.

Der Einfluß, welchen die von den Jungen ausgehenden Reize auf die Auslösung und das Erhaltensein des Führungstriebes haben, ist von Art zu Art sehr verschieden.

Eine eigenartige Hemmung betrifft das Gehen führender Nestflüchter: Damit die Jungen nicht zurückbleiben, darf die Mutter niemals gewisse Geschwindigkeiten überschreiten. Die Hemmung, allzuschnell zu gehen, fällt, ähnlich wie die Hemmung aufzubaumen, leicht aus, sowohl als Mutante bei Domestikationsformen als auch im Erkrankungsfalle bei Wildformen. Brückner beschreibt das Verhalten einer Glucke mit einem offenbar sehr weitgehenden Schwund dieser Hemmung. Das Tier pflegte seine Küken stets bald zu verlieren und hatte auf der Farm den Namen »Galoppglucke« erhalten, so auffallend war der Unterschied zwischen ihrer Gangart und der einer normalen Glucke. Ob beim Haushuhn die Anwesenheit der Küken zum Erhaltenbleiben der Hemmung notwendig ist, vermag ich nicht sicher anzugeben. Haushennen in frühen Stadien des Führungstriebes gehen meist auch ohne Küken nur ganz langsam, Hochbrutenten hingegen laufen nach Verlust der Küken sofort hemmungslos umher, nur macht bei ihnen dieses Umherlaufen doch etwas den Eindruck des Suchens, wäre also vielleicht als eine besondere Reaktion zu buchen. Über das Verhalten der »Schnellgeh-Hemmung« reinblütiger Wildtiere bei Verlust sämtlicher Küken besitze ich keine Beobachtungen.

Der Einfluß, den das Nachfolgen an sich auf die führende Mutter von *Gallus* und *Cairina* – bei *Chrysolophus* und *Anas* ist es ebenso – ausübt, ist also in manchen Beziehungen recht gering. Die Mutter sieht sich auch nie um, ob alle ihre Kinder nachkommen. Was sie gegebenenfalls zum Warten oder zum Umkehren bewegt, ist das »Pfeifen des Verlassenseins« der Kinder, hier meist kurz als »Weinen« bezeichnet. Das Weinen ist eine wohl für die Mehrzahl aller Nestflüchter bezeichnende Art des Lautgebens, und wenn man seine Bedeutung bei Haushuhn oder Stockente kennt, so versteht man auch ohne weiteres die entsprechende Äußerung von Gans, Kranich, Trappe oder Ralle. Keineswegs aber verstehen erwachsene Tiere aller dieser Formen das »Weinen« der Kinder jeder der anderen. Meine Gänse reagierten allerdings von Anfang an auf das Weinen der von ihnen erbrüteten *Cairina*küken, aber dieses ist von dem junger Gänse kaum verschieden. Das »Weinen« fehlt den Küken der nichtführenden Möwen und Seeschwalben.

Für menschliche Ohren unterscheidet sich das Weinen, das beim Verlassensein hörbar wird, nicht von demjenigen, das im Falle des Frierens oder des Hungerns der Küken ausgestoßen wird, wenigstens nicht bei *Gallus*, *Chrysolophus*, *Anser*, *Cairina* und *Anas*, den einzigen mir in dieser Hinsicht wirklich genau bekannten Gattungen. Wohl aber beantwortet die Mutter das Weinen immer situationsgemäß, d. h. sie setzt sich niemals etwa hudernd hin, wenn verlorengegangene Kinder in der Ferne weinen. Die Beantwortung des Weinens der Verlassenheit, das uns also hier angeht, wirkt sehr reflexähnlich und sehr wenig bewußt. Bei der Stockente spielt sich dies folgendermaßen ab: Die Mutter bleibt auf das Weinen der zurückgebliebenen Küken hin zunächst stehen, macht sich lang und verstärkt den ohnehin dauernd ausgestoßenen Führungslaut. Kommen darauf die Nachzügler nicht nach, sondern weinen sie weiter, so rennt die Mutter, nun die diesmal noch in ihrem Gefolge befindlichen Kinder augenscheinlich vergessend, zu den verlorenen zurück. Bei diesen angekommen, sagt sie den Begrüßungs- und Unterhaltungslaut, in den die wiedergefundenen Küken »freudig« einstimmen. Dann sind die Tiere so lange zufrieden und in Ruhe, bis die vorher bei der Mutter befindlichen und nun verlassenen Kinder zu weinen beginnen, die dem Zurückstürmen der Mutter schon aus der früher beschriebenen psychischen Unfähigkeit, spitze Winkel zu laufen oder gar am Platz umzukehren, durchaus nicht folgen konnten. Darauf wiederholt die Mutter ihr Verhalten von vorhin; die jetzt bei ihr befindlichen Kinder aber machen im Gegensatz zur ersten Gruppe einen Versuch, ihr zu folgen, was ihnen aber nur auf eine Strecke von einigen Metern gelingt, da die Alte in diesem Sonderfalle ihre sonstige »Schnellgehhemmung« vollständig verloren hat. Immerhin geraten sie aber so doch etwas näher an die erste Gruppe der Küken heran. Inzwischen hat die erste Kükengruppe lange genug »am Platze geweint«, um die vorherige Marschrichtung vergessen zu haben, ist also psychisch fähig, der Mutter ihrerseits einige Meter nachzueilen, wenn sie wiederum zu der jetzt verlassenen und weinenden zweiten Gruppe zurückstürmt. Auf diese Weise werden langsam die beiden Gruppen einander genähert, bis sie sich schließlich mit einem gewaltigen Unterhaltungs-Palaver wieder vereinigen. Die Küken empfinden nämlich, wie später zu beschreiben, sehr wohl jede Verminderung ihrer Zahl als beängstigend.

Wenn wir nun betrachten, wie sich dieser ganze Vorgang in der Umwelt der Mutter darstellt, so muß man sagen, daß sie nicht imstande ist, auf die Zweiteilung der Kükenschar zu reagieren. Sie reagiert immer nur auf den einen Teil der Schar und vernachlässigt den anderen vollkommen. Der berücksichtigte Teil ist immer derjenige, von dem der stärkere Reiz ausgeht, also immer der »weinende«. Die alte Ente verhält sich bei jedesmaligem Umkehren genau so, als hätte sie *alle* Kinder verloren und eilte nun schleunigst zu ihnen hin. »Wüßte« die Ente wirklich, wie die Dinge liegen, so würde sie doch wenigstens die zweite Gruppe, die ja bereit ist, ihr zu folgen (im Gegensatz zu der zunächst nicht umkehrbereiten ersten Gruppe), zur ersten Gruppe *führen*, was sie aber niemals tut. Wenigstens habe ich es nie gesehen. Sie bestreitet die ganze Situation mit der einen Reaktion, entferntem Weinen raschestens zuzueilen. Eben diese Armut an Reaktionen, diese erstaunliche Einfachheit des Instinktbauplanes, ist etwas so Wundervolles. Man staunt immer wieder, mit *wie wenig* einzelnen Reizbeantwortungen ein kompliziertes soziales Verhalten, ein kunstvolles Nest, die ganze Arterhaltung zustande kommt!

Ob sich das Weinen aus Hunger und das Weinen aus Müdigkeit und Kälte irgendwie voneinander unterscheiden, vermag ich nicht zu sagen. Ich muß auch gestehen, daß ich ein sicher als solches gekennzeichnetes Hungerweinen von Küken, die von ihrer Mutter geführt wurden, eigentlich nie gehört habe. Im Experiment muß man Küken sehr lange unter ihrem »Wärmekumpan« belassen, bis sie unter ihm aus Hunger zu weinen beginnen. Vielleicht klingt dieses Weinen etwas schärfer und dringlicher als das stets etwas müde und schwache Weinen des Unterkriechenwollens. Möglicherweise reagiert auch die Mutter auf diese Verschiedenheiten, möglicherweise richtet sie sich aber nur nach ihrer gegenwärtigen Tätigkeit und beginnt auf das Weinen hin zu hudern, wenn sie eben führt, zu führen aber, wenn sie eben hudert.

d) Die Auslösung des Huderns

Bei sehr vielen Nesthockern ist die bloße Anwesenheit der Jungen im Nest das auslösende Moment für verschiedene Triebhandlungen, vor allem aber für das schon besprochene Wärmen. Die Gegenleistung dieser Nestjungen zu dem Wärmetrieb der Eltern besteht ja eigentlich nur in diesem Vorhandensein in der Nestmulde. Das »in der Nestmulde« ist jedoch zu unterstreichen, denn sehr viele Kleinvögel beantworten ausschließlich dann die von den Jungen ausgehenden Reize, wenn sich diese in der inneren Nestmulde befinden. Ganz junge Grasmücken, die von einem jungen Kuckuck auf den Nestrand getragen wurden und dort liegenblieben, wurden von den in der Mulde den Kuckuck hudernden Alten in keiner Weise beachtet, obwohl der über den Nestrand stehende Schnabel des Altvogels nur Zentimeter von den erfrierenden Jungen entfernt war. Im Gegensatz dazu zeigten meine Störche einem auf dem Nestrand liegenden Ei gegenüber ein zweckmäßiges Verhalten, indem sie das im Astwerk des Nestrandes eingesunkene Ei mit feinem Genist unterpolsterten, so daß es langsam aus dem grobsparrigen Gefüge des Horstrandes herausgeschoben wurde und schließlich in die Mulde rollte. Dieses Verhalten scheint aber nicht die Regel zu sein, denn Siewert beobachtete an Schwarzstörchen ein vollkommen dem vorher beschriebenen Benehmen der Grasmücken entsprechendes Verhalten.

Eine besondere einschneidende Veränderung des sonstigen Verhaltens verlangt das nächtliche Hudern der Jungen von den Junge führenden Nestflüchtern jener Arten, die sonst zum Schlafen aufzubaumen pflegen. Die Weibchen schlafen mit den kleinen Küken, diese hudernd, auf dem Boden, allein jedoch baumen sie zum Schlafen auf. Zur Überwindung des ziemlich starken Triebes zu abendlichem Aufbaumen ist ein von den kälteweinenden Kindern ausgehender Reiz notwendig. Dabei habe ich zweimal die Beobachtung machen können, daß eine Türkenente, deren Kinder man während der ersten Nacht ihres Lebens von der Mutter getrennt hatte und die dementsprechend diese Nacht auf einem Baum verbracht hatte, am nächsten Morgen die Jungen zwar annahm und den Tag über gut führte, am Abend es jedoch »nicht über sich brachte«, auf dem Boden zu schlafen, sondern die Küken glatt im Stiche ließ und aufbaumte. Wenn mit den Trieben zur Betreuung der Jungen irgend etwas nicht ganz in Ordnung ist, so ist oftmals das Fehlen der Hemmung zum abendlichen Aufbaumen das erste Zeichen dafür. Im Sommer 1933 ließ ich eine Schar Jagdfasane von einer Haushenne ausbrüten und führen. Im Freien hätten die Fasane die Amme wohl sofort verloren, da sie so gut wie nicht auf deren Töne achteten; im engen Gehege jedoch lernten sie die Henne als Wärmequelle kennen, und diese reagierte ihrerseits gut auf das Kälteweinen der Fasanküken, indem sie sie huderte. Abends aber baumte sie regelmäßig auf und ließ die »weinenden« Fasane einfach sitzen.

e) Die Auslösung der Verteidigungsreaktionen

Manche Vögel zeigen eine ungemein starke Reaktion auf den Schmerz- oder Hilferuf ihrer Jungen, während andere wiederum wohl die Jungen verteidigen, d. h. den Feind in ihrer Nähe wütend angreifen, aber darin nicht irgendwie durch das Verhalten der Jungen beeinflußt werden. Hierher gehört die Mehrzahl aller Nesthocker.

Fast alle *Nestflüchter*, jedenfalls alle in bezug darauf bekannten Arten, beantworten den Notschrei ihrer Kinder damit, daß sie in Wut geraten und gegebenenfalls auch einen übermächtigen Feind mit geradezu beispiellosem Mut angreifen. Dieser Verteidigungstrieb ist bei führenden Nestflüchtermüttern so stark, daß er, ähnlich wie der Füttertrieb mancher Sperlingsvögel, an den Art- und Gattungsgrenzen nicht immer haltmacht. Die Vögel verteidigen dann mit voller Wut Jungvögel anderer Arten, die sie nicht führen oder sonst irgendwie betreuen würden. Nur der Verteidigungstrieb kann durch diese art- oder selbst gattungsverschiedenen Küken ausgelöst werden. Bei männlichen Hühnervögeln, die sich sonst überhaupt nicht um ihre Nachkommenschaft kümmern, ist das Verteidigen oft die einzige auf sie bezügliche Reaktion des Vaters. Bei *Chrysolophus* war ich geradezu verblüfft, als mir der Hahn, der sich nie um seine Kinder gekümmert hatte, sondern im Gegenteil beim Umbalzen der Henne oft in der rohesten Weise auf sie draufgetreten war, mir wütend ins Gesicht flog, als ich eines der schon recht herangewachsenen Küken gefangen hatte.

Es pflegt die Reaktion zur Verteidigung der Küken bei Nestflüchtern viel länger erhalten zu bleiben als alle anderen Reaktionen der Brutpflege. Sowohl von *Cairina* als auch von *Chrysolophus* erlebte ich es, daß die Tiere den Notschrei von erwachsenen Jungvögeln, die ihnen schon lange Zeit hindurch nicht mehr nachgefolgt waren, mit tätlichem Angriff auf den Menschen beantworteten. Im Spätsommer, wo normalerweise alle Küken erwachsen sind, verteidigten *Cairina*weibchen und beide Geschlechter des Goldfasans *jeden* artgleichen Vogel, den ein Mensch ergriff. Am 10. August 1934 fing ich mit bloßer Hand nicht weniger als vier sonst recht scheue *Cairina*weibchen auf einmal: Als ich die erste in der Hand hatte, flog mir die zweite ins Gesicht, so daß ich sie ergreifen konnte, im nächsten Augenblicke kam auch schon die nächste an, und als ich mich auf der Wiese quer über zwei der Vögel flach auf den Bauch legte, um sie am Entkommen zu hindern, hatte ich eben wieder eine Hand frei, als die vierte Ente zum Angriff überging. Vorher hatte ich mir den Kopf zerbrochen, wie ich ohne Verscheuchung der damals eben flüggen jungen Nachtreiher und freifliegenden Stockenten dieser vier zum Verkaufe bestimmten Vögel habhaft werden sollte! Dies nur als Illustration der blinden Unbedingtheit solcher Verteidigungsreaktionen!

Sehr wichtig scheint für das Zustandekommen eines tätlichen Angriffes auf den die Jungen bedrohenden Feind der Umstand zu sein, daß er eins der Jungen *gepackt* hat. Wir werden später bei der Kameradenverteidigung der Dohlen ähnlichem begegnen. Einen tätlichen Angriff auf meine Person konnte ich bei *Chrysolophus*, *Gennaeus*, *Gallus*, *Anas* und *Cairina* nur in den ersten Lebenstagen der Jungen auslösen, *ohne* ein Küken in die Hand zu nehmen. Später versuchten mir zwar die Mütter, bei den Fasanarten beide Eltern, in den Weg zu laufen und mich flatternd und schreiend von den Küken abzulenken, tätlich aber wurden sie stets erst, wenn ich ein Küken in der Hand hatte. Solange also die Küken noch ganz jung und kaum fluchtfähig sind, verhalten sich die Tiere dem Feind gegenüber sofort so, als hätte er schon eins in den Krallen, während sie später, wenn die Küken gewandt und schnell geworden sind, diesen Notfall abwarten und sich bis dahin auf die Geschicklichkeit der Jungen triebmäßig »verlassen«.

Eine Besonderheit zeigt das Verhalten der führenden Entenmütter, wenn eines ihrer Küken vom Feind gepackt ist: es richtet sich dann ihre erste Handlung nicht auf den Feind, sondern auf das Küken. Dieses wird mit einer eigentümlichen, von oben nach unten gehenden Schnabelbewegung aus der Umklammerung des Räubers befreit und zu Boden geworfen. Ich hatte schon lange die Erfahrung gemacht, daß Entenmütter, denen man ein Junges wegnehmen oder wieder unterschieben will, bei ihrem Angriff stets das Junge selbst treffen. Ich hatte mich sogar diesem Verhalten halb unbewußt insofern angepaßt, als ich bei solchen Gelegenheiten stets die andere Hand schützend über das Junge hielt. Daß dieses Packen oder Nach-unten-Stoßen des vom Feind gehaltenen Kükens aber kein Zufall sei, wurde mir erst klar, als ich im Sommer 1933 eine Hochbrutente in dieser Weise ein Küken aus dem Schnabel eines Nachtreihers retten sah. Ich glaubte zuerst an einen Zufall, es gelang mir jedoch, dieselbe Situation nochmals herbeizuführen, wobei ich genau dieselbe Reaktion nochmals erhielt. Später habe ich sie noch wiederholt zu sehen bekommen. Ich kann nicht entscheiden, ob die Mutter das dem Feind zu entreißende Kind in den Schnabel faßt, oder ob sie es nur mit dem Kinn nach unten zieht, weil die Bewegung allzu schnell ist. Da die Mutter zugleich mit den Flügelbugen auf den Feind loszuschlagen pflegt, sieht die Gesamtbewegung ähnlich aus wie die allgemein bei Entenkämpfen übliche, bei der der Gegner mit dem Schnabel gepackt, nach unten gedrückt und zugleich mit einem Flügelbug bearbeitet wird. Die Koppelung der Schnabel- und Flügelbewegungen ist aber keine unbedingte; gerade die erste, den Nachtreiher angreifende Ente entriß diesem das Junge zuerst nur mit einer Schnabelbewegung und ging dann erst mit den Flügelbugen auf ihn los. Ich habe auch erlebt, daß eine Hochbrutente einem mit einem Küken im Schnabel abfliegenden Kolkraben nachflog, ihn etwa 1 m über dem Boden einholte, packte, mit ihm zu Boden kam und dort noch heftig verprügelte, ehe es ihm gelang, sich von ihr zu befreien und ohne seinen Raub zu fliehen. Die Ausgiebigkeit und biologische Bedeutung dieser Verteidigungsreaktionen wird wohl allgemein stark unterschätzt, der Angriffsmut der Raubtiere ebenso stark überschätzt.

Unter den *Nesthockern* werden meist die Verteidigungsreaktionen nicht so sehr durch die Situation »Junges, vom Feinde bedroht«, als durch die Situation »Feind in Nestnähe« ausgelöst. Das an einem anderen Ort befindliche Junge löst den Verteidigungstrieb so wenig aus wie sonstige Reaktionen der Betreuung.

Bei den Nachtreihern, die keine so hochspezialisierten Nesthocker sind wie die Sperlingsvögel, finden wir kein solches Gebundensein der Pflegetriebe an die Nestmulde. Für sie ist ein Junges auch dann ein Junges, wenn es nicht genau an der Stelle sitzt, »wo es hingehört«. Vielleicht hängt dies auch damit zusammen, daß die Jungen ja sehr bald auf den das Nest umgebenden Zweigen umhersitzen; jedenfalls flog eine Nachtreihermutter (es handelte sich um den früher erwähnten sehr zahmen Vogel) sofort auf den Erdboden hinunter, als ich ihr 12 Tage altes Kind dort hinsetzte. Sie trat dicht an das Junge heran und wollte es hudern. Sie verteidigte es dann auch an derselben Stelle zuerst gegen mich und dann gegen einen Pfauhahn, der mit der seiner Art eigenen Neugierde das Reiherkind näher betrachten wollte. Allerdings *ermüdete* diese Verteidigungsreaktion fast sofort. Nach zweimaligem Vertreiben des Pfaues lief sie plötzlich davon, um sich futterheischend vor ihrer Pflegerin aufzustellen, die beobachtend danebenstand und während des ganzen Versuches unbeweglich auf derselben Stelle geblieben war. Ich konnte eben noch rechtzeitig den Pfau daran hindern, seine Sporenschläge auf das Reiherkind herabhageln zu lassen: die Mutter hätte es diesmal nicht mehr verhindert. Der Erscheinung, daß *nicht ganz adäquate Reizkombinationen* eine Reaktion zwar einmal ansprechen lassen, aber schon bei zwei- oder dreimaliger Wiederholung wirkungslos bleiben, begegnen wir bei Versuchen, arteigene Triebhandlungen durch Ersatzreize auszulösen, ungemein häufig und bei den verschiedensten Gruppen. Lissmann hat dies in schönen Attrappenversuchen an der Kampfreaktion des Kampffisches *Betta splendens* in geradezu mustergültiger Weise nachgewiesen.

Der einzige mir bekannte Fall, wo bei einem Nesthocker eine vollwertige Verteidigungsreaktion durch von den Jungen ausgehende Reize ausgelöst wird, betrifft die Dohle. Da aber bei ihr diese Verteidigung sich nicht auf die Jungen beschränkt, gehört sie in ein anderes Kapitel. Kolkraben, Nachtreiher, Störche und sicherlich viele andere verteidigen den Nestort gegen die in Frage kommenden Feinde ziemlich unabhängig davon, ob das Nest voll oder leer ist. Besonders beim Kolkraben erwacht der Trieb zum Verteidigen des Nestes schon zu einer Zeit, wo ein solches noch gar nicht vorhanden ist und eben erst ein bestimmter Platz die »Bedeutung« des Nestes angenommen hat. Ob dieser Trieb mit dem Legen des ersten Eies beim Raben eine wesentliche Intensitätsvermehrung erfährt, weiß ich nicht; beim Nachtreiher jedoch ist diese so ausgesprochen, daß ich bei meinen Vögeln mit Sicherheit aus ihr entnehmen kann, wann das erste Ei gelegt wurde, ohne erst die Tiere vom Neste zu scheuchen.

Daß die Jungen von Nesthockern außerhalb des Nestes in vielen Fällen überhaupt keine Antworthandlungen ihrer Eltern, also auch keine Verteidigungshandlungen, auszulösen vermögen, wurde schon erwähnt.

Zu den Verteidigungsreaktionen müssen wir schließlich noch die bekannten Triebhandlungen rechnen, die bezwecken, den Feind von den Jungen abzulenken oder wegzulocken. Über ihre Auslösung vermag ich nur negative Angaben zu machen: Es ist mir bei sämtlichen in Gefangenschaft oder zahm in Freiheit brütenden Vögeln niemals gelungen, diese Reaktionen auszulösen. Die hierzu notwendigen Reize scheinen vom Nestfeinde auszugehen und müssen offenbar sehr stark sein. Für zahme und halbzahme Vögel ist der Mensch kein genügend »fürchterlicher« Feind, um diese Triebhandlungen hervorzurufen, er löst ja auch umgekehrt bei solchen Tieren Verteidigungshandlungen aus, die im Freileben nur sehr kleinen Raubtieren gegenüber Erfolg haben dürften. Da meine Versuchstiere auch an große Hunde durchaus gewöhnt waren, also auch nicht einmal der Wolf als größtes »adäquates Raubtier« die zu den Handlungen der

Verfolgungsablenkung notwendigen Reize setzte, kenne ich diese nur aus freier Wildbahn. Auf eine Feinheit dieser Triebhandlungen möchte ich hier in Parenthese hinweisen, da sie meines Wissens nie beschrieben wurde: Während Stockenten, Rebhühner u. a. bei den Ablenkehandlungen eine Flügelverwundung vortäuschen, die sie am Auffliegen hindert, ahmen Grasmücken und andere Kleinvögel einen allgemein *kranken* Vogel nach, sträuben das Gefieder, machen kleine Augen, stolpern beim Hüpfen und fliegen mit dem matten Flügelschlag eines sterbenskranken Tieres. Das Interessante hieran ist, daß die Ausbildung dieser Feinheiten voraussetzt, daß auch der wegzulockende Räuber für sie Sinn hat.

f) Die Auslösung der Rettungsaktionen

Während so die Vögel über eine Fülle von Triebhandlungen verfügen, deren biologischer Zweck darin liegt, die Jungen vor tierischen Feinden zu beschützen, finden wir nur wenige Reaktionen, welche sie aus sonstigen Notlagen zu retten imstande sind.

So sind z. B. Nestflüchtermütter psychisch unfähig, ihren Küken zu helfen, wenn diese in Erdlöcher oder -spalten gefallen sind und nicht selbst herauszuklettern vermögen. Die Lösung, das Küken mit dem Schnabel herauszuziehen, ist so naheliegend, und die Situation tritt augenscheinlich so häufig ein, daß es geradezu verwunderlich ist, daß keine Art eine entsprechende Triebhandlung ausgebildet hat. Um so auffälliger war es mir, als ich bei schwarzköpfigen Grasmücken, *Sylvia atricapilla*, ein Verhalten sah, das nichts anderes als eine Triebhandlung zur Rettung von in Spalten gefallenen Jungen sein dürfte. Ich hatte ein Weibchen der genannten Art auf dem Neste gefangen und samt seinen Jungen gekäfigt. Das Weibchen fütterte die Jungen gut weiter, und als sie flügge geworden waren und noch ungeschickt im Käfig umherflogen, kam es oft vor, daß eines von ihnen in das die ganze Schmalseite des Käfigs einnehmende Futtergeschirr fiel. Auf ein solches Ereignis reagierte die Mutter mit voller Regelmäßigkeit damit, daß sie eiligst in das Gefäß sprang und mit tiefgehaltenem Kopf und Schnabel *unter* dem Jungen durchschlüpfte und es dabei mit dem Rücken nach oben und aus dem Gefäß hinausdrängte.

Heinroth sah einmal, wie eine Zwergentenmutter ein auf den Rükken gefallenes Junges durch Unterfahren mit dem Schnabel umdrehte; ich sah 1934 dasselbe bei einer *Cairina*.

Damit sind die Beobachtungen erschöpft, die uns über die Hilfeleistungen zur Verfügung stehen, die Vogeleltern ihren Kindern in solchen Gefahren zuteil werden lassen, die nicht durch Raubtiere hervorgerufen sind. Man hat den Eindruck, als ob eine bloße *Situation* keine so starke

Reaktion auszulösen imstande wäre wie die von dem Raubtier ausgehenden Reize, zumal auch das in solchen Notlagen befindliche Junge nicht so intensive Notsignale aussendet, wie wenn es vom Raubtier gepackt ist.

g) Das Verschwinden des Kindkumpans

Die Reaktionen des Elterntieres auf das Abhandenkommen des Jungen sind in vielen Fällen recht bezeichnend. Bei Dezimierungsversuchen reagieren selbst Katzen und andere Säuger in einer Weise, die eindeutig zeigt, daß sie die Jungen nur quantitativ und nicht persönlich vermissen. Bei Vögeln fehlt in allen untersuchten Fällen auch jene Beantwortung der zahlenmäßigen Verminderung ihrer Kinderschar. Selbst bei kinderreichen Nestflüchtern, wie Haushuhn und Stockente, genügt die Gegenleistung eines einzigen Kükens, um sämtliche Elterntriebhandlungen so zu binden, daß in dem Benehmen der Mutter kein Unterschied gegenüber ihrem Verhalten zu einer normal großen Kükenschar nachzuweisen ist. Dies ist bei der Stockente um so auffallender, als die Küken selbst auf eine starke Verminderung ihrer Zahl reagieren, wie wir später zu beschreiben haben werden. Selbst wenn man einzelne Küken nicht heimlich und ohne Aufsehen entfernt, sondern unter starken Verteidigungsreaktionen der Mutter gewaltsam raubt, zeigt letztere nach Abklingen des Verteidigungsaffektes keine Veränderung ihres Verhaltens. Sie vermeidet weder die Gegend, in der ihr das Küken geraubt wurde, noch zeigt sie eine vergrößerte Furcht vor dem Räuber. Sie »glaubt« sozusagen, ihre Verteidigungshandlungen seien von vollem Erfolg gewesen, wenn ihr nachher überhaupt noch Küken verbleiben, an denen ihre Elterntriebhandlungen abschnurren können. Ich möchte es aber dahingestellt sein lassen, ob diese an Haushuhn und Stockente beobachteten Verhaltensweisen für andere Vögel, etwa für Graugänse, Geltung haben. Es wäre gut vorstellbar, daß bei diesen ein persönliches Vermissen eines Kindes nachgewiesen würde, etwa in der Weise, wie manche Vögel auch den Gatten oder den sozialen Kumpan persönlich vermissen.

Bei Hühnervögeln, besonders auch bei der Haushenne, ändert sich das Verhalten der führenden Mutter auch dann nicht wesentlich, wenn man ihr alle Küken fortnimmt. Sie hört nicht etwa auf, den Führungston auszustoßen, zum Futter zu locken oder die Verteidigungsstellung einzunehmen, noch begibt sie sich in zweckdienlicher Weise auf die Suche nach ihren Kindern. Sie fährt vielmehr in allen Tätigkeiten des Führens fort, nur mit einem merklich herabgestimmten Eifer. Auch bleibt sie oft in eigentümlich unvermittelter Weise still stehen, als ob ihre gesamten Reaktionen steckengeblieben wären und eines von den Jungen ausgehenden Anstoßes bedürften, um wieder in Gang zu kommen. Ganz ähnlich verhalten sich Hennen, deren Gelege taub war, nach Aufhören des Bruttriebes. Auch sie gehen viele Tage führend herum und zeigen auch dieselben Störungen ihrer »Spontaneität«.

Die *Nesthocker* verhalten sich bei Verlust des Kindkumpanes prinzipiell ähnlich wie die beschriebenen Nestflüchter. Das Verschwinden eines einzelnen Jungen aus einer größeren Zahl wird nie von den Eltern bemerkt, bei kleinen Jungen und Eiern wird meist auch die Wegnahme des gesamten Nestinhaltes nicht immer sofort beantwortet. Als im Sommer 1933 die Jungen einer Dohlenbrut zugrunde gingen, trugen die Eltern zwar alle Leichen weg, bebrüteten aber das leere Nest noch mehrere Tage. Nachtreiher, denen ich nach abgelaufener Brutzeit die tauben Eier wegnahm, kehrten nach der dadurch verursachten Störung aufs Nest zurück, begrüßten sich, und dann setzte sich das Weibchen, das auch vorher gebrütet hatte, in die Mulde, ganz als wäre nichts geschehen. Wenige Stunden später hatten die Tiere jedoch das Nest verlassen. Ich habe die Vermutung, daß der brütende Vogel das Abhandenkommen des Geleges erst gemerkt hat, als die Reaktion zum Wenden der Eier bei ihm auftrat, d. h. die nächste direkt auf die Eier bezügliche Triebhandlung, die sich in der leeren Mulde, im Gegensatz zum Brüten, schlechterdings nicht ausführen ließ. Wenn die Jungen herangewachsen sind, merken die alten Reiher deren Fehlen sofort, und es gibt sogar eine aufgeregte Begrüßungsszene, wenn man die Jungen dann wieder ins Nest setzt, was Bernatzik [12] bei Seidenreihern erlebte und ich für den Nachtreiher bestätigen kann. Dabei sagt es den Elternvögeln nichts über den Verbleib der Jungen, wenn man diese vor ihren Augen und trotz ihrer Verteidigung aus dem Nest nimmt. Als ich dies 1934 mit zwei jungen Nachtreihern tat und diese, den Eltern leicht sichtbar, in einem allseitig zugänglichen kleinen Flugkäfig mitten im alltäglichen Verkehrsraum der alten Vögel unterbrachte, verfolgten mich die Eltern zwar, solange ich die angstkreischenden Jungen in Händen hatte, beruhigten sich aber sofort, als dies nicht mehr der Fall war, fraßen sofort wieder aus der Hand und flogen gleich darauf zu dem nunmehr leeren Nest, um zu füttern. Mit der Zeit dämmerte ihnen zwar, daß die Jungen nun in dem Käfig waren, denn sie saßen späterhin auffallend oft auf dessen Dach, sowie sie aber füttern wollten, flogen sie zum Nest!

4 Die Trennbarkeit der Funktionskreise

Die einzelnen Leistungskreise, in denen der Jungvogel den Eltern als gegenleistendes Objekt entgegensteht, sind im Versuch nicht in dem Maße voneinander trennbar wie die anderer mit Instinktverschränkungen einhergehenden Funktionskreise der Triebhandlungen. Immerhin gibt es einige Reaktionen, die sich außerhalb des Zusammenhanges der sonstigen Aufzuchthandlungen zeigen.

Wir haben schon erwähnt, daß der Verteidigungstrieb vieler Nestflüchter auch dann auf einen Jungvogel anspricht, wenn dieser keine einzige andere auf das Kind bezügliche Triebhandlung auszulösen imstande ist. Es wirkt recht reflexmäßig, wenn z. B. eine *Cairina*mutter ein Stockentenküken mit aufopferndem Mute aus den Händen des Experimentators »rettet«, um es in der nächsten Minute zu beißen und womöglich umzubringen, wenn es versucht, sich unter ihre eigenen Kinder zu mischen.

Gerade die Maschinenmäßigkeit dieser Brutpflegereaktionen läßt die Einheitlichkeit, mit der der Kindkumpan auch in verschiedenen Funktionskreisen behandelt wird, in einem anderen Lichte erscheinen. Die geringe Trennbarkeit der Funktionskreise beruht hier eben nicht auf einer besseren Zusammenfassung der von dem Kinde ausgehenden Reize, einer besseren »Vergegenständlichung« der Person des Kindes, sondern in einer im Bauplan der Instinkte des Elternvogels von vornherein gegebenen gegenseitigen Abhängigkeit der Brutpflegetriebhandlungen, die sozusagen nur *eine* Handlungskette bilden. Die einheitliche Behandlung des Jungen liegt also im Instinktbauplan des Altvogels begründet und nicht in der Rolle, die das Junge in seiner Umwelt spielt.

VII Der Geschlechtskumpan

Wenige tierische Verhaltensweisen sind so sehr in rührseliger Weise falsch vermenschlicht worden wie diejenigen von Vogelpärchen. Dabei hat sich die Poesie ganz besonders solcher Arten bemächtigt, die bei näherem Zusehen durchaus nicht besonders viel »Rührendes« an sich haben, wie z. B. die Tauben. Solche falschen Vermenschlichungen haben in einer Hinsicht recht viel Schaden gestiftet: in ihrer offenkundigen psychologischen Unrichtigkeit haben sie ernste Wissenschaftler davon abgeschreckt, ihren Blick auf die großen Ähnlichkeiten zu richten, die zwischen Mensch und Tier gerade in ihrem geschlechtlichen Verhalten bestehen. Damit meine ich durchaus nicht die grobsinnlichen Auswirkungen der geschlechtlichen Triebe, sondern ganz im Gegenteil, die feineren, durchaus »menschlichen« Verhaltensweisen des Sich-Verliebens, des Umwerbens, der Eifersucht usw. usw. Die früher übliche Vermenschlichung ist schuld daran, daß man heute noch mit einer rein auf Tatsachen sich beschränkenden Schilderung tierischen Liebeslebens auch bei einem psychologisch geschulten Hörer nur zu leicht ungläubige Heiterkeit auslöst. An und für sich ist es aber nicht einmal sehr verwunderlich, daß gerade auf diesem Gebiete die am weitesten reichenden Parallelen zwischen menschlichem und tierischem Verhalten zu finden sind, denn daß gerade auf dem Gebiete des Geschlechtlichen beim Menschen besonders viele rein triebhafte Verhaltensweisen erhalten geblieben sind, wird niemand ableugnen wollen.

1 Das angeborene Schema des Geschlechtskumpans

Die angeborenen Auslöseschemata geschlechtlicher Verhaltensweisen haben meist mit der Prägung nichts zu tun, die betreffenden Reaktionen erwachen erst lange nach Abschluß sämtlicher Prägungsvorgänge. Häufig sind es Auslöser von Kindestriebhandlungen, die die Prägung des späteren Sexualobjektes bestimmen. Meist besitzt der diese Prägung induzierende Artgenosse (Elterntier, Geschwister) *keine* zu geschlechtlichen Triebhandlungen gehörigen Auslöser, und wenn er sie besitzt, bringt er sie dem Jungvogel gegenüber nicht in Anwendung. Es ist also keineswegs etwa so, daß die Prägung des Geschlechtskumpanes der jungen Weibchen durch Zeichen geleitet wird, die von Vater und Brüdern ausgehen, oder daß der entsprechende Vorgang bei jungen Männchen von weiblichen Familienmitgliedern induziert wird. Die die Prägung bestimmenden Auslöseschemata haben mit geschlechtlichen Reaktionen unmittelbar nichts zu tun, die geprägten Merkmale sind stets für die ganze Art bezeichnend, also für Männchen und Weibchen gemeinsam. Wenn wir S. 147 gesagt haben, daß der Vogel durch die Prägung nur *überindividuelle* Merkmale des Kumpans erwerbe, so müssen wir hier hinzufügen, daß dies auch beim Geschlechtskumpan nur geschlechtsunabhängige Artmerkmale sind.

Aus Angeborenem und Geprägtem entsteht zunächst ein sozusagen geschlechtsloses Schema eines »Artgenossen«, wodurch festgelegt wird, gegen welche *Art* sich späterhin die geschlechtlichen Reaktionen des Vogels richten werden. Erst viel später, nach Erreichen der Geschlechtsreife, also lange nach dem Aufhören jeglicher Prägbarkeit, beginnt der Vogel auf jene Auslöser zu reagieren, die den angeborenen Auslöseschemata geschlechtlicher Triebhandlungen entsprechen. Da die Reaktion auf diese Auslöser angeboren ist, diese selbst so recht die Zeichen sind, an denen der Vogel seinen Geschlechtspartner triebmäßig »erkennt«, so erscheint es vielleicht paradox, sie nicht zum angeborenen Schema des Geschlechtskumpans zu rechnen, aber um der einmal gegebenen Definition treu zu bleiben, wollen wir ihre Funktion doch lieber im Abschnitt über die Leistungen des Geschlechtskumpanes besprechen. Die Beziehungslosigkeit der geschlechtlichen angeborenen Auslöseschemata zum Prägungsvorgang tritt unter Umständen bei auf den Menschen geprägten Vögeln sehr deutlich zutage, wenn ein Mensch zufällig Merkmale an sich trägt, die solchen Schemata entsprechen. So beobachteten Heinroths, daß sich eine eben geschlechtsreif werdende Rebhenne, *Perdix perdix*, deshalb in ihre Pflegerin verliebte, weil sie auf deren braunrote Schürze ebenso reagierte wie auf den roten Brustfleck eines Hahnes. Ein ebenfalls auf den Menschen geprägter Lachtauber, *Streptopelia risoria*, zeigte mir gegenüber ein analoges Verhalten. Ich war zwar im allgemeinen für ihn wohl ein männlicher »Artgenosse«, denn meist brachte er mir gegenüber nur Kampfreaktionen. Wenn ich ihm aber die flache Hand in einer bestimmten Höhe vorhielt, ging er unvermittelt zu einem Begattungsversuch über, d. h. er reagierte auf das plötzliche Darbieten einer ebenen Körperfläche wie auf die Auslösehandlung des zur Begattung auffordernden Weibchens.

Das Gesamtschema des eigentlichen Geschlechtskumpans besteht demnach immer aus dem angeborenen und aus dem geprägten Schema eines *Artgenossen*, zu dem dann noch bestimmte, geschlechtsgebundene Zeichen hinzukommen müssen, die zur Prägung jedoch keinerlei Beziehungen haben; daher die Schwierigkeit, hier unseren Begriff des angeborenen Kumpanschemas anzuwenden.

2 Das persönliche Erkennen des Geschlechtskumpans

Dem Fernerstehenden ist die Tatsache, daß Vögel ihren Gatten unter Hunderten von gleichartigen Tieren sofort herauskennen, höchst verwunderlich, ja geradezu unglaublich; die Entgegnung, alle Tiere gleicher Art, alle Neger, alle Chinesen, seien voneinander ebenso verschieden wie wir Europäer, nur sei gerade unser Auge auf diese Unterschiede nicht eingestellt, ist nicht stichhaltig. Wir Europäer unterscheiden uns tatsächlich weit mehr voneinander als die viel reinblütigeren Neger oder Chinesen, diese wiederum sind voneinander viel verschiedener als Tiere undomestizierter Arten. Wenn aber auch bei diesen die Variationsbreite um so viel geringer ist, so genügt doch eine entsprechende Verfeinerung der Unterschiedsempfindlichkeit des Blickes, um ebenso viele Möglichkeiten der individuellen Kennzeichnung zu ergeben wie bei den stärker abändernden Kulturmenschen. Auch der Mensch kann es durch Übung sehr wohl dahin bringen, die geringen individuellen Verschiedenheiten zu sehen, die der geringen Variationsbreite undomestizierter Vögel entsprechen. Im Jahre 1930 kannte ich in einer Schar von 14 Dohlen jedes Individuum persönlich, ohne auf die Fußringe zu blicken und ohne zufällige Kennzeichen, wie abstehende Federn oder ähnliches, zu berücksichtigen. Wenn wir uns nun die Frage vorlegen, *woran* Tiere einander erkennen, d. h. welche Merkmale es sind, die bei der Unterscheidung verschiedener Individuen derselben Art den Ausschlag geben, so fällt die Antwort in gewissem Sinne sehr erstaunlich aus: Das Wesentliche ist nämlich für die meisten Vögel, ganz wie für uns, erstens die Physiognomie des Kopfes, ferner die Stimme und die Bewegungsweise des Individuums. Heinroth beschreibt, wie ein Hökkerschwan seine gründelnde Gattin angriff, weil er ihren Kopf nicht sah und sie für einen fremden Schwan hielt. Es liegt nahe anzunehmen, daß bei sehr vielen Vögeln das Gesicht derjenige Teil des Körpers ist, der die optischen Merkzeichen des Individuums trägt. An der Stimme erkennt nach Heinroth die Stockente ihren Erpel; dasselbe kann ich von einem brütenden Dohlenweibchen versichern, das auf den Lockruf seines Männchens aus dem Nistkasten kroch, ohne dabei das Männchen sehen zu können. Die Lockrufe anderer Dohlen beachtete es nicht. Für sehr viele Vögel ist sicher auch die Art, sich zu bewegen, ein individuelles Merkmal, ebenso die Wege, auf denen sich der andere Vogel bewegt, die Sitzplätze, die er einnimmt. Letzeres spielt sicher bei den Reihern mit ihren festen Weggewohnheiten und Stammsitzen eine große Rolle. Ich selbst bin imstande, unter den Reihern meiner Kolonie alle Stücke nach Weggewohnheiten und Sitzplätzen mit Sicherheit individuell zu erkennen, und kann die Resultate durch Nachkontrollieren der Ringe immer nur bestätigen.

3 Die Leistungen des Geschlechtskumpans

Die der Fortpflanzung dienenden instinktiven Verhaltensweisen eines Vogelpaares bilden das, was Alverdes als *Instinktverschränkung* bezeichnet. Das auslösende Moment einer Triebhandlungskette des einen Vogels ist eine Handlung des anderen, häufig nur das letzte Glied einer Handlungskette dieses letzteren, das, etwa wie das Stichwort eines Schauspielers, den Gegenspieler zu neuer Tätigkeit veranlaßt. Wohl alle Paarungs- und überhaupt Fortpflanzungsreaktionen der Vögel sind solche Instinktverschränkungen. Nur bei Tieren, bei denen das Weibchen vom Männchen einfach vergewaltigt wird, kommt es vor, daß dem weiblichen Geschlecht Antworthandlungen fehlen, von einer Verschränkung der Instinkte also nicht gesprochen werden kann. Ob aber dieser Fall bei Vögeln überhaupt vorkommt, erscheint mir fraglich.

a) Die Instinktverschränkung der Paarbildung

Das Imponiergehaben. – Manche Reaktionen, die ein Tier, und zwar meistens nur ein männliches Tier, beobachten läßt, wenn man es mit einem Artgenossen zusammenbringt, werden ganz allgemein als Werbehandlungen gedeutet. Ebenso wurden auffallende Farben und Formen, »Prachtkleider«, die nur dem männlichen Geschlechte zukommen, als eine Einrichtung aufgefaßt, die einen Einfluß auf die Gattenwahl des Weibchens ausübt. Beides ist in Einzelfällen richtig, wie z. B. Selous für den Kampfläufer, *Philomachus pugnax*, gezeigt hat, und die Erklärung einer Entstehung dieser Instinkthandlungen und dieser körperlichen Merkmale durch geschlechtliche Zuchtwahl im engsten Sinne besitzt eine gewisse Wahrscheinlichkeit, ohne natürlich bewiesen zu sein. Andererseits müssen wir uns vor Augen halten, daß bei vielen Tieren ein durchaus entsprechendes Gebaren und ganz ähnliche, nur dem männlichen Geschlechte zukommende körperliche Merkmale offensichtlich nur bei *anderen Männchen* Reaktionen auslösen, wie Noble und Bradley dies für viele Eidechsen gezeigt haben. Bei wieder anderen Tierformen ist das in Rede stehende Gebaren samt den dazugehörigen Organen durchaus nicht auf das männliche Geschlecht beschränkt, doch sind diese Formen stark in der Minderzahl.

In allen Fällen sind Gehaben und Prachtkleider als *typische Auslöser* aufzufassen. Mögen sie nun auf das gleiche oder das entgegengesetzte Geschlecht wirken, immer ist ihre Wirkung insofern die gleiche, als sie stets ganz bestimmte Antworthandlungen in Gang bringen, die mit der Fortpflanzung, und zwar mit der Bildung der Paare, zu tun haben.

Wohl die häufigste und wahrscheinlich auch die ursprünglichste Wirkungsweise dieser Auslöser besteht *gleichzeitig* im Hervorrufen einer positiven Reaktion im Weibchen und in der Auslösung einer »negativen« Antworthandlung in jedem anderen Männchen. Heinroth nennt alle Verhaltensweisen, die in der beschriebenen Weise Droh- und Werbewirkung in sich vereinen, sehr treffend *Imponiergehaben.* In der englischen Fachliteratur findet man sie meist kurz und wohl etwas zu allgemein als »display« bezeichnet. Es gehört zum Begriffe des Imponiergehabens, daß es im wesentlichen nur dann ausgeführt wird, wenn ein empfänglicher Zuschauer zugegen ist.

Imponiergehaben im weiteren Sinne ist im Tierreich ungemein weit verbreitet. Angedeutet sehen wir es schon im Reiche der Wirbellosen, und innerhalb des Kreises der Wirbeltiere findet es sich vom Knochenfisch bis hinauf zum Menschen im wesentlichen in ganz gleicher Weise. Echtes Imponiergehaben gehört zu den wenigen unzweifelhaften Instinkthandlungen des Menschen.

In seiner allgemeinsten und sicherlich ursprünglichsten Form besteht das Imponiergehaben nicht aus besonderen, nur in dieser einen Bedeutung ausgeführten Bewegungen, noch weniger sind zu seiner Unterstützung besondere Organe ausgebildet. Das primitive Imponiergehaben besteht vielmehr darin, daß alle gewöhnlichen Bewegungen des Tieres *mit einem auffallenden und zu ihrem eigentlichen Zwecke unnötigen Kraftaufwand ausgeführt werden.* Das Verhalten des werbenden Grauganters, *Anser anser*, zeigt diese Form des Imponiergehabens in besonders reiner Ausbildung. Jede einzelne Bewegung eines solchen Vogels wird mit einem solchen Übermaß von Muskelkraft ausgeführt, daß auch der Unvoreingenommene den unmittelbaren Eindruck von etwas gewollt Gespanntem, Geziertem empfängt. Beim Gehen und Stehen drückt der Vogel die Brust heraus und hält sich sehr aufrecht. Die Schrittlänge wird größer, das Schreiten langsamer. Das gewöhnliche Hin- und Herdrehen des Körpers bei jedem Schritt wird übertrieben, so daß es geradezu aussieht, als ob der Vogel mühsamer als sonst gehe. Während Graugänse sonst nicht so leicht von ihren Flügeln Gebrauch machen und sich nur im Ernstfall zum Auffliegen entschließen, nimmt der »imponierende« Ganter jede Gelegenheit wahr, um die Kraft seiner Schwingen zu zeigen. Er durchfliegt dann auch ganz kleine Strekken, die er sonst sicher nur gehend oder schwimmend durchmessen würde. Insbesondere stürzt er sich fliegend auf jeden wirklichen oder scheinbaren Gegner, um nach seiner Vertreibung wieder mit ebensoviel Aufwand zu der Gans zurückzukehren, der sein Imponiergehaben gilt. Er fällt dann mit hocherhobenen Schwingen und lautem Triumphgeschrei bei ihr ein. Nach dem Einfallen und auch sonst nach jedem Öffnen der Flügel werden diese nicht sofort wieder gefaltet. Auch bei der nicht gerade ihr Imponiergehaben zeigenden Gans sehen wir, daß die Flügel vor dem Zusammenfalten einen Augenblick starr ausgestreckt gehalten werden. Diese Zeitspanne wird beim Imponiergehaben sehr verlängert, und der kraftprahlende Ganter steht nach jedem Öffnen der Flügel sekundenlang mit weitgebreiteten Flügeln sehr aufrecht da. Gerade daraus hat sich bei anderen Anatiden eine besondere Imponierzeremonie entwickelt.

Das Imponiergehaben des Menschen zeigt die größte Ähnlichkeit mit dem der Graugans. Auch durchaus hochwertige und mit Selbstkritik begabte Männer werden unter Umständen bei körperlichen Betätigungen, ich will einmal sagen beim Skilaufen oder auf dem Eislaufplatz, in allen ihren Bewegungen ganz wesentlich kraftvoller und schneidiger, wenn sich die Zahl der Zuschauer um ein anziehendes Mädchen vermehrt. Bei primitiveren oder nicht ganz erwachsenen Menschen tritt dann häufig, genau wie bei dem beschriebenen Ganter, ein Bekämpfen oder wenigstens ein Belästigen schwächerer Scheingegner ein. Die merkwürdigste Tatsache ist aber wohl darin zu sehen, daß viele Menschen die für das Imponiergehaben bezeichnende Kraftvergeudung mit einer *Maschine* ausführen, wenn sie gerade eine solche steuern. Ich habe wiederholt beobachtet, daß Motorradfahrer in solchen Fällen durch Gasgeben und gleichzeitige Verstellung der Zündung die Lärmentwicklung und den Kraftverbrauch steigern, ohne die Geschwindigkeit wesentlich zu vergrößern. In gleicher Weise ist oft jähes Bremsen und allzu kraftvolles Beschleunigen von Kraftfahrzeugen zu erklären. Der psychologisch ungeheuer fein beobachtende amerikanische Schriftsteller Mark Twain erzählt von einem kollektiven Imponiergehaben der Mannschaft von Mississippidampfern: an Orten, wo die Fahrt dieser Schiffe von Ansiedlungen am Ufer aus beobachtet werden konnte, erhöhte sich stets ihre Fahrgeschwindigkeit, und zugleich wurde durch Auflegen bestimmter Holzarten besonders viel Rauch entwickelt.

Ich bin der Ansicht, daß sich alle höher spezialisierten Formen triebmäßigen Imponiergehabens aus Anfängen heraus entwickelt haben, die etwa dem weiter oben beschriebenen Verhalten des Grauganters entsprachen. Ebenso glaube ich, daß auch die unterstützenden körperlichen Organe *sekundär* dazugekommen sind. Selten wirkt der fragwürdige Beweis »phylogenetischer« Reihen so unmittelbar überzeugend wie beim Vergleichen gewisser Einzelheiten des Imponiergehabens verwandter Vogelformen. So wird z. B. das verlängerte Offenhalten der Flügel, wie wir es oben vom Grauganter beschrieben haben, bei anderen Anatiden zur selbständigen Zeremonie. Beim Imponiergehaben von *Anser* wird es nur ausgeführt, wenn der Vogel geflogen ist oder sich geflügelt hat. (Das Flügelöffnen bei der Verteidigung der Jungen gehört zu einer ganz anderen Triebhandlungsreihe!) Höchstens könnte man sagen, daß der Ganter im Zustande der Verliebtheit dazu neigt, besonders oft Situationen herbeizuführen, in denen ein Öffnen der Flügel vorkommt. Bei der Nilgans, *Alopochen*, hingegen öffnet das Männchen die Flügel beim Imponiergehaben auch ohne jeden anderen Grund. Bei der Orinokogans, *Neochen*, hat sich die Reaktion des Sich-Flügelns mit Imponierbedeutung von der gewöhnlichen Reaktion des Sich-Flügelns vollständig getrennt. Der Ganter richtet sich dabei bis weit über die Lotrechte hinaus auf, öffnet die Flügel und vollführt unter Ausstoßen seines »Triumphgeschreis« (Heinroth) zitternde Flügelschläge von sehr kleinem Ausschlag, an die sich ein langes Offenhalten der Flügel anschließt. Dazu hat *Neochen* auch schon einen körperlichen Auslöser, der die Wirkung dieser Handlung unterstützt. Die bei der beschriebenen Stellung des Ganters sehr hervortretende Unterseite ist auffallend gefärbt. Die ganze Zeremonie ist sofort als »dasselbe« zu erkennen wie das Gehaben des unter Triumphgeschrei zu seiner Angebeteten zurückkehrenden Grauganters und ist ganz sicher sein Homologon. Es ist aber bei *Neochen* sehr viel weiter differenziert und von der ursprünglichen biologischen Bedeutung der ausgeführten Bewegungen sehr weit entfernt. Ähnliche Zusammenhänge lassen sich in sehr vielen Fällen wahrscheinlich machen. Die Grenzen zwischen der ursprünglich in einer ganz anderen Bedeutung ausgeführten Triebhandlung und der nur im Sinne des Imponiergehabens wirkenden Reaktion sind sehr oft nicht scharf zu ziehen. Oft sind auch die Zusammenhänge nicht ohne weiteres klar: es ist z. B. nicht leicht verständlich, warum der drohende Hahn »zum Scheine« etwas vom Boden aufpicken muß, warum der Kranich in derselben Lage sich hinter dem Flügel putzt. Beim Grauen Kranich sieht diese Zeremonie noch wie ein gewöhnliches Putzen aus, und jeder, der die Bedeutung der Zeremonie nicht kennt, würde es für ein solches halten. Beim Mandschurenkranich würde man die entsprechende Bewegung kaum noch für ein Putzen ansprechen, obwohl ihre Homologie zu dem Scheinputzen des Grauen Kranichs sicher ist.

Zur Unterstützung des Imponiergehabens finden sich alle nur erdenklichen körperlichen Organe, in sehr vielen Fällen, wie auch das Gehaben selbst, nur beim männlichen Tiere. Diese Organe tragen alle typischen Merkmale des Auslösers (S. 120) und sind einander daher bis zu einem gewissen Grade ähnlich. Vor allem kann man aus der Ausbildung des auslösenden Organes nicht erkennen, ob es bestimmt ist, in einem artgleichen Männchen oder einem ebensolchen Weibchen eine Antworthandlung auszulösen. Es kommt auch oft vor, daß dieselbe Bewegung und dasselbe Organ sowohl zur Einschüchterung anderer Männchen als auch zur Auslösung einer weiblichen Antworthandlung dient. Wenn wir aber die Reaktionen einer Art kennen, dann können wir häufig sogar an einem Tiere die Organe, die »für das Weibchen da sind«, von jenen trennen, die der Einschüchterung anderer Männchen dienen. Die verlängerten Federn der Halskrause des Bankiva- und Haushahnes werden ausschließlich den Geschlechtsgenossen gegenüber in Anwendung gebracht, während beim Umwerben des Weibchens hauptsächlich die Schwanzdecken in Funktion treten. Wenn Hingston die Ansicht vertritt, daß sämtliche bunten Farben und auffallenden Formen des Gefieders von Vogelmännchen und überhaupt aller Tiere ausschließlich als Einschüchterungsmittel wirken, so ist das eine maßlose Verallgemeinerung einer nur für ganz bestimmte Formen, z. B. für gewisse Arten von Eidechsen, zutreffenden Theorie.

Daß aber die nur *einem* Geschlechte zukommenden Farben und Formen meist als Auslöser zu betrachten sind, läßt sich in hohem Grade wahrscheinlich machen.

Wenn man nicht zu einer gänzlich transzendenten entelechialen Erklärung greifen will, ist die Auffassung der männlichen Prachtkleider als

Auslöser die einzige Theorie, die ihre große generelle Unwahrscheinlichkeit erklären kann. Die nur den Männchen zukommenden Prachtkleider sind immer regelmäßiger, gesetzmäßiger und dabei doch oft einfacher als die Zeichnungsweise der gleichartigen Weibchen. Die Vereinigung von Gesetzmäßigkeit und Einfachheit der Auslöser haben wir S. 119–121 besprochen. Nicht nur die Zeichnungsweise, sondern die Farben der Prachtkleider sind derselben Erklärung zugänglich: Die Rückstrahlung einer einzigen reinen Spektralfarbe aus dem Schwingungschaos des weißen Lichtes ist an sich schon so unwahrscheinlich, daß eine bestimmte Federfarbe allein zum Auslöser werden kann. Ähnliches gilt vielleicht für die reinen und »schönen« Töne der Vogelrufe und -lieder.

Jede Theorie, welche die Ausbildung der *Einzelheiten* der verschiedenen Prachtkleider dem Zufalle überläßt, begeht einen Verstoß gegen die Gesetze der *Wahrscheinlichkeit.* Ich denke hierbei hauptsächlich an die Ansicht, die Wallace in seiner Abhandlung »Colours of animals« vertritt. Er sagt dort, daß die Prachtkleider der Männchen »eine Folge der größeren Kraft und Lebhaftigkeit sowie der größeren Vitalität der Männchen sind«. Dem läßt sich übrigens auch entgegnen, daß es erstens viele Vögel gibt, bei denen die Weibchen und nicht die Männchen ein Prachtkleid tragen, zweitens, daß gerade bei jenen Tieren, bei denen das Prachtkleid der Männchen nahezu die höchste Ausbildung erreicht, die im Tierreich vorkommt, nämlich bei den Spinnen aus den Familien der Attiden und Lycosiden, die Männchen um ein Vielfaches kleiner, schwächer und weniger »vital« sind als die Weibchen. Für sie haben auch Peckhams die Auslösefunktion des männlichen Prachtkleides richtig erkannt.

Meine Ansicht, daß die typische Ausbildung der Prachtkleider mit ihrer auslösenden Funktion zusammenhängt, gewinnt dadurch an Wahrscheinlichkeit, daß in einer wahrhaft erdrückenden Zahl von Einzelfällen die bunt und auffallend gefärbten Stellen der Männchenkleider als Organ einer auslösenden *Handlung* Verwendung finden. Wir finden zwar häufig Auslösehandlungen, die sozusagen schon Vorhandenes benutzen, indem durch auffallende Stellungen des Körpers, Fächern von Flügeln und Steuer, Sträuben bestimmter Gefiederteile usw. eine bezeichnende optische Reizkombination geschaffen wird, ohne daß Gefiederteile zur Erzeugung dieser Reize besonders differenziert werden. Es wurde auch erwähnt, daß dies wahrscheinlich das ursprüngliche Verhalten darstellt (S. 159). Das Umgekehrte jedoch, nämlich stark differenzierte Gefiederteile, die nicht bei bestimmten Zeremonien verwendet werden, scheint es überhaupt nicht zu geben. Auch hier gewinnt man den Eindruck, daß, wie S. 159 dargetan wurde, die *Zeremonie stets älter ist als ihr Organ.* So tritt z. B. bei dem Imponiergehaben wohl aller Schwimmenten das Gefieder des Oberkopfes, der Ellenbogen und des Bürzels besonders in Erscheinung, da sich die Tiere, auf dem Wasser liegend, so hoch wie möglich machen, indem sie die Federn ihres oberen Konturs sträuben. Dies tun auch Männchen von Formen, die dort keinerlei besondere Imponierfedern besitzen. Wenn aber bei einer Art solche auftreten, sitzen sie so gut wie immer an einer der drei genannten Stellen, manchmal an allen dreien, wie beim Mandarinerpel, *Aix galericulata*.

Wenn man also bei irgendeiner Vogelart an bestimmten Körperstellen verlängerte, stark glänzende oder auffallend gefärbte Federn, auffallende nackte Hautstellen, Schwellkörper und dergleichen findet, so kann man mit großer Sicherheit annehmen, daß diese Gebilde bei einer ganz bestimmten auslösenden Handlung eine Rolle spielen. Diese Handlung braucht aber nichts mit geschlechtlichen Dingen zu tun zu haben, sondern kann auch eine rein soziale Funktion haben, wie wir S. 158 vom Nachtreiher gehört haben. Wo aber bei Vögeln auffallende Auslöseorgane nur dem Männchen zukommen, dienen sie wohl immer entweder zur Auslösung einer geschlechtlichen weiblichen Antworthandlung oder zur Einschüchterung anderer Männchen, in sehr vielen Fällen ganz sicher zu beidem. Die Funktion dieser Auslöser und die Art der durch sie in Gang gesetzten Instinktverschränkungen ist so verschieden, daß wir sie in einem gesonderten Abschnitt besprechen wollen.

Die Typen der Paarbildung. – Das Zusammenkommen zweier Individuen zur Bildung eines Paares wird durch ein Ineinandergreifen von Reaktionen gesichert, das von Art zu Art ganz grundlegend verschieden sein kann. Dennoch scheint die Zahl der Möglichkeiten eines solchen Vorgangs beschränkt zu sein, denn wir finden ganz ähnliche, ja geradezu gleiche Verhaltensweisen bei verschiedenen Tierformen, die einander systematisch ganz fernstehen, etwa bei Vögeln und Knochenfischen. Diese Ähnlichkeiten sind selbstverständlich nur Konvergenzen, was schon daraus hervorgeht, daß z. B. die Paarbildung der meisten Vögel ganz an die der Labyrinthfische erinnert, diejenige vieler anderer aber die engste Anlehnung an das Verhalten einer anderen Fischgruppe, nämlich der Chromiden, zeigt.

Unter diesen Umständen erscheint es nicht angebracht, über die phylogenetischen Zusammenhänge der verschiedenen Formen der Instinktverschränkungen Aussagen zu machen. Um aber meiner Darstellung dieser Verhaltensweisen einige Übersichtlichkeit zu verleihen, will ich den Versuch machen, *drei Typen* des Verhaltens herauszugreifen. Dabei will ich mich von jeder phylogenetischen Voraussetzung freihalten und keineswegs behaupten, daß sich nicht noch andere Typen der Paarbildung aufstellen ließen. Es gehört zum Begriffe des Typus, daß er sich in keinem konkreten

Einzelfall ideal verwirklicht findet; so darf man das auch von den nun folgenden Typen der Paarbildung nicht erwarten. Am reinsten finden wir sie bei niederen Wirbeltieren, den ersten bei manchen Reptilien, den zweiten bei Labyrinthfischen, den dritten bei Chromiden. Wir finden diese Typen bei den Vögeln in so wenig veränderter Form wieder, daß ich keinen Anstoß nehme, sie nach den erwähnten Tieren zu benennen und im folgenden von einem Eidechsen-, einem Labyrinthfisch- und einem Chromiden-Typus der Paarbildung zu sprechen. Damit soll natürlich durchaus nicht gesagt sein, das *alle* Vertreter der die Namen liefernden Tiergruppen in ihrer Paarbildung dem betreffenden Typus genau entsprechen. Ich vermute, daß z. B. unter den Labyrinthfischen die Gattung *Anabas* durchaus nicht dem Typus der Familie entspricht, ebenso, daß unter den Chromiden die Gattung *Apistogramma* eine Paarbildung vom Labyrinthfischtypus hat. Wir gelangen nun zur Besprechung der drei ausgewählten Paarungstypen:

Bei vielen *Eidechsen* hat das Imponiergehaben und das Prachtkleid der Männchen überhaupt keinen Einfluß auf geschlechtsgebundene Triebhandlungen des Weibchens. Dieses reagiert vielmehr auf Imponiergehaben und Prachtkleid eines Männchens in derselben Weise wie ein schwächeres Männchen, nämlich mit Flucht. Das Männchen seinerseits bringt gegenüber *jedem* Artgenossen das Imponiergehaben, worauf Weibchen und schwächere Männchen sofort fliehen, ein annähernd gleichwertiges Männchen aber mit demselben Gehaben antwortet. In ersterem Fall erfolgt eine Verfolgung und wenn möglich eine *Vergewaltigung* des fliehendes Tieres. In letzterem Fall erreicht das Imponiergehaben erst richtig seinen Höhepunkt, und wenn nicht schließlich doch eins der Männchen vor dem Dräuen des anderen flieht, so folgt ein *Kampf*.

Wir haben hier den seltenen Fall vor uns, daß eine in ganz gesetzmäßiger Weise beginnende Handlungskette nach zwei verschiedenen Richtungen fortgesetzt werden kann. Es ist, als liefen die Reaktionen in einem Geleise, das sich in einer Weiche in zwei Fortsetzungen gabelt. Nach welcher der beiden möglichen Richtungen die Handlungskette ihren Fortgang nimmt, hängt ausschließlich von der Reaktion ab, mit der das zweite Tier auf das männliche Imponiergehaben antwortet. Noble und Bradley haben experimentell nachgewiesen, daß sich das Imponiergehaben *immer* in die Reaktionen der Vergewaltigung fortsetzt, wenn es nicht durch die Darbietung des Imponiergehabens von seiten des anderen Tieres auf das Geleise der Kampfhandlungen übergeleitet wird. Verhindert man ein zweites Männchen durch Fesselung, Narkose oder sonstwie daran, sein Gegen-Imponiergehaben zu entfalten, so wird es bei den meisten Formen vergewaltigt. Bei einigen Formen mit besonderer Ausbildung eines männlichen Prachtkleides mußten jedoch auch die Farben des wehrlos gemachten

Männchens wenigstens teilweise verdeckt werden, um diese Reaktion auszulösen. *Es wirkt also hier das Prachtkleid wie ein dauernd zur Schau getragenes Imponiergehaben.* Das Männchen derartiger Reptilienformen reagiert unter allen Umständen rein männlich. Es behandelt *jeden* Artgenossen, der nicht durch geschlechtsgebundene *männliche* Auslösehandlungen seine Kampfreaktion hervorruft, wie ein Weibchen. Das Imponiergehaben und das Prachtkleid wirken ausschließlich als Einschüchterungsmittel und als Auslöser des Gegenimponierens gleichstarker Männchen. Es kann also in zwei verschiedenen Weisen biologisch wertvoll sein: erstens, indem es durch Einschüchterung des Schwächeren unnütze Kämpfe verhindert, zweitens aber, indem es durch Auslösung des männlichen Benehmens in einem zweiten Tier eine »irrtümliche« Begattung verhindert.

Bei den *Labyrinthfischen* ist dies alles sehr viel anders. Während bei den Eidechsen nur das Männchen Imponiergehaben zeigt, reagiert hier jeder Fisch auf jeden anderen seiner Art mit dem Imponiergehaben. Eine Ausnahme tritt nur dann ein, wenn das eine Stück sehr viel größer ist als das andere. Dann wird die Gegenreaktion des schwächeren Individuums im Keime erstickt. *Ebenso aber auch, wenn die Ausbildung der geschlechtsgebunden männlichen Imponierorgane des einen Fisches die des anderen sehr weit übertrifft.* Weibchen lassen sich nämlich oft auch mit sehr viel schwächeren Männchen nicht auf ein gegenseitiges Sich-Anprahlen ein, sondern fliehen von vornherein, wofern nur das Flossenwerk des Männchens eine genügende Entwicklung aufweist. Auch wenn die Weibchen nicht paarungsbereit sind, also nicht mit weiblicher Paarungsaufforderung auf das Imponiergehaben und das Prachtkleid eines Männchens reagieren, lassen sie sich durch beides einschüchtern, und zwar auch dann, wenn sie körperlich ganz wesentlich stärker sind als das mit seinem Flossenwerk prunkende Männchen.

Auch bei den Labyrinthfischen setzt sich demnach das Imponiergehaben in Kampfreaktion und Paarungsreaktion fort, und auch hier hängt die Entscheidung, welche der beiden zum Durchbruch kommt, ausschließlich vom Verhalten des zweiten Tieres ab. Der wichtige Unterschied gegenüber dem Verhalten der Eidechsen liegt aber darin, daß bei Labyrinthfischen *immer* die Kampfreaktion zur Auslösung kommt, wenn das zweite Tier nicht durch *weibliche* Auslösehandlungen das Imponiergehaben des ersten Tieres auf das Geleise der Paarungsreaktionen überleitet. Die Entscheidung, ob die Handlungskette ihre Fortsetzung in einem Kampf oder in einer Liebesszene findet, hängt vom Geschlecht und auch vom physiologischen Zustande des zweiten Tieres ab, denn auch ein Weibchen wird als zu bekämpfender Rivale behandelt, wenn es nicht die Auslösehandlungen der Paarungsbereitschaft bringt. Ein weiterer schwerwiegender Unterschied zwischen dem Verhalten dieser Fische und dem der beschriebenen Reptilien ist in folgendem zu sehen: auch die Weibchen bringen jedem schwächeren, oder besser gesagt, jedem tiefer im Range stehenden Artgenossen gegenüber das *männliche* Imponiergehaben. Umgekehrt kann unter Umständen ein brünstiges Männchen einem stärkeren Geschlechtsgenossen gegenüber weibliche Triebhandlungen beobachten lassen. Bei sehr vielen Vögeln ist dieses geschlechtlich »ambivalente« Verhalten noch deutlicher ausgesprochen, und wir werden noch näher darauf zurückkommen müssen.

Imponiergehaben und Prachtkleid haben also bei den Labyrinthfischen eine andere Funktion als bei den Eidechsen. Wohl dienen sie ebenso wie bei diesen zur Einschüchterung von Rivalen, nicht aber dazu, die Begattung zweier Männchen zu verhindern. Dafür aber haben sie die wichtige Funktion, in den ambivalent reagierenden Weibchen die männlichen Reaktionen zu unterdrücken. Weiter wirken sie als Auslöser jener ersten weiblichen Antworthandlung, die die Kampfreaktionen des Männchens ausschaltet und seine Paarungsreaktionen in Gang bringt.

Über diese letzteren müssen wir hier noch einige Aussagen machen. Vor allem müssen wir betonen, daß unter ihnen Handlungen im Vordergrund stehen, die auf die geschlechtliche Erregung des Weibchens abzielen. Es sind dies »Werbe«-Handlungen, die mit Drohbedeutung nichts zu tun haben. Ihre Bedeutung leugnen und sämtliche geschlechtsgebundenen männlichen Auslösehandlungen als Imponiergehaben auffassen zu wollen, liegt mir gänzlich fern. Die Verschränkungen der Paarbildung bestehen aus einer Unzahl von hochspezialisierten Triebhandlungen beider Geschlechter, und nichts könnte unrichtiger sein, als alle männlichen Auslösehandlungen unter dem Titel »Imponiergehaben« zu vereinigen!

Die erste Antworthandlung, mit der das paarungsbereite Weibchen bei den Labyrinthfischen auf das männliche Imponiergehaben reagiert, ist in jeder Hinsicht das gerade Gegenteil dieses letzteren. Während das prahlende Männchen mit ausgespannten Flossen stets breitseits zu dem andern Fisch steht, stellt das paarungswillige Weibchen seine Längsachse rechtwinklig zu der des Männchens und legt seine Flossen so eng wie möglich an den Körper. Außerdem nimmt es eine blasse Färbung an, die ihrerseits das Gegenteil der prächtigen satten Farben des imponierenden Männchens sind. Aus dem Bestreben des Männchens, im Weiterschwimmen dem Gegenüber dauernd die Breitseite zuzukehren, und dem des Weibchens, stets im rechten Winkel zum Männchen zu stehen, ergibt sich das jedem Zierfischfreund bekannte Um-einander-Drehen der Labyrinthfischpärchen.

Wir sehen, welch tiefgreifender Unterschied zwischen dem Paarungsverhalten der Eidechsen und dem der Labyrinthfische besteht. Wir haben schon gesagt, daß sich *beide* Verhaltensweisen bei Vögeln wiederfinden und daß wir daher mit der Verallgemeinerung von Regeln, die für eine bestimmte Vogelform zutreffen, äußerst vorsichtig sein müssen. Noble und Bradley treten der Anschauung entgegen, daß die männlichen Prachtkleider irgendeine Wirkung auf die Weibchen ausüben und ihre Entstehung daher vielleicht durch geschlechtliche Zuchtwahl zu erklären sei. Sie sagen: »Diese wunderschöne Theorie ist auf die Eidechsen angewendet reiner Unsinn, und wenn dies für Eidechsen gilt, warum nicht auch für Vögel?« Diese letzte Frage enthält einen grundsätzlichen Irrtum. Was für die Eidechsen blanker Irrtum ist, kann deshalb doch für die Vögel vollste Gültigkeit haben, ja, es ist verlockend, auf diese Frage die Antwort zu geben: »Weil die meisten Vögel keinen funktionsfähigen Penis haben und daher bei ihnen die Paarung ohne Zutun des Weibchens nicht möglich ist«, eine Antwort, an der nur die kausale Fassung zu beanstanden wäre.

Ein Punkt, in dem die Paarbildung der Labyrinthfische mit der der Eidechsen übereinstimmt, betrifft das Rangordnungsverhältnis zwischen Männchen und Weibchen: Bei beiden ist es Voraussetzung der Paarbildung, daß das Weibchen rangordnungsmäßig unter dem Männchen steht. Daß bei der Herstellung dieses Verhältnisses das Prachtkleid des Männchens eine Rolle spielt, haben wir S. 216 gesehen, und insofern ist auch etwas Richtiges an der Hypothese von Hingston, der die Anschauung vertritt, daß alle bunten Farben und auffallenden Formen der gesamten Tierreihe ausschließlich der Einschüchterung anderer Lebewesen dienten. Im übrigen ist diese Hypothese eine vorschnelle Verallgemeinerung von an sich weitgehend richtigen Tatsachen.

Nicht einmal die vorsichtigere Fassung derselben Erscheinungen, die Schjelderup-Ebbe gibt, ist bedingungslos richtig. Wenn auch bei der Mehrzahl der Vögel zwischen den Geschlechtern ein Kampf um die Rangordnungsstellung wenigstens virtualiter stattfindet, so gibt es doch genug Arten, bei denen *kein* Rangordnungsverhältnis zwischen den Gatten eines Paares besteht. Bei solchen Formen spielt daher auch das Merkmal des verhältnismäßigen Ranges keine Rolle bei der Geschlechtsbestimmung.

Nach denjenigen *Fischen*, bei denen dieses Verhalten am deutlichsten ausgesprochen ist, haben wir diesen Typus der Paarbildung oben als *Chromiden-Typus* bezeichnet. Bei den von mir beobachteten Chromiden, *Aequidens pulcher* und *Hemichromis bimaculatus*, behält während der ganzen Fortpflanzungsvorgänge *das Weibchen sein Imponiergehaben dem Männchen gegenüber dauernd bei*. Setzt man zwei einander unbekannte *Hemichromis bimaculatus* zueinander, so umschwimmen sich zunächst beide mit aufs äußerste gespreizten Flossen, wobei sie in den schönsten Farben erstrahlen. Dabei stehen beide stets parallel zueinander, d. h. jeder kehrt dem anderen stets die Breitseite zu, genau wie es zwei männliche, oder besser gesagt, zwei sich bedrohende Labyrinthfische tun. Wenn der Beobachter nun nur den Paarungskomment der Labyrinthfische kennt, so wartet er manchmal vergeblich auf das Sich-Kleinmachen und Rechtwinkelig-Stehen des Weibchens. Er erwartet daher, auch wenn er ein gleichgestimmtes Chromidenpärchen vor sich hat, zunächst irrtümlicherweise jeden Augenblick den Ausbruch des Kampfes. Es erfolgen aber, *ohne* Aufhören des Imponiergehabens von seiten des Weibchens, bestimmte, nach den Geschlechtern verschiedene Auslösehandlungen, unter denen bei *Hemichromis* augenscheinlich das Annehmen sehr verschiedener Färbungen eine Rolle spielt. *Diese* Auslöser verhindern den Ausbruch eines Rangordnungskampfes, *ohne*, wie das männliche Imponiergehaben der Labyrinthfische es tut, das Weibchen kampflos unterwürfig zu machen.

Wenn bei diesen Fischen das Imponiergehaben des Weibchens vor dem des Männchens zusammenbricht, so ist damit die Paarbildung unmöglich geworden: Das Männchen reagiert dann unspezifisch mit Verfolgung und womöglich mit Umbringen des Weibchens. Daher ist es kaum je möglich, Chromiden miteinander zu paaren, die sehr verschieden groß sind. Insbesondere gelingt es fast nie, ein kleineres Weibchen dazu zu bringen, daß es den Imponierreaktionen eines sehr viel größeren Männchens standhält, ohne sein Gegen-Imponieren aufzugeben und zu fliehen. Das normale gegenseitige »Sich-Anprahlen«, das die Einleitung der Chromiden-Paarbildung darstellt, ist ein typischer Fall dessen, was die englischsprechenden Tierpsychologen als »mutual display« zu bezeichnen pflegen.

Wir wollen nun untersuchen, inwieweit wir bei Vögeln die besprochenen drei Typen der Paarbildung wiederfinden.

Ein dem *Eidechsen-Typus* entsprechendes Verhalten finden wir unter den Vögeln am reinsten bei der Türkenente, *Cairina moschata*, und vielleicht bei einigen verwandten Formen *(Plectropterus, Sarcidiornis)*. Doch ist selbst bei *Cairina* der Beginn einer Ausbildung von weiblichen Auslösern nachweisbar. Erstens ist das dicht vor dem Legen stehende, befruchtungsbedürftige Weibchen für die Männchen irgendwie kenntlich, denn man kann feststellen, daß solche Enten von den Erpeln besonders heftig verfolgt werden. Das auslösende Zeichen dürfte ein besonders leuchtendes Rot an den Gesichtswarzen der brünstigen Ente sein (Heinroth). Zweitens aber zeigen die Weibchen auf der Höhe ihrer Brunst auch auslösende *Handlungen*. Besonders wenn man mehr Enten als Erpel hat, kann man oft feststellen, daß das von dem Erpel gehetzte Weibchen plötzlich einen Augenblick lang in Begattungsstellung verharrend liegenbleibt, um gleich darauf die Flucht vor dem Erpel fortzusetzen. Wenn der Erpel nicht ganz bei der Sache ist, kann es vorkommen, daß die Ente überhaupt liegenbleibt und auf ihn wartet. Etwas Ähnliches findet sich noch innerhalb der Klasse der Reptilien. Peracca fand bei *Iguana tuberculata*, daß die Weibchen vor den verfolgenden Männchen davonlaufen, gleichzeitig aber durch Heben des Schwanzes und Vordrängen der Kloake eine weibliche Auslösehandlung beobachten lassen. Bei der Nilgans, *Alopochen aegyptiaca*, ist das Verfolgen des Männchens sowie das Fliehen des Weibchens zur reinen »Zeremonie« geworden. Heinroth sagt, die Paarung dieser Art wirke wie eine »verabredete Scheinvergewaltigung«. Ich glaube, daß wir in sehr vielen Fällen, wo wir bei der Paarbildung der Vögel eine sogenannte »Sprödigkeit« des Weibchens beobachten, solche zur instinktmäßigen Zeremonie gewordenen Reste von ursprünglich ernst gemeinten Fluchthandlungen vor uns haben. Dies würde darauf hindeuten, daß der Typus der Eidechsenpaarung auch für manche Vögel ein »primitives« Verhalten darstelle.

Manche Enten, insbesondere die Stockenten, haben außer ihrer eigentlichen, auf hochentwickelten verschränkten Auslöse-Zeremonien aufgebauten Form der Paarbildung noch eine sehr eigentümliche Verhaltensweise, deren biologischer Sinn schwer zu verstehen ist. Die Männchen suchen während der ganzen Brutzeit *jede* fremde Ente, die ihnen in den Wurf kommt, zu vergewaltigen. Die Ente jedoch flieht, im Gegensatz zur weiblichen *Cairina*, durchaus ernstlich und wird auch normalerweise vom verfolgenden Erpel kaum je eingeholt. Da das Weibchen sich hier nicht die geringste Antworthandlung »zuschulden kommen läßt«, haben wir den einzigen Fall einer Vogelpaarung vor uns, der dem reinen Eidechsentypus entspricht. Daher will ich näher auf ihn eingehen. Gegenüber seiner Gattin ist der Stockerpel die Rücksicht selbst. Nie wird er sie ohne ihre ausdrückliche Aufforderung zu treten suchen, manchmal allerdings tut er es selbst dann nicht. Der Erpel verhält sich also nur gegen *fremde* Weibchen in der für die meisten Echsen bezeichnenden Weise. Diese Vergewaltigungsreaktion hat aber noch andere Merkmale mit dem Verhalten der Eidechsen gemein. Vor allem scheint sie, wie die Paarungshandlungen des Echsenmännchens durch jeden Artgenossen, gleichgültig welchen Geschlechtes, ausgelöst zu werden und nur durch geschlechtsgebunden männliche Merkmale unter Hemmung gesetzt zu werden. Unter diesen Merkmalen steht offenbar das männliche Prachtkleid obenan: Ich hatte 1933 einen reinblütigen, männlichen Weißling der wilden Stockente, den ich der Freundlichkeit Frommholds in Essen verdanke. Dieser Vogel wurde interessanterweise von den anderen Erpeln mit Vergewaltigungsversuchen verfolgt. Vor Jahren beobachtete ich an einem wildfarbigen Hauserpel, daß er Geschlechtsgenossen, die noch das weibchenähnliche Jugendkleid trugen, in derselben Weise verfolgte. Wilderpel kommen nie in die Lage, letzteres zu tun, da ihre Brunstzeit abgelaufen ist, bevor Jungvögel ihrer Art erwachsen sind. Es muß aber gesagt werden, daß der erwähnte weiße Erpel damals kränkelte und sich in keiner Weise geschlechtlich betätigte. Das männliche Imponiergehaben scheint das Prachtkleid ersetzen zu können, denn als er im nächsten Jahre voll gesund und geschlechtlich tätig war, wurde der Weißling von Geschlechtsgenossen nie für ein Weibchen gehalten. Es wäre mir wichtig zu wissen, ob kastrierte Weibchen, die das volle Prachtkleid, aber kein männliches Imponiergehaben besitzen, von den Männchen vergewaltigt werden. Wahrscheinlich wirken Prachtkleid und Imponiergehaben in ganz gleicher Weise zur Abwehr der Vergewaltigungsreaktion anderer Erpel, sicher aber gar nicht auf das mit Vergewaltigungsgelüsten verfolgte Weibchen. Dieses hat gar keinen Sinn dafür, ob der Verfolger prächtig ist oder nicht, sondern sucht auf jeden Fall zu entkommen.

All dies gilt aber nur für diese eine Form der Entenpaarung. Bei der Schließung der Dauerehen wirkt das Prachtkleid ganz offensichtlich auch auf die Weibchen und wird auch in unverkennbarer Weise dem Weibchen gezeigt. Die Vermutung Nobles und Bradleys, daß die Prachtkleider der Vogelmännchen im wesentlichen dieselbe Funktion hätten wie die der Männchen der von ihnen untersuchten Reptilienarten, trifft also schon bei diesen Enten nur bedingungsweise zu, noch weniger bei anderen Vogelformen.

Wir gelangen zu denjenigen Vögeln, deren Paarbildung dem *Labyrinthfisch-Typus* entspricht. Sie stellen den größten Teil aller Vogelformen dar. Die Parallelen mit der Paarbildung der Labyrinthfische gehen bis in ganz erstaunliche Einzelheiten, was mir jeder bestätigen wird, der je ein Kampffischmännchen und einen Goldfasan beim Umbalzen des Weibchens beobachtete. Selbstverständlich handelt es sich dabei nur um Konvergenzerscheinungen. Bei den Fischen, wo eine äußere Befruchtung stattfindet, ist die Mitwirkung des Weibchens ebenso notwendig wie bei den Vögeln, bei denen aus anatomischen Gründen eine Vergewaltigung des Weibchens nicht möglich ist. Es ist sicher kein Zufall, daß die wenigen Vögel, von denen eine Paarung vom Eidechsentypus bekannt ist, zu den wenigen Formen gehören, bei denen die Männchen ein funktionsfähiges Zeugungsglied besitzen. Während der Paarungstypus der Labyrinthfische bei diesen selbst sicher nicht aus einer eidechsenähnlichen Vergewaltigung des Weibchens hervorgegangen sein kann, erscheint dies bei den sich durchaus ähnlich verhaltenden Vögeln wahrscheinlich, schon aus vergleichend-anatomischen Gründen.

Eine Eigenschaft, die vielleicht allen Wirbeltieren latent zukommt, tritt bei jenen Vögeln zutage, bei denen die Paarbildung nach dem Labyrinthfisch-Typus vor sich geht. Bei ihnen hat jedes Individuum nicht nur die vollständige Ausstattung der arteigenen, geschlechtsgebundenen Triebhandlungen seines eigenen Geschlechtes, sondern dazu noch, normalerweise allerdings latent, die geschlechtlichen Triebhandlungen des anderen Geschlechtes. Es mag widerspruchsvoll erscheinen, bei einer solchen »Ambivalenz« überhaupt von »geschlechtsgebundenen« Verhaltensweisen zu sprechen. Die männliche und die weibliche Triebausstattung bleiben aber innerhalb des einen Individuums streng getrennt. Das Tier kann einem bestimmten Partner gegenüber nur *entweder* weiblich *oder* männlich reagieren. Die Handlungen einer »Instinktgarnitur« hängen untereinander sehr fest zusammen, die beiden Garnituren werden im allgemeinen nicht vermischt. Die Zugehörigkeit einer Teilhandlung zu den männlichen oder zu den weiblichen Verhaltensweisen ist daher ebenso genau feststellbar, wie wenn die ersteren und die letzteren nie von demselben Individuum ausgeführt würden.

Aus den Bedingungen, unter denen im Experiment weibliche Triebhandlungen in einem Männchen und männliche in einem Weibchen ausgelöst werden können, wissen wir einiges über die Faktoren, die im natürlichen Freileben der Art die den Gonaden des Tieres entsprechende Triebausstattung zum Druchbruch bringen, die entgegengesetzte aber unter Hemmung setzen und latent bleiben lassen.

Grundsätzlich ist festzuhalten, daß bei Vögeln mit Labyrinthfischtypus der Paarbildung *jedes* Individuum die Neigung hat, die *männlichen* Verhaltensweisen zu entwickeln, und daß es die von dem Geschlechtspartner ausgehenden Reize sind, die beim Weibchen die männlichen Handlungen unterdrücken und sozusagen erst Platz für die weiblichen schaffen. Das männlicher Gesellschaft beraubte, allein gehaltene Weibchen neigt fast stets zum männlichen Imponiergehaben (vielleicht in analoger Weise, wie das kastrierte Weibchen das männliche Prachtkleid ausbildet). Das wesentliche Merkmal des Geschlechtspartners, das die männlichen Triebe im Weibchen am Durchbruch hindert, ist *das Höherstehen in der Rangordnung*. Ein Weibchen kann nur dann weiblich reagieren, wenn ihm ein gesellschaftlich übergeordneter Artgenosse zur Verfügung steht. Ein Männchen kann männliche Reaktionen zeigen, wenn es ganz allein ist. Merkwürdigerweise kann es das aber augenscheinlich nicht, wenn ihm *nur* übergeordnete Artgenossen beigesellt sind. A. A. Allen hat bei *Bonasa* festgestellt, daß von einer größeren Anzahl in einem Raume zusammenlebender Männchen die in der Rangordnung am tiefsten stehenden Stücke nicht nur jegliches männliche Imponiergehaben vermissen ließen, sondern überhaupt nicht in Brunst traten. Woferne solche untergeordneten Männchen geschlechtliche Triebhandlungen beobachten lassen, sind dies weibliche. Allen bezeichnet diesen ganzen Komplex von Verhaltensweisen kurzweg als »Inferiorism«, was die ausschlaggebende Rolle des Rangordnungsverhältnisses gut zum Ausdruck bringt.

Es kann kaum daran gezweifelt werden, daß auch in einer natürlichen Sozietät einer Vogelart, deren Paarbildung nach dem Labyrinthfischtypus vor sich geht, ein an der Spitze stehendes Weibchen nicht weiblich reagieren, ein auf der untersten Stufe der Rangleiter stehendes Männchen kein männliches Verhalten zeigen kann.

Im Frühling 1932 hatte ich vier Kolkraben, ein altes Paar, das eben Anstalten zum Brüten traf, sowie zwei einjährige Weibchen. Diese beiden jungen Weibchen hielt ich aber ebenfalls für ein Paar, da sie heftig balzten, wobei die Rolle des Männchens ständig der älteren und stärkeren der beiden Schwestern zufiel. Durch eine Störung des Ablaufes der Triebhandlungen der Paarbildung kam das ältere Paar nicht zur Brut, und das Männchen vertrieb schließlich durch ständige Verfolgungen das Weibchen für immer. Als ich dann die beiden jungen Raben zu ihm ließ, ging zu meinem Erstaunen sofort die bisher für ein Männchen gehaltene Schwester mit allen weiblichen Kommenthandlungen auf die Annäherungsversuche des zweijährigen Männchens ein, und die beiden wurden ein Paar. Besonders interessant war mir, daß dieses Weibchen nicht sofort aufhörte, seiner Schwester in männlicher Weise den Hof zu machen. Erst als sie mit dem Männchen fest gepaart war, begann sie die Schwester feindlich zu behandeln.

Ein ähnliches Verhalten zeigte mein altes Dohlenweibchen Rotgelb, der einzige überlebende Vogel von der Siedlung zahmer Dohlen, die zu meiner Arbeit *Beiträge zur Ethologie sozialer Corviden* das Beobachtungsmaterial geliefert hatte. Als ich zu dieser letzten überlebenden zunächst vier neue Jungdohlen angeschafft hatte, tat sich das alte Weibchen im nächsten Frühjahr, es war 1931, mit einem dieser Vögel zu einem »Paare« zusammen, in welchem Rotgelb die Rolle des *Mannes* spielte. Es wurde ein normales Nest gebaut, aber keine Eier gelegt; die weiblichen Reaktionen der Rotgelben schlummerten also vollständig. Die die weibliche Rolle spielende Dohle war noch nicht reif zum Eierlegen. Im Jahre 1932 bauten die beiden Vögel einen eigentümlichen, an eine Doppelmißbildung erinnernden Bau. Es wurden nämlich auf einem einfachen Unterbau *zwei* Nestmulden angelegt. Nun baut bei *Coloeus*, wie bei der Mehrzahl der Sperlingsvögel, normalerweise der Mann den groben Unterbau des Nestes, die Anfertigung der Mulde gehört zu den spezifisch weiblichen Instinkthandlungen. In diesem Doppelnest wurden beide Mulden mit Eiern belegt, deren Zahl ich nicht genau feststellen konnte, da das Nest in einer sehr unzugänglichen tiefen Höhle lag. Sie waren unbefruchtet, jedenfalls krochen keine Jungen aus. Die Vermutung, daß es sich um ein Weibchenpaar handelte, wurde mir zur Gewißheit. Im Herbst 1932 ereignete sich etwas Unerwartetes: Es stellte sich nämlich nach mehr als zweijähriger Abwesenheit eine längst tot geglaubte Dohle der alten Kolonie wieder ein, benahm sich sofort, als wäre sie nie weggewesen, und erwies sich gleich als Männchen, indem sie sich schon in den ersten Tagen ihrer Anwesenheit mit Rotgelb verlobte. Rotgelb ging sofort auf die Annäherungsversuche des prächtigen alten Männchens ein und bestätigte so meine Annahme, daß hauptsächlich der Mangel an einem gleichwertigen Mann der Anlaß zur Weibchenpaarbildung gewesen sei. Im Jahre 1931 hatte sie überhaupt kein Männchen zur Verfügung, 1932 aber nur 1931 geborene unreife Männchen, denen sie offenbar das 1930 geborene Weibchen als Partner vorzog. Das Auftreten eines vollwertigen Mannes ließ aber sofort wieder alle ihre weiblichen Reaktionen ansprechen. Merkwürdigerweise bedeutete dies aber nicht ein Abbrechen aller Beziehungen zwischen Rotgelb und ihrer bisherigen Freundin. Das Männchen war zunächst gegen die letztere sehr abweisend, gewöhnte sich aber mit der Zeit an dieses Anhängsel seiner Frau, und die Vögel bildeten von nun ab ein unzertrennliches Trio. Ob das Männchen auch das zweite Weibchen trat, weiß ich nicht, vermute es aber. Im Frühjahr 1933 bauten die Vögel ein ähnliches Doppelnest wie 1932 und belegten es mit einem so starken Gelege, daß ich, obwohl ich wie im Vorjahre die Eier nicht genau zählen konnte, überzeugt bin, daß beide Weibchen gelegt hatten. Die Eier waren befruchtet, die kleinen Jungen starben jedoch, und zwar deshalb, weil die Instinktverschränkungen der Nestablösung durch die Zweizahl der Weibchen gestört wurden: Die Weibchen brüteten stets gleichzeitig, jedes auf einer Mulde, das Männchen jedoch, das beide Weibchen allein zu vertreten hatte, konnte natürlich nur immer eine der beiden Nestmulden bedecken. Dies hatte zwar den Eiern nichts geschadet, war aber wohl der Grund für das Zugrundegehen der kleinen Jungen.

Dieses Verhalten der weiblichen Kolkraben und Dohlen zeigt deutlich, daß im weiblichen Vogel auch die männlichen Triebhandlungen latent bereitliegen und beim Mangel eines Gattenkumpanes von entgegengesetztem Geschlechte zum Durchbruch kommen. Bei diesen wenig äußeren Sexualdimorphismus zeigenden Vögeln, wo nur ein gradueller und kein qualitativer Unterschied in der Ausbildung der beim Imponiergehaben Verwendung findenden Gefiederteile Männchen und Weibchen unterscheidet, reagiert jeder stärkere und prächtigere Vogel einem schwächeren und bescheidener gefärbten gegenüber als Männchen. Trotzdem kommt es im Freileben augenscheinlich nie zur Bildung von gleichgeschlechtlichen Paaren; in den richtigen ungleichgeschlechtlichen Paaren aber *ist das Männchen dem Weibchen stets im Range übergeordnet.* Unter den vielen meiner Beobachtung zugänglichen Dohlen- und Rabenpaaren waren zwar einige, bei denen starke und schöne Männchen unverhältnismäßig schwache, ja geradezu kümmernde Weibchen erwählt hatten, niemals aber geschah das Umgekehrte.

Ein entsprechendes Verhalten beschrieb A. A. Allen für das amerikanische Waldhuhn, *Bonasa umbellus*. Auch hier zeigen starke Weibchen jedem schwächeren Artgenossen gegenüber männliches Imponiergehaben, gleichgültig, welchen Geschlechts letzterer ist. Ebenso können schwächere Männchen sehr überlegenen Rivalen gegenüber ihre männlichen Verhaltensweisen nicht aufrechterhalten, und es kommt dann häufig die weibliche »Instinktgarnitur« zum Durchbruch. Es gelang Allen sogar, ein »verkehrtes Paar« zusammenzustellen, indem er ein schwaches, oft verprügeltes Männchen zu einem sehr starken und männliches Imponiergehaben zeigenden Weibchen brachte. Es kam tatsächlich zu einer Paarung mit vertauschten Rollen. Leider bringt Allen in der Zusammenfassung der Ergebnisse seiner ungemein wertvollen Arbeit diese in Form von nicht ganz richtigen Verallgemeinerungen, indem er stets »die Vögel« anstatt »*Bonasa umbellus*« schreibt. Der Satz »Birds are not sex-conscious« (Vögel besitzen kein Bewußtsein des eigenen Geschlechtes) gilt nur für solche Formen, deren Paarbildung nach dem »Labyrinthfischtypus« verläuft, was ja allerdings bei der großen Mehrzahl aller Vögel zutrifft, aber nicht bei allen. Außerdem erscheint das Heranziehen des Bewußtseins unnötig und irreführend.

Wallace Craig hat schon im Jahre 1908 über die Erscheinungen der geschlechtlichen Umstellbarkeit der Vögel gearbeitet und mit Tauben sehr eindrucksvolle Versuche angestellt. Er hielt die Versuchstiere in Einzelkäfigen und studierte die gegenseitige Beeinflussung des geschlechtlichen Verhaltens der Vögel, indem er je zwei Behälter dicht nebeneinander brachte, ohne aber die Vögel je wirklich zusammenzulassen. Da zeigte es sich nun, daß ein körperliches Besiegen des Gegners gar nicht nötig ist, um das hervorzurufen, was Allen später als »Inferiorism« bezeichnet hat: Wenn Craig einem balzenden Lachtauber, *Streptopelia risoria*, von durchschnittlicher Stärke und gewöhnlichem Temperament einen besonders starken und temperamentvollen alten Artgenossen zum Nachbarn gab, stellte der schwächere Vogel sein Balzruksen und überhaupt sein Imponiergehaben ein und zeigte bald nach diesem Zusammenbrechen der männlichen Reaktionen *weibliche* Auslösehandlungen. Die Tatsache, daß in diesem Fall das *bloße* Imponiergehaben, ohne die geringste Möglichkeit zum Tätlichwerden, den Rivalen so vollkommen auszuschalten vermag, erscheint recht wichtig. Es kommt einem ja zunächst recht unwahrscheinlich vor, daß bloße Prahlbewegungen im Verein mit bunten Farben und lauten Tönen auf den Nebenbuhler einen nachdrücklicheren Eindruck machen sollten als spitze Krallen und scharfer Schnabel. Craigs Versuche beweisen aber, daß dem so ist. Bei Rivalitätskämpfen von Tiermännchen entscheidet nie die körperliche Stärke allein, ebensowenig die Waffen. Der Sieg hängt zum allergrößten Teil von der Entschlossenheit des Kämpfers ab, besser gesagt, von der *Intensität* seiner Kampfreaktionen. Eben diesen Intensitätsgrad aber kann der Gegner aus dem Imponiergehaben sehr genau entnehmen. Im Falle eines wesentlichen Intensitätsunterschiedes zwischen zwei sich anprahlenden Tieren entwickelt das weniger intensiv reagierende einen Inferiorismus, auch wenn es gar nicht zum Kampfe kommen kann.

Die Umstellbarkeit der geschlechtlichen Reaktionen bei den Vögeln, deren Paarbildung nach dem Labyrinthfischtypus verläuft, drängt uns die Frage auf, wie bei ihnen das Zustandekommen gleichgeschlechtlicher Paare verhindert werde. Insbesondere müssen wir uns die Frage bei denjenigen Formen vorlegen, bei denen äußere Geschlechtsunterschiede nicht bestehen. Es erscheint nach dem bisher Gesagten durchaus möglich, daß auch in freier Wildbahn ein stärkeres Männchen in einem schwächeren das männliche Verhalten auschalten und das weibliche hervorrufen kann. Daß dies, allem Anscheine nach, nie geschieht, hängt wahrscheinlich eng mit dem Vorgang der individuellen Wahl des Partners zusammen oder, wie wir in wirklicher Analogie mit dem menschlichen Verhalten sagen können, mit den Reaktionen des Sich-Verliebens. Sie spielen bei einer Paarbildung vom Eidechsentypus überhaupt keine Rolle. Bei den später zu besprechenden, nach Chromidenweise sich verpaarenden Vögeln findet man zwar manchmal ähnliche Erscheinungen, aber bei diesen steht es schon vor der Wahl des Partners fest, ob sich das Tier im folgenden als Männchen oder als Weibchen gebärden wird. Bei den nach dem Typus der Labyrinthfische sich paarenden Vögeln hängt es aber von der individuellen Wahl des Liebesobjektes ab, ob das Tier männlich oder weiblich reagiert. Die Wahl des Partners stellt, wie erwähnt, den einzigen hormonal gebundenen Unterschied im Verhalten der Geschlechter dar: Männchen verlieben sich nur in rangmäßig untergeordnete, Weibchen nur in übergeordnete Individuen. Wenn ein Gegenüber des anderen Geschlechtes mangelt, nehmen die Vögel mit einem gleichgeschlechtlichen Liebesobjekt vorlieb, und zugleich beginnt das Tier die Reaktionen des anderen Geschlechtes zu zeigen. Die persönliche Bindung an ein solches kann so stark sein, daß sie durch späteres Hinzukommen eines andersgeschlechtlichen paarungsbereiten Tieres nicht gebrochen werden kann. Dies gilt z. B. für Tauben, bei denen überhaupt die Bevorzugung des entgegengesetzten Geschlechtes nicht sehr ausgesprochen zu sein scheint. Bilden sich bei ihnen doch auch dann Männchen- und Weibchenpaare, wenn überzählige Tiere beiderlei Geschlechtes vorhanden sind. Dieses Überwiegen persönlicher Beziehungen über geschlechtliche ist aber doch wohl als Domestikationserscheinung anzusehen.

Bei Dohlen und Raben werden, wie wir gesehen haben, Liebesbeziehungen zu einem gleichgeschlechtlichen Artgenossen sofort abgebrochen, wenn ein passender Geschlechtspartner auf der Bildfläche erscheint, der im richtigen Rangordnungsverhältnis zu dem betreffenden Vogel steht.

Da die Paarbildung nur bei gegenseitigem Einverständnis, genauer gesagt, bei gegenseitigem Sich-Verlieben zustande kommen kann, so genügt im normalen Freileben der beschriebene geringe, wirklich geschlechtsbedingte Unterschied der Reaktionsweisen, um die Bildung gleichgeschlechtlicher Paare zu verhindern. Insbesondere ist folgendes zu betonen: Wenn wir in der Gefangenschaft ausschließlich gleichgeschlechtliche Vögel einer Art zusammen halten, so erfolgen die Reaktionen des Sich-Verliebens am Ersatzobjekt, indem sich gleichgeschlechtliche Liebespaare bilden. Wenn aber beispielsweise unter einer großen Überzahl von Weibchen einige wenige Männchen vorhanden sind, so verlieben sich sämtliche Weibchen so fest in diese, daß die ranglich übergeordneten unter ihnen nicht auf die weiblichen Paarungsaufforderungen ihrer untergebenen Schwestern reagieren. Das starre Festhalten am einmal gewählten Liebesobjekt, das Heinrich Heine in seinem Gedicht *Ein Jüngling liebt' ein Mädchen* in klassisch einfacher Weise dargestellt hat, findet man bei Stockenten, Graugänsen und Dohlen auch dann, wenn überzählige Stücke des anderen Geschlechtes vorhanden sind. Man stößt aber bei Fernerstehenden stets auf Unglauben, wenn man behauptet, daß ein brünstiger Vogel die Paarung mit einem ebenso brünstigen Artgenossen des entgegengesetzten Geschlechtes nur deshalb verweigere, weil er in ein anderes Individuum verliebt sei. Ich neige zu der Ansicht, daß dieses »Ritter-Toggenburg-Verhalten« bei sehr vielen, insbesondere bei sozialen Vogelformen, der einzige Faktor ist, der verhindert, daß alle überzähligen Tiere eines Geschlechtes sich untereinander paaren.

Diese Darstellung der Faktoren, die das Zustandekommen gleichgeschlechtlicher Paare verhindern, enthält gewiß eine grobe Vereinfachung der in Wirklichkeit bestehenden Verhältnisse. Immerhin trifft das Gesagte für Dohlen und viele Hühnervögel recht genau zu.

Wir gelangen jetzt zu jenen Vogelformen, bei denen *kein Rangordnungsverhältnis* zwischen den Gatten eines Paares besteht, bei denen also auch, entgegen der Ansicht Schjelderup-Ebbes, zwischen den Geschlechtern keinerlei Wettstreit um die Vorherrschaft zu beobachten ist. Wir haben diese Art der Paarbildung oben als den *Chromiden-Typus* bezeichnet. Als Merkmal dieses Typus haben wir das Erhaltenbleiben des Imponiergehabens beim Weibchen kennengelernt. Dieses bedingt nun in sehr vielen Fällen das Zustandekommen von Zeremonien, in denen sich die Geschlechter gegenüberstehen und nahezu gleich verhalten. Als Analogon zu dem früher geschilderten Parallel-Schwimmen der Chromidenpaare möchte ich etwa die Klapperzeremonie des weißen Storches in Erinnerung rufen. Bei Reihern, Scharben, Sturmvogelartigen und auch bei den Steißfüßen findet man ähnliches. In der englischen Fachliteratur ist über dieses beiderseitige Imponiergehaben viel diskutiert worden. Es wird dort als »mutual display« bezeichnet.

Bei sehr vielen Vögeln tritt die Rangordnung innerhalb der Paare deshalb nie in Erscheinung, weil die Gatten niemals Meinungsverschiedenheiten auszutragen haben. Dies allein berechtigt uns aber keineswegs, die betreffende Art dem »Chromidentypus« zuzurechnen. In sehr vielen derartigen Fällen war bei der *Bildung* der Paare eine Rangordnung nicht nur vorhanden, sondern zu dieser auch prinzipiell notwendig. Sie tritt dann auch bei jeder Störung des Einverständnisses dadurch zutage, daß das Weibchen flieht, ohne daß es vorher zum Kampfe gekommen wäre.

Ganz anders bei den rangordnungslosen Paaren des reinen Chromidentypus, wie bei vielen Reihern. Bei der Paarbildung dieser Tiere nähern sich die beiden potentiellen Brautleute einander ganz allmählich unter ganz bestimmten, die gewöhnliche Abwehrreaktion unter Hemmung setzenden Zeremonien. Immer und immer wieder aber bricht zwischen diesen Friedenszeichen das Droh- und Imponiergehaben *beider* Tiere durch. Die Gatten vertrauen sich auch späterhin nie so vollständig wie diejenigen von Tauben- oder Anatidenpaaren. Eine einzige jähe Bewegung des einen Vogels, etwa durch ein kleines Stolpern oder einen sonstigen Gleichgewichtsverlust bedingt, genügt, um den anderen mit gesträubtem Imponiergefieder des Nackens abwehrbereit emporfahren zu lassen. Im nächsten Augenblick stehen sich die Gatten mit dem vollen Drohgehaben ihrer Art kampfbereit gegenüber. Oft kommt es tatsächlich zum Kampfe, und dieser sowie seine Beendigung muß näher beschrieben werden. Verwey beschreibt von Fischreiherpaaren kleinere Reibereien, die er als das »Schnabelfechten« bezeichnet. Er stellt fest, daß er ursprünglich glaubte, es mit einer bloßen Zeremonie zu tun zu haben, später aber zu dem Ergebnis kam, daß da doch ernstliche Kämpfe ausgetragen würden. Beim Nachtreiher liegen die Dinge nun so, daß ein der Beschreibung Verweys genau entsprechendes Schnabelfechten stets in vollem Ernste beginnt, aber sofort in eine Versöhnungszeremonie ausklingt. Die Tiere fahren gegeneinander in die Höhe und stechen einen Augenblick lang mit offenen Schnäbeln gegeneinander. In den nächsten Sekunden geht das Schnabelstechen in fließendem Übergange in ein immer schneller werdendes Schnabelklappern über, indem sich die beiden Vögel »beruhigend« gegenseitig den Schnabel beknabbern. Heinroth beschreibt dieses knabbernde Schnabelklappern als Ausdruck der Zärtlichkeit von seinem allein aufgezogenen Nachtreiher. In der Tat wird es auch von gepaarten Vögeln oft in diesem Sinne, *ohne* vorhergehendes Schnabelfechten, gebraucht. Nach dem Gesagten erscheint es sehr wahrscheinlich, daß das Klappern der Zärtlichkeit aus einem ursprünglich ernsten Schnabelfechten hervorgegangen ist. Wir haben es hier mit der typischen Entstehung einer Zeremonie aus einer ursprünglich in ganz anderer Weise bedeutungsvollen Handlung zu tun. Ich vermute aus den Zweifeln und dem Meinungswechsel Verweys, daß beim Fischreiher der Vorgang des Zeremoniell-Werdens der Reaktion eben angedeutet sein dürfte, glaube jedenfalls, daß dieser Autor beim Anblick des entsprechenden Verhaltens des Nachtreihers meiner Ansicht beistimmen würde.

Ich habe dieses Verhalten der Reiher deshalb so genau beschrieben, weil allem Anscheine nach bei Tieren mit rangordnungsloser Paarbildung *sehr viele* Zeremonien der Zärtlichkeit aus drohendem Imponiergehaben hervorgegangen sind. Immer stellt dieses Zeremoniell den Rest eines Friedensschlusses ohne Sieg des einen oder des anderen Teiles dar. Es ist kennzeichnend für diese Friedenszeremonien, daß sie sich aus der Stellung und dem Gehaben des Drohens heraus entwickeln, noch bevor es überhaupt zum Kampfe gekommen ist, bevor sich die Frage entschieden hat, wer der Stärkere ist. Das Verhalten der beiden Partner eines Paares beim Sich-Kennenlernen erinnert daher stets an das Verhalten zweier Hunde bei demselben Vorgang: die Spannung, die Drohstellung, der Ausdruck bewaffneter Neutralität und schließlich das erlösende Friedenszeichen, bei dem Hunde also das Schwanzwedeln. Dies ist ein grundsätzlicher Unterschied gegenüber den Labyrinthfischen und den meisten anderen Vögeln, wo immer beim Zusammenkommen ein Kampf stattfindet, der mit dem zumindest »moralischen« Siege des einen Tieres endet.

Ein weiterer wichtiger Unterschied gegenüber dem Labyrinthfischtypus besteht darin, daß die Individuen nicht von vornherein geschlechtlich ambivalent sind. Wären sie das, so würden alle Stücke samt und sonders männlich reagieren, da keiner der beiden Partner eines Paares Gelegenheit hat, einen »Inferiorismus« (A. A. Allen) zu erwerben. Das Nachtreihermännchen beginnt, ohne jede Beziehung zu einem Weibchen, mit seinem Fortpflanzungszyklus, das Weibchen zeigt nie auch nur andeutungsweise das männliche Verhalten.

Die Reaktionen des persönlichen Sich-Verliebens spielen beim Chromidentypus augenscheinlich keine große Rolle. Auch sind in den Paaren die einzelnen Gatten jederzeit durch Individuen desselben Geschlechtes und physiologischen Zustandes *ersetzbar*, auch bei solchen Formen, die in Dauerehe leben. Schüz hat dies für den weißen Storch nachgewiesen, nach Herrick ist es beim amerikanischen Seeadler, *Haliaetus leucocephalus*, ebenso. Umgekehrt vermute ich eine Paarbildung vom Chromidentypus bei allen jenen Vögeln, bei denen einerseits keine geschlechtliche Verschiedenheit der Imponierorgane, andererseits keine vom Fortpflanzungszyklus unabhängigen Beziehungen zwischen den Gatten bestehen.

Die Aufstellung dieser drei Typen der Paarbildung maßt sich keineswegs an, sämtliche Formen der Paarbildung, die bei Vögeln vorkommen, einreihen zu können. Sie soll nur zeigen, wie grundsätzlich verschieden die Paarbildung sein kann und wie gefährlich vorschnelle Verallgemeinerungen sein können. Übergänge zwischen den Typen gibt es mehr als genug. Innerhalb der Anatiden allein läßt sich eine Typenreihe vom Eidechsentypus (*Cairina*) über den Labyrinthfischtypus (Nilgans, Enten) zum Chromidentypus (Gänse, Schwäne) aufstellen.

Sehr wichtig und interessant wäre es, Genauestes über die Paarbildung der Steißfüße zu erfahren, die ein höchst merkwürdiges geschlechtliches Verhalten zeigen (Huxley, Selous). Diese Tiere treten sich gegenseitig, wobei beide gleich oft die Rolle des Männchens spielen. Es wäre wichtig zu wissen, wie bei diesen wenig sexuell dimorphen Tieren, bei denen außerdem ein Rangordnungsverhältnis kaum eine Rolle spielen dürfte, das Zustandekommen ungleichgeschlechtlicher Paare gesichert wird. Ansätze zu einem ähnlichen Verhalten finden sich bei manchen Tauben (*Streptopelia*), bei denen nach der Begattung das Männchen sich flach hinduckt und vom Weibchen getreten wird.

b) Die zeitliche Gleichstimmung der Fortpflanzungszyklen

Nicht alle Handlungen der sogenannten Balz dienen dazu, dem sie ausführenden Vogel einen Geschlechtspartner zu verschaffen. Viele Vögel umbalzen ja auch ihr Weibchen dauernd, lange nachdem sie mit ihm einig geworden sind und seiner sicher sein könnten. Ich erinnere an das andauernde Balzen des männlichen Goldfasanes, an die vielen, dauernd fortgesetzten Liebeszeremonien bei Tauben, Papageien, Finkenvögeln u. a.

A. A. Allen hat gezeigt, daß bei sehr vielen, ja vielleicht bei allen undomestizierten Vögeln die Männchen nicht, wie man früher meinte, dauernd begattungsfähig sind, daß sie vielmehr eine ganz kurze, der Empfängnisbereitschaft des brünstigen Weibchens ziemlich genau entsprechende Periode der Fruchtbarkeit haben. Es kommt nun alles darauf an, daß bei dem Paar die Empfängnisbereitschaft des Weibchens und die Begattungsbereitschaft des Männchens zeitlich zusammenfallen. Die »Synchronisation der Fortpflanzungszyklen«, wie Allen diesen Vorgang nennt, spielt nun unter den Instinktverschränkungen der Paarbildung eine sehr große Rolle. Eine ganze Reihe von allgemein als Werbehandlungen angesehenen Verhaltensweisen dient ausschließlich diesem einen Zwecke.

Bei Vögeln, bei denen die Geschlechter zur Begattung nur auf ganz kurze Zeit zusammenkommen, wie beim Birkhuhn und dem von Allen untersuchten amerikanischen Waldhuhn, *Bonasa umbellus*, finden die Männchen sicher schon durch ihre »unpersönliche« Werbung gerade die zu ihnen gleichgestimmten Weibchen. Allen vernachlässigt jedoch die Möglichkeit einer nachträglichen Gleichstimmung der physiologischen Fortpflanzungszyklen zweier Vögel und glaubt, daß nur von vornherein »synchrone« Vögel sich zu einem Paare vereinigen können. Dies trifft zwar sicher für die Waldhühner zu und ebenso für viele Kleinvögel, die sich nur zu einer einzigen Brut vereinigen. Bei Vögeln aber, die in jahrelanger Dauerehe leben, erscheint es recht unwahrscheinlich, daß die Chronometer der beiden Gatten keiner nachträglichen Regulation bedürfen. Craig stellte schon 1908 für Tauben den Satz auf: »Immer wenn ein Gatte früher zur Paarung bereit ist als der andere, wird der erste durch den Einfluß des zweiten verlangsamt, der zweite durch den Einfluß des ersten beschleunigt.« (Übers.) Leider kann man die Zeit der Paarungsbereitschaft des Männchens nicht immer so genau feststellen, wie Allen es bei *Bonasa*männchen durch Vorhalten eines in Begattungsstellung montierten ausgestopften Weibchens tun konnte. Wie genau die zeitliche Gleichstimmung durch gegenseitige Beeinflussung arbeitet, zeigt eine Beobachtung Heinroths: Zwei weibliche Chilipfeifenten, *Mareca sibilatrix*, die sich wie ein verheiratetes Paar betrugen, legten Jahr für Jahr an 11 Tagen 22 Eier in ein gemeinsames Nest.

Eine genaue zeitliche Gleichstimmung der Gatten ist bei vielen Arten auch deshalb notwendig, weil die Triebhandlungen der Brutpflege in genauer zeitlicher Ordnung aufeinanderfolgen; ich erinnere an die Tatsache, daß z. B. bei den Tauben auch das Männchen nach genau 14tägiger Brutzeit die zum Ernähren der Jungen dienende Kropfmilch sezernieren muß, wenn die Jungen groß werden sollen. Selbst wenn die Taubenmännchen dauernd begattungsfähig sein sollten (was recht unwahrscheinlich ist), müßten ihre physiologischen Innenvorgänge zwecks rechtzeitiger Kropfmilchproduktion mit denen des Weibchens gleichgestimmt werden.

Außer dieser von A. A. Allen nicht gewürdigten Möglichkeit der nachträglichen Gleichstimmung möchte ich außerdem noch betonen, daß es doch durch Allens Versuche durchaus nicht unwahrscheinlicher geworden ist, daß bei anderen Vogelarten die Männchen während der ganzen Brutzeit begattungsfähig sind. Ich halte einen Rückschluß von den immerhin wenigen von Allen untersuchten Arten auf die Gesamtheit der Klasse für durchaus unzulässig. Insbesondere scheinen mir die Fischreiherbeobachtungen Verweys den Schluß zu erlauben, daß die Männchen dieser Art während der gesamten Fortpflanzungsperiode begattungsfähig sind, zumindest dann, wenn sie weibchenlos geblieben sind. Verwey betont nämlich, daß die Tretbereitschaft unverheiratet gebliebener Männchen einen konstanten Anstieg zeigte. Je länger ein solcher Vogel auf ein Weibchen warten mußte, desto schneller schritt er nach der Ankunft eines solchen zur Begattung. Im extremen Fall kam es unter Fortlassung des ganzen »Verlobungs«-Zeremoniells zur sofortigen Paarung mit einem fremden Weibchen. Dies entspricht genau dem Verhalten der dauernd begattungsfähigen Säugetiere und des Menschen, was Verwey auch hervorhebt. Der Anstieg der Bereitschaft zu einer Handlung, mit anderen Worten, die Herabsetzung der Schwelle des sie auslösenden Reizes, ist eine grundlegende Eigenschaft der Instinkthandlung, die nicht durch physiologische Vorgänge an bestimmte Zyklen gebunden ist.

c) Die Instinktverschränkungen des gemeinsamen Nestbauens

Es gibt nur verhältnismäßig wenige Vögel, bei denen nur ein Geschlecht am Nestbau beteiligt ist. Bei den Tetraoniden kümmert sich der Hahn nicht im geringsten um die Henne, also auch nicht um den Nestbau; bei den Webervögeln baut das Männchen das Nest fast vollkommen allein, das Weibchen beschränkt sich auf ein geringes Auspolstern der Mulde; ebenso verhält sich nach Steinfatt die Beutelmeise.

Bei der großen Mehrzahl aller Vögel sind jedoch beide Geschlechter am Nestbau beteiligt. Bei sehr vielen Vögeln, von denen man gewöhnlich liest, daß die Männchen sich nicht um den Bau des Nestes kümmern, findet dennoch die Wahl des Nestplatzes durch das Männchen statt. Es ist dann sozusagen so, als wäre von der gesamten Bautätigkeit des Männchens nur noch diese eine, spezifisch männliche Tätigkeit übriggeblieben. Bei Stockenten beginnt die Nestersuche der Männer oft schon lange, bevor die Weibchen richtig bei der Sache sind oder gar wirklich schon ans Legen denken; andeutungsweise erwacht der Trieb dazu in den Erpeln oft schon im Herbst, zu Beginn der Verlobungszeit. Auch von der Eiderente konnte Heinroth ein sehr ausgeprägtes Nestsuchen von seiten des Erpels feststellen, obwohl es in der Literatur ausdrücklich geleugnet zu werden pflegt. Den Einwurf, daß die Beobachtungen Heinroths an Gefangenschaftstieren erfolgt und daher nicht maßgebend seien, weise ich mit der Begründung zurück, daß die durch Gefangenschaftserscheinungen bedingten Veränderungen von Triebhandlungen immer nur in einer Verringerung, einem Minus, bestehen können, niemals aber zur Bildung eines neuen Verhaltens Anlaß geben können. Wenn Heinroths Eidererpel *nicht* Nestsuche betrieben hätten, wäre das noch lange kein Beweis, daß sie das in der Freiheit nicht täten; das umgekehrte Verhalten halte ich jedoch für unbedingt beweisend. Nach Beobachtungen an Haushähnen scheint auch das männliche Bankivahuhn den Ort des Nestes zu bestimmen. Ob dies auch beim Goldfasan so ist, wage ich nicht zu entscheiden, da die Tiere am Nest anfänglich so außerordentlich heimlich sind, daß ich auch die Henne kaum je auf der Nistplatzsuche beobachten konnte.

Den weiblichen Vögeln dieser Arten scheint das Bestimmen des Nestplatzes durch das Männchen jedoch durchaus entbehrlich zu sein; jedenfalls bemerkt man kein Zögern, keine Störung in der Platzwahl, wenn eine Stockente, die keinen Ehemann gefunden hat, einen Ort sucht, an dem sie ihre unehelichen Eier legen kann. Hier begegnet uns die Erscheinung, daß ein Geschlecht bei Ausfall der Leistung des Partners eine eigentlich dem anderen Geschlecht zukommende Triebhandlung kompensatorisch auszuführen vermag.

Etwas anders verläuft die Festlegung des Nestortes beim Nachtreiher, wo zwar das Männchen die Wahl des Nistplatzes durchführt und auch allein zu bauen beginnt, wo aber die Nestanlage doch erst ihre richtige Gestalt erhält, wenn sich ein Weibchen eingefunden hat und nun dauernd in der Mulde sitzenbleibt und die vom Männchen herangetragenen Zweige ordnet. Besonders wichtig scheint dabei der Umstand zu sein, daß das Weibchen durch sein bloßes Sitzenbleiben den Nestmittelpunkt markiert. Beim anfänglichen Alleinbauen arbeiten die Männchen nämlich zunächst in gänzlich einsichtsloser Weise an verschiedenen, wenn auch ganz nahe aneinanderliegenden Stellen, so daß der Mangel eines festen Mittelpunktes das Zustandekommen der kreisförmigen Anordnung der Baustoffe verhindert. Dieser Nestmittelpunkt wurde in den von mir beobachteten Fällen durch das Hinzukommen des Weibchens festgelegt, worauf innerhalb verhältnismäßig sehr kurzer Zeit eine schattenhafte Kreisfigur aus den herangeschleppten Zweigen herauszulesen war. Ich glaube zwar, daß auch ein alleinbleibendes *Nysticorax*männchen mit der Zeit eine runde Nestanlage zustande bringen würde, sicher aber ist es, daß es eine wichtige Funktion des Weibchens ist, schon beim Anfange des Bauens den Mittelpunkt festzulegen.

Beim Zutragen der Niststoffe ist die Rollenverteilung der Geschlechter von Art zu Art ganz verschieden. Bei manchen Sperlingsvögeln tragen beide Geschlechter zu, und zwar jedes nur die von ihm verwendeten Stoffe, das Männchen also die groben des Unterbaues, das Weibchen die feinen Polsterstoffe. Die Triebhandlungen der beiden Gatten arbeiten dabei sehr unabhängig voneinander. Wenn bei Höhlenbrütern die Höhle so klein ist, daß ein besonderer Unterbau nicht nötig, ja nicht einmal verwendbar ist, da die Mulde allein die gegebene Höhle ausfüllt, so trägt doch häufig das Männchen, dem blinden Plan seiner Instinkte gehorchend, grobes Nistmaterial ein, das das Weibchen erst wieder mühsam entfernen muß, um Raum zu der ihm zukommenden Anlage der Mulde übrigzubehalten. Das Männchen wird also in seinen Bauhandlungen nicht durch die gegebenen räumlichen Verhältnisse beeinflußt, wohl aber das Weibchen. Ein solches Verhalten beobachtete ich bei Dohlen. Seton Thompson erzählt in einer seiner Tiernovellen einen Fall, wo ein Sperlingsmännchen dauernd Holzstückchen in die Nisthöhle trug, aus der sie vom Weibchen, das seinerseits Federn eintrug, regelmäßig wieder hinausgeworfen wurden. Thompson gibt für den Vorgang eine durchaus vermenschlichende und sicher falsche Deutung, da er aber in bezug auf die von ihm beobachteten Tatsachen in seinen Novellen bei der Wahrheit bleibt, bin ich überzeugt, daß die Beobachtung an sich richtig ist und daß derselbe Fall vorlag wie bei meinen Dohlen.

d) Die Auslösung der Begattungsreaktionen

Normalerweise kommt bei den meisten Vögeln die Begattung selbst nur im Zusammenhang mit den anderen Einzelhandlungen der Fortpflanzung als ein Glied dieser Kette zur Auslösung. Nur unter ganz bestimmten Umständen erfolgt sie außerhalb dieses Zusammenhanges. Das kann vorkommen, wenn ein langes Hinausschieben der Reaktion die Schwelle des sie auslösenden Reizes erniedrigt, wie wir schon S. 231 vom Fischreiher gehört haben. Ob Entsprechendes auch bei weiblichen Vögeln vorkommt, steht noch dahin. Bengt Berg berichtet, daß Graugansweibchen, die mit zeugungsunfähigen männlichen Bastarden von Graugans und Kanadagans verheiratet waren, dennoch befruchtete Eier legten, doch geht aus dem Bericht nicht hervor, ob sich der Autor der Tragweite seiner Angaben bewußt war. Eine nur die Begattung selbst betreffende eheliche Untreue bei der Graugans wäre hochinteressant! Männliche Vögel ehiger Arten reagieren in vielen Fällen prompt auf die Begattungsaufforderung fremder Weibchen. Die unmittelbare Aufforderung zur Begattung geht so gut wie immer vom Weibchen aus. Die Hauptmerkmale dieser Aufforderung sind flaches Hinducken und unbewegliches Sitzenbleiben. Im Experiment kann jedes dieser beiden Zeichen für sich die Begattungsreaktionen eines Männchens auslösen. Der schon S. 206 erwähnte Lachtauber, *Streptopelia risoria*, der auf den Menschen geprägt war und seine geschlechtlichen Reaktionen stets gegen die Hand des Pflegers richtete, gurrte und verbeugte sich dauernd vor der Hand, ohne zunächst Begattungsversuche mit ihr anzustellen, auch wenn die Hand ruhig vor ihm auf dem Tische lag. Sowie man aber den Handrücken flach ausstreckte und ihm in der richtigen Höhe vorhielt, ging er zur Begattungsreaktion über. A. A. Allen hat zur Feststellung der Dauer der männlichen Begattungsbereitschaft in freier Wildbahn mit ausgestopften Vögeln experimentiert, die er im Gebiete der zu untersuchenden Männchen so an Bäumen anbrachte, daß sie die Aufmerksamkeit der Tiere erregen mußten. Da zeigte es sich, daß die Vogelmännchen, sofern sie überhaupt in Brunst waren, die ausgestopften Artgenossen ohne weitere Vorbereitung zu treten versuchten, selbst dann, wenn die ausgestopften Tiere Männchen waren und nicht in Begattungsstellung montiert waren; Heinroth berichtet von einem Rotkehlchen, daß es ein frisch getötetes Stück seiner Art ebenfalls unverzüglich zu begatten versuchte. Man muß sich nun vor Augen halten, daß dieselben Vogelmännchen auf ein *lebendes* Weibchen *anders* reagiert hätten. Zunächst hätten sie es angesungen, gejagt oder in sonst einer Weise dazu zu bringen gesucht, daß es sie zur Begattung aufforderte. Das sofortige Eintreten der Begattungsreaktionen ist so aufzufassen, daß die Tiere auf die Unbeweglichkeit der Stopfpräparate und des toten Vogels so ansprachen, wie normalerweise auf das Stillehalten des begattungsbereiten Weibchens. Bei einem Tier, das in wachem Zustande so gut wie nie absolut stillhält, kann eben auch eine vollkommene Unbeweglichkeit als »Auslösehandlung« wirken.

Bei sehr vielen Vögeln gehen dem stillen Hinducken des Weibchens zwangsläufig gewisse Zeremonien voraus, bei der Felsentaube z. B. verlangt das Weibchen zuerst vom Männchen gefüttert zu werden, hierauf putzen sich die beiden Vögel in eigentümlich hastiger Weise hinter den Ellenbogenfedern und schreiten unmittelbar darauf zur Begattung. Alle diese verschiedenen Paarungseinleitungen, insbesondere der Anatiden, sind von Heinroth in systematischer Weise bearbeitet worden.

e) Die Instinktverschränkungen des abwechselnden Brütens

Bei sehr vielen Vogelarten brüten die beiden Gatten abwechselnd, und die Ablösung des einen Gatten durch den anderen geht stets mit einer Reihe von Triebhandlungen einher, die, in die Kategorie der Auslöser gehörig, für uns hier von Interesse sind.

Bei Tauben findet die Ablösung in einfacher Weise statt, indem der ankommende Vogel sich zu dem brütenden ins Nest setzt und ihn dann, sozusagen gleichzeitig mit ihm brütend, von den Eiern verdrängt. Entfernt sich jedoch ein Gatte vom Nest aus irgendeinem anderen Grunde, so wirkt sein Anblick auf den anderen als Reiz, der ihn veranlaßt, das Nest aufzusuchen. Letzteres ist bei sehr vielen brutablösenden Vögeln ebenso, z. B. beim Nachtreiher.

Die Brutablösung findet bei Tauben zu einer ganz bestimmten Stunde des Tages statt. Bei den meisten bekannten Arten brütet das Weibchen von den späten Nachmittagsstunden bis zum nächsten Vormittag, das Männchen die übrige Zeit. Daß die Zeit allein zum Reize werden kann, der die Ablösung bestimmt, ohne daß der Anblick des Ehegatten eine auslösende Rolle spielt, bewies mir ein Haustauber, dessen Gattin vor meinen Augen von einer Katze geraubt wurde. Da ich wußte, daß das Paar kleine Junge hatte, so beobachtete ich den Tauber nach dem Unglücksfall genau. Er brütete nicht wesentlich länger als bis zur Stunde, da er normalerweise von der Gattin abgelöst worden wäre, stand dann auf und ging auf Futtersuche, ganz als wäre er ordnungsgemäß abgelöst worden. Abends setzte er sich nicht etwa auf das Nest, sondern nahm seinen gewöhnlichen Schlafplatz *neben* dem Neste ein. Da eine kalte Nacht folgte, waren die Jungen am Morgen tot. Trotzdem setzte sich der Tauber ungefähr um 10 Uhr vormittags aufs Nest, genau zur Stunde, da er seine Gattin hätte ablösen sollen, und brütete auf den Leichen der erfrorenen Jungen bis zum späten Nachmittag. Dieses Verhalten setzte er durch zwei Tage fort.

Während also bei Tauben der Ablauf einer gewissen Zeitspanne an sich schon als ein Reiz wirkt, der die Reaktion der Brutablösung in Gang bringt, finden wir bei anderen Vögeln eine andere »Mechanik« in Gestalt einer Instinktverschränkung. Bei meinen Nachtreihern genügte es, daß der gerade nicht brütende Vogel dem Neste und dem brütenden Gatten zufällig in die Nähe kam, um in ihm den Trieb wachzurufen, den Brütenden abzulösen. Im Freileben braucht der abgelöste Brutreiher viele Stunden, bis er sein Nahrungsbedürfnis befriedigt hat und zum Neste zurückkehrt. Diese Zeitspanne ist durch die Verhältnisse der Umgebung gegeben und braucht nicht triebmäßig festgelegt zu sein. Durch die Fütterung von seiten des Menschen wurde nun die Uhr meiner Nachtreiher verstellt: Wenn man einen Brutreiher fütterte, wollte er regelmäßig gleich darauf seinen Ehegatten ablösen, auch wenn dieser ganz kurz zuvor ebenfalls gefressen hatte. Letzterer wollte auch oft durchaus nicht vom Neste aufstehen, wurde aber dann regelmäßig von dem ablösungsbegierigen Gatten in ganz bestimmter Weise dazu veranlaßt. Der sich auf ein leeres Nest niederlassende Reiher ordnet regelmäßig ein wenig an den Zweigen des vor ihm liegenden Nestrandes, man kann sagen, er *kann* sich gar nicht aufs Nest setzen, *ohne* es zu tun. Wenn nun der abzulösende Gatte dem ablösenden nicht Platz machen will, so tritt dennoch bei letzterem die beschriebene Reaktion ein. Er beugt sich über den Brütenden weg zum gegenüberliegenden Nestrand nieder und beginnt dort Baubewegungen zu vollführen. Dabei drückt er etwas auf den Rücken des sitzenden Vogels, und da fast alle Vögel Berührungen von oben tunlichst vermeiden, so steht letzterer »belästigt« auf und macht dem anderen Platz. Ich bin überzeugt, daß meine Nachtreiher sich um ein Vielfaches öfter beim Brüten ablösten, als es im Freileben der

Fall ist. Ein ähnliches Verhalten, bei dem ein zeitlicher Rhythmus nur durch äußere Umstände und nicht durch einen im Innenleben des Tieres festgelegten Zeitsinn bestimmt wird, finden wir bei den schon einmal zu einer Analogie herangezogenen Fischen, den Chromiden. Bei diesen hält ein Elterntier dauernd über der Nestgrube Wache und wird von Zeit zu Zeit von dem anderen abgelöst. Der Anblick des herankommenden Gatten löst im Wachehabenden eine Triebhandlung aus, die ihrerseits wieder ein Auslöser ist, ein Musterbeispiel einer Instinktverschränkung. Der bisher das Nest bewachende Fisch schwimmt nämlich mit einer eigentümlich überbetonten Schwimmbewegung davon, und zwar stets dicht an dem herankommenden Gatten vorbei, gleichsam als wolle er den optischen Eindruck seines Wegschwimmens verstärken. Der ankommende Fisch übernimmt dann sofort die Betreuung des Nestes. In großen Becken findet diese Ablösung in größeren Zeiträumen statt, in sehr kleinen jedoch wechseln die Fische fast ununterbrochen in der Betreuung des Nestes ab, weil nämlich der nicht wachehabende Gatte beim Umherschwimmen in dem kleinen Behälter nicht umhin kann, dem Nest in die Nähe zu kommen. Da aber sein bloßer Anblick das beschriebene, zum Einnehmen des Wachpostens auffordernde, »betonte« Wegschwimmen zur Folge hat, kommen die Fische nie zur Ruhe, worunter die Aufzucht der Jungen sehr leidet, weil die Reaktionen ermüden und ihre Genauigkeit verlieren. Daß der Leistungsplan der die Nestablösung bestimmenden Triebe durch unnormale Bedingungen bei diesen Fischen in so durchaus analoger Weise gestört wurde wie bei meinen Nachtreihern, erscheint immerhin bemerkenswert.

f) Das Verschwinden des Geschlechtskumpans

Auf das Abhandenkommen des Gatten reagieren manche Vögel in sehr eindrucksvoller Weise. Als ich einst einen Hauserpel schlachten ließ, der mit einer reinblütigen Stockente verheiratet war, ließ die Witwe ein ausgesprochenes Suchen nach dem verlorenen Gatten beobachten. Sie lief hintereinander alle Orte ab, an denen die beiden sich sonst aufzuhalten pflegten, und fuhr mehrere Stunden darin fort. Dann flog sie donauwärts davon und wurde nie wieder gesehen. Es sei betont, daß Entenmütter, die ihre Küken verloren haben, nie in derart sinnvoller Weise nach ihnen suchen. Genau dieselbe Reaktion zeigte ein Brauterpel, *Lampronessa sponsa*, im Dezember 1933. Wegen plötzlich eintretender Kälte ließ ich damals die Herde der Türkenenten in einen Stall treiben, und durch einen unglücklichen Zufall geriet das Weibchen des seit vielen Monaten freifliegenden Brautentenpaares unter diese Tiere. Ich bemerkte dies erst nach Einbruch der Nacht und wollte wegen der Gefahr einer großen Nachtpanik das Brautentenweib erst am nächsten Morgen wieder freilassen. Als ich mich jedoch in der ersten Dämmerung des nächsten Morgens hierzu anschicken wollte, war der Brauterpel bereits weggeflogen. Zwei Tage später wurde er in Heiligenstadt, 20 km donauabwärts, gefangen und nach Rossitten gemeldet, so daß ich ihn heimholen konnte. Fast genau dasselbe erlebte ich 1934 mit einem Stockerpel.

Recht interessant war das Verhalten des Brautentenpaares beim Wiedersehen. Als ich den Erpel aus der Transportkiste freiließ und er auf eine Wiese geflogen war und dort rief, kam das Weibchen aus einer ganz anderen Ecke des Gartens angeflogen und fiel bei ihm ein. Hierauf schüttelten sich beide und begannen sich zu putzen. Das Sich-Schütteln tritt ja häufig als Zeichen einer inneren Entspannung auf; ein Tier ohne Begrüßungsreaktion hat eben keine Möglichkeit, auf die Situation eines noch so bedeutungsvollen Wiedersehens in irgendeiner Weise zu antworten. Man beobachtet an solchen getrennt gewesenen Kumpanen nur ein besonders intensives Ablaufen der gemeinsamen Funktionskreise, die eben während der Trennung abgeschnitten waren und deren Handlungen nun mit Macht hervorbrechen. So hetzte das Brautentenweib im Laufe jenes Nachmittages ihren Mann fast ununterbrochen auf alle anderen Enten, und er tat »der Feier der Stunde« insofern Ehre an, als er sich tatsächlich auf Kämpfe mit den überlegensten Gegnern einließ, was ich sonst nie an ihm gesehen hatte.

4 Die Trennbarkeit der Funktionskreise

Die wenigen mir bekannten Fälle von Teilung der einzelnen Funktionskreise des Geschlechtskumpans seien hier einzeln angeführt.

Eine im Sommer 1932 geborene reinblütige weibliche Stockente umwarb im Winter 1932/33 einen Kreuzungserpel, Hochbrutente × Stockente, der auf ihr Hetzen besonders eifrig reagierte.[13] Zugleich bewarb sich ein reinblütiger Stockerpel um die Ente, in der schüchternen, passiven Art, die den Männchen derjenigen Anatiden eigen ist, bei denen die aktive Werbung in Gestalt des Hetzens vom Weibchen ausgeht. Der Kreuzungserpel, der auf die Rivalität des Stockerpels sehr wohl ansprach, verfolgte diesen mit ganz besonderer Wut, oft sogar im Fluge, zu dem er sich entsprechend seinen Haustier-Erbmassen sonst nicht so leicht entschloß. Gerade die verminderte Fluglust des halben Haustieres war es nun, was zu einem sehr interessanten Verhalten der Stockente Anlaß gab. Im Frühling zeigen nämlich reinblütige Stockenten eine ausgesprochene Flugunruhe, die möglicherweise mit der Nestsuche etwas zu tun hat. Jedenfalls fliegen die Paare dann weit umher, und zwar immer die Frau voraus, der Mann hinten nach. Auch beim Auffliegen kann man meist beobachten, daß die Aufforderung zum Abfliegen vom Weibchen ausgeht. Zu der Zeit, als meine Stockente mit dem Frühlingsfliegen begann, zeigte es sich, daß der Kreuzungserpel auf ihre Flugstimmung machenden Intentionsbewegungen nicht richtig ansprach und nicht mit hochflog oder zum mindesten nach einer sehr kurzen Strecke kehrtmachte und wieder einfiel. Anfangs sah sich dann die Ente sofort nach ihm um, begann zu kreisen und fiel ebenfalls bald wieder ein. Der reinblütige Stockerpel merkte sehr bald, daß hier ein Fall vorlag, in dem er dem gefürchteten Rivalen über war, und stets, wenn die Ente aufflog, erhob sich irgendwo im Hintergrunde der Erpel, holte sie rasch ein, und nun kehrte sie nicht mehr zu ihrem eigentlichen Verlobten um, sondern flog mit dem Reinblüter davon. Von nun an *flog* die Ente dauernd mit dem einen Erpel aus, hielt sich aber zu Hause nach wie vor zu dem anderen. Obwohl sie dann auch zu Hause manchmal mit dem Reinblüter herumging, sah ich nie, daß sie ihn da als ihren Gatten behandelte, d. h. ihn auf andere Vögel hetzte: Dies tat sie immer nur mit dem Kreuzungserpel, mit dem ich sie sich auch wiederholt paaren sah. Der Stockerpel war ihr nur für den einen Funktionskreis des »Frühlingsfliegens« Kumpan.

Einen fast genau gleichen Fall schildert Bengt Berg in einem seiner Bücher. Eine reinblütige Graugans, *Anser anser*, hatte sich mit einem flugunfähigen Canadaganter, *Branta canadensis*, zusammengefunden und gepaart, obwohl Graugansmännchen vorhanden waren. Es hat sicher auch da die größere Kampfesstärke des Amerikaners eine Rolle gespielt, genau wie die meines Kreuzungserpels. Als Flugkumpan diente dieser Graugans jedoch ein Artgenosse, der auch, wie man zwischen den Zeilen lesen kann, den Nistplatz bestimmte, was ja, wie S. 232 erwähnt, eine Funktion des Männchens ist. Beim Brüten stand nun dieser flugfähige Grauganter bei der Gans in artgemäßer Weise Wache, nach dem Schlüpfen der Jungen jedoch begab sich diese zu dem Vater der Jungen zurück und führte gemeinsam mit diesem die Jungen, aber nur so lange, bis sie fliegen konnten. Von dann an trat wieder der flugfähige Grauganter in Funktion, der sie wie seine eigenen Jungen behandelte und z. B. artgemäßerweise die Angriffe von Seeadlern von den Jungen ablenkte und auf sich zog. Diese Funktion kommt offenbar den Männern sehr vieler Gänsearten zu, die eben deshalb immer als letzte in der Reihe schwimmen und fliegen.

Es erhebt sich nun die Frage, ob diese Stockente und diese Graugans »wußten«, daß in der Luft und auf dem Boden immer ein ganz anderer Mann ihr Geselle war, ob umgekehrt die Enten und Gänse, bei denen diese beiden Rollen in normaler Weise von *einem* Männchen gespielt werden, dieses Männchen in der Luft und zu Hause »als dasselbe empfinden«.

Wir können diese Frage auf Grund unserer gegenwärtigen Kenntnisse nicht beantworten und nur sagen, daß wir kein Recht zu der Annahme haben, daß der Kumpan dieser verschiedenen Leistungskreise eine Einheit bildet, wenn man auch geneigt wäre, dies zumindest bei der Graugans anzunehmen.

VIII Der soziale Kumpan

Bei sehr vielen Vögeln finden wir eine Scharbildung, die weit mehr ist als eine bloße Ansammlung von Individuen. Wir finden richtige, organisierte Sozietäten, deren überindividuelle Funktion durch bestimmte soziale Triebhandlungen und Triebhandlungsverschränkungen ihrer Mitglieder zustande kommt. Diese Funktion kann bei einigen in Siedlungen brütenden Formen einen so verwickelten Aufbau zeigen und im Sinne des Allgemeinwohles der Siedlung so zweckentsprechend erscheinen, daß man geradezu an das soziale Verhalten staatenbildender Insekten gemahnt wird. Ein solches Zusammenarbeiten von Individuen der Siedlung beruht aber bei Vögeln, ganz wie bei den Insekten, ausschließlich auf angeborenen Triebhandlungen und nirgends auf traditionell erworbenen Verhaltensweisen oder gar auf der Einsicht, daß die Zusammenarbeit zur Förderung der Allgemeinheit auch für das Einzelwesen nutzbringend sei. Bei genauerer Analyse der Triebhandlungen, die das koordinierte Zusammenarbeiten der Mitglieder einer solchen hochorganisierten Vogelsozietät bewirken, stellt sich heraus, daß ein scheinbar sehr hochkompliziertes Verhalten der Gesamtheit durch *merkwürdig wenige und einfache* Reaktionen der Individuen zustande kommt.

1 Das angeborene Schema des sozialen Kumpans

Das angeborene Schema des Kameraden ist so gut wie immer *weit*, d. h. arm an angeborenen Zeichen, so daß der Objektprägung ein weiter Spielraum bleibt. Es ist auch tatsächlich bisher keine einzige ausgesprochen soziale Vogelform bekannt geworden, deren gesellige Triebe beim jungaufgezogenen Vogel *nicht* auf den Menschen prägbar gewesen wären. Daß jungaufgezogene Vögel geselliger Arten im Gegensatz zu denen einzelgehender auch nach Erlöschen der Kindestriebhandlungen zahm und dem Menschen anhänglich bleiben, ist eine allen Vogelliebhabern geläufige Tatsache. In der Umwelt des Einzelgängers ist für einen »Freund« kein

Platz vorgesehen, und für die Nachtigall oder das Rotkehlchen ist der Pfleger im besten Falle ein brauchbarer Futterautomat, für den aufgezogenen Gimpel oder Zeisig jedoch ein Mitgimpel oder Mitzeisig. Daher hat die Anhänglichkeit solcher geselligkeitszahmer Vögel mit der Erwartung von Futter nicht das mindeste zu tun.

Die wenigen, im angeborenen Schema gegebenen Zeichen des sozialen Kumpans liegen besonders oft auf dem Gebiete des Akustischen und stellen Auslöser oder Signale dar. Soweit es sich um mehr die Außenwelt betreffende Ausdruckslaute, wie z. B. den Warnlaut, handelt, sind diese angeborenen Zeichen entbehrlich, d. h. sie machen sich bei Ausfüllung des angeborenen Schemas durch ein nicht artgemäßes Objekt, z. B. den Menschen, nicht störend bemerkbar. Der Lockton geht dagegen dem jungaufgezogenen Vogel an einem menschlichen Kumpan in vielen Fällen ab. Wenigstens zeigt sich da häufig ein positives Reagieren auf Menschen, die den arteigenen Lockton gut *nachahmen* können, bzw. eine deutliche Beeinflussung des Prägungsvorganges durch den nachgeahmten Lockton.

Es mag sein, daß es soziale Arten mit einem komplizierten angeborenen Schema des Gesellschaftskumpanes gibt; leider wissen wir über das Verhalten der kleineren und wohl auch geistig weniger hochstehenden Siedlungsbrüter, wie z. B. der Siedelweber, so gut wie nichts.

2 Das individuelle Erkennen des sozialen Kumpans

Wenn wir oben gesagt haben, die auf Triebverschränkungen beruhende Zusammenarbeit der Individuen einer hochorganisierten Vogelsozietät erinnere an die der staatenbildenden Insekten, so müssen wir hier einen großen Unterschied diesen gegenüber hervorheben: Ganz wie bei den hochstehenden Säugetieren und auch beim Menschen, ist bei den Vögeln ein Großteil der sozialen Reaktionen an das *persönliche Sich-Kennen* der Individuen gebunden. Daß ein Vogel eine ganze Anzahl von Artgenossen persönlich kennen kann, wissen wir ja schon aus den Arbeiten von Katz, Schjelderup-Ebbe und anderen, die an Haushühnern ihre Versuche angestellt haben. Ich möchte hinzufügen, daß diese Fähigkeit und insbesondere auch das Personen-*Gedächtnis* bei Vögeln mit höher spezialisierten sozialen Reaktionen, als das Haushuhn sie hat, noch *ganz wesentlich höher* entwickelt ist. So erkennen Dohlen ein zur Brutsiedlung zurückkehrendes Mitglied nach vielen Monaten sofort wieder, und zwar, im Gegensatz zu mir selbst, ganz sicher nicht an dem Rossittener Ring, den der Rückkömmling am Beine trägt. Eindeutig ist die Reaktion des Wiedererkennens nur, wenn die Vögel am Brutplatze und in Fortpflanzungsstimmung sind:

Dann wird nämlich jeder Fremdling von *allen* Siedlungsmitgliedern in gemeinsamem Angriff weggejagt. Zur Nichtbrutzeit und insbesondere auf der Wanderung scheint die Aufnahme neuer Genossen leicht vonstatten zu gehen; jedenfalls brachten meine Dohlen wiederholt Fremdlinge mit heim, die hier ohne weiteres als Siedlungsgenossen behandelt wurden.

Über die Frage, *woran* und wie sich die Vögel persönlich erkennen, haben wir schon S. 207 gesprochen und verweisen auf das dort Gesagte.

3 Die Leistungen des sozialen Kumpans

a) Das Übertragen von Stimmungen

Während wir bei dem Auf-einander-Reagieren von Eltern und Kindern und von den Gatten eines Paares so gut wie immer Triebverschränkungen vor uns hatten, bei denen eine Triebhandlung des einen Vogels eine *andere* Triebhandlung des anderen zur Folge hatte, sehen wir hier zwischen den Gliedern einer Sozietät besonders typisch einen andersartigen Fall der Triebauslösung: Es wird hier bezeichnenderweise eine Triebhandlung des einen Tieres durch die *gleiche* Triebhandlung des Kumpans ausgelöst. Bei Beobachtung dieses Verhaltens müssen wir eingedenk bleiben, daß dies *keine Nachahmung* ist. Zur Nachahmung einer zweckmäßigen Verhaltensweise ist kein Vogel befähigt. Selbst ganz einfache Handlungen, etwa das Durchschlüpfen durch ein im Gitterversuch gebotenes Loch, werden auch von den klügsten Vögeln nicht nachgeahmt. Sie finden das Loch höchstens dann leichter, wenn sie dem Führer, der ihnen das Durchkriechen vormachen soll, zufällig gerade im entscheidenden Augenblick dicht aufgeschlossen nachfolgen. In jedem anderen Fall jedoch sind sie nicht imstande, aus der Tatsache, daß ein anderer Vogel gerade an einer bestimmten Stelle durch das Gitter kann, zu entnehmen, daß sie selbst es dort auch können. Es ist gänzlich falsch, von Nachahmung zu reden, wenn ein Individuum einer Vogelschar mit der Ausführung einer Handlung beginnt und die anderen Tiere dadurch zu gleicher Tätigkeit veranlaßt werden. Diese Art von scheinbarer Nachahmung beruht auf der bei Vögeln sehr weitverbreiteten Erscheinung, daß der Anblick des Artgenossen in bestimmten Stimmungen, die sich durch Ausdrucksbewegungen und -laute äußern können, im Vogel selbst eine ähnliche Stimmung hervorruft. Dazu sind die Ausdrucksbewegungen ja eben da. Wenn man schon durchaus eine Analogie mit menschlichem Verhalten heranziehen will, so kann man sagen, die betreffende Reaktion »wirke ansteckend« wie bei uns das Gähnen.

Man darf sich nun die Wirkung dieser Stimmungsübertragung nicht zu tiefgreifend vorstellen. Eine eben müde heimkehrende Stockente kann durch die Flugstimmungsausdrücke einer anderen nicht gleich wieder in Flugstimmung gebracht werden, wohl aber kann ein Vogel, der eben gebadet hat, durch einen anderen zu erneutem Baden angeregt werden. Katz hat aber in seiner Arbeit »Hunger und Appetit« gezeigt, daß ein Huhn, das sich eben allein vollfraß, bis es in Anwesenheit von restlichem Futter von selbst zu fressen aufhörte, durch Hinzusetzen eines hungrigen und gierig fressenden Artgenossen sofort zum Weiterfressen veranlaßt werden kann. Umgekehrt zeigten meine Seidenreiher folgendes Verhalten: Um die Tiere zu Beginn der Zugzeit in den Käfig zu locken, ließ ich sie zunächst sehr hungrig werden und bot dann gutes Futter in dem Käfig, der zum Zwecke dieses Einfangens einige reusenartig gestaltete Eingänge besitzt. Wenn nun ein Teil der Vögel durch die Reuse geschlüpft war, sich im Käfig satt gefressen hatte und faul und aufgeplustert auf den Sitzstangen herumsaß, flaute bei den noch außen befindlichen die Hunger-Erregung so sehr ab, daß sie ihr Bestreben, in den Käfig zu gelangen, aufgaben und sich in der nächsten Umgebung des Käfigs in der gleichen Weise wie die wirklich gesättigten Artgenossen zur Ruhe setzten. Ich fing sie dann gewöhnlich erst, wenn die bereits eingefangenen Seidenreiher wieder hungrig geworden waren und neuerdings im Käfig zu fressen begannen.

Solche Sonderfälle treten aber in einer freilebenden Sozietät selten ein. Vögel der gleichen *undomestizierten* Arten reagieren ja im allgemeinen ungemein gleichartig, entgegen der immer wieder auftretenden Behauptung, daß die Tiere individuell so verschieden reagierten. Diese Behauptung stammt entweder aus der Beobachtung mißdeuteter Gefangenschaftserscheinungen oder aus einer unzulässigen Verallgemeinerung aus dem Verhalten der in ihren Triebhandlungen recht regellos variierenden domestizierten Arten. Es ist klar, daß sich frischgefangene Vögel den Schädigungen der Gefangennahme gegenüber je nach ihrem gegenwärtigen physiologischen Zustande sehr verschieden verhalten können, ebenso, daß der verschiedenartige Knacks, den ihre Verhaltensweisen durch diese Schädigungen bekommen, sich für ihr ganzes späteres Käfigleben auswirken kann und sie dann individuell recht verschieden erscheinen läßt. Als einigermaßen erfahrener Tiergärtner lernt man aber diese Dinge sehr wohl zu beurteilen und diese Pseudovariationen aus seinen Beobachtungen auszuschließen. Auf einer geradezu meisterhaften Ausbildung dieser Fähigkeit beruht der Wert und die große Richtigkeit aller Heinrothschen Beobachtungen.

Im allgemeinen reagieren die Glieder einer Vogelsozietät auf die sie alle treffenden Reize so gleichartig, weil sie meist sowieso alle in der gleichen Stimmung sind und das Gleiche vorhaben. Auch wenn sie sich gegenseitig nicht sehen würden, würden sie ungefähr zu gleicher Zeit fressen, baden oder schlafen gehen. Die Ausdrucksbewegungen und Ausdruckslaute, die die Stimmung von einem auf das andere Individuum übertragen, haben also nur die Aufgabe, diese *ungefähre* Gleichzeitigkeit in eine etwas *genauere* Gleichzeitigkeit zu verwandeln. Dabei ist es auch bei Handlungsweisen, die an sich nicht notwendigerweise gleichzeitig ausgeführt werden müßten, wie etwa das Sich-Putzen oder das Baden, doch sehr vorteilhaft, wenn sie von den Gliedern der Sozietät gleichzeitig ausgeführt werden, weil so der gemeinsame Lebensrhythmus der Gesamtheit im gleichen Takte bleibt. Wenn die Tiere nicht *alles* gleichzeitig täten, wäre stets die Gefahr vorhanden, daß ein Stück gerade unbeweglich vollgefressen zurückbliebe, wenn die anderen in Flugstimmung geraten. Daher sehen wir nun eben die Glieder einer dauernd zusammenhaltenden Vogelsozietät immer alles gleichzeitig tun, baden, sich putzen, Futter suchen oder schlafen.

b) Die Auslösung des Anschlußtriebes

Es gibt Fälle, in denen die ungefähre Gleichzeitigkeit der Reaktionen der Scharmitglieder, wie sie durch das Übertragen der allgemeinen Stimmung gewährleistet wird, nicht genügt, Reaktionen, bei denen es von größter biologischer Bedeutung ist, daß sie von allen Individuen der Schar *genau* gleichzeitig ausgeführt werden. Dies gilt in besonderem Maße für das Auffliegen einer Vogelschar.

Die Bewegungsgeschwindigkeit eines Vogels in der Luft ist um so vieles größer als auf dem Boden, daß bei sozialen Formen bestimmte »Vorkehrungen« getroffen werden mußten, damit sich die Tiere im Fluge und vor allem beim Übergange vom Laufen oder Schwimmen zum Fliegen nicht verlieren. Ebenso, wie wir es S. 177 vom Nachfolgetrieb von Jungvögeln bei Dohlen u. a. beschrieben haben, ist auch der Anschlußtrieb erwachsener Gesellschaftsvögel im Fluge wesentlich intensiver als beim Zufußgehen. Heinroth beschreibt von seinen Kranichen, daß sie zu gewissen Jahreszeiten auf dem Erdboden überhaupt kein Anschlußbedürfnis aneinander hatten, im Fluge jedoch dicht zusammenhielten. Alle Vögel, bei denen eine solche Verschiedenheit des Anschlußtriebes bei verschiedener Fortbewegungsart beobachtet wurde, zeigen ein merkwürdig fein differenziertes Reagieren auf das Auffliegen des Kumpans, der ihren Anschlußtrieb auslöst. Nehmen wir an, aus einer am Boden Futter suchenden Dohlenschar fliege ein Vogel auf, um sich 10 m weiter weg wieder niederzulassen. In diesem Fall wird keine der anderen Dohlen durch ihn zum Auffliegen veranlaßt. Fliegt aber einer der Vögel in der Absicht hoch, eine größere Strecke zurückzulegen, so regt sich der Anschlußtrieb der Schargenossen schon, wenn er noch lange nicht 10 m weit weg ist. Die Tiere sehen einander den Entschluß, weiter oder weniger weit zu fliegen, schon beim Abfliegen an, sie entnehmen ihm sogar bis zu einem gewissen Grade, wodurch der Kumpan zum Auffliegen veranlaßt wurde. Während nämlich der plötzliche Fluchtstart eines einzelnen Schargenossen, auch ohne Ausstoßen des Warnlautes, regelmäßig die ganze Schar mitreißt, ist dies bei einem Auffliegen in weniger dringender Angelegenheit nicht der Fall. Daß aber ein sehr entschlossenes Auffliegen die Schargenossen auch dann mitreißt, wenn es durch einen positiv beantworteten Reiz ausgelöst wurde, beweist folgende Beobachtung: Wenn die schon mehrfach erwähnte, teils auf Nebelkrähen, teils auf den Menschen umgestellte Dohle schon längere Zeit in Gesellschaft der Krähen zugebracht hatte, pflegte sie besonders heftig auf meinen Lockruf zu reagieren, sie hatte dann eben »Sehnsucht« nach menschlicher Gesellschaft. Besonders galt dies dann, wenn die Krähen längere Zeit auf der Erde oder auf Bäumen sich aufgehalten hatten. Sie waren der Dohle ja nur in der Luft als Flugkumpane interessant, im Sitzen aber gleichgültig (S. 146). Wenn ich die Dohle in einem solchen Falle rief und sie sofort eifrig in der Richtung nach mir hin aufflog, so kam regelmäßig die ganze Schar der Nebelkrähen hinter ihr her, um erst dicht vor mir erschreckt abzuschwenken. Das Befolgen des Beispiels des einen, der »weiß«, was er tut, gibt recht viel zu denken. Da diese geistig hochstehenden Rabenvögel mit zunehmendem Alter sehr viele Erfahrungen sammeln und zugleich in allen Bewegungen zielsicherer und entschlossener werden, so glaube ich, daß bei ihnen der erfahrene alte Führer eine biologisch sehr bedeutsame Rolle spielt.

Bei der großen Wichtigkeit der Reaktionen des Mitfliegens mit der Schar ist es nicht weiter verwunderlich, daß für sie in sehr vielen Fällen besondere Auslöser entwickelt wurden. Wir finden da als Auslöser, die vor dem Auffliegen zu beobachten sind, ebensowohl Bewegungen als auch auffallende Gefiederzeichnungen, die im Augenblicke des Auffliegens plötzlich sichtbar werden.

Ausdrucksbewegungen, die schon geraume Zeit vor dem Abflug die Flugstimmung des Vogels verraten und seine Schargenossen in dieselbe Stimmung versetzen, finden wir ganz besonders bei solchen Vögeln, denen der Entschluß zum Auffliegen ziemlich schwerfällt. Wir haben im VI. Kapitel über das Stimmungmachen der Stockentenpaare vor dem Auffliegen gehört und müssen hier nur hinzufügen, daß sich größere Scharen dieser Vögel ebenso verhalten. Die Flugstimmung auslösenden Handlungen sind zweifellos ursprünglich Intentionsbewegungen. Es wird aus einer wie zum Absprung vom Boden geduckten Körperhaltung der Kopf und zum Teil auch der Vorderkörper kurz nach oben gestoßen, sehr ähnlich, aber doch etwas anders, als wenn der Vogel wirklich zum Abflug ansetzt, seinen Entschluß jedoch im letzten Augenblick zurücknimmt. Diese Bewegungen lösen nun bei jedem Artgenossen ebenfalls Flugstimmung aus. Sie erniedrigen durch eine längere Summation der Reize die »Auffliegeschwelle« des anderen Vogels so weit, daß er durch den letzten und sehr starken Reiz, der durch das wirkliche Auffliegen des Kumpans gesetzt wird, unfehlbar mit in die Höhe gerissen wird. In ganz ähnlicher Weise wie die Stockenten müssen sich auch Gänse vor dem Auffliegen gegenseitig in die nötige Erregung »hineinreden«, indem sie immer lauter rufen und gleichzeitig die ihnen eigentümliche Abflug-Ausdrucksbewegung, ein kurzes seitliches Schnabelschütteln, immer heftiger ausführen. Die Kopfbewegung der Stockente ist ohne weiteres als ein Abkömmling der Bewegungen des wirklichen Auffliegens zu erkennen. Sie entstand zweifellos aus einem Ansatz zu einem im letzten Augenblick nicht zur Durchführung gelangenden Auffliegen. Sie sagt auch dem Vogelkenner, der ihre Bedeutung als Auslöse-Zeremonie nicht kennt, daß der Vogel auffliegen wird. Ihr Zusammenhang mit der Reaktion des Auffliegens ist viel deutlicher als ihre Funktion als Auslöser. Bei der Gattung *Anser* dagegen würde niemand, der den Auffliegekomment dieser Vögel nicht kennt, einen Zusammenhang mit den Bewegungen des In-die-Höhe-Springens vermuten. Dennoch dürfte ein solcher vorhanden sein, denn es gibt andere Anatiden, die ein intermediäres Verhalten zwischen *Anas* und *Anser* zeigen: Bei der Nilgans, *Alopochen,* ist die in Rede stehende Bewegung wie bei den echten Gänsen auf Kopf und Schnabel beschränkt und verläuft ebenso ruckartig. Der Kopf bewegt sich dabei aber wie bei den Enten von unten nach oben und nicht wie bei den Gänsen seitlich. Die Reihenbildung der drei Bewegungsarten ist ungemein eindrucksvoll. Ein Kenner des Verhaltens der Enten würde die Bewegung einer Gans nicht unmittelbar verstehen, wohl aber würde der mit der Auffliegebewegung von *Alopochen* Vertraute ebensowohl die Ausdrucksbewegung von *Anas* als auch die von *Anser* als dasselbe erkennen. Auch hier haben wir aller Wahrscheinlichkeit nach das Entstehen einer auslösenden Zeremonie aus einer ursprünglich ganz anderen Zwekken dienenden Bewegungsweise vor uns. Dabei möchte ich vermuten, daß der ursprüngliche Anlaß zum Entstehen der Zeremonie in einer einfachen Stimmungsübertragung gelegen ist. Ursprünglich spricht wohl der Artgenosse mit einer »Resonanz« auf die Intentionsbewegungen des Kameraden an, wie S. 242 besprochen, und dieses »Verstehen« mag dann der Intentionsbewegung eine neue biologische Bedeutung verleihen und zu ihrer weiteren Ausbildung führen.

Während des Auffliegens selbst geben manche Vögel noch akustische

Signale von sich. Kakadus schreien dabei markerschütternd, Haus- und Felsentauben klatschen laut mit den Flügeln. Dabei zeigt das Klatschen sehr genau an, wie weit der Vogel zu fliegen beabsichtigt. Es unterbleibt, wenn nur kurze Strecken durchmessen werden. Wenn aber eine größere Reise bevorsteht, klatscht der Vogel nicht nur bei den allerersten Flügelschlägen, sondern noch länger und auch lauter. Man könnte von Intensitätsunterschieden der Abfliegereaktionen sprechen und sagen, daß die mitreißende Wirkung des Abfluges eines Vogels in geradem Verhältnis zur Intensität seiner eigenen Reaktion stehe.

Körperliche Auslöser des Mitfliegens finden sich in Gestalt auffallender Gefiederzeichnungen, die im Augenblick des Auffliegens sichtbar werden. Immer sind sie so angeordnet, daß sie von hinten her am besten sichtbar sind. Im übrigen finden sich alle nur möglichen Anordnungen und Verteilungen der Farben bei verschiedenen Arten verwirklicht. Ich kann nur einige besonders oft wiederkehrende herausgreifen. So finden sich z. B. bei den verschiedensten Vogelgruppen die äußersten Steuerfedern weiß gefärbt, ebenso häufig ein weißer oder auffallend hell gefärbter Unterrükken und Bürzel. Ein im Sitzen einfarbig grau erscheinender Vogel, wie z. B. eine Saatgans, verändert sich beim Auffliegen durch das Sichtbarwerden des weißen Rückens und Entfalten des dunkelgrau und weiß gezeichneten Steuers in erstaunlichem Maße. Besonders schöne Beispiele für körperliche Auslöser des Mitfliegens sind die verschiedenen Flügelzeichnungen der Entenvögel. Kaum irgendwo anders tritt die für die Auslöser im allgemeinen kennzeichnende Vereinigung von Einfachheit und genereller Unwahrscheinlichkeit so eindrucksvoll zutage wie hier. Die Heinrothschen Zusammenstellungen verschiedener Anatidenflügel wirken tatsächlich wie eine Tafel aus einem Marine-Flaggbuch. Wichtig ist in diesem Zusammenhang folgende Beobachtung Heinroths: Bei zufälliger Gleichheit der Flügelzeichnung löst das Vorüberfliegen einer Anatidenform die Mitfliegereaktion der anderen aus, auch wenn beide in keiner Weise miteinander verwandt sind. Die nordosteuropäische Kasarka, *Casarca ferruginea*, hat die gleiche einfache schwarz-weiße Flügelzeichnung wie die südamerikanische Türkenente, *Cairina moschata*. Sitzende Kasarkas reagieren auf fliegende Türkenenten wie auf fliegende Artgenossen, während sie ihnen sonst keinerlei Interesse entgegenbringen.

c) Das Warnen

Das Warnen als eine Funktion des sozialen Kumpans läßt sich noch besser als das des Elternkumpanes in zwei getrennte Auslöseleistungen zergliedern, nämlich in eine Auslösung des *Sicherns* und in eine Auslösung der

Fluchthandlungen. Immerhin sind diese beiden Verhaltensweisen auch hier so innig miteinander verflochten, daß wir das Warnen als einheitliche Funktion besprechen müssen.

Die urtümlichste und zugleich eindringlichste Warnung ist hier die eigene Flucht. Ihre Bedeutung wird vom Artgenossen sofort verstanden und entsprechend beantwortet. Während bei den Jungen vieler Nestflüchter der Warnton des Elterntieres allein genügt, um eine Fluchtreaktion auszulösen, kenne ich keinen Fall, wo eine Flucht eines erwachsenen Vogels bloß durch den Warnton des sozialen Kumpans ausgelöst wurde. Hierzu scheint der Anblick der Flucht des anderen unumgänglich nötig zu sein. Kolkraben verhalten sich auch gegenüber dem Warnen des Elternkumpans ebenso (S. 178).

Der vom sozialen Kumpan ausgestoßene Warnton löst also, wenn er nicht von einer Fluchthandlung begleitet wird, immer nur die Sicherreaktion aus, im Gegensatz zum Warnen des Elterntieres, das in vielen Fällen imstande ist, die Jungen zur Flucht zu veranlassen, *ohne* daß die Eltern selbst fliehen. Natürlich kann das Sichern seinerseits auch durch die Fluchtreaktion des Artgenossen ausgelöst werden, ebensogut durch den Anblick des sichernden Kumpans. Allgemein gefaßt: Von den einer und derselben Erregungsart entspringenden Reaktionen verschiedener Intensität löst normalerweise jede einzelne beim Kumpan nur eine solche von einer geringeren Intensität aus, als sie selber hat. Bleibt dieses Verhältnis nicht gewahrt, so ist ein lawinenartiges Anschwellen der Reaktion bei ihrem Überspringen von Tier zu Tier die unausbleibliche Folge. Bei Formen, bei denen schon normalerweise die Reaktion des Gewarnten derjenigen des Warners an Intensität sehr nahe kommt, tritt eine solche Störung leicht ein; über die so zustande kommenden Paniken führerloser Jungdohlen haben wir schon S. 184 gehört. Sehr ähnliche Vorgänge scheinen den verhängnisvollen Paniken zugrunde zu liegen, die manchmal die Herden verschiedener Huftiere ergreifen.

Im Gegensatz zu Dohlen reagieren Reiher auch auf die überstürzte Flucht eines Artgenossen nur mit Sichern; sie fliehen erst dann, wenn sie selbst das die Flucht des Kumpans auslösende Schrecknis erblickt haben. Ein 1934 mit einem zahmen Weibchen in meiner Nachtreihersiedlung brütender »wilder« Nachtreiher floh anfangs bei meiner Annäherung jedesmal mit allen Zeichen des Schreckens, worauf sämtliche anwesenden zahmen Artgenossen sich lang machten und sicherten. Niemals aber wurde einer von ihnen zur Flucht veranlaßt, im Gegenteil, sie beruhigten sich, nachdem sie mich erblickt hatten, so schnell, daß geradezu der Eindruck entstand, als wüßten sie, daß der fremde Reiher »nur« vor mir geflohen sei.

Diese verschiedene Beantwortung der Warnung bei Dohle und Nachtreiher bringt es mit sich, daß bei ersterer *ein* scheuer Vogel die ganze Schar scheu macht, während ihm beim Nachtreiher keine derartige Einwirkung möglich ist. Beim Freifliegend-Halten macht sich dieser Unterschied sehr bemerkbar. Es sei anschließend bemerkt, daß *junge* Dohlen eingewöhnte alte *nicht* scheu zu machen imstande sind, sondern sich vielmehr der »Zahmheitstradition« der Siedlung unterordnen. Dies ist deshalb bemerkenswert, weil es zeigt, daß unter Umständen die Person, man könnte fast sagen: die »Autorität« des Warners, für die Reaktion der Artgenossen von Bedeutung sein kann.

d) Die Auslösung des sozialen Angriffes

Ähnlich zwingend wie die Auslösung des Mit-Auffliegens wirken unter sämtlichen gleichstimmenden Ausdrucks-Triebhandlungen nur noch gewisse soziale Angriffsreaktionen verschiedener Vögel. Vielleicht haben wir in ihnen die am wenigsten vom augenblicklichen physiologischen Zustande des Vogels abhängigen Triebhandlungen vor uns. Gerade diese »altruistischen« und an die edelsten menschlichen Verhaltensweisen gemahnenden Erbtriebe der Vögel verhalten sich häufig reflexähnlicher als die meisten anderen ihrer Reaktionsweisen.

Als Angriff wollen wir hier jede Verhaltensweise werten, bei der der Vogel »positiv« auf den Feind reagiert, d. h. also ihn *verfolgt*, auch wenn es nicht zum tätlichen Angriff kommt. Ein solches Verhalten finden wir nämlich bei sehr vielen Vogelformen, und unter den Kleinvögeln aus der Gruppe der Sperlingsvögel stellt es die am weitesten verbreitete Form eines über die Familie hinausreichenden sozialen Verhaltens dar. Außerdem zeichnet es sich häufig dadurch aus, daß die Reaktion an den Artgrenzen nicht haltmacht, so daß ein *soziales Zusammenarbeiten verschiedener Arten* zustande kommt.

Wenn irgendein kleiner Sperlingsvogel am Tage eine Katze oder besser noch eine kleine Eule zu sehen bekommt, so begibt er sich unter Ausstoßung seines Warnlautes zu ihr hin. Es ist nun eigentlich nicht ganz richtig, diesen Laut als Warnlaut zu bezeichnen, da er eigentlich etwas ganz anderes bedeutet als etwa der Warnlaut eines Hühnervogels oder einer Gans. Die diesen letzteren entsprechenden Äußerungen der kleinen Sperlingsvögel werden meist als »Schrecklaut« bezeichnet, um die Bezeichnung »Warnlaut« für die jetzt zu besprechende Reaktion frei zu behalten, was eben, wie gesagt, nicht ganz richtig ist. Der Vogel *warnt* nicht nur vor dem gesichteten Raubtier, sondern seine Tätigkeit zielt, natürlich rein triebmäßig, auf viel mehr ab: der biologische Sinn der Reaktion liegt darin, daß das Raubtier *vertrieben* wird, und zwar dadurch, daß eine ständig zeternde Korona von Kleinvögeln jede seiner Bewegungen verfolgt und ihm dadurch die Jagd unmöglich macht. Die Zusammenarbeit verschiedener Vogelarten bei dieser im gemeinsamen Interesse liegenden Aufgabe wird dadurch gewährleistet, daß *in diesem Sonderfall* häufig eine Art auf die Lautäußerung der anderen reagiert. Ein solches Verstehen andersartlicher Lautäußerungen findet nämlich, im Gegensatz zu immer wiederkehrenden derartigen Angaben, im allgemeinen *nicht* statt, so daß dem Kenner derartiger Dinge diese Ausnahme als etwas sehr Bemerkenswertes imponiert. Es erhebt sich auch die Frage, ob diese Reaktion auf fremde Angriffstöne ererbt oder erworben sei. Bei der Unbedingtheit und Intensität der Handlungen möchte man das erstere annehmen, wenn es nicht auf den ersten Blick so unwahrscheinlich wäre, daß einem Vogel da sozusagen die gesamte Vogelstimmenkunde seines Biotops angeboren sein soll. Andererseits aber finden wir auch in den Warnlauten eine gewisse Anpassung an das Zusammenwirken verschiedener Formen. Es besteht nämlich oft eine deutlich *über die Verwandtschaft der einzelnen Arten hinausgehende Ähnlichkeit der sozialen Angriffsrufe:* Für sehr viele Insektenfresser im weitesten Sinne kann ein »Tick« oder »Teck«, für eine große Zahl von Finkenartigen ein ansteigendes langgezogenes »Sie?« als Grundform des Angriffslautes gelten, in manchen Fällen eine Vereinigung von beidem, man denke an das »Fuid-Tektek« des Gartenrotschwanzes. Auch als Mensch ist man nicht in Verlegenheit, den Laut des Würgers zu verstehen, wenn man den der Grasmücke oder der Nachtigall kennt. Bezeichnenderweise hat der Hausspatz, der ja überhaupt nicht so recht als Mitglied der einheimischen Ornis wirkt, einen gänzlich verschiedenen und nach meinen bisherigen Beobachtungen von den anderen Kleinvögeln auch nicht verstandenen Angriffslaut, das bekannte »Tsereng-Tsereng«, wie es gewöhnlich recht unbefriedigend wiedergegeben wird.

Während es bei kleineren Vögeln dem Raubtier gegenüber bei der Jagdbehinderung durch Lärmen bleibt, steigern sich größere Vögel mit ähnlichen sozialen Angriffstrieben sehr wohl bis zum tätlichen Angriff auf einen weit überlegenen Feind, zumal dann, wenn viele beisammen sind. Es ist nicht unwichtig, daß die Zahl der Angriffskumpane vom Vogel empfunden wird und zur Erhöhung des eigenen Mutes wesentlich beiträgt. Besonders bei Rabenvögeln ist dies sehr ausgesprochen. Bei ihnen finden wir einen sehr ausgesprochenen Trieb, den Feind *von hinten* anzugreifen. Wenn daher mehrere Kolkraben, Krähen oder Elstern sich mit einem einzelnen Raubtier beschäftigen, so wird dieses immer in dem Augenblick, wo es auf einen Vogel losstürzt, von einem anderen in den Schwanz gezwickt. Ich beobachtete einmal 14 Elstern, die dieses Spiel mit einem großen Wiesel trieben. Die Reaktion ist natürlich rein angeboren, und jede gesunde jungaufgezogene Elster bringt sie einem Hunde oder einer Katze gegenüber. Es liegt sehr nahe, die schwarzweiße Färbung der Elster als Warnfarbe aufzufassen. Dabei ist bemerkenswert, das das *Schema des Objektes durchaus angeboren* ist, d. h. das Raubtier wird triebmäßig sofort als Feind erkannt. Besonders deutlich war diese Tatsache bei einem von mir sehr jung aufgezogenen Haussperling, der einer Zwergohreule gegenüber sofort mit dem bezeichnenden »Tsereng-Tsereng« begann und auch zu ihr hinwollte, während er gegen einen Kuckuck, der ihm als Kontrollversuch gegenübergestellt wurde, reaktionslos blieb. Dabei wirkt ausgesprochen die Form als Reiz, denn die Tiere finden und belästigen auch die völlig stillsitzende Eule oder Katze. Die Frage, woran die Räuber erkannt werden, d. h. welches die wesentlichen Zeichen des dem Vogel angeborenen Schemas sind, wäre einer genauen Untersuchung wert.

Während der Elster die Reaktion auf das Raubtier mit Einschluß der Kenntnis des Objektes angeboren ist, zeigt die jungaufgezogene Dohle keinerlei Antworthandlungen beim Erblicken einer Katze oder eines Hundes. Dagegen reagiert die Dohle mit einer sozialen Angriffshandlung, wenn eine andere Dohle von irgendeinem wie immer gearteten Wesen gepackt und getragen wird. Das diese Reaktion auslösende, angeborene Schema »Kumpan, vom Raubtier gepackt« ist aber so erstaunlich arm an Zeichen, daß es »irrtümlicherweise« auf viele falsche Situationen anspricht. Es braucht nämlich nur *irgend etwas* Schwarzes von irgendeinem Lebewesen getragen zu werden, um diese Handlung auszulösen, wobei Person und Art des Trägers gleichgültig sind. Ich sah einmal eine Auslösung dadurch zustande kommen, daß eine Dohle eine Krähenschwungfeder trug. Ebenso kann die Reaktion jederzeit durch Schwenken eines schwarzen Tuches ausgelöst werden. Da ich in einer vorangehenden Arbeit [14] auf die »Schnarr-Reaktion« der Dohlen sehr ausführlich eingegangen bin, genüge das hier Gesagte.

Bei der Nebelkrähe ist nach den Beobachtungen meines Freundes G. Kramer die Situation »Kumpan in Gefahr« schon dann gegeben, wenn sich eine Krähe überhaupt in der Nähe des Menschen befindet. Freilebende Nebelkrähen brachten auch dann ihre spezifische soziale Angriffsreaktion, wenn Kramer die junge Krähe, mit der er experimentierte, ganz frei auf dem Arm sitzen hatte, während meine Dohlen auf diese Situation nie ansprachen.

Bezeichnend für alle diese sozialen Angriffsreaktionen ist es, daß sie in gänzlich gleicher Weise durch zwei verschiedene Reize ausgelöst werden können. Erstens durch das ursprünglich auslösende Moment, also die Katze, die Eule, die gepackte Dohle oder die in Menschenhand befindliche

Krähe, zweitens aber ebenso durch den Angriffston des sozialen Kumpans, der die Gefahr als erster wahrgenommen hat. Es beginnen die Dohlen auch dann zu schnarren, wenn sie nachweislich die Situation nicht erblikken können, die bei der ersten Dohle das Schnarren ausgelöst hat. Die absolute Sicherheit, mit der eine so schwierige und »selbstverleugnende« Handlungsweise durch einen einzigen Laut vollkommen reflexartig ausgelöst wird, wirkt auf den Beobachter immer sehr erstaunlich. Es fragt sich aber, ob ähnliche Reaktionen bei hohen Säugern und beim Menschen nicht ganz ähnlich reflexartig ansprechen. Mag auch die »Situation als Reiz« sehr kompliziert und spezialisiert werden – die Art und Weise, wie der normale Kulturmensch in Zorn gerät, wenn er beispielsweise ein kleines Kind roh mißhandelt sieht, hat noch die volle Reflexmäßigkeit der Schnarr-Reaktion der Dohlen, ebenso wie die einen selbst verblüffende Schnelligkeit und Tätlichkeit des Angriffes. Uexküll erzählt, wie er einst dazukam, als ein italienischer Kutscher ein Kind mit der Peitsche schlug. Da »schlug sein Stock den Kutscher«, ehe er selbst recht wußte, was eigentlich los war!

Eine ganz eigenartige, ja einzig dastehende Form des sozialen Angriffes gibt es bei der Dohle. Diese Angriffsreaktion richtet sich nämlich gegen einen *Artgenossen*, wenn ein solcher den »Frieden« der Siedlung so stark stört, daß sich ein Siedlungsmitglied *an seinem Neste* bedroht fühlt. Der Nestbesitzer hat für diesen Fall einen besonderen, hellklingenden Ruf, in den sämtliche Siedlungsmitglieder einstimmen, um sich um den Rufer zu versammeln. Mehr durch dieses Zusammenströmen als durch einen tätlichen Angriff auf den Ruhestörer wird das kämpfende Paar getrennt und dem Bedrängten Hilfe gebracht. Tätlich wird meist nur der zum Nest gehörige Ehegatte. Bezeichnenderweise beteiligt sich auch der ursprüngliche Ruhestörer an dem Geschrei, d. h. er hat keine Ahnung von der Tatsache, daß er selbst ursprünglich die auslösende Ursache war, sondern gerät durch das Rufen der Kumpane in dieselbe Stimmung wie jene. So einfach diese Verhaltensweise ist, so wirksam beschützt sie die Dohlensiedlung vor der Tyrannis eines einzelnen Vogels, die unbedingt entstehen würde, wollte man eine gleiche Anzahl von Vögeln *ohne* diese Reaktion zwingen, auf ähnlich beschränktem Raum nebeneinander zu brüten, wie die Dohlen es tun. Yeates beobachtete an Saatkrähen, daß einzelne Männchen Versuche machen, fremde brütende Weibchen zu vergewaltigen, und daß sie daran regelmäßig von einer Anzahl anderer Männchen, die von allen Seiten herbeieilen, daran gehindert werden.

e) Die Instinktverschränkungen der Rangordnung und des Nestschutzes

Daß sich in der Gemeinschaft eines Flugkäfigs, eines Hühnerhofes eine ganz bestimmte Rangordnung der Individuen ausbildet, eine Reihenfolge, in der der eine Vogel vor dem anderen Angst hat, ist eine längst bekannte und genau beschriebene Tatsache. Ich möchte hier nur darauf hinweisen, daß diese Rangordnung nicht in jeder Sozietät in Erscheinung tritt, andererseits aber auch in künstlichen Anhäufungen von Individuen zu beobachten ist, in »Assoziationen« (Alverdes), die keineswegs als Sozietäten aufgefaßt werden dürfen.

Wenn wir eine Anzahl beliebig ungeselliger Vögel zusammen in einen Käfig sperren, entsteht unter ihnen eine ganz ähnliche Rangordnung, wie sie unter freilebenden und durch ihre geselligen Triebe zusammengehaltenen Vögeln herrscht. Deshalb erscheint es vielleicht überflüssig, hinter der Rangordnung der letzteren eine biologische Zweckmäßigkeit suchen zu wollen. Wenn wir aber das diesbezügliche Verhalten einer solchen Flugkäfig-Assoziation mit dem einer freifliegenden Dohlensozietät vergleichen, so finden wir da *zwei wesentliche Unterschiede*, die uns bedenklich machen.

Erstens fällt uns auf, daß in der Sozietät die Rangordnung viel zäher beibehalten wird als in der künstlich geschaffenen Assoziation. Daher sehen wir auch zwischen den Dohlen noch weniger Reibereien. Die Dohle hat die Tendenz, das Ergebnis der die Rangordnung bestimmenden Kämpfe auf große Zeiträume hinaus festzuhalten, ihre Kumpane ein für allemal als über- oder untergeordnet zu buchen. Ich möchte in diesem kampfsparenden Eingeordnetbleiben in die bestehende Rangordnung ein »nationalökonomisch« sinnvolles Verhalten erblicken, zumal der Einzelvogel ja durch die oben geschilderte »Polizeireaktion«, die an keiner Rangordnungsgrenze haltmacht, gegen Übergriffe seitens der Spitzentiere biologisch ausreichend geschützt ist.

Zweitens aber sehen wir bei der organisierten Sozietät dauernd eine gewisse Spannung zwischen den sich in der Rangordnung *nahe* stehenden Stücken, insbesondere solchen, die als »Kronprätendenten« der Stellung des Spitzentieres nahestehen. Dagegen sind solche *hoch im Range stehenden Stücke gegen die tiefstehenden gutmütig*. Beides ist in der künstlichen Assoziation im allgemeinen gerade umgekehrt. Hier hacken gerade die Spitzentiere mit besonderer Wut auf die schwächsten Käfiginsassen los. Auch dieser Unterschied zwischen Sozietät und Assoziation läßt sich im Sinne eines biologisch sinnvollen Verhaltens in der ersteren deuten.

Eine eigentümliche Art Umgruppierung einer bisher bestehenden Rangordnung finden wir bei Dohlen, Gänsen und anderen Vogelarten, bei denen die Gatten eines Paares im Kampfe füreinander eintreten: Bei diesen überträgt sich durch jede Verlobung der Rangtitel des in der Assoziation oder auch Sozietät höherstehenden Gatten auf den anderen. Bei der Dohle ist es nun ganz erstaunlich, wie schnell sich die Kunde einer solchen umschichtenden Verlobung in der Sozietät »herumspricht«. Im Herbst 1931 beobachtete ich folgendes Vorkommnis, dessen Regelmäßigkeit ich später noch bestätigt fand: Es kam ein während nahezu des ganzen Sommers von der Siedlung abwesender Dohlenmann frisch gemausert und durch sein langes Herumstreichen offenbar auch körperlich sehr gestärkt zurück und entthronte nach kurzen erbitterten Kämpfen das bisherige Spitzenmännchen, was schon etwas heißen will, da er ja auch die Gattin dieses Mannes gegen sich hatte, allerdings war die Reaktion dieser letzteren nicht so heftig, wie sie gewesen wäre, wenn die Kämpfe im Frühjahr stattgefunden hätten. Am nächsten Tage sah ich bei der Fütterung zu meinem Erstaunen eine kleine, schon früher von mir für ein Weibchen gehaltene Dohle, die bisher in der Rangordnung eine ganz untergeordnete Stellung eingenommen hatte, drohend auf den bisherigen Spitzenmann losmarschieren und diesen widerspruchslos weichen. Zunächst dachte ich, die Kleine hätte vielleicht den entthronten Dohlenmann geprügelt, als er noch von den Kämpfen mit dem zurückgekommenen Männchen erschöpft und verschüchtert gewesen war, oder auch, daß durch eine solche Palastrevolution überhaupt die ganze bisherige Rangordnung verlorenginge. Die Erklärung war aber eine ganz andere: Der zurückgekommene neue Herrscher hatte sich sofort mit eben jener kleinen Dohlenfrau verlobt! Wenn man nun das Verhalten anderer Rangordnungen kennt, so wundert einen an diesem Verhalten weniger die Tatsache, daß alle anderen Mitglieder innerhalb eines Tages davon Kenntnis genommen haben, ein bisher Untergeordneter sei von nun an nicht mehr verprügelbar, als der Umstand, daß dieser *letztere* sich verhält, als ob er sich seiner hohen Protektion bewußt wäre, und seine bisherigen Despoten nun ganz plötzlich nicht mehr fürchtet. Man denke daran, daß Schwäne, die bisher von einem artgleichen Despoten unterdrückt und von diesem vom Teiche verjagt wurden, bei Entfernung dieses Tyrannen viele Tage brauchen, bis sie seine Abwesenheit überhaupt merken und sich wieder aufs Wasser wagen (Heinroth).

Schließlich sei noch der Vögel gedacht, die überhaupt keine eigentliche Rangordnung ausbilden, wie die siedlungsbrütenden *Reiher*. In ähnlicher Weise wie wir in der Rangordnung der Dohlensozietät sozusagen nur eine höher entwickelte Verhaltensweise vor uns haben, die auch unsozialen Vögeln zukommt, wenn man sie gewaltsam beisammen hält, so finden wir auch in dem Prinzip, das das Zusammenleben der sozialen Reiher beherrscht, eine Erscheinung wieder, die in undeutlicherer Ausbildung fast allen Vögeln eigen ist. Wenn wir zu irgendeinem Käfigvogel, der seinen Käfig bereits gewohnt ist, einen neuen setzen und sich dann ein Kampf entspinnt, so siegt mit fast absoluter Sicherheit der eingewöhnte Vogel selbst dann, wenn sein Gegner sehr viel stärker ist als er selbst. Dasselbe gilt in weniger ausgesprochenem Maße im Freien zwischen Vögeln einer Art, bei der die Paare sich bestimmte Gebiete gegeneinander abgrenzen. Da siegt im allgemeinen immer der Gebietinhaber. Howard hat über die Erscheinung der Gebietsabgrenzungen sehr ausführliche Beobachtungen angestellt.

Sehr schön kann man Gebietsstreitigkeiten an dem überall häufigen Gartenrotschwanz beobachten. Bei diesen Vögeln sieht man öfters ganz typisch, wie an der Grenze zweier Gebiete zwischen zwei Männchen sich ein Kampf entspinnt und der Sieger den in sein eigenes Gebiet flüchtenden Besiegten verfolgt, dort von jenem Prügel bekommt, in sein eigenes Gebiet flieht, vom Gegner bis dorthin verfolgt wird, dort wiederum diesen besiegt usw., bis die Vögel allmählich ausgependelt haben und der Kampf annähernd an der ursprünglichen Grenze ausklingt. Dieses Verhalten ist für Platztiere typisch und findet sich beispielsweise in klassischer Ausbildung beim Stichling, wo das gegenseitige Hin- und Herverfolgen über eine festliegende Grenze dauernd zu beobachten ist.

Huxley vergleicht durchaus treffend die die Territorien gebietsabgrenzenden Vögel mit *elastischen Scheibchen*, die sich an den Stellen, wo zwei zusammenstoßen, gegeneinander abplatten und die einen um so stärkeren Gegendruck erzeugen, je stärker ein von außen wirkender Druck ihre Form verändert. Das »elastische Verhalten« der Gebiete kommt dadurch zustande, daß der Besitzer eines Territoriums durchaus nicht alle zu diesem gehörigen Punkte mit gleicher Wut verteidigt, vielmehr den weitaus größten Wert auf ein ganz bestimmtes Aktionszentrum legt; in geradem Verhältnis zur Entfernung von diesem Zentrum nimmt die Intensität der Reaktionen der Gebietsverteidigung ab.

Das Gebietsabgrenzen fehlt einer Anzahl von Vogelarten, so beispielsweise dem Haussperling, der wegen dieser merkwürdigen Verträglichkeit der Brutpaare ein Übergangsglied zu Siedlungsbrütern mit ähnlicher Zusammensetzung der Sozietät darstellt, wie wir sie bei Dohlen finden. Aber nicht allen Siedlungsbrütern fehlt das Gebietsabgrenzen: bei ihnen fehlt es entweder ganz, wie bei den eben besprochenen Formen, oder aber es ist auf die Spitze getrieben wie bei den Reihern. Wenn wir das Gebietsabgrenzen, wie ich unbedingt annehmen möchte, als eine primitive Verhaltensweise der Vögel ansehen, so gibt es zwei Wege der Entwicklung, die dazu führen, daß die Paare ganz nahe beieinander wohnen können und dadurch die Vorteile gewisser gegenseitiger sozialer Hilfen genießen:

Entweder der Trieb zur Gebietsabgrenzung wird aufgelöst, wie beim Sperling, und jedes Paar duldet andere gleichartige in seinem Gebiete, oder aber das Gebiet jedes einzelnen Paares wird immer kleiner, so daß die Nester schließlich dicht beieinanderstehen, jedes innerhalb der streng gewahrten Grenzen eines winzigen Gebietes. Dieser letztere Weg wurde von den Reihern beschritten.

f) Das Verschwinden des sozialen Kumpans

Es wurde beim Gattenkumpan S. 237 bereits über eine Reaktion gesprochen, wie wir sie hier vor uns haben. Wahrscheinlich ist ein solches Verhalten in der Klasse der Vögel sehr verbreitet. Ein deutliches Reagieren auf das Verschwinden eines sozialen Kumpans kenne ich nur von der Dohle. Die Reaktion an sich ist ähnlich, wie beim Verschwinden des Gattenkumpans geschildert, nur tritt bei der ausdrucksreicheren Dohle das Suchen und die Beunruhigung deutlicher zutage als bei den Enten.

Der Anblick des Gefangenwerdens oder überhaupt des Schicksals der verschwundenen Kumpane hat mit dem besprochenen Verhalten gar nichts zu tun. Als einmal zwei Dohlen meiner Kolonie vor den Augen aller mit fremden Dohlen wegflogen, zeigten die Zurückgebliebenen die bezeichnende Fahrigkeit genau so, wie wenn Kumpane ungesehen von Katzen geraubt wurden.

Wichtig erscheint es, daß die Reaktion vollkommen ausbleibt, wenn ein Siedlungsmitglied allmählich krank wird und stirbt. Es verschwindet dann für seine Kumpane sozusagen langsam, unter einem »Einschleichen des Reizes«, welches keine Reaktion auslöst.

4 Die Trennbarkeit der Funktionskreise

Die einzelnen Leistungskreise des sozialen Kumpans sind im Experiment fast vollkommen unabhängig voneinander. Da ferner die gegenleistenden Objekte der auf den sozialen Kumpan gemünzten Triebhandlungen meistens ein aus wenigen Zeichen bestehendes, angeborenes Schema besitzen, das durch Prägung auf alle möglichen anderen Objekte gepreßt werden kann, so ist beim Experimentieren mit jungaufgezogenen Vögeln tatsächlich die Möglichkeit gegeben, sehr verschiedene Objekte als gegenleistende Kumpane in die einzelnen Leistungskreise eintreten zu lassen. Nur dürfen wir nicht vergessen, daß eben diese im Versuch auftretende große Trennbarkeit der Funktionskreise ein Zeichen dessen ist, daß der Prägung eine besonders *große* Rolle bei der Bildung des Kumpanschemas zukommt, daß das angeborene Schema verhältnismäßig stark in den Hintergrund rückt. Bei artgemäßem Verlauf der Objektprägung bewirkt ein derartiges Überwiegen des erworbenen Schemas eine verhältnismäßig große Einheitlichkeit des Kumpans (S. 149). Bei Ausbleiben der artgemäßen Prägung erweisen sich die einzelnen angeborenen Auslöse-Schemata der einzelnen Funktionskreise als besonders unabhängig voneinander.

Oft bedarf es durchaus keiner besonderen sorgfältigen Versuchsanordnung, um ein solches Ergebnis zu erzielen. Da die verschiedenen Auslöse-Schemata sehr verschieden zeichenreich sind und jedes von ihnen *andere* dem Artgenossen zukommende Merkmale enthält, so ist es nicht weiter verwunderlich, daß sie beim allein aufgezogenen Jungvogel auf ganz verschiedene Lebewesen, die sich in seiner Umgebung befinden, ansprechen. So erleben wir es recht häufig, daß sich, wie bei der S. 146 besprochenen Dohle, gerade der Mitfliegetrieb eines sonst nur den Menschen als sozialen Kumpan behandelnden Vogels gegen Artgenossen oder wenigstens, wie eben bei jener Dohle, gegen verwandte Tiere richtet. Es scheint eben das Schema des Flugkumpans bei sehr vielen geselligen Vogelarten um einige Zeichen reicher zu sein als das jedes anderen sozialen Kumpans. Daher erlebt man es häufig, daß wenige miteinander jungaufgezogene Vögel zwar in jeder Hinsicht Menschenvögel werden, sich nur für die Menschen interessieren und miteinander nichts zu tun haben wollen, in der Luft jedoch sich genauso an Artgenossen halten, wie normal aufgewachsene und freilebende Vögel es tun. So verhielten sich Heinroths Kraniche und Kolkraben, bei mir sehr viele Dohlen, ein einzeln aufgezogener Mönchsittich und andere.

Besonders unabhängig von allen anderen Leistungskreisen sind diejenigen, deren Auslösung wenig »bedingt«, d. h. wenig an bestimmte physiologische Zustände gebunden ist, wie z. B. die Reaktionen des Mitauffliegens, des sozialen Angriffs und die Reaktion auf den Warnton oder sonstige Gefahrsignale, die vom sozialen Kumpan ausgehen. Die wenigen und einfachen Zeichen, die diese unbedingt zwingende Wirkung auf den Vogel ausüben, sind rein angeboren und beeinflussen den auf den Menschen umgestellten Vogel genauso wie den normalen, freilebenden. Insbesondere gilt dies für die Reaktionen des sozialen Angriffs. Besonders schön trat die Triebhaftigkeit dieser Verhaltensweisen bei der schon mehrfach erwähnten Dohle zutage. Dieser Vogel haßte seine Artgenossen, mit denen er den Dachboden unseres Hauses teilen mußte, geradezu grimmig, und da er stärker und älter war als alle anderen, mußte ich sie häufig vor ihm schützen. Gegen mich jedoch, der ich seinen sozialen Kumpan darstellte, war diese Dohle die Zärtlichkeit und Anhänglichkeit selbst und erinnerte darin geradezu an einen treuen Hund. Ich brauchte aber nur durch Ergreifen einer der anderen Dohlen den sozialen Angriff bei ihr auszulösen, um die zahme alte Dohle zu veranlassen, mich, ihren Freund, in Verteidigung der anderen Dohle bis aufs Blut zu bekämpfen, obwohl sonst ihr ganzer Sinn darauf gerichtet war, diese andere Dohle zu bekämpfen und womöglich zu töten.

IX Der Geschwisterkumpan

Wenn wir das Verhalten des Jungvogels zu seinen Geschwistern und die Rolle, die diesem letzteren in seiner Umwelt zukommt, nicht im Anschluß an das Verhalten zu den Eltern, sondern hier im Anschluß an das Kapitel über den sozialen Kumpan besprechen, so hat das seinen Grund darin, daß das Verhalten der Geschwister zueinander bei Arten, deren Junge längere Zeit beieinander bleiben und ein »Sympädium« bilden, viele Ähnlichkeiten mit demjenigen hat, das wir an den Mitgliedern einer Sozietät erwachsener Gesellschaftsvögel beobachten können.

1 Das angeborene Schema des Geschwisterkumpans

Bei solchen Vögeln, die nach dem Verlassen des Nestes noch lange mit den Geschwistern zusammenbleiben, also insbesondere bei den Nestflüchtern, scheint das angeborene Schema merkwürdig spezifisch, d. h. reich an Zeichen zu sein, so daß für einen Prägungsvorgang nicht viel Raum bleibt. So nimmt zwar eine junge Graugans ohne weiteres den Menschen als Elternkumpan, nicht aber eine junge Pekingente als Geschwisterkumpan an (Heinroth). Eine etwas jüngere Graugans wird zuerst bekämpft, was höchstwahrscheinlich an sich schon ein Reagieren auf angeborene Auslöseschemata bedeutet (die Pekingente wurde nicht bekämpft!), dann aber als Geschwister angenommen. Das Anschlußbedürfnis der Anatidenküken an ihre Geschwister ist unbeschadet des gleichzeitig bestehenden Anschlußbedürfnisses an die Eltern ungemein intensiv. Davon gibt ja auch das Bild jeder Schar von Hausgansküken eine gute Vorstellung, die in enggeschlossenem Haufen hinter der Mutter herziehen. Es bildet bei ihnen *nicht* das Elterntier den Kernpunkt der Schar, sondern die Jungen halten in erster Linie unter sich zusammen und erst in zweiter mit den Eltern. Durch diese eindeutige Reaktion auf den Geschwisterkumpan wird die oben geschilderte Beobachtung Heinroths sehr bedeutungsvoll. Auch bei jungen Enten scheint das Geschwisterkumpan-Schema in einer größeren Anzahl von

Zeichen festgelegt zu sein, als dies bei ihrem Elternkumpan-Schema der Fall ist. Selbst junge Hausenten schließen sich nie an junge Hühner oder Gänse als Geschwisterkumpan an, während sie auf eine der genannten Arten als Elternkumpan ohne weiteres ansprechen. Umgekehrt nahmen meine aus dem Ei aufgezogenen Stockenten gleichaltrige *Cairina*küken als Geschwisterkumpane glatt an und unterschieden in keiner Weise zwischen ihnen und ihren wirklichen Geschwistern. Nun haben wir S. 153 gesehen, daß junge Stockenten eine *Cairina*-Amme nicht als Elternkumpan annehmen. Trotzdem ist aber damit nicht gesagt, daß bei ihnen im Gegensatz zur Graugans und den Hausenten das angeborene Geschwisterschema weiter sei als das Mutterschema. Vielmehr ist dieses Verhalten dadurch zu erklären, daß eine junge *Cairina* sich eben von einer jungen Stockente unvergleichlich viel weniger unterscheidet als eine *Cairina*-Mutter von einer alten Stockente. Vor allem sind die Verkehrsformen und Töne der Küken beider Arten so gut wie gleich. Bei jungen flüggen Rabenvögeln spielt wohl der Geschwisterkumpan keine wesentlich andere Rolle und hat keine anderen angeborenen Schemata als später der soziale Kumpan.

2 Das individuelle Erkennen des Geschwisterkumpans

Bei nestjungen Sperlingsvögeln werden wir für die Zeit, die sie im Neste zubringen, wohl mit Sicherheit annehmen dürfen, daß ein persönliches Erkennen der Geschwister nicht stattfindet. Mit Ausnahme der oben erwähnten merkwürdigen Fälle herrscht bei allen Nesthockern zwischen den Jungen eines Nestes meist eine absolute, rangordnungslose Verträglichkeit.

Sehr ausgeprägt ist diese unbedingte Verträglichkeit bei Sperlingsvogel-Nestlingen. Bei ihnen hat man geradezu den Eindruck, als wären die Sinne der Jungvögel für sämtliche von den Geschwistern ausgehenden Reize verschlossen. Sie wehren sich auch dann nicht, wenn ein Geschwister auf sie drauftritt oder sie sonstwie gröblich belästigt.

Die oben beschriebene »unbedingte Verträglichkeit« mancher Nestjungen erstreckt sich häufig weit über die Grenzen der Art hinaus. Es wäre da eine wundervolle Gelegenheit gegeben, durch Versuche festzustellen, was für andersartige Jungvögel man zu der untersuchten Art ins Nest setzen kann, ohne daß die Jungvögel anders reagieren. Gerade die absolute Reizlosigkeit der Geschwister würde es uns ermöglichen, die Merkzeichen, an die dieses Nicht-Reagieren gebunden ist, herauszufinden.

Für kleine Sperlingsvögel kann ich sicher sagen, daß die unbedingte Verträglichkeit keine Ausnahme erfährt, wenn man fremde artgleiche oder auch nur verwandte Junge zusammen in ein Nest setzt. Bei Reihern scheint die unbedingte Verträglichkeit an persönliche Momente gebunden: Wenn man heranwachsende Junge eines Nestes auch nur für kurze Zeit trennt und wieder zusammensetzt, so bekämpfen sie sich, wie sie auch fremde gleichaltrige Artgenossen bekämpfen.

Nach dem Ausfliegen erkennen sich sehr viele Nesthockerjunge persönlich. Zwei junge Dohlen, die ich unter einem Schwarm von 14 gleichaltrigen Jungvögeln für gewisse Versuche bevorzugte, bei denen sie stets zusammen und ohne die 12 anderen mit mir größere Ausflüge in die Umgebung machten, hielten sehr bald auch unter dem Schwarm der Artgenossen treu zusammen. Vier eben flügge Nachtreiher waren nicht nur gegeneinander verträglich, sondern zeigten auch gegen eine ältere, schon lange flügge Nachtreiherbrut soziale, oder besser »sympädiale« Abwehrreaktionen. Wurden sie von einem der Älteren angegriffen, dann liefen sie zielbewußt und aus größerer Entfernung aufeinander zu, drängten sich dicht mit den Rücken gegeneinander und drohten mit den Schnäbeln nach außen.

Bei Nestflüchtern scheint bei manchen Arten sehr früh ein persönliches Erkennen der Geschwister untereinander stattzufinden. Bei Hochbrutenten, also bei einer halbdomestizierten Form, kennen sich die Jungen *früher* gegenseitig persönlich als die Mutter die Jungen: Ich habe es erlebt, daß die einer Hochbrutenten-Mutter untergeschobenen etwa 8tägigen Jungen von ihr ohne weiteres angenommen wurden, während ihre rechtmäßigen Kinder wie *ein* Mann auf die Fremdlinge stürzten, die ihrerseits auch nicht faul waren, so daß sich nach allen Regeln des Entenkampfkomments eine echte Schlacht entspann, die allerdings durchaus harmlos verlief. Anfangs standen sich tatsächlich immer ein Küken der einen und eines der anderen Brut gegenüber und hatten sich gegenseitig am Vorderhalsgefieder gepackt und schoben mit aller Macht gegeneinander, wie es kämpfende alte Erpel tun. Interessanterweise kam es bei diesen Küken auch zu der den alten Enten eigenen Kampfreaktion des Schlagens mit dem Flügelbug, obwohl Küken dieses Alters noch gar keine gebrauchsfähigen Flügel haben. Der zentrale Ablauf der Reaktion ist also früher ausgebildet als das Organ, das durch ihn betätigt wird! Interessant war auch der Fortgang des Massenkampfes: Sehr bald nämlich sah ich zwei Küken der alten Brut *gegeneinander* kämpfen, gleich darauf auch zwei der Untergeschobenen. Bald häuften sich die Verwechslungen, und damit kam es dann allmählich zum Friedensschluß. Die alte Ente hatte ohne jede Anteilnahme zugesehen. Sie hatte keine Reaktion auf das normalerweise nicht vorkommende Ereignis eines Küken-Massenstreites, und so war dieser auch in ihrer Welt einfach nicht vorhanden.

Bei Enten ist der Aufbau der Geschwistergemeinschaft ganz anders als bei Hühnervögeln. Der Zusammenhalt der Küken untereinander bei den Anatiden, gegenüber der bei den Hühnervögeln in den Vordergrund tretenden Zentrierung um die Mutter, bringt es mit sich, daß der Geschwisterkumpan schon am ersten Lebenstage bei den Anatiden eine viel größere Rolle spielt. Ich glaube, daß bei den meisten Hühnervögeln ein persönliches Erkennen der einzelnen Geschwister erst zu jener Zeit eintritt, wo eine Rangordnung innerhalb der Geschwistergemeinschaft sich auszubilden beginnt.

Über das Verhalten anderer Nestflüchter ist bis jetzt nicht viel bekannt, obwohl das Verhalten von Rallenjungen, wo die älteren Kinder die jüngeren Geschwister füttern helfen, sehr untersuchenswert wäre. Leider schlugen bisher meine Versuche, Teichhühnchen auszubrüten, durch unglückliche Zufälle fehl.

3 Die Leistungen des Geschwisterkumpans

a) Die Auslösung des Anschlußtriebes

Wenn man flügge junge Dohlen elternlos hält, so zeigen sie einen ungemein starken Trieb, sich aneinander anzuschließen, besonders im Fluge. Sie kleben geradezu aneinander und rufen kläglich, wenn sie einander verloren haben. Wenn man aber ihr Verhalten näher betrachtet, so sieht man, vor allem wieder im Fluge, daß ihr Verhalten zueinander eigentlich dem Verhalten jedes einzelnen zum Elterntier entspricht, d. h. der Anblick des fliegenden Geschwisters löst in den jungen Dohlen einen Anschlußtrieb aus, der eigentlich auf das Elterntier gemünzt ist. Solche führerlosen jungen Dohlen suchen vergeblich eine bei der anderen die zielbewußte Führung des Elternkumpans, und da, vermenschlicht gesprochen, jede von *der anderen* »glaubt«, diese »wisse«, wohin die Reise geht, so verirrt sich eine solche führerlose Dohlen-Geschwistergemeinschaft noch viel leichter als ein einzelner Jungvogel. Im artgemäßen Familienverbande zeigen sich die Dohlengeschwister so ausgesprochen um die Eltern zentriert, daß man von ihrem Zusammenhalten untereinander nicht sehr viel merkt. Die oben besprochenen, auch unter der Schar der Artgenossen zusammenhaltenden beiden Versuchsdohlen zeigen aber doch wohl, daß auch ein engerer Zusammenhalt der Geschwister vorhanden ist.

Es scheint bei Nesthockern nur selten vorzukommen, daß der Anschluß der Jungen untereinander länger erhalten bleibt als die Beziehungen der Jungen zu den Eltern. Eine Ausnahme scheint der Seidenreiher zu sein, denn jungaufgezogene und völlig frei gehaltene Vögel dieser Art zeigen bis tief in den Herbst hinein engstes Zusammenhalten und unbedingte Verträglichkeit der Nestgeschwister, während gegen fremde Seidenreiher äußerste Feindseligkeit besteht. Da die jungen Seidenreiher wohl nicht so lange bei den Eltern bleiben, dürften sie in der Freiheit während dieser ganzen Zeit in einer von den Eltern unabhängigen Geschwistergemeinschaft leben.

Während der geschwisterliche Anschlußtrieb aller dieser Nesthocker ganz ähnlichen Gesetzen gehorcht wie der soziale Anschlußtrieb allgemein geselliger Vögel und auch seine Auslösung in ganz ähnlicher Weise zustande kommt (S. 177, S. 244), hat das Zusammenhalten der Nestflüchter-Küken einige Züge, die besonders hervorgehoben werden müssen. Es ist klar, daß dem Beisammenbleiben der Nestflüchter-Jungen eine viel größere biologische Bedeutung zukommt als dem der flüggen Nesthocker. Vor allem reagiert ja, wie wir S. 203 gesehen haben, der führende Elternvogel nicht auf das Fehlen eines einzelnen Jungen, dieses muß selbst sehen, wie es bei den Geschwistern bleibt. Nur die Gesamtheit der Küken wird von der Mutter vermißt und in gewissem Sinne »gesucht«. Auch bei den Hühnern, wo die Küken untereinander verhältnismäßig wenig Zusammenhalt zeigen, sehen wir dennoch in sehr interessanter Weise ein Küken auf ein anderes reagieren und ihm nachlaufen. Dies findet dann statt, wenn ein Küken aus der Bewegung eines anderen entnimmt, daß dieses auf eine Bewegung der Mutter reagiert. In ähnlicher Weise, wie ein geselliger Vogel dem Kumpan ansieht, warum er auffliegt und wohin er zu fliegen beabsichtigt (S. 244), sieht auch ein Küken dem anderen an, ob es nur zufällig aus eigenem Antrieb ein Stückchen dahinläuft, oder ob es in ängstlicher Eile der schon weit entfernten Mutter nacheilt. Dieses ungemein feine Verstehen der Bewegungen jedes Geschwisters erlaubt es den Küken, sich verhältnismäßig weit von der Mutter zu entfernen, da es nichts ausmacht, wenn sie selbst diese aus dem Auge verlieren, solange nur jedes ein Geschwister sieht, »das eins sieht, das sie sieht«. Es scheint sogar, daß der Anblick eines zur Mutter eilenden Geschwisters bei Hühnervögeln eine dringendere Auslösung des Anschlußtriebes bedeutet als der Anblick der hinwegschreitenden Mutter selbst. Besonders deutlich wird dies bei dem offensichtlich biologisch sinnvollen Verhalten von Kükenscharen beim Überschreiten offener und daher sonst als gefährlich gemiedener Plätze. Wenn die führende Henne einen solchen überschreitet, so folgen ihr zunächst meist nur die gerade dicht hinter ihr befindlichen Küken; die anderen bleiben zurück, und erst wenn die Mutter jenseits des freien Platzes ist, rennt oder fliegt eines zu ihr hin, und darauf folgen in regelmäßigen Abständen, eines nach dem anderen, die noch Zurückgebliebenen. An nicht hochgezüchteten Landhühnern kann man dieses Verhalten beim Überschreiten freier Plätze häufig beobachten, beim Goldfasan ist es sogar innerhalb eines geschlossenen Flugkäfigs deutlich, wie denn überhaupt der Goldfasan eine die Deckung liebende Form ist, der das Überschreiten freier Flächen besonders schwerfällt.

Auch bei Anatiden, bei denen die Küken untereinander viel fester zusammenhalten als bei Hühnervögeln, entnimmt ein Küken aus der Bewegung des anderen den Weg, den die Mutter gegangen ist. Da die Küken sich in der ersten Zeit ihres Lebens meist zu einem dichten Haufen zusammendrängen, der als geschlossenes Ganzes der Mutter oder den Eltern nachfolgt, kommt dies erst etwas später zum Ausdruck, wenn die Jungen den typischen »Gänsemarsch« bilden. Bei kopfreichen Kükenscharen kann dann die Mutter schon um die nächste Ecke verschwunden sein und dennoch folgen die Küken, die sie gar nicht mehr sehen können, genau ihren Spuren. Die Fähigkeit, aus dem Gehaben der Geschwister einen Weg zu entnehmen, bringt es mit sich, daß in bestimmten Lagen die Küken tatsächlich eines das andere *nachahmen*, ein sonst bei Vögeln unerhörter Fall. Wenn man mit einer auf den Menschen als Führerkumpan eingestellten Stockenten-Geschwistergemeinschaft an ein Hindernis kommt, welches nur an einer bestimmten Stelle für die Küken überwindbar ist, so dauert es oft geraume Zeit, bis eines der sich ängstlich piepend vor dem Hindernis stauenden Küken diese Überwindungsmöglichkeit gefunden hat. Im Augenblick aber, wo ein einzelnes dies tut, bemerkt es sein nächster Nachbar sofort und schließt sich ihm eilig an. Dann drängen die Geschwister von allen Seiten her nach der Lücke im Hindernis, sei es nun ein Loch einer Buchsbaumhecke oder eine ausgebröckelte Stelle in einer hohen Stufe, was meine beiden Versuchshindernisse waren. Ein solches Nachahmen des Auswegfindens gibt es weder bei den allerklügsten erwachsenen Vögeln noch, soviel ich weiß, bei den sonst sehr aufeinander achthabenden Hühnervogel-Küken. Wahrscheinlich liegt darin die hauptsächliche biologische Bedeutung des engen Zusammenhaltens der Anatidenküken.

b) Das Übertragen von Stimmungen

Wie im geselligen Verbande erwachsener Vögel, so spielt auch in der Geschwistergemeinschaft der Jungen die Übertragung der Stimmungen von einem Individuum auf das andere eine große Rolle und geht auch schon während der ersten Lebensstunden mancher junger Nestflüchter vor sich. Es ist eine bekannte Tatsache, daß schon bei ihrem ersten Freßakt manche Küken durch das Fressen ihrer Geschwister selbst dazu angeregt werden. Daß es sich dabei nicht um eine Nachahmung handelt, haben wir schon erwähnt. Man kann aber sagen, das Fressen der kleinen Küken wirkt ansteckend wie bei uns das Gähnen.

Im übrigen können wir uns kurz fassen. Es ist klar, daß die Parallelschaltung sämtlicher Lebensvorgänge durch die Übertragung von Stimmungen bei einer von den Eltern oder der Mutter betreuten Geschwistergemeinschaft eine noch viel wichtigere biologische Rolle spielt als bei der Gemeinschaft erwachsener Vögel. Was sollte denn eine Gluckhenne anfangen, wenn nicht alle ihre Kinder gleichzeitig müde würden und nach Gehudertwerden verlangten! Bei älteren und von den Elterntieren unabhängig gewordenen Geschwistergemeinschaften verhält sich die Stimmungsübertragung genauso wie bei dauernd gesellig lebenden Formen.

c) Das Warnen

Das gegenseitige Warnen möchte ich nur deshalb anführen, um der merkwürdigen Tatsache zu gedenken, daß bei manchen Arten ganz kleine Küken, trotz ihrer hochspezifischen Reaktion auf den Warnruf der Mutter, auf die Notschreie ihrer Geschwister so gut wie nicht reagieren. Wenigstens beim Haushuhn ist das so, beim Goldfasan konnte ich es nicht nachprüfen, da ich Küken dieser Art nie getrennt von der Mutter aufzog. Bei Stockenten hingegen konnte ich beobachten, daß schon in sehr frühem Alter sämtliche Küken unruhig und scheu wurden, wenn ich eines von ihnen griff und zum Notschreien veranlaßte.

d) Die Auslösung der gemeinschaftlichen Abwehr

Ein Zusammenhalten der Geschwister gegen einen gemeinsamen Feind kenne ich nur von Reihern. Ich habe es im Abschnitt über das persönliche Erkennen des Geschwisterkumpans schon erwähnt. Das an derselben Stelle beschriebene Bekämpfen fremder gleichaltriger Artgenossen durch junge Stockenten gehört nicht hierher, da bei diesen jeder einzelne Jungvogel zwar gleich wie sein Geschwister, aber ohne jede Beziehung auf dieses reagiert. Die nun zu besprechende Reaktion der jungen Reiher besteht vor allem darin, daß der einzelne angegriffene Jungvogel *eilig* und sehr zielstrebig zu seinen Geschwistern hinläuft und *hinter* diesen gegen seinen Verfolger Deckung nimmt. Die in Ruhe befindlichen und bisher unverprügelten Geschwister stellen sich dann regelmäßig dem Angreifer mutiger entgegen, als der bereits besiegte Vogel es tun könnte.

Im Frühling 1931 beobachtete ich diese gemeinsame Abwehr seitens einer Geschwistergemeinschaft von 4 eben flüggen Nachtreihern, die in einen Flugkäfig gesetzt wurden, in dem seit längerer Zeit 2 etwa um einen

Monat ältere Artgenossen wohnten. Die alteingesessenen Reiher gingen sofort auf eines der Jungen los, das es wagte, vom Boden auf eine Sitzstange zu fliegen. Es flog daraufhin von der Stange wieder zu Boden und lief, verfolgt von einem der beiden Älteren, zu seinen Geschwistern zurück, die gegen den Verfolger Front machten.

Diese Reaktion der jungen Nachtreiher hielt sich nur sehr kurze Zeit; sehr bald nach dem Ausfliegen verhalten sich auch die Nestgeschwister vollständig unverträglich gegeneinander, und zwar interessanterweise nur deshalb, weil sie sich nicht mehr erkennen. Sperrt man sie nämlich gewaltsam eng zusammen, so daß sie keine Gelegenheit haben, einander zu vergessen, so erhält sich die geschwisterliche Verträglichkeit bis zum Winter hin. Da die Vögel aber wenig Anschlußtrieb zueinander haben, so geraten sie im Freien bald weit auseinander und behandeln sich bei zufälligem Wiedersehen als Fremde. Anders ist dies bei dem Seidenreiher. Flügge Seidenreiher haben einen sehr starken Anschlußtrieb an ihre Geschwister und bleiben bis tief in den Herbst von ihnen unzertrennlich. Besonders im Fluge halten sie im Gegensatz zu Nachtreihern dicht zusammen. Dieser Anschlußtrieb bringt es mit sich, daß sich die Seidenreiher unter den normalen Bedingungen der Freiheit ebenso verhalten, wie wir es bei Nachtreihern durch künstliches enges Zusammenhalten erzielen können. Daher bleibt auch beim Seidenreiher die beschriebene gemeinsame Abwehr der Geschwister viel länger erhalten.

e) Das Verschwinden des Geschwisterkumpans

Eine ausgesprochene Reaktion auf das Verschwinden eines Geschwisterkumpans kenne ich von Anatidenküken, die, wie schon mehrfach erwähnt, unter sämtlichen Jungvögeln die innigsten Beziehungen zueinander haben.

Bei der Stockenten-Kükenschar, die ich im Sommer 1933 aufzog und führte, machte ich einmal den Versuch, auf den täglichen Ausgang nur die reinblütigen Küken mitzunehmen und die anderen, an deren Beobachtung mir weit weniger gelegen war, daheimzulassen. Dies erwies sich als vollkommen unmöglich. Auch als ich die Stockenten so weit vom Hause fortgetragen hatte, daß sie die Kreuzungsküken nicht mehr hören konnten, liefen sie mir nicht nach, sondern blieben unter dem Pfeifen des Verlassenseins stehen. Auch nach längerer Zeit beruhigten sie sich noch nicht, so daß ich gezwungen war, die restlichen Entenküken zu holen. Merkwürdigerweise ergaben aber weitere Zurücklaßversuche, daß das Fehlen von nur einem oder zwei Geschwistern *nicht* bemerkt wird, daß also die Erfassung des Geschwisterkumpans *keine persönliche,* sondern eine *quantitative* ist im Gegensatz zu der Reaktion, die viele Vögel auf das Verschwinden des sozialen oder des Gattenkumpans zeigen (S. 237, 256), obwohl sich doch die Küken, wie wir S. 260 gesehen haben, ganz sicherlich persönlich kennen.

f) Die Instinktverschränkungen der Rangordnung

In vielen Geschwistergemeinschaften gibt es keine Rangordnung. Es sind das diejenigen, wo die S. 259 besprochene »unbedingte Verträglichkeit« jeden Streit innerhalb der Gemeinschaft ausschließt. Bei Anatiden, insbesondere bei den Gänsen, bleibt diese ranglose Verträglichkeit bis tief in den Herbst hinein bestehen, um dann erst mit dem Verschwinden des geschwisterlichen Zusammenhaltens allmählich einer Rangordnung Platz zu machen.

Bei Hühnervögeln wird die unbedingte Verträglichkeit schon zu einer Zeit von Rangordnungsstreitigkeiten gestört, wo die Küken noch mit der Mutter zusammenhalten. Jeder kennt ja diese in einem ganz bestimmten Alter auftretenden Kämpfe der jungen Haushühner, die durchaus nicht nur von den Hähnchen ausgefochten werden, wie manchmal von Fernerstehenden angenommen wird. Goldfasane bleiben viel länger verträglich; es mag ja auch sein, daß die Haushuhnküken gegenüber der Wildform besonders frühreif sind. Entgegen manchen Angaben, die von der durchaus irrigen Annahme ausgehen, das Junge der Wildform müsse sich früher allein durchschlagen als das der domestizierten Form, zeigen gerade die Hausformen häufig eine abgekürzte, nie eine verzögerte Jugendentwicklung. Man denke an die schon im ersten Jahre fortpflanzungsfähige Hausgans mit ihrer erst nach zwei Jahren reifen Wildform, an das von Brückner beschriebene gewaltsame Auflösen der Familie durch die schon früh wieder legelustige Henne gegenüber dem langen Erhaltenbleiben der Verteidigungsreaktionen der Goldfasan- und *Cairina*-Mütter.

Wenn einmal eine Rangordnung ausgebildet wurde, so unterscheidet sich das diesbezügliche Verhalten der Mitglieder der geordneten Geschwistergemeinschaft in nichts von dem der Mitglieder einer Sozietät geselliger, erwachsener Vögel. Bei Hühnervögeln erscheint nur merkwürdig, daß anscheinend in vielen Fällen die Mutter zu einer Zeit, wo unter ihren Küken schon eine feste Rangordnung besteht, der Gemeinschaft der Kinder rangordnungslos und in unbedingter Verträglichkeit gegenübersteht.

4 Die Trennbarkeit der Funktionskreise

Eine Trennbarkeit der Leistungskreise des Geschwisterkumpans ist im Gegensatz zu denen aller anderen Kumpane eines Vogels bis jetzt nirgends nachgewiesen. Die auf die Geschwister gemünzten Triebhandlungen sind auch die einzigen, artgenossenbezüglichen Reaktionen, von denen bei keinem einzigen Vogel eine Umstellung auf den menschlichen Pfleger zur Beobachtung kam, was ja sicher auch mit darin begründet ist, daß der Vogel in dem letzteren eben das Elterntier sieht.

X Zusammenfassung und Ergebnis

Die vorliegende Abhandlung ist keine einheitliche, auf ein scharf umschreibbares Forschungsziel gerichtete Untersuchung. Sie ist vielmehr ein Versuch, Ordnung und System in eine große Zahl von Erscheinungen zu bringen, die sich bisher recht beziehungslos gegenüberstanden. Es liegt in der Natur einer solchen Arbeit, daß sie im wesentlichen programmatischen Charakters ist, und es liegt in der Art unserer Fragestellung, daß die wenigen Antworten, die uns jetzt schon werden, nur schwer in kurzer Form zusammenzufassen sind. Ich will versuchen, dieser Schwierigkeit dadurch zu begegnen, daß ich die Zusammenfassung abschnittweise vornehme und die wenigen wirklichen Ergebnisse in der Reihenfolge behandle, in der sie uns dabei unterkommen. Oft werden wir neuen Fragen begegnen, und ich betrachte es als ein Verdienst meiner Arbeit, daß sie auf ein weites Feld experimenteller Forschung hinweist, das bis jetzt noch fast vollkommen brachliegt.

A Kurze Rekapitulation

I Kapitel. Die Begriffe des Kumpans und des Auslösers

Unter den vielen Reizen, die von einem Tiere ausgehen und die Sinnesorgane eines Artgenossen treffen, haben wir diejenigen herauszugreifen versucht, die bei diesem soziale Reaktionen im weitesten Sinne auslösen. Wir haben gefunden, daß die Reize und Reizkombinationen, auf die das Tier *instinktmäßig* mit bestimmten Reaktionen antwortet, einem ganz anderen Typus angehören als jene, deren auslösende Wirkung auf *Erworbenem* beruht.

Das einer auslösenden Reizkombination entsprechende rezeptorische Korrelat, also die Bereitschaft, spezifisch auf eine bestimmte Schlüsselkombination anzusprechen und durch sie eine bestimmte Handlungskette in Gang setzen zu lassen, haben wir in freier Anlehnung an die Terminologie v. Uexkülls als das *auslösende* Schema bezeichnet.

Eine besondere Rolle spielen nun bei Vögeln die instinktmäßig *angeborenen* auslösenden Schemata. Wenn das auslösende Schema einer Reaktion instinktmäßig angeboren ist, so entspricht es stets einer verhältnismäßig *einfachen* Kombination von Einzelreizen, die in ihrer Gesamtheit den Schlüssel zu einer bestimmten instinktmäßigen Reaktion darstellen. Das angeborene auslösende Schema einer Instinkthandlung greift aus der Fülle der Reize eine kleine Auswahl heraus, auf die es selektiv anspricht und damit die Handlung in Gang bringt.

Es ist eine biologische Notwendigkeit, daß diese Schlüsselkombinationen ein Mindestmaß allgemeiner *Unwahrscheinlichkeit* besitzen, das die zufällige Auslösung der Reaktion an biologisch unrichtiger Stelle verhindert (S. 120, 212).

Wenn das auslösende Schema einer Handlungsfolge *nicht angeboren* ist, ist damit nicht gesagt, daß dies auch für den motorischen Anteil der Handlung gelte. Es gibt Handlungen, die in ihrem motorischen Teil instinktmäßig festgelegt sind, deren auslösendes Moment jedoch nicht angeboren ist, sondern erworben werden muß. Solche Verhaltensweisen haben wir allgemein als *Instinkt-Dressurverschränkungen* bezeichnet. Die sie in Gang setzenden, individuell erworbenen auslösenden Schemata entsprechen sehr verwickelten Zusammensetzungen von Reizen, im Gegensatz zu den angeborenen auslösenden Schemata. Sie sprechen im allgemeinen auf »Komplexqualitäten« an, von deren unübersehbar großer Zahl von Merkmalen keines geändert werden kann, ohne die Gesamtqualität zu ändern und damit die Auslösung der Reaktion in Frage zu stellen. Ich betrachte diese Verschiedenheit von angeborenem und erworbenem auslösenden Schema als einen wichtigen Unterschied von Instinkt- und Dressurverhalten (S. 117, 118).

Eine besondere Wichtigkeit erlangt das angeborene Schema bei jenen Reaktionen, die einen Artgenossen zum Objekte haben. Bei Reaktionen, deren Objekt ein *Gegenstand der Außenwelt* ist, kann das angeborene Schema nur jenen Reizen angeglichen werden, die diesem Gegenstand *von vornherein* zu eigen sind. Es ist, um beim Gleichnis vom Schlüssel zu bleiben, die Form des Schlüsselbartes von vornherein gegeben. Die notwendige generelle Unwahrscheinlichkeit des Schemas hat eine obere Grenze, die erreicht ist, wenn das bereitliegende Negativ des Schlosses dem Positiv des Schlüsselbartes möglichst genau entspricht. Dagegen liegt bei den auf den *Artgenossen* gerichteten Reaktionen sowohl die Ausbildung des angeborenen Auslöse-Schemas als auch diejenige des dazugehörigen Reizschlüssels innerhalb des Machtbereiches der *Entwicklung* der Art. *Organe* und *Instinkthandlungen*, die ausschließlich der Aussendung von Schlüsselreizen dienen, erreichen eine hohe Spezialisation, stets parallel mit der Entwicklung entsprechender, für sie bereitliegender auslösender Schemata. Wir bezeichneten solche Organe und Instinkthandlungen kurz als *Auslöser*.

Auslöser sind in der Klasse der Vögel ungemein verbreitet. Es ist kaum eine wesentliche Übertreibung, wenn wir sagen, daß *alle* besonders »auffallenden« Farben und Formen des Gefieders mit auslösenden Funktionen in Zusammenhang stehen. Die Art der ausgelösten Reaktion kann aus der Form des Auslösers nicht entnommen werden, es ist gänzlich unzulässig, etwa alle Auslöser auf eine bestimmte Reaktion, wie etwa die Gattenwahl des Weibchens, zu beziehen.

Meines Wissens ist die Auffassung dieser Gebilde und Handlungen als Auslöser die einzige Hypothese, die jene Vereinigung von Einfachheit und Unwahrscheinlichkeit zu erklären vermag, die ihre allgemeinste und wichtigste Eigenschaft ist (S. 120–121).

Die hohe Spezialisation von angeborenem Schema und Auslöser führt bei vielen Vögeln zu einem sehr eigentümlichen Verhalten gegenüber dem Artgenossen. Wenn zwei oder mehrere Triebhandlungen an dem gleichen Objekte zu erfolgen haben, so gibt es zwei Möglichkeiten, diese einheitliche und folgerichtige Behandlung dieses Objektes zu sichern. Die eine besteht im dinghaft-gegenständlichen Erfaßtwerden des Objektes durch das Subjekt. Die zweite liegt in der Bindung der verschiedenen auf ein Objekt bezüglichen Triebhandlungen im *Objekt*. Bei den auf den Artgenossen gerichteten instinktiven Verhaltensweisen besteht die Möglichkeit, die Spezialisation von Auslösern und entsprechenden angeborenen Schemata so auf die Spitze zu treiben, daß im natürlichen Lebensraume der Art eine ebenso folgerichtige Objektbehandlung gesichert wird, wie sie durch ein subjektives Erfassen der Dingidentität des Objektes erreicht werden kann. Unter den Vögeln hat nun eine große Zahl von Formen tatsächlich diesen uns minderwertig erscheinenden Weg beschritten und so die Notwendigkeit subjektiven Erfassens der Dingidentität des Artgenossen *umgangen*. Der Funktionsplan ihrer Instinkte verlegt das vereinheitlichende Moment in das Reize aussendende Objekt anstatt in das diese Reize aufnehmende Subjekt, das Objekt bildet in der Umwelt des Subjektes keine Einheit. J. v. Uexküll hat für einen nur in einem einzigen Funktionskreise als identisch behandelten Artgenossen den Ausdruck *Kumpan* geprägt, dessen ich mich auch in der vorliegenden Arbeit bedient habe.

Als wichtigstes Ergebnis unserer Untersuchung der auf den Artgenossen gerichteten Instinkthandlungen möchte ich die Tatsache hinstellen, daß auf dem Gebiete tierischen Verhaltens *nicht alles Erworbene mit Erfahrung, nicht alles Erwerben mit Lernen gleichgesetzt werden darf.* Wir haben gefunden, daß in vielen Fällen das zu instinktmäßig ererbten Handlungen gehörige Objekt nicht triebmäßig als solches erkannt wird, seine Kenntnis vielmehr durch einen ganz eigenartigen Vorgang erworben wird, *der mit Lernen nichts zu tun hat.*

Bei sehr vielen auf den Artgenossen gerichteten instinktmäßigen Verhaltensweisen ist zwar die Motorik, nicht aber die Kenntnis des Objektes der Handlung angeboren. Dies ist bei vielen anderen Handlungsketten ebenso, bei denen es im Laufe der Entwicklung zur Instinkt-Dressur-Verschränkung kommt. Der Unterschied diesen gegenüber liegt in der *Art der Erwerbung* des auslösenden Momentes.

Die auf den Artgenossen gemünzte, objektlos angeborene Verhaltensweise fixiert sich zu einer ganz bestimmten Zeit, in einem ganz bestimmten Entwicklungsstadium des Jungvogels an ein Objekt seiner Umgebung. Diese Festlegung des Objektes kann Hand in Hand mit dem motorischen Erwachen der Triebhandlung erfolgen, kann ihm aber auch Monate, selbst Jahre vorausgehen. Im normalen Freileben der Art liegen die Verhältnisse stets so, daß die Objektwahl der Instinkthandlungen, deren biologisch richtiges Objekt der Artgenosse ist, mit Sicherheit auf einen solchen gelenkt wird. Ist der Jungvogel in der psychologischen Periode der Objektwahl *nicht* von Artgenossen umgeben, so richtet er die in Rede stehenden Reaktionen auf ein anderes Objekt seiner Umgebung, im allgemeinen auf ein Lebewesen, wofern ihm ein solches zugänglich ist, andernfalls aber auch auf leblose Gegenstände (S. 141, 151).

Der Vorgang der Objekt-Erwerbung wird durch zwei Tatsachen von jedem echten Lernvorgang weit abgerückt und in Parallele zu einem anderen Erwerbungsvorgang gebracht, den wir aus dem Gebiet der Entwicklungsmechanik kennen und dort als induktive Determination bezeichnen. Er ist erstens *irreversibel*, während es zum Begriff des Lernens gehört, daß das Erlernte sowohl vergessen als umgelernt werden kann. Zweitens ist er an scharf umgrenzte, oft nur wenige Stunden hindurch bestehende Entwicklungszustände des Individuums gebunden (S. 144–146).

Wir haben den Vorgang der Erwerbung des Objektes der objektlos angeborenen auf den Artgenossen gerichteten Triebhandlungen als die *Prägung* bezeichnet. Die Prägung trifft unter den Merkmalen des Objektes eine eigentümliche und rätselhafte Auswahl: Sie legt nur *überindividu-*

elle Merkmale fest. Wenn wir im Experiment die Prägungsvorgänge eines Jungvogels auf ein Tier einer anderen Spezies lenken, so sind nach Vollzug der Prägung die betreffenden Funktionskreise auf die Art eingestellt, der das die Prägung induzierende Tier angehörte (S. 147). Dabei ist es vollständig rätselhaft, wie der Vogel die Art, zu der er sich fälschlich »zugehörig fühlt«, zoologisch zu »bestimmen« imstande ist.

Es sei schließlich darauf hingewiesen, daß in der menschlichen Psychopathologie Fälle bekannt geworden sind, in denen eine irreversible Fixierung des Objekts bestimmter Triebhandlungen beobachtet wurde, die rein symptomatologisch ein durchaus ähnliches Bild bot, wie wir es von Vögeln kennen, deren Objektbildung in nicht artgemäßer Weise erfolgte.

III Kapitel. Das angeborene Schema des Kumpans

Niemals sind sämtliche Merkmale des Artgenossen, der dem Vogel in einem bestimmten Funktionskreise Kumpan ist, nur durch Prägung erworben. Immer ist für die zu *erwerbenden* auslösenden Schemata ein Rahmen von *angeborenen* gegeben, aus deren Gesamtheit sich ein je nach ihrer Art und Zahl weiter oder enger gefaßtes angeborenes Gesamtschema des Kumpans aufbaut. Auch in Fällen, wo dieses Gesamtschema nur ganz wenige angeborene Auslöse-Schemata enthält, d. h. extrem *weit* ist, hat und erfüllt es im normalen Freileben des Jungvogels die Aufgabe, die Prägungsvorgänge auf das richtige, dem Funktionsplan der Instinkthandlungen entsprechende Objekt zu lenken. Unter den Bedingungen des Versuches lassen sich in manchen Fällen die Schlüsselreize der einzelnen angeborenen Schemata ermitteln, indem man bei Jungvögeln absichtlich Fehlprägungen auf nicht artgemäße Objekte zu erzielen sucht. Aus den Eigenschaften dieser letzteren kann man oft recht gut entnehmen, welche Reize zur Ausfüllung des angeborenen Kumpanschemas unerläßlich sind (S. 151–155).

Das Zusammenspiel zwischen angeborenem Kumpanschema und Objektprägung ist von Art zu Art sehr verschieden. Von Arten, die, wie die Graugans, sehr zeichenarme, weite angeborene Kumpanschemata besitzen, gibt es alle Übergänge zu solchen, bei denen so gut wie alle auslösenden Schemata angeboren sind, so daß der Prägung kein Spielraum verbleibt. Wir dürfen wohl sagen, daß innerhalb der Klasse der Vögel das letztere Verhalten das primitivere ist.

IV bis VIII Kapitel. Eltern-, Kind-, Geschlechtskumpan, sozialer Kumpan, Geschwisterkumpan

In diesen Abschnitten wurden fünf verschiedene Fälle untersucht, wo ein bestimmter Artgenosse in der Umwelt des Vogels eine besonders wichtige Rolle spielt: Uexküll folgend, wurden diese Kumpane übergeordneter Funktionskreise als Elternkumpan, Kindkumpan usw. bezeichnet, obwohl wir in manchen Fällen, um ganz folgerichtig zu sein, die Auflösung des Umweltbildes des Artgenossen bis in einzelne untergeordnete Funktionskreise hätten weitertreiben müssen.

Soweit ihre Einheitlichkeit dies gestattete, wurden die *angeborenen Schemata* dieser Kumpane übergeordneten »Kreise von Funktionskreisen« untersucht, indem an Hand möglichst vieler Beobachtungen ihre Ausfüllbarkeit durch nicht artgemäße Triebobjekte besprochen wurde.

Anschließend an das angeborene Schema wurde bei jedem der fünf übergeordneten Funktionskreise die *individuelle Kennzeichnung* des Kumpans untersucht.

Hierauf wurden in jedem der fünf Fälle die Gegenleistungen der verschiedenen Kumpane besprochen, die dem Tiere zum Ablaufenlassen seiner einzelnen Teilfunktionen nötig sind. Mit anderen Worten, es wurde die Rolle herausgearbeitet, die dem Kumpan als auslösendem Moment der Reaktionen zukommt, aus denen sich ein einzelner Funktionskreis aufbaut.

Schließlich wurde besprochen, inwieweit die untergeordneten Funktionskreise jedes der fünf Kumpankreise unter sich zusammenhängen, und in gegebenem Falle ihre Trennbarkeit, insbesondere durch Prägung auf verschiedene Einzelobjekte, erörtert.

Da mir die Beobachtungen, die diesen Kapiteln zugrunde liegen, nicht nur als Illustrationen der hier vertretenen Anschauungen, sondern auch an sich wertvoll erscheinen, wurde bei ihrer Mitteilung nicht an Raum gespart. Ich bin von dem Wert dieser Tatsachen viel fester überzeugt als von der Deutung, die ich ihnen gegeben habe. Derjenige aber, dem die Einzelbeobachtung uninteressant ist, mag von den fünf speziellen Kumpankapiteln vier überschlagen, ohne im Verständnis des allgemeinen Teils vorliegender Arbeit gestört zu werden.

B Ergebnisse zum Instinktproblem

Ich möchte es gerne als ein Ergebnis meiner Arbeit werten, daß sich in ihrem Verlauf die Ansichten über Instinkt, die wir im zweiten Abschnitt (S. 131–139) als eine Arbeitshypothese aufgestellt haben, durchaus bewährt haben. Es muß gesagt werden, daß diese Hypothesen nicht als Richtlinien meiner Arbeit gewirkt haben, sondern nachträglich durch Abstraktion aus einer schon vorher geübten Forschungsweise gewonnen wurden, für die die Priorität unbedingt Heinroth zuzuerkennen ist.

Die Annahme einer fundamentalen Zweiheit von Instinkthandlung auf der einen, Lern- und Intelligenzleistung auf der anderen Seite hat uns nirgends Schwierigkeiten gebracht, sondern hat uns im Gegenteil manche sonst durchaus unverständliche Verhaltensweise verstehen lassen. Wir haben es nie zu bereuen gehabt, daß wir die Veränderlichkeit der Instinkthandlung durch Erfahrung rundweg geleugnet haben und folgerichtig den Instinkt *wie ein Organ* behandelt haben, dessen individuelle Variationsbreite bei allgemeiner biologischer Beschreibung einer Art vernachlässigt werden kann. Diese Auffassung widerspricht nicht der Tatsache, daß manchen Instinkthandlungen eine hohe regulative »Plastizität« zukommen kann. Eine solche haben auch viele Organe. Mit der Auffassung der Instinkthandlung als Kettenreflex soll weder zu einer bahntheoretischen Erklärung noch auch zum mechanistischen Dogma ein Bekenntnis abgelegt sein.

Kaum irgendwo anders ist der *unzertrennliche Zusammenhang zwischen der Ausbildung des Organes und der Ausbildung des Instinktes, der seine Verwendung diktiert*, so augenfällig und unleugbar, wie in der sozialen Ethologie der Vögel. Welche Faktoren es immer sein mögen, die die biologische Zweckmäßigkeit in der Ausbildung der Organe bewirken, sicherlich sind es dieselben, die auch die Ausbildung der Instinkte bewirken. Innerhalb einer scharf umschriebenen Gruppe von Vögeln sehen wir Reihenbildungen, in denen der Zusammenhang einer instinktmäßigen Verhaltensweise mit einem dazugehörigen Organ sehr deutlich ist. In einem bestimmten Sonderfall fanden wir diesen Zusammenhang so eng, daß es uns angezeigt erschien, funktionsgleiche Instinkthandlungen und Organe unter einem übergeordneten Begriff zu vereinigen: Als »Auslöser« haben wir unterschiedlos Organe und Handlungen bezeichnet, die bei einem Artgenossen soziale Reaktionen in Gang bringen helfen (S. 120). Wir finden sehr häufig *»phylogenetische« Reihen von Auslösern*, in denen an einem Ende Instinkthandlungen *ohne* ein dazugehöriges unterstützendes Organ stehen, an deren anderem Ende wir hochentwickelte Organe zur Unterstützung fast gleicher und sicher homologer instinktiver Bewegungen vorfinden. Die verschiedenen Formen des Imponiergehabens und der Imponierorgane innerhalb der Familie der Anatiden stellen ein Beispiel solcher Reihenbildung dar (S. 211). Ich möchte betonen, daß wohl nirgends in der gesamten vergleichenden Morphologie Reihenbildungen auftreten, die so unmittelbar überzeugend für genetische Zusammenhänge sprechen wie die hier in Rede stehenden. Dies mag zum großen Teil darauf beruhen, daß Auslöser und Ausgelöstes als sozusagen inneres »Übereinkommen« innerhalb einer Vogelart von Umgebungsfaktoren besonders wenig beeinflußt werden und daß Konvergenzerscheinungen daher von vornherein mit großer Wahrscheinlichkeit auszuschließen sind. Gleichheit bedeutet hier *immer* Homologie, wodurch wir oft genetische Zusammenhänge mit einer Genauigkeit zu erfassen imstande sind, wie sie dem vergleichenden Morphologen fast nie vergönnt ist.

Niemand kann leugnen, daß die phylogenetische Veränderlichkeit einer Instinkthandlung sich so verhält wie diejenige eines Organes und nicht wie diejenige einer psychischen Leistung. Ihre Veränderlichkeit gleicht so sehr derjenigen eines besonders »konservativen« Organes, daß der *Instinkthandlung als taxonomischem Merkmal* sogar ein ganz besonderes Gewicht zukommt, besonders, wenn es sich um Auslöser handelt. Niemand kann beweisen, daß die individuelle Veränderlichkeit einer Instinkthandlung mit Faktoren zu tun hat, die bei der individuellen Veränderlichkeit von Organen nicht mitspielen. Wenn man nicht den Begriff des Lernens ganz ungeheuer weit faßt, so daß man etwa auch sagen kann, die Arbeitshypertrophie eines vielbenützten Muskels sei ein Lernvorgang, so hat man durchaus kein Recht, die Beeinflussung des Instinktes durch Erfahrung zu behaupten.

C Diskussionen

Im Laufe unserer Abhandlung sind wir, insbesondere bei der Wiedergabe von Beobachtungen, wiederholt auf Tatsachen gestoßen, die für die Entscheidung gewisser Streitfragen wichtig erscheinen. Da sie z. T. mit der eigentlichen Fragestellung unserer Arbeit nicht unmittelbar zu tun haben, möchte ich ihnen hier einen gesonderten Abschnitt widmen.

a) Zum Instinktproblem

1. Es ist keineswegs erwiesen, daß die Instinkthandlung durch Erfahrung veränderlich ist; nach allen bisherigen Beobachtungen erscheint das Gegenteil sehr wahrscheinlich. Dies widerspricht den Anschauungen Lloyd Morgans und sehr vieler anderer Autoren, die über Instinkt gearbeitet haben. Eine Instinktdefinition von Driesch stimmt mit dieser meiner Auffassung überein. Sie besagt, daß die Instinkthandlung eine Reaktion sei, »die von Anfang an vollendet ist«. Sie vernachlässigt allerdings die S. 133 und 134 beschriebene Möglichkeit von Reifungsvorgängen, die erst ablaufen, während die Handlung schon in Benützung steht.

2. Zieglers bahntheoretische Instinktdefinition vermag den weitgehenden Regulationsvorgängen nicht gerecht zu werden, die von Bethe und seiner Schule nachgewiesen wurden. Bethe bezeichnet alle Regulationsmöglichkeiten als Plastizität der Instinkthandlung. Gegen diesen Ausdruck ist an sich nichts einzuwenden, aber andere Autoren haben gerade darunter die Möglichkeit adaptiver Modifikation durch Erfahrung verstanden (Alverdes), die ich leugne und die gerade durch Bethes Versuche eher unwahrscheinlicher als wahrscheinlicher geworden ist. Ich halte es auch sonst für nicht sehr glücklich, es als Plastizität einer Verhaltensweise zu bezeichnen, wenn sofort nach einer bestimmten Schädigung eine bestimmte ganzheitliche Regulation in Erscheinung tritt (S. 136–137).

3. Wallace Craig hat in seiner bekannten Arbeit *Appetites as Constituents of Instincts* die wichtige Feststellung gemacht, daß sich die Bereitschaft zu einer bestimmten Instinkthandlung erhöht, wenn die Auslösung der Handlung länger als normal unterbleibt. Es kommt nicht nur zu einer Erniedrigung der Schwelle der auslösenden Reize, sondern auch zu einem Verhalten, das als ein Suchen nach diesen Reizen gedeutet werden kann. Diese Erscheinungen faßt Craig als »appetite« zusammen. Bei der weiten Bedeutung dieses Wortes im Englischen ist die Bezeichnung zweifellos glücklich, nur ist es schwer, sie ins Deutsche zu übertragen, zumal die von Craig als Appetite zusammengefaßten Erscheinungen nicht auf »positive« Reaktionen beschränkt sind, was dieser Autor auch betont hat. Gerade bei Flucht- und Warnreaktionen ist uns die Erniedrigung der Schwelle des auslösenden Reizes besonders aufgefallen (S. 137, 182–184). Der theoretisch erreichbare Grenzwert der von Craig beschriebenen Schwellenerniedrigung wird erreicht, wenn das eintritt, was ich S. 138 und schon in meiner früheren Arbeit als *»Leerlaufreaktion«* beschrieben habe; d. h. die Reaktion kommt ohne äußeren Reiz zur Ausführung. Die Leerlaufreaktion ist uns nicht nur deshalb von besonderer Wichtigkeit, weil sie uns die Wirkung des Craigschen Appetitfaktors vor Augen führt, sondern auch, weil sie in überzeugender Weise die Unabhängigkeit der Instinkthandlung von äußeren Zusatzreizen (behavior supports Tolmans) dartut und den inneren Zusammenhang der Handlungskette zeigt.

4. William McDougall lehrt, daß bestimmten instinktiven Verhaltensweisen bestimmte *Affekte* als subjektive Korrelate zugeordnet seien. (»Affekt« entspricht nicht ganz dem englischen »emotion«, das eigentlich einen Gefühlen und Affekten übergeordneten Begriff bezeichnet.) Im jahrelangen unmittelbaren Umgang mit Tieren bekommt man zwingend den Eindruck, daß die Instinkthandlungen mit subjektiven Erscheinungen einhergehen, die Gefühlen und Affekten entsprechen. Kein wirklicher Tierkenner kann die Homologien übersehen, die zwischen Mensch und Tier be-

stehen und die zu einem Rückschluß auf die subjektiven Vorgänge im Tiere geradezu zwingen. Kein Beobachter kann sich von solchen Homologieschlüssen freihalten. Daher sind sämtliche wirklichen Tierkenner Parteigänger McDougalls, mögen sie es nun wissen oder nicht. Verwey schreibt: »Wo Reflexe und Instinkte sich überhaupt unterscheiden lassen, verläuft der Reflex mechanisch, während Instinkthandlungen von subjektiven Erscheinungen begleitet werden.« Eine etwas kühne Instinktdefinition, die ich aber durchaus unterschreiben möchte! Heinroth pflegt im Scherze sehr treffend auf den gänzlich ungerechtfertigten Vorwurf zu antworten, daß er Tiere als Reflexmaschinen behandle. Er sagt dann: »Tiere sind Gefühlsmenschen mit äußerst wenig Verstand.« Wie man sieht, steht die Ansicht dieser allerbesten Tierkenner und -versteher in vollkommenem Einklang mit der Lehre McDougalls. Auch ich habe mich zu derselben Meinung bekannt, nur erachte ich es für nicht gut möglich, bei Tieren mit den verhältnismäßig wenigen und eben doch auf den Menschen zugeschnittenen Instinktkategorien McDougalls auszukommen. Auch sehe ich bei Tieren, oder wenigstens bei Vögeln, keine Möglichkeit, zwischen übergeordneten und untergeordneten Instinkten zu unterscheiden, wie McDougall dies tut. Die große Unabhängigkeit, die die einzelnen Teilhandlungen eines Funktionskreises auszeichnet, bringt es mit sich, daß auch die scheinbar unwichtigeren von ihnen als autonome Mosaiksteine für die Funktion der Ganzheit ebenso wichtig sind wie nur irgendwelche anderen. Wenn wir nun über die begleitenden Affekte und Gefühle etwas aussagen wollen, so müssen wir von ihnen folgerichtig so viele voneinander unabhängige Arten annehmen, wie wir autonome Instinkthandlungen feststellen können. Wir müßten also bei einem Tier *viel mehr* gesonderte Gefühle und Affekte annehmen, als wir vom Menschen kennen, von dessen Gefühlsleben wir, um folgerichtig zu bleiben, einen ähnlichen Vereinfachungs- und Entdifferenzierungsvorgang annehmen müßten, wie wir ihn von seinen instinktiven Verhaltensweisen kennen. Daher sind die aus dem menschlichen Sprachgebrauch entlehnten Affektbezeichnungen für die Beschreibung tierischer Innenvorgänge von vornherein ungenügend, d. h. *zu wenige an der Zahl.* Heinroth hat in seinen Werken deshalb sehr richtig neue Affektbezeichnungen geschaffen, die aus der Bezeichnung der instinktiven Handlung und dem deutschen Wort »Stimmung« zusammengesetzt sind. Er redet von Flugstimmung, Fortpflanzungsstimmung usw., und ich habe mich hier (S. 181, 230, 242, 244, 263) derselben Ausdrücke bedient. Als zu einer und derselben Stimmung gehörig müssen wir *Reihen* von Reaktionen betrachten, die einer Stufenleiter von Erregungsintensitäten zugeordnet sind und in einer chromatischen Skala fließend ineinander übergehen. Die S. 179 geschilderte doppelte Warn- und Fluchtreaktion der

Hühner sei ein Beispiel dafür, wie bei einem Tier zwei Intensitätsreihen vorhanden sein können, wo wir beim Menschen nur eine entsprechende vorfinden. Der Ausdruck Furcht genügt jedenfalls nicht, um den doppelten Affekt der genannten Vögel zu kennzeichnen; wir müssen eine Bodenfeind- und eine Raubvogel-Furcht annehmen, die qualitativ voneinander verschieden sind. Diese Ansichten beinhalten eine Kritik an neueren amerikanischen Arbeiten, z. B. H. Friedmanns Arbeit *The Instinctive Emotional Life of Birds.* Ferner besagen sie das genaue Gegenteil von dem, was H. Werner in seiner Entwicklungspsychologie über die primitiven Gefühle und Affekte aussagt.

b) Zur Paarungsbiologie

1. Darwin war der Ansicht, daß gewisse auffallende Farben und Formen im Tierreiche dadurch zur Entwicklung gekommen seien, daß das mit ihnen ausgerüstete Tier bei der Gattenwahl von dem anderen Geschlechte bevorzugt würde. Es waren hauptsächlich die Prachtkleider vieler Vogelmännchen, die Darwin zu dieser Auffassung führten. Wallace hat die Existenz der geschlechtlichen Zuchtwahl in diesem engsten Sinne rundweg geleugnet und alle geschlechtlichen Dimorphismen auf bloße Stoffwechselverschiedenheiten zurückführen wollen. Unsere Erklärungen über Wesen und Funktion der Auslöser (S. 117) haben die Unhaltbarkeit der Wallaceschen Hypothese dargetan. Wenn sie auch in sehr vielen Punkten von den Ansichten Darwins abweichen, so zeigen sie doch wieder einmal, wie Darwins weit vorausschauender Genius den wirklich bestehenden Verhältnissen weit mehr gerecht wurde, als seine Opponenten je vermochten.

2. Die von Noble und Bradley für manche Reptilien erhobenen Befunde (S. 215) dürfen *nicht* auf Vögel verallgemeinert werden, wie diese Autoren andeuten. Die Droh- und Einschüchterungswirkung der männlichen Prachtkleider ist zwar bei sehr vielen Vögeln ebenso vorhanden wie bei den von Noble und Bradley beschriebenen Reptilien, sie ist aber niemals die *einzige* Wirkung dieser Auslöser.

3. A. A. Allen kommt am Ende seiner Arbeit *Sex rhythm in the Ruffed Grouse* zu dem Schlusse, daß Vögel kein Bewußtsein des eigenen Geschlechtes besitzen. Dies gilt nur für ganz bestimmte Formen, allerdings für sehr viele. Den ihnen zukommenden Typus der Paarbildung haben wir S. 216 als den »Labyrinthfischtypus« bezeichnet.

4. Der oben genannte Autor sagt in derselben Arbeit, daß Vogelmännchen eine ebenso kurze physiologische Periode der Paarungsbereitschaft hätten wie die Weibchen und daß daher eine befruchtende Paarung nur dann zustande kommen könne, wenn die Fortpflanzungszyklen beider

Gatten von vornherein »synchron« seien. Beides ist zweifellos für die von A. A. Allen untersuchten Arten (*Bonasa umbellus*, manche kleine Sperlingsvögel) richtig. Beides darf jedoch meiner Ansicht nach nicht ohne weiteres auf andere Vögel verallgemeinert werden. Ich glaube mit Verwey, daß der männliche Fischreiher eine sehr lange dauernde Paarungsbereitschaft hat (S. 232), und ich stimme Wallace Craig vollkommen darin bei, daß es auch eine nachträgliche Synchronisation der Fortpflanzungszyklen gibt (S. 231).

c) Zur allgemeinen Soziologie

1. Die von Schjelderup-Ebbe und anderen Autoren beschriebene Rangordnung ist zwar sehr vielen Vogelsozietäten eigen, aber durchaus nicht allen. Es gibt siedlungsbrütende Vögel mit sehr hochspezialisierten sozialen Reaktionen, in deren Sozietäten keine Rangordnungs-Skalen ausgebildet werden. Hierher gehören Reiher, Kormorane, Tölpel, wahrscheinlich noch sehr viele andere koloniebrütende Seevögel.

2. Es wäre vorzuschlagen, zu Untersuchungen über soziologische Fragen, wenn irgend angängig, *undomestizierte* Vogelformen zu verwenden. Wenn auch, wie Brückner sagt, nichts im Wege steht, auch die veränderten Instinkthandlungen von Haustieren zum Gegenstand unserer Untersuchungen zu machen, so möchte ich doch betonen, daß wir bei unserem Forschen jede Fehlerquelle vermeiden müssen, von der wir Kenntnis haben und die sich vermeiden läßt. Die Ausfälle von Instinkthandlungen bei Haustieren sind eine solche Fehlerquelle. Wir dürfen nicht vergessen, daß gerade die sozialen Verhaltensweisen auch bei den höchsten Tieren zum größten Teile durch Instinkte bestimmt werden.

D Der Aufbau der Sozietät

Zum Abschluß seien mir einige Worte darüber gestattet, wie sich bei sozialen Formen aus den ineinandergreifenden Leistungen der Individuen, aus dem Auslöser bei dem einen Tiere und dem Ausgelösten bei dem anderen, die Gesamtfunktion der überindividuellen Ganzheit, der Sozietät, ergibt.

Es liegt im Wesen moderner Ganzheitsbetrachtung, daß man das Ganze *vor* den Teilen, das Wesen der Sozietät *vor* dem des Individuums zu erfassen trachtet. H. Werner sagt in seinem Buche *Einführung in die Entwicklungspsychologie*: »Es läßt sich in jedem Fall zeigen, daß eine Totalität fundiert sein kann auf ganz verschiedene Weise, daß die sogenannten Elemente, die diese Totalität aufbauen, wechseln können, ohne den Gesamtcharakter zu ändern. Darum kann es nicht an den Pünktchen liegen, daß ein Kreis aus ihnen entsteht, und auch nicht an der Zusammenfassung dieser Pünktchen durch Synthese. Aus bestimmten Bausteinen kann so jede beliebige Figur entstehen, wie auch andererseits ganz andere Elemente als Pünktchen, etwa Kreuzchen, die gleiche Figur ergeben können. Ganz ebensowenig liegt es an den einzelnen Menschen-›Pünktchen‹, an den Individuen, daß sie eine so und nicht anders geartete Gesamtheit ergeben. Durch die Synthese von Individuen wird niemals eine überindividuelle Totalität gewonnen.« Anderen Ortes: »Nicht der Begriff der schöpferischen Synthese, sondern der Begriff der schöpferischen Analyse führt fruchtbar weiter.« Alverdes hat gegen Uexküll den Vorwurf ausgesprochen, daß der Ausdruck »Reflexrepublik«, den Uexküll für den Seeigel wegen der eigenartigen Zusammenarbeit der Stacheln, Pedicellarien und Ambulakralfüßchen anwandte, der »Fiktion der Ganzheitlichkeit widerspreche«.

Beiden Anschauungen möchte ich folgendes entgegenhalten: Man mag einer atomistischen Assoziationspsychologie noch so ablehnend gegenüberstehen, man mag die Zentrenlehre noch so bestimmt ablehnen, man darf aber nicht vergessen, daß in diesen Fällen die Berechtigung zur Ganzheitsbetrachtung dem Vorhandensein einer physischen Ganzheit entnommen wird, die in Gestalt eines übergeordneten Integrationsapparates, einer ganzheitlichen Verbundenheit des Zentralnervensystems, gegeben ist. Eine solche ganzheitliche Verbundenheit dort zu suchen, wo sie physisch nicht gegeben ist, betrachte ich bei aller Ablehnung mechanistischer Deutungsweisen als eine Abschweifung ins Metaphysische.

Eine wirkliche ganzheitliche Integration der Teile kann selbstverständlich auch zum Entstehen überindividueller Ganzheiten führen. Nur müssen wir auch in solchen Fällen nach einem realen überindividuellen Integrationsapparat forschen. Die menschliche Sozietät besitzt in ihrer Wortsprache einen solchen Apparat, der eine überindividuelle Stapelung von Erfahrungen, ein überindividuelles Wissen und außerdem eine sehr vollkommene Koordination der Funktionen der Individuen ermöglicht. Bei einer Tiersozietät *erfahren* aber die Individuen sehr wenig über die Existenz und Tätigkeit ihrer Brüder. Sie gleichen darin sehr den Einzelorganen in der Reflexrepublik des Seeigels, die nicht durch ein integrierendes Nervennetz von der Tätigkeit des Nebenmannes Kunde erhalten, sondern auf diesen nur dann reagieren, wenn sie höchst körperlich von ihm beeinflußt werden, ganz wie dies bei den Einzelindividuen der Tiersozietät der Fall ist. Auch bei diesen ist die gegenseitige Beeinflussung durchaus nichts Unkörperliches und Unmerkliches. Davon hoffe ich den Leser dieser Arbeit überzeugt zu haben. Übrigens wüßte ich für die Sozietät einer Vogelart wie die Dohle keine Bezeichnung, die ihrer Struktur so vollkommen und so schlagend gerecht wird, wie der Ausdruck Reflexrepublik.

Bei dem Seeigel ist die Subordination der Teile unter das Ganze so wenig weit fortgeschritten, daß bei bestem Willen zur Ganzheitsbetrachtung und voller Einschätzung ihres Wertes dennoch die Synthese der Funktionen der Teile uns dem Verständnis der Gesamtleistung des Organismus näher bringt, als die von Werner geforderte schöpferische Analyse des Ganzen. Je ganzheitlicher ein Organismus ist, je weiter die Differenzierung und Subordination seiner Teile geht, desto wichtiger wird die Rolle werden, die der Analyse als Forschungsmethode zufällt, desto weniger weit wird uns die Synthese dem Ziele nähern. Für den überindividuellen Organismus der Sozietät gilt natürlich dasselbe. Da aber auch bei den am meisten ganzheitlichen Tierstaaten, z. B. bei denen der Termiten, die Differenzierung und Subordination der Individuen niemals weiter oder auch nur annähernd so weit geht, wie die der einzelnen »Reflexpersonen« eines Seeigels, so muß ich den Sätzen Werners widersprechen. Ich betrachte es als eine nicht zulässige Verallgemeinerung von Anschauungen, die auf dem Gebiete der Gestaltpsychologie volle Gültigkeit besitzen mögen, die aber auf das Gebiet der Soziologie in keiner Weise übertragbar sind.

»Wenn ein Hund läuft«, sagt Uexküll, »so bewegt der Hund die Beine, wenn ein Seeigel läuft, so bewegen die Beine ihn.« In eine ähnliche Relation kann man Ganzheit und Teil bei verschieden hoch organisierten Typen von Sozietäten bringen: Wenn junge Menschen heranwachsen, so werden sie weitgehend von der Sozietät geformt, zu der sie gehören. Wenn junge Dohlen heranwachsen, so formen sie ohne jedes Vorbild eine bis in die kleinsten Einzelheiten vollkommene Dohlensozietät.

»Der Mensch«, sagt Werner, »besitzt als Angehöriger einer überindividuellen Einheit Eigenschaften, die ihm zukommen kraft seiner Zuordnung zu dieser Totalität und die nur aus dem Wesen dieser Totalität heraus verständlich sind.« Ich muß betonen, daß hier zwei gänzlich verschiedene Dinge zusammengeworfen werden. Das Individuum besitzt Eigenschaften, die ihm Kraft seiner Zugehörigkeit zu einer bestimmten, individuellen Sozietät zukommen, gewisse durch Tradition weitergegebene Verhaltensweisen, wie z. B. eine bestimmte Sprache beim Menschen. Diese Eigenschaften kämen dem Individuum nicht in gerade dieser Weise zu, wenn es Mitglied einer anderen Sozietät, eines anderen »Überindividuums« der gleichen Art, wäre. Außerdem aber besitzt das Individuum Eigenschaften, die zwar auch nur aus der Analyse der Sozietät der betreffenden Spezies verständlich werden können, die aber als instinktmäßig ererbtes und nicht traditionell überliefertes Gut dem Individuum kraft seiner Zugehörigkeit zu der betreffenden *Art* zukommen und nicht kraft seiner zufälligen Zugehörigkeit zu einer bestimmten einzelnen Sozietät dieser Art. Diese Eigenschaften werden in ihrer Ausbildung von der Sozietät nicht beeinflußt.

Gerade hier zeigt es sich, daß wir instinktmäßig Ererbtes und durch Überlieferung Erworbenes als zwei fundamental verschiedene Dinge auseinanderhalten müssen. Wenn wir uns klarmachen wollen, wie verschieden die Rollen sind, die sie bei verschiedenen Tierformen spielen, müssen wir das Verhalten von isoliert aufgezogenen Individuen betrachten, bei denen der Einfluß der Überlieferung von vornherein ausgeschaltet war. Ein derartiger Mensch würde sich voraussichtlich von einem normalen Sozietätsmitglied sehr weitgehend unterscheiden, und man könnte auch bei genauestem Studium eines solchen »Elementes« der menschlichen Gesellschaft aus ihm nicht durch Synthese auch nur ein annähernd genaues Bild der Menschensozietät gewinnen. Eine Dohle hat auch dann, wenn sie seit frühester Jugend aus jedem Zusammenhang mit Artgenossen herausgerissen ist, so gut wie alle Eigenschaften und Verhaltensweisen, die ihr im Rahmen der normalen Sozietät zukommen würden. Viele von ihnen werden natürlich in der Einzelhaft nicht regelmäßig in Erscheinung treten, um so eindrucksvoller aber ist es, wenn einige von ihnen doch ziel- und objektlos »auf Leerlauf« abschnurren und damit beweisen, daß sie virtualiter vorhanden sind und nur der Auslösung harren. Im übrigen sind die Abweichungen, die das Verhalten des isoliert aufgezogenen Vogels von dem des normalen Kontrolltieres zeigt, auf Ausfälle im Prägungsvorgang zurückzuführen und nicht auf den Mangel an erlernter Überlieferung. Die durch Tradition weitergegebenen Verhaltensweisen sind so wenig ausschlaggebend, daß man von ihrem Fortfall nur in ganz bestimmten Fällen etwas merkt (S. 182–184).

Jedenfalls stört uns ihr Fortfall nicht in dem Beginnen, aus dem Verhalten des isolierten Tieres nach genauer Analyse seiner oft unvollständigen instinktmäßigen Handlungsabläufe synthetisch den Aufbau der Sozietät seiner Art zu konstruieren. Dieser Versuch gelingt uns manchmal in einer Weise, die dem an ein mehr analytisches Vorgehen gewohnten Biologen immer wieder als etwas ganz Erstaunliches erscheint. Es war mir stets aufs neue eine freudige Überraschung, wenn die Sozietät einer Vogelart tatsächlich das Verhalten zeigte, das ich mit guter Annäherung aus dem Benehmen des einzeln aufgezogenen Jungvogels synthetisch konstruiert hatte.

Nur wenn wir für den Menschen annehmen, daß bei ihm die instinktmäßig ererbten Verhaltensweisen gegenüber den erworbenen ganz in den Hintergrund treten, *nur dann* mag Werners Gleichnis von der aus Kreuzchen oder Pünktchen in gleicher Weise zu bildenden Figur für die menschliche Sozietät zu Recht bestehen. Zu dieser Annahme bin ich ganz und gar nicht bereit, immerhin aber sei zugestanden, daß bei dem Menschen die von der Sozietät ausgehende Beeinflussung der Verhaltensweisen des Individuums weit größer ist als bei irgendeinem Tiere. Die Individuen einer sozialen Tierart sind stets nur zu *einer* eng umschriebenen Form von überindividueller Ganzheit zusammensetzbar! Wenn wir, wie Werner, ein Gleichnis gebrauchen wollen, so müssen wir sagen, sie gleichen vom ersten Augenblicke ihres Lebens den fertig behauenen Steinen eines Torbogens, die sich nur zu der einen Ganzheit vereinigen lassen, deren Bauplan dem des Elementes entspricht. Der spärliche Mörtel der individuell erworbenen Verhaltensweisen vermag an der Form des Bauwerks nichts Wesentliches zu ändern.

Bei dem Vergleich der angeblich zum größten Teile auf individuell erworbenen oder sogar verstandesmäßigen Reaktionen aufgebauten menschlichen Gesellschaft mit der tierischen Sozietät haben wir bis jetzt ein so verschiedenes Verhalten des Teiles zum Ganzen und des Ganzen zum Teile angenommen, daß es angezeigt erschien, mit geradezu entgegengesetzten Forschungsmethoden an diese beiden Formen überindividueller Ganzheit heranzutreten. Eine solche Gegensätzlichkeit zu betonen, liegt durchaus nicht in meiner Absicht. Es ist vielmehr meine Überzeugung, daß die Soziologen, mit Ausnahme McDougalls, den Anteil des Instinktmäßigen an allen sozialen Reaktionen des Menschen ganz gewaltig unterschätzt haben. Es gehört zu den Eigenschaften instinktmäßiger Verhaltensweisen, daß sie mit zugeordneten Affekten gekoppelt sind. Die mit sozialen Trieben gekoppelten Affekte des Menschen werden aber von ihm als etwas besonders Hohes und Edles empfunden. Es sei fern von mir, leugnen zu wollen, daß sie das wirklich sind, aber die durchaus berechtigte Hochwertung der den sozialen menschlichen Trieben zugeordneten Gefühle und Affekte benimmt vielen Wissenschaftlern die psychische Möglichkeit, dem Tiere auch etwas von diesem Höchsten und Edelsten zuzugestehen, andererseits dem Menschen instinktmäßiges Verhalten zuzuschreiben. Gerade das ist aber vonnöten, wenn wir unser eigenes soziales Verhalten verstehen lernen wollen. Katz schreibt: »In mancher Hinsicht besteht eine überraschende Übereinstimmung im sozialen Verhalten von tierischen und menschlichen Gruppen, so daß man geradezu die Hoffnung hegen darf, die Tierpsychologie einst dazu zu verwenden, um Gesetze aufzufinden, von denen das soziale Verhalten menschlicher Gruppen beherrscht wird.« Diese Hoffnung kann nur dann in Erfüllung gehen, wenn wir den Instinkt als etwas Eigengesetzliches und von dem übrigen psychischen Verhalten fundamental Verschiedenes auch dem Menschen zuschreiben und in ihm zu erforschen trachten.

Über die Bildung des Instinktbegriffes (1937)

Wenn heute zwei beliebige Biologen über das Problem der Instinkte zu diskutieren versuchen, so macht sich sehr oft ein ganz erstaunlicher Mangel gegenseitigen Verstehens bemerkbar, der darin begründet ist, daß jeder mit dem Worte Instinkt einen anderen Begriff verbindet. Diese für jede Verständigung so hinderlichen Verschiedenheiten in der Begriffsbildung erklären sich wohl zum größten Teil aus der prinzipiellen Unmöglichkeit, für eine biologische Erscheinung eine wirklich endgültige Definition zu geben, und aus der mangelnden Einsicht in diese Tatsache. Der irrige Glaube, daß man dem Problem der Instinkthandlungen anders als auf rein induktivem Wege näherkommen und ohne experimentelle Einzelforschung über »den Instinkt« Aussagen machen könne, ist weiterhin der hauptsächlichste Grund für bestimmte, leicht zu widerlegende Aussagen, die von großen Theoretikern über den Instinkt gemacht wurden. Derselbe Grund hat auch zur Bildung unhandlicher Begriffe vom Instinkt geführt, besonders zu allzu *weiten* Fassungen dieses Begriffes, und solche sind erfahrungsgemäß dem Fortschreiten analytischer Forschung oft hinderlich.

Es liegt mir fern, hier eine auch nur annähernd vollständige Übersicht über sämtliche Begriffe geben zu wollen, die je mit dem Worte Instinkt verbunden wurden. Ich will vielmehr versuchen, die Irrigkeit oder zum mindesten die Angreifbarkeit einiger Anschauungen und Theorien darzutun, die von großen Instinkttheoretikern vertreten wurden und heute noch allgemeinste Anerkennung finden. Ich will dabei zu zeigen trachten, wie eng solche Irrtümer oft mit unhandlichen und vor allem mit zu unbestimmten, weiten Fassungen des Instinktbegriffes zusammenhängen. Aus einer, wie ich glaube, wirklich auf Tatsachen aufgebauten Kritik soll ein neuer, schärfer umrissener Begriff der Instinkthandlung von selbst hervorgehen.

Daß es nämlich Tatsachen geben muß, die zur Bildung eines besser brauchbaren Instinktbegriffes herangezogen werden können, geht daraus hervor, daß erfahrungsgemäß alle *praktischen Tierkenner*, seien es nun Tiergärtner, biologisch gebildete Liebhaber oder Feldbeobachter, einander ohne weiteres verstehen, wenn sie auf das Instinktproblem zu sprechen kommen, weil sie ganz offensichtlich mit einem Begriffe erstaunlich gut übereinstimmenden Inhaltes operieren, selbst dann, wenn sie für diesen Begriff verschiedene Worte verwenden sollten.

Noch ein Wort über den gewählten Terminus. »Instinkt« ist ein bloßes Wort. Das, worüber wir aussagen machen können, ist nur die *Instinkthandlung*, und nur ihr soll unsere Betrachtung gelten. Heinroth hat, um die Vieldeutigkeit des Wortes »Instinkt« zu umgehen, statt »Instinkthandlung« den Ausdruck »arteigene Triebhandlung« angewendet, der an sich zweifellos die bessere Bezeichnung ist. Was mich veranlaßt, zu dem Ausdruck »Instinkthandlung« zurückzukehren, ist der Umstand, daß sich das Wort »Trieb« bzw. englisch »drive« neuerdings gerade in solchen Kreisen eingebürgert hat, in denen sich das Bestreben bemerkbar macht, die Existenz gerade dessen zu leugnen, was wir unter diesem Worte verstehen. Um Verwechslungen mit den meiner Meinung nach abwegigen Triebbegriffen der amerikanischen Behavioristen und denen der Psychoanalytiker zu entgehen, muß ich das deutsche Wort zugunsten des lateinischen verlassen.

Ich möchte nun eine kurze Übersicht über die zu kritisierenden Anschauungen folgen lassen. Wenn ich dabei Autoren sozusagen nach gemeinsamen Irrtümern zusammenfasse, so könnte eine derartige Gruppierung leicht den Eindruck einer gewissen Geringschätzung erwecken, den ich vermeiden möchte. Es sei daher ausdrücklich gesagt, daß ich gerade den hier zitierten Autoren sehr viel verdanke [1] und daß mir nichts ferner liegt, als die Verdienste des einzelnen, die meist auf einem anderen als dem hier kritisierten Gebiete liegen, zu unterschätzen.

Eine unter Biologen und noch mehr unter Psychologen sehr weit verbreitete, ja geradezu allgemein anerkannte Anschauung ist die, daß instinktmäßiges Verhalten sowohl phylogenetisch wie ontogenetisch als ein *Vorläufer* jener weniger starren Verhaltensweisen zu betrachten sei, die wir als »erlernt« und als »verstandesmäßig« bezeichnen oder aber, nach neuerem amerikanischen Muster, unter dem übergeordneten Begriff des »zweckgerichteten Verhaltens« zusammenfassen.

Diese Anschauungsweise geht im wesentlichen auf Herbert Spencer und C. Lloyd Morgan zurück. Letzterer hat in seinem Buche »Instinkt und Erfahrung« sehr genau auseinandergesetzt, wie nach seiner Vorstellung verstandesmäßiges Verhalten durch die allmählich stärker werdende Einwirkung der Erfahrung auf ursprünglich rein instinktmäßige Abläufe zustande kommt. Von Spencer stammt folgender, von seinen Anhängern immer wieder zitierte Satz: »Die fortschreitende Komplikation der Instinkte, die, wie wir gesehen haben, eine Verminderung ihres rein automatischen Charakters mit sich bringt, bringt ebenso einen gleichzeitigen Beginn von Gedächtnis und Verstand mit sich.«

Es ist nur ein folgerichtiges Weiterbauen auf diesen Anschauungen, wenn andere Autoren, wie Tolman, Russel, Alverdes, bis zu einem gewissen Grade auch Whitman und Craig, die Möglichkeit einer scharfen Abgrenzung der Instinkthandlung von allen anderen Verhaltensweisen leugnen und die Instinkthandlung, und zwar auch jede Teilhandlung einer längeren, instinktmäßigen Handlungskette, als ein »zweckgerichtetes« Verhalten auffassen. Diese Auffassung findet ihre schärfste Formulierung in der von Alverdes aufgestellten Formel $A = F(K, V)$, die besagen soll, jede tierische Handlung sei die Funktion eines konstanten und eines variablen Faktors.

An die Spencer-Lloyd-Morgansche Schule schließt sich die Instinktlehre McDougalls insofern an, als sie die Instinkthandlung ebenfalls als eine zweckgerichtete Verhaltensweise (purposive behavior) auffaßt. Sie zeichnet sich im übrigen durch die Annahme einer beschränkten Zahl, und zwar von ausgerechnet 13 übergeordneten Instinkten aus, die sich untergeordneter Instinkte gewissermaßen als Mittel zum Zweck bedienen. In diesem Mittel-Zweck-Verhältnis wird ein Beweis des zweckgerichteten Charakters der Instinkte gesehen. Diese Lehre hat in Amerika rasch Schule gemacht. Die Begriffe »first order drives« und »second order drives«, die nach dem Unmodernwerden des Ausdruckes »Instinkt« in Amerika die ursprünglichen Bezeichnungen McDougalls abgelöst haben, finden sich bei sehr vielen neueren englisch schreibenden Autoren.

Der Spencer-Lloyd-Morganschen Lehre und allen auf ihr fußenden Anschauungen steht in schroffem Gegensatz die Auffassung der Instinkthandlung als *Kettenreflex* gegenüber. Als ihren Hauptvertreter dürfen wir H. E. Ziegler betrachten, der für die Instinkthandlung eine auf der Bahntheorie fußende histologische Definition gibt. Die Kettenreflextheorie hat in physiologisch eingestellten Zoologenkreisen weite Verbreitung gefunden.

Die »Instinktlehre« der Behavioristen im engeren Sinne, als deren Hauptvertreter wir Watson anführen wollen, brauche ich nur hier in der Einleitung zu streifen. Es bedarf der vollkommenen Unkenntnis tierischen Verhaltens, an der so viele amerikanische Laboratoriumsforscher kranken, um den Versuch zu rechtfertigen, schlechterdings alles tierische Verhalten als eine Zusammensetzung bedingter Reflexe zu erklären. Das Vorhandensein höherspezialisierter angeborener Bewegungskoordinationen wird von den Behavioristen rundweg und mit einer gewissen Leidenschaftlichkeit geleugnet. Da diese Leugnung in einem einfachen Mangel an Kenntnissen ihren Grund hat, kann ihre ausführliche Widerlegung als von vornherein unnötig gelten.

I Die Spencer-Lloyd-Morgansche Lehre

Im wesentlichen will ich hier meine Kritik auf die beiden obenerwähnten Grundsätze der Spencer-Lloyd-Morganschen Anschauung beschränken, also erstens auf den Satz von der Beeinflußbarkeit der Instinkthandlung durch die individuelle Erfahrung, zweitens auf den schon zitierten Satz von dem fließenden Übergang, der angeblich von den am höchsten differenzierten Instinkthandlungen zum erlernten und verstandesmäßigen Handeln überleiten soll.

Der erste und vom Standpunkte unserer Forschungsprinzipien vielleicht am schwersten wiegende Einwand, den ich gegen die Annahme eines adaptiven Einflusses der Erfahrung auf die Instinkthandlungen vorzubringen habe, liegt darin, daß das Material an Beobachtungen, auf dem diese Anschauung sich aufbaut, nicht stichhaltig ist. Als typischen Fall einer adaptiven Modifikation einer Instinkthandlung durch »persönliche« Erfahrung führt Morgan das Fliegenlernen junger Vögel an. Er vernachlässigt dabei die Möglichkeit, daß die vor unseren Augen sich abspielende Veränderung und Verbesserung der Koordinationen auf einen *Reifungsvorgang* zurückzuführen sein könnte. Nun kann aber die sich entwickelnde Instinkthandlung eines Jungtieres ebensogut *vor* wie *nach* Erreichung ihrer endgültigen Ausbildung in Funktion treten, ganz ebenso, wie ein Organ das kann. Die Entwicklung eines Organes und diejenige der instinktmäßigen Bewegungskoordinationen, die seinen Gebrauch bestimmen, muß durchaus nicht gleichzeitig erfolgen. Wenn die Entwicklung der Handlung der des Organes vorauseilt, ist der Sachverhalt leicht zu durchschauen. So haben z. B. die Küken aller Entenvögel unverhältnismäßig kleine und ganz unbrauchbare Flügel. Trotzdem ist bei ihnen schon in den ersten Lebenstagen eine Kampfreaktion auslösbar, bei der sie genau dieselben Bewegungskoordinationen zeigen wie die erwachsenen Tiere ihrer Art, die mit eingewinkeltem Handgelenk auf den Feind losschlagen, den sie mit dem Schnabel gepackt haben und in der richtigen Schlagweite vor sich halten. Die angeborene Koordination dieser Bewegungen ist aber von vornherein auf die Körperabmessungen des erwachsenen Vogels eingestellt, und der Jungvogel hält daher seinen Gegner so weit von sich ab, daß gar keine Möglichkeit besteht, ihn mit den winzigen Flügelchen zu erreichen!

Wenn umgekehrt die Entwicklung des Organes *früher* beendet ist als die der zugehörigen Instinkthandlung, so sind die Zusammenhänge nicht so durchsichtig. Bei vielen Vögeln sind die Flügel der Jungen schon lange mechanisch funktionsfähig, ehe die Koordinationen der Flugbewegungen heranreifen. Wenn dann die Reifung der Koordinationen im Begriffe ist, die vorausgeeilte Entwicklung der Organe einzuholen, so sieht dieser Vorgang äußerlich ganz gleich aus wie ein Lernvorgang. Außer dem stets gleichen Endresultat gibt es kein äußeres Merkmal, das uns sagen könnte, daß hier ein Reifungsvorgang auf genau vorgeschriebener Bahn fortschreitet. Daher sind hier Experimente nötig. Der Amerikaner Carmichael hat Embryonen von Amphibien dauernd narkotisiert gehalten, was ihre körperliche Entwicklung nicht hemmte, aber sämtliche Bewegungen vollständig unterdrückte. Als er sie in späten Entwicklungsstadien »erwachen« ließ, zeigte es sich, daß sich ihre Schwimmbewegungen von denen normaler Kontrolltiere, die diese Bewegungen seit vielen Tagen »geübt« hatten, in nichts unterschieden. Mein Schüler Grohmann hat entsprechende Versuche mit jungen Haustauben ausgeführt, die er in ganz engen, röhrenförmigen Kisten aufzog, in denen die Tiere nicht einmal die Flügel öffnen konnten. Er nahm außerdem an normal aufwachsenden Jungtauben eine Kurve auf, die er folgendermaßen konstruierte: Es wurden verschiedene, vom Taubenschlag verschieden weit entfernte und von den Jungtauben bei ihren ersten Ausflügen erfahrungsgemäß bevorzugte Sitzplätze herausgegriffen. Auf der Ordinate wurde dann die Entfernung des erreichten Sitzplatzes, auf der Abszisse das Alter der Taube aufgetragen. Es ergab sich für die normal ausfliegenden Jungtiere eine recht konstante Kurve. Trotz der bei den eingesperrten Tieren nicht zu vermeidenden Muskelatrophie zeigten diese sämtlich *steiler* ansteigende Kurven als die Kontrolltiere. Die Kurven der letzteren wurden in ganz kurzer Zeit, oft schon innerhalb von Stunden erreicht, ja, in einem Grenzversuch, bei dem das Versuchstier 27 Tage nach dem normalen Ausfliegedatum in der Kiste belassen wurde, flog es aus den Händen des Experimentators auf den weitestentfernten der registrierten Sitzplätze, lieferte also als Kurve eine vertikale Linie.

Durch diese Versuche von Carmichael und Grohmann erscheint für den jeweils untersuchten Entwicklungsvorgang ein Lernen mit Sicherheit ausgeschlossen. Wenn wir umgekehrt durch Ausschließen eines Reifungsvorganges das Vorhandensein eines Lernvorganges nachweisen wollten, bliebe uns zu diesem Behufe nur ein Kriterium: es müßte die Entwicklung der werdenden Koordinationen unter dem Einfluß verschiedenartiger Erfahrung in verschiedener Weise erfolgen. Wir kennen bisher im gesamten

Tierreich kein Beispiel einer derartigen Beobachtung, erst recht nicht bezüglich des Fliegenlernens junger Vögel. Niemals hat sich der Flug eines im Zimmer aufwachsenden Jungvogels in dem Sinne anders entwickelt als in der Freiheit, daß bestimmte Koordinationen in Anpassung an die gegebenen räumlichen Verhältnisse sich anders entwickelt hätten als in der Freiheit. Eine solche Anpassung wäre es z. B., wenn ein junger Wanderfalke im beschränkten Raum die Koordinationen des hier notwendigen Rüttelfluges besser ausbilden würde als im Freileben. Dergleichen findet man nie.

Ein anderes Beispiel angeblicher adaptiver Modifikation der Instinkthandlung durch »persönliche« Erfahrung, das schon von Altum als unrichtig hingestellt wurde und dennoch in der Literatur hartnäckig wiederkehrt, ist die Angabe, daß ältere, erfahrene Vögel bessere Nester bauen als junge. Sie ist auf einer mißdeuteten Gefangenschaftsbeobachtung aufgebaut. Gefangene Vögel zeigen häufig mit zunehmendem Alter, besonders nach Ablauf einer Brunstperiode, eine wesentliche Besserung ihres Allgemeinbefindens. Nun kommt es aber schon bei geringsten Graden körperlicher Minderwertigkeit sehr leicht zu *Ausfallserscheinungen* auf dem Gebiete der feineren Instinkthandlungen, wie eben auch derer des Nestbauens. Diese Ausfallserscheinungen weichen mit der beschriebenen Besserung des Körperzustandes normalem Verhalten. Darauf, und nicht auf persönlicher Erfahrung, beruht es, daß bei gefangenen Vögeln sehr oft die erste Brut mißlingt, spätere aber vollen Erfolg haben. Den Beweis für die Richtigkeit dieser Anschauung brachten mir drei Gimpelpaare, die ich als junger Student hielt. Im ersten Jahre lebten zwei dieser Paare in einem großen Flugkäfig, das dritte bei einem Freund im Zimmerkäfig. Die erstgenannten Paare bauten sehr minderwertige Nester, die beide noch vor dem Schlüpfen der Jungen durch Abstürzen verunglückten, während das Paar im Zimmerkäfig überhaupt nicht baute, obwohl die Tiere zur Paarung schritten. Im nächsten Jahre bewohnten alle drei Paare den erwähnten Freilandflugkäfig und alle drei bauten ganz gleiche und tadellose, artgemäße Nester. Ich wußte auch gar nicht mehr, welche Vögel diejenigen waren, die zum erstenmal bauten. Ich wage getrost die Behauptung, daß alle bekanntgewordenen Fälle, in denen das bessere Bauen älterer Vögel angegeben wurde, auf derselben Erscheinung beruhen.

Diese beiden und einige andere, ebenso angreifbare Beispiele für die Beeinflußbarkeit der Instinkthandlung durch die Erfahrung werden stets in einer Weise angeführt, die geeignet ist, den Anschein zu erwecken, es könne der sie anführende Autor nach Belieben unzählige weitere vorbringen. Wenn man aber durch das hartnäckige Wiederkehren immer derselben, nur zu wohlbekannten Beispiele mißtrauisch wird und nun Literatur und eigene Erfahrung nach weiteren und diesmal stichhaltigen Beobachtungen durchpflügt, bleibt dieses Suchen ohne Erfolg.

Es bedarf einer gewissen Kenntnis der Veränderlichkeit der Instinkthandlung und der Gesetze, welche diese Veränderlichkeit beherrschen, wenn man der Gefahr entgehen will, Erscheinungen als Folgen der Erfahrung und Ausflüsse einer durch sie bewirkten Anpassung zu werten, die in Wirklichkeit durch ganz andere Faktoren hervorgerufen sind. Ich muß daher diese Erscheinungen hier kurz besprechen.

Erstens verfügen sehr viele Instinkthandlungen, und zwar besonders die einfachsten unter ihnen, wie z. B. die Koordination des Gehens, über eine beträchtliche Fähigkeit zu Regulationen. Regulative Plastizität muß aber keineswegs mit Lernen und Erfahrung zusammenhängen. Sie kommt vielen Organen in durchaus analoger Weise zu, und zwar auch hier wieder besonders den *wenig differenzierten* unter ihnen. Die Versuche, die Bethe über die Regulationsfähigkeit der Gehbewegungen der verschiedensten Tiere angestellt hat, haben gezeigt, daß die Regulationen in allen Fällen, in denen sie überhaupt zustande kamen, *sofort* nach dem Eingriff fertig da waren, also nicht etwa erst durch den Einfluß der Erfahrung herbeigeführt wurden. Bethe gebraucht für die von ihm festgestellte Regulationsfähigkeit wiederholt den Ausdruck »Plastizität«. An sich wäre gegen ihn nichts einzuwenden, nur haben Morgan, Alverdes u. a. unter ihm die Möglichkeit adaptiver Veränderung der Instinkthandlung durch Erfahrung verstanden, und gerade das Bestehen dieser Möglichkeit ist durch die Versuche Bethes durchaus nicht wahrscheinlicher geworden. Eines seiner Ergebnisse spricht sogar eindeutig *gegen* diese Annahme: Ein Hund, dem die beiden Nervi ischiadici über Kreuz miteinander vernäht worden waren, zeigte nach Wiederherstellung ihrer Leistungsfähigkeit eine vollständig normale Koordination der Gangbewegungen. Bezüglich der Sensibilität hingegen erfolgte insofern keine Regulation, als das Tier dauernd auf Schmerzreize, die an einem Hinterbein gesetzt wurden, mit dem anderen reagierte. Das Auftreten der Regulation auf dem motorischen Gebiete, verbunden mit ihrem Ausbleiben auf dem sensiblen, ist der klarste Beweis dafür, daß die Erfahrung beim Zustandekommen der motorischen Regulation keine Rolle spielt. Hätte sie das getan, so hätte sie diesen Hund das Umgekehrte lehren müssen.

Eine zweite Erscheinung, die oft irrtümlich mit einem regulativen Einfluß der Erfahrung in Zusammenhang gebracht wird, ist die folgende: Es kann Vorausgegangenes, wenn man will, also Erfahrung im weitesten Sinne, maßgebend dafür sein, *mit welcher Intensität* eine bestimmte Reaktion auf einen Reiz von gegebener Stärke anspricht, ja sogar dafür, welche Reaktion überhaupt durch einen bestimmten Reiz ausgelöst wird.

Wenden wir uns zunächst den Intensitätsverschiedenheiten im Ablauf der Instinkthandlungen zu. Es ist festzustellen, daß für die Instinkthandlung sozusagen das Gegenteil eines Alles-oder-nichts-Gesetzes Gültigkeit hat. So gut wie alle Instinkthandlungen einer Tierart machen sich im Benehmen des Individuums schon bei ganz geringer Reaktionsintensität als *schwache Andeutungen* der betreffenden Handlungskette bemerkbar; diese Andeutungen sagen dem kundigen Beobachter, in welcher Richtung nach Erreichen der nötigen Reaktionsintensität die Handlungen des Tieres erfolgen werden. Da sie uns also sozusagen die »Intentionen« des Tieres verraten, werden solche Handlungsinitien häufig als Intentionsbewegungen bezeichnet. Wenn wir davon absehen, daß bei bestimmten sozialen Tierformen die Intentionsbewegungen als stimmungsübertragende »Verständigungsmittel« eine sekundäre Bedeutung für die Arterhaltung erlangt haben, so müssen wir sagen, daß sie weit davon entfernt sind, im Sinne der Arterhaltung irgendwelche Werte zu schaffen. Auch in dem gerade erwähnten Spezialfall leisten sie nichts in jener Richtung, in der die arterhaltend wirksame Funktion der voll ausgebildeten Reaktion liegt. Zwischen kaum angedeuteten, nur dem Kenner der betreffenden Verhaltensweise überhaupt sichtbaren Intentionsbewegungen und dem vollen, den arterhaltenden Sinn der Reaktion erfüllenden Abläufe gibt es nun *sämtliche überhaupt denkbaren Übergänge.* Ein im Vorfrühling im Geäst sitzender Nachtreiher zeigt dem Kundigen das Erwachen seiner zum diesjährigen Fortpflanzungszyklus gehörigen Reaktionen dadurch an, daß er aus tiefster Ruhe ziemlich unvermittelt in offensichtliche Erregung gerät, sich vorbeugt, einen nahen Zweig mit dem Schnabel faßt, ein einziges Mal die Koordination der Einbaubewegungen vollführt, um im nächsten Augenblick »befriedigt« in die vorherige Ruhe zurückzuverfallen. Wenn wir noch schärfer beobachten, werden wir vielleicht im nächsten Jahr die ersten Orimente von Nestbauhandlungen noch früher erkennen, wir werden etwa ein vorübergehendes Fixieren eines Zweiges, verbunden mit einer Andeutung der später im Neste oft angenommenen vorgebeugten Haltung in diesem Sinne verstehen lernen. Aus solchen Orimenten entwickelt sich dann im Laufe von Tagen und Wochen der vollständige, zur Entstehung eines Nestes führende Ablauf der Bauhandlungen in einem durchaus fließenden Übergange.

Das Auftreten von solchen Intensitätsskalen ist für die Frage nach einem Zweckbewußtsein des Tieres bedeutungsvoll. Erstens spricht die Tatsache, daß sich das Tier mit der unvollständigen, keinerlei biologischen Sinn erfüllenden Handlungsfolge ganz ebenso zufrieden gibt wie mit der ihr biologisches Ziel erreichenden, vollständigen Handlungskette, sehr deutlich dafür, daß dieses Ziel nicht der die Handlungen des Tieres unmittelbar bestimmende Faktor ist und nicht mit einem dem Tiere als Subjekt gegebenen Zweck gleichgesetzt werden darf. Besonders deutlich wird dies dann, wenn bei etwas höherer, zur Erreichung der Vollständigkeit aber doch noch unzureichender Reaktionsintensität das Tier die Handlung *ganz knapp* vor Erreichung des biologischen Zieles abbricht. In der Gefangenschaft sind solche sinnlosen, unvollständig bleibenden Instinkthandlungen bei manchen Tieren viel häufiger als voll ausgebildete, was in dem Auftreten der schon erwähnten Ausfälle bei gesundheitlicher Minderwertigkeit seine Ursache hat. Solche Unvollständigkeiten und Sinnlosigkeiten sind es auch, die uns in der Praxis der Tierbeobachtungen am häufigsten auf den instinktmäßigen Charakter einer Handlung aufmerksam machen. Man kann dem Fernerstehenden kaum einen anderen, ebenso überzeugenden Eindruck von dem Fehlen jeglicher Zweckvorstellung bei dem eine Instinkthandlung ausführenden Tiere verschaffen wie durch die Beobachtung dieser unvollständig bleibenden Abläufe. Bei der Beobachtung des oben als Beispiel herangezogenen Nachtreihers wird einem ganz unmittelbar klar, daß der Vogel keinerlei noch so dunkles Bedürfnis nach dem biologischen Erfolg seiner Handlung, in unserem Falle also nach einem Neste, hat, sondern nur nach dem *Ablaufenlassen der betreffenden Reaktion*, und dieses Bedürfnis ist eben bei der gegenwärtigen geringen Intensitätsstufe durch ein einmaliges Zweigschütteln befriedigt.

Es ist schwer zu verstehen, daß angesichts dieser Tatsachen immer noch von vielen Autoren der dem Tiere gegebene Handlungszweck mit dem biologischen, d. h. arterhaltenden Sinn der instinktmäßig angeborenen Verhaltensweise in Zusammenhang gebracht, ja geradezu mit ihm gleichgesetzt wird. Noch unverständlicher ist es mir, wenn ein Autor wie Russel in einem erst 1934 erschienenen Buche von der Instinkthandlung sagt: »Sie wird fortgesetzt, bis entweder das Ziel erreicht oder das Tier erschöpft ist« (Übers.). Genau das Gegenteil ist richtig, was übrigens gerade von englischer Seite schon vor langer Zeit hervorgehoben und in seiner Tragweite richtig eingeschätzt wurde: Eliot Howard hat die aus Mangel an Intensität unvollständig bleibende Instinkthandlung zum Gegenstand gründlichsten Studiums gemacht und die hier vertretene Anschauung mit einer großen Zahl von Beobachtungsbeispielen belegt, die durchweg in freier Wildbahn gesammelt wurden.

Sämtliche Intensitätsverschiedenheiten im Ablaufe von Instinkthandlungen sind für unsere Frage nach dem Einfluß der Erfahrung von großer Bedeutung, weil, wie wir schon angedeutet haben, die Intensität eines Ablaufes durch Vorangegangenes bestimmt werden kann. Bei mehrmaligem Einwirken einer in sich gleichbleibenden Reizsituation kann die Reaktionsintensität eines Ablaufes ebensowohl durch Ermüdung oder durch Gewöhnung an den Reiz herabgesetzt als auch in anderen Fällen durch eine Summation der Reize erhöht werden.

Die Veränderung der Intensität instinktmäßiger Reaktionen durch Ermüdung und durch Gewöhnung an den Reiz liefert uns vollständige, sprunglose Stufenreihen von Reaktionsintensitäten. Bei allmählicher Summation der Reize reagiert das Tier meist ähnlich wie bei ihrem allmählichen Stärkerwerden. Es kommt zu ähnlichen Erscheinungen wie bei einem Einschleichen des Reizes, d. h. es ist bei schließlichem Überschwelligwerden der allmählich erfolgenden Reizsteigerung ein sprunghaftes Anwachsen der Reaktionsintensität zu verzeichnen. Daher sind es vor allem die durch Gewöhnung an den Reiz zustande kommenden vollständigen und lückenlosen Intensitätsreihen, die uns den Nachweis der Zusammengehörigkeit der verschiedenen Intensitätsstufen einer Reaktion ermöglichen. Die Erscheinungsformen einer Reaktion, die zwei weiter auseinanderliegenden Intensitätsstufen entsprechen, können ja sehr verschieden aussehen. Erst das Vorhandensein sämtlicher Übergänge und damit die Unmöglichkeit, sie voneinander abzugrenzen, zwingt uns zu ihrer Zusammenfassung.

Ein allgemein bekanntes Beispiel von allmählichem Absinken der Reaktionsintensität durch Reizgewöhnung betrifft die Fluchtreaktionen zahm werdender wilder Tiere. Die Reize, die dadurch gesetzt werden, daß sich der Mensch dem Tiere bis zur Unterschreitung einer bestimmten Entfernung nähert, werden immer weniger intensiv beantwortet, bis schließlich an Stelle der ursprünglichen, ungestümen Fluchtbewegungen nur mehr ein leises Sichern oder schließlich überhaupt keine Reaktion mehr zur Auslösung kommt.

Mit der Tatsache, daß ein Reiz, der mehrmals geboten wird, objektiv derselbe bleibt, ist keineswegs gesagt, daß die verschiedenen, ihn beantwortenden Verhaltensweisen bloße Intensitätsstufen einer und derselben Instinkthandlung sein müssen. Das Tier verhält sich im Laufe der Reizgewöhnung ganz genauso, als wäre es die Intensität der Reizung, die abnimmt. Derselbe Reiz kann auf diese Weise *verschiedene* Reaktionen auslösen, die verschieden starken Reizen zugeordnet sind. Dadurch kann der Fall eintreten, daß nach allmählicher Abnahme der Intensität einer Reaktion ein plötzliches Umschlagen in eine andere zur Beobachtung kommt. So flieht z. B. ein wildes Schwanenpaar bei Annäherung eines Menschen an sein Nest. Beim allmählichen Zahmwerden sinkt die Intensität dieser Fluchtreaktion, bis sie schließlich der Reaktion der Verteidigung des Nestes, der sie bisher den Weg versperrte, Platz macht. Wir sehen dann einen plötzlichen Umschlag von wenig intensiven Fluchthandlungen in hochintensive Kampfreaktionen. Die Tiere verhalten sich dabei nicht nur so, als würden die empfangenen Reizintensitäten kleiner, sondern buchstäblich so, als würde der die Reize setzende Mensch kleiner: Sie bringen auf eine objektiv gleichbleibende Situation zuerst jene Reaktion, die sie im Freileben einem Menschen oder etwa einem Wolf gegenüber in Anwendung bringen würden, dann aber jene, mit der sie als wild lebende Tiere die Annäherung eines Wiesels, einer Krähe oder höchstens eines Fuchses beantwortet hätten.

In allen diesen Fällen wird nun tatsächlich der Ablauf einer Instinkthandlung durch die individuelle Erfahrung beeinflußt. Diese kann bestimmen, mit welcher Intensität die instinktmäßige Reaktion abläuft, ja sie kann sogar maßgebend dafür sein, *welche* Reaktion durch einen bestimmten Reiz ausgelöst wird. In Einzelfällen mag diese Art der Beeinflussung sogar den Charakter des Adaptiven tragen; dennoch müssen wir hier noch einmal betonen, daß das, worauf die Spencer-Lloyd-Morgansche Denkrichtung ihre Theorien aufbaut, nämlich die adaptive Veränderung einer Handlung durch Dazulernen, niemals gefunden wurde. Es kommt niemals zu einer *neuen*, nicht in genau dieser Kombination von Bewegungen erblich festgelegten und vorherbestimmten Handlungsweise. Die in absteigender Reihe viele Wochen hindurch aufeinanderfolgenden Intensitätsstufen der Fluchtreaktion bei dem als Beispiel herangezogenen, allmählich zahm werdenden Tier enthält keine einzige Bewegungskombination, die nicht einer bestimmten Intensitätsstufe der Reaktion fest zugeordnet ist und durch einen bestimmten stärkeren oder schwächeren Fluchtreiz *jederzeit*, also ohne Vorausgehen irgendwelcher Erfahrungen, auszulösen wäre. Die den einzelnen Intensitätsstufen entsprechenden Reaktionen bleiben sich selbst mit wahrhaft photographischer Treue gleich, unabhängig von den historischen Momenten ihrer Auslösung.

Entsprechendes gilt auch für den Fall, daß zwei verschiedene Instinkthandlungen durch einen objektiv gleichbleibenden Reiz zur Auslösung kommen. Auch hier kommt keine Kombination von Bewegungen vor, die nicht in haargenau gleicher Weise durch einen entsprechend gewählten Reiz *jederzeit* auslösbar wäre, wie wir an dem Beispiele des Schwanenpaares gezeigt haben.

Ein weiterer Einwand gegen die Spencer-Lloyd-Morgansche Lehre hängt mit der weiten Fassung des von ihr vertretenen Instinktbegriffes zusammen. Sie läßt nämlich eine ganz bestimmte Erscheinung unberücksichtigt, die uns zu einem analytischen Vordringen zwingt, das eine engere Fassung des Begriffes der Instinkthandlung zur unumgänglichen Folge hat. Die Kenntnis dieser Erscheinung verdanken wir einer sorgfältigen Beobachtung der sich entwickelnden Instinkthandlungen von jungen Tieren, insbesondere von Vögeln.

Es ist eine Eigentümlichkeit sehr vieler Verhaltensweisen höherer Tiere, daß in einer funktionell einheitlichen, d. h. auf ein einheitliches, arterhaltendes Ziel gerichteten Handlungskette *instinktmäßig angeborene und individuell erworbene Glieder unvermittelt aufeinanderfolgen.* Ich habe diese Erscheinung als Instinkt-Dressurverschränkung bezeichnet und betont, daß ähnliche Verschränkungen zwischen Instinkthandlung und einsichtigem Verhalten vorkommen. Hier, wo es sich um die Frage nach dem Einfluß der Erfahrung handelt, haben wir uns zunächst mit der Instinkt-Dressurverschränkung zu beschäftigen. Das Wesen einer solchen Verschränkung liegt darin, daß in dem Ablauf einer im übrigen instinktmäßig angeborenen Handlungskette an einer bestimmten, ebenfalls ererbtermaßen festliegenden Stelle eine Dressurhandlung eingeschaltet ist, die von jedem Individuum im Laufe seiner ontogenetischen Entwicklung erworben werden muß. Die angeborene Handlungskette besitzt in einem solchen Falle eine *Lücke*, in die statt einer angeborenen Instinkthandlung eine »Fähigkeit zum Erwerben« eingeschaltet ist. Diese Fähigkeit kann sehr spezifischer Natur sein und sich deutlich auf eine ganz bestimmte Veränderlichkeit des Lebensraumes beziehen, ja geradezu eine Anpassung an eine derartige Unbeständigkeit darstellen; ich erinnere an die Dressurfähigkeit von Bienen, die, wie v. Frisch zeigen konnte, eine Anpassung an das Blühen verschiedener Pflanzen genannt werden kann.

Die Ausfüllung der Lücken, die in angeborenen Handlungsketten für das zu Erwerbende ausgespart sind, findet begreiflicherweise nur unter bestimmten, im Freileben der Art erfüllten Bedingungen in einer Weise statt, die die Verschränkung zu einer biologisch sinnvollen funktionellen Einheit werden läßt. Unter den Bedingungen der Gefangenschaft kommen auch ohne absichtliche experimentelle Einwirkung oft Störungen und Ausfälle des Erwerbens zur Beobachtung. Diese waren es auch, die uns auf das Vorhandensein von zwei fundamental verschiedenen Komponenten in funktionell einheitlichen Verhaltensweisen aufmerksam gemacht haben.

Ein Beispiel einer Instinkt-Dressurverschränkung bilden die Reaktionen des Herbeitragens und Verbauens von Niststoffen bei Rabenvögeln. Bei Kolkraben und ganz ebenso bei Dohlen tritt als erste Teilhandlung der verwickelten Handlungsfolgen des Nestbauens folgende Reaktion auf: Die Tiere beginnen alle möglichen Gegenstände im Schnabel zu tragen und zwar sie fliegend auf größere Entfernung mit sich zu schleppen. Dieses Tragen verschiedener Gegenstände ist bei den Rabenvögeln zunächst eine durchaus selbständige und von weiteren Bauhandlungen unabhängige Reaktion. Es zeigt sich auch, solange sie allein den Vogel beherrscht, keinerlei Bevorzugung solcher Stoffe, die zum Nestbau geeignet sind. Kolkraben wie Dohlen trugen zuerst meist abgebrochene Stücke von Dachziegeln, die ihnen an ihrem Aufenthaltsorte auf dem Dache unseres Hauses am häufigsten unterkamen. Dabei standen den Tieren aber sehr wohl zum Bauen geeignete Aststücke am gleichen Orte zur Verfügung. Eine Bevorzugung dieser letzteren trat erst dann ein, als sich eine weitere, zum Nestbau gehörige Instinkthandlung einstellte, nämlich jene eigentümliche seitlich schiebende Zitterbewegung, mit der die meisten Vögel das Reis am Nestorte zu befestigen trachten. Bei dieser Gelegenheit findet gleichzeitig eine Ortsdressur statt, die wir hier der Übersichtlichkeit halber außer Betracht lassen wollen. Der Bewegungskoordination des seitlichen Schiebens fügen sich aber nur jene Stoffe, für welche diese Verbaubewegung in der Phylogenese ausgebildet wurde, nämlich Äste, Halme u. dgl. Die Reaktion läuft so lange weiter, bis entweder die Handlung im Sande verläuft, was zu Beginn des Nestbauens fast die Regel ist, oder bis der zu verbauende Gegenstand irgendwo festhakt und dem zitternden Schieben einen gewissen Widerstand entgegensetzt, woraufhin er losgelassen wird. Dieses Ende der Reaktion wird von dem Tiere offenbar als eine Befriedigung empfunden, und da es nur nach dem Herbeitragen von brauchbaren Neststoffen eintritt, *lernen* es die Tiere überraschend schnell, die biologisch »richtigen« Stoffe schon bei der Tragreaktion zu bevorzugen.

Bei der Beobachtung eines derartigen Verhaltens wird niemand, der je das Entstehen einer absichtlich vom Menschen erzeugten Dressur mit angesehen hat, sich der Einsicht verschließen können, daß es sich hier um einen durchaus gleichartigen Vorgang handelt. Bei der vom Menschen gesetzten Dressur ist es nun erfahrungsgemäß nötig, daß Reize bestimmter Art auf das Tier einwirken, die auch von jenen Autoren, die jede subjektivierende Ausdrucksweise zu vermeiden trachten, als »Lohn«- oder »Straf«-Reize bezeichnet werden. Das Verhalten der Tiere beim Erwerben des Dressuranteiles einer Verschränkung zwingt uns die Frage auf, welche Faktoren denn in einem solchen Falle als Lohn oder Strafe wirksam seien.

Es hat Wallace Craig in seiner Arbeit *Appetites and aversions as constituents of instincts* als erster darauf hingewiesen, daß das Tier die Ausführungen seiner Instinkthandlungen durch ein Verhalten herbeiführt oder herbeizuführen »trachtet«, das wir als *zweckgerichtetes Verhalten* bezeichnen. Unter dieser Bezeichnung verstehen wir mit Tolman alle jene Verhaltensweisen, welche *unter Beibehaltung eines gleichbleibenden Zieles adaptive Veränderlichkeit zeigen.* Diese objektive Definition des Zweckes ist uns zur Trennung der Dressur- und Verstandeshandlung von der Instinkthandlung ungeheuer wertvoll, gibt sie uns doch einen übergeordneten Begriff, der alle nicht-instinktmäßigen Verhaltensweisen in sich schließt. Es muß aber gleich hier gesagt werden, daß weder Craig noch Tolman eine Trennung in diesem Sinne vornehmen. Vielmehr fassen sie, wie schon aus dem Titel der Craigschen Arbeit hervorgeht, jenes zweckgerichtete Verhalten, durch welches das Tier in die zur Auslösung seiner Instinkthandlung nötige Reizsituation zu kommen trachtet, als einen *Bestandteil* der Instinkthandlung auf, während wir es als *etwas fundamental von ihr Verschiedenes* von ihr abtrennen.

Abgesehen von dieser Verschiedenheit der Begriffsbildung muß festgestellt werden, daß die bloße Tatsache der Instinkt-Dressurverschränkung in ganz ausgezeichneter Weise für die allgemeine Richtigkeit des Craigschen Ansatzes spricht. Man kann sich wirklich keinen klareren Beweis für das Angestrebtwerden der Instinktausübung vorstellen, als die Tatsache, daß der »Appetit« nach einer Instinkthandlung imstande ist, das Tier ebenso auf eine bestimmte, nicht angeborene Verhaltensweise zu dressieren, wie der Appetit nach einem Fleischstückchen einen Zirkuslöwen auf eine solche zu dressieren vermag! Die Aussage, daß ein Tier »Appetit« nach einer Instinkthandlung bzw. der sie zur Auslösung bringenden Reizsituation hat, trifft zwar in vielen Fällen den Nagel glänzend auf den Kopf; trotzdem möchte ich doch wegen der engeren Bedeutung, die das Wort Appetit im Deutschen hat, Craigs Ausdruck »appetitive behaviour« mit »Appetenzverhalten« übersetzen. Diesen Ausdruck werden wir im folgenden als synonym mit »zweckgerichtetem Verhalten« gebrauchen.

Die Nötigung, das Appetenzverhalten als etwas Andersartiges von der Instinkthandlung abzutrennen, entnehme ich der Tatsache der Verschränkungen. Wir haben die Möglichkeit und damit die Verpflichtung, funktionell einheitliche Verhaltensweisen einerseits in solche Teile zu zerlegen, die zweckgerichtet und durch Erfahrung veränderlich sind, und andererseits in solche, die das nicht sind, sondern allen Individuen einer Art in durchaus gleicher Weise ererbtermaßen zu eigen sind wie körperliche Organe. Wir haben keine Möglichkeit, das Verhalten, durch welches der junge Neuntöter die Kenntnis des Dornes erwirbt, von einem Dressurvorgang zu unterscheiden. Wenn wir nun finden, daß sich in einer bestimmten, bisher von uns als »Instinkthandlung« betrachteten Verhaltensweise dieser Vorgang *immer an derselben Stelle* eingeschaltet findet, die übrige Verhaltensweise jedoch unbeeinflußbar bleibt, so wäre es durch nichts gerechtfertigt, den Begriff der Instinkthandlung so zu erweitern, daß die unwiderruflich als solche erkannte Dressurhandlung auch noch mit einbegriffen wird. Zweifellos ist nun das Dressurverhalten nicht der einzige Typus zweckgerichteten Verhaltens, der sich in Verschränkungen mit Instinkthandlungen vorfindet.

Es war Charles Otis Whitman, der schon 1898 gesagt hat: »Es mag Mischungen und alle nur möglichen Arten gegenseitiger Beeinflussung von Gewohnheit und Instinkt geben, und diese mögen von großer theoretischer Tragweite sein, sie ermangeln aber genauer Bestimmbarkeit und sind deshalb gefährliche Grundlagen für Theorien. Jede Theorie des Instinktes müßte sich selbstverständlich in erster Linie um die *reine Instinkthandlung* kümmern.« (Übers.) Meiner Meinung nach kranken nun alle Autoren, die eine Einsicht des Tieres in den Zweck der Instinkthandlung und an einen adaptiven Einfluß der Erfahrung auf die Instinkthandlung glauben, gerade daran, daß sie unanalysierte Verschränkungen, also »Mischungen«, zur gefährlichen Grundlage ihrer Theorien gewählt haben. So kommt es, daß der Instinkthandlung alle Eigenschaften der mit ihr verschränkten, erlernten und einsichtigen Verhaltensweisen zugeschrieben werden, Eigenschaften, die ihrem Wesen nicht nur fremd, sondern geradezu entgegengesetzt sind.

Wir sind stets zu dem Versuch verpflichtet, die Analyse so weit zu treiben, wie wir irgend können, und ich glaube, auf der Tatsache der Verschränkungen eine Arbeitshypothese aufbauen zu müssen. Ich glaube, die Vermutung zur Arbeitshypothese erheben zu müssen, daß auch jene hochkomplizierten Verhaltensweisen von höheren Tieren und vom Menschen, die zwar »auf instinktiver Basis aufgebaut« sind, aber doch Verstandesmäßiges und durch Lernen Beeinflußbares in sich schließen, als Verschränkungen aufgefaßt werden müssen. Wenn auch diese verwickelt aufgebauten Handlungsfolgen den wenigen uns zur Verfügung stehenden Untersuchungsmethoden trotzen und vielleicht immer trotzen werden, so ist das kein Grund, die begriffliche Trennung der beiden Komponenten nicht streng durchzuführen. Nur durch eine solche Trennung kann weiterem analytischen Vorgehen der Weg offengehalten werden. Das begriffliche Auseinanderhalten der Komponenten deshalb abzulehnen, weil es tierische und menschliche Verhaltensweisen gibt, in denen sie nicht klar zu trennen sind, käme so ungefähr dem Versuche gleich, die Begriffe der Keimblätter deshalb verlassen zu wollen, weil es einheitlich funktionierende Organe gibt, bei denen es im ausgebildeten Zustande nicht mehr möglich ist festzustellen, welche Zellen aus einem bestimmten Keimblatt stammen. Es wurde der von mir vorgeschlagenen Trennung vorgeworfen, daß sie »atomistisch« und mit moderner biologischer Ganzheitsbetrachtung nicht vereinbar sei. Dieser Vorwurf ist genauso ungerechtfertigt wie die Behauptung, es sei der Ganzheitsbetrachtung abträglich, an der Haut Cutis und Epidermis zu unterscheiden. So wenig die Tatsache, daß an der funktionellen Einheit eines Organes so gut wie immer mehr als ein Keimblatt teilhat, ein Gegenargument gegen die Aufstellung der Begriffe der Keimblätter abgeben kann, so wenig darf uns die Tatsache irremachen, daß an einer funktionell einheitlichen Handlungsfolge eines höheren Tieres in den allermeisten Fällen Instinkt, Dressur *und* Einsicht in Form einer Verschränkung beteiligt sind. Für unser weiteres analytisches Vorgehen bei der Erforschung der tierischen und menschlichen Handlung sind in erster Linie jene Verhaltensweisen aufschlußreich, an denen wir eine dieser drei Komponenten *rein* darstellen können, wie Whitman es fordert. Den Instinktforscher müssen also zunächst die reinen Instinkthandlungen und die einfachsten, am leichtesten zu überblickenden Fälle von Verschränkungen interessieren.

Wir müssen uns voll bewußt werden, um wieviel enger die neue Fassung des Instinktbegriffes ist, zu der uns das Ausschließen der in Verschränkungen enthaltenen zweckgerichteten Verhaltensweisen zwingt. Sehr viele Verhaltensweisen, die in tierischen Handlungsketten eine Rolle spielen und in Verschränkungen mit Instinkthandlungen auftreten, sind jene *richtunggebenden Bewegungen*, die das Tier nach einem bestimmten Ziel im Raume hin oder von ihm weg orientieren. Die das Tier im Raum orientierende Wendung kann prinzipiell keine instinktmäßig angeborene Handlung sein, da sie selbstverständlich in der speziellen Form des Einzelfalles nicht koordinationsmäßig festgelegt sein kann. Die richtunggebende Wendung ist die primitivste und im System am weitesten hinabreichende Form nicht instinktmäßigen Verhaltens. Sie stellt die phylogenetische Wurzel alles Appetenzverhaltens dar. Wir sind gewohnt, in bestimmten, besonders einfach liegenden Fällen die richtunggebende Wendung als Taxis zu bezeichnen, müssen uns aber klar darüber sein, daß eine scharfe Abgrenzung dieses Verhaltens vom einsichtigen Verhalten nicht gelingt. Wenn ein Frosch auf eine Fliege mit einer richtunggebenden Wendung reagiert, indem er zuerst seine Augen und dann durch entsprechende kleine Schrittbewegungen der Füße auch seinen Körper symmetrisch zu dieser Fliege orientiert, so können wir ganz sicher die Augenbewegung und vielleicht auch die Körperwendung in der Ausdrucksweise der Taxienlehre sehr wohl beschreiben. Wir können sein Verhalten aber nicht von einem durch die einfachste Form der Einsicht beherrschten Verhalten unterscheiden. Bei Betrachtung der ununterbrochenen Formenreihe entsprechender Verhaltensweisen, die sich in stufenloser Folge von Protozoen bis zum Menschen erstreckt, müssen wir feststellen, daß wir zwischen Taxis und einem durch einfachste Einsicht geleiteten Verhalten nicht unterscheiden können, wobei sich die Einsicht im Falle unseres Frosches, vermenschlichend gesprochen, auf die Erkenntnis beschränken würde: »Dort sitzt die Fliege.«

Wir müssen die richtunggebende Wendung und damit auch die Taxis im engsten Sinne als prinzipiell zweckgerichtete Verhaltensweise auffassen, schon weil sie in typischer Weise die von Tolman geforderte Veränderlichkeit unter Beibehaltung des gleichbleibenden Zieles zeigt. Dabei ist das

Ziel, der dem Tiere als Subjekt gegebene »Zweck«, wie immer die Erreichung der zur Auslösung einer Instinkthandlung nötigen Reizsituation, die in unserem Beispiel vom Frosch mit der symmetrischen Einstellung zur Beute bereits gegeben ist.

Eine sehr bedeutsame Rolle spielt bei sehr vielen Verschränkungen die instinktmäßig angeborene Bereitschaft, auf eine ganz bestimmte Reizkombination anzusprechen. Bestimmte Kombinationen von Reizen stellen oft sehr spezifisch wirkende *Schlüssel* zu bestimmten Reaktionen dar; diese Reaktionen können dann auch durch sehr ähnliche Reizkombinationen nicht ausgelöst werden. Es besteht also zu bestimmten Schlüsselreizen ein rezeptorisches Korrelat, das etwa nach Art eines Kombinationsschlosses nur auf ganz bestimmte Zusammenstellungen von Reizeinwirkungen anspricht und damit die Instinkthandlung in Gang bringt. Ich habe derartige rezeptorische Korrelate an anderer Stelle als »angeborene Auslöse-Schemata« bezeichnet.

Eine besondere Bedeutung erlangen die angeborenen Auslöse-Schemata bei jenen Instinkthandlungen, die den Artgenossen zum Objekte haben. In diesem Spezialfalle besteht die Möglichkeit, daß bei einer Tierform parallel mit der höheren Differenzierung angeborener Auslöse-Schemata eine entsprechende Entwicklung und Spezialisation besonderer Instinkthandlungen und Organe einhergeht, deren alleinige biologische Bedeutung in der Auslösung von sozialen Instinkthandlungen im weitesten Sinne besteht. Auslösende Instinkthandlungen und die sie unterstützenden Farben und Strukturen habe ich kurz als »Auslöser« bezeichnet. Komplizierte Systeme von Auslösern und angeborenen Schemata bilden bei vielen Tieren, insbesondere bei Vögeln, die Grundlage der gesamten Soziologie und leisten Gewähr für die einheitliche und biologisch sinnvolle Behandlung des Geschlechtspartners, des Jungen, kurz jedes Artgenossen.

Angeborene Auslöse-Schemata spielen nun oft auch in den Verschränkungen eine große Rolle. Eine Verschränkung kann ebensogut mit dem Ansprechen eines Schemas ihren Anfang nehmen und im folgenden Zweckverhalten in sich schließen, als sie auch umgekehrt gerade in ihrer Auslösung von Erworbenem abhängig sein kann. Der eben als Beispiel herangezogene Frosch spricht auf ein instinktmäßig angeborenes Auslöse-Schema an und bringt unmittelbar darauf Zweckverhalten in Gestalt einer orientierten Bezugswendung. Umgekehrt kann ein Tier auf ein erworbenes auslösendes Moment mit einer reinen, ungerichteten Instinkthandlung ansprechen. Eine Ente kann z. B. auf den Anblick eines Gewehres, für das sie selbstverständlich kein angeborenes Schema besitzt, sondern das zu fürchten sie gelernt haben muß, mit der angeborenen und ungerichteten Bewegungskoordination des Untertauchens reagieren. Es kann sich also in einer Verschränkung das instinktmäßig angeborene wie das zweckgerichtete Verhalten auf den rezeptorischen oder auf den effektorischen Schenkel der Reaktion beschränken.

Wie man sieht, führt ein folgerichtiges Herausschälen alles tierischen Appetenzverhaltens dazu, daß die große Mehrzahl aller funktionell einheitlichen Verhaltensweisen in eine Kette von Appetenzen und durch diese angestrebten Instinkthandlungen zerfällt. Wir dürfen aber nicht vergessen, daß diese aufeinanderfolgenden Glieder in jedem Einzelfalle einer Verschränkung in einer endlichen, gegebenen Zahl vorhanden sind. Es ist ein Irrtum, zu glauben, daß sich eine derartige Handlungskette in eine unendliche Zahl infinitesimal kleiner Zwecke und ebenso vieler Appetenzen zerlegen lasse. Tolman macht diese Annahme und ist der Ansicht, daß die Kette an *jeder* Stelle von einer Steuerung durch zusätzliche richtunggebende Reize abhängig sei, die er als »behaviour supports«, also als »Verhaltensunterstützung«, bezeichnet. Er vernachlässigt die sicher nachzuweisende Tatsache, daß sich innerhalb aller Verschränkungen lange und hochdifferenzierte Handlungsfolgen nachweisen lassen, die jeder richtunggebenden Veränderlichkeit entbehren und von »behaviour supports« durchaus unabhängig sind, innerhalb deren sich keinerlei Appetenzen auffinden lassen, kurzum, er vernachlässigt das Vorhandensein dessen, was wir als Instinkthandlung bezeichnen. Seiner Meinung nach beschränkt sich das Angeborene auf das Ausstecken eines Weges durch Zwischenziele, die hintereinander vom Tiere durch Appetenzverhalten angestrebt werden, wobei die Art und Weise, in der das geschieht, dem Tiere überlassen bleibt. Diese Ansicht trifft sehr vollkommen auf bestimmte Verschränkungen höchster Säugetiere zu, bei denen die Rudimentierung der beteiligten Instinkthandlungen tatsächlich so weit gegangen ist, daß die letzteren eine ähnliche Funktion haben wie, um ein Gleichnis zu gebrauchen, eine Reihe von Leckerbissen, die man ausgelegt hat, um ein Tier zum Beschreiten eines bestimmten Weges zu veranlassen. Da Tolman aus eigener Anschauung nur höhere Säugetiere kennt und als »Instinkthandlungen« wohl nur Verschränkungen vom letztgenannten Typus zu sehen bekommen hat, erscheint seine Definition der Instinkthandlung als »chain appetite«, als Kette von Appetenzen, durchaus verständlich, nur trifft sie natürlich überhaupt nicht das, was wir als das an der Instinkthandlung Wesentliche betrachten. Gewiß ist es für die Instinkthandlung wesentlich, daß sie zum Zwecke eines Appetenzverhaltens werden kann, nicht aber, daß durch ein mehrmaliges Aufeinanderfolgen dieser beiden Glieder der Handlung eine Verschränkung zustande kommt oder gar etwa immer zustande kommen muß. Die Vernachlässigung der Möglichkeit der Verschränkung führt notwendigerweise dazu, daß alle Verhaltensweisen, an denen überhaupt nur irgend etwas Instinktmäßiges beteiligt ist, ohne den Versuch einer Auflösung als »Instinkthandlungen« aufgefaßt werden. Dadurch wird natürlich jede Grenze zwischen Instinkthandlung und zweckgerichtetem Verhalten vollkommen verwischt, jedem weiteren Fortschreiten analytischer Forschung der Weg nachhaltig verlegt, da es uns durch eine solche Begriffsbildung unmöglich gemacht wird, die wesentlichen Eigenschaften und Merkmale herauszugreifen und zu beschreiben, die für jene Teilhandlungen so ungeheuer bezeichnend sind, die *wir* als Instinkthandlungen bezeichnen.

Ein Autor, der diese folgenschwere Gleichsetzung aller noch so verwickelten Verschränkungen mit der Instinkthandlung schlechtweg mit der größten Konsequenz durchführt, ist Alverdes. Er sagt ausdrücklich: »Manche Autoren sprechen von Instinkthandlungen bei Mensch und Tier, als ob es sich um grundsätzlich Verschiedenes handle. Demgegenüber ist festzustellen, daß in eine jede Verstandestätigkeit eine reichliche Portion Instinkthaftes, Triebhaftes sich einmischt; anderseits verläuft keine einzige Instinkthandlung völlig automatenhaft, sondern stets enthält sie außer der starren, unveränderlichen Komponente auch einen variablen, mehr oder minder situationsgemäßen Anteil.« Von dieser Darstellung Alverdes' ist zweifellos das eine richtig, daß an jeder Verstandeshandlung Instinktmäßiges beteiligt ist. Was jedoch die Beteiligung des variablen, situationsgemäßen Anteiles an *jeder* Handlung betrifft, verfällt Alverdes hier in denselben, meiner Meinung nach durchaus irrigen Gedankengang wie Tolman, der eine Beeinflussung jeglicher Handlung durch richtunggebende Zusatzreize annimmt.

Die vollständige Unabhängigkeit der *rein* instinktmäßigen Handlung von richtunggebenden und im Sinne Tolmans »verhaltensunterstützenden« Reizen läßt sich im Experiment am besten durch eine Erscheinung nachweisen, die ich als »Leerlaufreaktion« zu bezeichnen pflege. Wenn eine Instinkthandlung längere Zeit hindurch nicht zur Auslösung gelangt, erniedrigt sich bemerkenswerterweise der Schwellwert der zu ihrer Auslösung nötigen Reize, eine Erscheinung, auf die wir bei der Kritik der Reflextheorie des Instinktes sehr genau zurückkommen werden. Die Schwellerniedrigung der auslösenden Reize kann insofern einen Grenzwert erreichen, als die lange hintangehaltene Reaktion schließlich *ohne* nachweisbaren Reiz zum Durchbruch kommt. *Man könnte sich kaum ein stärker in die Augen springendes und merkwürdigeres Charakteristikon der Instinkthandlung denken, als die Eigenschaft, mangels auslösender Reize im Leeren zu verpuffen*, unabhängig von den nach Tolmans Ansicht nötigen Zusatzreizen. Es wirkt ganz eigentümlich, daß Tolman bei seinem Argumentieren für die Zweckgerichtetheit alles tierischen Verhaltens und für seine

Abhängigkeit von Zusatzreizen den Satz ausspricht: »Animal behaviour cannot ›go off‹ in vacuo«, d. h. »Tierisches Verhalten kann nicht im Leeren ›losgehen‹.« In seinem Bestreben, die Behauptung der Existenz nicht zweckgerichteter tierischer Handlungen ad absurdum zu führen, fordert er in diesem Satze gerade jenen Beweis für ihr Vorhandensein, den wir in Gestalt des Nachweises der Leerlaufreaktion zu erbringen vermögen.

Die Leerlaufreaktion läßt sehr klare Schlüsse darüber zu, welche Teile einer Handlungsfolge instinktmäßig angeboren sind. Besonders wertvoll ist dies dann, wenn höher spezialisierte und längere, rein instinktmäßige Ketten von Handlungen leer ablaufen. So besaß ich einst einen jungaufgezogenen Star, der den gesamten Handlungsablauf der von einer Warte betriebenen Fliegenjagd als Leerlaufreaktion brachte, und zwar mit einer Menge von Einzelheiten, die auch ich bis dahin für zweckgerichtete Bewegungen und nicht für instinktmäßig gehalten hatte. Er flog auf den Kopf einer bestimmten Bronzestatue in unserem Wohnzimmer und musterte von diesem Sitze aus andauernd den »Himmel« nach fliegenden Insekten, obwohl an der Decke des Zimmers keine vorhanden waren. Plötzlich zeigte sein ganzes Verhalten, daß er eine fliegende Beute erblickt hatte. Er vollführte mit Augen und Kopf eine Bewegung, als verfolgte er ein dahinfliegendes Insekt mit seinen Blicken, seine Haltung straffte sich, er flog ab, schnappte zu, kehrte auf seine Warte zurück und vollführte die seitlich schlagenden Schleuderbewegungen mit dem Schnabel, mit denen sehr viele insektenfressende Vögel ihre Beute gegen die Unterlage, auf der sie gerade sitzen, totzuschlagen pflegen. Dann vollführte er mehrmals Schluckbewegungen, worauf sich sein knapp angelegtes Gefieder etwas lockerte und in vielen Fällen der Schüttelreflex eintrat, ganz, wie er nach einer wirklichen Sättigung einzutreten pflegt. Sein ganzes Verhalten ahmte so täuschend den seinen biologischen Sinn erfüllenden Ablauf nach, vor allem wirkte sein Benehmen, kurz ehe er abflog, so überzeugend, daß ich nicht nur einmal, sondern wiederholt auf einen Stuhl kletterte, um nachzusehen, ob mir nicht doch bisher irgendwelche kleinsten fliegenden Insekten entgangen wären. Es waren aber wirklich keine da. Besonders das Verfolgen eines in Wirklichkeit nicht vorhandenen beweglichen Zieles mit den Augen erinnerte zwingend an das Verhalten mancher auf optischem Gebiete halluzinierenden Geisteskranken und drängte mir die Frage auf, welche subjektiven Erscheinungen für den Vogel wohl mit der Leerlaufreaktion verbunden seien. Das Verhalten dieses Stares erbrachte den Beweis, daß die orientierte Bezugswendung nach der Fliege hin, das einzige Appetenzverhalten ist, das in dieser Handlungsfolge eine Rolle spielt.

Wie Tolman, so versteht auch Craig unter »Instinkthandlung« stets den ganzen Ablauf, das zweckgerichtete Suchen nach der auslösenden

Reizsituation mit eingerechnet. Da er dieses Reizsuchen als einen wesentlichen *Bestandteil* der Instinkthandlung auffaßt, betrachtet er diese, wie Tolman, als ein zweckgerichtetes Verhalten. Im Gegensatz zu anderen Autoren, die diese Ansicht vertreten, finden wir bei Craig die für uns ganz ungeheuer wichtige Erkenntnis, *daß das Ablaufenlassen einer Handlung* (consummation of instinctive action) *der Zweck des zweckgerichteten Verhaltens sei.* Damit ist aber die Zweiteilung in Appetenzverhalten und jene subjektiv zwecklose, um ihrer selbst willen ausgeführte Koordination von Bewegungen, die wir als Instinkthandlung bezeichnen, weitgehend angebahnt. Wenn auch Craig die Ansicht Tolmans über die Auflösbarkeit aller Handlungsketten in »chain appetites« bis zu einem gewissen Grade teilt, kommt er doch unserer Begriffsbildung der Verschränkungen sehr nahe, indem er sagt: »Wenn die Handlung im höchsten Maße instinktmäßig festgelegt ist, hat sie die Form eines Kettenreflexes. Aber bei den meisten angeblich angeborenen Kettenreflexen sind die Reaktionen am Beginn der Kette oder in der Mitte der Folge nicht angeboren oder nicht vollständig angeboren, sondern müssen durch Versuch und Irrtum erworben werden. *Das Endglied der Kette, die befriedigende Handlung (consummatory action) ist stets angeboren.*« (Von mir hervorgehoben. Übers.)

Um dafür ein Beispiel zu bringen: Der Nahrungserwerb eines Wanderfalken ist im wesentlichen auf angeborenen Bewegungskoordinationen aufgebaut. Das Appetenzverhalten beschränkt sich auf ein nach dem Prinzip von Versuch und Irrtum vor sich gehendes Suchen nach einer Reizsituation, in der dann die wundervoll spezialisierten Instinkthandlungen des Beuteerwerbes, die diesem Vogel eigen sind, zur Auslösung kommen. Damit ist der vom Tiere als Subjekt angestrebte *Zweck schon erreicht*, die nun noch folgenden Bewegungskoordinationen sind, von einigen Bezugswendungen abgesehen, rein instinktmäßig. Sie sind ja auch oft genug als Leerlaufreaktion zu beobachten. Im Gegensatz zum Falken bleibt beim Menschen die gesamte Motorik der arterhaltenden Funktion des Nahrungserwerbes dem zweckgerichteten Verhalten überlassen. Instinktmäßig und damit »lustvoll« und damit der Zweck der ganzen Handlungsfolge sind die rein instinktmäßigen Abläufe des Kauens, Speichelns, Schluckens usw. Man beachte, daß gerade jene Reizsituationen, die eine dieser Funktionen besonders gut auszulösen imstande sind, als besonders »appetitanregend« gelten müssen. Auch beim Menschen ist also, zumindest in sehr vielen Fällen, das biologische Ziel der Handlung durchaus nicht der Zweck der Handlung, der letztere wird nur durch das Ablaufenlassen instinktmäßiger Reaktionen gebildet.

Es wurde meinem Begriff der Instinkt-Dressurverschränkung vorgeworfen, daß er nicht von dem Pawlowschen Begriff des bedingten Reflexes abgrenzbar sei. Da Inhaltsgleichheit dieser Begriffe tatsächlich besteht, so bedarf es meinerseits einer Rechtfertigung für die Einführung einer neuen Bezeichnung. O. Koehler hat die Nomenklatur Pawlows als eine »Verwässerung des Reflexbegriffes« bezeichnet, eine Kritik, der ich mich voll anschließen möchte. Bei der Besprechung der Reflextheorie der Instinkthandlung werde ich noch auseinanderzusetzen haben, aus welchen Gründen der Instinktforscher eines scharf und eng gefaßten Reflexbegriffes bedarf. Der Vorgang des »Bedingens« ist sicher von einem echten Lernvorgang nicht abgrenzbar, und auch wenn der folgende Ablauf höchst einfacher und sicher reflexmäßiger Natur ist, wie eben das Speicheln der Pawlowschen Hunde, so ist es doch im Grunde genommen eine aus der Luft gegriffene Annahme, daß der Erwerbungsvorgang ebenso einfach mechanisch erklärbar sei. Gewiß liegt in manchen Fällen eine derartige Vermutung nahe, z. B. bei der überraschenden Tatsache, daß sich der Pupillarreflex des Menschen auf einen Ton »bedingen« läßt. Sicher aber ist es eine falsche Verallgemeinerung, anzunehmen, daß bei den vielen mit Hunden angestellten Versuchen nicht sehr viel höhere, verwickeltere und mehr in das Gebiet des Bewußten hineinspielende Vorgänge beteiligt seien. Der Ausdruck »bedingter Reflex« verleitet dazu, die Wichtigkeit und Komplikation dieser Vorgänge zu übersehen. Woferne wir überhaupt die Ausdrücke »Lernen« und »Dressur« weiter verwenden wollen, müssen wir folgerichtig den am bedingten Reflex beteiligten Erwerbungsvorgang ebenfalls als Lern- oder Dressurvorgang bezeichnen oder aber, wie es die englisch sprechenden Behaviouristen ja tatsächlich tun, statt von Lernen und Dressur auch bei hochdifferenzierten Vorgängen von einem »Bedingen« (conditioning) sprechen. Ich sehe nicht ein, was uns hindern sollte, von einer »Reflex-Dressurverschränkung« zu sprechen, und glaube, daß diese Aufteilung sowohl dem Reflexbegriff wie dem Dressurbegriff nur förderlich sein kann. Die Vernachlässigung der Zweiheit der beteiligten Vorgänge durch Pawlow selbst erklärt sich wohl aus der absichtlichen Vermeidung aller psychologischen Fragestellungen, die für diesen Autor so bezeichnend ist. Unverständlich ist nur, warum er die durch Unterlassung dieser Zweiteilung entstehende Erweiterung des Reflexbegriffes übersah, die geradezu dessen Vernichtung bedeutet.

Bevor ich das Gebiet der Verschränkungen verlasse, muß ich noch eines eigentümlichen Erwerbungsvorganges gedenken, der bei bestimmten Instinkthandlungen die in ihnen ausgesparten »Lücken« mit eingeschalteter Fähigkeit zum Erwerben auszufüllen hat. Es sind dies manche *auf den Artgenossen gerichtete* Instinkthandlungen von Vögeln. Es ist eine schon lange bekannte Tatsache, daß isoliert von ihresgleichen aufgezogene Vögel soziale Triebhandlungen im weitesten Sinne an irgendeinem

Objekt ihrer Umgebung, meist an dem sie betreuenden Menschen oder sonst einem Lebewesen fixieren, in Ermangelung eines solchen aber auch an leblosen Gegenständen. Solche Vögel reagieren dann späterhin in keiner Weise auf ihre wirklichen Artgenossen.

Der Vorgang dieser Festlegung des Objektes der auf einen Artgenossen gemünzten Instinkthandlungen weicht in einigen sehr wesentlichen Punkten von jenen echten Lernvorgängen ab, die wir bei Ausfüllung der Instinktlücken bei der Instinkt-Dressurverschränkung kennengelernt haben. Diese Eigentümlichkeiten haben mich veranlaßt, für ihn einen besonderen Terminus einzuführen; ich habe ihn in einer früheren Arbeit[2] als die »Prägung« bezeichnet.

Diesem Erwerbungsvorgang fehlen erstens alle wesentlichen Merkmale der Dressur. Das Tier handelt nicht, wie beim Erwerben einer Instinkt-Dressurverschränkung nach dem Prinzip von Versuch und Irrtum, wird auch nicht durch Lohn und Strafe auf das richtige Verhalten geführt. Vielmehr ist ein zeitlich sehr beschränktes Ausgesetztsein gegenüber gewissen Reizen für das gesamte spätere Verhalten des Tieres bestimmend, ohne – und das ist wesentlich – daß dieses Verhalten zur Zeit der Reizeinwirkung schon geübt werden muß. Dieser letztere Umstand schaltet ein Lernen mit Sicherheit aus. Er wird in solchen Fällen besonders deutlich, wo zwischen der objektbestimmenden Reizeinwirkung und der Ausführung der Instinkthandlung ein größerer Zeitraum liegt. So wird nach meinen bisherigen Beobachtungen das Objekt geschlechtlicher Instinkthandlungen bei der Dohle, Coloeus mondula spermologus, schon während der Nestzeit des Jungvogels festgelegt. Junge Dohlen, die um die Zeit des Flüggewerdens in menschliche Pflege kommen, lassen zwar regelmäßig ihre normalerweise auf die Eltern gerichteten Handlungen auf den Menschen umstellen, nicht mehr aber ihr geschlechtliches Verhalten. Das letztere schlägt nur dann auf den Menschen um, wenn man die Tiere wesentlich früher in Pflege nimmt. Ein mit 4 Geschwistern von einem Graugans-paar erbrüteter und etwa durch 7 Wochen geführter Türkenerpel, Cairina moschata, zeigte sich in der nächsten Zeit mit allen seinen sozialen Reaktionen an die Geschwister und damit an Artgenossen gebunden. Als jedoch im nächsten Jahre seine Begattungsreaktionen erwachten, zeigten sich diese auf die Spezies der seit über 10 Monaten nicht mehr beachteten Pflegeeltern eingestellt.

Eine zweite Eigentümlichkeit des in Rede stehenden Erwerbungsvorganges liegt darin, daß er an ganz bestimmte Entwicklungszustände des Jungtieres gebunden ist, wie eben für Dohle und Türkenente festgestellt wurde. Genauere Aussagen über die Dauer der Empfänglichkeitsperiode können wir bezüglich der Objekterwerbung der Nachfolgereaktion mancher jungen Nestflüchter machen. Bei jungen Stockenten, Anas platyrhynchos, Jagdfasanen, Phasianus, und Rebhühnern, Perdix, dauert die Empfänglichkeitsperiode dieser Objekterwerbung nur wenige Stunden. Sie beginnt knapp nach dem Trockenwerden der Küken.

Die dritte wesentliche Besonderheit der Einprägung des Objektes von auf den Artgenossen gemünzten Instinkthandlungen ist ihre Irreversibilität. Die Einstellung des Tieres zum Objekt seiner Handlungen verhält sich nach dem Verstreichen der physiologischen Erwerbungsperiode genau so, als sei sie angeboren. Sie kann nämlich, soviel wir bis jetzt wissen, *nicht vergessen* werden. Das Vergessenwerden ist aber, wie besonders Bühler betont, ein wesentliches Merkmal alles Erlernten. Ohne Vergessen wäre ja tatsächlich jede Möglichkeit eines Umlernens ausgeschlossen. Natürlich ist es bei dem verhältnismäßig sehr geringen Alter unseres Wissens genau genommen nicht angängig, die Irreversibilität des Prägungsvorganges als erwiesen hinzustellen. Wir entnehmen das Recht zu unserer Annahme einigen wenigen, zum größten Teil nur zufällig gesammelten Beobachtungen, die allerdings ausnahmslos in eine Richtung weisen.

Mein Herausheben dieser drei Eigentümlichkeiten des Prägungsvorganges deutet schon an, welche Parallelen es sind, die herauszuarbeiten ich mich bestrebe: Das Beeinflußtwerden durch artgleiches lebendes Material, das Gebundensein an eng umschriebene Phasen der Ontogenese, die Irreversibilität des ganzen Vorganges, das sind drei Merkmale, die ihn weitab von allem Lernen rücken und ihn in eine sicher nicht bedeutungslose Parallele zu Erwerbungsvorgängen bringen, die wir aus der Entwicklungsmechanik kennen. Man ist geradezu versucht, die Terminologie der Entwicklungsmechanik in Anwendung zu bringen und von einer Determination des Objektes der Instinkthandlung durch Induktion zu sprechen.

Wie verschieden man auch diese Analogien bewerten mag, so zeigen sie doch, daß in der Ontogenese der Instinkthandlung Faktoren am Werke sind, die den bei der ontogenetischen Entwicklung von *Organen* wirksamen recht ähnlich sind, jedenfalls viel ähnlicher als jenen, die bei der Entwicklung psychischer Leistungen eine Rolle spielen. *Auch hierin verhält sich also die Instinkthandlung wie ein Organ, und auf diese eine Tatsache kommt es mir bei der Ziehung all dieser Parallelen an.*

Damit habe ich so ziemlich alles gesagt, was wir über die individuelle Veränderlichkeit der Instinkthandlungen und über die Beziehungen dieser Veränderlichkeit zu Erfahrung und Einsicht zu sagen wissen. Ich glaube zu der Behauptung berechtigt zu sein, daß die Beobachtungstatsachen, die wir bis jetzt zur Verfügung haben, sämtlich *gegen* die Annahme einer adaptiven Veränderlichkeit der Instinkthandlung durch Erfahrung und Einsicht des Einzelwesens sprechen.

Wir gelangen zum zweiten Hauptpunkt der Spencer-Lloyd-Morganschen Anschauung, zu der Annahme, daß *phylogenetisch* die höhere Differenzierung der Instinkthandlung in fließendem Übergange zu erlerntem und einsichtigem Verhalten geführt habe. Ich möchte nun versuchen, einen Einblick in die wenigen Tatsachen zu geben, die vielleicht geeignet sind, einiges Licht auf die beiden Fragen zu werfen, wie sich 1. die Instinkthandlung als solche in der Phylogenese verhalte, und 2., welche phylogenetischen Beziehungen sie zu den erworbenen und den einsichtigen Verhaltensweisen zeige.

Bei dem Versuch, die phylogenetische Entwicklung einer Instinkthandlung zu rekonstruieren, sind wir auf andere Wissensquellen angewiesen als beim Studium der Phylogenese eines Organes. Die Palaeontologie läßt uns im Stich, die ontogenetische Wiederholung von Ahnentypen ist kaum je angedeutet. Immerhin gibt es einige derartige Fälle. So vermuten wir z. B. von Piepern, Lerchen, Rabenvögeln und einigen anderen Passeres, die auf dem Erdboden einen Fuß vor den anderen setzen, also laufen und gehen statt zu hüpfen, daß diese Bewegungsweise eine sekundäre Erwerbung sei und nicht gegenüber dem beidbeinigen Hüpfen der großen Mehrzahl aller Sperlingsvögel ein primitives Verhalten darstelle. Da das Laufen in der Klasse der Vögel doch wohl als die primitivere Bewegungsweise zu gelten hat, ist es eine wichtige Bestätigung obiger Anschauung, daß eben flügge Junge von Piepern, Lerchen und Raben zuerst eine Zeitlang wie andere Sperlingsvögel beidbeinig hüpfen, bevor die Koordinationen des schrittweisen Gehens heranreifen.

In einzelnen Fällen erlaubt das Verhalten von Bastarden Rückschlüsse auf den Gang der Phylogenese von Instinkthandlungen. Wir wissen, daß Mischlinge häufig in ihrem instinktmäßigen Verhalten wie in manchen körperlichen Merkmalen nicht intermediär zwischen den Elternarten stehen, sondern einen Rückschlag auf stammesgeschichtlich ältere Stufen zeigen. So konnte Heinroth nachweisen, daß ein Mischlingspaar von Tadorna und Nilgans in seinen Paarungszeremonien durchaus dem gewöhnlichen, unter Anatiden sehr weitverbreiteten, also wohl stammesgeschichtlich älteren Typus entsprach, obwohl beide Elternarten gänzlich andere, weit höher differenzierte und voneinander durchaus verschiedene Paarungseinleitungen haben.

Im wesentlichen aber sind wir bei der Erforschung der Stammesgeschichte der Instinkthandlungen auf ihr Verhalten im System angewiesen. Es tritt uns hier ein Arbeitsgebiet entgegen, dessen ungeheure Größe etwa der der vergleichenden Anatomie entspricht. Dieses Gebiet ist heute so gut wie unerforscht. Es gibt bisher meines Wissens vier Arbeiten, zwei von Heinroth, eine von Whitman und eine von Kramer, die es sich zur ausschließlichen Aufgabe gestellt haben, das Verhalten der Instinkthandlungen in einer ausgewählten Gruppe von Formen systematisch zu bearbeiten. Ferner hat Verwey in seiner bekannten Fischreiherarbeit das Verhalten bestimmter Instinkthandlungen innerhalb der Gruppe der Reiher untersucht. So lächerlich gering diese Literatur im Verhältnis zu dem ungeheueren unerforschten Gebiet ist, hat sie doch übereinstimmend ein Ergebnis gezeitigt, das hier für uns von größter Wichtigkeit ist: Es hat sich einwandfrei zeigen lassen, daß jede Instinkthandlung, die man durch einen größeren oder kleineren Abschnitt des zoologischen Systemes verfolgen konnte, sich ebensogut als ein taxonomisches Merkmal verwenden ließ wie die äußere Form nur irgendeines Skelettstückes oder sonstigen Organes. Beim Studium von solchen Gruppen, deren systematisch-verwandtschaftliche Zusammengehörigkeit auch sonst einigermaßen gut bekannt ist, stellt sich sogar heraus, daß in sehr vielen Fällen eine bestimmte instinktmäßige Verhaltensweise sich als ein *besonders konservatives* Merkmal erweist, indem sie einer *größeren* Gruppe von Formen in gleicher Ausbildung zukommt als irgendein körperliches Organ. In sehr vielen größeren Gruppen gibt es kein einziges Organ, ja nicht einmal eine bestimmte Kombination der Ausbildungsweisen von mehreren Organen, die sich in der betreffenden Gruppe wirklich ausnahmslos findet, während oft eine Instinkthandlung sich buchstäblich bei jeder einzelnen Art der Gruppe vorfindet. Ich entnehme einem modernen Lehrbuch der Zoologie folgende Diagnose der in sich sehr gut geschlossenen Ordnung der Columbae: Carinate Nesthocker mit schwachem, in der Umgebung der Nasenlöcher blasig aufgetriebenem Schnabel, mit mittellangen zugespitzten Flügeln und niedrigen Sitz- oder Spaltfüßen. Kein einziges der angeführten Merkmale findet sich durchgängig. Die Krontaube, Goura, ist kein Nesthocker, Didunculus hat einen abweichend gebauten Schnabel, kurze, runde, in jeder Hinsicht hühnervogelartige Flügel finden sich wieder bei Goura, und eine ganze Reihe von Bodenformen hat durchaus keine niedrigen Füße. Also nicht einmal in einer Kombination von Organformen läßt sich eine ausnahmslos gültige Diagnose der Gruppe finden. Wenn wir hingegen die Tauben dadurch charakterisieren, daß beim Brutgeschäft das Männchen vom frühen Vormittag bis zum späten Nachmittag, das Weibchen die übrige Zeit des Tages auf den Eiern sitzt, so finden wir weder ein Ordnungsmitglied, das eine Ausnahme von diesem Verhalten zeigt, noch wüßte ich eine andere Vogelordnung, die durch ein gleiches Verhalten bei der Brutablösung zu einer Verwechslung führen könnte. Ich möchte keineswegs eine Systematik vorschlagen, die nur Instinkthandlungen als taxonomische Merkmale benutzt, sondern zeigen, daß Instinkthandlung als *ein* taxonomisches Merkmal unter vielen Beachtung verdient.

Ganz besonders gilt dies für jene höchst eigenartige Gruppe von Instinkthandlungen, deren Funktion in der *Auslösung sozialer Reaktionen* beim Artgenossen besteht. Wenn man speziell diese Auslösehandlungen innerhalb einer größeren systematischen Einheit vergleichend studiert, so stellt sich heraus, daß sie noch konstantere, schwerer veränderliche Gruppenmerkmale darstellen als andere Instinkthandlungen. Offenbar ist dies deshalb so, weil durch die Auslösehandlung und die auf sie ansprechende Antworthandlung sozusagen ein »Übereinkommen« innerhalb einer Art dargestellt wird, das als solches von Umgebungsfaktoren besonders unabhängig ist: Daß das Schwanzwedeln der hundeartigen Raubtiere ein besänftigendes Friedenszeichen ist, während eine ganz ähnliche Bewegung bei katzenartigen eine Drohung bedeutet, ist eine reine »Konvention« zwischen Auslöser und angeborenem Schema der betreffenden Tierform, die Übereinkunft könnte, was ihre Funktion betrifft, geradesogut umgekehrt sein. Es ist nicht in ihrer Funktion begründet, daß sie gerade so und nicht anders ist. Da ihre spezielle Form also wie die der Zeichen eines Chiffre- oder Morse-Alphabetes nur geschichtlich bedingt ist, bedeutet Gleichheit zweier Auslösehandlungen so gut wie immer *Homologie*. Es ist sehr unwahrscheinlich, daß je bei zwei verschiedenen Tierstämmen Gleichheit der auslösenden Zeremonien durch Konvergenz entstanden sei. Im Einklang mit dieser Auffassung steht die Tatsache, daß wir bei vergleichender Behandlung größerer Gruppen oft Reihenbildungen von solcher Vollständigkeit und so deutlichem inneren Zusammenhang finden, daß sie uns unmittelbarer von genetischen Zusammenhängen überzeugen als irgendwelche Reihenbildungen, die ich aus der vergleichenden Anatomie kenne. Die Möglichkeit, Konvergenzen mit Sicherheit auszuschließen, berechtigt den vergleichenden Instinktforscher in manchen Fällen zu Aussagen über genetische Zusammenhänge, wie sie in gleicher Bestimmtheit dem Phylogenie treibenden Morphologen kaum je erlaubt sind.

Wir haben (S. 290) bei Besprechung der Intensitätsverschiedenheiten instinktmäßiger Reaktionen schon angedeutet, daß Handlungsinitien, die eigentlich nur unvollständige Abläufe bestimmter Handlungen sind, dadurch eine sekundäre Bedeutung erlangen können, daß sie bei sozialen Arten gewisse Stimmungen von einem Individuum auf das andere übertragen. Das Primäre ist in solchen Fällen zweifellos die Ausbildung des instinktmäßigen »Verstehens«, der »Resonanz« auf die Intentionsbewegungen des Artgenossen. Dadurch bekommt die ursprünglich sinnlose Intentionsbewegung eine neue Bedeutung. Offenbar kann es dann auf dieser Grundlage zur höheren Differenzierung der Intentionsbewegung, zu einer Auslösehandlung kommen. In Parallele mit diesem Entwicklungsvorgang der reizaussendenden Momente differenziert sich die Resonanzbereitschaft zu einem schärfer umschriebenen auslösenden Schema, zu einem der speziellen Auslösungsweise in erstaunlich vielen Einzelheiten entsprechenden rezeptorischen Korrelat.

Einen solchen Entwicklungsvorgang haben aller Wahrscheinlichkeit nach jene Reaktionen durchlaufen, durch welche bei manchen sozialen Entenvögeln das gemeinsame Auffliegen zusammengehöriger Stücke gesichert wird. Die Auslösehandlungen, die bei der Stockente das Auffliegen der Schar vorbereiten, sind ohne weiteres als ein Ansetzen zu einem im letzten Augenblick nicht ausgeführten Auffliegen zu erkennen. Sie sagen auch einem Vogelkenner, der ihre spezielle Bedeutung als Auslöser nicht kennt, daß der Vogel in absehbarer Zeit auffliegen wird. Es werden aus einer wie zum Abspringen vom Boden geduckten Körperhaltung Kopf und Vorderkörper kurz nach oben gestoßen, ganz ähnlich wie beim wirklichen Auffliegen – aber interessanterweise doch schon etwas anders. Bei der Graugans hingegen hat sich die Bewegung weit von der ursprünglichen Form der Intentionsbewegung entfernt und würde niemandem, der ihre Bedeutung nicht kennt, die Auffliegestimmung des Vogels verraten. Sie besteht in einem eigentümlich kurzen seitlichen Schnabelschütteln, das aussieht, als wolle die Gans Wasser vom Schnabel abschleudern. Der Zusammenhang mit der Intentionsbewegung der Stockente wird aber durch das Verhalten anderer Anatiden sehr wahrscheinlich, die verschiedene Zwischenformen der Bewegungen zeigen. So ist die Auffliegebewegung der Nilgans, Alopochen, wie die von Anser, auf den Kopf beschränkt, geht aber nicht seitlich, sondern »noch« wie bei den Enten von unten nach oben. Die Reihenbildung ist sehr eindrucksvoll. Ein Kenner des Verhaltens von Alopochen würde zweifellos die Bewegungen sowohl von Anas wie die von Anser unmittelbar verstehen.

In einzelnen Fällen erlaubt uns das Verhalten auslösender Instinkthandlungen im zoologischen System Aussagen über ihr Alter, wenn auch nur im Verhältnis zu gewissen Strukturen der betreffenden Arten. So hat z. B. eine Anzahl von sehr nahe miteinander verwandten Enten der Gattung Anas, darunter auch unsere heimische Stockente, eine bestimmte, sehr hoch differenzierte, soziale Balzzeremonie in photographisch getreu gleicher Weise. Diese Arten sind keineswegs gleich gefärbt, wohl aber lassen sich bei den auffallenden Strukturen und Farben, die einzelnen Arten im männlichen Geschlecht eigen sind, Beziehungen zu dieser Balzzeremonie nachweisen: Sie sitzen nämlich sämtlich an Stellen, die bei den allen Arten gemeinsamen Bewegungen besonders in Erscheinung treten. Da aber Arten *ohne* solche bunten Abzeichen die gleichen Balzbewegungen haben, glaube ich zu dem Schlusse berechtigt zu sein, daß die instinktmäßig festgelegten *Bewegungen* der Zeremonie *älter* sind als die Strukturen und Farben, die ihre auslösende Wirkung bei vielen Formen unterstützen. In einem Falle können wir vielleicht sogar Vermutungen über das absolute Alter einer Zeremonie aussprechen, nämlich bezüglich des Alters einer Begrüßungszeremonie, die sämtlichen Nachtreihern der Gattung Nycticorax und außerdem der sehr abweichenden südamerikanischen Nachtreiherform Cochlearius in durchaus gleicher Weise arteigen ist. Die diese Zeremonie unterstützenden Strukturen, nämlich verlängerte und eigentümlich differenzierte Kopffedern, sind bei Cochlearius und Nycticorax durchaus verschieden, aber doch bei beiden so gestaltet, daß sie bei der gleichen Bewegungskoordination ihre volle Wirkung entfalten. Da man über das Alter der Abtrennung der Gattung Cochlearius vom Nachtreiherstamm gewisse Vorstellungen bilden kann, dürfen wir hier eine Vermutung über das erdgeschichtliche Mindestalter einer Instinkthandlung aussprechen!

Ich glaube es durch die wenigen Beispiele, die leider an sich schon einen ganz wesentlichen Teil unserer gesamten Kenntnisse darstellen, wahrscheinlich gemacht zu haben, daß man vergleichende Instinktlehre zunächst nach denselben Gesichtspunkten betreiben müßte wie vergleichende Anatomie, nämlich als eine beschreibende Wissenschaft. Wir müßten also zunächst Instinkthandlungen der verschiedensten Tiere *sammeln* und *beschreiben*. Schon die Tätigkeit des Sammelns bringt die Notwendigkeit des Experimentes mit sich, ohne welches wir nicht wissen können, ob eine Handlung instinktmäßig angeboren sei oder nicht. Die Feldbeobachtung sagt uns darüber meist nichts aus, wodurch wir uns in die Notwendigkeit versetzt sehen, Tiere zu halten, und zwar sie tiergärtnerisch besonders gut zu halten, da die geringste körperliche Schädigung des Tieres zu weitgehenden Ausfällen auf dem Gebiete der Instinkthandlungen führt. Das bloße Sammeln von Kenntnissen über Instinkthandlungen ist daher sehr mühsam und vor allem auch sehr kostspielig. Abgesehen hiervon macht die eindeutige Beschreibung, nach der eine Verhaltensweise mit wirklicher Sicherheit wiedererkannt werden kann, die größten Schwierigkeiten. Es erhebt sich da zunächst die Forderung nach einer brauchbaren und einheitlichen Nomenklatur. Die von selbst entstandene Ausdrucksweise, die Tierkenner unter sich gebrauchen, erinnert oft in sehr vielsagender Weise an die der älteren Morphologie. Man benennt Instinkthandlungen ganz wie Organe, oft auch mit dem Namen des Erstbeschreibers, diskutiert z. B., ob die Verweysche »Schnappbewegung« des Fischreihers der von mir beschriebenen ähnlichen Reaktion des Nachtreihers homolog sei usw. Auch beschreibt man nie eine Reaktion in der Form, daß man etwa sagt: »Diese oder jene Art pflegt so oder so zu handeln«, sondern stets: »Die Art *hat* diese oder jene Reaktion«. Auch mit Schaffung einer brauchbaren Nomenklatur ist die Verständigung über Beobachtetes, vor allem das Vergleichen von Beobachtungen, sehr schwierig. Es ist ein trauriger Anblick, wie durchaus ernste Forscher sich in stimmlichen und tänzerischen Nachahmungen tierischen Verhaltens ergehen müssen, um sich gegenseitig überhaupt zu verstehen. Aus diesen Mißlichkeiten gibt es natürlich nur einen Ausweg, und das ist das Lichtbild, womöglich der Film. In dieser Richtung plane ich eben jetzt einen bescheidenen Vorstoß, der das früher genannte soziale Balzverhalten der Enten der Gattung Anas zum Gegenstand hat. Es sollen die sehr ähnlichen Zeremonien von etwas fernerstehenden Arten sowie die von Blendlingen zwischen ihnen studiert und im Filme festgehalten werden, um dadurch eine Stütze für meine oft angefochtenen Aussagen über die Homologie von Instinkthandlungen zu schaffen. Ich meine nämlich, daß ein intermediäres Verhalten des Mischlings für eine echte Homologie zweier Instinkthandlungen der Elternarten spricht.

Wenn wir die gesamten Tatsachen, die uns über das Verhalten der Instinkthandlungen im zoologischen System zur Verfügung stehen, überblicken, so müssen wir sagen, daß sie ganz ebenso wie jene Tatsachen, die wir über die Ontogenese der Instinkthandlungen zustande bringen konnten, durchwegs dazu angetan sind, die Entwicklung der Instinkthandlungen in Parallele mit der Entwicklung der Organe zu bringen. Wir werden Whitman voll beistimmen, der schon 1889 gesagt hat, daß sich Instinkthandlungen in der Phylogenese nach denselben Gesetzen und *in denselben Zeiträumen* entwickeln wie Organe. Welche Faktoren es sind, die die phylogenetische Entwicklung von Organen und Instinkthandlungen beherrschen, wissen wir nicht. Das eine aber dürfen wir behaupten, daß keinerlei Berechtigung dazu vorliegt, die individuelle Erfahrung unter diese Faktoren zu zählen.

Eine ganz andere Frage als die nach dem phylogenetischen Verhalten der Instinkthandlungen ist die nach ihren phylogenetischen Beziehungen zur erlernten und zur verstandesmäßigen Handlung. Wir sind oben sehr energisch der Spencerschen Meinung entgegengetreten, daß gerade die hochkomplizierte und hochdifferenzierte Instinkthandlung zu der variablen Verhaltensweise überleite.

Wenn wir uns fragen, worauf sich überhaupt die Anschauung aufbaue, daß die Instinkthandlung der phylogenetische Vorläufer der erlernten und der verstandesmäßigen Verhaltensweise sei, so finden wir nur die eine Tatsache, daß sich zweifellos im Reiche der höheren Wirbeltiere Formen mit höheren Verstandesfähigkeiten aus solchen entwickelt haben, die gegenüber jenen über höher differenzierte Instinkthandlungen verfügten. Diese Tatsache beschränkt sich aber durchaus auf die Wirbeltiere. Schon eine ganz oberflächliche Übersicht über das System muß uns zu der

Überzeugung bringen, daß zwischen der höheren Spezialisation der Instinkthandlungen und der Entwicklung der Fähigkeit zur erlernten und verstandesmäßigen Handlung keine Beziehungen bestehen, die sich in einem so einfachen Satze ausdrücken lassen. Am ehesten könnte man noch sagen, daß sich eine umgekehrte Proportionalität in der Ausbildung der beiden Verhaltenstypen nachweisen läßt, was allerdings nur für Extremfälle gilt, etwa für staatenbildende Insekten auf der einen, Anthropoiden auf der anderen Seite. Für solche nach einer oder nach der anderen Richtung besonders hochdifferenzierten Formen gilt aber zweifellos der Satz, daß hohe Entwicklung und Spezialisation der Instinkthandlungen die Höherentwicklung der variablen Verhaltensweisen *hemmt* und daß umgekehrt die Entwicklung dieser letzteren offensichtlich eine weitgehende Reduktion der Instinkthandlungen zur Voraussetzung hat. Bei höheren Wirbeltieren hat sicher die Herausbildung der Verstandestätigkeit parallel mit einer entsprechenden Rückbildung der Instinkthandlungen stattgefunden, und der funktionelle Ersatz der instinktmäßig festgelegten Verhaltensweise durch die plastische Zweckhandlung verleitet leicht zu der Annahme, daß sich die letztere aus der ersteren entwickelt habe. Wenn wir aber an Stelle der Wirbeltiere die Insekten betrachten und dabei ebenso einseitig vorgehen würden wie Spencer, so würden wir zu genau umgekehrten Ergebnissen gelangen, denn bei diesen Tieren haben sich sicher Formen mit hochspezialisierten Systemen von Instinkthandlungen aus solchen entwickelt, bei denen die Variabilität des Verhaltens größer war. Die Fähigkeit einer Küchenschabe zu Dressurhandlungen steht nicht hinter der einer Biene zurück, übertrifft sie sogar vielleicht in mancher Beziehung. Wollten wir Spencers Vorgehen hier wiederholen, so würden wir zu dem Ergebnis gelangen, daß sich die Instinkthandlungen aus erlerntem und einsichtigem Verhalten entwickelt haben, eine Anschauung, die tatsächlich von Lamarckscher Seite auch vertreten wurde: ich erinnere an die »Gewohnheitstheorie« des Instinktes von Romanes.

Wenn wir aber nicht Extremformen, wie Insekten und Anthropoiden, in Gegenüberstellung bringen, sondern nahe verwandte Tiere mit fast gleichen Instinkthandlungen miteinander vergleichen, so stellt sich heraus, daß die Fähigkeit zu erlerntem und verstandesmäßigem Verhalten trotz der Gleichheit der Instinkthandlungen bei solchen Formen ganz erstaunlich verschieden sein kann. Diese Verschiedenheit der höheren Leistungen bei durchaus gleichen instinktmäßigen Koordinationen möchte ich an der Versteckreaktion zweier nahe verwandter Rabenvögel erläutern. Kolkraben und Dohlen, von der älteren Nomenklatur noch in eine Gattung vereinigt, haben genau die gleiche instinktmäßige Bewegungskoordination zum Verstecken von Nahrungsresten. Dabei zeigen beide Arten folgende Verschiedenheiten in der *Anwendungsweise* dieser gänzlich gleichen Bewegungen. Wenn eine Dohle einen zu versteckenden Nahrungsbrocken im Kehlsack hat, so zeigt sie Appetenz nach jener Situation, in der sie verstecken kann, also nach einer kleinen Höhlung irgendwelcher Art. Dieses Appetenzverhalten beschränkt sich im allgemeinen auf eine bloße Bezugswendung, die so gut wie stets nach dem tiefsten und finstersten der just erreichbaren Löcher und Winkel erfolgt. Die Dohle ist außerstande, durch Erfahrung zu lernen, daß der Sinn der Versteckreaktion verlorengeht, wenn sie sich von anderen Dohlen beim Verstecken zusehen läßt. Auch kommt sie nie dahinter, daß gewisse, nur im Fluge zu erreichende Örtlichkeiten für ihre menschlichen Freunde unzugänglich und dort versteckte Gegenstände vor Konfiskation gesichert sind. Dagegen erfaßt der Kolkrabe schon in früher Jugend, daß die Versteckreaktion nur dann zum Wiederauffinden der Nahrung führt, wenn einem niemand dabei zusieht. Ebenso genügt ein mehrmaliges Wegnehmen des Versteckten durch den Pfleger, um den Vogel zu veranlassen, nur an hohen, dem Menschen unzugänglichen Orten zu verstecken. Die Bewegungskoordinationen des Raben sind um nichts weniger starr als die der Dohle. Ebenso kann im Experiment leicht gezeigt werden, daß auch bei ihm die Versteckreaktion ein Selbstzweck ist, da sie unter entsprechenden Gefangenschaftsbedingungen bis zum Überdruß sinn- und zwecklos ausgeführt wird, ganz genauso wie bei der Dohle. Auch läßt sich nachweisen, daß der Vogel keinerlei Einsicht in das Wesen des »Versteckens«, im Sinne des Unsichtbarmachens des Versteckten, besitzt.

Der Unterschied im Verhalten zwischen Dohle und Rabe beschränkt sich also auf jene Teile der Handlungskette, die wir als Appetenzverhalten bezeichnet haben, im vorliegenden Falle also auf eine bestimmte Bezugswendung, die in einer instinktmäßigen Handlungskette eingeschaltet ist. Wir finden zwei in ihrer Wirkungsweise sehr verschiedene Verschränkungen, deren instinktmäßig angeborene Teile bei beiden Vögeln *absolut gleich* sind. Was eine durchgreifende Änderung erfahren hat, sind die eingeschalteten nichtinstinktmäßigen Verhaltensweisen, die aus einer einfachen Bezugswendung, die eigentlich als bloße Taxis imponiert, zu einem erlernten, ja vielleicht verstandesmäßigen Verhalten geworden sind, sofern wir annehmen dürfen, daß das Verhalten der Dohle gegenüber dem des Raben als primitiv aufzufassen ist. Während wir für die phylogenetische Veränderlichkeit der Instinkthandlung nach allem, was wir über ihr Verhalten im System wissen, ein höchst langsames Tempo annehmen müssen, genau wie für die Veränderlichkeit irgendeines recht konservativen körperlichen Organes, tritt die Fähigkeit zu Verstandeshandlungen im System durchaus unberechenbar und *sprunghaft* auf. Jene Sprunghaftigkeit der Entwicklung höherer psychischer Fähigkeiten, der der Mensch seinen ungeheuren

Vorsprung vor seinen nächsten zoologischen Verwandten verdankt, finden wir in geringerem Ausmaße im Tierreich zu wiederholten Malen. Man könnte eine Unmenge von Beispielen anführen, wo zoologisch nahe beieinanderstehende Formen überraschend große Verschiedenheiten in der Befähigung zu erlernten und verstandesmäßigen Handlungen zeigen, genauso, wie wir es eben für Dohle und Rabe beschrieben haben.

Da manche Autoren, wie wir gesehen haben, den Begriff der Instinkthandlung so weit fassen, daß das Appetenzverhalten als ein bloßer Teil des Instinktverhaltens mit einbegriffen wird, ist es von ihrem Standpunkt nur folgerichtig, wenn sie sagen, das höhere, verstandesmäßige Verhalten entwickele sich aus dem, was sie eben als Instinkthandlung bezeichnen. Immerhin vermißt man, zumindest bei Craig, der die Instinkthandlung ausdrücklich in Appetenzverhalten und Instinktausübung (consummatory action) teilt, die Feststellung, daß nur das Appetenzverhalten dasjenige ist, was der erlernten und verstandesmäßigen Verhaltensweise vergleichbar und als ihr Vorläufer zu betrachten ist.

Diese Feststellung, gegen die Professor Craig selbst wohl kaum etwas einzuwenden haben dürfte, wollen wir nun mit aller Betonung nachholen. Ich glaube, daß prinzipiell jedes tierische Verhalten in Appetenzverhalten und Instinktausübung zerfällt, soweit es eine ganzheitliche funktionelle Einheit darstellt. Die Erreichung des biologischen arterhaltenden Sinnes bleibt beiden Verhaltenstypen gemeinsam überlassen. Es kann der eine wie der andere eine höhere Spezialisation erfahren, innerhalb einer bestimmten Verhaltensweise dann sehr häufig auf Kosten des anderen, in einzelnen Fällen bis zum vollständigen Verschwinden des anderen. Tiere mit sehr hoch spezialisierten Instinkthandlungen, wie etwa Bienen, werden so in die auslösenden Reizsituationen hineingeboren, daß wir bei vielen ihrer Instinkthandlungen nichts von einem Appetenzverhalten zu sehen bekommen, das die zur Auslösung der betreffenden Reaktion nötige Reizsituation erst herbeiführen müßte. Im entgegengesetzten Extremfalle kann die Instinkthandlung, deren Ablauf den subjektiven Zweck der Handlungskette darstellt, sich so gegen das Ende dieser Kette zurückziehen, daß die gesamte Motorik, welche die im Sinne der Arterhaltung wertvolle Arbeit zu leisten hat, dem zweckgerichteten Verhalten überlassen bleibt. Je höher die geistigen Fähigkeiten einer Tierform sind, desto weiter kann ihrem zweckgerichteten Verhalten das Ziel gesteckt werden, bis schließlich von dem stets instinktmäßigen Ende der Handlungskette nur eine affekt- oder gefühlsbetonte Situation übrigbleibt. Bei einem Webervogel reichen die höheren geistigen Fähigkeiten eben hin, um jene Reizsituation herbeizuführen, in der die hochspezialisierten Instinktabläufe seines Nestbauens zur Auslösung kommen. Das am Nestbau beteiligte Appetenzverhalten beschränkt sich bei diesem Tier im wesentlichen, nämlich abgesehen von einigen wenigen, später noch erfolgenden Bezugswendungen, auf das Erreichen dieser Reizsituation, in der das Vorhandensein passender Niststoffe, einer Astgabel usw. eine Rolle spielt. Ein Mensch in der annähernd analogen biologischen Lage leistet die gesamte Arbeit der Erwerbung einer Behausung durch zweckgerichtetes Verhalten. Das instinktmäßig gegebene Ende seiner Handlungsfolge ist die affektbetonte Situation des Zuhause- und Geborgenseins. Bühler nimmt an, daß die Affektbesetzung solcher Endsituationen mit fortschreitender Rudimentierung der instinktmäßig festgelegten Motorik eine intensivere wird, daß die Vergrößerung der dem Appetenzverhalten gestellten Aufgabe durch eine Verstärkung seiner Motivierung kompensiert wird.

Ich betrachte es als *wesentliches* Merkmal der Instinkthandlung, daß sie Aufgaben meistert, denen die geistigen Fähigkeiten einer Tierart nicht gewachsen sind. Schon deshalb erscheint es unmöglich, daß ein Tier durch Lernen oder Einsicht seine eigenen Instinkthandlungen verbessern könne. Wir können eigentlich gar nicht darüber entscheiden, ob die Instinkthandlung prinzipiell unveränderlich durch Lernen und Einsicht sei. Wir können nur feststellen, daß eine solche adaptive Veränderung bei keinem Tier vorkommt, weil die durch Instinkthandlungen gegebenen Lösungen der vom Lebensraum des Tieres gestellten Aufgaben *immer* weit über die geistigen Möglichkeiten der Art hinausgehen. Die Fähigkeit, eine solche Aufgabe durch Lernen oder Einsicht zu lösen, besteht offensichtlich niemals *neben* dem Vorhandensein einer dieselbe Aufgabe bewältigenden instinktmäßigen Bewegungskoordination. Der Grund für diese Tatsache liegt aller Wahrscheinlichkeit nach darin, daß, *wenn* einmal die Fähigkeit zur erlernten oder einsichtigen Lösung einer Aufgabe in der Phylogenese einer Tierform auftritt, diese Lösung infolge ihrer adaptiven Plastizität im Sinne der Arterhaltung weit *günstiger* sein muß als jede durch starre Instinkthandlungen festgelegte Bewältigung der gleichen Aufgabe. Hierin dürfte wohl der Hauptgrund für die Rudimentierung der Instinkthandlungen geistig hochstehender Formen liegen.

Auch scheint das Vorhandensein einer Instinkthandlung der Entwicklung einer Lern- und Verstandesleistung gleicher Funktion hinderlich zu sein. Zum mindesten beim Menschen ist das so. Man betrachte das Verhalten von hochstehenden und sonst mit guter Fähigkeit zur Selbstkritik begabten Menschen bei der sicher instinktmäßigen Reaktion der Gattenwahl durch das »Sich-Verlieben«, und man wird von der Richtigkeit dieser Behauptung überzeugt sein. Das früher erwähnte Beispiel von Dohle und Kolkrabe zeigt zwar, daß auch ohne Reduktion der instinktmäßig angeborenen Glieder eine Handlungsfolge innerhalb gewisser Grenzen eine geistige Höherentwicklung möglich ist. Zweifellos müssen aber bei weiterem Fortschreiten dieser Entwicklung die Instinkthandlungen schließlich weichen.

Diesen Reduktionsvorgang stelle ich mir nun im wesentlichen so vor, daß *innerhalb* der vorhandenen rein instinktmäßigen Abläufe und der instinktmäßig festgelegten Teile von Verschränkungen *neue Lücken* mit eingeschaltetem Appetenzverhalten auftreten. Eine ähnliche Ansicht wurde von Whitman ausgesprochen, der über die leicht nachweisbare Reduktion von Instinkthandlungen bei Haustieren folgendes sagt: »Bei undomestizierten Arten muß in bezug auf die Instinkte ein höherer Grad der Unveränderlichkeit gewahrt bleiben, während sie bei domestizierten Arten zu verschiedenen Graden der Veränderlichkeit *reduziert* (von mir kursiv) werden, so daß bei ihnen eine entsprechend größere Freiheit des Handelns vorgefunden wird, natürlich auch gleichzeitig eine größere Wahrscheinlichkeit des Auftretens von Unregelmäßigkeiten und sogenannten ›Fehlern‹. Diese ›Instinktfehler‹, weit davon entfernt ›Zeichen‹ einer psychischen Rückbildung zu sein, stellen meines Erachtens die ersten Zeichen einer größeren Plastizität angeborener Bewegungskoordinationen dar.« An anderer Stelle sagt er, der Verstand zeige das Bestreben, Instinkthandlungen »entzweizubrechen« (to break up instinctive action), an wieder anderer macht er folgende Aussage: »Plastizität des Instinktes ist nicht Verstand, aber sie ist das offene Tor, durch das die große Erzieherin Erfahrung Zutritt erhält, um alle Wunder des Verstandes zu bewirken.« Wenn wir statt des Ausdruckes »Plastizität« unseren schärfer umschriebenen Begriff der in eine Folge instinktmäßiger Bewegungskoordinationen eingeschalteten »Fähigkeit zum Erwerben« einsetzen, so können wir der in obigen Sätzen niedergelegten Anschauung Whitmans voll beistimmen.

Wir dürfen nicht vergessen festzustellen, daß die Rudimentierung des instinktmäßigen Anteils jeder tierischen und auch wohl jeder menschlichen Handlung vor einem bestimmten Punkte haltmacht. Ich erinnere an den S. 303 zitierten Satz Wallace Craigs, daß das Ende der Handlungsfolge stets instinktmäßig sei. In sehr vielen Fällen bleiben auch beim Menschen motorische Abläufe instinktmäßiger Natur erhalten, die den Zweck des auf sie gerichteten Appetenzverhaltens darstellen, deren auslösende Reizsituationen angestrebt werden. Ich erinnere an die Tatsache, daß die am meisten »appetitanregenden« Speisen deutlich solche sind, die die auslösenden Reize des Speichelns, des Kauens oder des Schluckens in besonders intensiver Weise aussenden. Manche Speisen gelten als besondere Leckerbissen, obwohl sie nur eine dieser Funktionen, diese aber besonders gut, auslösen, wie z. B. die gut schluckbare Auster oder gewisse, fast geschmacklose, aber wegen ihrer besonders »knusprigen« Beschaffenheit das Kauen lustvoll auslösende Bäckereien. In anderen Fällen kommt es, wie S. 315 auseinandergesetzt wurde, bis zum vollständigen Verschwinden instinktmäßiger Bewegungen, zu einer Rudimentierung des instinktmäßigen Handlungszieles, zu einer affektbetonten und deshalb angestrebten Reizsituation, in der weiter keine Abläufe ausgelöst werden.

Bei der Lösung einer bestimmten, vom Lebensraum des Tieres gestellten Aufgabe beteiligen sich Appetenzverhalten und Instinktausübung insofern *vikariierend*, als die größere Beteiligung des einen Verhaltenstypus an der zu leistenden Arbeit natürlich stets eine Entlastung und damit ein Zurücktreten des anderen bedingt. In diesem Sinne stellt die besonders hohe Differenzierung des einen oder des anderen je eine gesonderte Entwicklungsmöglichkeit und *Entwicklungsrichtung* der tierischen Handlung dar. Bei höheren Graden ist die Spezialisation in einer dieser Richtungen wohl sicher irreversibel und schließt eine spätere Entwicklung in der anderen aus, führt auch wohl stets zu einer *Reduktion* der in der anderen Richtung differenzierten Verhaltensweisen.

Unser Ergebnis bezüglich der phylogenetischen Beziehungen zwischen Instinkthandlungen und zweckgerichtetem Verhalten widerspricht demnach der Anschauungsweise der Spencer-Lloyd-Morganschen Schule ebenso wie unsere Ergebnisse bezüglich der Einflüsse individueller Erfahrungen auf die ontogenetische Entwicklung instinktmäßiger Handlungsabläufe.

II Die McDougallsche Instinktlehre

Die Instinktlehre McDougalls schließt sich insofern an die Spencers und Lloyd Morgans an, als alle möglichen fließenden Übergänge zwischen Instinkthandlung einerseits und erlernter wie verstandesmäßiger Verhaltensweise andererseits angenommen werden. Wir finden bei diesem Autor eine besonders weite Fassung des Begriffes vom Instinkte. Jede Verhaltensweise, an der nur irgend Instinktmäßiges beteiligt ist, wird als instinktmäßig schlechtweg bezeichnet. Daher erscheint es verständlich, wenn die Instinkthandlung als ein im wesentlichen zweckgerichtetes Verhalten (essentially purposive behaviour) aufgefaßt wird.

Vor allem aber zeichnet sich die Lehre McDougalls durch die Annahme von übergeordneten »Instinkten« aus, die sich untergeordneter »motor mechanisms« als *Mittel zum Zweck* bedienen. In Amerika, wo in neuerer Zeit der Gebrauch des Wortes »Instinkt« unmodern geworden ist, werden in gleicher oder sehr ähnlicher Bedeutung, wie McDougall die Ausdrücke

»instinct« und »motor mechanism« gebraucht, die Termini »first order drives« und »second order drives« gebraucht, also Triebe erster und zweiter Ordnung. In der Beziehung zwischen beiden, die dadurch gegeben sein soll, daß ein übergeordneter, auf ein bestimmtes Ziel gerichteter Instinkt sich der angeborenen Bewegungskoordination als Mittel zum Zwecke bedient, sehen McDougall wie auch neuere Autoren den Beweis für ein wirkliches Zweckgerichtetsein des Instinktes erster Ordnung.

McDougall gruppiert nach rein funktionellen Gesichtspunkten die Instinkthandlungen von Menschen und von Tieren unter die Begriffe von ausgerechnet dreizehn übergeordneten Instinkten. Es liegt ihm ziemlich fern, die Phylogenese der Instinkthandlungen sowie ihr Verhalten im zoologischen System zu berücksichtigen und in Betracht zu ziehen, daß funktionell analoge Instinkthandlungen bei verschiedenen Tierstämmen unabhängig voneinander entstehen können. Die für unsere Betrachtungsweise so wichtigen Homologieerscheinungen, sowie überhaupt die vergleichend zoologische Fragestellung sind für ihn ohne Belang. Daher ist für ihn die Funktion nicht einfach ein Einteilungsprinzip, sondern das Wesen des Instinktes. Es wird daher auch nie gesagt, man könne die Instinkthandlungen von Tieren und Menschen in soundso viele funktionelle Gruppen einteilen, sondern ziemlich dogmatisch die Existenz von dreizehn Instinkten behauptet.

Betrachten wir zunächst den Begriff des über- und untergeordneten Instinktes genauer. McDougall nimmt z. B. einen »elterlichen Instinkt« (parental instinct) an, der sich sämtlicher einzelnen, instinktmäßig angeborenen Bewegungskoordinationen, die bei irgendeinem Tier in der Brutpflege Anwendung finden, als Mittel zum Zwecke bedient. Wir haben schon bei der Besprechung der Verschränkungen von instinktmäßigem und zweckgerichtetem Verhalten erläutert, wie die einzelnen instinktmäßig angeborenen Teilfunktionen und das auf sie gerichtete Appetenzverhalten in feiner biologischer Abgestimmtheit unter normalen Bedingungen eine funktionelle Einheit ergeben. Wir haben aber auch gesehen, wie leicht diese Einheit durch das Ausfallen eines scheinbar ganz unwichtigen Gliedes der Kette vollständig zerbrochen wird. Hierfür noch ein Beispiel: An Junge führenden weiblichen Entenvögeln konnte ich experimentell beweisen, daß die verschiedenen Betreuungsreaktionen, die sie ihren Jungen gegenüber beobachten lassen, in ihrer Auslösung vollständig unabhängig voneinander sind und nur dadurch zu einer planmäßigen funktionellen Einheit zusammengefaßt werden, daß die sie auslösenden Merkmale sich in dem artgleichen Jungen vereinigt finden. Die Ganzheit ist sofort zerstört, wenn diese auslösenden Momente an *getrennten* Objekten geboten werden. So verteidigt eine Türkenente, Cairina moschata, ein Stockentenküken ganz ebenso wie ein artgleiches Junges, behandelt es aber, gleich nachdem sie es »voll Mut« aus den Händen des Experimentators »gerettet« hat, durchaus feindlich. Dieses Verhalten ist so zu erklären, daß der Notruf des Kükens, der die Verteidigungsreaktion reflexartig auslöst, bei Stock- und Türkenentenküken nahezu gleich ist, während die artbezeichnende Kopf- und Rückenzeichnung, an die andere Betreuungsreaktionen gebunden sind, bei den Jungen beider Arten ziemlich verschieden sind. Daß die funktionelle Einheit der angeblich von einem »elterlichen Instinkt« beherrschten Teilfunktionskreise durch den Ausfall eines kleinen körperlichen Merkmals zerschlagen werden kann, beweist meiner Meinung nach die Autonomie und Gleichwertigkeit der beteiligten Einzelhandlungen. *Zur Annahme eines ganzmachenden, richtunggebenden und allen Teilreaktionen übergeordneten Instinktes wären wir doch offenbar nur dann berechtigt, wenn wir einen über die experimentell nachweisbare Regulationsfähigkeit der Einzelreaktionen hinausgehenden regulativen Faktor in seinen Auswirkungen beobachten könnten.* Die Auswirkung eines solchen Instinktes erster Ordnung, der Störungen in der Zusammenarbeit der Teilreaktionen wieder gutmachen, durch Koordination der Einzelreaktionen die Ganzheit wiederherzustellen vermöchte, haben wir nie gesehen. Wir glauben keine Berechtigung zu seiner Annahme zu haben. Unsere Auffassung, daß eine große Zahl autonomer Einzelreaktionen nur dadurch zu einer funktionellen Einheit werden, daß der phylogenetisch »gewordene« Bau- und Funktionsplan der Species sie zu einer solchen zusammenfaßt, erscheint demjenigen weit hergeholt, der die Instinkthandlungen nur in ihrem normalen, ihren biologischen Sinn erfüllenden Ablauf kennt, nicht aber die experimentell so leicht herbeizuführenden Fehlleistungen, die so deutlich für die hier vertretenen Annahmen sprechen.

Von »einem Instinkt« spricht McDougall dann, wenn ein System arteigener Instinkthandlungen durch gemeinsame Funktion zu einer Einheit zusammengefaßt erscheint. Wir können zweifellos vom rein funktionellen Gesichtspunkt eine derartige Gliederung vornehmen und beispielsweise alle an der Brutpflege beteiligten Instinkthandlungen als »elterliche Instinkte« bezeichnen. Für die *Einzahl* dieses Ausdruckes aber fehlt uns jede Anwendungsmöglichkeit. Alles, was wir hier als Instinkthandlungen bezeichnen, würde nach McDougall unter den Begriff der »motor mechanisms« fallen!

Irgendeine der an einer längeren, funktionell einheitlichen Handlungsfolge beteiligten Instinkthandlungen als einer anderen über- oder untergeordnet aufzufassen, ist nur nach einem ganz bestimmten Gesichtspunkte möglich, der aber meines Wissens von McDougall nirgends eingenommen wird, den wir vielmehr Wallace Craig verdanken. Um ihn an einem Beispiele zu erörtern, nehmen wir an, daß eine Amsel nach längerer Ruhe Appetenz nach jener Reizsituation zeige, in der die Koordinationen der Futtersuche zur Auslösung kommen. Die Amsel wird also im folgenden ein zweckgerichtetes Verhalten zeigen, durch das sie in die Lage zu kommen trachtet, das vielen Drosseln eigene Regenwurmbohren zur erfolgreichen Durchführung zu bringen. Dieses zweckgerichtete Verhalten wird nun eine ganze Menge instinktmäßiger Bewegungskoordinationen in sich schließen, wie die des Laufens, Hüpfens, Fliegens usw. In seiner Gesamtheit, einschließlich der angestrebten Endreaktion des Regenwurmbohrens, stellt das Ganze den typischen Fall einer Verschränkung dar. Wir müssen nun die Feststellung machen, daß es eine ganze Reihe von Instinkthandlungen gibt, die normalerweise so gut wie ausschließlich in Verschränkungen auftreten, deren zweckbildendes Ende durch den Ablauf *einer anderen* Instinkthandlung dargestellt wird. Sie bilden also normalerweise nicht den Zweck eines nur auf sie gerichteten Appetenzverhaltens. Solche Handlungen sind meist »einfache« Koordinationen, wie vor allem die der verschiedenen Arten der Ortsbewegung, ferner die des Blickens, Greifens, Pickens usw. Diese Koordinationen funktionieren tatsächlich wie *Werkzeuge*, wie *Organe*, die zu verschiedenen Zwecken vom Tiere verwendet werden können. Sie sind aber, und das muß hier ganz besonders betont werden, nicht als Mittel eines »übergeordneten Instinktes« tätig, sondern sind *Werkzeuge des zweckgerichteten Verhaltens*, wenn auch der Zweck dieses Appetenzverhaltens der Ablauf einer Instinkthandlung ist. Sehr bezeichnend für die Werkzeugreaktionen ist es, daß sie wie Organe im Dienste *verschiedener* Appetenzen Anwendung finden können, ohne deshalb selbst abgeändert zu werden. Sowenig der Schnabel eines Vogels bei seinen verschiedenartigsten Verwendungsweisen bei Nahrungssuche, Kampf, Nestbau usw. in seiner Form irgendwelche »adaptive Veränderlichkeit« zeigt, sowenig wird an der ererbten Bewegungskoordination dieser Handlungen je etwas geändert. Wenn ein Fliegenschnäpper Junge zu füttern hat, führt er die Bewegungen seiner gewöhnlichen Fliegenjagd aus, »um« seine Fütterreaktion ablaufen lassen zu können, statt wie sonst der Freßreaktion halber. Die angewandte Bewegungskoordination aber ist in beiden Fällen gleich. Die Gleichheit der Bewegung, ihr Mangel an Beeinflußbarkeit durch Lernen, geht besonders schön aus folgendem Beispiel hervor. Ein Kanarienweibchen, das ich nicht zur Zucht angesetzt hatte, vollführte die Bewegungen des Befestigens der Nestgrundlage mit dem ihm gereichten Grünfutter. Bei diesen Bewegungen tritt der Vogel mit dem Fuß auf die zu verwebenden Halme und bearbeitet ihre frei vorragenden Enden mit dem Schnabel, bis sie um den Ast gewickelt und so befestigt sind. Da es sich um freßbares Grünzeug handelte, lernte dieser Vogel bald, Grünfutter mit dem Fuß festzuhalten und dann Stückchen davon abzubeißen, lernte es also, die eigentlich dem biologischen Ziel des Nestbauens dienende Koordination, die in dieser Form durchaus nicht den Eindruck einer Werkzeugreaktion macht, einer anderen Appetenz, nämlich der nach dem Fressen, dienstbar zu machen. Die Bewegungen, die der Vogel nun vollführte, glichen durchaus denen einer Meise, eines Raben oder sonst eines Sperlingsvogels, der über die Bewegungskoordination des Festhaltens großer Nahrungsbrocken mit dem Fuße als arteigene Instinkthandlung verfügt. Interessanterweise »konnte« dieses Kanarienweibchen das so erworbene Festhalten der Nahrung mit dem Fuße nur, solange es sich in dem physiologischen Stadium des Nestbauens befand. Gegen den Sommer zu verlor es diese Fähigkeit wieder, obwohl ich ihm absichtlich täglich durch Darreichung großer Salatblätter Gelegenheit zu ihrer Ausübung gab. Zu dieser Zeit »hatte« der Vogel eben die Reaktion des Drauftretens mit dem Fuße nicht, seine geistigen Fähigkeiten reichten nicht hin, diese Werkzeugreaktion nachzubilden, sie hatten aber ausgereicht, diese Bewegung, solange sie vorhanden war, auch zu anderen Zwecken als ihrem eigentlichen biologischen Ziele anzuwenden. Zwischen dem Erlernen einer neuen Verwendung eines ererbten Werkzeuges und der freien Erschaffung eines neuen Werkzeuges ist eben ein beträchtlicher Unterschied.

Diese Beobachtungen an dem Kanarienweibchen zeigen deutlich, daß auch Instinkthandlungen, die im Freileben der Art sicher nicht als »Werkzeugreaktionen« oder »Instinkthandlungen zweiter Ordnung« aufzufassen sind, gelegentlich durch Lernen ein neues Anwendungsgebiet bekommen können, einer andersartigen Appetenz untergeordnet werden können. Umgekehrt aber können Instinkthandlungen, die normalerweise so gut wie ausschließlich im Dienste der Appetenz nach einem anderen Ablauf ausgeführt werden, unter den Bedingungen des Versuches jederzeit zum Selbstzweck werden und das Ziel eines besonderen, nur auf sie gerichteten Appetenzverhaltens darstellen. Um die Behauptung aussprechen zu dürfen, eine Instinkthandlung sei einer anderen untergeordnet, werde nur um der letzteren willen ausgeführt, muß man stets eine Analyse des Einzelfalles durchführen. Die Aussage, eine bestimmte Reaktion sei generell eine untergeordnete Instinkthandlung, ist von vornherein unrichtig, wie ich gleich auseinandersetzen werde. Daher erscheint es durchaus irreführend, die »Werkzeugreaktion« mit einem anderen Terminus zu belegen als die »eigentliche« Instinkthandlung, wie z. B. Tolman, der das, was wir hier als untergeordnete Instinkthandlung bezeichnet haben, als »innate skill«, als »angeborene Geschicklichkeit« bezeichnet und als solche vom Instinkt unterscheidet. Eine solche scharfe Abgrenzung ist deshalb undurchführbar, weil ebensowohl Reaktionen, die in ihrer gewöhnlichen Funktion als Werkzeug einer andersartigen Appetenz dienen, um ihrer selbst willen angestrebt werden können wie auch umgekehrt Instinkthandlungen, die normalerweise durchaus autonom sind, zur untergeordneten Instinkthandlung herabsinken und als Werkzeug durchaus neuen Zweckverhaltens gebraucht werden können, wie in dem Beispiel vom Kanarienweibchen dargetan wurde. Die in unserem früheren Beispiel angeführte Amsel hüpft und fliegt unter den Bedingungen des Freilebens immer nur, um irgendwohin zu kommen, die gekäfigte Amsel aber hüpft und fliegt rastlos in ihrem Gelaß auf und ab. Man darf aber durchaus nicht glauben, daß die unnormalen Bedingungen der Gefangenschaft dazu nötig sind, um die Bewegungskoordinationen der Lokomotion zum Selbstzweck werden zu lassen. Schon bei einer sehr geringen Entlastung von ihrem Dienste im Joch anderer Appetenzen kommt es deutlich zum Ausdruck, daß sie selbst zum Ziele zweckgerichteten Verhaltens werden können. Einem temperamentvollen Hunde oder einem gesunden Kolkraben kann schier überhaupt nicht so viel Ortsbewegung im Dienste zweckgerichteten Verhaltens aufgezwungen werden, daß er in seiner freien Zeit die um ihrer selbst willen ausgeführten Bewegungen des Laufens oder Fliegens vollständig unterläßt. Schalten wir im Versuche die zweckgerichtete Nötigung zu solchen Bewegungen ganz aus, so machen wir bei den meisten Tieren die Erfahrung, daß sie als Leerlaufreaktion fast ebenso ausdauernd und häufig ausgeführt werden wie unter dem Drucke des zu erreichenden Zweckes. Gerade typische Werkzeugreaktionen zeigen im Versuche in ihrem Auftreten die größte Unabhängigkeit von dem die Handlungskette normalerweise sinnvoll abschließenden Ende. Bei der Graugans sind die Bewegungen des Grasrupfens und die des Gründelns, deren Ausführung einen großen Teil des Tagesablaufes dieser Vögel ausfüllt, von dem biologischen Ziel, das in beiden Fällen der Nahrungserwerb ist, durchaus unabhängig. Bringt man eine Graugans, die den ganzen Tag im Freien geweidet hat, abends ins Zimmer, so beginnt sie schon nach wenigen Minuten wieder, die rupfenden Weidebewegungen an allen möglichen und unmöglichen Gegenständen auszuführen. Man muß die Intensität dieser Leerlaufreaktionen selbst mit angesehen haben, um einen Eindruck von der wahrhaft elementaren Gewalt zu bekommen, mit der auch solche einfachsten Bewegungsweisen zum Hervorbrechen drängen. Ebenso eindrucksvoll ist es, wenn eine Schar von Graugänsen auf einem gänzlich vegetationslosen Teich die Bewegungen des Gründelns fast ebenso ausdauernd ausführt, als hätten sie den gesamten Nahrungserwerb zu bestreiten, wiewohl die einzige wirkliche Nahrungsquelle in Gestalt des gefüllten Futternapfes am Ufer steht. Von uneingeweihten Beobachtern hört man dann stets verwunderte Mutmaßungen darüber, was die Tiere wohl in dem klaren Wasser fänden. Es kann also das Gründeln, ebenso wie die Rupfbewegung, als durchaus autonome Instinkthandlung auftreten. Andererseits kann das Tier natürlich über das Bedürfnis hinaus, das es nach der Reaktion um ihrer selbst willen hat, dieselben Bewegungskoordinationen als Werkzeug zur Erlangung der einer anderen Instinkthandlung zugeordneten Reizsituation benützen. Es kann also eine Graugans sehr wohl auch gründeln, *um* in die Reizsituation des Fressens zu gelangen. Wenn der menschliche Beobachter nun, um bei demselben Beispiel zu bleiben, die Gans erst gründeln und dann das Heraufgeholte auffressen sieht, so ist er nur zu geneigt, unbedenklich die letzterwähnte Annahme zu machen, aus dem einfachen Grunde, weil *beim Menschen* die Reaktionen des Essens instinktmäßige Abläufe und als solche lustbetont sind, die des Nahrungserwerbes aber im allgemeinen nicht. Genaugenommen trifft diese Annahme schon für den Menschen selbst nicht ausnahmslos zu. So war meine Tochter im Alter von 5 Jahren im Essen von Beeren durchaus maßvoll, wenn ihr diese auf einer Schüssel vorgesetzt wurden, überaß sich aber, wenn man sie in einem Blaubeerenschlag unbewacht sich selbst überließ. Man kann wirklich sagen, daß sie dann nicht des Essens halber Beeren pflückte, sondern sie des Pflückens halber aß, also ein gegenüber dem gewöhnlichen geradezu umgekehrtes Verhältnis zwischen den Reaktionen des Nahrungserwerbes und denen der Nahrungsaufnahme zeigte. Ein ganz ähnliches Verhalten konnte ich bei den Graugänsen nachweisen. Wenn ich Pflanzennahrung in eine dem Gründeln angemessene Wassertiefe versenke, so kann der Fall eintreten, daß die gründellustigen Tiere die Pflanzen heraufholen und, wenn sie sie dann im Schnabel haben, auch kauen und schließlich schlucken, obwohl sie sich in einem Sättigungszustande befinden, in dem es ihnen nicht einfallen würde, dieselben Pflanzen aufzunehmen und zu fressen, wenn sie in einer Schüssel geboten würden. Dieses Verhalten zwischen den Reaktionen des Nahrungserwerbes und der Nahrungsaufnahme, das bei Graugans und Mensch immerhin als »Gefangenschaftserscheinung« aufgefaßt werden kann, stellt nun bei sehr vielen Tieren die kaum abzuändernde Norm dar. So sind bei vielen räuberischen Tieren, die über hochspezialisierte Instinkthandlungen des Nahrungserwerbes verfügen, diese letzteren intensiv lustbetont und das eigentliche Ziel des Appetenzverhaltens, während die eigentlichen Freßreaktionen bloß ein mechanisches Weiterlaufen der einmal begonnenen Handlungskette bedeuten. Solche Tiere fressen dann in Gefangenschaft oft ungenügend, weil die Reizsituation, die das eigentliche Ziel ihres »Appetits« darstellt, gänzlich fehlt. Es ist eine durchaus unberechtigte Vermenschlichung, anzunehmen, daß bei jedem Tier die Analoga jener Handlungen das Ziel des Appetenzverhaltens sind, die es beim Menschen darstellen. Gerade diese Annahme liegt aber, ausgesprochen oder unausgesprochen, den Ausführungen fast aller jener Autoren zugrunde, welche mit den Begriffen des über- und untergeordneten Instinktes operieren. Stets vermissen wir die Analyse des Einzelfalles, die uns allein und selbst dann nur für den untersuchten Fall, zu der Aussage berechtigt, daß eine Reaktion einer anderen untergeordnet sei, von dem Tiere als Mittel zu der zweiten Reaktion benutzt werde.

Die Notwendigkeit einer solchen Analyse scheint McDougall nicht zu sehen, vor allem wohl deshalb, weil er den biologischen Sinn einer Handlungsfolge von vornherein mit dem einem tierischen Subjekt gegebenen Zweck der Handlungsfolge gleichsetzt. Die Erscheinungen, die wir eben besprochen haben, scheinen ihm durchaus unbekannt zu sein, wie aus folgendem, auf S. 101 seines Buches *Outline of Psychology* aufgestellten und durchaus irrigen Satze hervorgeht: »Es ist wahrscheinlich, daß jede Instinkthandlung zu einem gewissen Grade vom Appetit abhängt. Das Raubtier jagt nur, wenn es hungrig ist. Die satte Katze erlaubt manchmal den Mäusen, auf ihrem Schwanze zu spielen« (Übers.). Die gänzliche Unrichtigkeit dieser Sätze geht aus dem bereits Gesagten hervor, das wir zu ihrer Richtigstellung kurz zusammenfassen können. Das Raubtier jagt dann nicht, wenn es seine Jagdreaktionen gründlich abreagiert hat und außerdem satt ist. Ist es hungrig, so wird es, vorausgesetzt, daß es sich um eine geistig höherstehende Art handelt, unter Umständen die Jagdreaktionen »um des Fressens willen« ausführen, obwohl es eigentlich »keine Lust zum Jagen« hat. Die »Lust zum Jagen« aber, die Appetenz nach den betreffenden Instinkthandlungen, tritt durchaus unabhängig von der Ernährung des Tieres auf. McDougall hätte doch wohl wissen können, daß eine gute Ernährung, solange sie nicht etwa durch Fettansatz die Beweglichkeit des Tieres hindert, auf die Jagdleidenschaft eines Hundes nicht den geringsten Einfluß ausübt! Ein geistig weniger hochstehendes Tier, wie z. B. ein Steißfuß, jagt nur aus Appetenz nach der Reaktion selbst, ohne etwa bei schlechterem Ernährungszustande seine diesbezüglichen Reaktionen intensiver ablaufen zu lassen. Er frißt sozusagen immer nur um des Jagens willen und hungert sich in Bälde zu Tode, wenn ihm das Futter in einer Weise geboten wird, die seine artgemäße Instinkthandlung des Beuteerwerbes unmöglich macht.

Was wir aber bei McDougall und auch bei vielen anderen, ihm nahestehenden Autoren am meisten vermissen, sind irgendwelche bestimmten Aussagen darüber, wie die Relation zwischen Instinkt und Instinkthandlung eigentlich gedacht wird. Auch bei modernen Autoren, die sich des Wortes »drive« bedienen, bin ich mir darüber im unklaren. Es muß erstaunen, daß diese Forscher, die sonst so radikal nach Beschränkung aller Aussagen auf objektiv Erfahrbares streben, nicht auf Aussagen über »den

Instinkt« verzichten und die tierische *Handlung* und ihre Gesetzmäßigkeiten zum alleinigen Gegenstand ihrer Betrachtung machen.

Da alle die oben besprochenen Beobachtungstatsachen McDougall unbekannt waren oder zum mindesten von ihm in keiner Weise berücksichtigt werden, so erhebt sich die Frage, welche Erscheinungen es denn waren, deren Beobachtung diesen Autor zur Annahme von über- und untergeordneten Instinkten und insbesondere zur Annahme einer ganz bestimmten Zahl der ersteren geführt hat. Die Einheitlichkeit der arterhaltenden Funktion einer Gruppe von Instinkthandlungen kann, wie wir gesehen haben, nicht hierzu veranlassen, man könnte ja auch mit gleicher Berechtigung noch viel weitere funktionelle Kategorien aufstellen, wie es z. B. die Umgangssprache tut, wenn sie von Selbsterhaltungstrieb u. ä. spricht. Ähnliche Begriffsfassungen finden sich in der Psychoanalyse. Auf diesem Wege ist aber McDougall nicht zu seinem Begriff des richtunggebenden Instinktes gelangt – es wäre eine wesentliche Unterschätzung seiner Bedeutung, dies anzunehmen. Was ihn vielmehr zur Annahme einer bestimmten Zahl von Instinkten gedrängt haben dürfte, ist in ganz grober Wiedergabe folgendes: Es ist das große und unvergängliche Verdienst McDougalls, die nahen Beziehungen gesehen zu haben, die zwischen der Instinkthandlung auf der einen, Gefühl und Affekt auf der anderen Seite bestehen. (Der englische Ausdruck »emotion« entspricht ungefähr einem Begriff, der dem des Gefühles und dem des Affektes übergeordnet ist, läßt sich daher am besten durch beide Wörter übersetzen.) In diesen subjektiven Erscheinungen sieht McDougall die Erlebniskorrelate der Instinkte und schließt nun aus der Zahl der qualitativ deutlich voneinander trennbaren Gefühle und Affekte des Menschen auf die Zahl seiner Instinkte. Ursprünglich sollen die so gewonnenen Instinktarten die Instinkte der Säuger und des Menschen darstellen, werden aber im übrigen durchaus als die einzigen im Tierreich überhaupt vorhandenen »Instinkte erster Ordnung« behandelt.

In bezug auf die Grundanschauung, daß instinktmäßige Reaktionen von subjektiven Erscheinungen begleitet werden und daß der Einzelreaktion ein spezifisches Erlebniskorrelat in Gestalt eines bestimmten Gefühles oder Affektes zugeordnet sei, sind alle guten Tierkenner bewußt oder unbewußt Anhänger der McDougallschen Lehre. So definiert Verwey die Instinkthandlung als einen Reflexvorgang, der »mit subjektiven Erscheinungen einhergeht«; eine etwas kühne, aber ganz ausgezeichnete Instinktdefinition. Heinroth spricht von »Stimmungen« der Tiere, die bestimmten Erregungsarten zugeordnet sind, indem er aus der Bezeichnung der Instinkthandlung und dem Wort »Stimmung« zusammengesetzte Wörter bildet, wie Flugstimmung, Nestbaustimmung usw.

Diese so ungeheuer verwendbaren Neubildungen Heinroths deuten schon darauf hin, in welchen Punkten der Tierkenner sein Auslangen mit den McDougallschen Instinktbezeichnungen nicht finden kann. Die Zahl und Art der von diesem Autor angenommenen übergeordneten Instinkte sind, wie erwähnt, von derjenigen der voneinander trennbaren »Emotionen« des Menschen abgeleitet. In der Übertragung dieses Ergebnisses auf Tiere liegt nun jener Fehler, den Heinroth durch seine neugebildeten Ausdrücke in feinsinniger Weise vermeidet. Da auch die scheinbar unwichtigeren Glieder einer Reihe einheitlich wirkender Handlungen als selbständige Mosaiksteine für die Funktion der Ganzheit ebenso wichtig sind wie nur irgendwelche anderen und durchaus unabhängig von diesen ausgelöst werden können, so müssen wir folgerichtigerweise auch für sie qualitativ gesonderte und selbständige Gefühle und Affekte annehmen. Wir müssen dem Tiere also in den meisten Fällen *viel mehr* einzelne Arten von Gefühlen und Affekten zuschreiben, als wir vom Menschen kennen, für dessen Gefühlsleben wir einen ebensolchen Vereinfachungs- und Entdifferenzierungsvorgang annehmen müssen, wie wir ihn für seine Instinkthandlungen nachweisen können. Die von McDougall aufgezählten, dem menschlichen Innenleben entsprechenden Bezeichnungen sind von vornherein *zu wenige an der Zahl,* wenn die subjektiven Vorgänge von Tieren mit ihnen beschrieben werden sollen.

Um hierfür ein Beispiel zu bringen: Das Bankiva- sowie das Haushuhn, *Gallus bankiva,* haben zwei verschiedene Warnlaute, je nachdem, ob sie einen fliegenden Raubvogel oder einen nicht flugfähigen Bodenräuber erblickt haben. Erreicht die Erregung, die dem Raubvogelwarnlaut entspricht, höhere Intensitäten, so erfolgt eine Fluchtreaktion nach unten, bodenwärts ins Finstere, womöglich *unter* eine Deckung. Diese Erregungsart ist mit Blicken nach oben zwangsläufig gekoppelt und drückt sich bei geringsten Intensitäten nur in dieser Augenbewegung aus. Die dem anderen, dem Bodenfeindwarnlaut entsprechende Erregungsqualität hingegen führt bei höherer Intensität zum Auffliegen des Huhnes, in den meisten Fällen zum Aufbaumen und nicht zur Flucht über weitere Strecken. Diesen beiden voneinander gänzlich unabhängigen Reaktionen dürfen wir sicher nicht ein einheitliches Erlebnis zuordnen, ohne uns eines nicht zu rechtfertigenden Anthropomorphismus schuldig zu machen. Der Ausdruck »Furcht« genügt sicher nicht, um die beiden scharf voneinander gesonderten Erregungsarten des Vogels zu bezeichnen. Mit der Annahme einer einheitlichen Erregungsqualität fällt aber, nach McDougalls eigenem Vorgehen, jede Berechtigung zur Annahme eines einheitlichen »Instinktes zu entkommen« (instinct of escape), wie ihn dieser Autor annimmt. Wir können zwar, wie schon gesagt, in der Mehrzahl von solchen Instinkten sprechen – in der Einzahl ist es ein bloßes Wort, dem ein Begriff durchaus fehlt.

Als Bezeichnungen von nach funktionellen Gesichtspunkten zusammengefaßten Gruppen von Reaktionen sind die McDougallschen Instinktbezeichnungen sehr brauchbar, denn Instinkthandlungen, die das Entkommen bei Gefahren, die Fürsorge für die Jungen usw. sichern, finden sich natürlich bei den weitaus meisten Tieren. Immerhin aber bergen alle diese Bezeichnungen die Gefahr, daß bloße Worte für Begriffe hingenommen werden, sobald übersehen wird, daß jede dieser Bezeichnungen nur als Pluraletantum gebraucht werden darf.

III Die Reflextheorie der Instinkthandlung

Den Spencer-Lloyd-Morganschen Anschauungen über die Instinkthandlung steht in scharfem Gegensatz die Zieglersche gegenüber. H. E. Ziegler sagt von der Instinkthandlung: »Ich habe den Unterschied zwischen instinktmäßigen und verstandesmäßigen Verhaltensweisen in folgender Weise definiert: die ersteren beruhen auf angeborenen, die letzteren auf individuell erworbenen Bahnen. So tritt an Stelle der psychologischen Definition eine histologische Begriffsbestimmung.«

Wir wollen davon absehen, daß hier eine Aussage über die »verstandesmäßige« Verhaltensweise gemacht wird, der wir nicht ohne weiteres beistimmen können. Sie ist eine Behauptung, die man vielleicht als Arbeitshypothese vertreten, vorläufig aber ebensowenig beweisen wie widerlegen kann. Ich möchte aber auf die interessante und durchaus nicht selbstverständliche Tatsache hinweisen, daß sich die Auffassung der Instinkthandlung als Kettenreflex so gut wie ausschließlich bei radikal mechanistisch eingestellten Autoren findet. Nichtmechanistische Biologen pflegen mit einer gewissen Affektbetontheit gegen die Annahme aufzutreten, daß die Instinkthandlungen vielleicht als reflektorische Vorgänge erklärbar seien. Besonders McDougall argumentiert gegen die Reflextheorie der Instinkthandlung stets so, als ob ihre Annahme gleichbedeutend mit einer Gleichsetzung von Organismus und Maschine wäre. Diese Einstellung ist dadurch zu erklären, daß die Autoren, gegen die sich McDougall mit Recht wendet, diese Gleichsetzung in höchst dogmatischer Weise durchzuführen versuchten. Da die Instinkthandlung ganz sicher nur einen *Teil* der tierischen Verhaltensweisen darstellt, wird das Tier in Wirklichkeit sicher nicht zu einer Maschine »herabgewürdigt«, wenn es uns gelingen sollte, die instinktmäßigen Abläufe reflexphysiologisch zu erklären. Das Tier wird dadurch genausowenig zur Maschine gestempelt, wie, grob gesprochen, der Mensch dadurch zur Maschine wird, daß wir die Funktion eines Teiles seiner Organisation, beispielsweise seines Ellenbogengelenkes, ziemlich vollständig mechanisch erklären können. Der Umstand, daß die Reflextheorie von Mechanisten, die anderen Anschauungsweisen von Vitalisten vertreten wurden, hat sich auf die Diskussion höchst ungünstig ausgewirkt.

Bevor wir uns mit der Frage befassen können, inwieweit der Begriff, den wir uns von der Instinkthandlung gebildet haben, mit dem des Reflexes vergleichbar sei, müssen wir uns klar darüber werden, welchen Inhalt wir diesem Begriffe zu geben gedenken. Es wäre ein Irrtum, zu glauben, daß das Wort Reflex immer nur für einen Begriff gleichen Inhaltes gebraucht werde, wenn auch die Sprachverwirrung hier nicht jenes Ausmaß angenommen hat, wie bezüglich der Bezeichnung Instinkt. Für die Ziehung eines Vergleiches dürfte es sich empfehlen, einen möglichst *eng* gefaßten Reflexbegriff zu verwenden, denn Gleichsetzungen, die mit einer *Erweiterung* eines der beiden gleichgesetzten Begriffe einhergehen, sind Scheinlösungen der jeweils aufgeworfenen Fragen. Wenn wir den Begriff des Reflexes so weit fassen wie Bechterew, der schlechterdings jeden an einem lebenden Organismus sich abspielenden Bewegungsvorgang als Reflex bezeichnet, also auch Bewegungen von Protozoen, Tropismen von Pflanzen und sogar Wachstumsvorgänge mit diesem Terminus belegt, dann wird unsere Aussage, die Instinkthandlung sei ein Reflexvorgang, zwar unleugbar formal richtig sein, zugleich aber vollkommen wertlos werden. Daß es möglich sein muß, über Instinkthandlung und den landläufigen Begriff des Reflexes einen übergeordneten Begriff zu bilden, ist selbstverständlich. Wenn wir aber diesen übergeordneten Begriff kurzweg mit dem Worte Reflex bezeichnen, so machen wir uns einer Erweiterung des Reflexbegriffes schuldig, der vorzuwerfen ist, daß sie die schon gewonnenen, auf gesicherten Forschungsergebnissen begründeten Umgrenzungen des ursprünglichen, engeren Begriffes zerstört, ohne Entsprechendes an ihre Stelle zu setzen. Dieser Schaden wird durch den Gewinn eines neuen Einteilungsgesichtspunktes sicher nicht wettgemacht. Diese Kritik richtet sich ausschließlich gegen die von Bechterew angewandte allgemeine Terminologie. Was er im speziellen über die »erborganischen Reflexe«, wie er die Instinkthandlungen bezeichnet, aussagt, ist zum größten Teil sehr beachtenswert.

Wir wollen aus den besprochenen Gründen in der nun folgenden Diskussion der Zieglerschen Reflextheorie der Instinkthandlung den *engsten* der gangbaren Reflexbegriffe gebrauchen und unter einem »Reflex« nur einen solchen Vorgang verstehen, dem als anatomisches Substrat ein »Reflexbogen« zugrunde liegt, der aus einer zentripetalen und einer zentrifugalen Leitung besteht sowie aus einem dazwischengeschalteten größeren oder kleineren Abschnitt des Zentralnervensystems, welcher als »Reflexzentrum« der Übertragung der Erregung vom zentripetalen auf den zentrifugalen Schenkel des Bogens dient. Tatsächlich dachte sich Ziegler die Instinkthandlung aus solchen in ihrer anatomischen Grundlage erfaßbaren Reflexvorgängen aufgebaut.

Der am nächsten liegende Einwand gegen die Reflextheorie der Instinkthandlung in dieser schärfsten Formulierung liegt in den *Regulationserscheinungen*, die sich bei vielen Instinkthandlungen, besonders bei den einfacheren unter ihnen, nachweisen lassen. Ich erinnere an die Versuche von Bethe, die zum großen Teil nur angestellt wurden, um die Unhaltbarkeit von Bahntheorie und Zentrenlehre aufzuweisen. Bethe hat durch Amputationsversuche zeigen können, daß die Gangkoordinationen der verschiedensten Tiere einer großen Zahl von Regulationen fähig sind. Bei vielfüßigen Tieren, wie bei Krebsen, war die Zahl der möglichen Koordinationen des Schreitens so groß, daß Bethe mit Recht auf die Unwahrscheinlichkeit der Annahme hinweist, daß jeder von ihnen eine besondere »Bahn« zugrunde liege. Man kann schwer annehmen, daß ein Flußkrebs »für den Fall« jeder der experimentell erzeugten Kombinationen von Beinverlusten eine spezielle »Reservebahn« bereitliegen hat! Es fragt sich aber, ob zum Zustandekommen dieser »ganzheitlichen« Regulationsvorgänge wirklich notwendigerweise der Organismus als ganzes reagieren muß, ob man die Möglichkeit ganz von der Hand weisen darf, daß vielleicht hochkomplizierte Systeme von Reflexen im engsten Sinne zu ihrer Erklärung ausreichen. Ein enthirnter Frosch, der doch wohl nicht als ganzheitlicher Organismus gelten kann und dessen Reaktionen von allen Physiologen als reine Reflexvorgänge aufgefaßt werden, reagiert bei seinem »Wischreflex« auch ganzheitlich, indem er mit seiner Hinterpfote zielsicher stets die gereizte Stelle trifft, wo immer der Reiz gesetzt wurde, und bei Fesselung des gleichseitigen Hinterbeines sofort das der Gegenseite heranzieht. Die von Bethe erhobenen Bedenken gegen die bahntheoretische Deutung der Instinkthandlung bestehen somit auch Vorgängen gegenüber, die von der Physiologie allgemein als Reflexe aufgefaßt werden.

Der Nachweis des anatomischen Substrates in Gestalt eines Reflexbogens ist mit einiger Genauigkeit nur in den allereinfachsten Fällen gelungen. Die von den Neurologen in ihrem Bahnverlauf genau erforschten Reflexe, wie etwa ein Sehnenreflex, der Bauchdeckenreflex usw., sind durchweg Erscheinungen, die nur in einem vom Gesamtgeschehen im Organismus isolierten Ablaufen genau bekannt sind, so daß ihre bahntheoretische Erklärung genaugenommen nur für diesen Sonderfall als sicher gültig angesehen werden darf. Von solchen einfachsten und im Sinne der Bahntheorie ziemlich vollständig erfaßbaren Abläufen bestehen nun alle nur denkbaren Übergänge zu solchen »Reflexen«, die, wie der Wischreflex des Frosches, durchaus die für die Instinkthandlung bezeichnende Regulationsfähigkeit besitzen.

Der Einwand, welcher der Reflextheorie der Instinkthandlung aus den Regulationserscheinungen erwächst, ist somit gegen die bahntheoretische Erklärung sehr vieler, ganz allgemein als Reflexvorgänge betrachteter Abläufe ganz ebenso zu erheben. Zu einem Versuch, die Instinkthandlung vom Reflex abzugrenzen, können die Regulationserscheinungen demnach nicht herangezogen werden, man wollte denn Vorgänge, wie den Wischreflex des Frosches, ebenfalls als »Instinkthandlungen« vom Reflex abgliedern. Es läßt sich tatsächlich einiges für eine derartige Abgrenzung anführen. Die wenigsten der in ihrer anatomischen Grundlage einigermaßen genau erfaßten Reflexe können in ihrem experimentell isolierten Ablaufen als arterhaltend sinnvolle Verhaltensweisen gelten. So groß ihre Bedeutung für den Neurologen ist, müssen sie vom Biologen eigentlich als Zufallserscheinungen gewertet werden. Immerhin sind sie arterhaltend wertvollen Vorgängen so offensichtlich nahe verwandt, daß trotz der vorläufig mangelhaften Auflösbarkeit der letzteren kein Physiologe ernstlich daran denken wird, zwischen beiden eine Grenze ziehen zu wollen. Verworn hat in seine Definition des Reflexes dessen arterhaltenden Wert sogar als ein wesentliches Merkmal mit aufgenommen. Er sagt: »Das Wesen des Reflexes besteht darin, daß ein den Reiz perzipierendes und ein den Reiz in *zweckmäßiger* (von mir kursiv) Weise beantwortendes Element durch ein zentrales Verbindungsstück so untereinander in Beziehung gesetzt werden, daß usw.« Die oben besprochene Abgrenzung der Instinkthandlung vom Reflex käme einer Bestimmung beider Begriffe nach der *Erfaßbarkeit* der anatomischen Grundlage gleich und wäre somit ziemlich sinnlos, da jedes neue Ergebnis analytischer Forschung Vorgänge, die bisher für Instinkthandlungen galten, unter den Reflexbegriff bringen könnte.

Schließlich möchte ich feststellen, daß ein absolut zwingendes Argument gegen die *Möglichkeit* einer bahntheoretischen Erklärung der Instinkthandlung in den besprochenen Regulationserscheinungen *nicht* gegeben ist. Es erscheint durchaus denkmöglich, mechanische Modelle zu konstruieren, welche die von Bethe beobachteten Regulationen der Gangkoordinationen nachzuahmen imstande sind. Ein derartiges mechanisches Modell eines Systems von Reflexen müßte ganz sicher eine ungeheure Komplikation des Aufbaues erreichen, aber es wird sich ja auch kein mit den Tatsachen vertrauter Vertreter der Reflextheorie eine Instinkthandlung anders als auf einem sehr hochdifferenzierten System von Reflexbahnen aufgebaut denken. Auch Ziegler hat dies sicher nicht getan. Die Regulationserscheinungen sprechen also, genaugenommen, nicht gegen die Bahntheorie an sich, sondern nur gegen die Annahme, daß eine Instinkthandlung in einer einzigen Bahn oder einigen wenigen Bahnen festgelegt sei.

Wenn ich hier die Reflextheorie der Instinkthandlung verteidige und mich sogar, mit gewissen Vorbehalten, als ihr Anhänger bekenne, so soll das nicht besagen, daß ich sie als Arbeitshypothese besonders hoch einschätze. Beim Studium der instinktmäßigen Handlungen stützen wir uns auf ein Tatsachenmaterial, das einer Wissensquelle entstammt, die von derjenigen recht verschieden ist, aus der die Reflexphysiologie ihre Kenntnisse schöpft. Eine Erforschung der Instinkthandlung durch die Methodik der Reflexphysiologie erscheint sehr wenig aussichtsreich, da das sofortige Ausfallen der höher differenzierten Instinkthandlungen bei körperlichen Schädigungen geringsten Grades es vollständig unmöglich macht, aus dem Ausfallen einer Funktion nach einem vivisektorischen Eingriff irgendwelche Schlüsse zu ziehen. Durch diese rein technische Schwierigkeit wird der Wert der Reflextheorie der Instinkthandlung als Arbeitshypothese stark herabgesetzt.

Ein ähnlicher Einwand gegen die Reflextheorie der Instinkthandlung, wie der auf Grund der Regulationserscheinungen erhobene, gründet sich auf die S. 290 besprochenen *Intensitätsverschiedenheiten* im Ablaufe instinktmäßiger Reaktionen. Wir haben gesehen, daß die Erscheinungsformen einer und derselben Reaktion je nach Intensität der Erregung des Tieres beträchtlich voneinander abweichen können. Da diese Erscheinungsformen in stufenlosem Übergang ineinanderfließen, kann man behaupten, daß sie in unendlicher Zahl vorhanden seien, und kann diese Zahl gegen die Annahme eines anatomischen Substrates für den Ablauf anführen. Andererseits drückt sich aber gerade in diesen Intensitätsskalen eine so zwangsläufige, man ist versucht zu sagen »maschinenmäßige« Gesetzmäßigkeit aus, daß einem physikalische Gleichnisse ganz unbewußt in die Feder fließen und man von einem »Erregungsdruck« u. dgl. spricht.

Eine andere Eigenheit der Instinkthandlung, die, ohne eigentlich einen Einwand gegen die Reflextheorie darzustellen, doch nicht aus der Reflexnatur der instinktmäßigen Abläufe erklärt werden kann, ist die S. 301 besprochene Senkung des Schwellwertes der eine Instinkthandlung auslösenden Reize. Diese Schwellerniedrigung tritt, wie wir gesehen haben, ein, wenn die normalerweise zur Auslösung einer Reaktion nötigen Reize längere Zeit ausbleiben. Sie führt schließlich zu einem reizunabhängigen Hervorbrechen der Instinkthandlung, welche Erscheinung wir als »Leerlaufreaktion« bezeichnet haben. Alle diese Erscheinungen sind nicht aus dem Reizreaktionsschema des Reflexes ableitbar und bedürfen deshalb für den, der sich zur Reflextheorie der Instinkthandlung bekennt, einer zusätzlichen Erklärung.

Möglicherweise hat eine solche Erklärung einiges mit den Beziehungen zu tun, die zwischen der Schwellerniedrigung der auslösenden Reize und dem im Appetenzverhalten liegenden Suchen nach diesen Reizen bestehen. Abgesehen von ihrem rein funktionellen Zusammenwirken können nämlich Beziehungen zwischen Schwellerniedrigung und Appetenzverhalten darin gesucht werden, daß wohl beide mit den subjektiven Erscheinungen in Zusammenhang stehen, die jeden instinktmäßigen Ablauf begleiten und zweifellos nach längerer »Stauung« einer Instinkthandlung eine wesentliche Steigerung ihrer Intensität erfahren. Weiter möchte ich über die Erlebnisseite der in Rede stehenden Erscheinungen noch aussagen, daß augenscheinlich die Wahrnehmung derjenige Teil des »Reflexbogens« ist, an dem die Veränderung der Reaktion angreift. »Du siehst, mit diesem Trank im Leibe, bald Helenen in jedem Weibe«, sagte Goethe, oder, um ein prosaischeres Beispiel anzuwenden, unser Speichelreflex spricht nach längerem Hungern auch auf den Geruch einer Speise an, von der wir uns für gewöhnlich mit Ekel abwenden. Eliot Howard sagt, daß sich mit Verschiedenheit der Intensität einer Reaktion das Wahrnehmungsfeld (perceptual field) des Tieres ändere und meint damit ganz offensichtlich dasselbe, was ich hier auszudrücken versuche.

Die Schwellerniedrigung der auslösenden Reize wird von Craig als eine Teilerscheinung des »Appetites« gewertet, dessen hauptsächlichste Auswirkung das zweckgerichtete Suchen nach diesen Reizen, also das Appetenzverhalten, ist. Da Craig dieses Reizsuchen dem Begriff der Instinkthandlung einordnet, es als einen Teil dieser letzteren auffaßt, erscheint dieses Vorgehen bei ihm durchaus folgerichtig; tatsächlich *wirken* beide einheitlich, im Sinne einer Vergrößerung der *Bereitschaft* des Tieres zu der betreffenden Handlung. Da wir aber durch unsere engere Fassung des Instinktbegriffes gezwungen werden, derartige funktionell einheitliche Verhaltensweisen weiter zu analysieren, müssen wir die Schwellerniedrigung der auslösenden Reize als eine Eigenschaft der Instinkthandlung scharf von dem reizsuchenden Appetenzverhalten trennen, das uns auch in seiner primitivsten Form als Vertreter der höheren, zweckgerichteten Verhaltensweisen zu gelten hat. Die Beziehungen, die, wie oben angedeutet, möglicherweise zwischen beiden bestehen, haben auf diese Trennung der Begriffe keinen Einfluß, stehen auch in keinerlei Widerspruch zu ihr.

Schon in den oben herangezogenen, von der subjektiven Seite her beleuchteten Beispielen stellt sich die in Rede stehende Erscheinung nicht nur als eine Erniedrigung der Schwellwerte auslösender Reize dar, sondern auch als eine Verminderung der Selektivität des Organismus, als eine Bereitschaft, auf nicht ganz adäquate Reize anzusprechen. Bei objektgerichteten Abläufen kann dies dazu führen, daß bei längerem Fehlen des adäquaten, biologisch richtigen Objektes die Reaktion mit einem anderen, nicht ganz entsprechenden Objekte sozusagen »vorlieb« nimmt. Solche am Ersatzobjekt ablaufenden Instinkthandlungen verursachen, genau wie der biologisch richtige Ablauf, ein sofortiges Wiederansteigen der abnorm erniedrigten Reizschwelle, wenn auch wohl nicht eine Rückkehr der Schwellwerte zur Norm. Dieses Steigen der Reizschwelle oder, wenn man so will, diese Erhöhung der Selektivität des perzeptorischen Schenkels der Reaktion hat nun zur Folge, daß das Reagieren auf die nicht ganz adäquate Reizsituation schon nach ganz kurzem Reaktionsablauf wieder verschwindet. Eine Instinkthandlung, die dem normalen Objekt gegenüber durch lange Zeit und sehr oft hintereinander ausgeführt wird, wird daher am Ersatzobjekt nur ganz kurz oder nur wenige Male betätigt. So konnte Lissmann zeigen, daß die Kampfesreaktionen einzeln gehaltener Kampffischmännchen, *Betta splendens*, zunächst durch recht plumpe Plastilinattrappen auslösbar waren, aber sehr rasch ermüdeten, und zwar um so rascher, je weniger diese Ersatzobjekte dem artgleichen Kampfgegner entsprachen. Ein Nachtreiher, dessen Junges wir aus dem Neste nahmen und frei auf eine Wiese setzten, beantwortete diese unnormale Reizsituation damit, daß er das Junge für einen Augenblick huderte, um sofort wieder aufzustehen und von ihm wegzugehen. Kurz darauf verteidigte er es *einmal* gegen einen Pfauhahn, wandte aber, trotz Weiterbestehens der Bedrohung des Jungen durch diesen Vogel, seine Aufmerksamkeit sogleich wieder von beiden ab und der still danebenstehenden Pflegerin zu, um diese um Futter anzubetteln. Als wir das Junge ins Nest zurückbrachten, wurde es dort besonders lange und intensiv »freudig« begrüßt, sofort andauernd gehudert und ebenso mit größter Wut und durchaus unermüdlich gegen mich verteidigt.

Ich bin im allgemeinen kein großer Freund physikalischer Denkmodelle für biologische Vorgänge, weil man durch sie allzuleicht in dem Glauben gewiegt werden kann, man habe einen Vorgang voll kausal-analytisch erfaßt, von dem man in Wirklichkeit nur ein sehr unvollkommen zutreffendes Modell verstanden hat. Trotzdem glaube ich, mit obigem Vorbehalt, ein physikalisches Gleichnis dafür gebrauchen zu dürfen, wie sich die Instinkthandlung und die sie auslösenden Reize bei und zwischen den Abläufen verhalten. Wir haben schon mehrmals gleichnismäßig von einem »Erregungsdruck» gesprochen, und tatsächlich verhält sich das Tier während der Zeit, in der ein bestimmter Ablauf ungebraucht bleibt, ganz genauso, als würde irgendeine reaktionsspezifische Energie *kumuliert*. Es ist, als würde ein Gas dauernd in einen Behälter gepumpt, in dem der

Druck daher kontinuierlich im Wachsen ist, bis es unter ganz bestimmten Umständen zu einer Entladung kommt. Die verschiedenen Reize, die zur Entladung des kumulierten »Erregungsdruckes« führen, möchte ich als Hähne symbolisieren, die das angesammelte Gas wieder aus dem Behälter strömen lassen. Dabei entspricht der adäquate Reiz, genauer gesagt, die adäquate Kombination von Reizeinwirkungen, einem einfachen Hahn, der den Druck im Behälter bis auf das Maß des Außendruckes zu erniedrigen imstande ist. Allen anderen, mehr oder weniger unadäquaten Reizen, entsprechen Hähne, denen ein Hindernis in Gestalt eines Federventiles vorgeschaltet ist, das erst von einem bestimmten Binnendruck aufwärts Gas ausströmen läßt. Daher vermögen diese Hähne den innerhalb des Behälters herrschenden Druck nie vollständig zu entspannen, und zwar um so weniger, je stärker die Feder des vorgeschalteten Ventiles ist, d. h., je unähnlicher der auslösende Ersatzreiz der normalen, adäquaten Reizsituation ist. Die rasche Ermüdbarkeit, die der instinktmäßige Ablauf bei unadäquater Auslösung zeigt, läßt sich auf diese Weise sehr gut und wahrscheinlich auch in einer ihr Wesen treffenden Weise versinnbildlichen. Unser Vergleich hinkt aber in bezug auf einen wichtigen Punkt, weil er die Leerlaufreaktion nicht, oder nur schlecht modellmäßig darzustellen vermag. Das elementare, geradezu explosive Hervorbrechen der Reaktion, welches das Tier bis zur Erschöpfung »auspumpt«, läßt sich unmöglich als ein Druckablassen durch eine Art Sicherheitsventil darstellen; es ließe sich am besten noch durch ein Platzen des ganzen Behälters versinnbildlichen.

Dieses Verhalten der Instinkthandlung, das den Gedanken an innere Kumulationsvorgänge so ungemein nahelegt, ist bei allen jenen Reaktionen leicht zu verstehen, die einen *Bedarf* des Körpers zu decken haben, wie die Instinkthandlungen der Nahrungs- und Wasseraufnahme, des Absetzens von Fäkalien, Exkreten und Geschlechtsprodukten. Man weiß in vielen dieser Fälle sehr genau, wie der innere Reiz auf dem Wege mehr oder weniger komplizierter Systeme von Indikatoren zum subjektiven Bedürfnis wird und dem äußeren einen größeren oder kleineren Teil der Reaktionsauslösung abnimmt. Wir müssen aber hier betonen, daß sich das Tier bei sehr vielen, ja vielleicht bei *allen* instinktmäßigen Reaktionen, durchaus analog verhält, also auch bei solchen, bei denen die Existenz eines derart einfach zu fassenden inneren Reizes mit Sicherheit auszuschließen ist. Besonders auffallend ist die Unabhängigkeit von nachweisbaren inneren Reizen bei den sog. negativen Reaktionen, bei den Flucht- und Abwehrhandlungen vieler Tiere. Gerade an ihnen kann man die Schwellerniedrigung auslösender Reize am allerbesten demonstrieren, da sie bei gefangenen Tieren fast regelmäßig auftritt, besonders bei solchen, die in menschlicher Pflege großgeworden sind. Ich konnte zeigen, daß bei Vögeln jungaufgezogene Individuen besonders bei solchen Arten eine auffallende Schwellerniedrigung der Fluchtreize zeigten, bei denen die Fluchtreaktion des Jungvogels nicht durch den Anblick instinktmäßig »erkannter« Feinde, sondern vielmehr durch das Warnen oder überhaupt durch das Erschrekken und Fliehen der Elterntiere ausgelöst wird. Solche Jungvögel sind daher in der Obhut des Menschen *jeder* adäquaten Auslösung der Fluchtreaktion entzogen und können diese sozusagen nicht loswerden. Sie zeigen, wie zu erwarten, eine in der Praxis der Tierhaltung höchst lästige Neigung, die geringfügigsten Ersatzreize zum Anlaß einer ganz gefährlichen Panik zu nehmen oder selbst ohne nachweisbaren Reiz plötzlich loszurasen. Sehr ähnlich verhalten sich viele Huftiere, besonders manche Antilopen. Auch hier sind es, wie mir Antonius mitteilte, vor allem die durch den Menschen isoliert großgezogenen Stücke, die sich in blinder und grundloser Panik am Gehegegitter totrennen.

Wir haben angedeutet, daß sich die Leerlaufreaktion im allgemeinen durch hohe Erregungsintensität auszeichnet, ja vielleicht bei manchen Instinkthandlungen stets von *maximaler* Intensität ist, wie z. B. bei den eben besprochenen Fluchtreaktionen. Man darf wohl sagen, daß bei geringer Intensität des Bedürfnisses nach einer bestimmten Reaktion und gleichzeitiger Darbietung optimaler äußerer Gelegenheit zu ihrem Ablauf typisch die S. 290 beschriebenen Reaktionsinitien und unvollständigen Abläufe in Erscheinung treten, während bei hohem inneren Erregungsdruck und mangelhafter oder ganz fehlender äußerer Gelegenheit deutlich andersgeartete Fehlhandlungen zur Beobachtung kommen. Während im ersten Falle die Unvollständigkeit des Ablaufes die Erreichung des arterhaltenden Zieles verhindert, wird es im zweiten oft in sehr anschaulicher Weise klar, daß es die Starrheit des an sich vollkommenen Ablaufes ist, die die Erfüllung des biologischen Sinnes unmöglich macht, sowie auch nur der geringste Grad der Anpassungsfähigkeit von der Handlungskette verlangt wird. *Beide gegensätzlichen Fälle sind klarste Beweise für das vollständige Fehlen jedes Zusammenhanges zwischen dem biologischen Sinn einer instinktmäßigen Verhaltensweise und jenem Zweck, den das Tier als Subjekt verfolgt.* In einem Fall bleibt das arterhaltende Ziel der Reaktion unerreicht, weil trotz Erfülltsein aller äußeren Bedingungen der innere »Erregungsdruck« des Tieres nicht ausreicht, um es durch alle Einzelhandlungen der Kette »hindurchzutreiben«, im anderen führt es die lückenlose Folge dieser Handlungen mit allerhöchstem Eifer durch, obwohl alle angeblich als »Verhaltensunterstützung« nötigen Reize und oft sogar die rein physikalischen Bedingungen des Ablaufes fehlen.

Die Vollständigkeit des Ablaufes der Handlungskette bei der Leerlaufreaktion mag zunächst im Sinne einer bahntheoretischen Deutung bestechend erscheinen. Die Erniedrigung der Reizschwelle aber, die als der jeder Leerlaufreaktion zugrunde liegende Vorgang zu gelten hat, ist etwas dem einfachen Reizreaktionsschema des Reflexes durchaus Fremdes und bedarf, wie schon angedeutet wurde, zum mindesten einer besonderen Erklärung. Ebenso, wie die schon besprochenen Regulationserscheinungen, spricht die Schwellerniedrigung nicht gegen die grundsätzliche Richtigkeit, sondern nur gegen das alleinige Ausreichen der Reflextheorie als Erklärungsprinzip für die Instinkthandlung.

Wenn wir uns nur die Frage vorlegen, ob wir die Erscheinungen der Schwellerniedrigung zu einer begrifflich scharfen Abtrennung der Instinkthandlung vom Reflexe im engsten Sinne verwenden können, so müssen wir verneinend antworten. Es ist ja jede Ermüdungserscheinung als derselbe Vorgang mit umgekehrten Vorzeichen auffaßbar; während der Erholungszeit nach längerer Beanspruchung zeigen die verschiedensten animalischen Funktionen dienenden Gewebe die Erscheinung eines allmählichen Anwachsens der Erregbarkeit, einer Schwellerniedrigung auslösender Reize, zwar in quantitativ sehr verschiedener, aber doch in unverkennbar analoger Weise. Die Erscheinung ist also ganz sicher nichts, was dem anatomischen Substrat der instinktmäßigen Abläufe allein zukommt.

Die wichtigste Eigenheit des instinktmäßigen Bewegungsablaufes, die ebenfalls im Reizreaktionsschema des Reflexes ihre Erklärung nicht finden kann, liegt in seinem *Angestrebtwerden* durch jene Verhaltensweisen, die wir S. 295 als *zweckgerichtetes* oder *Appetenzverhalten* bereits ausführlich besprochen haben. Die Tatsache, daß der Ablauf der Instinkthandlung den Zweck des zweckgerichteten Verhaltens darstellt, spricht an sich *nicht* gegen die Kettenreflexnatur ihrer Bewegungskoordinationen. Nur ist es zunächst noch gänzlich unklar, wieso es kommt, daß das Tier den Ablauf dieser Kettenreflexe anstrebt, was es ja durchaus nicht *allen* seinen Reflexen gegenüber tut! Es fällt keinem Menschen ein, sich um die Reizsituation, in der sein Patellarreflex ausgelöst wird, um des Reflexablaufes selbst willen zu bemühen. Es gehört eigentlich zu dem Begriff des Reflexes, daß er, wie eine ungebrauchte Maschine, dauernd bereitliegt und nur dann in Tätigkeit tritt, wenn bestimmte Schlüsselreize auf die Rezeptoren des Tieres einwirken. Daß die Reaktion sich sozusagen selbst meldet, das Tier in Unruhe versetzt und veranlaßt, nach diesen Schlüsselreizen aktiv zu *suchen*, gehört nicht zum Wesen des Reflexes, ohne aber *gegen* die Reflexnatur des schließlichen Ablaufes zu sprechen. Im einfachsten Fall ist dieses Suchen nicht mehr als eine motorische Unruhe, die allerdings auch schon als ein Suchen nach dem Prinzip von Versuch und Irrtum wirkt, im entgegengesetzten Grenzfall kann es durch die höchsten Leistungen von Lernen und Einsicht geleitet sein, die wir im Tierreich überhaupt finden. Jenes In-Unruhe-Versetzen des Tieres, jener *Ansporn* zu gerichtetem oder ungerichtetem Suchen nach einer ganz bestimmten Reizsituation, in welcher dann erst das angeborene Auslöseschema der angestrebten Reaktion zum Ansprechen gebracht wird, ist dasjenige, was ich mit dem Worte *Trieb* bezeichnen möchte, wobei ich mir voll bewußt bin, daß dieser Triebbegriff noch weniger als der von mir angewandte Begriff der Instinkthandlung der herkömmliche ist.

Zweifellos sind es zwei Faktoren, die das Tier unmittelbar veranlassen, die den instinktmäßigen Ablauf auslösende Reizsituation anzustreben. Der erste ist das, was wir eben als »Trieb« bezeichneten, den zweiten stellen, nach vorangegangener Erfahrung, jene Lustgefühle dar, die den Ablauf der Instinkthandlung begleiten. So wenig es je gelingen kann, für diese subjektiven Erscheinungen eine kausale Erklärung zu geben, so nahe liegt es, ihnen eine – natürlich nur im Sinne der Arterhaltung – finale Deutung zu unterlegen. Das Tier wird zum Ablaufenlassen der für die Arterhaltung notwendigen Bewegungskoordinationen »getrieben und gelockt«. Über die Art und Weise, wie bei der Erwerbung der Instinkt-Dressurverschränkungen die Funktionslust als Köder wirkt, der das Subjekt zum Beschreiten des von der Arterhaltung vorgeschriebenen Weges veranlaßt, haben wir schon (S. 300) gesprochen. Ohne diese doppelte Motivierung alles Appetenzverhaltens wäre ein genügendes Ausmaß der Ausübung instinktmäßiger Abläufe nicht genügend gesichert, man kann sagen, daß eine Tierart ohne sie zum baldigen Aussterben verurteilt wäre.

Während sich weder die Erscheinung der Regulationsfähigkeit noch die der Schwellerniedrigung auslösender Reize zur begrifflichen Abgrenzung der Instinkthandlung vom Reflex bei näherer Betrachtung als brauchbar erwiesen haben, ist ihr Angestrebtwerden, ihre Funktion als Ziel des Appetenzverhaltens zweifellos zu einer definitionsmäßigen Abtrennung der Instinkthandlung als einer besonderen Art reflektorischer Vorgänge verwendbar. Es könnte auf den ersten Blick störend erscheinen, daß eine derartige Definition der Instinkthandlung Subjektives zu ihrer Charakterisierung heranzieht, daher sei hier nochmals betont, daß sich der Begriff des zweckgerichteten Verhaltens nach Tolman durchaus objektiv, vom Standpunkt der Verhaltenslehre aus, definieren läßt, wie S. 295 auseinandergesetzt wurde. Die Definition der Instinkthandlung als »angestrebter Reflexablauf« bedeutet eine schärfere Präzisierung jener Fassung des Instinktbegriffes, die Verwey gibt, indem er sagt: »Wo sich Reflexe und Instinkte überhaupt unterscheiden lassen, verläuft der Reflex mechanisch, während die Instinkthandlung von subjektiven Erscheinungen begleitet wird.« So wertvoll es uns sein muß, den Zweck in der Terminologie und von dem Standpunkt objektiver Verhaltenslehre definieren zu können, so glaube ich doch, es hieße an etwas Wesentlichem absichtlich vorbeisehen zu wollen, wenn wir die Feststellung unterließen, daß gerade die *subjektiven* Begleiterscheinungen des Instinktablaufes den *unmittelbaren* Zweck des Appetenzverhaltens darstellen.

Ich bin mir bewußt, daß die Definition der Instinkthandlung als angestrebter Reflexablauf nicht ganz ohne philosophische Schwierigkeiten ist. Die Zusammenstellung des Strebens, eines trotz seiner objektiven Erfaßbarkeit doch essentiell seelischen Vorganges, mit dem physiologischen Begriff des Reflexes hat etwas von der Naivität der Descarteschen Anschauung, daß die Zirbeldrüse der Angriffspunkt psychischer Einflüsse auf körperliche Vorgänge sei. Gerade das aber bezeichnet gut die philosophisch schwierige, aber eben deshalb wichtige und vielleicht auch aufschlußreiche Stellung des instinktmäßigen Bewegungsablaufes in der Theorie der tierischen und menschlichen Handlung; vielleicht wird dadurch eine Frage in schärferer Weise gefaßt, die der Naturphilosoph an den Biologen zu stellen hat.

Zusammenfassung

Was mich zu der vorliegenden Kritik so ziemlich sämtlicher herkömmlichen Anschauungen über das instinktmäßige Verhalten der Tiere berechtigt und zur Umgrenzung eines neuen Begriffes der Instinkthandlung veranlaßt, sind fast ausnahmslos *neue Beobachtungstatsachen*. Diese entstammen zwar durchaus nicht ausschließlich eigenen Forschungen, aber doch denen eines so engen und mir so gut bekannten Kreises gleichsinnig arbeitender Tierkenner, daß ich wohl annehmen darf, sie seien bei der Bildung des Begriffes von dem, was eine Instinkthandlung so recht eigentlich ist, noch niemals berücksichtigt worden. Ich darf wohl nicht unerwähnt lassen, daß mir die allermeisten dieser Tatsachen um vieles länger bekannt sind als die mit ihrer Hilfe hier kritisierten Theorien und daß ich die in vorliegender Abhandlung dargestellten Anschauungen, wenn auch nicht in wissenschaftlicher Formulierung, so doch in allen wesentlichen Grundzügen fertig gebildet hatte, bevor ich auch nur die Namen der großen Instinkttheoretiker gehört hatte.

Da nun jede einzelne dieser mit so vielen herkömmlichen Meinungen nicht vereinbaren Beobachtungstatsachen in vorliegender Arbeit *wiederholt* vorkommt und in bezug auf ihre Deutung in verschiedenen Hinsichten an verschiedenen Orten besprochen wurde, glaube ich, die übersichtlichste Zusammenfassung des Sinnes meiner Arbeit zu geben, indem ich diese Tatsachen in gedrängter Wiederholung vorführe. Dabei will ich ihrer nicht in der Reihenfolge gedenken, in der sie in meiner Abhandlung vorkommen, sondern in derjenigen, die, wie ich glaube, der Abstufung ihrer Wichtigkeit und Tragweite entspricht.

Bei einem solchen Vorgehen muß ich unbedingt der *ihren biologischen Sinn nicht erfüllenden Instinkthandlung* den ersten Platz einräumen. Sowohl die aus Mangel an innerer Reaktionsintensität unvollständig bleibende (S. 291) als auch die aus Mangel äußerer Bedingungen ihres Ablaufes biologisch sinnlos werdende (S. 302) Instinkthandlung sind bei gefangenen Tieren ungemein häufig zu beobachten, und sie waren es, die mir schon sehr früh die grundlegende Überzeugung beibrachten, daß der biologische Sinn der Reaktion und der dem Tiere als Subjekt gegebene Zweck nichts miteinander zu tun haben und keinesfalls gleichgesetzt werden dürfen. Der Grenzfall der aus Mangel an äußeren Bedingungen sinnlosen Instinkthandlung, die objektlos ablaufende *Leerlaufreaktion*, beweist durch die wahrhaft photographische Gleichheit der ausgeführten Bewegungen mit denen des normalen, den biologischen Sinn der Handlung erfüllenden Ablaufes, daß die Bewegungskoordinationen der Instinkthandlung bis in kleinste Einzelheiten ererbtermaßen festgelegt sind. Die Leerlaufreaktion gestattet uns, am isoliert aufgezogenen, gefangenen Tier die Instinkthandlung sozusagen in Reinkultur zu studieren. Sie ist als eine unumstößliche Grundtatsache zu betrachten, durch die eine auch heute noch in Amerika Anhänger zählende Denkrichtung, die alles tierische und menschliche Verhalten aus bedingten Reflexen abzuleiten bestrebt ist, widerlegt wird. Die Gleichheit der Bewegungen bei Leerlaufreaktion und normalem, biologisch sinnvollem Ablaufe verbietet uns von vornherein, die Instinkthandlung als eine Form des zweckgerichteten Verhaltens aufzufassen: Es ist unrichtig, daß an einer Instinkthandlung je irgendwelche Veränderungen nachgewiesen wurden, die Bezug auf ein bestimmtes, vom Tier als Subjekt erfaßtes Ziel hatten.

Als zweite Grundtatsache möchte ich das (S. 307–311 besprochene) *Verhalten der Instinkthandlung im zoologischen System* in Erinnerung rufen, das uns zeigt, daß sich die instinktmäßige Bewegungskoordination in ihrer stammesgeschichtlichen Veränderlichkeit durchaus wie ein Organ verhält und wie ein solches vergleichend systematisch erfaßt werden kann und muß. Das Verhalten der Instinkthandlung im System zeigt uns eindringlich, wie sinnlos es ist, über »den Instinkt« Aussagen zu machen, und daß sich unsere Feststellungen stets nur auf die ererbten Bewegungsweisen, auf die Instinkt*handlungen* beziehen können, und zwar immer nur auf diejenigen einer bestimmten größeren oder kleineren Einheit des zoologischen Systemes.

Beide Tatsachen, sowohl die Vollständigkeit der Bewegungen bei biologisch sinnlosen Abläufen wie auch das organähnliche Verhalten der Instinkthandlungen im zoologischen System müssen uns ihrem Wesen nach gegen alle Angaben über adaptive Veränderlichkeit der Instinkthandlung durch individuelle Erfahrung mißtrauisch machen. Wir dürfen es auf Grund unserer Untersuchungen über die Phylogenese (S. 307) und unserer Experimente über die Ontogenese (S. 288) der instinktmäßigen Bewegungsabläufe als überaus wahrscheinlich hinstellen, daß in allen Fällen, in denen über eine scheinbare adaptive Veränderung einer Instinkthandlung durch individuelle Erfahrung berichtet wurde, Verwechslungen mit *Reifungsvorgängen* vorliegen.

Eine weitere Organähnlichkeit in der ontogenetischen Entwicklung der Instinkthandlung, deren Bedeutung zu beurteilen ich gerne anderen überlassen möchte, haben wir in jenem eigentümlichen Erwerbungsvorgange vor uns, den wir als *Prägung* bezeichnet haben (S. 305). Durch seine Abhängigkeit von artgleichem lebendem Material, seine Gebundenheit an kurzdauernde Entwicklungszustände und vor allem durch seine Irreversibilität zeigt er unverkennbare Parallelen zu dem aus der Entwicklungsmechanik bekannten Vorgang einer induktiven Determination.

Schließlich muß ich noch der *Verschränkungen* instinktmäßiger und zweckgerichteter Verhaltensweisen gedenken (S. 294). Die Tatsache, daß in einer funktionell einheitlichen Handlungsfolge instinktmäßig angeborene und zweckgerichtete, adaptiv veränderliche Einzelhandlungen in unvermittelter Weise aufeinanderfolgen können, ist in zwei Belangen von der größten Tragweite. Erstens hat uns die Durchführung einer genauen Analyse solcher Handlungsfolgen davor bewahrt, fließende Übergänge zwischen der Instinkthandlung und dem zweckgerichteten Verhalten anzunehmen und dadurch in den Fehler so vieler Autoren zu verfallen, einen allzu weiten, weil das Appetenzverhalten miteinbeziehenden Instinktbegriff zu bilden. Zweitens hat uns die Beobachtung der ontogenetischen Entstehung einer bestimmten Art von Verschränkungen, nämlich der Instinkt-Dressurverschränkungen, zum Nachweis der schon vor langer Zeit von Wallace Craig festgestellten Tatsache geführt, daß das Ablaufenlassen der Instinkthandlung das Ziel und der dem Tier als Subjekt gegebene Zweck jeglichen zweckgerichteten Verhaltens ist (S. 295 und 337). Damit ist uns die einzige Möglichkeit in die Hand gegeben, die Instinkthandlung als den »angestrebten Reflexablauf« begrifflich von anderen, »rein« reflektorischen Vorgängen zu trennen (S. 338).

Es mag scheinen, daß diese verhältnismäßig wenigen wirklichen neuen Ergebnisse nicht zur Bildung einer von den meisten herrschenden Anschauungen so grundlegend abweichenden Meinung berechtigen. Ich sehe jedoch keine Gefahr darin, meine Ansichten in schärfster Weise zu formulieren, solange wir uns bewußt bleiben, daß sie zum Teil noch reine Arbeitshypothesen sind, die zu ändern neue Tatsachen uns jederzeit zwingen können.

Eines aber hoffe und glaube ich in überzeugender Weise dargetan zu haben: daß die Erforschung der Instinkthandlung kein Feld für großangelegte geisteswissenschaftliche Spekulationen ist, sondern ein Gebiet, auf dem, wenigstens vorläufig, die experimentelle Einzelforschung allein das Wort hat.

Taxis und Instinkthandlung in der Eirollbewegung der Graugans[1]

(1938)

mit Niko Tinbergen *

Einleitung

Die Versuche, die wir heuer an Graugänsen über das Zurückrollen von Eiern in die Nestmulde angestellt haben, sind keineswegs vollständig. Auch enthalten unsere Versuchstiere viel Hausgansblut, und obwohl heuer schon an rein wildblütigen Graugänsen manche Kontrollversuche mit durchaus übereinstimmendem Ergebnis ausgeführt werden konnten, sollen doch im nächsten Jahre einige Versuchsreihen an Reinblütern und vor allem eine genaueste Filmanalyse der hier mitgeteilten Beobachtungen folgen. Wir glauben aber, es aus zwei Gründen verantworten zu können, das Vorhandene in seiner vorläufigen Form erscheinen zu lassen. Erstens hat die Erörterung zweier in jüngster Zeit von Lorenz veröffentlichten Arbeiten (1937 a und b) einige Mißverständnisse ans Licht gebracht, die gerade bei der Besprechung unserer Befunde an der Eirollreaktion der Graugans gut bereinigt werden können, weshalb wir deren Veröffentlichung möglichst bald auf die der genannten Arbeiten folgen lassen möchten. Zweitens aber hoffen wir, durch die Erörterung unserer heurigen Ergebnisse manches zuzulernen, was den im nächsten Jahre anzustellenden Versuchen zugute kommen kann. Der Deutschen Reichsstelle für den Unterrichtsfilm sei an dieser Stelle für die Erlaubnis gedankt, Bilder aus dem in ihrem Auftrage von cand. zool. A. Seitz (Wien) in Altenberg aufgenommenen Graugansfilm zu verwenden.

* Diese Untersuchung verdankt ihre Ergebnisse zum allergrößten Teil der experimentellen Begabung Niko Tinbergens. Dasselbe kann man vom gesamten Bau der heutigen Ethologie behaupten. Die Arbeit ist nur ein Beispiel der engen Zusammenarbeit zweier einander ergänzender Freunde.

I Theoretisches über Taxis und Instinkthandlung

Welchen Begriff immer man mit dem Wort Instinkt verbinden will, stets wird man sich mit dem Vorhandensein von bestimmten, dem Individuum in unveränderlicher Weise angeborenen »Bewegungsformeln« auseinanderzusetzen haben, die für eine Art, für eine Gattung, ja für ein ganzes Phylum bezeichnende Merkmale von höchstem taxonomischen Wert sein können. Weil diese Bewegungsweisen so recht den Kern dessen darstellen, was ältere Beschreiber tierischen Verhaltens als Auswirkung des Instinktes auffaßten, so haben wir für sie den Ausdruck *Instinkthandlungen* angewendet oder, besser gesagt, beibehalten. Instinkthandlungen sind in ihrer Form merkwürdig unabhängig von allen rezeptorischen Vorgängen, nicht nur von der »Erfahrung« im weitesten Sinne des Wortes, sondern auch von jenen Reizen, die *während* ihres Ablaufes auf den Organismus einwirken. Darin unterscheiden sie sich auf das schärfste von den *Taxien* oder *Orientierungsreaktionen*, mit denen sie die Zweckmäßigkeit im Sinne der Arterhaltung sowie die Unabhängigkeit von persönlichem Erlerntwerden gemein haben und mit denen sie deshalb oft unter dem Begriff des »Instinktes« zusammengeworfen werden. Wenn Driesch den Instinkt als »eine Reaktion, die von Anfang an vollendet ist«, definiert, so umfaßt diese Umgrenzung ebenso die in ihrer Form ererbtermaßen festgelegte Bewegungsweise, wie auch jeden angeborenen Orientierungsvorgang, ohne den tiefgreifenden und grundsätzlichen Unterschied zwischen beiden zu berücksichtigen. Zum Verständnis der unsere Arbeit leitenden Fragestellung ist eine gedrängte Erörterung der Unterschiede und Beziehungen zwischen Taxis und Instinkthandlung nötig.

1 Die Topotaxis

Die meisten unter den Vorgängen, die wir mit A. Kühn als *Taxien* und im besonderen als *Topotaxien* bezeichnen, enthalten *neben* den richtungsbestimmenden Reaktionen auch starre Instinkthandlungen, »bedienen« sich bestimmter Bewegungsformeln, wie vor allem derjenigen der Ortsbewegung. Dennoch aber bleibt der für die Topotaxis wesentliche und *ihr allein eigene* Bewegungsbestandteil jene *Wendung* des ganzen Tierkörpers oder eines seiner Teile, z. B. der Augen oder des Kopfes, *die in ihrem Ausmaße von Außenreizen gesteuert wird.* Dies ist bei der *phobischen Reaktion* oder Phototaxis im Sinne Kühns nicht der Fall, und die Verwandtschaft, welche dieser Reaktionstypus durch die Starrheit der Bewegungsformel und ihre Unabhängigkeit von Art und Richtung der einwirkenden Reize zu jenen

Automatismen zeigt, die wir als Instinkthandlungen bezeichnen, läßt ihn als etwas von der Topotaxis recht Verschiedenes erscheinen. Wenn auch die Analogien zwischen phobischer Reaktion und Instinkthandlung nur äußerlich sein mögen und beide ursächlich wohl nur wenig gemein haben – man denke an die Gebundenheit der Instinkthandlung an ein Zentralnervensystem –, so möchten wir doch beim Aufbau unserer Arbeitshypothesen die phobische Reaktion nicht in einen so scharfen Gegensatz zur Instinkthandlung bringen wie die Topotaxis.

Die für die Taxien im allerweitesten Sinne bezeichnende Wendung, die zur Orientierung des Tieres im Raume führt, wurde von K. Bühler »orientierte Bezugswendung« genannt. Dieser sehr weite Begriff umfaßt jede den Organismus zu räumlichen Gegebenheiten der Umwelt in Beziehung setzende Änderung seines Bewegungszustandes, also ebensogut die einfachste Wendung »hin-zu« oder »weg-von«, wie jedes von höchsten psychischen Leistungen abhängige räumliche Bezugnehmen auf Außenreize. Da die *nicht* in ihrem Ausmaße gesteuerte Wendung »von-weg« bei der phobischen Reaktion auch unter diesen Begriff fällt, müssen wir feststellen, daß wir hier unter dem Begriff der richtunggebenden Wendung nur einen kleinen Teil der von Bühler als orientierte Bezugswendungen zusammengefaßten Vorgänge verstehen wollen, nämlich die für die *topische* Reaktion allein bezeichnende in bezug auf ihr Ausmaß reizgesteuerte Wendung. Da uns in der nun folgenden Gegenüberstellung von Taxis und Instinkthandlung die topische Reaktion allein angeht, wollen wir der Kürze halber sie allein als Taxis bezeichnen. Es ist letzten Endes nur eine Frage der Zweckmäßigkeit, auf welche Begriffe man sich festlegt, und die hier der kürzesten Wiedergabe des darzustellenden Sachverhaltes wegen gewählten Fassungen sollen keineswegs eine Kritik bewährter Begriffe bedeuten.

Wenn auch manche in sich starren Bewegungsformeln als Elemente der Gesamtbewegung der Taxis eine Rolle spielen, so ist doch deren *Gesamtform* von der in ihrem Ausmaße reizgesteuerten Wendung abhängig. Gerade die für die Taxis wesentliche Anpassung der Gesamtbewegung an räumliche Umweltbedingungen wird durch die *Norm des Reagierens* auf bestimmte Außenreize geleistet. Ohne auf die Erörterung der rein weltanschaulichen Frage einzugehen, ob das Tier als Subjekt nach diesen Reizen steuere oder ob es passiv von ihnen gelenkt werde, kann man sagen, daß hier objektiv *ein Geformtwerden arterhaltend zweckmäßiger Bewegung durch von außen kommende Reize* vorliegt. In den einfachsten und bestanalysierten Fällen ist dieser Vorgang ganz sicher *ein Reflex im eigentlichen Sinne des Wortes.* Aber auch bei Orientierungsreaktionen, die durch die sogenannten höheren psychischen Leistungen zustandekommen, ist die

Tätigkeit des Zentralnervensystemes im wesentlichen eine Beantwortung und Verwertung äußerer Reize, also ein zumindest in seiner Funktion reflexähnlicher Vorgang.

2 Die Instinkthandlung

Auch die Instinkthandlungen zeigen Beziehungen zu den Reflexen, und zwar darin, daß sie wie jene durch bestimmte, oft sehr spezifische Außenreize ausgelöst werden. Wie aber eine nähere Untersuchung zeigt, ist *nur der Auslösemechanismus*, nicht aber der weitere Ablauf der Bewegungsformel echter Reflex; die Gesamtform der einmal ausgelösten Bewegung scheint nicht nur von Außenreizen, sondern überhaupt von den Rezeptoren des Tieres unabhängig zu sein. Die Instinkthandlungen sind keine angeborenen Reaktionsnormen wie die Taxien, sondern *angeborene Bewegungsnormen.*

So unwahrscheinlich es auf den ersten Blick scheinen mag, daß wohlkoordinierte und im höchsten Maße arterhaltend zweckmäßige Bewegungsfolgen eines Tieres, genau wie Bewegungen eines Tabetikers, ohne Mitwirkung der Rezeptoren zustande kommen können, mit anderen Worten, daß sie *nicht* aus Reflexen aufgebaut sind, so gibt es doch eine Reihe schwerwiegender Gründe für diese Annahme. E. v. Holst hat an dem aller Rezeptoren beraubten Zentralnervensystem von sehr verschiedenen Organismen durchaus bündige Beweise dafür erbringen können, daß in ihm *automatisch-rhythmische Reizerzeugungsvorgänge* ablaufen, deren Impulse *schon im Zentralnervensystem* koordiniert werden, so daß die an die Muskulatur des Tieres entsandte Impulsfolge ohne Mithilfe der Peripherie und ihrer Rezeptoren in arterhaltend vollkommener Form zustande kommt. Die bisher untersuchten zentral koordinierten Bewegungsfolgen sind fast durchweg solche, die der Lokomotion dienen, und gerade diese wurden bisher fast ausnahmslos als Kettenreflexe betrachtet, bei denen jede Bewegung erst auf dem Umwege über die peripheren Rezeptoren die nächste auslösen sollte!

Die durch v. Holst erforschten Bewegungsweisen sind ohne allen Zweifel und in jeder Hinsicht als Instinkthandlungen in der hier gebrauchten Fassung dieses Begriffes zu betrachten, womit in keiner Weise eine Aussage über die Frage gemacht sein soll, ob umgekehrt alles, was wir bisher als Instinkthandlungen bezeichneten, auf ganz gleichen Vorgängen im Zentralnervensystem beruht. Daß aber die Rezeptoren im weitesten Sinne des Wortes auch bei höher differenzierten Instinkthandlungen grundsätzlich keine Rolle bei dem Zustandekommen der arterhaltend sinnvollen Bewegungsform spielen, wird durch eine Reihe von Beobachtungstatsachen und Versuchsergebnissen wahrscheinlich gemacht, auf die an anderer Stelle näher eingegangen wurde (1937). Wenn es auch heute noch verfrüht scheinen mag, die durch v. Holst erforschten Bewegungsautomatismen rundweg mit der Instinkthandlung gleichzusetzen, so darf doch mit aller Betonung hervorgehoben werden, daß zwei der wichtigsten und die Instinkthandlung am schärfsten kennzeichnenden Erscheinungen, die jeder anderen Erklärung geradezu unüberwindliche Schwierigkeiten bieten, bei der Annahme einer automatisch-rhythmischen Reizerzeugung und zentraler Koordination ihrer Impulse sich in durchaus zwangloser Weise einordnen lassen. Diese Erscheinungen sind die *Schwellerniedrigung* der auslösenden Reize und das durch sie ermöglichte *Leerablaufen* der Instinkthandlung in Situationen, in denen nicht einmal die physikalisch-mechanischen Bedingungen ihrer arterhaltenden Wirkung erfüllt sind.

Auch dort, wo die Instinkthandlung durch einen unbedingten Reflex ausgelöst wird, der normalerweise nur auf ganz bestimmte, oft ungemein spezifische Zusammenstellungen von Außenreizen anspricht, zeigt sich unter Umständen ganz unmittelbar, daß die *Form der ausgelösten Bewegung von derjenigen der auslösenden Reize unabhängig ist.* Bleiben diese länger aus, als es den Verhältnissen des natürlichen Lebensraumes entspricht, so zeigt sich bald eine *Verminderung der Selektivität* im Ansprechen der betreffenden Instinkthandlung. Das Tier beantwortet nun auch andere, der eigentlich adäquaten bloß ähnliche Reizsituationen mit dieser Bewegungsweise, wobei die Ähnlichkeit der jeweils gegebenen Reize mit den normalerweise allein handlungsauslösenden um so geringer zu sein braucht, je länger die »Stauung« der Reaktion gedauert hat. In Fällen, wo die Art der eine bestimmte Instinkthandlung auslösenden Reize eine quantifizierende Bestimmung einigermaßen möglich macht, zeigt es sich, daß mit der Dauer der Ruhepause der Schwellwert der zur Auslösung der Reaktion nötigen Reizstärke fortlaufend sinkt. Da beiden Erscheinungen offensichtlich nur *ein* Vorgang im Zentralnervensystem zugrunde liegt, habe ich beide in den schon erwähnten Arbeiten (1937 a und b) unter dem Begriff »Schwellerniedrigung« zusammengefaßt. Die Schwellerniedrigung kann nun bei sehr vielen, vielleicht grundsätzlich bei allen Instinkthandlungen buchstäblich den Grenzwert Null erreichen, indem nach kürzerer oder längerer Stauung die ganze Bewegungsfolge *ohne* nachweisbare Einwirkung eines Außenreizes in durchaus vollkommener Weise durchgeführt wird, was wir als »Leerlaufreaktion« zu bezeichnen pflegen. Schwellerniedrigung und Leerlaufreaktion sprechen in zweifacher Weise für die Annahme einer automatisch-rhythmischen Reizerzeugung und für zentrale Koordinierung ihrer Impulse.

Die Erscheinung der Schwellerniedrigung legt den Gedanken an eine innere Kumulation einer reaktions-spezifischen Erregung nahe – v. Holst nimmt Erregungsstoffe an –, die vom Zentralnervensystem kontinuierlich erzeugt wird und um so höhere Werte erreicht, je länger eine Entspannung durch Ablaufen der betreffenden Instinkthandlung unterbleibt. Je höher der erreichte Spannungszustand, desto intensiver läuft beim schließlich erfolgenden Hervorbrechen die Instinkthandlung ab und desto schwerer wird es den der Instinkthandlung vorgesetzten Instanzen des Zentralnervensystemes, ein solches Hervorbrechen am »unrechten« Platze unter Hemmung zu halten. Diese Vorstellungen, die hier in grober Vereinfachung wiedergegeben sind, wurden noch in Unkenntnis der Holstschen Ergebnisse entwickelt. Nun wissen wir aber tatsächlich durch v. Holst, daß die Auswirkung der ununterbrochen tätigen automatischen Reizerzeugungsvorgänge durch die Tätigkeit hemmender höherer, bzw. zentraler gelegener Teile des Nervensystems dauernd verhindert wird und daß die Auslösung der Reaktion nur eine Beseitigung dieser zentralen Hemmung bedeutet. Die sich selbst überlassene Peripherie, im Falle des Holstschen Experimentes z. B. ein Rückenmarkspräparat, führt die Bewegung dem automatischen Rhythmus entsprechend ununterbrochen aus. Ersetzt man nun am Rückenmarkspräparat die sonst durch Tätigkeit höherer Zentren erzeugten Hemmungen durch bestimmte zusätzliche Reize, so ergibt sich eine Erscheinung, die von Sherrington unter dem Namen des »spinalen Kontrastes« beschrieben wurde. Je länger und je intensiver wir nämlich diese Hemmung einwirken lassen, desto heftiger bricht nach ihrem Aufhören die gehemmt gewesene Bewegung hervor. Diese Übereinstimmung zwischen den v. Holst erforschten automatischen Rhythmen und der Instinkthandlung im hier gebrauchten Sinne des Wortes geht noch um vieles weiter und bis in kleinste, hier nicht näher zu erörternde Einzelheiten.

So deutlich die Schwellerniedrigung und die Intensitätssteigerung, die wir nach längerer Stauung an nahezu jeder Instinkthandlung beobachten können, für die Annahme eines reizerzeugenden Automatismus sprechen, so deutlich sprechen die Erscheinungen, die wir beim schließlichen, reizunabhängigen Hervorbrechen, bei der Leerlaufreaktion feststellen, für ein zentrales Koordiniertwerden der Impulse, die dieser Automatismus aussendet. Es ist sicher eine bedeutungsvolle Tatsache, daß die oft geradezu »im leeren Raum« ausgeführte Bewegungsfolge in ihrer Form bis in die kleinsten Einzelheiten derjenigen gleicht, die wir beim normalen und den biologischen Sinn der Handlung erfüllenden Ablauf zu sehen bekommen. Besonders auffallend ist dies, wenn die Handlung beim normalen Ablauf mechanische Arbeit zu leisten hat, die Bewegung also normalerweise gegen einen Widerstand erfolgt, der bei der Leerlaufreaktion fehlt, worauf wir im folgenden noch näher eingehen werden. Die vollkommene Unabhängigkeit der Bewegungsform von den Bedingungen und Reizeinwirkungen der natürlichen Umgebung ist nur erklärlich, wenn wir annehmen, daß die Impulse zu den Einzelbewegungen der Muskeln schon vom Zentrum in geordneter Form und Reihenfolge ausgehen und von den jeweiligen Umgebungsbedingungen sozusagen »gar nichts erfahren«. Anders wäre es unerklärlich, daß z. B. ein Star die Bewegungsfolge des Fangens, Totschlagens und Schluckens kleiner Insekten durchführen kann, ohne daß solche Tiere überhaupt vorhanden sind, oder daß, wie Lorenz erst jüngst im Berliner Zoologischen Garten sah, ein Kolibri »nicht vorhandene Niststoffasern« in einer wundervoll koordinierten webenden Bewegung an einem Zweige befestigt usw.

Wenn auch solche Leerläufe höher differenzierter Instinkthandlungen die Unabhängigkeit der Bewegungsform von allen außenrezeptorischen Vorgängen in höchst bündiger Weise zeigen, so besitzen wir doch leider kein Objekt, an dem wir die Mitwirkung propriozeptorischer Reflexe mit ähnlicher Sicherheit ausschließen können, wie v. Holst es am Fischrükkenmark vermochte. Die Rolle, die propriozeptive Rezeptoren beim Ablauf höher differenzierter Instinkthandlungen spielen, ist daher noch recht fraglich. Immerhin ist festzustellen, daß auch sehr grobe, mechanische Beeinflussungen, die unmittelbar und gewaltsam den Ablauf einer instinktmäßigen Bewegungsfolge vorübergehend hindern oder dem Körper der sie ausführenden Tiere unnormale Stellungen aufzwingen, keinerlei Veränderungen des weiteren Ablaufes zur Folge haben. Solche grobmechanischen Gewalteinwirkungen müßten aber unbedingt zu Formveränderungen der nachfolgenden Teile der Bewegung führen, wenn die propriozeptorische Aufnahme jeder einzelnen Teilbewegung in jener Weise maßgebend für die Form der nächsten wäre, wie es die alte Kettenreflextheorie der Instinkthandlung annahm. Eine solche Veränderung sahen wir aber bisher nie, nach Aufhören des mechanischen Zwanges läuft die Instinkthandlung, wenn überhaupt, so in durchaus typischer Weise weiter, wofür wir noch Beispiele kennenlernen werden.

Aus allen diesen Gründen erscheint es zulässig, die Annahme zur Arbeitshypothese zu erheben, daß die Instinkthandlung in der Koordination ihrer Einzelbewegungen von *allen* Rezeptoren unabhängig und durch sie nicht beeinflußbar sei. Es mag dies eine überaus grobe Vereinfachung der Tatbestände sein und bedeutet vielleicht auch eine übergroße Einengung des Begriffs der Instinkthandlung, zumal wir durch Versuche v. Holsts wissen, daß sich ein von einem zentral koordinierten Automatismus ausgehender Impuls mit einem von einem Reflex gelieferten in *einer* Muskelkontraktion überlagern können. Doch erscheint die vorläufige Vernachlässigung dieser Möglichkeit in Anbetracht eines anderen Umstandes berechtigt, der die Analyse tierischen Verhaltens im allgemeinen und der

Instinkthandlung im besonderen weiter erschwert und eine weitgehende Vereinfachung der Tatbestände wünschenswert erscheinen läßt, deren Vorläufigkeit wir uns allerdings dauernd vor Augen halten müssen. Dieser komplizierende Umstand liegt in folgendem:

3 Die Verschränkung von Taxis und Instinkthandlung

Ein intakter höherer Organismus führt in seiner natürlichen Umgebung *fast nie die zentral koordinierte Bewegung allein* aus, sondern tut fast immer »mehreres zugleich«, indem er z. B. *während* des Ablaufes einer Instinkthandlung einer Orientierungsreaktion gehorcht. Nichts ist unrichtiger, als die immer wieder auftauchende und meist zur Unterscheidung der Instinkthandlung vom »Reflex« herangezogene Angabe, daß die Instinkthandlung eine Reaktion des »Organismus als Ganzes« darstelle, im Gegensatz zum Reflex, bei dem nur »einer seiner Teile« in Tätigkeit trete. Soweit man überhaupt je sagen darf, daß nur ein Teil eines Organismus an einer Reaktion beteiligt sei, soweit darf man dies von der Instinkthandlung getrost behaupten. Der automatische Rhythmus und die zentrale Koordination der Instinkthandlung machen sie weit selbständiger, als der Reflex es ist, schon weil sie sie von der Funktion der Rezeptoren unabhängig machen. Der Automatismus der Instinkthandlung ist ein in sich ungemein fest geschlossenes System. Er untersteht der Ganzheit des Zentralnervensystems nur in bezug auf die Frage, ob und bis zu welchem Grade er enthemmt wird. So selbständig der Automatismus der Instinkthandlung ist und so unbotmäßig er sich selbst beim Menschen den höchsten Instanzen des Zentralnervensystems, dem »Ich« gegenüber benimmt, so ist doch sein Machtbereich im Bewegungsapparat des höheren Tieres stets sehr beschränkt; er sendet seine Impulse immer nur an ganz bestimmte Gruppen von Muskeln, niemals aber, von vielleicht möglichen Ausnahmen abgesehen, an die gesamte Muskulatur des Körpers zugleich. Es besteht also immer die Möglichkeit, daß andere Muskeln und Muskelgruppen gleichzeitig Bewegungen vollführen, die durch grundsätzlich andere Vorgänge im Zentralnervensystem verursacht werden. Zum Studium der Instinkthandlung selbst werden wir daher vor allem solche Vorgänge auswählen müssen, bei denen sich die zentral koordinierte Impulsfolge der Instinkthandlung allein, ohne störende Nebenwirkung andersartiger Nervenprozesse, in sichtbare und beschreibbare Bewegungen umsetzt, oder aber solche, bei denen die Auswirkung nicht instinktmäßiger Bewegungsvorgänge leicht analysiert und aus der Betrachtung der eigentlichen Instinkthandlung ausgeschieden werden kann.

Bestimmte, besonders leicht der Analyse zugängliche, nicht instinktmäßige Bewegungen begleiten *jede* Instinkthandlung eines höheren Tieres: Die tropotaktisch gesteuerte Orientierungsreaktion des Gleichgewichthaltens läuft dauernd weiter, auch wenn Instinkthandlungen ausgeführt werden. Wir kennen, mit alleiniger Ausnahme der Begattungsreaktion des Kaninchenrammlers, kaum eine Instinkthandlung, bei der ein sonst schwereorientierter Organismus diese Orientiertheit verliert und umfällt! Aber selbst solche Instinkthandlungen, bei denen die Bewegungen tropotaktischer Schwereorientierung die einzigen begleitenden Orientierungsreaktionen sind, gehören ausgesprochen zu den Seltenheiten. Bei der Suche nach einer Instinkthandlung, deren Ablauf sich zum Zwecke einer vergleichenden und genetischen Untersuchung mit einiger Genauigkeit kurvenmäßig darstellen und so in leicht vergleichbarer Weise eindeutig festhalten ließe, war es gar nicht einfach, eine zentral koordinierte Bewegungsweise zu finden, die nicht durch gleichzeitig tätige Orientierungsmechanismen überlagert wurde! Die Wahl fiel schließlich auf die Balzbewegungen bestimmter Entenarten, die fast rein in der Mittelebene des aufrecht schwimmenden Vogels ablaufen und bei genau seitlicher Aufnahme mit der Kinokamera die ziemlich vollständige Rekonstruktion und graphische Darstellung der Bewegungskurve aus dem Film ermöglichen. In dieser Projektion sind die einzigen gleichzeitig funktionierenden Orientierungsreaktionen, die seitlichen Bewegungen der gleichgewichthaltenden Tropotaxis, völlig zu vernachlässigen. Schon bei manchen ähnlichen, biologisch durchaus gleich wirkenden Instinkthandlungen derselben Vögel wirkt ein zweiter Orientierungsmechanismus mit, indem der balzende Erpel seine Bewegung stets so zu der Blickrichtung eines gleichartigen Weibchens orientiert, daß er die bei der betreffenden Bewegung in Erscheinung tretenden, optisch reizaussendenden Abzeichen dem Auge der umworbenen Ente voll zukehrt.

Eine viel größere Bedeutung als bei diesen rein optisch oder zum Teil auch akustisch wirkenden und der Reizaussendung dienenden Instinkthandlungen haben die begleitenden Orientierungsreaktionen naturgemäß bei solchen, deren arterhaltender Wert in einer *mechanischen* Auseinandersetzung mit irgendwelchen Gegenständen der Umgebung liegt. Selbstverständlich sind nur ganz wenige von diesen mechanisch wirksamen Bewegungsabläufen *ohne* die Mitwirkung einer Orientierungsreaktion funktionsfähig, die den Organismus zu dem Objekte seiner Instinkthandlung räumlich in Beziehung bringt. Die taktisch gesteuerte Wendung »hin zu« oder »von weg« kann bei mechanisch wirksamen Instinkthandlungen selten entbehrt werden, es sei denn, daß sich das Tier mit einem homogenen Medium mechanisch auseinanderzusetzen hat. Bei planktonfressenden Tieren ist unter Umständen selbst die Nahrung ein homogenes Medium, und so finden wir unter derartigen Bewohnern freier Wasserräume die taxienärmsten Wesen, die es unter den frei beweglichen Organismen überhaupt gibt. In der Welt der festen Körper aber kann sich kein der Bewegung fähiges Tier ohne Orientierungsreaktionen erfolgreich behaupten, denn selbst ein noch so hoch differenzierter und der Umgebung noch so fein angepaßter Apparat von zentral koordinierten Bewegungsweisen kann nicht funktionieren, ohne daß das Tier sich zum Objekte jeder einzelnen dieser Instinkthandlungen in die richtige räumliche Lagebeziehung bringt.

Diese stets von einer Taxis, von einer Orientierungsreaktion im weitesten Sinne des Wortes gesteuerte Lageveränderung des Tieres kann *vor* dem Ablaufe der Instinkthandlung vollendet sein, so daß wir in zeitlichem Nacheinander eine rein taxienmäßig gesteuerte und eine rein zentral koordinierte Bewegungsfolge zu sehen bekommen. Ein typischer Fall eines solchen Aufeinanderfolgens von Taxis und Instinkthandlung ist die Schnappreaktion des Seepferdchens, *Hippocampus Leach.* Dieser Fisch stellt sich durch eine zweifellos sehr verwickelte Orientierungsreaktion so ein, daß er die zu erschnappende Beute genau in der Mittelebene seines Kopfes, in einer ganz bestimmten Richtung und ebenso bestimmten Entfernung schräg vor und über seiner Mundspalte hat. Es kann sehr lange dauern, bis das erreicht ist, der Fisch folgt einem Krebschen oft minutenlang hin und her, vor und zurück, dreht und wendet sich, soweit es sein steifer Hautpanzer zuläßt, und erst mit vollkommener Herstellung der beschriebenen Lagebeziehung ist jene Reizsituation gegeben, welche das Muskelspiel des Zuschnappens auszulösen vermag. Eine solche dem Ablauf einer Instinkthandlung vorausgehende Orientierungsreaktion stellt den einfachsten Fall dessen dar, was wir mit Wallace Craig als »appetentes Verhalten« bezeichnen.

Es ist wohl die psychologisch wichtigste und merkwürdigste, zugleich aber die am schwersten kausal erklärbare Eigenschaft der Instinkthandlung, daß ihr rein automatischer Ablauf, der selbst jeglichen Gerichtetseins auf ein vom Subjekt angestrebtes Ziel entbehrt, als Ganzes ein solches Ziel darstellt: Der Organismus hat »Appetit« nach der Ausübung seiner eigenen Instinkthandlungen. Die Enthemmung und der Ablauf der Instinkthandlung gehen mit subjektiven Erscheinungen einher, um derentwillen Tier und Mensch aktiv nach jenen Reizsituationen *streben*, in denen diese Vorgänge stattfinden. Das subjektiv lustbetonte Erleben der Instinkthandlung schreiben wir grundsätzlich jedem mit einer solchen begabten Organismus zu, und zwar nicht nur auf Grund eines Analogieschlusses, sondern weil wir in diesem Erleben einen der wichtigsten Träger arterhaltender Zweckmäßigkeit erblicken. Das Erleben ist, wie besonders Volkelt betont, keine zufällige Begleiterscheinung, kein »Epiphänomen« physiologischer Vorgänge! Ohne die »Sinnenlust«, welche die Erlebnisseite wohl jeder Instinkthandlung darstellt, würde ihr Ablauf immer nur dann stattfinden, wenn der Organismus rein zufällig in die auslösende Reizsituation hineingeriete. Ganz unleugbar ist es erst das Erleben, was sie zu einem anzustrebenden Ziele macht. Das Eingeschaltetsein von Subjektivem in die Kausalkette arterhaltender physiologischer Vorgänge bietet die größten philosophischen Schwierigkeiten, ja es muß geradezu als ein Kernpunkt der Leib-Seele-Frage betrachtet werden. Besonders merkwürdig ist es, daß diese zum großen Teil propriozeptorischen Lustwahrnehmungen gerade jene Bewegungsvorgänge begleiten, deren Form und Koordination ohne Mithilfe der Propriozeptoren zustande kommt.

Das adaptiv veränderliche, nach Auslösung einer Instinkthandlung strebende »appetente« Verhalten kann im einfachsten Fall eine der gewöhnlichsten und am besten analysierten topischen Reaktionen sein. Von solchen führen aber sämtliche überhaupt denkbaren Übergänge zu den höchsten Lern- und Verstandesleistungen hinauf, die wir kennen. In den schon erwähnten Arbeiten Lorenz' (1937 a und b) wurde näher auf die merkwürdige Tatsache eingegangen, daß sich vom Standpunkte objektiver Verhaltenslehre durchaus keine scharfe Grenze zwischen der einfachsten Orientierungsreaktion und dem höchsten »einsichtigen« Verhalten ziehen läßt.

Neben Taxien, die der Auslösung der Instinkthandlung zeitlich vorausgehen, sie *herbeiführen* und somit deutlich das Wesen des appetenten Verhaltens zeigen, gibt es aber auch solche, die *während* des Ablaufens der instinktmäßigen Bewegungsfolge *weiter in Tätigkeit sind*, wie wir an dem Beispiel der topotaktischen Schwereorientierung schon dargetan haben. Bei mechanisch wirksamen Instinkthandlungen haben sie die Aufgabe, jene Lagebeziehung des Tieres zu dem Objekt seiner Instinkthandlung aufrechtzuerhalten, die von der zum Appetenzverhalten zu zählenden Orientierungsreaktion hergestellt wurde. Daß diese Lagebeziehung, psychologisch betrachtet, in sehr vielen Fällen einer subjektiv lustbetonten Reizsituation entspricht, bringt es mit sich, daß man sehr oft auch diese gleichzeitig mit der Instinkthandlung tätigen Orientierungsmechanismen als eine Art von Appetenzverhalten auffassen kann. Ein weidendes Rind z. B. hält, durch Orientierungsreaktionen gesteuert, seinen Kopf dauernd so, daß jene räumliche Beziehung zwischen Maul und Gras erhalten bleibt, welche objektiv die rein instinktmäßigen Bewegungsabläufe in Kiefer-, Zungen- und Lippenmuskulatur mechanisch wirksam und damit arterhaltend sinnvoll macht, welche aber andererseits für das Subjekt eine lustbetonte Reizsituation bedeutet, deren Weiterbestehen einen anzustrebenden Zweck darstellt.

Offensichtlich ist ein solches gleichzeitiges Zusammenarbeiten von Taxis und Instinkthandlung in einheitlichen Bewegungsfolgen höherer Organismen etwas ganz ungeheuer Häufiges; ebenso offensichtlich können solche »Simultanverschränkungen«, wie wir diese aus gleichzeitig wirkenden heterogenen Faktoren zusammengeschweißten Einheiten des Verhaltens bezeichnen möchten, eine geradezu unbegrenzt hohe Komplikation erreichen, die der Analyse durch die wenigen uns zu Gebote stehenden Untersuchungsmethoden schier unüberwindliche Schwierigkeiten bereitet. Unser Forschungsoptimismus, dessen wir in Anbetracht der Größe der hier gestellten Aufgabe gewiß bedürfen, wird aber durch eine Tatsache gehoben: So wie es Fälle reiner, taxienfreier Instinkthandlungen gibt und solche, in denen Instinkthandlungen und zweckgerichtetes Verhalten in leicht analysierbarer zeitlicher Aufeinanderfolge miteinander verschränkt sind, so gibt es auch andere, in denen besonders günstige Umstände das Auseinanderhalten von Instinkthandlung und Orientierungsreaktion während ihres gleichzeitigen Tätigseins ermöglichen.

II Aufgabestellung

Die Aufgabe der vorliegenden Arbeit ist es nun, das Zusammenwirken einer Instinkthandlung und einer gleichzeitig tätigen Orientierungsreaktion an einem besonders einfachen und auch aus anderen technischen Gründen der Analyse besonders günstigen Fall zu untersuchen. Der einfachste überhaupt denkbare Fall eines solchen Zusammenwirkens wäre dann gegeben, wenn die zentral koordinierten Impulse eine Bewegung in *einer* Ebene ergäben, die durch die Taxis hervorgerufenen Bewegungen aber *senkrecht* auf diese Ebene verliefen, also rezeptorengesteuerte Abweichungen aus der Ebene der Instinkthandlung bewirkten. Um einen solchen Vorgang anschaulich zu machen, sei ein vereinfachtes Modell entworfen. Man denke sich einen Skeletteil, der etwa nach Art eines Seeigelstachels in einem Kugelgelenk drehbar ist und von zwei senkrecht aufeinander angeordneten Muskelpaaren, einem lotrecht und einem waagrecht ziehenden Antagonistenpaar bewegt wird. Nun müsse dieser Skeletteil aus Gründen der Arterhaltung in einer bestimmten Ebene des Raumes, sagen wir in der Lotrechten, hin und her gehen. Da kann dieses Schwingen des Organs sehr wohl durch einen zentral koordinierten Automatismus bewerkstelligt werden, der seine Impulse an das ungefähr lotrecht verlaufende Muskelpaar entsendet. Damit aber die Bewegung genau lotrecht verläuft, wird eine von einem Schwererezeptor gesteuerte Taxis herangezogen werden müssen. Sie kann, ohne die Lage des gesamten Tierkörpers zu beeinflussen, das zweite, waagrecht ziehende Muskelpaar durch den Orientierungsmechanismus zu Kontraktionen veranlassen, die den Skelettteil aus der Schwingungsebene des zentralen Automatismus um so viel abweichen lassen, daß die arterhaltend nötige genau lotrechte Bewegung zustande kommt. Dieser besondere Fall, daß eine instinktmäßige Bewegung genau in einer Ebene verläuft und von senkrecht auf diese Ebene angeordneten und von einer Orientierungsreaktion beherrschten antagonistischen Muskeln wie ein Pferd zwischen zwei Zügeln gesteuert wird, findet sich wohl ziemlich häufig verwirklicht. Ähnliche Verhältnisse scheinen bei Kaubewegungen des Menschen, bei den Friktionsbewegungen kopulierender männlicher Säuger und bei manchen anderen vorzuliegen.

Ganz besonders genau aber scheint das oben Gesagte bei einer bestimmten Bewegungsweise zuzutreffen, die man an brütenden Vögeln sehr vieler Arten beobachten kann. Der arterhaltende Sinn dieser Bewegung ist die Zurückbeförderung von aus der Nestmulde gerollten Eiern. Die Verhaltensweise enthält Bewegungen, die unmittelbar als gleichgewichtserhaltend zu erkennen sind und somit kaum anders als durch eine Orientierungsreaktion hervorgerufen sein können, andererseits aber solche, die alle Kennzeichen der echten Instinkthandlung in deutlichster Weise an sich tragen. Da außerdem diese verschiedenartigen Bewegungen gleichzeitig und in senkrecht aufeinander stehenden Ebenen erfolgen, glaubten wir, ein besonders günstiges Objekt zum Studium und zum Versuch einer Analyse des gleichzeitigen Zusammenwirkens von Taxis und Instinkthandlung vor uns zu haben. Als im Frühling 1937 die Altenberger Gänse brüteten, ließen wir die Gelegenheit nicht vorübergehen, an ihnen Beobachtungen und Versuche in dieser Richtung anzustellen.

Die Fragestellung bei der Beobachtung und die Anordnung der Versuche gingen von einer sehr einfachen Überlegung aus: Wenn, wie vorausgesetzt, die Taxis eine *Reaktionsnorm*, die Instinkthandlung aber eine *Bewegungsnorm* ist, so muß gefordert werden, daß in einem Falle, in welchem Taxis und Instinkthandlung verschiedene Muskelgruppen eines Tieres beherrschen, beim Wegbleiben steuernder Reize auch die von der Orientierungsreaktion abhängigen Bewegungen ausfallen. Daher müßte bei einer »Leerlaufreaktion« *nur* die Instinkthandlung ohne die normalerweise gleichzeitig funktionierende Orientierungsreaktion in Tätigkeit treten. Ferner müßten die von Taxien gesteuerten Bewegungen bei Veränderungen der die Gesamtsituation kennzeichnenden Reize wegen ihrer Abhängigkeit von diesen Reizen ebenfalls Veränderungen zeigen, und zwar solche im Sinne einer Anpassung an die neuen räumlichen Gegebenheiten, während die Instinkthandlung in ihrer Unbeeinflußbarkeit durch

Rezeptoren immer in ganz gleicher Weise ablaufen müßte, gleichgültig, ob dieser Ablauf ganz ohne Objekt, an einem stark von der Norm abweichenden Ersatzobjekt oder am biologisch adäquaten Objekt erfolgt. Auch müßte die Instinkthandlung bei jeder Veränderung der räumlichen Gegebenheiten, die eine wenn auch noch so geringe Anpassung der Bewegungsform verlangt, sofort vollständig versagen. Schließlich lag es nahe, die für die Instinkthandlung bezeichnende, reaktions-spezifische Ermüdbarkeit zu dem Versuche zu benützen, den zentralen Automatismus durch Erschöpfung auszuschalten, um dann zu sehen, wie weit dadurch die Appetenz nach der normalerweise auslösenden Reizsituation und die sie herbeiführenden Orientierungsreaktionen verändert würden.

III Beobachtungen über die Eirollbewegung

Die durch die reine, experimentlose Beobachtung sich ergebenden Tatsachen seien vorweggenommen, nicht nur, weil sie als »ungewollte« Versuche von vielen Fehlerquellen des Experimentes frei sind, sondern auch weil sie uns zeitlich vor allen Versuchsergebnissen bekannt wurden.

Der normale, den arterhaltenden Sinn der Reaktion erfüllende Ablauf spielt sich etwa folgendermaßen ab. Wenn die brütende Gans ein außerhalb der Nestmulde, aber in nicht allzu großer Entfernung von dieser liegendes Ei erblickt, so erfolgt die Eirollbewegung keineswegs sofort und in »entschlossener« Weise. Die Gans sieht vielmehr beim ersten Erblicken des reizaussendenden Objektes nur ganz flüchtig nach ihm hin und gleich wieder von ihm weg. Beim nächsten Hinblicken fixiert sie es schon länger, auch kann dann schon eine kleine, nach dem Ei hindeutende Bewegung des Kopfes ausgeführt werden, und nach einer kurzen Reihe von rasch an Intensität gewinnenden Intentionsbewegungen, deren Zahl sehr verschieden sein kann, streckt die Gans ihren Hals voll nach dem vor ihr liegenden Ei aus, ohne sich aber im übrigen zu bewegen (Abb. 1 A). In dieser Stellung bleibt sie nun häufig »wie gebannt« viele Sekunden lang liegen, bis sie sich schließlich, ohne die Haltung von Hals und Kopf zu verändern, langsam und zögernd vom Neste erhebt und mit einem eigentümlich vorsichtigen Schreiten, das alle ihre Ortsveränderungen in Nestnähe kennzeichnet, auf das Ei zugeht. Das frühzeitige Ausstrecken des Halses nach dem Ei hin macht den Eindruck, als lokalisiere der Vogel dieses nicht richtig im Raume und »hoffe« es erreichen zu können, ohne vom Neste aufstehen zu müssen. Dieser sicher unrichtige Eindruck verstärkt sich, wenn der Vogel mühsam und mit jedem Schritt geizend sich dem Ei nähert. Diese Abneigung, sich aus der Nestmulde zu entfernen, hat ihren guten Grund darin, daß die Instinkthandlung nur dann wirklich »paßt« und das Ei durch einen einmaligen Ablauf ins Nest zu befördern imstande ist, wenn die Gans nicht weiter als bis auf den Nestwall vortritt.[2] Hat die Gans sich dem Ei genügend genähert, so berührt sie es zunächst mit der Schnabelspitze an dem ihr zunächst gelegenen Punkt seiner Oberfläche (Abb. 1 B), stößt auch wohl mit dem leicht geöffneten Schnabel dagegen.

Abb. 1 Normaler Ablauf der Eirollbewegung

Dann gleitet der Unterschnabel, ständig die Berührung mit dem Ei wahrend, so über seine Oberseite hinweg, daß er sich, das Ei übergreifend, an der der Gans abgewendeten Seite dem Erdboden nähert (Abb. 1 C). In diesem Augenblick überkommt eine eigenartige Spannung den ganzen Vogel, der Hals strafft sich und der Kopf beginnt merklich zu zittern. Dieses feine Zittern dauert an, während das Ei langsam durch eine merkwürdig steif und ungeschickt aussehende Einkrümmung des Halses mit dem Unterschnabel auf die Gans und damit auf die Nestmulde zugerollt oder geschoben wird, so daß es schließlich auf den Zehen der Gans liegt (Abb. 1 D) oder, wenn damit der höchste Punkt des Nestwalles überschritten ist, zu den anderen Eiern in die Mulde rollt. Die Ursache der Spannung und der feinschlägigen Zitterbewegung liegt in einer verhältnismäßig sehr starken Mitinnervierung der Antagonisten jener Muskeln, die die eigentliche Arbeit der Rollbewegung zu leisten haben. Eine ähnliche Erscheinung läßt sich auch an willkürlichen Bewegungen des Menschen beobachten, wenn diese gegen einen *unbekannten* Widerstand erfolgen, oder gegen einen solchen, dessen Größe unberechenbaren und plötzlichen Schwankungen unterworfen ist. Man setzt dann neben den die eigentliche mechanische Arbeit der betreffenden Bewegung leistenden Muskeln *auch deren Antagonisten* in Tätigkeit. So wird durch eine bekannte und in ihrer Größe von uns bestimmbare Vergrößerung des inneren Widerstandes der Bewegung eine unberechenbare und plötzliche Schwankung des äußeren Widerstandes viel weniger wirkungsvoll gemacht, da der letztere nunmehr nur einen geringen Teil des zu überwindenden Gesamtwiderstandes ausmacht. Es wird zwar auf diese Weise um sehr viel mehr Muskelarbeit verbraucht, als die zu leistende Außenarbeit erheischt, ausfahrende Bewegungen aber werden auf Bruchteile ihres sonstigen Ausschlages verringert. Diese Form der beherrschten und durch verschwenderische Antagonistenbenutzung gezügelte Kraft ist das einzige Mittel, die Form der beabsichtigten Bewegung auch dort gegen Schwankungen des äußeren Widerstandes zu sichern, wo diese für unsere Rezeptoren zu schnell erfolgen, so daß unser rezeptorengesteuertes Bremsen der ausfahrenden Bewegung zu spät kommen würde. Aus dem Zwang, auf die Steuerung durch die Rezeptoren zu verzichten, möchten wir auch bei der Instinkthandlung die Mitinnervierung der Antagonisten und die dadurch bedingte Gespanntheit des bewegten Körperteils sowie die oft deutliche Zitterbewegung erklären. Die zentral koordinierte Bewegung ist als solche durch Rezeptoren nicht beeinflußbar und arbeitet daher, wo sie mechanische Arbeit gegen Widerstände der Außenwelt leistet, *immer* sozusagen gegen einen unbekannten Widerstand und bedarf in allen Fällen, wo dieser Schwankungen unterliegt, einer inneren Beherrschtheit ihrer Kraft in viel höherem Maße als irgendeine Willkürbewegung. Tatsächlich finden wir die beschriebenen Spannungszustände mit Antagonistenzittern bei vielen mechanisch wirkenden Instinkthandlungen, z. B. besonders deutlich bei der seitlichen Schiebebewegung, mit der Reiher und verwandte Vögel dem Neste ein Reis einfügen. Für die Mitinnervierung der Antagonisten spricht ferner die Tatsache, daß bei solchen Instinkthandlungen, die in ihrem normalen Ablauf beträchtliche Außenwiderstände zu überwinden haben, sich deren Wegfall bei einer gelegentlichen Leerlaufreaktion nicht in einer merkbaren Veränderung der Bewegungsform oder -geschwindigkeit auswirkt.

Neben der beschriebenen Bewegung, die ziemlich genau in der Mittelebene des Vogels vor sich geht, können wir aber noch andere Bewegungen beobachten. Es sind das *seitliche* Ausschläge von Kopf und Schnabel, die normalerweise nur klein sind und offensichtlich die Aufgabe haben, zu verhindern, daß das bergan den Nestwall hinaufrollende Ei nach rechts oder links abweicht und am Schnabel vorbei zurück in die Tiefe rollt.

Sie halten das Ei auf der Unterseite des Schnabels im Gleichgewicht, was dann besonders deutlich wird, wenn die Rollbahn des Eies sehr steil aufwärts führt, so daß ein großer Teil seines Gesamtgewichtes auf dem Unterschnabel der Gans lastet. Der Ausschlag der Bewegungen wächst sofort, wenn das Ei sein Gleichgewicht zu verlieren droht und nur durch eine gröbere Kompensationsbewegung am Abrollen gehindert werden kann. Auch in solchen Fällen ist die gleichgewichtserhaltende Natur der Seitenbewegung unmittelbar ersichtlich.

Nach Beendigung dieser Eirollbewegung erfolgt, immer noch *vor* dem Eintreten der Haltung ruhigen Brütens, eine besondere Instinkthandlung, die wir als *Ausmuldebewegung* bezeichnen. Es werden die gebeugten Handgelenke durch leichtes Strecken der Ellenbogen so weit gesenkt und nach vorne gerückt, daß sie sich an den vorne gelegenen Nestrand anstemmen, gleichzeitig schieben die Füße durch abwechselnde, nach hinten gehende Scharrbewegungen den ganzen Vogel nach vorne, so daß Brust und Flügelbuge einen starken Druck auf den vorderen Teil der Nestmulde und des Nestwalles ausüben, während die Füße selbst Niststoffe dem jeweils hinten liegenden Walle zuschieben (Abb. 2). Durch diese Bewegung allein entsteht am Beginne des Nestbaues die Mulde und durch sie entfernt der zurückkehrende Vogel die Dunendecke, die während der Brutpause das Gelege schützt. Ein Einnehmen der gewöhnlichen Brutstellung ohne Vorhergehen dieser Instinkthandlung scheint überhaupt nicht vorzukommen.

Abb. 2 Ausmuldebewegung

Schon diesem gewöhnlichen, den arterhaltenden Sinn der Reaktion erfüllenden Ablauf kann man mit einiger Wahrscheinlichkeit entnehmen, daß zwei grundsätzlich verschiedene Bewegungsvorgänge an ihm beteiligt sind. Eine ganze Reihe von unmittelbar festzustellenden Merkmalen der echten Instinkthandlung, wie der schon beschriebene Spannungszustand mit Antagonistenzittern, die stets photographisch getreu gleiche Wiederholung der Bewegung, eine Anzahl vergleichend zoologischer Tatsachen sowie manches andere lassen das Vorhandensein zentral koordinierter Bewegungsvorgänge mit großer Bestimmtheit vermuten. Andererseits sind die seitlichen Schnabelbewegungen, die das Ei im Gleichgewicht halten, betreffs ihrer Richtung, ihres Ausschlages und ihrer Form überhaupt unmittelbar von Berührungsreizen abhängig, die von dem nach rechts oder links, stark oder schwach ausweichenden Ei ausgehen. Sie sind also unbedingt als Auswirkungen einer Taxis zu betrachten. Eine Anzahl von weiteren Tatsachen, die sich zwar noch nicht aus Experimenten, aber aus schon mit Hinblick auf die besprochene Fragestellung angestellten Beobachtungen ergaben, sprechen ebenfalls für diese Anschauung.

Die wichtigste dieser Beobachtungen, die genaugenommen alle Ergebnisse in sich schließt, die durch die später angestellten Versuche nur bestätigt werden konnten, ist die folgende. Das mittels der beschriebenen Bewegung zum Neste hingerollte Ei gelangt durchaus nicht in allen Fällen an sein Ziel. Vielmehr entgleitet es sehr oft, bei steil aufgeschichtetem Nestwalle in mehr als der Hälfte der Fälle, dem es vorwärts treibenden Schnabel und rollt zurück in die Tiefe. Beim Eintreten eines solchen Fehlschlages wird nun die Bewegungsfolge nicht immer abgebrochen, sondern oft in eigenartiger Weise weitergeführt. Die Einkrümmungsbewegung von Kopf und Hals geht genauso weiter, als ob durch sie wirklich ein Ei unter den Bauch der Gans geschoben würde, *aber bei diesem leeren Weiterlaufen fehlen die gleichgewichtserhaltenden Seitenbewegungen des Kopfes*. Die genau entlang der Mittelebene des Vogels weitergehende Bewegung bringt bei der in der Nestmulde stehenden Gans den Schnabel schließlich in Berührung mit den im Neste verbliebenen Eiern, und dieser Berührungsreiz scheint die Rollbewegung neu anzustacheln; wenigstens kommt es dann fast immer zu einem besonders intensiven und gründlichen Durcheinanderrollen des ganzen Geleges, was nicht im selben Maße der Fall zu sein pflegt, wenn das von außen hergerollte Ei auch wirklich in der Nestmulde anlangt. Man hat den Eindruck, als ob die Gans durch das kurze, ohne Ei durchlaufene Bewegungsstück etwas »unbefriedigt« gelassen würde und nun mit verstärkter Appetenz die Berührung des Schnabels mit den Eiern »genieße«. Nach diesem Durchwühlen des Geleges legt sich die Gans auf die Eier, vollführt die schon beschriebene Ausmuldebewegung (Abb. 2) und sitzt dann – sofern sie nur einige Eier unter sich fühlt – vollständig befriedigt da, bis ihr Auge von neuem auf das ihr eben entkommene Ei fällt. Man meint dann, unwillkürlich vermenschlichend, ihr das Erstaunen über das Vorhandensein »noch eines« außen befindlichen Eies anzusehen. Zumindest aber kann keine Rede davon sein, daß die Gans davon Kenntnis hätte, ob ihre Rollbewegung das Ei wirklich in die Mulde befördert hat oder nicht. Nach einer verschieden langen Pause erfolgt nach einer neuerlichen Summation der vom Ei ausgehenden Reize eine neue Rollreaktion.

Man könnte vielleicht gegen die Deutung der ohne Ei durchlaufenen Bewegungsstücke als Leerlaufreaktion den Einwand erheben, die Gans führe einfach den Schnabel nach Verlust des gerollten Eies auf dem kürzesten Wege nach dem nächsten erreichbaren Ei hin. Lorenz beabsichtigt deshalb im nächsten Jahre durch künstlich und möglichst plötzliches Verschwindenlassen des gerollten Eies (Fallgrube oder plötzliches Wegreißen leichter Attrappen an einer dünnen Schnur), längere Leerabläufe der Rollbewegung zu erzielen, als wir bisher beobachten konnten, und sie im Film festzuhalten, so daß ein unmittelbarer Vergleich der Bewegungsform bei Leerlaufreaktionen und normalem Ablauf ermöglicht wird. Ein solcher wird, wie wir glauben, die Richtigkeit der hier gemachten Annahme erweisen.

Die gleichgewichtserhaltenden Seitenbewegungen erweisen sich dadurch, daß sie bei der Leerlaufreaktion wegfallen, als abhängig von den vom Ei ausgehenden Berührungsreizen und somit als Orientierungsreaktionen, doch ist damit noch nicht gesagt, daß der Rest der Bewegung einer Steuerung durch Taxien völlig ermangle. Sicher aber spielen solche zusätzlichen simultanen Orientierungsreaktionen, falls sie überhaupt vorhanden sein sollten, keine wesentliche Rolle. Jedenfalls folgt der Schnabel der Gans während des Eirollens *nicht* allen kleinen Verschiebungen in der Lotrechten, denen das Ei durch die Unebenheiten des Bodens unterworfen ist, vielmehr berührt der Schnabel das Ei näher an seiner oberen Kontur, wenn es gerade durch eine kleine Grube rollt und sehr tief unten, wenn es sich gerade über einer Erhabenheit des Bodens befindet. Wahrscheinlich liegt der einzige Vorgang, der die Rollbewegung einigermaßen parallel zu der Unterlage, zu der Bahn des rollenden Eies einstellt, in dem Hinstrekken des Halses nach dem Ei, wie wir es *vor* der Eirollbewegung beobachten können, also überhaupt nicht in einer gleichzeitig mit der Instinkthandlung tätigen Orientierungsreaktion, sondern in der vorausgehenden, zum Appetenzverhalten im engeren Sinne zu zählenden Telotaxis. Die Bewegung kann unter bestimmten Umständen auch ganz grobe Unstimmigkeiten in ihrer Parallelrichtung zur Unterlage zeigen: Die Eirollbewegung scheint ganz besonders darauf zugeschnitten, daß die sie ausführende Gans gerade am Rande der Nestmulde steht. Das ist unter natürlichen Umständen zweifellos meistens der Fall, denn erstens hat die Gans eine ganz beträchtliche Hemmung, das Nest zu verlassen, d. h. weiter als bis zum Nestwall vorzugehen, und zweitens genügt dies meist, um ein Ei zu erreichen, das wir nicht absichtlich weiter weg hinlegen, sondern das wir frei vom Nestrand nach außen herabrollen lassen, so daß die sicherlich natürlichste Lagebeziehung zwischen der Gans und dem zu rollenden Ei hergestellt wird. Da ein Gänsenest so gut wie immer inmitten grobstengeligen Pflanzenwuchses liegt, rollt das Ei stets nur bis zum Rande der mit Niststoffen bedeckten Fläche, so daß eine ziemlich konstante Entfernung von der Nestmitte zustande kommt. Unter diesen Bedingungen erscheint die Bewegung in der Sagittalen der Bahn des Eies gut angepaßt, ihre Form bringt es mit sich, daß eine aufwärts wirkende Komponente des Schnabelschubes gerade dort am stärksten wird, wo sie am nötigsten ist, nämlich gegen Ende der Bewegung, wenn das Ei die letzte und steilste Steigung des Nestwalles zu überwinden hat. Das Nest unseres Versuchsvogels bestand nun aus Kiefernnadeln, also aus einem recht unnatürlichen Niststoff, und war weit weniger hoch und steil als alle Nester, die wir aus freier Wildbahn kennen. In Abb. 1 D meint man geradezu zu sehen, wie die Bewegung eigentlich nach einem etwas steileren Nestrand verlangt. Eine wirkliche Störung der Rollbewegung aber trat dann ein, wenn das Ei *näher* lag, als es den natürlichen Bedingungen entspricht. Dann trat die Gans nicht nach vorwärts, sondern blieb über oder gar hinter den im Nest liegenden Eiern stehen, so daß die stärkste Hebung, die der Schnabel dem Ei erteilte, an einer Stelle seiner Bahn eintrat, an der die Unterlage bereits wieder abzufallen begann, weil die Höhe des Nestwalles schon überschritten war. Das Ei wurde dann häufig ganz aufgehoben, um nach einem oft mehrere Sekunden dauernden Balancieren auf der Schnabelunterseite aus beträchtlicher Höhe auf das übrige Gelege herabzustürzen, wobei mehrfach Eier Sprünge bekamen.

Nach diesen Beobachtungen scheint tatsächlich in der Sagittalen keine von Taxien gesteuerte Bewegung bei der Eirollreaktion stattzufinden, abgesehen natürlich von dem zum Appetenzverhalten zu rechnenden Vorstrecken des Kopfes nach dem Ei hin, das aber nur ganz allgemein den Winkel des Vorneigens von Hals und Rumpf der Gans bestimmt und zeitlich getrennt von der zentral koordinierten Bewegungsfolge vor sich geht. Immerhin muß die Frage nach etwaigen weiteren und gleichzeitig mit der Instinkthandlung funktionierenden Taxien noch genauer untersucht werden, was, wenn irgend möglich, im nächsten Jahr in der Weise versucht werden soll, daß genau von der Seite her Filmaufnahmen der Rollbewegung hergestellt werden, und dabei von Fall zu Fall das Profil der Bahn möglichst stark verändert wird. Solche Aufnahmen lassen die graphische Rekonstruktion der Bewegungskurve zu; man kann so jede Beeinflussung der Bewegung durch die vom Ei gesetzten Berührungsreize deutlich machen.

IV Versuche

Unsere heurigen Versuche beschränkten sich darauf, einerseits die Abhängigkeit der gleichgewichtserhaltenden Seitenbewegungen von Berührungsreizen, andererseits die Starrheit und Unbeeinflußbarkeit durch Rezeptoren nachzuweisen, die bei der sagittalen Bewegung gefordert werden muß, wenn sie als reine Instinkthandlung aufzufassen sein soll. Wir suchten zunächst nach Objekten, die zwar die Rollreaktion der Gans auslösten, gleichzeitig aber so weit von der Form eines Gänseeies abwichen, daß sie die für die thigmotaktische Orientierungsreaktion nötigen Reize nicht oder nur in stark veränderter Form boten. Ferner suchten wir nach solchen Objekten, die von der sagittalen Bewegung rezeptorengesteuerte Anpassungen verlangten, also im buchstäblichen Sinne des Wortes klemmen mußten, wenn diese Bewegung rezeptorenunabhängig und rein zentral koordiniert war. Diese Suche nach Ersatzobjekten brachte es mit sich, daß wir einiges über die Bedingungen für die Auslösung der Rollreaktion erfuhren. Diese Zusammenstellung von ererbten Merkmalen des Objektes, das sogenannte angeborene Schema des Eies, sei nun kurz besprochen.

1 Das angeborene auslösende Schema

Als angeborenes auslösendes Schema bezeichnen wir die erbmäßig festgelegte Bereitschaft eines Tieres, auf eine bestimmte Kombination von Umweltreizen mit einer bestimmten Handlung zu antworten. Es besteht da ein angeborenes rezeptorisches Korrelat zu einer Reizkombination, das trotz seiner verhältnismäßigen Einfachheit eine bestimmte, biologisch bedeutsame Situation mit genügender Eindeutigkeit kennzeichnet, um die ihr gerecht werdende Reaktion fest an ihre Bedingungen zu binden und Fehlauslösungen durch andere, nur zufällig ähnliche Umweltreize zu verhindern. Die Auslösung von Bewegungsvorgängen durch das Ansprechen eines angeborenen Schemas entspricht in allen Punkten einem *unbedingten Reflex* und ist mit den einfachsten unbedingten Reflexen durch eine stufenlose Reihe von Übergangsgliedern verbunden. Dies gilt jedoch nur für den Auslösemechanismus selbst und läßt keinerlei Schlüsse auf die durch ihn in Gang gebrachte oder enthemmte Bewegungsfolge zu; diese kann vielmehr von der grundverschiedensten Art sein. Das Ansprechen eines angeborenen Schemas kann ebensogut unmittelbar eine taxienfreie Instinkthandlung auslösen wie die Appetenz nach einer Instinkthandlung, wobei diese Appetenz sich wiederum in einer einfachen Orientierungsreaktion oder in höchsten zielstrebigen Leistungen auswirken kann. Ebenso kann aber auch eine reine Taxis, die nicht zu einer handlungsauslösenden Reizsituation, sondern gerade umgekehrt zum reizlosen Ruhestand führt, durch ein angeborenes Schema ausgelöst werden.

Im Falle der Eirollreaktion wird durch das angeborene Schema der Situation »Ei außerhalb des Nestes« ein appetentes Verhalten in Form der schon beschriebenen Orientierungsreaktion des Halsvorstreckens ausgelöst. Die Reizqualitäten, die dabei die Merkmale des »Eies« darstellen, sind so wenige und einfache, daß man sich geradezu wundert, daß sie das Objekt in biologisch ausreichendem Maße kennzeichnen. Es ist schon seit längerer Zeit bekannt (Koehler und Zagarus, Tinbergen, Goethe, Kirkman u. a.), daß viele Vögel beim Brüten und bei der Eirollreaktion mit Gegenständen vorlieb nehmen, die mit dem Ei der betreffenden Art nur sehr wenig Ähnlichkeit aufweisen. Silbermöwen bebrüten Polyeder und Zylinder von beliebiger Farbe und fast beliebiger Größe, Lachmöwen scheinen noch weniger wählerisch zu sein. Unsere Graugänse verhielten sich zunächst grundsätzlich ähnlich, zeigten aber später einen bemerkenswerten, durch persönliches Lernen bedingten Umschlag ihres Verhaltens. Auch könnten reinblütige Stücke vielleicht anders reagieren als die untersuchten Kreuzungstiere. Gerade bei angeborenen Auslöseschemata sind schon oft *Ausfälle von Merkmalen* als Domestikationserscheinungen bekannt geworden, die zu einer wesentlichen Erweiterung des Objektschemas führen. Nachprüfungen an Reinblütern müssen erweisen, ob bei unseren Versuchstieren etwa derartiges der Fall war.

Die rein optische Auslösung der appetenten Orientierungsreaktion des gerichteten Halsvorstreckens ist überhaupt nur an das Merkmal der *Ganzflächigkeit* des Objektes gebunden. Schlechterdings jeder glatte und eine annähernd glatte Umrißlinie bietende Gegenstand erregt die Aufmerksamkeit der Gans und veranlaßt sie zum Halsvorstrecken. Im nächsten Augenblick aber tritt ein taktiles Merkmal in Wirkung. Noch bevor die Gans das Objekt mit dem Schnabel übergreift, ermittelt sie durch leichtes Anstoßen (Abb. 1 B) den Härtegrad seiner Oberfläche. Ein aus weißem Gummi hergestelltes, rundliches Spielzeughühnchen erweckt eindeutig die Appetenz nach der Rollreaktion, die Gans erhebt sich, langt mit dem Schnabel nach ihm hin, läßt aber nach einmaligem zartesten Anstoßen sofort von ihm ab. Ein auf Gänseeigröße aufgeblasener gelber Kinderluftballon wird genauso behandelt. Ein hartgekochtes und geschältes Türkenentenei wird nach der Anstoßprobe sofort gierig angefressen. Die Farbe des Objektes spielt bei der Gans nach unseren Erfahrungen überhaupt keine Rolle, worin sie in einem gewissen Gegensatze zu Möwen und Regenpfeifern steht, die Größe nur innerhalb so weiter Grenzen, daß man beim Versagen der Reaktion bei zu großen oder zu kleinen Objekten kaum eine Aussage darüber machen kann, ob die Grenze durch Wahrnehmungen oder durch rein mechanische Umstände gezogen wird. Dagegen erhöhen sich die Ansprüche, die schon vom Beginne des Appetenzverhaltens ab an die Ganzflächigkeit des Objektes gestellt werden, im weiteren Verlauf der Reaktion ganz wesentlich. Vor allem wird sie durch die optische oder taktile Wahrnehmung irgendwelcher am Objekt vorragender Ecken oder Zipfel sofort unterbrochen. Ein an einer Seite offener Holzkubus wird von der Gans sofort gerollt, aber nur so lange, bis er mit der offenen Seite nach oben zu liegen kommt, worauf die Rollreaktion darin ihr Ende findet, daß die Gans nun intensiv den freien Rand der Öffnung zu beknabbern beginnt. Ein aus Holz gedrechseltes, gänseeigroßes, weißes Spielzeughühnchen wird nicht gerollt, sondern an den sehr kurzen, am eiförmigen Körper angeleimten Gebilden, wie Augen, Schnabel und Füßchen, benagt, ganz ebenso ein großes Osterei aus Pappe an den die Verschlußnaht einsäumenden Papierfransen. Die rechtwinkeligen Kanten eines Würfels, ebenso die Kanten eines aus Gips gegossenen Zylinders werden nicht beachtet und wirken nicht störend auf die Rollreaktion.

Dieses intensive Reagieren auf alle vorstehenden Anhängsel ist nicht etwa eine Zufallserscheinung. Es tritt nur dann in der beschriebenen Form auf, wenn die das Beknabbern auslösenden Zipfel an einem Objekte hängen, das im *übrigen das Schema des Eies gut ausfüllt* und die Appetenz nach Rollen und Bebrütung erweckt. Es handelt sich zweifellos um eine ganz spezifische Reaktionsweise, die wohl allen Anatiden in gleicher Weise zu eigen ist und ihren arterhaltenden Wert in der *Entfernung zerbrochener Eier* hat. Diese werden, wie durch Versuche an verschiedenen Enten und an Nilgänsen festgestellt wurde, vom Rande der Bruchstelle ausgehend »abgebaut« und aufgefressen, bevor die anderen Eier des Geleges durch den auslaufenden Inhalt beschmutzt und in ihrer Atmung beeinträchtigt werden. Natürlich muß diese Reaktion vor Beginn des Schlüpfens unter Hemmung gesetzt werden, da die Mutter die sonst schlüpfenden Küken töten würde. Als reinblütige Graugänseeier, die von einer Pute erbrütet worden waren, eben zu schlüpfen begannen, wollten wir aus haltungstechnischen Gründen (wegen der nötigen Einfettung des Dunenkleides der Küken an dem Gefieder einer alten Gans) den eigentlichen Schlüpfakt unter unserer Versuchsgans vor sich gehen lassen. Dies erwies sich jedoch als völlig unmöglich, weil die brütende Gans sofort voll Gier und mit sichtlich höchster Reaktionsintensität begann, die Eier an den Rändern der gepickten Stellen zu benagen. Sie biß so rücksichtslos drauflos, daß der Schalenrand sofort tief eingedrückt wurde und Blut aus den zerrissenen Eihäuten zu strömen begann. Die Küken wären sicher sämtlich vernichtet worden, hätten wir die Eier nicht schleunigst wieder fortgenommen. Als jedoch nur zwei Tage später ihre eigenen Küken schlüpften, war die Reaktion des Beknabberns von Rändern und Zipfeln bei dieser Gans vollständig erloschen, es gelang uns nicht einmal, sie durch unmittelbares Vorhalten der gepickten Öffnungen zum Benagen der Ränder und vorstehenden Ekken der Eischale zu bringen. Sie neigte zwar den Kopf erregt und aufmerksam dem piependen Ei zu, berührte es sogar mit dem leicht geöffneten Schnabel, aber stets ohne zuzubeißen. Dieselbe Kopf- und Schnabelbewegung sieht man oft von führenden Gänsemüttern ihren noch ganz kleinen Küken gegenüber, wo sie dann wie eine Äußerung der Zärtlichkeit wirkt. Wir haben den Eindruck, der noch der experimentellen Bestätigung bedarf, daß akustische Reize, die von dem schlüpfenden Ei ausgehen, einen Reaktionsumschlag in der brütenden Mutter herbeiführen, so daß normalerweise auch das eben erst gepickte Ei schon »als Küken« behandelt wird. Hierfür spricht auch, daß die einmal gepickten Eier offenbar nicht mehr gewendet werden, da in ungestört schlüpfenden Gänse- und Entengelegen so gut wie immer die Pickstellen sämtlich oben liegen und in dieser Stellung bleiben. Auch tritt die Mutter nun nicht mehr auf die Eier, wie sie es in früheren Stadien des Brutgeschäftes ohne weiteres tut (siehe auch Abb. 5), legt sich nicht einmal mehr mit ihrem vollen Gewicht auf das Gelege, sondern nimmt jetzt schon andeutungsweise jene hockende Stellung ein, die späterhin dem Hudern kleiner Küken dient. Leider prüften wir nicht nach, ob ein außerhalb der Nestmulde liegendes stark gepicktes Ei noch gerollt wird.

Ein Versuch, die Rollreaktion durch eben trockene, aber noch nicht gehfähige Küken auszulösen, brachte ein eigenartiges Ergebnis. Die Gans benahm sich nämlich überraschenderweise im Anfang ihrer Reaktion genauso wie am Beginn eines gewöhnlichen Eirollens. Sie stand auf, beugte sich nach dem Küken hin und berührte es tastend mit dem geöffneten Schnabel. Einige Male sahen wir sogar, daß sie mit dem Unterschnabel über das Küken weggriff, zu einer herholenden, schiebenden Bewegung kam es jedoch niemals, vielmehr zog sie dann stets ihren Hals sehr plötzlich »enttäuscht« zurück. Es sah ausgesprochen so aus, als *wolle* die Gans das Küken ins Nest befördern und als versuche sie, dies mit der Rollbewegung zu bewerkstelligen, die aber dann an der eiunähnlichen Beschaffenheit des Kükens zu scheitern schien. Ihre Erregtheit war ganz offensichtlich, schon Sekunden nach dem Versagen ihrer Reaktion streckte sie den Hals erneut nach dem weinenden Küken aus. Wir möchten dieses Verhalten nicht näher diskutieren, da entsprechende Versuche an reinblütigen Graugansmüttern noch ausstehen. Es könnte sein, daß das dauernde Hin- und Hergehen des Kopfes der Mutter auch ein noch kaum zum Kriechen fähiges Küken schließlich ins Nest leitet, ebenso aber, daß bei der Versuchsgans ein als Domestikationserscheinung zu wertender Ausfall irgendeiner besonderen Reaktion auf ein außerhalb der Nestmulde befindliches und noch nicht gehfähiges Küken vorhanden war.

Unsere Versuche über das angeborene auslösende Schema der Eirollreaktion fanden noch lange vor Beendigung des Brutgeschäftes unserer Versuchstiere ein unerwartetes und bemerkenswertes Ende. Als wir nämlich etwa um die Mitte der Brutzeit nach mehrtägiger Pause wieder den Versuch machen wollten, die zahmste unserer Gänse, die bei fast allen bisherigen Experimenten verwendet worden war, einige verschiedenartige Gegenstände rollen zu lassen, reagierte sie nicht. Es stellte sich alsbald heraus, daß nunmehr ihre Eirollbewegung *nur noch durch wirkliche Gänseeier* auszulösen war! Sämtliche bisher als Ersatzobjekte erwähnten Gegenstände blieben unbeachtet, selbst ein intaktes kleines Hühnerei löste keinerlei Reaktion aus. An Gänseeiern dagegen wurde die Eirollbewegung sofort und ohne besonders leicht zu ermüden ausgeführt, so daß sich unser Verdacht, es könne sich um eine Verminderung der Intensität des zentralen Ablaufes handeln, als unbegründet erwies.

2 Versuche zur Trennung von Taxis und Instinkthandlung

Die große Breite, innerhalb welcher das grobe und merkmalarme angeborene Schema des Eies Verschiedenheiten von Ersatzobjekten zuläßt, bot uns die Möglichkeit, durch Darbietung geeigneter Gegenstände von besonderer Form und Größe Situationen zu schaffen, welche die Auflösung der gesamten Verhaltensweise in ihre taxienmäßigen und instinktmäßigen Bestandteile erleichterten.

Zunächst lag uns daran, im Versuch zu erhärten, daß die während der Rollbewegung das Ei im Gleichgewicht haltenden Seitenbewegungen des Schnabels unmittelbar durch steuernde Berührungsreize hervorgerufen werden, wie wir nach den auf S. 359 bis 360 mitgeteilten Beobachtungen angenommen hatten. Zu diesem Zweck galt es, ein Ersatzobjekt zu finden, das nicht wie das gerollte Ei ununterbrochen seitlich aus seiner Bahn abwich und so Berührungsreize an den Seitenrändern des Unterschnabels setzte. Wir versuchten zuerst, die Gans einen aus Gips gegossenen Zylinder auf einer glatten Bahn rollen zu lassen, indem wir ihn auf einem breiten, an den Nestrand gelehnten Holzbrett darboten. Dieser Versuch verlief insofern unbefriedigend, als die Gans wegen des störenden Einflusses des ungewohnten und damit furchterregenden Brettes nicht recht bei der Sache war und schon nach wenigen Reaktionen ermüdete. Außerdem aber nahm sie den Zylinder, im Gegensatz zu eiförmigen Gegenständen, sehr oft nicht in der Mitte, sondern so weit seitlich in Angriff, daß er doch seitlich aus seiner Bahn abwich und nun erst recht eine Seitenbewegung des Kopfes auslöste. Immerhin aber war diese Bewegung von der gewöhnlichen sehr verschieden, und da der Zylinder langsamer und seltener auswich als ein Ei, so war der Zusammenhang zwischen der ausweichenden Bewegung des Objektes und der sie kompensierenden Seitenbewegung des Schnabels viel deutlicher als beim normalen Ablauf.

Viel einfacher und dabei doch gründlicher gelang die Ausschaltung der gleichgewichtserhaltenden Seitenbewegungen durch die Darbietung eines Objektes, das auf der Unterlage nicht rollte, sondern glitt. Ein kleiner und sehr leichter Holzwürfel, der auf der Unterlage des Nestrandes an jeder beliebigen Stelle des Nestrandes liegen blieb und keine Neigung zum Zurückrutschen, aber auch keine zur Bevorzugung einer bestimmten Rollrichtung zeigte, erwies sich als der für unsere Zwecke beste Gegenstand. Dabei dürfte auch der rein mechanische Umstand eine Rolle gespielt haben, daß der Würfel meist aufkippte und nun mit seiner einen Fläche eine verhältnismäßig breite und ebene Auflage auf den beiden Unterkieferästen der Gans befand (Abb. 4, S. 371), was natürlich dazu beitragen mußte, ihn in der geraden Richtung zu erhalten. Dieser Würfel wurde nun stets *ohne die geringste Seitenbewegung* geradenwegs ins Nest geschoben.

Mit diesen beiden Versuchen glauben wir es als erwiesen betrachten

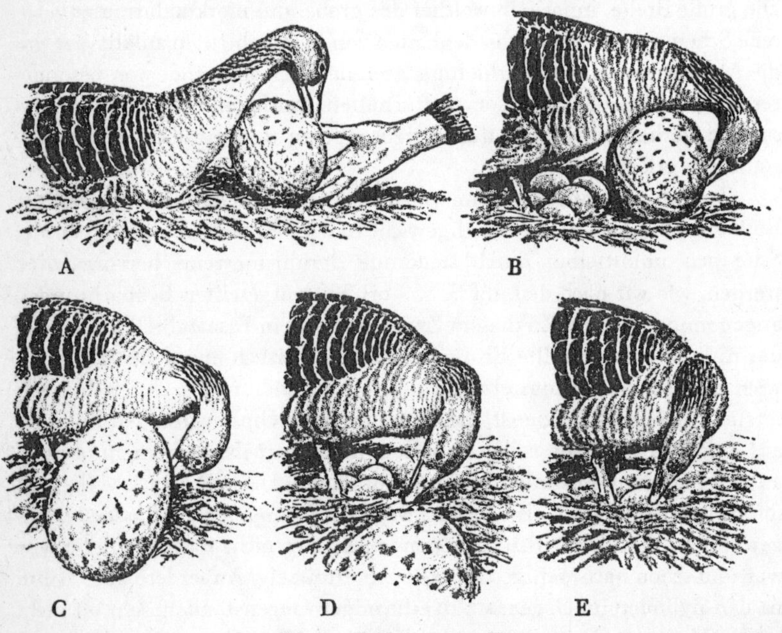

Abb. 3 Erklärung im Text

zu dürfen, daß die seitlichen Bewegungen des Schnabels von den ausweichenden Bewegungen des gerollten Objektes durch Berührungsreize unmittelbar ausgelöst werden.

Neben diesem Nachweis und im Gegensatz zu ihm mußte untersucht werden, ob die Bewegung in der Medianen, die wir als rein zentral koordinierte Instinkthandlung angesprochen haben, nicht durch zusätzliche Orientierungsreaktionen im Sinne einer näheren Anpassung an die räumlichen Gegebenheiten der Einzelsituation verändert werden könne. So unwahrscheinlich das nach den schon mitgeteilten Beobachtungen schien, sollte doch versucht werden, der Erbkoordination der sagittalen Hals- und Kopfbewegungen eine kleine Veränderung aufzuzwingen. Dazu schien das größte der bei unseren Versuchen verwendeten Ersatzobjekte als brauchbar, das schon erwähnte große Osterei aus Pappe. Da sein Durchmesser ganz andere Krümmungen des Halses verlangte als ein Gänseei, so mußte es aufschlußreich sein, zu beobachten, wie sich die Bewegung mit diesen veränderten Verhältnissen auseinandersetzte. Dabei zeigte sich gleich am Anfang der Bewegung eine Störung durch die Größe und den Krümmungsradius des Objektes. Dem Übergreifen über das Ei, wie es in Abb. 1 C zu sehen ist, folgt nämlich zunächst eine Bewegung des Kopfes allein. Dieser wird zunächst bis über den rechten Winkel gegen den Hals abgebeugt, ohne daß dieser vorläufig seine gestreckte Stellung ändert. Bei diesem typischen Beginn der Sagittalbewegung wird ein wirkliches Gänseei nestwärts geschoben, nicht aber die Attrappe unseres Versuches. Der Schnabel geriet in einem so ungünstigen Winkel auf die Oberfläche dieses Objektes, daß er abglitt und wir etwas nachhelfen mußten, um das Weiterlaufen der Reaktion zu ermöglichen (Abb. 3 A). Auch im übrigen zeigten alle Einzelheiten der Bewegung ihre unveränderliche Angepaßtheit an ein viel kleineres Objekt. Schon bevor die starke Einkrümmung des Halses, wie in Abb. 1 D, eintreten konnte, *klemmte* die Attrappe zwischen Schnabel und Brust der Gans fest, so daß die in Abb. 3 B dargestellte Lage über 1 $^1/_2$ m in unserem Filmband unverändert bestehen bleibt, bis die Reaktion abbricht und die Gans sich aufrichtet. Es folgte dann bezeichnenderweise nie die Ausmuldebewegung, die den »befriedigenden« Ablauf der Reaktion kennzeichnet, sondern die Gans blieb »in Verlegenheit« aufrecht auf dem Neste stehen. Ein solches Abbrechen einer Instinkthandlung durch rohe Gewalt scheint als sehr unangenehm empfunden zu werden, denn die Versuchsgans zeigte gegen das große Osterei früher und intensiver als gegen andere Ersatzobjekte eine »Abneigung«, die sich in verringerter Reaktionsbereitschaft und rascher Ermüdbarkeit äußerte. Auf den Gedanken, ohne die normale, starke Einkrümmung des Halses das Ei im Rückwärtsschreiten ins Nest zu befördern, kam die Gans nie.[3]

In einer Anzahl unserer Versuche, auch in dem, von dem die Bilder 3 A bis E stammen, kam es zu einer anderen, für die Gans besser befriedigenden Lösung: Die Attrappe schnellte plötzlich, wie ein Kirschkern zwischen zwei Fingern, zwischen Schnabel und Brust des Vogels seitwärts heraus. Man sieht auf Abb. 3 C deutlich, wie der Schnabel im »Versuch« eines Gleichgewichtserhaltens dem Ei nach rechts folgt. Vier Filmbilder später sieht man eindeutig die Sagittalbewegung nunmehr leer weiterlaufen; in Abb. 3 D ist der Kopf von der letzten, außergewöhnlich starken thigmotaktisch gesteuerten Bewegung noch etwas nach rechts verzogen, im übrigen hat, wie ersichtlich, seine Bewegung keinen Bezug mehr auf das weit im Vordergrund liegende Objekt. Es folgte dann das S. 361 beschriebene intensive Wühlen im Gelege (Abb. 3 D), worauf sie sich setzte und Ausmuldebewegung vollführte. In allen Fällen, in denen dieses Wegschnellen des großen, aber leichten Pappendeckeleies die Reaktion ihres Objektes beraubte, war ihr leeres Weiterlaufen besonders schön zu beobachten, und zwar deshalb, weil das Objekt sich plötzlich und gänzlich ohne störende Zusatzreize ausschaltete.

Erwies sich die *Form* der sagittalen Bewegung nach allen Beobachtungen und Versuchen als ziemlich unveränderlich, so erhob sich noch die Frage, ob ihre *Kraft* einer von Rezeptoren gesteuerten Anpassung an den zu überwindenden Widerstand fähig sei. Nach den schon mitgeteilten Beobachtungen über die Mitinnervierung der Antagonisten und über die Gleichheit zwischen Leerlaufreaktion und arbeitsleistendem Ablauf könnte der Gedanke auftauchen, daß gerade auf dem Umwege über die Antagonisten eine Anpassung der Kraft an die zu leistende Arbeit stattfinden könnte, indem bei größerem äußeren Widerstand etwa derjenige der die Bewegung hemmenden Muskeln herabgesetzt würde. Nach unseren Ergebnissen mit Ersatzobjekten, die an Gewicht ein Gänseei übertreffen, scheint das nicht der Fall zu sein. Diese Ergebnisse waren zunächst unbeabsichtigt. Die Eirollreaktion versagte nämlich schon vor Widerständen, deren Überwindung wir als selbstverständlich vorausgesetzt hatten. Bei dem schon erwähnten Gipszylinder reichte die Kraft des Schnabelschubes eben noch aus, um ihn auf glatter Unterlage in Bewegung zu setzen, das geringste Hindernis aber brachte das Rollen sofort zum Stocken. Dabei war offensichtlich die *angewandte* Kraft nur ein ganz kleiner Bruchteil der *möglichen*, vor allem aber wurden keineswegs alle Kräfte restlos in der Richtung angesetzt, in der das Ersatzobjekt rollen sollte. Vielmehr ging das schon beschriebene Spiel der Antagonisten so wie immer vor sich. Gerade dieses schwächliche und erfolglose Herumprobieren der Reaktion an einem nur um weniges zu schweren Objekt machte sehr stark den Eindruck des Dumm-Maschinenmäßigen, zumal auf den Kenner, der weiß, welch erstaunliche Kraft im Halse einer Graugans steckt. Sie kann z. B. bei spielerischer Ausführung der Grasrupfbewegung einen Zug ausüben, der einen schweren eichenen Stuhl auf rauher Unterlage von der Stelle rückt oder ein Tischtuch von einem für mehrere Personen voll gedeckten Tisch zieht. Die Tatsache, daß an einem für die Rollreaktion nur ein wenig zu schweren Gegenstand nur ein so ganz unverhältnismäßig geringer Bruchteil dieser Zugkraft aufgewendet werden kann, spricht für die Annahme, daß die Kraft der sagittalen Bewegung keine wesentliche Beeinflußbarkeit durch Rezeptoren aufweist.

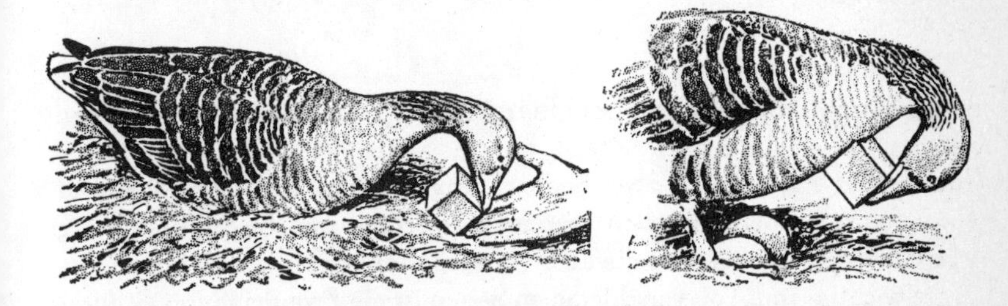

Abb. 4 Einziehen des Würfels

Bei Ersatzgegenständen, die leichter sind als ein Gänseei, wie bei dem mehrfach erwähnten Holzwürfel, unterschied sich die Bewegung in der Sagittalen so gut wie nicht von der Leerlaufreaktion. Gegen Ende der Bewegung, wo es, wie S. 362 beschrieben, unter Umständen auch bei einem Gänseei zum Ausheben und Freibalancieren des Objektes kommt, geschah dies bei dem zu leichten Hohlwürfel regelmäßig, wobei er oft bis an die Brust der Gans gehoben und einen Augenblick lang zwischen ihr und dem Schnabel eingeklemmt wurde (Abb. 4). Das leichte und regelmäßige Ausheben des leichten Würfels macht unbedingt den Eindruck, als ob der Spannungszustand der an der Sagittalbewegung beteiligten Muskeln ein für allemal auf das Normalgewicht eines durchschnittlichen Gänseeies berechnet sei. Andererseits aber läßt gerade dieses Ausheben des Würfels den Verdacht aufkommen, daß auch in der die Sagittalbewegung ausführenden Muskulatur neben den zentral koordinierten Impulsen kleine reflektorische Vorgänge ihr Spiel treiben. Bei dem vollkommen leeren Ablaufen dieser Bewegung, bei dem der Schnabel überhaupt nichts zu tragen hat, müßte sich ein Hochgehen des Kopfes noch stärker bemerkbar machen als beim Bewegen des Würfels, und das ist nicht der Fall. Vielmehr wird beim Leerablaufen der Schnabel ganz besonders tief gehalten und kratzt oft sogar auf der Unterlage (Abb. 3 D). Durch den Berührungsreiz des gerollten Gegenstandes wird wahrscheinlich keine Orientierungsreaktion im eigentlichen Sinne des Wortes, aber eine *Tonuswirkung* auf die Beugemuskulatur des Halses und insbesondere des Kopfes ausgeübt. Eine solche reflektorische Tonuswirkung wäre natürlich von Rezeptoren abhängig, könnte aber nur dann als eine Orientierungsreaktion aufgefaßt werden, wenn sich herausstellen sollte, daß ihre Stärke mit dem Gewicht des zu rollenden Objektes wächst. Gerade das aber halten wir vorläufig für sehr unwahrscheinlich, glauben vielmehr auf Grund der angeführten Beobachtungen, daß die aufgewendete Kraft bei leichten und bei schweren Objekten ganz gleich, wenn auch bei beiden um ein geringes größer als bei der Leerlaufreaktion ist.

3 Appetenzverhalten bei Übersättigung der Instinkthandlung

Zum Schlusse seien noch zwei Beobachtungen besprochen, die zwar auch mittelbar zur experimentellen Trennung von Taxis und Instinkthandlung verwendet werden können, die aber vor allem im Hinblick auf eine andere Frage wichtig sind. Von verschiedenen Seiten ist die Zwangsläufigkeit ihrer Auslösung als ein wichtiges Kennzeichen der »instinktiven« Handlung hervorgehoben worden, wobei natürlich sehr oft auch Orientierungsreaktionen unter dieser Bezeichnung mit inbegriffen wurden. Die Instinkthandlung in unserem Sinne ist selbstverständlich nicht mit der Zwangsläufigkeit etwa eines Patellarsehnenreflexes auslösbar, da ihre Auslösung ja immer nur eine Enthemmung bedeutet und ihr Ablaufen von zentralen Erregungszuständen abhängig ist. Jede Erschöpfung ihres zentralen Ablaufes macht die sonst handlungsauslösenden Reize durchaus unwirksam; diese Erschöpfung tritt bei sehr vielen Instinkthandlungen ungemein rasch ein, und zwar reaktions-spezifisch, lange Zeit bevor der Organismus als Ganzes oder die beteiligten Effektoren erschöpft sind. Manche Instinkthandlungen, so das dem Weglocken von Feinden aus der Nestnähe dienende Sich-Lahm-Stellen mancher Vögel, können nur ganz wenige Male hintereinander ausgeführt werden. Auch wenn die auslösende Reizsituation weiter bestehen bleibt, wird die Handlung nicht wiederholt, im Falle unseres Beispieles wendet sich der Vogel angesichts des eben noch reaktionsauslösenden Menschen einer gleichgültigen Beschäftigung zu, beginnt Futter zu suchen, sich zu putzen usw. Ganz anders bei der Taxis. Einen Orientierungsmechanismus kann man in der Regel so gut wie unbegrenzt oft hintereinander in Tätigkeit setzen, ein auf den Rücken gedrehter Käfer dreht sich beharrlicher wieder um, als ein Mensch diesen Versuch auszuführen vermag, ganz ebenso eine nach der Einfallsrichtung des Lichtes orientierte Ameise, die wir aus ihrer Marschrichtung zu bringen versuchen.

Wir fragen nun, ob auch solche Orientierungsreaktionen diese typische Unermüdbarkeit zeigen, die als appetentes Verhalten den Organismus zum Objekte einer Instinkthandlung in die ihren Ablauf ermöglichenden räumlichen Lagebeziehungen bringen. Im allgemeinen wird das nicht angenommen, es herrscht vielmehr die Meinung vor, daß die Auslösbarkeit des Appetenzverhaltens, auch dort, wo es durch eine einfache Taxis vertreten wird, mit der Sättigung durch den Ablauf der Instinkthandlung verschwindet. J. v. Uexküll schreibt: »Das Wirkmal löscht stets das Merkmal aus – damit ist die Handlung beendet. Entweder wird das Merkmal objektiv vertilgt, wenn es der Nahrung angehörte, die aufgefressen wird, oder es wird subjektiv ausgelöscht, wenn Sättigung eintritt, wobei das Sieb des Sinnesorganes sich schließt.« Es will uns aber scheinen, als ob diese Auslöschung auslösender Merkmale nicht immer ganz vollständig sei, und zwar wohl meist gerade dann nicht, wenn das durch sie ausgelöste Appetenzverhalten eine verhältnismäßig einfache Orientierungsreaktion ist. Man könnte sehr viele Beispiele dafür anführen, daß nach mehrmaligem Ablaufen zwar die Instinkthandlung selbst nicht mehr auszulösen ist, wohl aber die ihr vorangehende Orientierungsreaktion. Es stellt geradezu die Regel dar, daß der übersättigte Organismus auf die normalerweise handlungsauslösenden Reize auch dann noch aufmerksam wird, nach ihnen hinblickt oder sich sonstwie nach ihnen orientiert, wenn die Instinkthandlung selbst durch wiederholtes Ablaufen vollkommen erschöpft ist.

Es ist eine sehr bemerkenswerte Tatsache, daß hier eine ihrem Wesen nach nur als Appetenzverhalten sinnvolle Orientierungsreaktion auch in einem Falle ausgelöst werden kann, in dem die eigentliche Appetenz, im Sinne eines aktiven Strebens des Subjektes, völlig ausgeschaltet ist. Ein solches Ausgelöstwerden wirkt ausgesprochen zwangsläufig, reflexmäßig. Ferner ist es bemerkenswert und vielleicht grundsätzlich wichtig, daß die reflexhafte Auslösung eines solchen »appetitlosen Appetenzverhaltens« offenbar subjektiv unlustbetont ist. Auch wir Menschen wenden uns nach Übersättigung selbst von den leckersten Speisen angeekelt ab, schieben die Schüssel weit von uns, kurzum entziehen uns den vom Objekte der eben ausgeführten Instinkthandlung ausgehenden Reizen. Gerade das aber spricht sehr deutlich für die reflexmäßige, zwangsläufige Beantwortung dieser Reize. Wir hätten es ja gar nicht nötig, uns ihnen zu entziehen, wenn sie durch die Sättigung wirklich vollständig »subjektiv ausgelöscht« würden, wie v. Uexküll sich ausdrückt, wenn wir nicht durch ihr weiteres Einwirken trotz unserer Appetitlosigkeit zu einem unlustvollen Wiederholen unserer Reaktion gezwungen würden. Wenn auch die oben zitierten Uexküllschen Sätze sicher weiteste Gültigkeit haben, so gibt es doch eine ganze Anzahl von Ausnahmen. Man kann sehr viele Fälle anführen, in denen ein Organismus einer sein Appetenzverhalten auslösenden Reizsituation gegenüber in keinem Stadium der Sättigung der betreffenden Instinkthandlung völlig gleichgültig wird, sondern unmittelbar nach Erlöschen der hinwendenden Orientierungsreaktion mit einer wegwendenden antwortet.

Das besprochene Weiterbestehen der einleitenden Orientierungsreaktion nach Erschöpfung des instinktmäßigen Ablaufes konnten wir an der Eirollreaktion der Graugans gut studieren. Die an ihr beteiligte Instinkthandlung ermüdet sehr schnell, was nicht wundernimmt, da das Tempo der zentralen Reizerzeugung und mit ihm die Häufigkeit der ausführbaren Abläufe auf die Bedingungen des natürlichen Lebensraumes zugeschnitten sind, in dem die Eier ganz bestimmt nicht so oft aus der Nestmulde geraten, wie wir sie bei unseren Versuchen herausnahmen. Wir hatten es durchaus nicht nötig, besondere Ermüdungsversuche anzustellen, sondern wurden auch ohne unser Zutun mit allen Ermüdungserscheinungen der Reaktion vertrauter, als uns lieb war. Auffallend und vielleicht bedeutungsvoll waren dabei die Unterschiede des Verhaltens, das durch ein wirkliches Gänseei und durch das mehrfach erwähnte große Osterei aus Pappe ausgelöst wurde. Da die in Rede stehenden Beobachtungen kurz vor jenem Zeitpunkt angestellt wurden, von dem ab die Gans alle Ersatzobjekte endgültig ablehnte, so dürften die nun näher zu beschreibenden Gegensätzlichkeiten ihres Verhaltens darauf zurückzuführen sein, daß sie aus persönlicher Erfahrung das Gänseei als vollwertiges Roll- und Brutobjekt, die Attrappe dagegen als ein erfahrungsgemäß nicht zur vollen Befriedigung führendes Ersatzobjekt kannte.

Dem Gänseei gegenüber blieb die hinwendende Taxis der Gans auch bei tiefster Erschöpfung der Instinkthandlung erhalten. Das orientierende Hinstrecken des Halses (Abb. 5 A) oder zumindest ein aufmerksames Hinblicken nach dem Ei konnte so gut wie immer ausgelöst werden. Die vom Ei ausgehenden Reize schienen sie nicht zur Ruhe kommen zu lassen, immer wieder streckte sie den Hals nach ihm aus, und schließlich kam es zu einem Verhalten, das uns von großem theoretischen Interesse zu sein scheint. Es folgte nämlich plötzlich auf das Halsausstrecken an Stelle der aus Erschöpfung versagenden Eirollbewegung *eine andere Instinkthandlung*. Die Gans vollführte, unmittelbar nachdem sie den Hals nach dem Ei ausgestreckt hatte, die sonst dem Nestbau dienende *Zurücklegebewegung*, eine allen Anatiden eigene Bewegungsfolge, die zum Sammeln und Zusammenhalten der Niststoffe am Nestorte führt (Abb. 5 B, C).

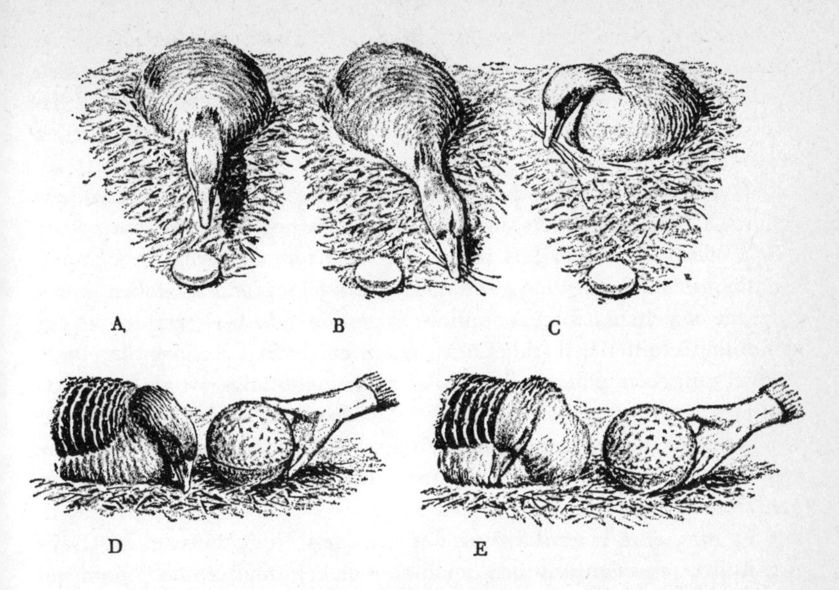

Abb. 5 A–C Zurücklegebewegung; D und E Demutsgebärde

Einen derartigen Ersatz einer Instinkthandlung durch eine andere, im betreffenden Falle biologisch nicht sinnvolle, kennen wir von Vögeln in verschiedenen Situationen. Solche, die durch die Gegenwart eines Feindes in nächster Nähe ihres Nestes oder ihrer Jungen in höchste Erregung versetzt sind, bringen oft zwischen Drohbewegungen und den bekannten Weglockreaktionen die des Futtersuchens, des Sich-Putzens, ja selbst des Einschlafens. Vom Nest aufgestörte Kiebitze vollführen Pickbewegungen; Rabenvögel, die nicht recht zum Angriff überzugehen wagen, hacken mit aller Kraft in den Ast, auf dem sie sitzen, usw. Wie es scheint, kommen diese »irrtümlich« durchbrechenden Instinkthandlungen auf *zwei* verschiedene Arten zustande. In einigen Fällen, wie bei den nestverteidigenden Kleinvögeln, die nach einigen wenigen, hochintensiven Reaktionen des Sich-Lahm-Stellens oder dergleichen plötzlich Putzbewegungen vollführen, scheint uns die Annahme Howards viel für sich zu haben, daß nach Erschöpfung der spezifischen und situationsgemäßen Bewegungsfolge der rezeptorisch bedingte Erregungszustand sich »in andere Bahnen« ergießt und zum Hervorbrechen »irgendeiner« anderen Instinkthandlung führt. In anderen Fällen, wie im Beispiel des in die Unterlage hackenden Rabenvogels, neigen wir zu der Annahme, daß zwei miteinander im Widerspruch befindliche Instinkthandlungen, im Falle des Beispiels Flucht und Angriff, einander den Weg verrammeln, so daß die vorhandene Allgemeinerregung sich in einer dritten Luft macht. Eine weitere Möglichkeit des Zustandekommens ähnlicher Erscheinungen wäre die folgende. Wir kennen von einigen Säugern sinnlose, aber dabei doch in gewissen Hinsichten »einsichtige« Anwendungsweisen von Instinkthandlungen. Jeder kennt von Equiden, und zwar vom Karrengaul genauso wie vom Wildpferd im Zoo das »Betteln« durch Scharren mit dem Vorderhufe vor dem anzubettelnden Menschen. Hunde, die nach schmerzhafter Erfahrung nach einer Wespe oder nach einem Igel nicht mehr zu schnappen wagen, beginnen regelmäßig in der Richtung auf das erregende Objekt hin zu graben, wobei meist die einzelnen Kratzbewegungen es gerade nicht berühren, so daß ein zusammengerollter Igel schließlich wie auf einem Sockel, rings von einem Graben umgeben, daliegen kann. Affen pflegen manchmal bei Intellektprüfungen nach dem zu erreichenden Ziel Sand zu werfen usw. In allen diesen Fällen handelt es sich aller Wahrscheinlichkeit nach um eine ganz primitive Einsicht, daß in bestimmter Richtung »etwas unternommen werden müßte«.[4]

Es mag eine Überschätzung der geistigen Fähigkeiten einer Graugans bedeuten, wenn uns die Annahme naheliegt, daß ihr eben beschriebenes Verhalten am ehesten mit dem der vorerwähnten Säuger zu vergleichen ist. Jedenfalls lag uns bei der unmittelbaren Beobachtung des Vorgangs diese Deutung am nächsten. Es schien, als ob die Gans die Lage des außerhalb der Nestmulde befindlichen Eies »nicht mitansehen könne«, ohne irgend etwas zur Abhilfe zu unternehmen. Diese Subjektivierung ist vielleicht weniger naiv, als sie auf den ersten Blick scheint, da auch der Mensch entsprechende Erlebnisse gerade in Situationen hat, in denen ganz wie bei der Graugans angeborene auslösende Schemata und Instinkthandlungen die Hauptrolle spielen. Wir glauben, daß die Gans der unruhvoll und unlustvoll drängenden Reizsituation nach dem Versagen der Eirollbewegung ganz zielstrebig durch die »Anwendung« einer anderen ihr zur Verfügung stehenden Instinkthandlung Herr zu werden versuchte. Wir wagen es sogar, der Vermutung Ausdruck zu geben, daß es keineswegs ein Zufall war, wenn dies gerade durch eine solche Bewegungsweise geschah, die ebenfalls etwas nach dem Neste zu befördert. Gerade eine solche hohe physische Leistung – so ziemlich die höchste, die wir einem Vogel überhaupt zutrauen – zeigt so recht die Gebundenheit des Tieres an erbkoordinierte Bewegungsfolgen.

Während ein neben dem Neste liegendes Graugansei unsere Versuchsgans bei stärkster Erschöpfung der Rollbewegung zu dem eben beschriebenen Verhalten drängte, ließ sie das hingelegte Pappdeckelei gänzlich kühl, sowie diese Reaktion auch nur im geringsten ermüdet war. Sie brütete dann auch angesichts der dicht vor ihr liegenden Attrappe in größter Ruhe weiter. Drängte man ihr aber das Osterei auf, wie dies in Abb. 5 D geschieht, so zog sie in der dort dargestellten Weise den Schnabel ein, wie um eine Berührung mit dem Ei zu vermeiden, und wandte bei weiterem Vorhalten der Attrappe den Kopf weit ab (Abb. 5 E). Die Kopfbewegung ist nicht die Bewegung des »Zurücklegens« von Nistmaterial, sondern die sogenannte »Demutsgebärde«, die von brütenden Gänsen stets dann eingenommen wird, wenn sie auf dem Neste von rangordnungsmäßig übergeordneten Artgenossen, die sie nicht zu vertreiben wagen, gröblich belästigt werden. Auch eine ganz starke Annäherung des Menschen, wie etwa ein Streicheln oder Kraulen der brütenden Gans, wurde von ihr nie mit dieser Gebärde beantwortet, stellte also offenbar keinen ebenso unangenehm empfundenen Reiz dar wie das Aufdrängen der für die Gans im buchstäblichen Sinne des Wortes »unappetitlichen« Attrappe. Obwohl auch diese Bewegung in ihrer Form erbmäßig festgelegt ist, wirkte sie doch (Abb. 5 E) in dieser Anwendung ungemein ausdrucksvoll und drängte dem Beschauer die subjektivierende Annahme jenes Seelenzustandes auf, den schon oft wohlerzogene Kinder tortenaufdrängenden Tanten gegenüber in die Worte zusammengefaßt haben: »Danke schön, mir graust!« Es ist sicher bezeichnend, daß dieses Verhalten gerade einem nichtadäquaten Objekte der Instinkthandlung gegenüber am stärksten hervortrat.

Zusammenfassung und Ergebnisse

Es wurde untersucht, in welcher Weise eine Instinkthandlung, im Sinne eines von Rezeptoren unabhängigen und zentral koordinierten Bewegungsablaufes, mit einer oder mit mehreren rezeptorengesteuerten topischen Taxien zusammenwirken und im Verein mit ihnen ein funktionell ganzheitliches und arterhaltend sinnvolles Verhalten eines Tieres bilden kann. An der Bewegungsfolge, durch welche bei der Graugans, *Anser anser* L., ein aus der Nestmulde gerolltes Ei in diese zurückbefördert wird, beteiligen sich Instinkthandlung und Taxien sowohl nacheinander als gleichzeitig. Ein gerichtetes Vorstrecken des Halses stellt als einleitende Orientierungsreaktion jene Reizsituation her, in welcher die Instinkthandlung ausgelöst wird, und gleichzeitig damit jene räumliche Lagebeziehung, welche die Vorbedingung des arterhaltenden Wirksamwerdens ihres Ablaufes ist, ein typischer Fall »appetenten Verhaltens« im Sinne Craigs. Die nun in Tätigkeit tretende Instinkthandlung ist eine bauchwärts gerichtete Einkrümmung von Hals und Kopf, durch welche das der Unterseite des Schnabels anliegende Ei nestwärts geschoben wird. Vom Augenblicke des Beginnes dieses in einer rein sagittalen Ebene sich abspielenden Bewegungsablaufes bis zu seinem Ende betätigt sich eine zusätzliche Orientierungsreaktion. Das Ei wird durch thigmotaktisch gesteuerte Seitenbewegungen auf der Unterseite des schiebenden Schnabels im Gleichgewicht und in seiner Richtung erhalten.

Unsere Annahme, daß die *Bewegung in der Sagittalen eine reine Instinkthandlung* sei, stützt sich auf folgende Befunde:

1. Sie zeigt die Erscheinung der *Leerlaufreaktion*, die die Unabhängigkeit der Instinkthandlung von Rezeptoren kennzeichnet (S. 361).

2. Die Form der Bewegung ist immer gleich. Es gelang nicht, an ihr merkbare rezeptorengesteuerte Anpassungen an veränderte räumliche Gegebenheiten zu erzielen. Weder die Einzelheiten der Bahn, auf der das Ei rollt, noch die Form des gerollten Objektes bewirkten merkbare Veränderungen der Bewegung. Wo solche durch mechanische Bedingungen (durch ein sehr großes Objekt, S. 368) erzwungen werden sollte, *klemmte* die Bewegung und brach ab.

3. Die Kraft, mit der die Sagittalbewegung ausgeführt wird, ist innerhalb engster Grenzen *konstant*. Es wird zwar durch die vom Objekt ausgehenden Berührungsreize eine geringe Tonuswirkung auf die die Bewegung ausführenden Muskeln ausgeübt, diese scheint aber trotz verschiedener Schwere der Objekte stets gleich zu sein. Die Bewegung versagt daher schon bei geringer Übergewichtigkeit des Objektes.

4. Die Bewegung zeigt die reaktions-spezifische *Ermüdbarkeit*, welche die Instinkthandlung im Gegensatz zur Taxis kennzeichnet.

Die Annahme, daß die *seitlichen Bewegungen* des Gleichgewichthaltens im Gegensatz zu den in der Sagittalen ablaufenden Bewegungsvorgängen von Berührungsreizen gesteuerte *Orientierungsreaktionen* seien, gründet sich auf folgende Tatsachen:

1. Die Seitenbewegungen unterbleiben beim objektlosen Leerablaufen der Sagittalbewegung (S. 360).

2. Sie unterbleiben beim Rollen von Objekten, die nicht seitlich aus ihrer Bahn abweichen (S. 368).

3. Bei Objekten, deren seitliches Abweichen in anderer Weise erfolgt als beim Gänseei, zeigen die Seitenbewegungen eine vollkommene *Anpassung an die Bewegungsweise des Objektes* (S. 367).

Als Nebenergebnisse seien noch folgende Befunde erwähnt:

1. Das appetente Verhalten in Gestalt des orientierenden Halsvorstreckens spricht auf jedes ganzflächige und annähernd optisch ganzrandige Objekt an, dessen Größe innerhalb weitester Grenzen schwanken kann (Abb. 3, 4).

2. Hat das Objekt irgendwelche vorragenden Zipfel oder Ecken, so wird die Rollreaktion nicht weitergeführt, und es folgt eine andere Reaktion, nämlich die des Zertrümmerns und Auffressens des Objektes. Diese der Entfernung zerbrochener Eier dienende Reaktion wird vor dem Schlüpfen der Küken wohl durch akustische Reize ausgeschaltet (S. 365).

3. Zu der groben und durch wenige angeborene Merkmale gesicherten Kennzeichnung des Objektes der Reaktion des Eirollens kommt im Verlaufe der Brutzeit eine andere, die auf erlernten Merkmalen beruht und eine starke Erhöhung der Selektivität der genannten Reaktion zur Folge hat.

4. Bei der Ausschaltung der Instinkthandlung durch die leicht zu erreichende Erschöpfung ihres zentralen Automatismus *bleibt die einleitende Orientierungsreaktion weiter auslösbar.*

5. Die durch ein außerhalb der Nestmulde befindliches Gänseei gegebene Reizsituation sucht die Gans bei Erschöpfung der Rollreaktion durch die *Anwendung einer anderen Instinkthandlung* zu beseitigen.

6. Den von einem zwar handlungsauslösenden, aber bekanntermaßen unbefriedigenden Objekt ausgehenden Reizen *entzieht* sich die Gans durch Abwenden.

Induktive und teleologische Psychologie (1942)

Wenn ich hier auf die Kritik antworte, die Bierens de Haan meinen Anschauungen angedeihen läßt [1], so geschieht dies nicht, um diese vor ihm zu rechtfertigen oder ihn zu unserer Anschauung zu bekehren, sondern nur deshalb, weil vielleicht auch andere über gewisse grundsätzliche Unterschiede zwischen induktiver Naturforschung und einer rein teleologisch ausgerichteten Naturbetrachtung im unklaren sind. Eigentlich sollte man meinen, daß zu diesem Thema nichts mehr zu sagen sei, nachdem in dieser Zeitschrift die einfachen und klaren Sätze zu lesen standen, die H. Weber in seinem Umweltaufsatz über die Anwendung von vorwegnehmenden Lösungsprinzipien aussprach (1939). Nur der Umstand, daß geraume Zeit *nach* den Weberschen Ausführungen mit Begriffen operiert wird, wie dem Instinktbegriff Bierens de Haans, läßt es berechtigt erscheinen, nochmals auf diese Dinge einzugehen. So will ich hier die großartig alle Rätsel lösenden Formulierungen Bierens de Haans auf der einen Seite und auf der anderen die bescheidenen und allzu unvollständigen Ergebnisse meiner eigenen Beobachtungen und Versuche als konkrete Beispiele benutzen, um an ihnen nochmals den Unterschied zwischen teleologischer »Ganzheitsbetrachtung« und induktiver Naturforschung zu erläutern.

Wie wenig Bierens de Haan selbst diesen Unterschied erfaßt hat, geht aus seinem Ausspruch hervor, daß der wesentliche Unterschied in unseren Betrachtungsweisen in den verschiedenen Begriffen läge, die wir beide mit dem Worte Instinkt verbinden. Ich will deshalb diesen grundsätzlichen Irrtum, der sich schon im Titel seines Aufsatzes ausdrückt, sofort richtigstellen: Nicht um den Begriff des tierischen Instinktes geht der Kampf, sondern um die Entscheidung zweier weit belangreicherer Fragen. Die erste lautet: Darf ein Naturforscher sich mit der Aufdeckung einer arterhaltenden Zweckmäßigkeit zufrieden geben und sich auf die »Betrachtung« der »Ganzheitlichkeit« organischer Systeme beschränken, oder ist er durch Gesetze, die dem inneren Wesen der Naturwissenschaft anhängen, dazu verpflichtet, die Frage nach den Ursachen zu stellen? Die zweite Frage heißt: Ist es bei der Anerkennung der Berechtigung und Verpflichtung des Naturforschers zum Suchen nach den natürlichen Ursachen methodisch und logisch zulässig, *daneben* vorwegnehmende Lösungsprinzipien, wie das einer Entelechie, einer vitalen Phantasie oder eines Instinktes einzuführen, die schlechterdings »alles« verständlich machen wollen, oder man muß in ihnen mit H. Weber die schwerste Gefährdung sehen, die eine freie Naturforschung überhaupt bedrohen kann? Wir wollen diese beiden Fragen getrennt erörtern.

I Grundsätzliches über finale Ganzheitsbetrachtung und Kausalanalyse in der Psychologie

Der Versuch, dem Verständnisse seelischer Vorgänge auf dem Wege der Kausalanalyse näherzukommen, macht eine Voraussetzung, die für den Biologen von axiomhafter Evidenz ist, so sehr sie von manchen Metaphysikern verworfen wird: die Voraussetzung, daß alles »rein« psychische Geschehen zugleich nervenphysiologisches Geschehen sei. Für diesen Sachverhalt, den wohl auch Bierens de Haan grundsätzlich annimmt, wurden verschiedene Ausdrucksweisen geprägt. Er selbst sagt, das Psychische sei »eine Facette« der organischen Einheit. Andere sprechen von einer leiblich-seelischen Polarität, von einer Korrelation psychischer und physiologischer Vorgänge oder nennen das Psychische ein »Epiphänomen« des Nervenphysiologischen. Alle diese Aussagen sind insofern irreführend, als sie in ihrer sprachlichen Formulierung gerade jenen alten Dualismus von Leib und Seele mitschleppen, gegen den sie sich eigentlich wenden. Ebenso falsch ist aber auch jene andere »panpsychistische« Auffassung, die physiologische Vorgänge und psychisches Geschehen kurzweg für »dasselbe« hält: Durchaus nicht alle Lebensvorgänge, ja bei weitem nicht alle nervenphysiologischen Vorgänge sind gleichzeitig auch seelische, nur ganz wenige und ganz besondere sind das. Das Verhältnis zwischen beseeltem und physiologischem Vorgang ist hier durchaus ähnlich wie dasjenige zwischen Lebensvorgang und chemisch-physikalischem Geschehen. Keineswegs jeder chemisch-physikalische Prozeß ist ein Lebensvorgang, wohl aber umgekehrt jede Lebenserscheinung ein chemisch-physikalisches Geschehen. In analoger Weise fällt jedes psychische Geschehen unter den übergeordneten Begriff der Lebenserscheinungen, aber nicht umgekehrt.

Aus dieser Einschachtelung der Begriffe des anorganischen, organischen und psychischen Geschehens, die gleichzeitig einer sehr realen Entwicklungsreihe entspricht, ergibt sich für den Forscher eine ganz bestimmte Reihenfolge, in der Unbekanntes auf Bekanntes zurückgeführt werden muß. Es ist grundsätzlich sinnlos, etwa den Reflex als einen »Grenzfall eines Instinktes« (Buytendijk 1939) aufzufassen oder die an sich unwiderlegbare Aussage für eine »Erklärung« zu halten, daß die Orientierungsreaktion eines niederen Wirbellosen eine »Einsicht« des betreffenden Tieres darstelle. Wohl aber hat der Versuch Sinn und Zweck, wie Kühn es getan hat, die Orientierungsreaktionen auf Reflexe zurückzuführen oder die menschliche Raumeinsicht als ein komplexes Zusammenspiel angeborener Orientierungsreaktionen aufzufassen. So weit der Weg zum bekannten Element sein mag und so hoffnungslos die Erreichung dieses Zieles erscheinen mag, muß doch seine *Richtung* dauernd im Auge behalten werden, wenn sich die Tatsachen psychologischer, physiologischer und physikalischer Forschung je zu einem sinnvollen Gebäude ursächlichen Verständnisses zusammenschließen sollen. Aus dieser Richtung aber ergeben sich bestimmte *Forderungen*, die an die Kenntnisse des Forschers gestellt werden müssen. Der allgemeine Biologe muß Physik und Chemie können, weil das, was er erforscht, um kein Haar weniger Physik und Chemie ist als das, was der Physiker und der Chemiker erforschen. Daß es außerdem und zusätzlich noch etwas anderes und in gewissem Sinne Höheres ist, enthebt ihn nicht der Verpflichtung, die »niedrigen« anorganischen Grundlagen organischen Geschehens genau zu kennen. Es würde keinem Menschen einfallen, ein allgemeinste Fragestellungen der Biologie behandelndes Buch schreiben zu wollen, ohne eine derartige Basis zu besitzen. Genau dasselbe gilt aber in womöglich noch verschärftem Maße für das Abhängigkeitsverhältnis der psychologischen Forschung von bestimmten physiologischen Grundlagen. Die Aufgabe, ein Buch über »reine« – d. h. physiologische Tatsachen absichtlich außer acht lassende – Psychologie zu schreiben, die sich Bierens de Haan in seinem Werke *Der tierische Instinkt und sein Umbau durch die Erfahrung* gestellt hat, ist deshalb von allem Anfange an ebenso hoffnungslos verfehlt, wie es der Versuch wäre, ein Buch über »reine Biologie« schreiben zu wollen, ohne chemische und physikalische Tatsachen zu beachten oder überhaupt zu kennen. Generalisierend kann man sagen: Eine scharfe Begrenzung des Forschungsinteresses, wie es sich in dem Worte »rein« ausdrückt, ist nur *in der Richtung zum Komplexeren hin* wissenschaftlich legitim. Es darf eine Physik und Chemie geben, die »rein« von Biologie ist, während die Umkehrung dieses Satzes einen völligen Unsinn ergibt. Es darf eine Physiologie geben, die sich um psychologische Tatbestände nicht im geringsten bekümmert, *aber nicht umgekehrt!*

Dies alles soll natürlich keineswegs etwa heißen, daß die Biologie und insbesondere die Psychologie erst dann zu »exakten« Naturwissenschaften würden, wenn sie ihren Gegenstand auf seine chemisch-physikalischen Elemente zurückgeführt hätten. Jedes noch so verwickelt aufgebaute System kann und muß Gegenstand wissenschaftlicher Forschung sein. Auch wenn wir bei einer komplexeren Erscheinung tierischen oder menschlichen Verhaltens noch keine Ahnung davon haben, wie sich die Dinge physiologisch oder erst gar in weiterer Hinsicht chemisch-physikalisch verhalten, sind wir der Verpflichtung nicht enthoben, den betreffenden Vorgang zu beobachten, zu beschreiben und seine Analyse so weit vorzutreiben, wie es uns eben möglich ist. Der Weg kann dabei immer nur *von* der Ganzheit *zum* Element gehen und nicht umgekehrt. Es liegt nicht im Wesen von C-, N-, O- und H-Atomen, daß aus ihnen gerade Menschen oder Eichbäume entstehen müssen. Keine ihrer Eigenschaften macht gerade diese Endprodukte nötig, und auch eine noch so genaue Kenntnis aller Eigenschaften der Elemente würde es grundsätzlich nicht ermöglichen, aus ihnen synthetisch die organischen Systeme abzuleiten, die aus ihnen bestehen. Wohl aber haften umgekehrt auch den höchsten Organismen wesentliche Eigenschaften an, die sich aus der Art und Struktur ihrer Elemente notwendig ergeben.

Die Richtung des Forschungsweges vom Komplexeren zum Einfacheren ist außerdem noch durch die *Geschichte* des Organischen, durch ein einmaliges und reales Kausalgeschehen bestimmt, das von einfacheren zu komplexeren Systemen geführt hat, in dem also auch immer Einfacheres die Ursache von Komplexerem war und nicht umgekehrt. Alle Lebewesen sind historische Wesen, und ein wirkliches Verstehen ihres So-Seins ist grundsätzlich nur auf der Grundlage eines historischen Verstehens jenes einmaligen Entwicklungsvorgangs möglich, der zu ihrer Entstehung in eben dieser und keiner anderen Form geführt hat. Die Antwort auf die Frage, *warum* ein Säugetier ein so und nicht anders gestaltetes Zungenbein habe, enthält neben anderen Bestimmungen die Aussage: »*Weil* es von wasseratmenden Wirbeltieren mit funktionierenden Kiemenbögen abstammt.« Die idealistisch erscheinende Stufeneinteilung kausal zu erforschender Vorgänge, die ich im vorigen Absatz gegeben habe, erhält ihren konkreten Sinn durch diese Tatsachen historisch abgelaufener Ursachenketten.

Innerhalb des Gefüges der Teile eines organischen Systems ist nun aber noch eine andere Frage möglich als die nach den Ursachen. Man kann nämlich in unserem Beispiel bezüglich der Form des Zungenbeins eines Säugers, etwa eines Ameisenbären, auch fragen, *wozu* sie gerade so und nicht anders sei. Die sinnvolle Antwort wäre dann: »*Damit* das Tier beim Fangen von Termiten die Zunge weit in die Gänge ihres Baues strekken kann.« Das Verständnis einer derartigen Zweckmäßigkeit werden wir überall dort anstreben, wo ein besonderer Bau eines Organes eine besondere Funktion vermuten läßt. Die Frage »wozu?« ist eine Besonderheit der Biologie, da es im anorganischen Geschehen eine systemerhaltende Zweckmäßigkeit nicht gibt. Keineswegs aber ist die finale Frage, wie Bierens de Haan in seiner Instinktlehre annimmt, die einzige, die wir zu stellen haben. Wir trachten zwar meist, die Frage nach dem arterhaltenden Sinn eines Vorganges oder einer Struktur zu beantworten, *bevor* wir die nach den Ursachen stellen, tun dies aber vor allem deshalb, weil meist das Verständnis der arterhaltenden Leistung die Voraussetzung für dasjenige des kausalen Zustandekommens ist. So setzt z. B. das Verständnis der Entstehung aller Differenzierung, bei denen Selektion eine Rolle spielt, genaue Einsicht in ihren Arterhaltungswert voraus.

Das logische und methodische Verhältnis zwischen kausaler und finaler Fragestellung ist somit durchaus klar und einfach, man sollte eigentlich kaum erwarten, daß beide noch jemals durcheinandergebracht und miteinander verwechselt werden. Doch kann man es immer wieder erleben, daß die Frage »warum?« mit einem »damit« beantwortet wird, ganz als ob mit der Aufdeckung einer arterhaltenden Funktion die Frage nach den natürlichen Ursachen schon beantwortet wäre. Besonders in der Psychologie sind heute noch reichlich Anschauungen vertreten, die in dieser verworrenen Weise ursächliches und finales Verstehen durcheinanderwerfen. Die Schule McDougalls hat bei allen Verdiensten, die sie im Kampfe gegen den unwissenschaftlichen Erklärungsmonismus der Behavioristen erworben hat, zur Verbreitung dieses Denkfehlers dadurch beigetragen, daß ihr Urheber »den Instinkt« ausschließlich nach seiner Zielgerichtetheit definierte. Diese Vernachlässigung kausaler Fragestellung hat später zu der hochgradigen Übertreibung geführt, daß die Frage nach den Ursachen auf diesem Gebiete schlechterdings für überflüssig erklärt wurde. Wer mit Buytendijk (1939) ein vorwegnehmendes Prinzip wie die »vitale Phantasie« Palagyis als zureichende Erklärung hinnimmt oder mit Bierens de Haan (1940) den Glaubenssatz zum Gesetz erhebt, »wir kennen den Instinkt, aber wir erklären ihn nicht«, ist eigentlich kein Naturforscher mehr. Tatsächlich führt eine einseitig teleologische Betrachtung der Natur regelmäßig zu einer tiefen Feindseligkeit gegen ihre Erforschung: wird doch die beschauliche Betrachtung der Ganzheit, die Menschen ohne Kausalitätsbedürfnis voll befriedigt, durch ursächliche Erforschung von Einzelheiten nur gestört. So ruft Bierens de Haan (1937) angesichts unseres inzwischen immer wieder experimentell gerechtfertigten Versuches, an gewissen Verhaltensweisen starr angeborene Bewegungsvorgänge von solchen zu trennen, die durch Eigendressur erworben werden, voll Entrüstung aus: »Soll man glauben, daß Elemente im Verhalten scharf getrennt bleiben wie der Efeu, der die Eiche umrankt, ohne sich mit ihr zu verschmelzen? Aber: wo bleibt dann die Ganzheit der tierischen Handlung?«

Wo bleibt, so lautet unsere Gegenfrage, die Ganzheit einer Ascidie, nachdem doch die experimentelle Entwicklungsphysiologie unwiderleglich nachgewiesen hat, daß aus jeder Zelle des Zweizellenstadiums ihres Keimlings *je eine halbe* Ascidie entsteht, wenn man beide künstlich trennt? Unterscheidet sich das normale, artgemäße Endergebnis der Entwicklung eines derartigen »Mosaik«-Keims bezüglich seiner »Ganzheitlichkeit« irgendwie vom Resultat einer regulationsfähigen Entwicklungsweise? Werden nicht aus Ascidieneiern immer noch ebenso ganze Ascidien, wie aus Seeigeleiern ganze Seeigel werden, obwohl wir wissen, daß diese Endergebnisse auf verschiedene Weise erreicht werden? Die Teleologen werfen uns vor, wir sähen vor lauter Bäumen den Wald nicht, scheinen aber gleichzeitig selbst zu glauben, daß der Wald in seiner Existenz als »ganzheitliche« Lebensgemeinschaft in irgendeiner Weise durch die Erkenntnis bedroht werde, daß er neben anderen Komponenten auch aus Bäumen bestehe. Auch dort, wo das stückhafte, mosaikhafte Zusammenwirken der Teile in so schlagender Weise beweisbar ist, wie beim Ascidienkeim oder bei den aus angeborenen und erworbenen Bewegungsweisen zusammengesetzten Handlungen vieler Tiere, wird durch die analytische Erkenntnis das organische Zusammenspiel der Teile weder geleugnet noch vernichtet; kein analysierender Naturforscher wird je die Tatsache aus den Augen verlieren, daß aus Ascidieneiern immer noch ganze Ascidien werden.

Es gehört eine beträchtliche Einseitigkeit des Denkens dazu, um gegenüber dem Lebensgeschehen die finale Frage allein für wesentlich zu halten und die Frage nach den natürlichen Ursachen einfach verbieten zu wollen. Fast möchte man glauben, daß in der »apriorischen« Ausstattung dieser Naturbetrachter mit Anschauungsformen und Kategorien die der Kausalität einfach fehle, so daß der Versuch, ihnen die Bedeutung der Ursachenfrage klar zu machen, von vornherein vergebens sein muß. Trotzdem will ich versuchen, die allgemeine Notwendigkeit der kausalen Frage von einer Seite her zu erörtern, die gerade den final Denkenden zugänglich sein sollte: Wir fragen nämlich einmal, *wozu* dem Menschen ein erheblicher Drang nach kausalem Verständnis angeboren ist. Wir beantworten diese Frage mit einem Gleichnis. Ein Mensch fährt mit einem Auto über Land. Der Zweck dieses Vorgangs liegt darin, daß er in einer fernen Stadt einen Vortrag zu halten hat, dessen weitere Finalität nichts zur Sache tut. Der Mensch ist »zum Vortragen« da, sein Auto, das mittelbar derselben Finalität dient, ist »zum Fahren« da. Der Mann im Auto schwelgt in der Betrachtung dieser wundervoll ganzheitlichen Staffelung ineinandergreifender Finalitäten, bewundert die »vitale Phantasie« des Autokonstrukteurs und denkt keineswegs daran, sich mit der kleinlichen Aufgabe zu befassen, die wechselseitigen Kausalbeziehungen der »Unterganzen« seines Fahrzeugs, deren »Teilhaftigkeit« er grundsätzlich leugnet, überhaupt in Betracht zu ziehen. Da ereignet sich etwas durchaus Häufiges: der Motor läuft einige Takte unregelmäßig und stellt dann seine Tätigkeit ein. In diesem Augenblick wird der Insasse aufs eindrücklichste von der Tatsache überzeugt werden, daß die »causa finalis« seiner Reise den Wagen nicht fahren macht, daß, wie ich zu sagen pflege, die Finalität »nicht auf Zug beanspruchbar« ist. Wenn es dem Manne nicht gelingt, die *Ursachen* der normalen Funktion seines Motors im allgemeinen und die der vorliegenden Störung im besonderen zu erkennen, so ist es um die ganze Finalität seiner Reise geschehen. Wo bleibt der »ganzmachende Faktor«? Er liegt, von unwahrscheinlichen Zufallstreffern abgesehen, in erster Linie in der Aufdeckung der Kausalität der Störung! Gewiß wird die Finalität der Reise als motivierender und die Intensität seiner Tätigkeit bestimmender »Faktor« hinter den Bemühungen des Amateurmechanikers stehen, dieser wird aber erfahrungsgemäß gut tun, zunächst *nicht* an sie zu denken, sondern seine ganze Gedankenarbeit auf das Zwischenziel der Erforschung der Störungsursache zu konzentrieren. Der Erfolg dieser Forschung wird ihm dann meist ohne weiteres die Mittel in die Hand geben, sein Ziel weiter zu verfolgen.

Das Verhältnis zwischen Finalität und Kausalität ist auch innerhalb des Gefüges eines organischen Körpers nicht anders als in unserem Gleichnis. Die Vitalisten, die dem kausal analysierenden Naturforscher vorzuwerfen pflegen, daß er »das Lebewesen zu einer Maschine herabwürdige«, übersehen regelmäßig, daß Automobile, Dampfschiffe oder Radioapparate nirgends nach Art des Auerochsen oder des Przewalskipferdes »wild vorkommen«. Nur wenn Maschinen so wie diese Tiere eine vom Menschen unabhängige Existenz führen könnten, gleichzeitig aber im Gegensatz zum wilden Tiere keine eigene Finalität hätten, wären sie zu jenem Gleichnis geeignet, zu denen sie von den Vitalisten immer wieder herangezogen werden. So aber sind sie stets der Finalität eines organischen Systems, nämlich der des Menschen untergeordnet, so gut wie nur irgendeines seiner Organe.

So wenig eine Finalität eine Lücke in den Ursachenketten zu überbrücken vermag, aus denen sich die Funktion einer Maschine zusammensetzt, so wenig befreit sie irgendeine Organfunktion von ihrer Bindung an die Gesetze natürlicher Verursachung. Dies gilt grundsätzlich für *alle* organischen Vorgänge, und seien es auch solche, deren Finalität sehr offensichtlich und deren Kausalität vorläufig völlig unzugänglich ist wie etwa die von vitalistischen Teleologen immer wieder als völlig kausalitätslos behandelten Vorgänge der organischen *Regulation* oder, unter den »rein psychischen« Vorgängen, das *kausale Denken des Menschen* selbst, dieses regulativste und zielstrebigste unter allen organischen Geschehen auf diesem Planeten. Die »Freiheit« und Strukturlosigkeit dieser Leistungen wird nur durch die geradezu unabsehbar verwickelte und feine Struktur und Zusammenarbeit der beteiligten Elemente vorgetäuscht, und sie werden dementsprechend durch bestimmte Schädigungen ganz ebenso gestört wie nur irgendwelche Maschinenfunktionen. Die Finalität des Systemganzen ist von der Kausalität seiner Organe um kein Haar weniger abhängig als diejenige des Vortragsreisenden in unserem Gleichnis von der Funktion seines Automotors. Nur hat die regulative Leistung des ursächlichen Forschens gegenüber organischen Gefügen eine unendlich schwierigere Aufgabe zu bewältigen, nicht nur, weil sie sehr viel verwickelter gebaut sind als die kompliziertesten Maschinen, sondern auch, weil sie im Gegensatz zu diesen nicht vom Menschen geschaffen sind und wir in die Ursachen und die Geschichte ihres Entstehens nur sehr unvollkommene Einblicke getan haben. Der Arzt, der ein aus dem Geleise geratenes organisches Systemgefüge ganzmachen soll, hat es dementsprechend schwerer als der Automechaniker. Aber auch bei seiner ganzheitsregulierenden Tätigkeit bleibt der Erfolg in grundsätzlich gleicher Weise von dem seiner Ursachenforschung abhängig und wird ebensowenig von dem Grade der »Dringlichkeit« der gefährdeten Finalität beeinflußt. Die Frage, wie das gestörte Systemganze ursprünglich entstanden sei, ist grundsätzlich ohne Belang für das hier erörterte Verhältnis zwischen seiner Finalität und der Art und Weise seiner kausalen Verstehbarkeit. Ob ein Ingenieur das zweckmäßige System konstruiert oder ein Gott es geschaffen hat oder ob es einem natürlichen Vorgang seine Entstehung verdankt, in dem neben Mutation und Selektion noch viele andere Vorgänge eine Rolle gespielt haben können, alle diese Fragen sind durchaus unerheblich für die Leistung menschlichen Kausalverständnisses, das ein solches System beherrschen und bei Gefährdung unter Umständen buchstäblich wieder ganz machen kann.

Die finale Bedeutung der menschlichen Kausalforschung liegt somit darin, daß sie uns als wichtigster Regulationsfaktor die *Mittel in die Hand gibt, Naturvorgänge zu beherrschen.* Ob diese Vorgänge äußere und anorganische, wie Blitz und Sturm, oder innere und organische, wie Krankheiten des Leibes oder Verfallserscheinungen »rein psychischer« sozialer Verhaltensweisen des Menschen sind, ist dabei völlig gleichgültig. Nie ist die Verfolgung einer aktiven Zielsetzung ohne Kausalverständnis möglich, während die Kausalforschung funktionslos wäre, wenn nicht die forschende Menschheit nach Zielen strebte. Das Bestreben, »unter den Weltursachen zu suchen, soweit es uns nur möglich ist, und ihre Kette nach uns bekannten Gesetzen, solange sie aneinanderhängt, zu verfolgen« (Kant), ist somit nicht »materialistisch« in jenem weltanschaulich-moralischen Sinne, wie es die Teleologen allzu gerne hinstellen, sondern bedeutet den intensivsten Dienst an der letzten Finalität alles organischen Geschehens, indem es uns, wo es Erfolg hatte, die *Macht* verleiht, dort helfend und regelnd einzugreifen, wo Werte in Gefahr sind und wo der rein teleologisch Betrachtende nur die Hände in den Schoß legen und der verlorenen Finalität der in die Brüche gehenden Ganzheit hilflos nachtrauern kann.

II Der Unterschied zwischen vorwegnehmendem Lösungsprinzip und induktiver Begriffsbildung

Bierens de Haan fordert, daß ein theoretisches System die Tatsachen »elegant« einordnen könne und befriedigend auf unser Erklärungsbedürfnis wirken müsse. Mit »elegant« ist dabei ausdrücklich die äußere Form des *mathematischen Beweises* bezeichnet, also eines grundsätzlich *deduktiven* Vorganges. »Befriedigend« soll offenbar heißen, daß unser *gesamtes* Bedürfnis nach Erklärungen durch ein solches System ein für allemal zum Schweigen gebracht sein müsse. Tatsächlich erhebt sein eigenes, von vorweg difinierten Begriffen mathematisch-elegant deduziertes System den Anspruch, dies zu können. Die sich mit der vielzackigen Wirklichkeit mühselig auseinandersetzenden Arbeitshypothesen induktiver Naturforscher erscheinen ihm daher begreiflicherweise als der Gipfelpunkt der »Uneleganz«, zumal er ihnen, völlig irrtümlich von sich auf andere schließend, regelmäßig den überheblichen Anspruch unterschiebt, ein geschlossenes System bilden zu wollen, das endgültig alle Rätsel löst. Alle seine Kritik an meinen Arbeitshypothesen entspringt ausschließlich dieser Einstellung, niemals etwa induktiv gefundenen Tatsachen. Dies will ich nun an einigen konkreten Beispielen aufzeigen.

Das erste bildet seine Kritik an der von Craig und mir durchgeführten Trennung zwischen Appetenzverhalten und endogener Instinktbewegung (1937), die er mit einer Kritik meiner Ergebnisse über das Zusammenarbeiten von Instinktbewegungen und Eigendressuren (1935) in einer vielsagenden Art und Weise durcheinanderbringt, die nur aus seiner Auffassung erklärt werden kann, ich hätte bei jedem dieser beiden höchst bescheidenen Forschungsschritte geglaubt, nunmehr »das Prinzip« gefunden zu haben, das »alles befriedigend erklärt«. Ein typischer derartiger Rückschluß von sich auf andere liegt in seinen Ausführungen S. 102 seines Aufsatzes vor: »Jedoch: dieses Appetenzverhalten hat er erst 1937 erfunden, vorher, 1932, 1935, hatte er sich schon in anderer Weise festgelegt. Die Lösung hatte er damals in etwas gefunden, was er ›Trieb-Dressur-Verschränkung‹ oder ›Instinkt-Dressur-Verschränkung‹ nannte. Gegen diese Bezeichnung hatte ich gleich Bedenken usw.« Man kann diese Sätze mit bestem Willen nicht anders auslegen als dahin, Bierens de Haan habe mir beim Lesen meiner Ausführungen über die Verschränkungen endogener und erlernter Bewegungen die Ansicht zugetraut, ich könne mit diesem neuen »Lösungsprinzip« alle Rätsel des angeborenen Verhaltens lösen und hätte diesen Standpunkt später »zugunsten« eines anderen Prinzips, des eigens zu diesem Behufe »erfundenen« Appetenzverhaltens, verlassen. Diese Auslegung ist ebenso sinnvoll, als wollte man etwa sagen, die Genetiker hätten die Mendelschen Gesetze später zugunsten der Chromosomentheorie der Vererbung (Boveri-Suttons Hypothese) verlassen. Die beiden Begriffsfassungen widersprechen einander in keiner Weise, jede sagt etwas durchaus anderes aus, ohne der anderen ihre Gültigkeit zu nehmen. Dem jungen Neuntöter ist die Bewegungsweise, mit der Beutetiere auf Dorne gespießt werden, nachweisbar angeboren. Ebenso nachweisbar ist es, daß er die »Kenntnis« des hierzu verwendeten Dornes, sowie die zweckdienliche Ausnutzung der ihm ebenfalls angeborenen Taxien zum Aufsuchen des Dornes und zur richtigen Orientierung der angebotenen Aufspießbewegung durch *Eigendressur* erwerben muß. Dies ist ein erwiesener Tatbestand, und wir nennen ein solches Zusammenarbeiten angeborener und andressierter Bewegungsweisen zweckmäßig eine »Verschränkung«. Der Versuch, das Vorhandensein der durch Dressur zu füllenden »Lücke« im angeborenen Verhalten aus deduktiven Gründen leugnen zu wollen, ist, gelinde gesagt, unwissenschaftlich.

Zum Begriff des Appetenzverhaltens können wir durch die Feststellung überleiten, daß derartige Verschränkungen nie zustande kämen, wenn das Tier nicht irgendwie nach dem Ablauf seiner angeborenen Bewegungsweisen aktiv strebte. »Irgend etwas« veranlaßt den Neuntöter, mit Versuch und Irrtum nach jener Situation zu *suchen*, in der die Aufspießbewegung richtig ablaufen kann. Das richtige Ablaufen der Bewegung muß subjektiv als »Belohnung« empfunden werden, denn es *dressiert*, wie ich bei meiner ersten Darlegung der Verschränkungen wörtlich gesagt habe, den Neuntöter in grundsätzlich gleicher Weise auf die Aufsuchung des Dorns, in der das vom Dompteur als Belohnung gereichte Fleischstückchen den Zirkuslöwen zu gewissen Dressurhandlungen veranlaßt. Das grundsätzlich wichtige des Craigschen Begriffs vom Appetenzverhalten liegt nun in eben dieser Erkenntnis, daß der vom Tiere als Subjekt angestrebte Zweck nicht, wie Bierens de Haan immer noch glaubt, im Verfolgen der arterhaltenden Zweckmäßigkeit seiner »Instinkte« liegt, sondern nur im befriedigenden Ablauf der Instinktbewegungen selbst. Auf seine Frage kann ich Bierens de Haan eine sehr präzise Antwort geben und ganz genau sagen, was der hinter einer Beute jagende Wolf »will«: Er will sie zunächst einmal *totschütteln*. Die Meinung, daß er aus denselben Motiven jagt, aus denen ein aus Hunger einen ungeliebten Beruf ausübender Mensch arbeitet, ist ein Anthropomorphismus. Die Totschüttelbewegung ist bei Hundeartigen ausgesprochen die am stärksten affekt- und lustgeladene Bewegungsweise, sie ist daher viel stärker an der Motivation des Jagens beteiligt als das nachträgliche Fressen der Beute. Auch der durchaus sattgefütterte Haushund hat ungeändert unstillbare Appetenzen nach gerade dieser Bewegungsweise, wir sehen deshalb auch gerade sie häufig am Ersatzobjekt ausgeführt, man denke an den die Pantoffel seines Herrn »totschüttelnden« Dackel oder Terrier. Selbstverständlich bedeutet dieser Tatbestand keineswegs, daß das jagende Raubtier nicht »Gier nach der Beute« empfinde. Aber gerade hier gilt voll und ganz der Uexküllsche Satz, daß tierische Dinge Aktionsdinge seien, die Beute ist für den Wolf eben in erster Linie als »ein Totzuschüttelndes« Gier erregend, ganz analog, wie das Weibchen etwas zum Begatten oder für unseren »Appetit« im engeren Sinne der rotbackige Apfel etwas »zum Hineinbeißen« ist. Wenn Bierens de Haan hier immer noch um der Ganzheit tierischen Verhaltens willen die Anschauung vertritt, daß der Wolf beim Jagen unmittelbar von einem allgemein richtungsgebenden Instinkt getrieben werde, der ihm befiehlt, nicht zu verhungern, sondern sich zu ernähren und so seine Art zu erhalten, daß also die arterhaltende Finalität der Handlung unmittelbar das Ziel des tierischen Subjektes sei, so sind wir hier wohl sehr weit von einem Verständnis dessen entfernt, was das Tier wirklich bewegt. Daß die Instinkthandlung *um ihrer selbst willen* vom tierischen wie vom menschlichen Subjekt angestrebt wird, ist die Erkenntnis Craigs. Daß sie physiologisch etwas grundsätzlich anderes ist als alle zielgerichtet-plastischen Verhaltensweisen (purposive behavior im Sinne Tolmans), ist ein außerordentlich gut gesichertes Ergebnis von Holsts. Aus beidem zusammen ergibt sich eine Beziehung zwischen Instinktbewegung und Appetenzverhalten, das, wenn man so will, tatsächlich »antagonistisch« ist, etwa im gleichen Sinne, wie zwei Muskel von entgegengesetztem Einfluß auf ein bestimmtes Gelenk als Antagonisten bezeichnet werden. Die schärfere Fassung beider Begriffe ist tatsächlich ein echtes Weiterbauen auf den Ergebnissen Craigs und ist, was Bierens de Haan bei genauer Lektüre meines Aufsatzes in dieser Zeitschrift auch erwähnt gefunden hätte, in engster Zusammenarbeit mit diesem Forscher, ja geradezu *aus* ihr entstanden, und Craig selbst, den ich zu meinen meistverehrten Lehrern zählen darf, ist bis ins kleinste mit der Verengung und Präzisierung beider Begriffe einverstanden. In das Verhalten des induktiven Naturforschers zu neuen Ergebnissen, die Änderungen in seinen bisherigen Arbeitshypothesen nötig machen, kann sich Bierens de Haan nun einmal nicht hineindenken, und zwar deshalb, weil er nur deduktives Vorgehen von vorweggefaßten Lösungen aus kennt, bei dem jeder Irrtum als »Rechenfehler« ein Vorwurf für den Autor ist, während es für den Induktion Treibenden keinen Vorwurf, sondern einen Erfolg seiner Hypothesen bedeutet, wenn neue Tatsachen Änderungen des bisher gebrauchten Begriffssystems nötig machen. Über wenige Dinge habe ich mich so aufrichtig gefreut wie über die gründlichen Änderungen meines alten Begriffs vom Appetenzverhalten, wie sie durch die Ergebnisse M. Holzapfels und mehr noch Baerends in jüngster Zeit nötig wurden, die nicht deduktive Spekulationen, sondern neue Tatsachen zur Kritik der alten Begriffe verwendet haben.

Zu den Ergebnissen von Holsts verhält sich Bierens de Haan ebenso wie zu den Tatsachen der Verschränkungen und des Appetenzverhaltens. Er tut diesen Kernpunkt der modernen Verhaltensforschung mit einer mißverständlichen Fußnote ab. Man mache sich zunächst folgenden Entwicklungsgang unseres Wissens um die endogen-automatische Bewegung klar: Seit Jahrzehnten haben sich die besten und kenntnisreichsten Tierbeobachter, wie Whitman, Heinroth, Craig, Howard und viele andere immer wieder über die Tatsache gewundert, daß eine bestimmte, offensichtlich auf eine ganz bestimmte Situation oder in bestimmtes Objekt zugeschnittene Bewegungsweise *unabhängig* von diesen Reizen ausgeführt werden kann. Jeder gute Tierkenner weiß, daß manche Bewegungsweisen, wie etwa die Nestbaubewegungen von Schwänen und Gänsen, die Vorlegebewegung des Regenpfeifers, das Grubenausheben und das Steinputzen mancher Cichliden geradezu *häufiger* »leer« ablaufen zu sehen sind als in tatsächlicher Erfüllung ihrer jeweiligen arterhaltenden Leistung. Besonders gilt dies für gefangengehaltene Tiere. Meine eigenen näheren Untersuchungen der jeweilig einen derartigen arterhaltend sinnlosen Ablauf auslösenden Reizsituation zeigten eine bedeutsame Beziehung zur *Zeit*, die seit der letzten Auslösung der betreffenden Instinkthandlung vergangen ist: Je mehr Zeit seit der letzten Auslösung vergangen ist, desto leichter geht die Bewegungsweise los, d. h. desto weniger braucht die Reizsituation der biologisch adäquaten zu entsprechen. Im Grenzfall läuft die Reaktion *ohne* einen äußeren Reiz ab. Ohne irgendwelche vorgefaßten Meinungen flossen in die Beschreibung dieser Gesetzmäßigkeiten Ausdrucksweisen ein, wie die »einer Stauung der Reaktion«, eines »inneren

Druckes« usw., die wenigstens gleichnismäßig den Gedanken an *Kumulationsvorgänge* einer endogen produzierten reaktionsspezifischen Erregungsart nahelegten. Man halte sich vor Augen, daß alle damaligen Beobachter der angeborenen Bewegungsweisen ausgesprochen oder unausgesprochen an der Meinung festhielten, daß *der Reflex* das Grundelement aller angeborenen Bewegungsweisen sei, diese also als Kettenreflexe aufzufassen seien. Hielt ich doch selbst noch 1937 die Zieglersche Theorie der Instinktbewegungen in der herkömmlichen Form fest und betonte nur recht bescheiden, daß Schwellerniedrigung und Leerlauf einer zusätzlichen Erklärung bedürften, da es zum Wesen des Reflexes gehöre, nicht spontan Erregungsenergie zu produzieren, und da die Leerlaufreaktionen, die gänzlich ohne auslösende und steuernde Außenreize abliefen, offensichtlich nicht in dem Maße von Reizen abhängig seien, wie man es von Reflexketten erwarten müßte. Ebenso hat Lashley an Ratten nachgewiesen, wie wenig manche angeborenen Bewegungsweisen durch Störungen von Sinnesorganen und afferenten Bahnen beeinflußt werden, und man hört seinen Darstellungen an, daß diese Tatsache ein eigentlich recht unerwartetes Ergebnis war. In dieses Stadium unseres Wissens platzt nun auf einmal die Bombe der von Holstschen Ergebnisse: Der »Reflex« ist nicht das einzige »Element« neuraler Vorgänge, es gehört zu den wichtigsten Leistungen des ZNS, *Reize selbst zu erzeugen*. Das völlig desafferenzierte Rükkenmark eines Aales z. B. produziert rhythmisch-automatisch Reize, die schon im Zentrum selbst koordiniert werden, so daß der ausgehende Impuls *ohne Mitwirkung afferenter Neurone* Schwimmbewegungen in ihrer fertigen, arterhaltend sinnvollen Form verursacht. Das Auftreten des »spinalen Kontrastes« im Sinne Sherringtons und andere Erscheinungen lassen eine Abhängigkeit der zentral koordinierten Automatismen von einer wohl *stofflich* zu denkenden Produktion einer reaktionsspezifischen, kumulierbaren Energie wahrscheinlich werden. Diese in geradezu mustergültig zwingenden Versuchsanordnungen errungenen Ergebnisse lassen mit einem Schlage alles verständlich werden, was eben noch rätselhaft, weil mit der Reflextheorie unvereinbar war: Wir verstehen auf einmal, warum die Instinktbewegung nicht wie ein Reflex unbegrenzt lange ungebraucht auf die auslösenden Reize wartet, sondern sich sozusagen selbst zu Wort meldet und nicht nur den Schwellenwert der auslösenden Reize herabsetzt, sondern selbst zum unspezifischen Reiz, zum *Drang* (im Sinne Portieljes, Kordtlandts und Baerends) wird, warum es also zum Appetenzverhalten kommt; wir verstehen, wieso die Leerlaufreaktion von steuernden Außenreizen unabhängig ist, wie es kommt, daß ein gefangener Star nichtvorhandene Fliegen mit photographisch getreu gleichen Bewegungen fängt und frißt wie wirkliche. Alle Erscheinungen, die eben noch unverständliche Paradoxa waren, werden schlagartig zu selbstverständlichen, ja theoretisch zu fordernden Folgen eines einzigen klar erkannten Grundvorganges. Wie wenig muß Bierens de Haan die hier nur schlagwortmäßig skizzierte Entwickung unseres Wissens über das Wesen der endogen-automatischen Instinktbewegung verfolgt haben, wenn er diese grundlegend wichtigen und völlig gesicherten Tatsachen in seiner Fußnote mit den Worten abtut, es sei ihm »nicht recht deutlich«, warum ich meine Hypothesen »unnötigerweise auf einem so unsicheren Fundament aufbaue«. An anderer Stelle schreibt er, man müsse abwarten, ob die Wissenschaft nicht doch feststellen werde, daß die von von Holst beschriebenen zentralnervösen Automatismen dennoch Reflexketten seien, es sei ja so leicht, Außenreize zu übersehen. Hieraus muß man geradezu schließen, daß er die in Rede stehenden Arbeiten nicht gelesen hat. Sonst hätte er erstens unbedingt einsehen müssen, daß in einem nicht nur desafferentierten, sondern überhaupt isolierten Bauchmarkstück eines Regenwurms oder im Rückenmark eines geköpften Aales mit durchschnittenen sensorischen Wurzeln unmöglich intakte koordinierte Reflexketten ablaufen können. Man kann doch wohl kaum annehmen, daß er trotz gründlicher Lektüre die Wichtigkeit dieser grundlegenden Dinge für die Psychologie und Physiologie der Instinkthandlung nicht verstanden hat. Und wie ist es zu verstehen, daß Bierens de Haan als *Kritik* meiner Arbeiten Dinge ausspricht, die in den Arbeiten selbst drinstehen? So schreibt er zu der Frage der subjektiven Vorgänge bei Leerlaufreaktionen, es sei »sehr schwierig festzustellen, was ein Tier wahrnehme oder wahrzunehmen meine«, und es seien vielleicht halluzinatorische Vorgänge, die das Tier zu einem Ablaufenlassen der Reaktion veranlassen, die nur dem Beobachter, nicht aber dem tierischen Subjekte »leer« erscheine. Diese Kritik wird erstens aus der immer wieder gemachten falschen Voraussetzung verständlich, daß die physiologische Erklärbarkeit eines Vorganges seine »Beseeltheit« ausschließe, zweitens aber daraus, daß er meine diesbezüglichen Ausführungen nicht gelesen hat. Ich schrieb nämlich (1937) ausführlich, daß die Stauung reaktionsspezifischer Energie offenbar das *Wahrnehmungsfeld* des tierischen und menschlichen Subjektes so verändere, daß das normalerweise inadäquate Objekt als subjektiv adäquat empfunden oder – im extremen Falle – frei halluzinatorisch vorgegaukelt wird. »Du siehst mit diesem Trank im Leibe bald Helenen in jedem Weibe« oder, wenn die Sache weit genug getrieben wird, als Halluzination im leeren Raume. Eben dadurch entwickelt die Physiologie der endogenen Instinkthandlungen eine so ungeheure Wichtigkeit für die Wahrnehmungs- und überhaupt Erlebnispsychologie.

Im ganzen ist die Einstellung Bierens de Haans zu unseren Ergebnissen über die Physiologie und Psychologie der endogen-automatischen

Bewegungsweisen haargenau die gleiche wie zu unserer Analyse der Instinkt-Dressur-Verschränkungen und des Appetenzverhaltens: Er hat vorwegnehmend finales Verständnis, leitet von diesem deduktiv eine »elegante« Scheinerklärung ab und ignoriert die Tatsachen, die zu ihr nicht stimmen.

In etwas anderer Weise illustriert seine Kritik an unserer Arbeit über Orientierungsreaktionen die hemmende Wirkung vorwegnehmender Lösungsprinzipien auf das Fortschreiten analytischer Forschung. Ich schrieb 1937 und bin heute noch der Ansicht, daß sich zwischen offensichtlich reflexmäßigen Orientierungreaktionen, wie etwa einem kleinen Umweg, den ein nach einer Beute strebendes Tier um ein vor diesem liegendes Hindernis macht, und den kompliziertesten »methodischen« einsichtigen Verhaltensweisen des Menschen keine scharfe Grenze ziehen lasse, da auch die letzteren so gut wie immer auf einem Operieren mit räumlich-anschaulichen Vorstellungen gegründet sind, die sich letzten Endes aus taxienmäßigen Reaktionen zusammensetzen. Dies veranlaßt Bierens de Haan, mir die Ansicht unterzuschieben, daß zwischen Mensch und Amöbe kein qualitativer Unterschied bestehe und daß ein ins Wasser springender Selbstmörder einfach an einer übertriebenen positiven Hydrotaxis leide. Hier schließt Bierens de Haan wieder von sich auf andere. Erstens übersieht er geflissentlich, daß wir selbstverständlich nirgends behauptet haben, alles menschliche Verhalten auf Grund der wenigen bisher einer Analyse einigermaßen erschlossenen psychophysischen Vorgänge verständlich machen zu können. Im Gegensatz zu ihm haben wir einen sehr gesunden Respekt vor unanalysierten Restbeständen. Zweitens aber gebraucht er das Wort Taxis in einer Form, in der wir es nie gebraucht haben, indem er das *Ziel* der Orientierungsreaktion in ihre Definition aufnimmt. Wir vermeiden dies wegen der Gefahr, daß die so entstehende Bezeichnung eines Vorganges so verstanden werde, als gäbe sie vor, eine Erklärung zu sein. Es scheint Bierens de Haan entgangen zu sein, daß die Kühnschen Taxienbegriffe nicht nach dem arterhaltenden Enderfolg der betreffenden Reaktion, sondern nach dem Mechanismus ihres physiologisch-ursächlichen Zustandekommens definiert wurden. Bei der geringen Genauigkeit seines Lesens analytischer Arbeiten dürften ihn die Namen der Kühnschen Taxienarten irregeleitet haben, die im Gegensatz zur begrifflichen Definition von den häufigsten arterhaltenden Leistungen hergeleitet sind: so bedeutet Tropotaxis nicht ein Sich-Umwenden des Tieres, sondern eine Orientierungsreaktion, die auf Erregungsgleichgewicht beruht, Telotaxis nicht eine Zielverfolgung, sondern eine Taxis, bei der ein Reiz auf einer bestimmten Stelle des Rezeptors »fixiert« wird usw.

Schließlich muß ich betonen, daß der von uns verwendete Begriff der

Taxis nicht weiter, wie Bierens de Haan meint, sondern wesentlich *enger* ist als der ursprüngliche Taxienbegriff Kühns. Diese Einengung entsteht durch die Erkenntnis, daß in jeder Kühnschen Taxis auch Lokomotionsbewegungen stecken, die ganz sicher keine Reflexe, sondern endogene Automatismen im Holstschen Sinne sind. Der Begriff der Taxis wird dadurch auf jene kleinen, in ihrem Ausmaß von Außenreizen gesteuerten Bewegungen nach rechts und links, oben und unten beschränkt, welche die *Richtung* bestimmen, in der die ausgelösten Lokomotionsautomatismen den Organismus führen oder einstellen. Die »positive Americotaxis« eines Hapagdampfers setzt sich zusammen erstens aus der automatischen Funktion der Maschine, die nur gedrosselt oder enthemmt werden kann, deren Intensität außer von der Stellung des enthemmenden Drosselventils von der endogenen Dampfproduktion abhängig ist und deren spezielle Bewegungskoordination dem Steuernden nicht unterstehen, und zweitens aus der Steuerung. Diese besteht außer der Hemmung und Enthemmung der Maschine nur aus den kleinen Impulsen nach rechts oder links, die der Steuermann nach äußeren Reizen, wie Kompaß, Gestirne oder gesehene Ziele, so bemißt, daß der gewünschte Kurs zustande kommt. Genau wie in diesem Gleichnis verhalten sich der Automatismus der Lokomotionsbewegung und die außenreizgesteuerte Taxis bei jedem gesteuert schwimmenden Fisch oder sonstigen Organismus. Diese Verengerung des Begriffs der Taxis, die sich aus der Bereicherung unseres Wissens durch von Holst und die dadurch ermöglichte weitere Analyse der Orientierungsbewegungen von selbst ergeben, hat Kühn selbst ganz selbstverständlich restlos gutgeheißen. Tinbergen hat durch außerordentlich scharfsinnige Versuchsanordnungen diese von mir nur theoretisch angeregte Analyse orientierter Bewegung in gesteuerte und automatische Komponenten experimentell durchgeführt, einmal in Zusammenarbeit mit mir selbst an der Eirollbewegung der Graugans, das andere Mal mit Kuenen an der gerichteten Sperrbewegung junger Drosseln. Auch hier ergab sich eine bedauerlich unelegante Komplikation und mosaikhafte Vielfältigkeit zusammenspielender Ursachen, die sich höchst unvorteilhaft von den sein eigenes Erklärungsbedürfnis so befriedigenden Annahmen Bierens de Haans dadurch unterscheiden, daß sie unsere Fragestellung nicht nur nicht abzuschließen geeignet scheinen, sondern, was Bierens de Haan noch schlimmer erscheinen wird, zu einer schier unabsehbaren Fülle weiterer Problemstellungen anregen.

Tinbergens und Kuenens Untersuchung der auslösenden und richtungsgebenden Reize der Sperrbewegung junger Drosseln soll uns noch zur Erläuterung eines anderen Begriffs dienen, der nach Bierens de Haans Ansicht der dunkelste und vagste in meinem ganzen »Begriffssystem« ist, des Begriffs vom *angeborenen Schema.* Er meinte, es stehe mir bei diesem Begriff wohl selbst nicht deutlich vor Augen, was ich mit ihm beabsichtige. Im Gegensatz zu Bierens de Haan ist es einer ganzen Reihe von Forschern ohne weiteres klargewesen, welches ebenso scharf umschriebene wie rätselhafte Phänomen ich mit diesem Worte bezeichnet habe, ganz besonders aber Tinbergen und Kuenen. Anstatt sich mit der Erkenntnis zu begnügen, daß ein untrüglicher Instinkt dem Amselnestling sage, daß er seinen geöffneten Schnabel nach dem Kopf des Elterntieres richten müsse, um Nahrung zu erhalten, haben sie den Nestlingen die verschiedensten und »unganzheitlichsten« Gegenstände vorgehalten. Dabei stellte sich heraus: Von zwei gleichhoch vorgehaltenen Stäbchen sperren die Nestlinge nach dem *näheren*, von zwei gleichweit entfernten nach dem *höheren*, von zwei verschieden großen innerhalb bestimmter Grenzen nach dem *kleineren.* Die letztgenannte Relation konnten Tinbergen und Kuenen zahlenmäßig festlegen, indem sie in einer methodisch wirklich genial zu nennenden Versuchsanordnung die *quantitative* Wirksamkeit der Merkmale »höher« und »kleiner« gegeneinander auswogen: Zwei sich berührende Scheiben verschiedener Größe wurden langsam gegeneinander so verdreht, daß erst die kleinere, dann die größere die höhere war. Die Nestlinge sperrten zunächst, solange die Merkmale »höher« und »kleiner« zusammenfielen, selbstverständlich auf die kleinere Scheibe. War diese ein beträchtliches Stück tiefer gekommen, als die größere Scheibe stand, so siegte das Merkmal der relativen Höhe über das der relativen Größe, und die Richtung des Sperrens sprang auf den Oberrand der größeren Scheibe über. Diejenige verhältnismäßige Größe der kleineren Scheibe, bei der dieser Umschwung am spätestens eintrat, die also die stärkste richtende Wirkung auf die Reaktion der Jungvögel entfaltete, betrug $^1/_3$ der größeren Scheibe. Stellte man nun eine Attrappe her, in der sich die drei genannten Beziehungsmerkmale vereinigt finden, so wird diese ein rundlicher Körper, an dem oben und vorne ein kleinerer ebensolcher aufsitzt. Es entsteht also eine sehr vereinfachte »schematische« Wiedergabe von Kopf und Rumpf eines Vogels, die sich rein aus den Reaktionen des Jungvogels auch dann rekonstruieren ließe, wenn wir die normale biologische Reizsituation, die ein gerichtetes Sperren hervorruft, gar nicht kennten und den »mit dem Kopfe« fütternden Elternvogel nie gesehen hätten. Es liegt also im Jungvogel ein vereinfachtes »schematisches« Korrelat zu einer biologisch relevanten Reizsituation bereit, das es ihm ermöglicht, ohne Beteiligung von Lernvorgängen in arterhaltend sinnvoller Weise zu reagieren. Nicht immer sind die Merkmale, aus denen sich ein angeborenes Schema zusammensetzt, so relative wie in dem eben angeführten Beispiel. Manchmal spielt eine Farbe die wichtigste Rolle, manchmal eine rhythmische Bewegungsweise, manchmal alle diese drei Dinge zusammen. So muß, um die Balz des Stichlingsweibchens auszulösen, die dem Männchen entsprechende Attrappe vorne und unten rot sein (Farbmerkmal und Beziehungsmerkmal) und dazu noch bestimmte Bewegungen vollführen (Tinbergen 1939). Alle diese Untersuchungen sind nach Bierens de Haan unnötig, weil wir ja sowieso wissen, daß ein Instinkt dem Tiere jeweils dazu verhilft, das richtige Objekt seiner Handlungen zu erkennen, denn der Instinkt ist ja nach ihm »die charakteristische psychische Veranlagung, dank welcher bestimmten Empfindungen, Wahrnehmungen oder Erinnerungen bestimmte Gefühle und Emotionen folgen und diesem Erkennen und Fühlen wiederum ein bestimmter Drang und bestimmte Strebungen, die sich in Handlungen verwirklichen; während umgekehrt auch bestimmte Wahrnehmungen und Gefühle wiederum von den Strebungen erweckt und beeinflußt werden. Oder kürzer: Der Instinkt ist die psychische Veranlagung, die ein bestimmtes Fühlen an ein bestimmtes Erkennen und ein bestimmtes Streben an das von einem Erkennen erweckte Fühlen kuppelt, und andererseits auch das Erkennen und Fühlen wieder von dem Streben abhängig macht.« (*Die tierischen Instinkte und ihr Umbau durch die Erfahrung*, 1940.) Es mag dies eine ganz zutreffende Spekulation über die subjektiven Vorgänge sein, die sich bei der Auslösung von Appetenzverhalten und Instinktbewegungen durch angeborene Schemata abspielen. Wir aber wollen ja wissen, *warum* auf die bestimmte Wahrnehmung der bestimmte Drang folgt, und vor allem, wie wir uns ursächlich dieses »Erkennen« des richtigen Objektes vorstellen sollen. Wir sind von der Erklärung nicht befriedigt, daß »der Instinkt«, den wir nur »erkennen«, aber nicht erklären dürfen, »ein bestimmtes Erkennen« vermittelt. Wir wundern uns nach wie vor, daß eine Stockente, die man vom Ei ab isoliert von ihresgleichen, mit Spießenten aufzieht, von dem beigesellten Spießerpel nichts wissen will, aber beim ersten Erblicken eines Stockerpels diesen sofort als solchen »erkennt« oder, besser gesagt, mit intensivsten Balzreaktionen antwortet. Mehr noch aber wundern wir uns, daß der doch angeblich durch kausale Kleinigkeiten nicht belastete Instinkt nicht imstande ist, dem Stockerpel in der gleichen Lage das gleiche »Erkennen« des Geschlechtspartners zu vermitteln. Der mit Spießenten großgewordene Stockerpel »erkennt« merkwürdigerweise die gleichartige Ente nicht als Geschlechtspartner, sondern antwortet auf Spießenten mit Balz- und Begattungsverhalten, unterscheidet aber bedeutsamerweise die Geschlechter der fremden Art nicht, sondern versucht Erpel und Enten wahllos zu treten. Überraschenderweise aber »erkennt« er *männliche* Artgenossen als seinesgleichen und sucht zu den sozialen Balzspielen sie und nicht balzende Spießerpel auf. *Angeboren ist also bei beiden Geschlechtern nur die Reak-*

tion auf die bunten Signalfarben und auffallenden Bewegungen des Erpels, nicht aber die auf das wenig kennzeichnende Kleid der Ente. Welche merkwürdige Leistungsbeschränkung wäre dieses Verhalten für einen »Instinkt«, aber wie naheliegend ist die Annahme, daß das Prachtkleid des Erpels in irgendwelcher Weise auf beide Geschlechter Reize ausübt, die beim Männchen begattungshemmend und beim Weibchen balzauslösend wirken. So ist es erklärlich, daß der isoliert mit Spießenten aufgezogene Erpel Spießerpel trat, da diesen das angeborenermaßen begattungshemmende Stockerpelkleid fehlte. Seitz hat die gleiche Erscheinung an dem maulbrütenden Fisch Astatotilapia strigigena untersucht. Auch hier spricht das sehr bunt gefärbte und durch bestimmte Instinktbewegungen gekennzeichnete Männchen angeborenermaßen auf Geschlechtsgenossen, nicht aber auf das unauffällige Weibchen mit spezifischen Reaktionen an. Wir wissen zwar noch nicht, was ein angeborenes Schema ist, aber wir wissen, daß es etwas ganz Bestimmtes *nicht kann: Es kann nicht, wie erworbene Gestaltwahrnehmung, auf eine aus sehr vielen Merkmalen integrierte Komplexqualität ansprechen, sondern ist immer an wenige, kennzeichnende Merkmale gebunden.* Aus dieser Tatsache erklärt sich auch die weite Verbreitung von Apparaten, die nur dem Aussenden spezifischer, einfacher Reizkombinationen dienen und die ich (1935) als »Auslöser« bezeichnet habe. Die vorläufige Rätselhaftigkeit des angeborenen Schemas, seine merkwürdige »Reizfilterwirkung«, die es mit sich bringt, daß *nur eben diese und keine anderen* Reize die auslösende Wirkung entfalten, die merkwürdige Gegensätzlichkeit seiner Funktion zu der des Gestaltphänomens – man denke etwa an die Art, wie sich das richtungsgebende Schema des Sperrens junger Amseln aus einer Summe dreier Beziehungsmerkmale aufbaut, deren jedes für sich allein auch schon die Wirkung aller hat, nur in quantitativ geringerer Intensität (»Reizsummenphänomen«, Seitz) –, all dies macht das angeborene Schema zu einem Gegenstand experimenteller Forschung, wie er reizvoller und anregender kaum gedacht werden kann. So ist es nicht verwunderlich, daß eine sehr rasch wachsende Schar von Untersuchern (Tinbergen, Kuenen, Kraetzig, Goethe, Seitz, Baerends, Lack, Peters u. a. m.) und neuerdings hier in Königsberg das ganze neugegründete Institut für vergleichende Psychologie sich nahezu ausschließlich mit diesen auch für die Humanpsychologie und insbesondere für bestimmte Erscheinungen menschlicher »apriorischer« Ethik grundlegend wichtigen Problemen beschäftigt. Gewiß ist der Begriff vom »angeborenen Schema« nur nach der Reizsituationen selektierenden *Leistung* dieser merkwürdigen rezeptorischen Apparate bestimmt, aber wir *vergessen dies keinen Augenblick* und werden uns nicht im geringsten wundern, wenn bei näherer Analyse das »angeborene Schema« unter unseren Händen in zwei oder drei kausal, d. h. physiologisch, durchaus verschiedene Vorgänge zerfallen sollte, die neue Begriffsbestimmungen erfordern – wir haben sogar schon gewisse Erwartungen, in welcher Weise dies geschehen wird. Gerade was wir mit dem Begriff des Schemas wollen, wissen wir also schon recht genau. Wir können aber Bierens de Haan leider mit Sicherheit versprechen, daß die Ergebnisse dieses geplanten Forschens mit Zunehmen unserer Kenntnisse immer »uneleganter« werden, was allerdings nicht unsere Schuld, sondern diejenige der organischen Schöpfung ist, die ihre Organismen so und nicht anders werden ließ.

Ich glaube, daß die Beispiele der Verschränkungen, des Appetenzverhaltens, der endogenen Automatismen und des angeborenen Schemas genügen, um den Unterschied zwischen rein finaler Denkweise und induktiver Verhaltensforschung zu belegen. Bei näherer Lektüre wird man im Aufsatze Bierens de Haans noch andere finden. Ich beschränke mich daher auf ein einziges weiteres. Seine Kritik gipfelt in einem Vergleich der Leistung seines Begriffssystems mit derjenigen meiner Begriffsbestimmungen. Diese Leistung bemißt er abschließend nach unserer verschiedenen Fähigkeit, den *Vogelzug* zu erklären; ich kann es nicht, er kann es restlos befriedigend, nämlich so: Der Instinkt treibt die Vögel im Herbst dazu, ihre Winterquartiere aufzusuchen, und zeigt ihnen untrüglich, wo diese liegen. »Die Erklärung, der Zug sei eine Taxis, hilft uns nicht weiter.« Mit bedauerlicher Rückständigkeit unterhält die Kaiser-Wilhelm-Gesellschaft zur Förderung der Wissenschaften unter Vernachlässigung dieser Erkenntnisse immer noch zwei gut augestattete Vogelwarten, die hartnäckig die Anschauung vertreten, daß die Annahme, beim Zug seien auch Taxien im Spiele, zwar nicht eine Erklärung, sehr wohl aber eine *Arbeitshypothese* darstelle, die einmal zum Auffinden der noch immer völlig rätselhaften Reize führen wird, nach denen ein Zugvogel seinen Kurs steuert. Ebenso hartnäckig untersuchen sie die Rolle, die endogene Reizerzeugungsvorgänge beim Vogelzug spielen (Putzig 1939). Schon sehr lange Zeit ist es bekannt, daß Zugunruhe und der Drang, viel zu fliegen, auch bei gefangenen Vögeln auftreten und daß freifliegend gehaltene zahme Graugänse zwar nicht gerichtet wegziehen, aber zur Zugzeit die gesteigerte Produktion der Instinktbewegungen des Zugfluges in stunden- und tagelangen Ausflügen »sich von der Seele fliegen«. Der Versuch einer Analyse des Zugphänomens auf Grund der Hypothese eines Zusammenwirkens von endogener Instinkthandlung und steuernden Reizen liegt also durchaus nahe.

Ich stelle zusammenfassend fest: Der Instinktbegriff Bierens de Haans hat wie jedes vorwegnehmend eingeführte Lösungsprinzip zur Folge, daß sich der an ihm Festhaltende grundsätzlich von der Naturforschung abkehrt. Diese Feststellung ist nicht meine persönliche Meinung, sondern diejenige der Naturwissenschaft schlechtweg. Bierens de Haan tut mir wirklich zu viel Ehre an, wenn er in der Einleitung zu seinem Aufsatz sagt, es sei ihm von vornherein klargewesen, daß es früher oder später zu einer Auseinandersetzung zwischen seinem Begriffssystem und der »Gruppe um Lorenz« kommen müsse. Ich darf durchaus nicht Anspruch erheben, das Zentrum oder auch nur ein besonders markanter Vertreter der »Gruppe« zu sein, gegen die Bierens de Haan in Wirklichkeit anrennt, nämlich des Kreises aller einigermaßen diszipliniert denkenden Vertreter induktiver Naturforschung. Historisch betrachtet müßte er von der »Gruppe um Galilei« sprechen, oder, wenn er nur das enge Teilgebiet der Erforschung angeborener tierischer und menschlicher Verhaltensweisen meint, von dem Kreis um Heinroth und Whitman. Die Ablehnung des vorwegnehmenden Lösungsprinzips durch jeden Denker, der sich das Wesen der Induktion klargemacht hat, ist durchaus nicht neu. Sehr schön formuliert hat sie John Dewey in seinem Buch »Human nature and conduct«. Von dem alten Instinktbegriff, wie ihn auch Bierens de Haan verwendet, sagt er im besonderen: »Furcht, so wird behauptet, ist etwas Wirkliches, ebenso Zorn, Wetteifer, die Sucht, andere zu beherrschen oder sich zu unterwerfen, Mutterliebe, geschlechtliche Begierde, Geselligkeitsbedürfnis und Neid, und jedes dieser Dinge hat seine eigene zugeordnete Handlung zur Folge. Natürlich sind sie etwas Wirkliches. Ebensogut sind die Saugwirkung eines Vakuums, das Verrosten von Metallen, Blitz und Donner und lenkbare Luftschiffe etwas Wirkliches. Aber die Wissenschaft und die menschlichen Erfindungen kamen nicht von der Stelle, solange die Menschen sich der Vorstellung besonderer Kräfte hingaben, die diese Erscheinungen erklären sollten. Die Menschen haben diesen Weg tatsächlich versucht, und er hat sie nur in gelehrt tuende Unwissenheit geführt. Sie sprachen von einem Abscheu der Natur vor dem Leeren, von einer Verbrennungskraft, von einer ›inneren Tendenz‹ zu diesem oder jenem, von Schwere und Leichtigkeit als von Kräften. Es hat sich herausgestellt, daß diese ›Kräfte‹ nur die alten Erscheinungen in neuem Gewande sind, nur aus ihrer besonderen und konkreten Form, in der sie wenigstens etwas Wirkliches waren, in eine generalisierte Form übersetzt, in der sie nur mehr Wörter sind. Sie verwandelten so ein Problem in eine Lösung, die eine simulierte Befriedigung gewährte.« (Übers.)

Wie böse sich vorwegnehmende Lösungen in der Experimentalforschung auswirken, hat auch schon Kant gewußt, der in seiner »Bestimmung des Begriffs einer Menschenrasse« von der Einführung nicht kausaler »Faktoren« sagt: »Denn lasse ich auch nur einen einzigen Fall dieser Art zu, so ist es, als ob ich auch nur eine Gespenstergeschichte oder Zauberei einräumte. Die Schranken der Vernunft sind dann einmal durchbrochen, und der Wahn drängt sich bei Tausenden durch diese Lücke nach.« Bierens de Haan, der gute Experimentalforscher, ist sich wohl nicht im klaren darüber, welche Waffen Bierens de Haan, der »Teleologe«, mit seinem Verbot: »Wir erkennen den Instinkt, aber wir erklären ihn nicht« den Feinden aller freien Forschung in die Hand drückt.

Anmerkungen

Beiträge zur Ethologie sozialer Corviden: Zuerst erschienen in dem ›Journal für Ornithologie‹, 79, Heft 1, 1931.

Betrachtungen über das Erkennen der arteigenen Triebhandlungen der Vögel: Zuerst erschienen in dem ›Journal für Ornithologie‹, 80, Heft 1, 1932.

1 Mündliche Mitteilung 1931

Der Kumpan in der Umwelt des Vogels
Der Artgenosse als auslösendes Moment sozialer Verhaltensweisen Jakob von Uexküll zum 70. Geburtstag gewidmet: Zuerst erschienen in dem ›Journal für Ornithologie‹, 83, Heft 2, 1935.

1 Vgl. *Betrachtungen über das Erkennen der arteigenen Triebhandlungen der Vögel*

2 Ebenda

3 Ebenda

4 Portielje hat durch sinnreiche Attrappenversuche gezeigt, daß die Verteidigungsreaktion der großen Rohrdommel, *Botaurus stellaris*, die sich stets gegen das Gesicht des Feindes richtet, diese Orientierung nur aus der Gegebenheit »kleinerer Kreis über größerem Körper« entnimmt. Der Vogel hat also ein in »Kopf« und »Rumpf« gegliedertes angeborenes Schema des Raubtieres!

5 Mündliche Mitteilung 1933

6 Brückner wies durch Versuche im verdunkelten Raum nach, daß eintägige Haushuhnküken ihre Mutter an der Stimme allein von fremden Glucken zu unterscheiden vermögen.

7 Vgl. *Beiträge zur Ethologie sozialer Corviden*

8 W. Engelmann *Untersuchungen über die Schallokalisation bei Tieren,* ›Zeitschrift für Psychologie‹, 105, 1928

9 Ebenda

10 Vgl. *Beiträge zur Ethologie sozialer Corviden*

11 Ganz am Schluß der Fütterperiode folgt eine Zeit, während welcher merkwürdigerweise wiederum vorgewürgt wird.

12 H. Bernatzik *Ein Vogelparadies an der unteren Donau,* Atlantis-Verlag

13 Über das »Hetzen« siehe Heinroths *Beiträge,* bei der Stockente

14 Vgl. *Beiträge zur Ethologie sozialer Corviden*

Über die Bildung des Instinktbegriffes: Zuerst erschienen in ›Die Naturwissenschaften‹, 25. Jahrgang, Heft 19, 1937.

1 Insbesondere gilt dies für die hier wiederholt zu diskutierenden Anschauungen Prof. Dr. Wallace Craigs. Der größte Teil vorliegender Arbeit verdankt seine Entstehung ausschließlich einem brieflichen Meinungsaustausch mit diesem Forscher.

2 Vgl. *Der Kumpan in der Umwelt des Vogels*

Taxis und Instinkthandlungen in der Eirollbewegung der Graugans: Zuerst erschienen in der ›Zeitschrift für Tierpsychologie‹, Band 2, Heft 1, 1938.

1 An dieser Arbeit war Professor N. Tinbergen wesentlich beteiligt. Den Anlaß zu ihr, die mit Unterstützung der Stiftung »Het Donderfonds« durchgeführt wurde, gaben in Leiden und später in Altenberg stattfindende Gespräche über den von Lorenz (1937) aufgestellten Begriff der Instinkthandlung. Obwohl sich der Anteil des Einzelnen kaum begrenzen läßt, soll doch gesagt werden, daß die theoretischen Ausführungen zum größeren Teil von Lorenz stammen, das Erfinden und Ausführen der Versuche dagegen hauptsächlich Tinbergens Anteil darstellt.

2 Wird sie dazu gezwungen, so wird an die hier in Rede stehende Eirollbewegung noch eine zweite, durchaus andersartige Reaktion angeschlossen.

3 Ein Rollen des Eies im Rückwärtsgehen kommt als besondere Reaktion dann vor, wenn die volle Einkrümmung des Halses das Ei noch nicht zum übrigen Gelege befördert. Sie ist bei der Graugans selten, ist aber bei anderen, vor allem bei kurzhalsigen Bodenbrütern die wichtigste und bei manchen wohl auch die einzige Instinkthandlung zur Rettung außenliegender Eier.

4 Auf dieser Erscheinung beruht auch McDougalls Aussage: »The

animal in which any instinctive impulse is exited does not suspend action, even though the object be remote; the impuls probably always expresses itself in action.«

Induktive und teleologische Psychologie: Zuerst erschienen in ›Die Naturwissenschaften‹, 30. Jahrgang, Heft 9/10, 1942.

Literaturverzeichnis

Allen, A. A. *Sex Rhythm in the Ruffed Grouse (Bonasa umbellus Linn.) and other Birds*, ›The Auk‹, 51/2, 1934

Allen, F. H. *The Role of Anger in Evolution, with particular Reference to the Colours and Songs of Birds*, ›The Auk‹, 51/4, 1934

Alverdes, F. *Tiersoziologie*, Leipzig 1925

– *Die Ganzheitsbetrachtung in der Biologie*, Sitzungsbericht der Gesellschaft zur Förderung der ges. Naturwissenschaft zu Marburg, 67, 1932

Bechterew, W. *Reflexologie des Menschen*, Leipzig und Wien 1926

Bethe, A. *Die Plastizität (Anpassungsfähigkeit) des Nervensystems, Bethes Handbuch der normalen und pathologischen Physiologie*, 15 II, 1045–1130, Berlin 1931

– *Plastizität und Zentrenlehre, Bethes Handbuch der normalen und pathologischen Physiologie*, 15 II, 1175–1222, Berlin 1931

Bierens de Haan, J. A. *Der Stieglitz als Schöpfer*, ›Journal für Ornithologie‹, 80/1, 1933

– *Probleme des tierischen Instinktes*, ›Die Naturwissenschaften‹, 23/42, 43, 1935

Bingham, H. *Size and Form Perception in Gallus domesticus*, ›Journal of Animal Behavior‹, 1913

Boy, H. L. u. Tinbergen N. *Nieuwe feiten over de sociologie van de zilvermeeuwen*, ›De Levende Natuur‹, 1937

Bradley, H. T. siehe Noble, G. K.

Brückner, G. H. *Untersuchungen zur Tiersoziologie, insbesondere zur Auflösung der Familie*, ›Zeitschrift für Psychologie‹, 128/1–3, 1933

Brunswik, E. *Wahrnehmung und Gegenstandswelt, Psychologie vom Gegenstand her*, Leipzig und Wien 1934

Bühler, C. *Das Problem des Instinktes*, ›Zeitschrift für Psychologie‹, 103, 1927
Bühler, K. *Zukunft der Psychologie*, Wien 1936
Carmichael, L. *The Development of Behaviour in Vertebrates experimentally removed from the Influence of external Stimulation*, ›Psychological Review‹, 33 (1926); auch in 34 und 35
Coburn, C. A. *The Behavior of the Crow*, ›Journal of Animal Behavior‹, 4, 1914
Craig, W. *Appetites and Aversions as Constituents of Instincts*, ›Biological Bulletin‹, 34/2, 1918
– *A Note on Darwin's Work on the Expression of Emotions etc.*, ›Journal of abnormal and social Psychology‹, Dezember 1921, März 1922
– *The Voices of Pigeons regarded as a Means of Social Control*, ›The American Journal of Sociology‹, 14, 1908
– *The Expression of Emotion in the Pigeons: I. The Blond Ring-Dove (Turtur risorius)*, ›The Journal of Comparative Neurology and Psychology‹, 19/1, 1909
– *Observations on Young Doves learning to drink*, ›The Journal of Animal Behavior‹, 2/4, 1912
– *Male Doves reared in Isolation*, ›The Journal of Animal Behavior‹, 4/2, 1914
– *Why do Animals fight?*, ›The International Journal of Ethics‹, 31, April 1921
Doflein, F. *Der Ameisenlöwe – Eine biologische, tierpsychologische und reflexbiologische Untersuchung*, Jena 1916
Engelmann, W. *Untersuchungen über die Schallokalisation bei Tieren*, ›Zeitschrift für Psychologie‹, 105, 1928
Friedmann, H. *Social Parasitism in Birds*, ›Quarterly Review of Biology‹, 3/4, 1928
– *The instinctive emotional Life of Birds*, ›The Psychoanalytical Review‹, 21/3, 4, 1934
Graham Brown, T. *The intrinsic Factors in the Act of Progression in the Mammal*, ›Proc. Roy. Soc.‹, London, B., 84, 1911
Goethe, F. *Beobachtungen und Untersuchungen zur Biologie der Silbermöwe (Larus a. argentatus Pontopp.) auf der Vogelinsel Memmertsand*, ›Journal für Ornithologie‹, 85/1, 1937
Groos, K. *Die Spiele der Tiere*, 2. Aufl. 1907
Hediger, H. *Zur Biologie und Psychologie der Zahmheit*, ›Archiv für Psychologie‹, 93, 1935
Heinroth, O. *Beiträge zur Biologie, namentlich Ethologie und Psychologie*

der Anatiden, Verhandlungen des V. Internationalen Ornithologen-Kongresses, Berlin 1910

– *Reflektorische Bewegungen bei Vögeln,* ›Journal für Ornithologie‹, 66, 1918

– *Zahme und scheue Vögel,* ›Der Naturforscher‹, 1, 1924

– *Über bestimmte Bewegungsweisen der Wirbeltiere,* Sitzungsbericht der Gesellschaft naturforschender Freunde, Berlin 1930

– und M. *Die Vögel Mitteleuropas,* Berlin-Lichtenfelde 1924–28

Herrick, F. H. *Instinct,* ›Western Res. University Bulletin‹, 22/6

– *Wild Birds at Home,* New York and London 1935

Hingston, R. W. G. *The Meaning of Animal Colour and Adornment,* London 1932

Holst, E. v. *Alles oder Nichts – Block, Alternans, Bigemini und verwandte Phänomene als Eigenschaften des Rückenmarks,* ›Pflügers Archiv für die gesamte Physiologie‹, 236/4, 5, 6, 1935

– *Versuche zur Theorie der relativen Koordination,* ›Pflügers Archiv für die gesamte Physiologie‹, 237/1, 1936

– *Vom Dualismus der motorischen und der automatisch-rhythmischen Funktion im Rückenmark und vom Wesen des automatischen Rhythmus,* ›Pflügers Archiv für die gesamte Physiologie‹, 237/3, 1936

Howard, E. *An Introduction to Bird Behaviour,* Cambridge 1928

– *The Nature of a Bird's World,* Cambrigde 1935

Huxley, J. S. *The Courtship of the Great Crested Grebe,* ›Proceedings of the Zoological Society‹, London 1914

– *A Natural Experiment on the Territorial Instinct,* ›British Birds‹, 27/10, 1934

– and Howard, E. *Field Studies and Psychology: A further Correlation,* ›Nature‹, 133, 1934

Jennings, H. S. *Behaviour of the lower Organisms,* 2nd ed. New York 1915

Katz, D. *Hunger und Appetit,* Leipzig 1931

– und Revesz, G. *Experimentell psychologische Untersuchungen an Hühnern,* ›Zeitschrift für Psychologie‹, 50, 1909

Kirkman, F. B. *Bird Behaviour,* London 1937

Koehler, O. *Die Ganzheitsbetrachtung in der modernen Biologie,* Verhandlungen der Königsberger gelehrten Gesellschaft, 1933

– und Zagarus, A. *Beiträge zum Brutverhalten des Halsbrandregenpfeifers (Charadrius hiaticula L.),* ›Beiträge zur Fortpflanzung der Vögel‹, 13, 1937

Köhler, W. *Intelligenzprüfungen an Anthropoiden,* Abhandlungen der Preußischen Akademie, Phys.-mathem. Kl., 1915

Kramer, G. *Bewegungsstudien an Vögeln des Berliner Zoologischen Gartens,* ›Journal für Ornithologie‹, 78/3, 1930
Kühn, A. *Die Orientierung der Tiere im Raum,* Jena 1919
Lissmann, H. *Die Umwelt des Kampffisches Betta splendens Regan,* ›Zeitschrift für vergleichende Physiologie‹, 18/65
Lorenz, K. *Beobachtungen an Dohlen,* ›Journal für Ornithologie‹, 75/4, 1927
– *Über den Begriff der Instinkthandlung,* ›Folia Biotheoretica‹, 2, 1937
– *A Contribution to the Comparative Sociology of Colony-Nesting Birds,* Proceedings of the VIIIth International Ornithological Congress, London 1934
Makkink, G. F. *Einige Beobachtungen über die Säbelschnäbler (Recurvirostra avosetta L.),* 21/1, 1932
McDougall, W. *An Outline of Psychology,* London 1923
– *An Introduction to Social Psychology,* Boston 1923
– *The Use and Abuse of Instinct in Social Psychology,* ›The Journal of Abnormal and Social Psychology‹, 16/5, 6, December 1921–March 1922
Morgan, Ll. *Instinkt und Erfahrung,* Berlin 1913
Nice, M. M. *Zur Naturgeschichte des Singammers,* ›Journal für Ornithologie‹, 81/4, 1933; 82/2, 1934
Noble, G. K. and Bradley, H. T. *The Mating Behavior of the Lizards: Its bearing on the Theory of Sexual Selection,* ›Annals of the New York Academy of Sciences‹, 35/2, 1933
– *Experimenting with the Courtship of Lizards,* ›Natural History‹, 34/1, 1933
Peckham, G. W. and E. G. *Observations on sexual Selection in Spiders of the Family Attidae,* ›Occasional Papers of the National History Society of Wisconsin‹, Milwaukee 1889
Peracca, M. C. *Osservazioni sulla riproduzione della Iguana tuberculata,* Boll. Mus. Zool. Anat. Comparat. Reg. Univ. Torino, 6/110
Portielje, J. A. *Zur Ethologie, beziehungsweise Psychologie von Botaurus stellaris,* 15/1, 2, 1926
– *Versuch einer verhaltenspsychologischen Deutung des Balzgebarens der Kampfschnepfe (Philomachus pugnax L.),* Proceedings of the VIIth International Ornithological Congress, Amsterdam 1930
– *Zur Ethologie, beziehungsweise Psychologie von Phalacrocorax carbo subcormoranus,* 16/2, 3, 1927
Revesz, G. siehe Katz, D.
Russel, E. R. *The Behaviour of Animals,* London 1934
Schjelderup-Ebbe, Th. *Zur Sozialpsychologie des Haushuhnes,* ›Zeitschrift für Psychologie‹, 87, 1922/23

– *Zur Sozialpsychologie der Vögel,* ›Zeitschrift für Psychologie‹, 1924, ›Psych. Forschung‹, 88, 1923

Selous, E. *Observations tending to throw Light on the Question of sexual Selection in Birds, including a Day to Day Diary on the Breeding Habits of the Ruff, Machetes pugnax,* ›The Zoologist‹, Fourth series, 10/114, 1905

– *Observational Diary on the nuptual Habits of the Blackcock, Tetrao tetrix,* ›The Zoologist‹, 13, 1909

– *An observational Diary of the domestic Life of the Little Grebe or Dabchick,* ›Wild Life‹, 7

– *Schaubalz und geschlechtliche Auslese beim Kampfläufer (Philomachus pugnax L.),* ›Journal für Ornithologie‹, 77/2, 1929

Siewert, H. *Bilder aus dem Leben eines Sperberpaares zur Brutzeit,* ›Journal für Ornithologie‹, 77/2, 1930

– *Der Schreiadler,* ›Journal für Ornithologie‹, 80/1, 1932

– *Beobachtungen am Horst des Schwarzen Storches, Ciconia nigra L.,* ›Journal für Ornithologie‹, 80/4, 1932

– *Die Brutbiologie des Hühnerhabichts,* ›Journal für Ornithologie‹, 81/1, 1933

Stresemann, E. *Aves,* in: Kükenthals *Handbuch der Zoologie,* VII, 2. Hälfte, Berlin und Leipzig 1927 bis 1934

Sunkel, W. *Bedeutung optischer Eindrücke der Vögel für die Wahl ihres Aufenthaltsortes,* ›Zeitschrift für wissenschaftliche Zoologie‹, 132, 1928

Tinbergen, N. *Waarnemingen en proeven over de sociologie van een zilvermeeuwenkolonie,* ›De Levende Natuur‹, 1935

– *Zur Soziologie der Silbermöwe (Larus a. argentatus Pontopp.),* ›Beiträge zur Fortpflanzung der Vögel‹, 12/3, 1936

Tolman, E. C. *Purposive Behaviour in Animals and Men,* New York 1932

Uexküll, J. von *Umwelt und Innenwelt der Tiere,* Berlin 1909

– *Theoretische Biologie,* Berlin 1928

– *Streifzüge durch die Umwelten von Tieren und Menschen,* Berlin 1934

Verwey, J. *Die Paarungsbiologie des Fischreihers,* ›Zoologische Jahrbücher (Abteilung für allgemeine Zoologie)‹, 48, 1930

Volkelt, H. *Die Vorstellungen der Tiere – Arbeiten zur Entwicklungspsychologie,* herausgegeben von F. Krueger, II, 1914

– *Tierpsychologie als genetische Ganzheitspsychologie,* ›Zeitschrift für Tierpsychologie‹, 1/1, 1937

Werner, H. *Entwicklungspsychologie,* Leipzig 1933

Whitman, C. O. *Animal Behaviour,* 16th Lexture from ›Biological Lectures from the Marine Biological Laboratory‹, Woods Hole, Mass., 1898

Winterbottom, J. M. *Studies in sexual Phenomena: VI. Communal Dis-*

play in Birds. VII. Transference of Male secondary Display Characters to the Female, ›Proceedings of the Zoological Society of London‹, 1929
Yeates, G. K. *The Book of Rook*, London 1934
Ziegler, H. *Der Begriff des Instinktes einst und jetzt*, Jena 1920

(Band II der *Gesammelten Abhandlungen* von Konrad Lorenz enthält ein ausführliches Personen- und Sachregister zu beiden Bänden.)

Konrad Lorenz

Der Abbau des Menschlichen
4. Aufl., 126. Tsd. 1986. 294 Seiten. Geb.
(Auch in der Serie Piper 489 lieferbar)

Die acht Todsünden der zivilisierten Menschheit
18. Aufl., 434. Tsd. 1985. 112 Seiten. Serie Piper 50

Er redete mit dem Vieh, den Vögeln und den Fischen
Tiergeschichten
1985. 215 Seiten mit 104 Zeichnungen des Verfassers. Geb.

Das Jahr der Graugans
2. Aufl., 36. Tsd. 1985. 200 Seiten mit 147 Farbfotos von Sybille und Klaus Kalas. Geb.

Die Rückseite des Spiegels
Versuch einer Naturgeschichte menschlichen Erkennens
4. Aufl., 105. Tsd. 1983. 353 Seiten. Geb.

So kam der Mensch auf den Hund
1986. 187 Seiten mit 110 Zeichnungen des Verfassers. Geb.

Das sogenannte Böse
Zur Naturgeschichte der Aggression
1984. 317 Seiten. Geb.

Über tierisches und menschliches Verhalten
Aus dem Werdegang der Verhaltenslehre. Gesammelte Abhandlungen
Bd. I: 18. Aufl., 153. Tsd. 1984. 412 Seiten mit 5 Abb. Serie Piper 360
Bd. II: 13. Aufl., 113. Tsd. 1984. 398 Seiten mit 63 Abb. Serie Piper 361

Piper 26/1b

PIPER

Konrad Lorenz

Das Wirkungsgefüge der Natur und das Schicksal des Menschen

Gesammelte Arbeiten
Herausgegeben und eingeleitet von Irenäus Eibl-Eibesfeldt.
368 Seiten mit 23 Abb. Serie Piper 309

Die Evolution des Denkens

Herausgegeben von Konrad Lorenz und Franz M. Wuketits.
2. Aufl., 6. Tsd. 1984. 393 Seiten. Kt.

Konrad Lorenz/Franz Kreuzer
Leben ist Lernen

Von Immanuel Kant zu Konrad Lorenz
Ein Gespräch über das Lebenswerk des Nobelpreisträgers.
2. Aufl., 10. Tsd. 1983. 103 Seiten mit 1 Abb. Serie Piper 223

Karl R. Popper/Konrad Lorenz
Die Zukunft ist offen

Das Altenberger Gespräch
Mit den Texten des Wiener Popper-Symposiums. Hrsg. von Franz Kreuzer
2. Aufl., 18. Tsd. 1985. 143 Seiten. Serie Piper 340

Antal Festetics · Konrad Lorenz

Aus der Welt des großen Naturforschers.
1983. 160 Seiten mit 225 farbigen und schwarzweißen Abb. Geb.

Nichts ist schon dagewesen

Konrad Lorenz, seine Lehre und ihre Folgen
Die Texte des Wiener Symposiums, herausgegeben von Franz Kreuzer.
Mit Beiträgen von I. Eibl-Eibesfeldt, A. Festetics, B. Hassenstein,
B. Lötsch, K. Lorenz, E. Oeser, R. Riedl, W. Schleidt, S. Sjölander,
W. Wickler. F. Wuketits. 1984. 251 Seiten. Kt.

Piper 26/1c

PIPER

Irenäus Eibl-Eibesfeldt

Die Biologie des menschlichen Verhaltens

Grundriß der Humanethologie
2., überarb. Aufl., 9. Tsd. 1986. 988 Seiten mit rund 1000 Abb.
Leinen in Schuber

Der Begründer der Humanethologie legt die erste umfassende Darstellung der Biologie menschlichen Verhaltens vor.

Aus dem Inhalt: Die ethologischen Grundkonzepte – Sozialverhalten – Das innerliche Feindverhalten: Aggression und Krieg – Kommunikation – Die Entwicklung der zwischenmenschlichen Beziehungen – Der Mensch und sein Lebensraum: Ökologische Betrachtungen – Das Schöne und das Wahre – Das Gute: Der Beitrag der Biologie zur Wertlehre.

Galápagos

Die Arche im Pazifik
7., überarb. Neuauflage, 42. Tsd. 1984. 413 Seiten mit 239 farbigen und schwarzweißen Abb. Geb.

Grundriß der vergleichenden Verhaltensforschung – Ethologie

7., völlig überarb. und erweiterte Aufl., 36. Tsd. 1987. 929 Seiten, 443 Abb., Bildfolgen und Grafiken und 12 farbige Tafeln. Leinen in Schuber

Krieg und Frieden

aus der Sicht der Verhaltensforschung
3. Aufl., 29. Tsd. 1986. 329 Seiten mit Abb. Serie Piper 329

Die Malediven

Paradies im Indischen Ozean
2., überarb. Aufl., 8. Tsd. 1985. 324 Seiten mit 190 meist farbigen Abb. Geb.

Piper 26/1 a

PIPER